허세 없는 기본 문제집

스쿨피아 연구소
임미연 지음

바쁜 중2를 위한 빠른 중학도형

2학년 2학기 (전 단원)

도형의 성질, 도형의 닮음과 피타고라스 정리, 확률

이지스에듀

스쿨피아 연구소의 대표 저자 소개

임미연 선생님은 대치동 학원가의 소문난 명강사로, 10년이 넘게 중고등학생에게 수학을 지도하고 있다. 명강사로 이름을 날리기 전에는 동아출판사와 디딤돌에서 중고등 참고서와 교과서를 기획, 개발했다. 이론과 현장을 모두 아우르는 저자로, 학생들이 어려워하는 부분을 잘 알고 학생에 맞는 수준별 맞춤형 수업을 하는 것으로도 유명하다. 그동안의 경험을 집대성해, 〈바빠 중학연산〉 시리즈와 〈바빠 중학도형〉 시리즈를 집필하였다.

대표 도서

《바쁜 중1을 위한 빠른 중학연산 ①》 — 소인수분해, 정수와 유리수 영역
《바쁜 중1을 위한 빠른 중학연산 ②》 — 일차방정식, 그래프와 비례 영역
《바쁜 중1을 위한 빠른 중학도형》 — 기본 도형과 작도, 평면도형, 입체도형, 통계
《바쁜 중2를 위한 빠른 중학연산 ①》 — 수와 식의 계산, 부등식 영역
《바쁜 중2를 위한 빠른 중학연산 ②》 — 연립방정식, 함수 영역
《바쁜 중2를 위한 빠른 중학도형》 — 도형의 성질, 도형의 닮음과 피타고라스 정리, 확률
《바쁜 중3을 위한 빠른 중학연산 ①》 — 제곱근과 실수, 다항식의 곱셈, 인수분해 영역
《바쁜 중3을 위한 빠른 중학연산 ②》 — 이차방정식, 이차함수 영역
《바쁜 중3을 위한 빠른 중학도형》 — 삼각비, 원의 성질, 통계
《바빠 고등수학으로 연결되는 중학수학 총정리》
《바빠 고등수학으로 연결되는 중학도형 총정리》

'바빠 중학 수학' 시리즈
바쁜 중2를 위한 빠른 중학도형
개정판 1쇄 발행 2019년 4월 20일
개정판 9쇄 발행 2024년 9월 20일
(2017년 6월에 출간된 초판을 새 교육과정에 맞춰 개정했습니다.)
지은이 스쿨피아 연구소 임미연
발행인 이지연
펴낸곳 이지스퍼블리싱(주)
출판사 등록번호 제313-2010-123호
주소 서울시 마포구 잔다리로 109 이지스빌딩 5층(우편번호 04003)
대표전화 02-325-1722 팩스 02-326-1723
이지스퍼블리싱 홈페이지 www.easyspub.com 이지스에듀 카페 www.easysedu.co.kr
바빠 아지트 블로그 blog.naver.com/easyspub 인스타그램 @easys_edu
페이스북 www.facebook.com/easyspub2014 이메일 service@easyspub.co.kr

기획 및 책임 편집 조은미, 박지연, 정지연, 김현주, 이지혜 교정 교열 정미란, 서은아 문제풀이 서포터즈 이지우, 이홍주
표지 및 내지 디자인 손한나, 이유경, 트인글터 일러스트 김학수 전산편집 아이에스 인쇄 보광문화사
영업 및 문의 이주동, 김요한(support@easyspub.co.kr) 마케팅 박정현, 한송이, 이나리 독자 관리 오경신, 박애림

ISBN 979-11-6303-059-1 54410
ISBN 979-11-87370-62-8(세트)
가격 12,000원

• **이지스에듀**는 이지스퍼블리싱의 교육 브랜드입니다.

"전국의 명강사들이 추천합니다!"

기본부터 튼튼히 다지는 중학 수학 입문서!
'바쁜 중2를 위한 빠른 중학도형'

저자의 실전 내공이 느껴지는 책이네요. 중학도형은 연산보다 개념이 중요합니다. 그래서 개념의 정확한 이해와 적용을 묻는 문제가 많이 출제됩니다. 〈바빠 중학도형〉은 문제를 풀면서 생길 수 있는 오개념을 잡아 주고, 개념을 문제에 적용하는 기초를 다져 줍니다.

김종명 원장(분당 GTG사고력수학 본원)

논리적 사고력을 키우기에 도형 학습만 한 것이 없습니다. 학년이 올라갈수록 많은 도형 문제를 접하게 되는데, 문제를 해결하지 못해 쩔쩔매는 모습을 볼 때마다 안타깝습니다. 기본에 충실한 〈바빠 중학도형〉을 순서대로 공부하면 도형 공부에 자신감을 갖게 될 것입니다!

송근호 원장(용인 송근호수학학원)

〈바빠 중학도형〉은 쉽게 해결할 수 있는 문제부터 배치하여 아이들에게 성취감을 줍니다. 또한 명강사에게만 들을 수 있는 꿀팁이 책 안에 담겨 있어서, 수학에 자신이 없는 학생도 혼자 충분히 풀 수 있겠어요.

송낙천 원장(강남, 서초 최상위에듀학원/최상위 수학 저자)

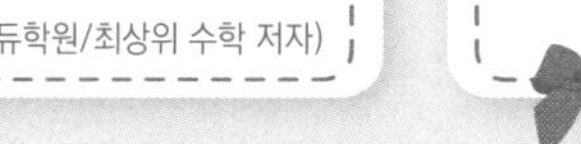

〈바빠 중학도형〉은 일단 보기 편하고, 그림을 최대한 활용해 어려운 내용도 쉽게 이해할 수 있네요. 곳곳에 들어 있는 '꿀팁'과 주의할 점을 콕 짚어 주는 '앗! 실수'는 '맞아, 진짜 그래'라고 감탄할 만큼 실질적인 도움을 주는 내용이네요. 가려운 부분을 시원하게 긁어 주는 '바빠 중학 수학'을 응원합니다.

최정규 원장(성균관대 수학경시 대상 학생 지도/GTG사고력수학 수내점)

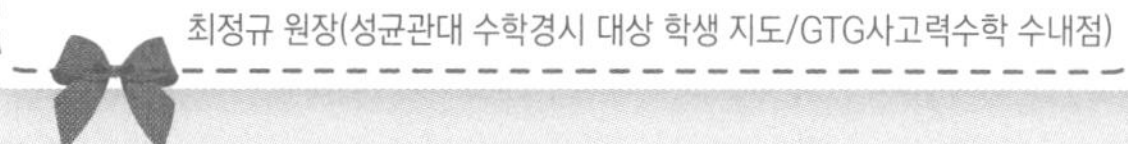

수학은 곧 도형이며, 도형의 궁금증으로부터 수학은 시작되고 발전되었음에도 아이들이 특히 기피하는 영역 중 하나이기도 합니다. 도형의 기본인 궁금증과 설렘을 바탕으로 기본 원리에 충실하게 구성한 바빠 중학도형은 아르키메데스와 같은 사고력과 창의력 충만한 아이들로 거듭나게 해줄 것입니다!

김재헌 본부장(일산 명문학원)

수학은 놓쳐서는 안 될 중요한 과목입니다. 수학이 약하다면, 이 책으로 '중학 수학 나 혼자 완성 프로젝트'에 도전해 보세요. 〈바빠 중학도형〉은 문제를 무작정 외워서 푸는 것이 아니라, 스스로 머리를 써서 해결해 나가며 실력을 쌓기에 딱 좋은 교재입니다.

김완석 원장(대구 DM영재학원)

중학도형의 기본 지식은 고등 수학 과정에서 매우 중요합니다. 특히 중2에서 배우는 '도형의 닮음'은 고등 과정에서도 많이 응용되는 기본 개념입니다. 바빠 중학도형은 도형의 정의와 기본 성질을 쉽게 습득하도록 구성, 기본기를 탄탄히 다질 수 있어 강력 추천합니다.

김종찬 원장(용인 김종찬수학전문학원)

〈바빠 중학도형〉은 기본 문제만 한 권에 모아, 아이들이 문제를 풀면서 스스로 개념을 잡을 수 있겠네요. 예비중학생부터 중학생까지, 자습용이나 학원 선생님들이 숙제로 내주기에 최적화된 교재입니다.

김승태 원장(부산 JBM수학학원/수학자가 들려주는 수학 이야기 저자)

나 혼자 푼다!

수포자의 갈림길, 중학교 2학년!
중학 수학을 포기하지 않으려면 어떻게 해야 할까?

수학을 포기하는 일명 '수포자'는 중학교 2학년에 절정에 이릅니다! '수포자 없는 입시 플랜'의 조사 결과, 전체 수포자 중 33%가 중학교 2학년 초에 수학을 포기했다고 응답했습니다. 또한 전체 수포자의 무려 74%가 중2 때까지 발생했다고 합니다.

이때, 수학을 포기하게 만드는 환경 중 하나가 바로 '어려운 문제집'입니다. 대부분의 중학 수학 문제집은 개념을 공부한 후, 기본 문제도 익숙해지지 않았는데 바로 어려운 심화 문제까지 풀도록 구성되어 있습니다.
대치동에서 10년이 넘게 중고생을 지도하고 있는 이 책의 저자, 임미연 선생님은 "요즘 시중의 중학 문제집에는, 학생들이 잘 이해할 수 있을까 의문이 드는 문제가 많이 수록되어 있다."고 말합니다. 기본 개념도 정리하지 못했는데 심화 문제를 푸는 것은 모래 위에 성을 쌓는 것입니다. 그런데 생각보다 많은 학생이 어려운 문제집의 희생양이 됩니다.
문제가 풀려야 공부가 재미있고 해볼 만한 일이 됩니다. 중학 수학을 포기하지 않으려면 어려운 문제집이 아닌, **혼자 풀 수 있을 만큼 쉬운 책으로 기초 먼저 탄탄하게 쌓는 것이 좋습니다.**

중학 2학년 2학기는 대부분 '도형'과 약간의 '확률' 영역으로 이루어져….

중학교 2학기 수학 과정은 1, 2, 3학년 모두 도형(기하) 파트입니다.
그 중 2학년 과정은 도형과 확률로 이루어져 있는데, 중2 도형 내용을 이해하고 넘어가야 고등 수학도 잘할 수 있습니다.
예를 들어 중2 도형에서 '도형의 성질' 개념을 확실히 잡고, '도형의 닮음과 피타고라스 정리' 부분을 잘 익혀 두면, 고등 수학 과정의 응용문제를 계산에 의존하지 않고 직관적으로 쉽게 푸는 데에도 큰 도움이 됩니다.

이 책은 중학도형의 기초 개념과 공식을 이용한 쉬운 문제부터 차근차근 풀 수 있는 책으로, 현재 시중에 나온 중학 2학년 2학기 수학 문제집 중 **선생님 없이 혼자 풀 수 있도록 설계된 독보적인 책**입니다.

이 책은 허세 없는
기본 문제 모음 훈련서입니다.

명강사의 바빠 꿀팁! 얼굴을 맞대고 듣는 것 같다.

기존의 책들은 한 권의 책에 방대한 지식을 모아 놓기만 할 뿐, 그것을 공부할 방법은 알려주지 않았습니다. 그래서 선생님께 의존하는 경우가 많았죠. 그러나 이 책은 선생님이 얼굴을 맞대고 알려주시던 공부 팁까지 책 속에 담았습니다.
각 단계의 개념에 친절한 설명과 함께 **명강사의 노하우가 담긴 '바빠 꿀팁'을 수록**, 혼자 공부해도 이해할 수 있습니다.

2학년 2학기의 기본 문제만 한 권으로 모아 놓았다.

이 책에서는 **도형뿐만 아니라 2학년 2학기에 배우는 모든 수학 내용을 담고 있습니다.** 도형은 물론이고 확률까지, 2학년 2학기 수학의 기본 문제만 한 권에 모아, 기초를 탄탄하게 다질 수 있습니다. 이 책으로 훈련하여 기초를 먼저 탄탄히 다진다면, 이후 어떤 유형의 심화 문제가 나와도 도전할 수 있는 힘이 생길 것입니다.

아는 것을 틀리지 말자! 중학생 70%가 틀리는 문제, '앗! 실수' 코너로 해결!

수학을 잘하는 친구도 실수로 점수가 깎이는 경우가 많습니다. 이 책에서는 실수로 **본인 실력보다 낮은 점수를 받지 않도록 특별한 장치를 마련**했습니다.
개념 페이지에 '앗! 실수' 코너를 통해, 중학생 70%가 자주 틀리는 실수 포인트를 정리했습니다.
또한 '앗! 실수' 유형의 도형 문제를 직접 풀며 확인하도록 설계해,
실수를 획기적으로 줄이는 데 도움을 줍니다.

또한, 매 단계의 마지막 페이지에 나오는 **'거저먹는 시험 문제'를 통해 이 책에서 연습한 훈련만으로도 충분히 풀 수 있는 중학교 내신 문제를 제시**했습니다. 이 책에 나온 문제만 다 풀어도 학교 시험에서 맞힐 수 있는 시험 문제는 많습니다.

중학생이라면, 스스로 개념을 정리하고
문제 해결 방법을 터득해야 할 때!

'바빠 중학도형'이 여러분을 도와드리겠습니다.
이 책으로 중학 수학의 기초를 튼튼하게 다져 보세요!

'바빠 중학도형' 구성과 특징

1단계 | 개념을 먼저 이해하자! — 단계마다 친절한 핵심 개념 설명이 있어요!

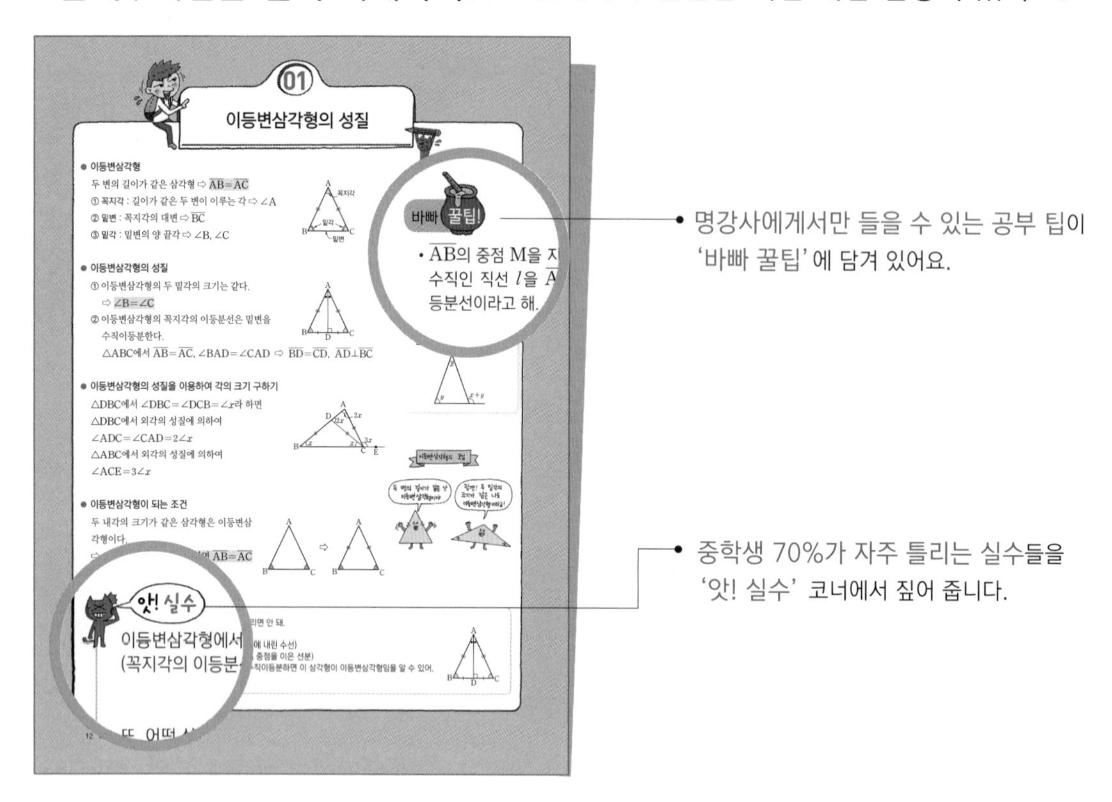

- 명강사에게서만 들을 수 있는 공부 팁이 '바빠 꿀팁'에 담겨 있어요.
- 중학생 70%가 자주 틀리는 실수들을 '앗! 실수' 코너에서 짚어 줍니다.

2단계 | 체계적인 도형 훈련! — 쉬운 문제부터 유형별로 풀다 보면 개념이 잡혀요.

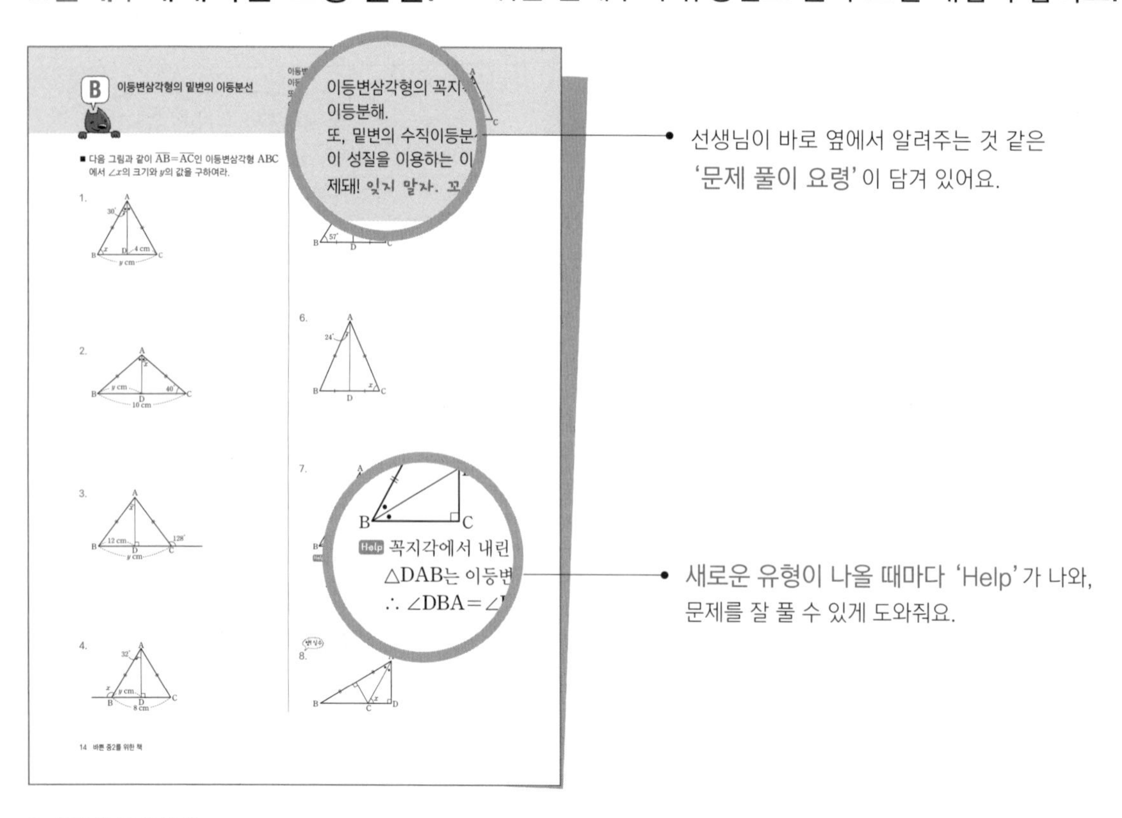

- 선생님이 바로 옆에서 알려주는 것 같은 '문제 풀이 요령'이 담겨 있어요.
- 새로운 유형이 나올 때마다 'Help'가 나와, 문제를 잘 풀 수 있게 도와줘요.

3단계 | 시험에 자주 나오는 문제로 마무리! — 이 책만 다 풀어도 학교 시험 문제없어요!

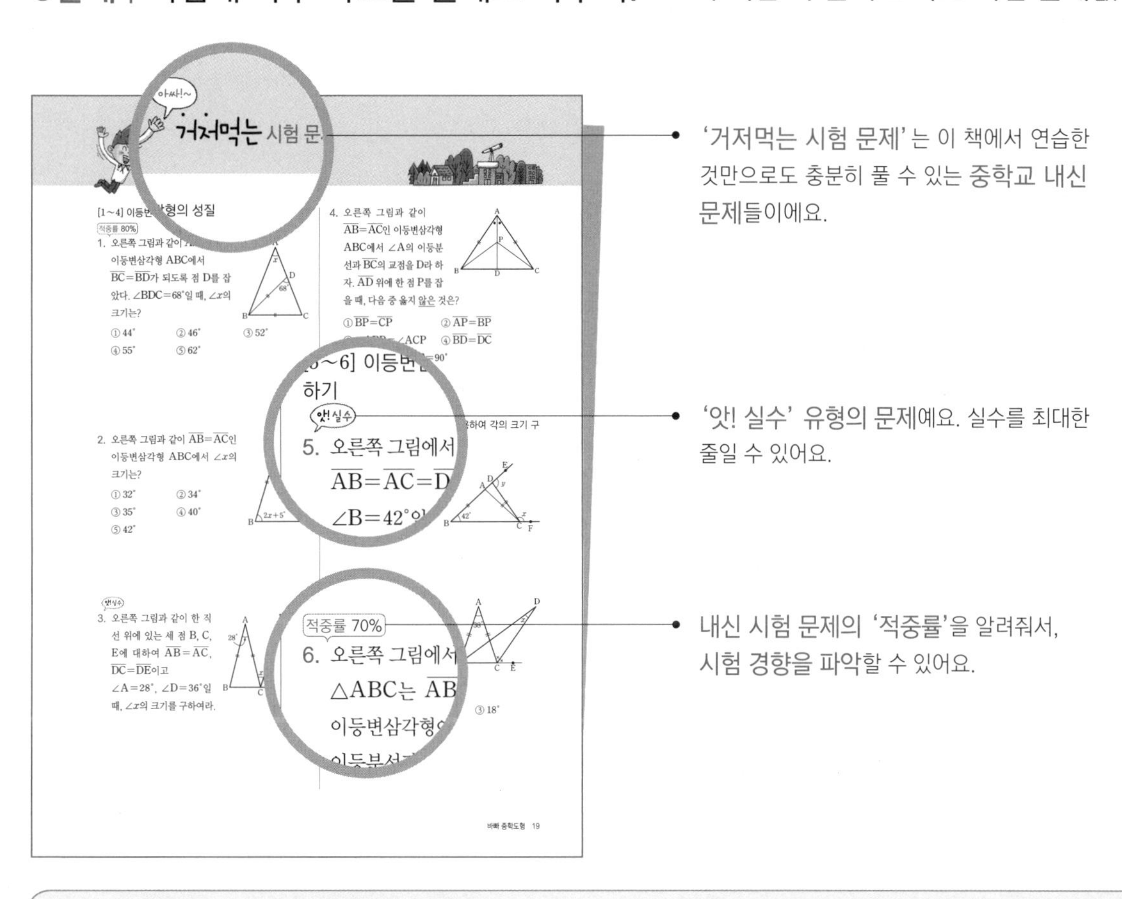

- '거저먹는 시험 문제'는 이 책에서 연습한 것만으로도 충분히 풀 수 있는 중학교 내신 문제들이에요.
- '앗! 실수' 유형의 문제예요. 실수를 최대한 줄일 수 있어요.
- 내신 시험 문제의 '적중률'을 알려줘서, 시험 경향을 파악할 수 있어요.

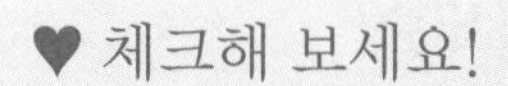

♥ 체크해 보세요!
나는 어떤 학생인가?

☐ 도형 문제는 아무리 들여다봐도 잘 모르겠는 학생

☐ 수학 문제만 보면 급격히 피곤해지는 학생

☐ 문제 하나 푸는 데 시간이 오래 걸리는 학생

☐ 쉬운 문제로 기초부터 탄탄히 다지고 싶은 학생

☐ 2학년 2학기 수학을 미리 공부하고 싶은 학생

위 항목 중 하나라도 체크했다면 중학도형 훈련이 꼭 필요합니다.
바빠 중학도형은 쉬운 문제부터 차근차근 유형별로 풀면서 스스로 깨우치도록 설계되었습니다.

'바빠 중학 수학' 시리즈로 공부하는 방법

《바쁜 중2를 위한 빠른 중학 수학》을 효과적으로 보는 방법

〈바빠 중학 수학〉은 1학기 과정이 〈바빠 중학연산〉 두 권으로, 2학기 과정이 〈바빠 중학도형〉 한 권으로 구성되어 있습니다.

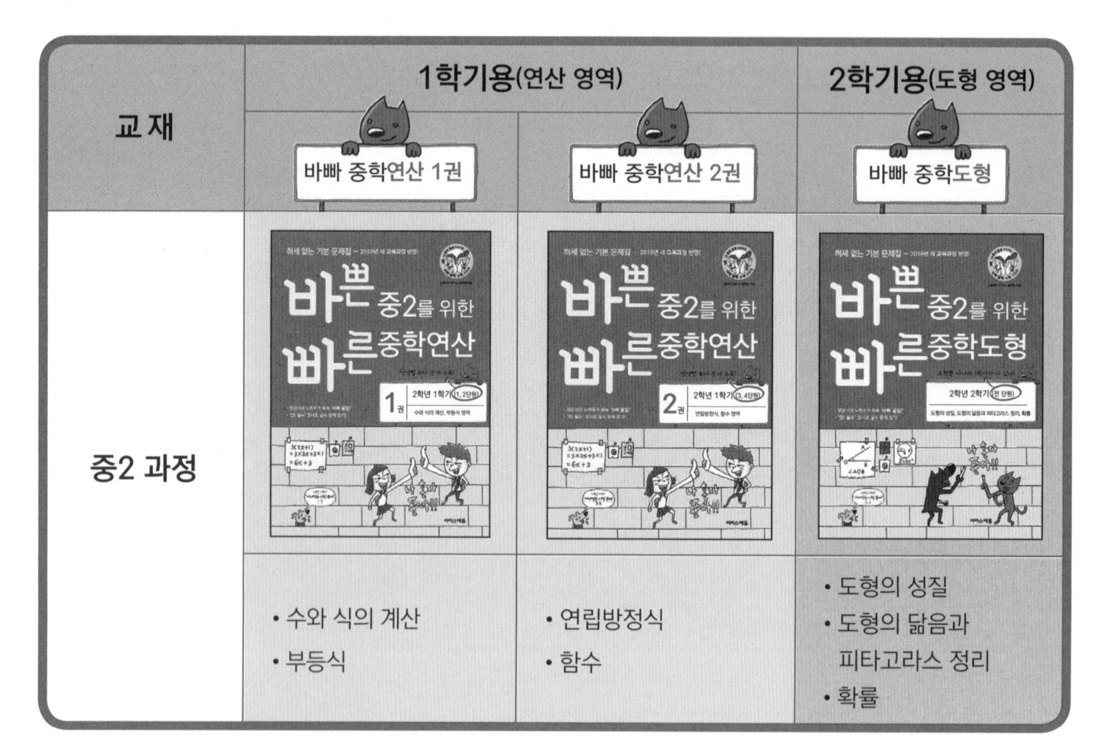

교재	1학기용(연산 영역)		2학기용(도형 영역)
	바빠 중학연산 1권	바빠 중학연산 2권	바빠 중학도형
중2 과정	바쁜 중2를 위한 빠른 중학연산 1권	바쁜 중2를 위한 빠른 중학연산 2권	바쁜 중2를 위한 빠른 중학도형
	• 수와 식의 계산 • 부등식	• 연립방정식 • 함수	• 도형의 성질 • 도형의 닮음과 피타고라스 정리 • 확률

1. 취약한 영역만 보강하려면? — 3권 중 한 권만 선택하세요!

중2 과정 중에서도 수와 식의 계산이나 부등식이 어렵다면 중학연산 1권 〈수와 식의 계산, 부등식 영역〉을, 연립방정식이나 함수가 어렵다면 중학연산 2권 〈연립방정식, 함수 영역〉을, 도형이 어렵다면 중학도형 〈도형의 성질, 도형의 닮음과 피타고라스 정리, 확률〉을 선택하여 정리해 보세요. 중2뿐 아니라 중3이라도 자신이 취약한 영역을 집중적으로 공부하여 학습 결손을 빠르게 보충하세요.

2. 중2이지만 수학이 약하거나, 중2 수학을 준비하는 중1이라면?

중학 수학 진도에 맞게 중학연산 1권 → 중학연산 2권 → 중학도형 순서로 공부하세요. 기본 문제부터 풀 수 있어서, 중학 수학의 기초를 탄탄히 다질 수 있습니다.

3. 학원이나 공부방 선생님이라면?

1) 기초가 부족한 학생에게는 개념을 간단히 설명한 후 자습용 교재로 이용하세요.
2) 개념을 익힌 학생에게는 과제용 교재로 이용하세요.
3) 가벼운 선행 학습과 학습 결손을 보강하기 위한 방학용 초단기 교재로 적합합니다.

바빠 중학연산 1권은 22단계, 2권은 22단계, 중학도형은 27단계로 구성되어 있습니다.

바쁜 중2를 위한 빠른 중학도형

나만의 공부 계획을 세워 보자!

나의 권장 진도 ______ 일

나는 어떤 학생인가?	권장 진도
∨ 중학 2학년이지만, 수학이 어렵고 자신감이 부족하다. ∨ 도형이나 확률 문제만 보면 막막해진다. ∨ 예비 중학생 또는 중학 1학년이지만, 도전하고 싶다.	27일 진도 권장
∨ 중학 2학년으로, 수학 실력이 보통이다.	20일 진도 권장
∨ 도형 영역이 연산 영역보다 쉽다. ∨ 수학에 자신이 있지만, 실수를 줄이고 싶다.	14일 진도 권장

권장 진도표

*27일 진도는 하루에 1과씩 공부하면 됩니다.

날짜	□ 1일차	□ 2일차	□ 3일차	□ 4일차	□ 5일차	□ 6일차	□ 7일차
14일 진도	1과	2~3과	4~5과	6~7과	8~9과	10~11과	12~13과
20일 진도	1과	2과	3과	4과	5~6과	7~8과	9과

날짜	□ 8일차	□ 9일차	□ 10일차	□ 11일차	□ 12일차	□ 13일차	□ 14일차
14일 진도	14~15과	16~17과	18~19과	20~21과	22~23과	24~25과	26~27과 끝!
20일 진도	10~11과	12과	13과	14과	15과	16과	17과

날짜	□ 15일차	□ 16일차	□ 17일차	□ 18일차	□ 19일차	□ 20일차
20일 진도	18과	19과	20~21과	22~23과	24~25과	26~27과 끝!

첫째 마당

도형의 성질

첫째 마당에서는 삼각형과 사각형의 성질을 배울 거야. 삼각형에서는 이등변삼각형의 성질과 삼각형의 외심과 내심에 대해서 배워. 그리고 사각형에서는 평행사변형의 성질을 배우고 이를 바탕으로 여러 가지 사각형의 성질을 배울 거야. 이때, 여러 가지 사각형의 성질을 서로 비교하면서 익히는 게 좋은 방법이야. 도형의 성질은 둘째 마당에서 배우는 도형의 닮음과 피타고라스 정리에 꼭 필요한 내용이니, 정확히 알고 넘어가자.

공부할 내용!	14일 진도	20일 진도	스스로 계획을 세워 봐!
01. 이등변삼각형의 성질	1일차	1일차	___월 ___일
02. 직각삼각형의 합동 조건	2일차	2일차	___월 ___일
03. 삼각형의 외심		3일차	___월 ___일
04. 삼각형의 내심	3일차	4일차	___월 ___일
05. 평행사변형의 뜻과 성질		5일차	___월 ___일
06. 평행사변형이 되는 조건	4일차		___월 ___일
07. 직사각형, 마름모		6일차	___월 ___일
08. 정사각형, 등변사다리꼴	5일차		___월 ___일
09. 여러 가지 사각형 사이의 관계		7일차	___월 ___일

01 이등변삼각형의 성질

● 이등변삼각형

두 변의 길이가 같은 삼각형 ⇨ $\overline{AB}=\overline{AC}$

① 꼭지각 : 길이가 같은 두 변이 이루는 각 ⇨ $\angle A$

② 밑변 : 꼭지각의 대변 ⇨ $\overline{BC}$

③ 밑각 : 밑변의 양 끝각 ⇨ $\angle B$, $\angle C$

바빠 꿀팁!

• $\overline{AB}$의 중점 M을 지나고 $\overline{AB}$에 수직인 직선 l을 $\overline{AB}$의 수직이등분선이라고 해.

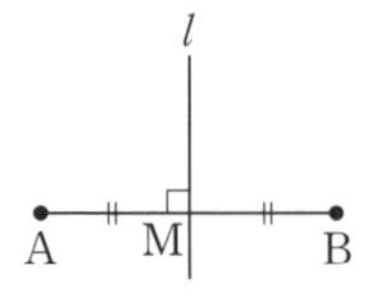

• 삼각형의 한 외각의 크기는 그와 이웃하지 않는 두 내각의 크기의 합과 같아.

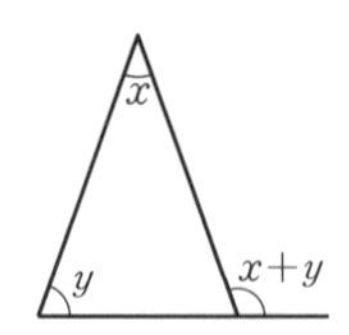

● 이등변삼각형의 성질

① 이등변삼각형의 두 밑각의 크기는 같다.

⇨ $\angle B=\angle C$

② 이등변삼각형의 꼭지각의 이등분선은 밑변을 수직이등분한다.

$\triangle ABC$에서 $\overline{AB}=\overline{AC}$, $\angle BAD=\angle CAD$ ⇨ $\overline{BD}=\overline{CD}$, $\overline{AD}\perp\overline{BC}$

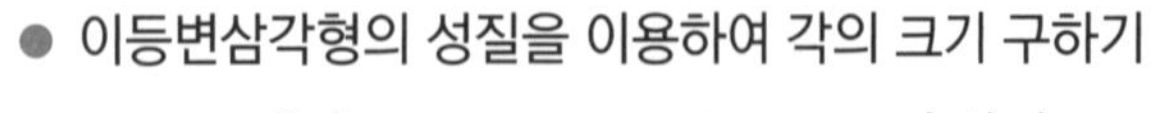

● 이등변삼각형의 성질을 이용하여 각의 크기 구하기

$\triangle DBC$에서 $\angle DBC=\angle DCB=\angle x$라 하면

$\triangle DBC$에서 외각의 성질에 의하여

$\angle ADC=\angle CAD=2\angle x$

$\triangle ABC$에서 외각의 성질에 의하여

$\angle ACE=3\angle x$

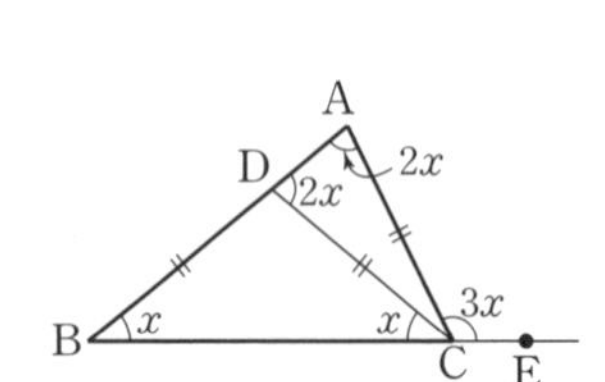

이등변삼각형의 모임

● 이등변삼각형이 되는 조건

두 내각의 크기가 같은 삼각형은 이등변삼각형이다.

⇨ $\triangle ABC$에서 $\angle B=\angle C$이면 $\overline{AB}=\overline{AC}$

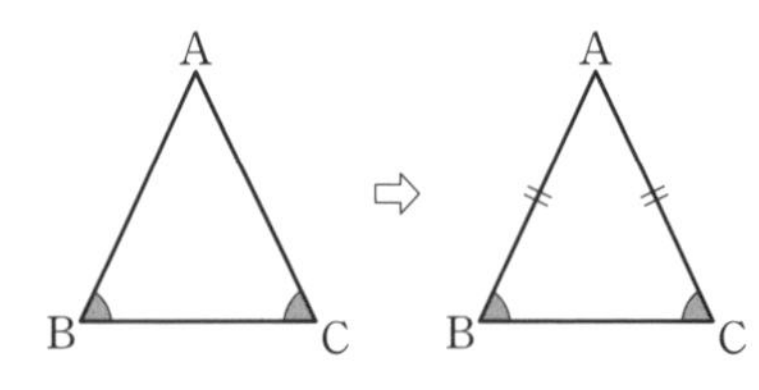

이등변삼각형에서 다음은 모두 같은 말이니 헷갈리면 안 돼.

(꼭지각의 이등분선)=(밑변의 수직이등분선)

=(꼭지각의 꼭짓점에서 밑변에 내린 수선)

=(꼭지각의 꼭짓점과 밑변의 중점을 이은 선분)

또, 어떤 삼각형의 꼭지각의 이등분선이 밑변을 수직이등분하면 이 삼각형이 이등변삼각형임을 알 수 있어.

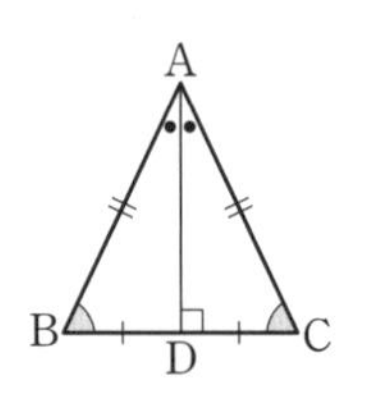

A 이등변삼각형의 밑각의 크기

$\triangle ABC$에서 $\overline{AB}=\overline{AC}$이면

- $\angle A=180^\circ-2\angle B$
- $\angle B=\angle C=\frac{1}{2}(180^\circ-\angle A)$

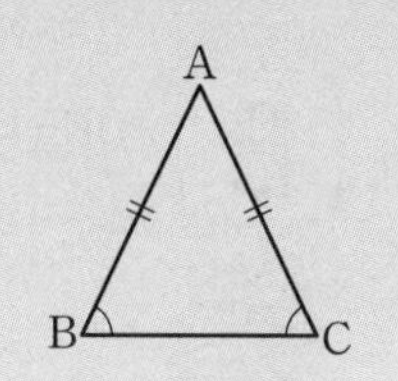

■ 다음 그림과 같이 $\overline{AB}=\overline{AC}$인 이등변삼각형 ABC 에서 $\angle x$의 크기를 구하여라.

1.

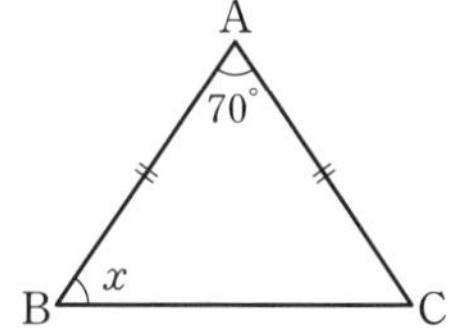

2.

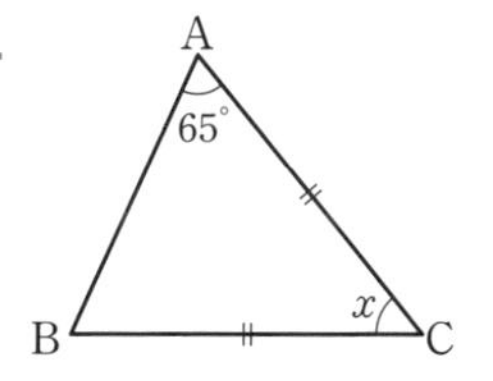

3.

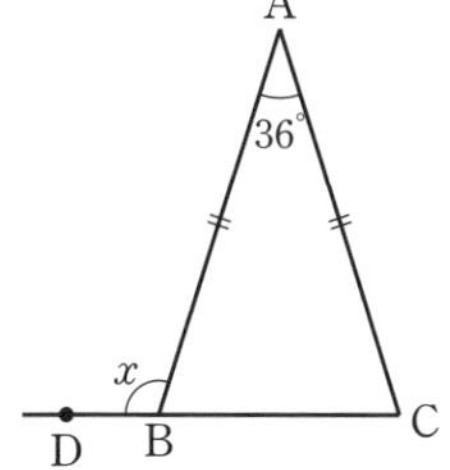

4.

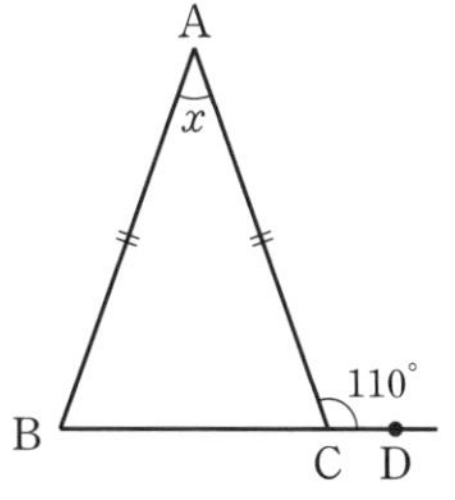

■ 다음 그림과 같이 $\overline{AB}=\overline{AC}$인 이등변삼각형 ABC 에서 $\overline{BC}=\overline{BD}$일 때, $\angle x$의 크기를 구하여라.

5.

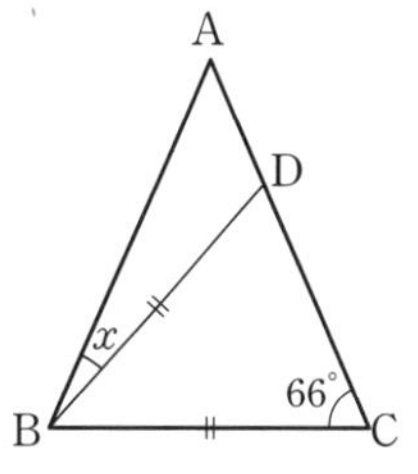

Help $\angle BDC=66^\circ$, $\angle DBC=180^\circ-(66^\circ+66^\circ)$

6.

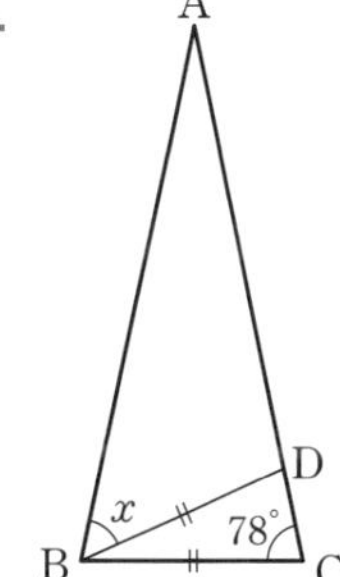

■ 다음 그림과 같이 $\overline{AB}=\overline{AC}$인 이등변삼각형 ABC 에서 $\angle ABD=\angle DBC$일 때, $\angle x$의 크기를 구하여라.

7.

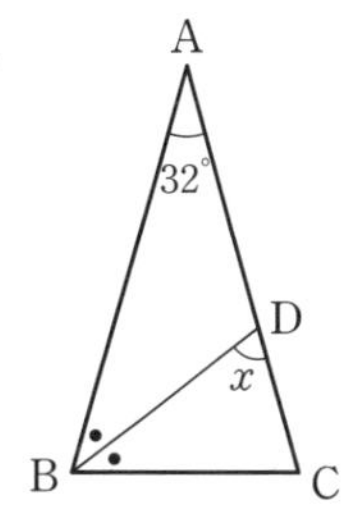

8.

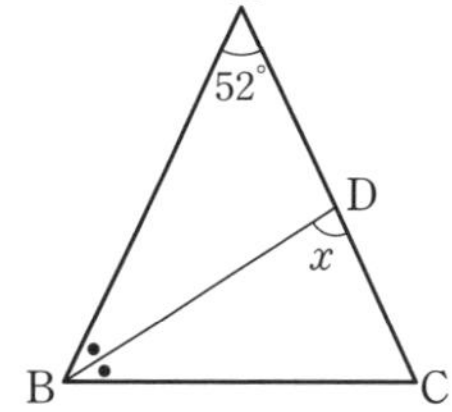

B 이등변삼각형의 밑변의 이등분선

이등변삼각형의 꼭지각의 이등분선은 밑변을 수직이등분해.
또, 밑변의 수직이등분선은 꼭지각을 이등분하지.
이 성질을 이용하는 이등변삼각형 문제가 많이 출제돼! 잊지 말자. 꼬~옥!

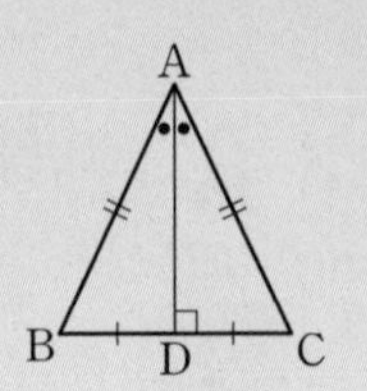

■ 다음 그림과 같이 $\overline{AB}=\overline{AC}$인 이등변삼각형 ABC에서 $\angle x$의 크기와 y의 값을 구하여라.

1.

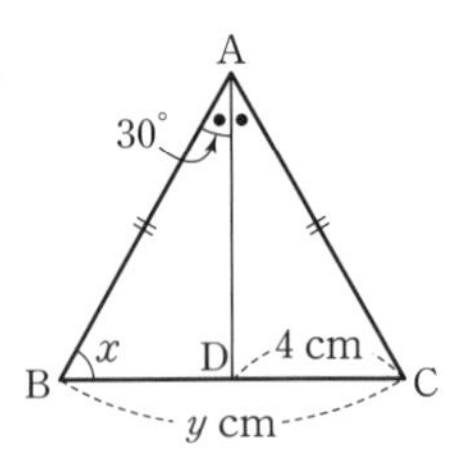

2.

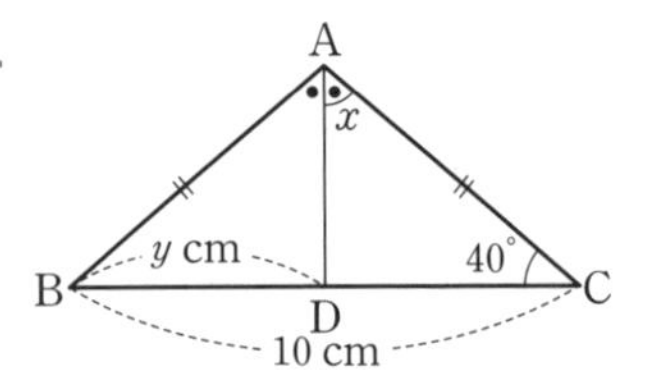

3.

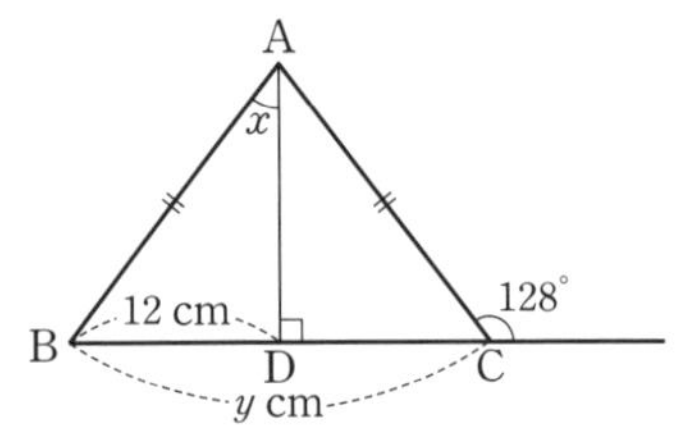

4.

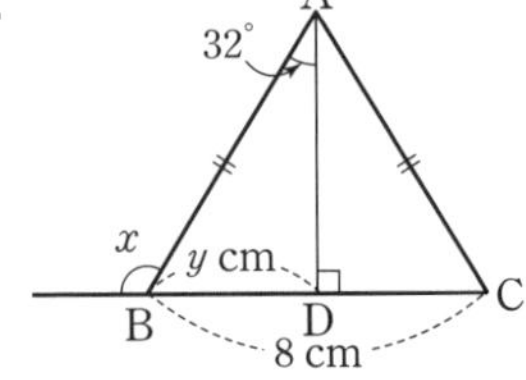

■ 다음 그림에서 $\angle x$의 크기를 구하여라.

5.

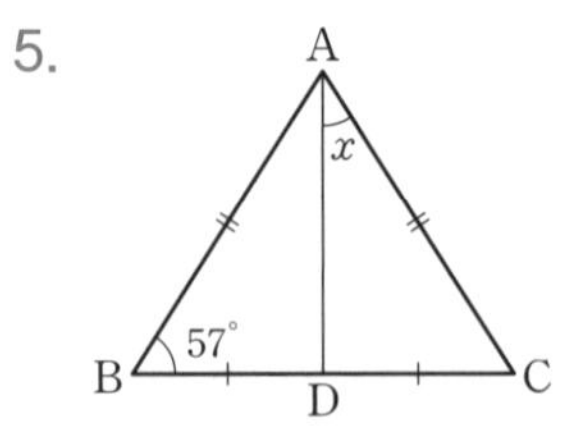

6.

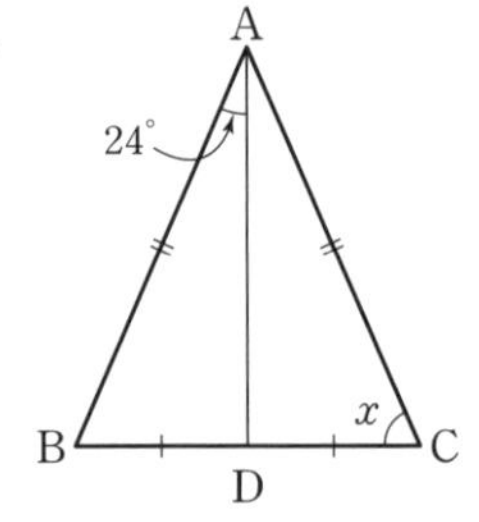

7.

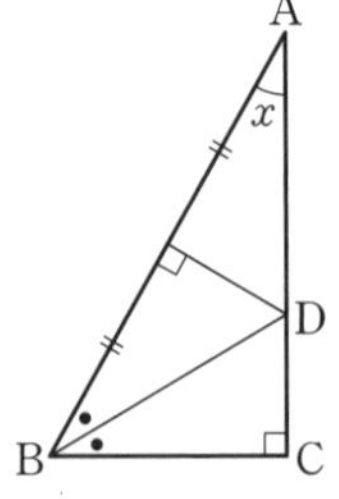

Help 꼭지각에서 내린 수선이 밑변을 이등분하므로 $\triangle$DAB는 이등변삼각형이다.
$\therefore \angle DBA=\angle DBC=\angle x$

앗 실수

8.

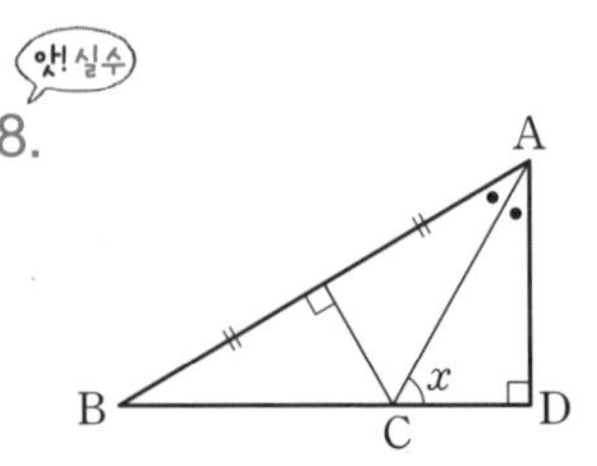

연속된 이등변삼각형의 각의 크기 구하기

오른쪽 그림에서 $\angle x$의 크기를 구해 보자.
$\angle DCB = \angle DBC = 40^\circ$
$\triangle DBC$에서 외각의 성질에 의해
$\angle CDA = \angle CAD = 80^\circ$
$\triangle ABC$의 외각의 성질에서 $\angle x = 40^\circ + 80^\circ = 120^\circ$

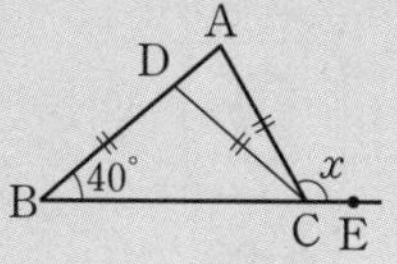

■ 다음 그림에서 $\angle x$의 크기를 구하여라.

1.
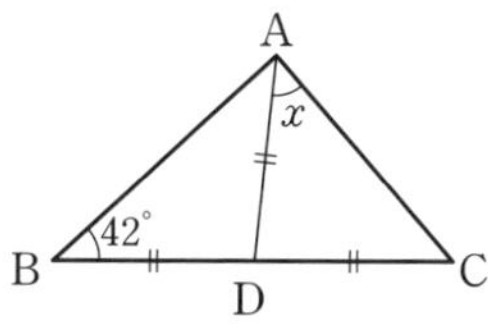

Help $\angle ADC = 42^\circ + 42^\circ = 84^\circ$

2.
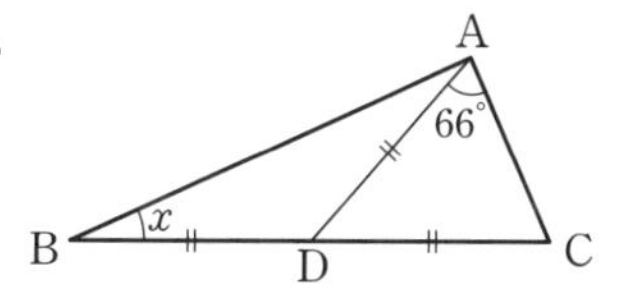

3.
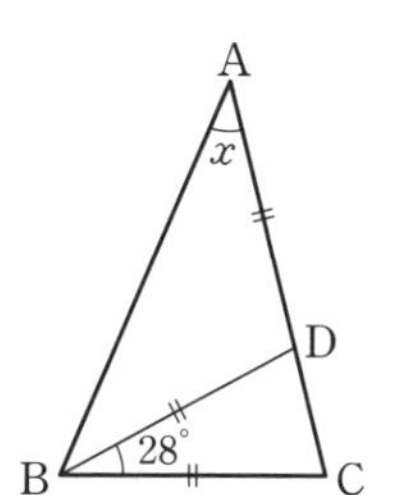

4.
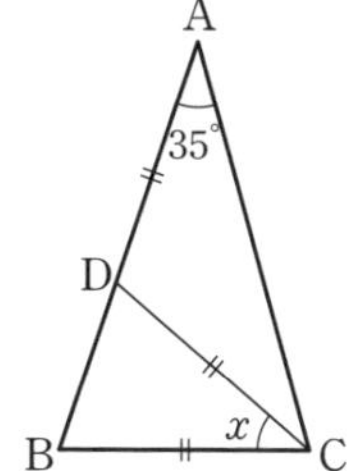

5.
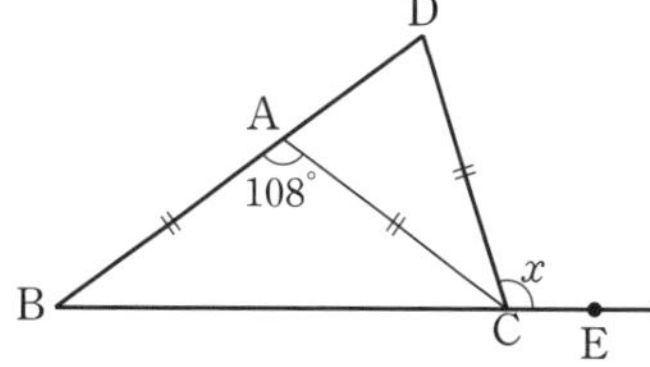

Help $\angle ABC = \angle ACB = 36^\circ$, $\angle CAD = \angle CDA = 72^\circ$

6.
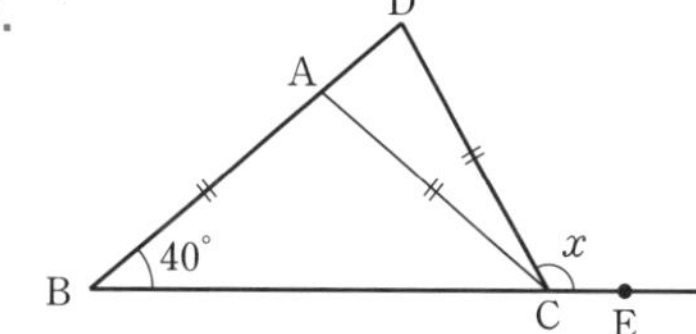

7.
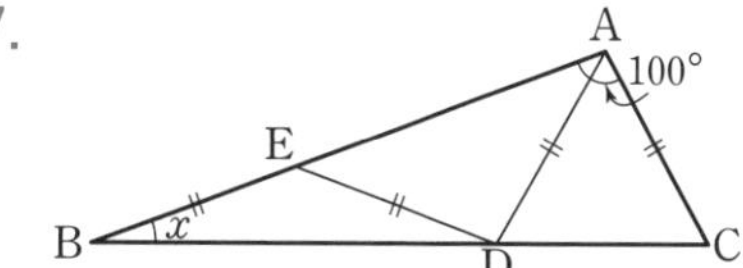

Help $\angle EDB = \angle EBD = x$, $\angle DEA = \angle DAE = 2x$,
$\angle ADC = \angle ACD = 3x$

8.
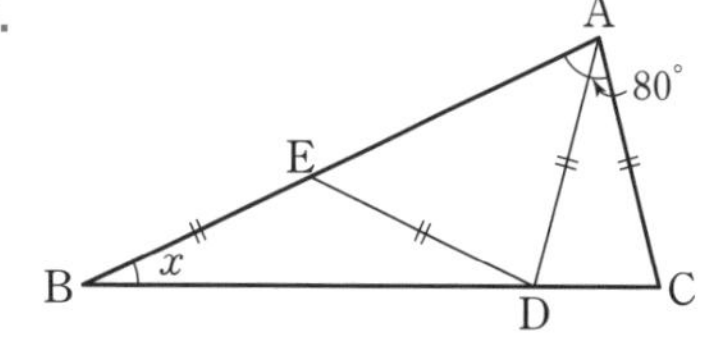

D 이등변삼각형의 외각의 성질을 이용하여 각의 크기 구하기

오른쪽 그림에서 $\angle x$의 크기를 구해 보자.
$\triangle ABC$의 외각에서 $50° + 2 \bullet = 2\times$
양변을 2로 나누면 $25° + \bullet = \times$
$\triangle DBC$에서 $\angle x + \bullet = \times$이므로
$\angle x = 25°$

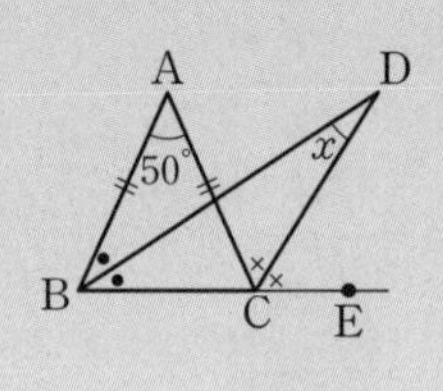

■ 다음 그림에서 $\angle x$의 크기를 구하여라.

1.

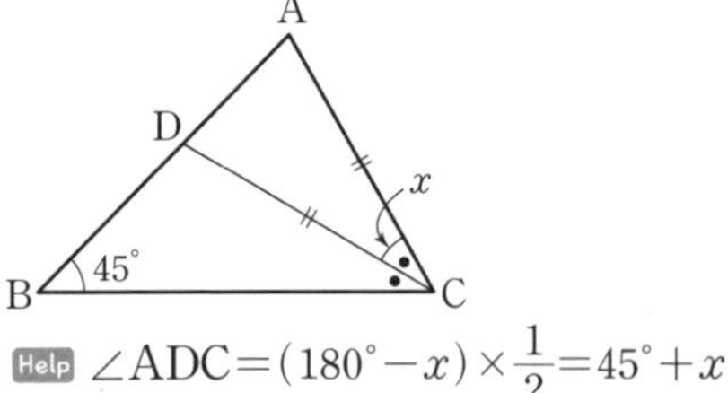

Help $\angle ADC = (180° - x) \times \frac{1}{2} = 45° + x$

2.

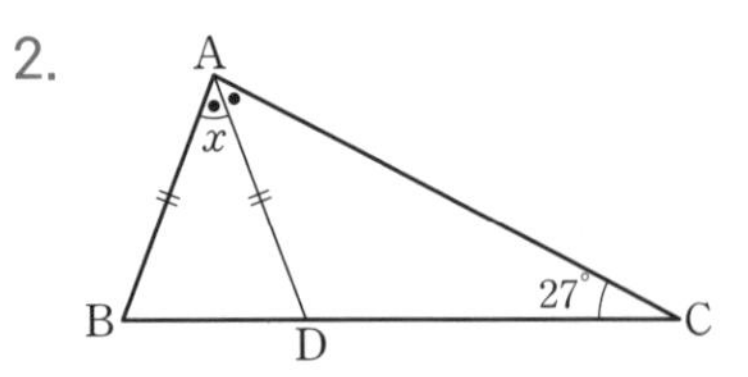

3.

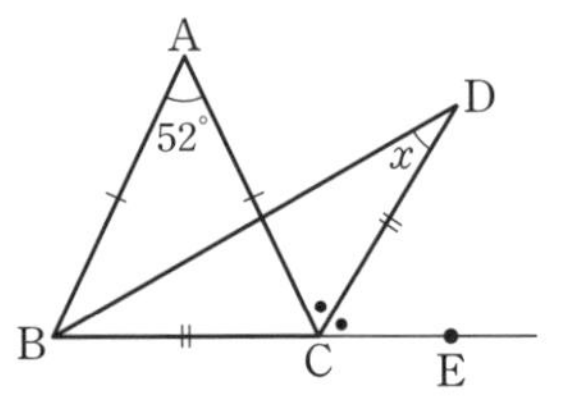

Help $\angle ABC = \angle ACB = 64°$
$\angle DCE = \angle ACD = \frac{1}{2}(180° - 64°)$
$\angle DCE = 2\angle x$

4.

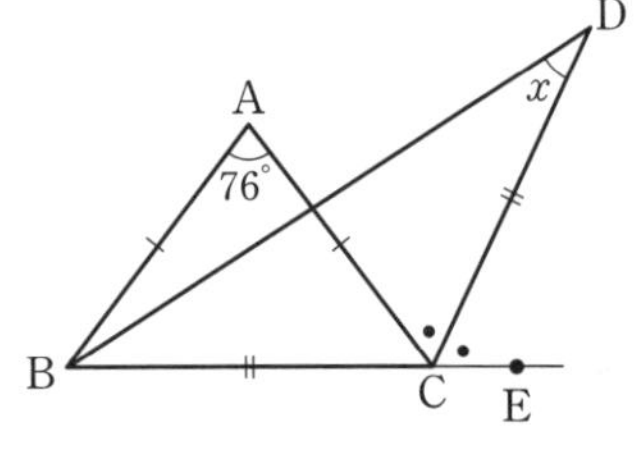

5.

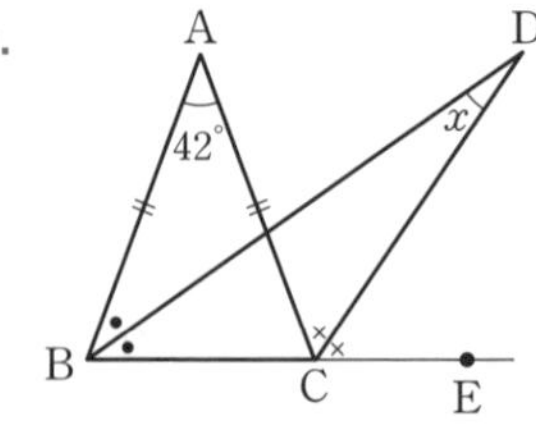

Help $\triangle ABC$의 외각에서 $42° + 2 \bullet = 2\times$
양변을 2로 나누면 $21° + \bullet = \times$
$\triangle DBC$의 외각에서 $\angle x + \bullet = \times$

6.

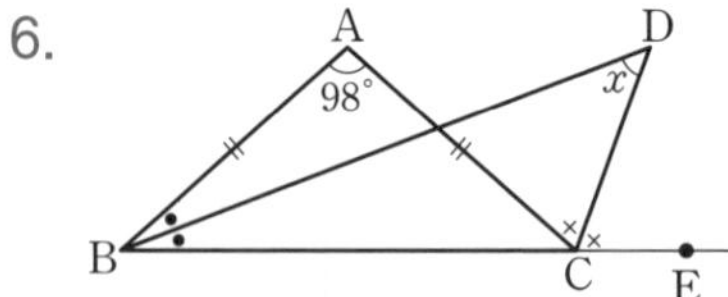

7.

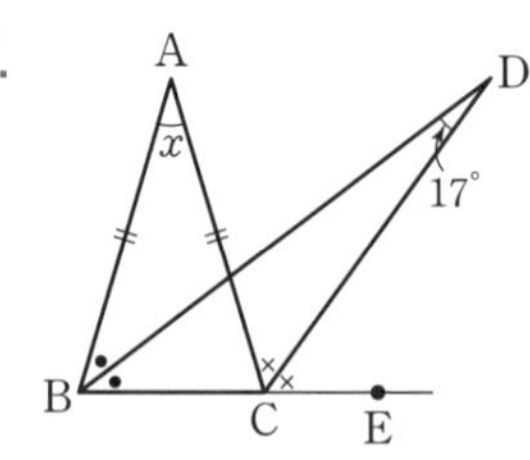

Help $\triangle DBC$의 외각에서 $17° + \bullet = \times$
양변에 2를 곱하면 $34° + 2 \bullet = 2\times$
$\triangle ABC$의 외각에서 $\angle x + 2 \bullet = 2\times$

8.

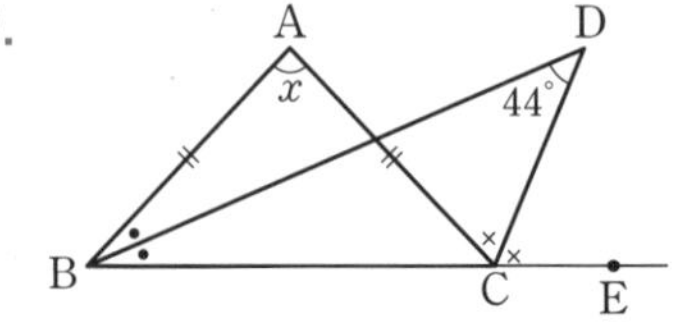

E 이등변삼각형이 되는 조건

오른쪽 그림과 같이 두 내각의 크기가 같은 삼각형은 이등변삼각형이 되므로 $x=6$이야.

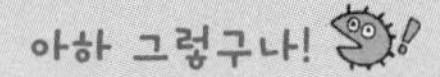

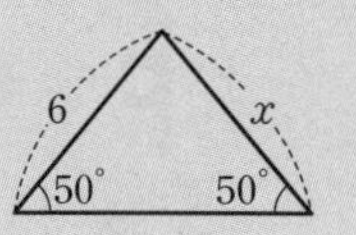

■ 다음 그림에서 x의 값을 구하여라.

1.

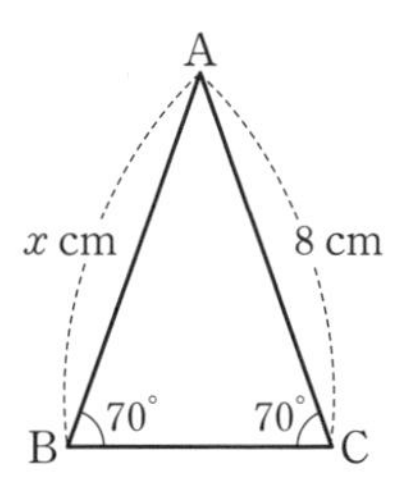

2.

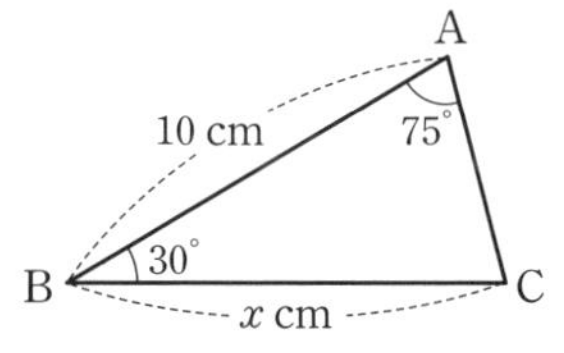

3.

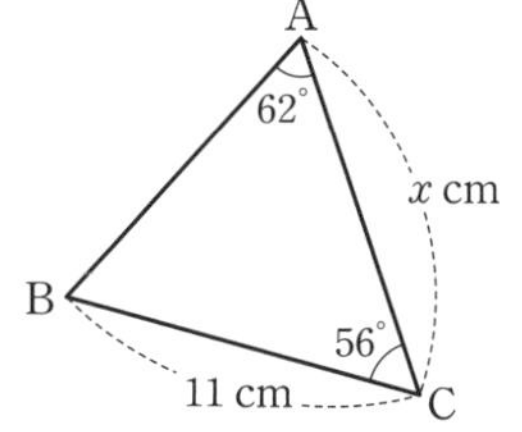

4.

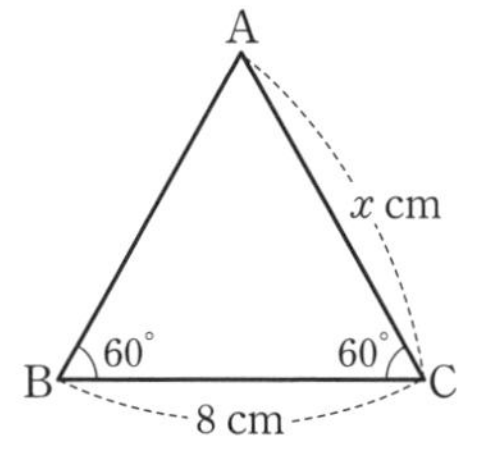

■ 다음과 같이 $\overline{AB}=\overline{AC}$인 이등변삼각형 ABC에서 x의 값을 구하여라.

5.

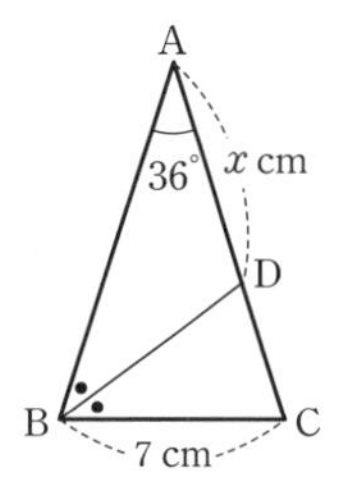

Help $\angle ABC=\angle ACB=72^\circ$, $\angle DBC=36^\circ$

6.

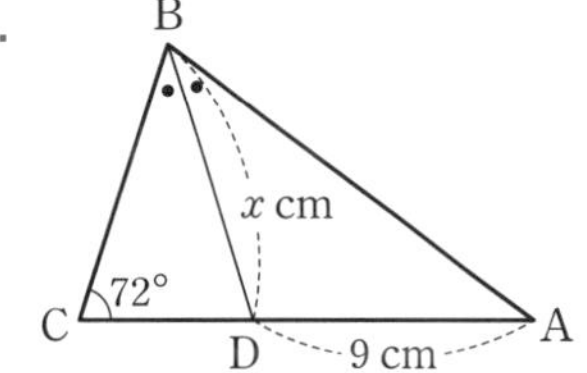

■ 다음 그림에서 $\overline{CD}$의 길이를 구하여라.

7.

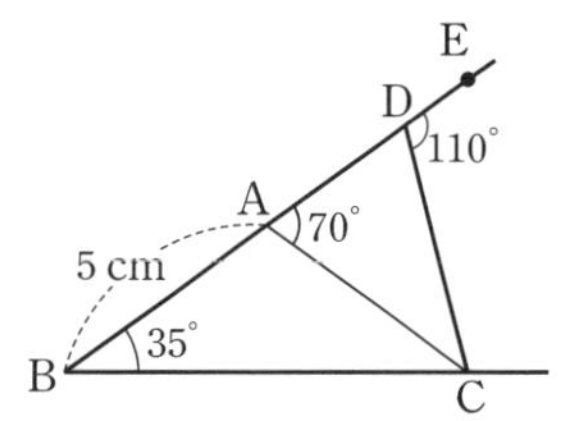

Help $\angle ACB=70^\circ-35^\circ=35^\circ$이므로 $\triangle ABC$는 이등변삼각형이다.

8.

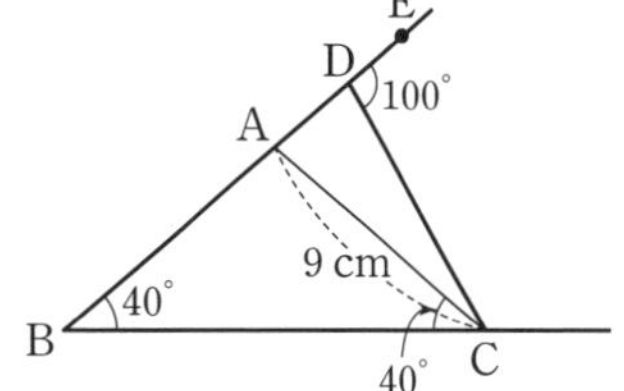

F 폭이 일정한 종이 접기

종이 접기 문제에서는 오른쪽 그림과 같이 엇각의 크기가 같음을 이용하면 $\triangle$ABC가 이등변삼각형이 됨을 알 수 있어.

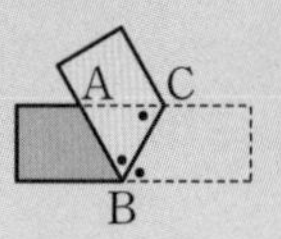

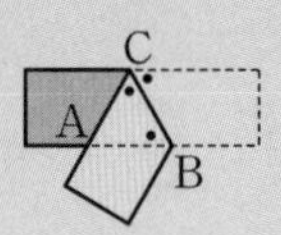

잊지 말자. 꼬~옥!

■ 다음 그림과 같이 직사각형 모양의 종이를 접었을 때, $\angle x$의 크기를 구하여라.

1.

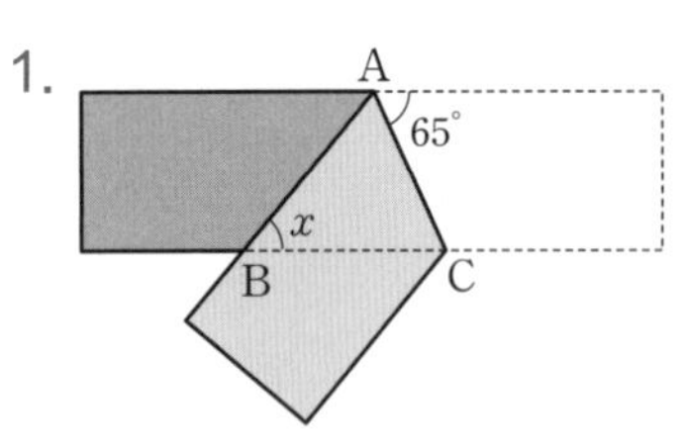

Help $\angle$BAC$=65°$(접은 각), $\angle$ACB$=65°$(엇각)

2.

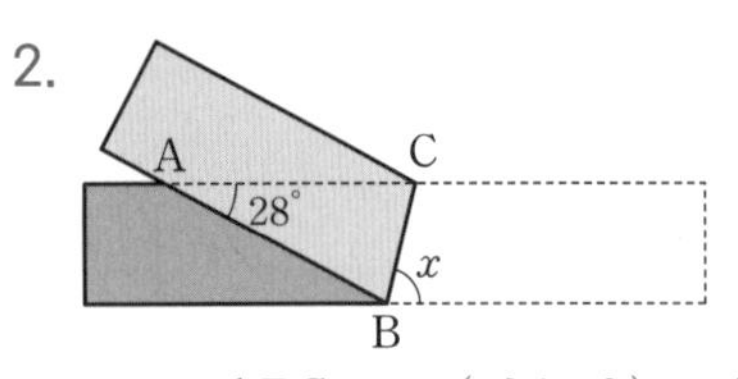

Help $\angle$ABC$=\angle x$(접은 각), $\angle$ACB$=\angle x$(엇각)

3.

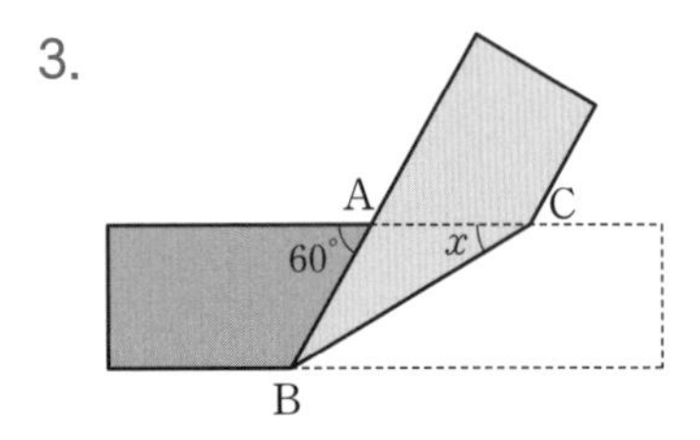

■ 다음 그림과 같이 직사각형 모양의 종이를 접었을 때, x의 값을 구하여라.

4.

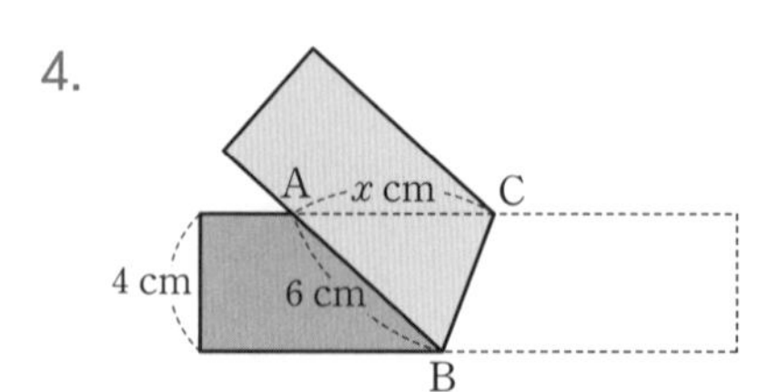

Help $\triangle$ABC는 이등변삼각형이다.

5.

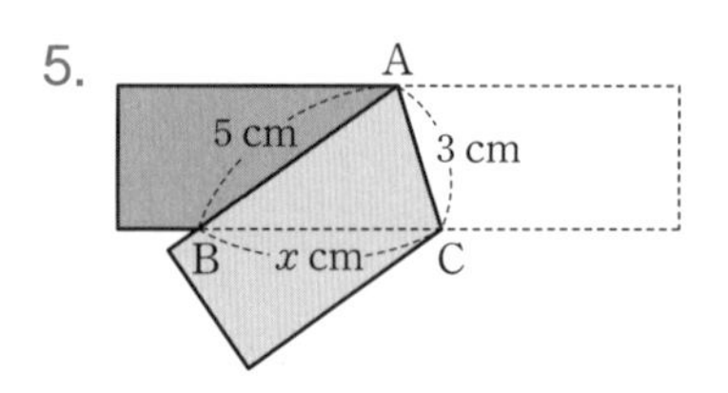

6.

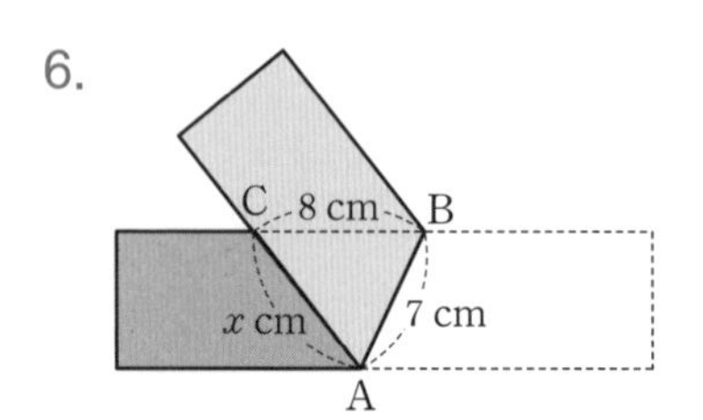

[1～4] 이등변삼각형의 성질

적중률 80%

1. 오른쪽 그림과 같이 $\overline{AB}=\overline{AC}$인 이등변삼각형 ABC에서 $\overline{BC}=\overline{BD}$가 되도록 점 D를 잡았다. $\angle BDC=68^{\circ}$일 때, $\angle x$의 크기는?

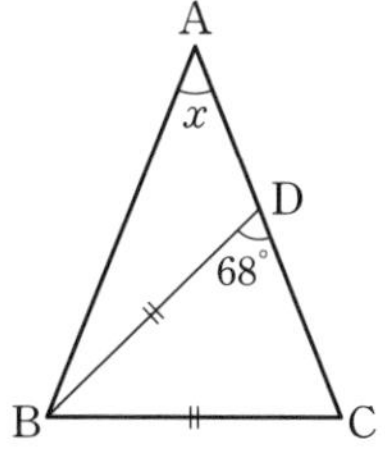

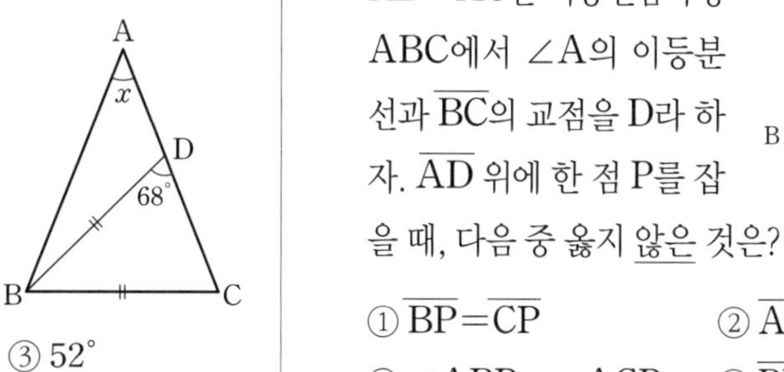

① 44° ② 46° ③ 52°
④ 55° ⑤ 62°

2. 오른쪽 그림과 같이 $\overline{AB}=\overline{AC}$인 이등변삼각형 ABC에서 $\angle x$의 크기는?

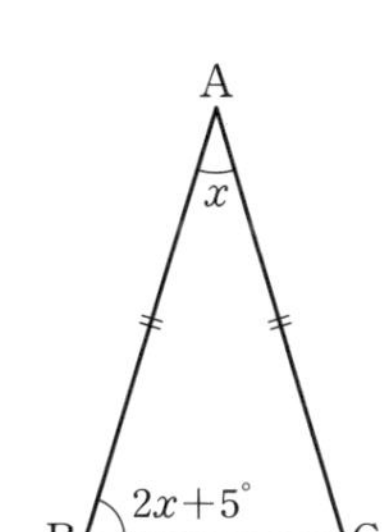

① 32° ② 34°
③ 35° ④ 40°
⑤ 42°

앗! 실수

3. 오른쪽 그림과 같이 한 직선 위에 있는 세 점 B, C, E에 대하여 $\overline{AB}=\overline{AC}$, $\overline{DC}=\overline{DE}$이고 $\angle A=28^{\circ}$, $\angle D=36^{\circ}$일 때, $\angle x$의 크기를 구하여라.

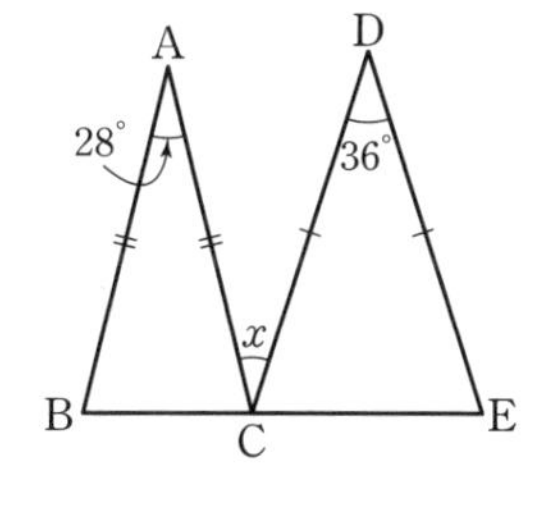

4. 오른쪽 그림과 같이 $\overline{AB}=\overline{AC}$인 이등변삼각형 ABC에서 $\angle A$의 이등분선과 $\overline{BC}$의 교점을 D라 하자. $\overline{AD}$ 위에 한 점 P를 잡을 때, 다음 중 옳지 않은 것은?

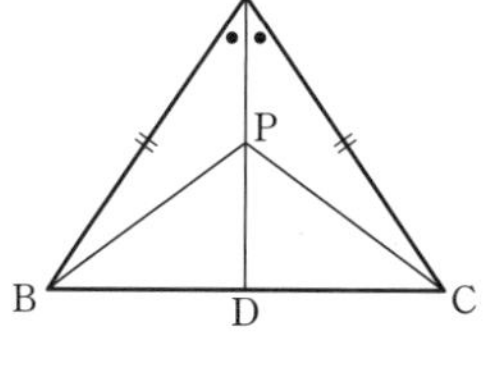

① $\overline{BP}=\overline{CP}$ ② $\overline{AP}=\overline{BP}$
③ $\angle ABP=\angle ACP$ ④ $\overline{BD}=\overline{DC}$
⑤ $\angle PDB=\angle PDC=90^{\circ}$

[5～6] 이등변삼각형의 성질을 이용하여 각의 크기 구하기

5. 오른쪽 그림에서 $\overline{AB}=\overline{AC}=\overline{DC}$이고 $\angle B=42^{\circ}$일 때, $\angle x-\angle y$의 크기를 구하여라.

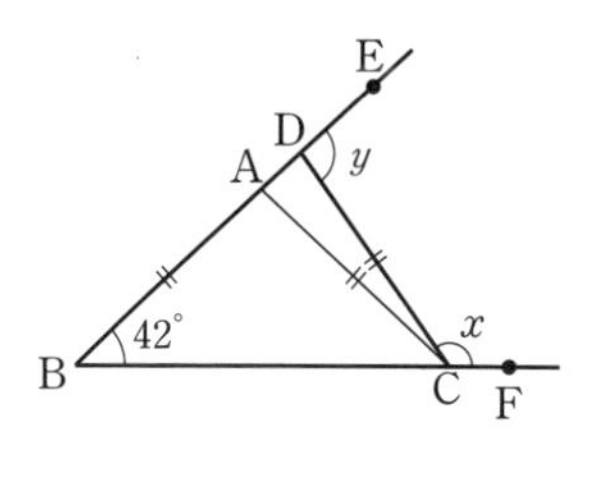

적중률 70%

6. 오른쪽 그림에서 $\triangle ABC$는 $\overline{AB}=\overline{AC}$인 이등변삼각형이다. $\angle B$의 이등분선과 $\angle C$의 외각의 이등분선의 교점을 D라 할 때, $\angle x$의 크기는?

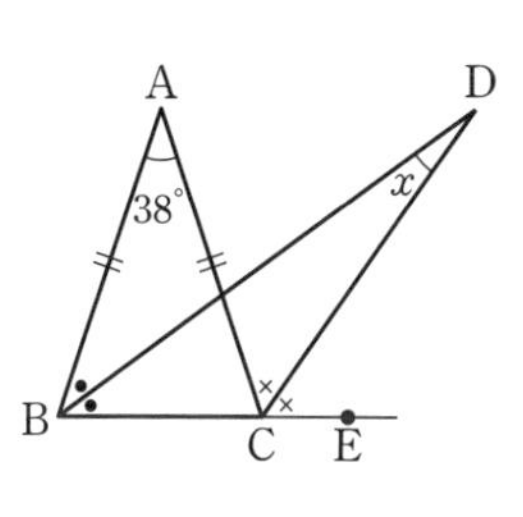

① 16° ② 17° ③ 18°
④ 19° ⑤ 20°

02 직각삼각형의 합동 조건

● 직각삼각형의 합동 조건

두 직각삼각형은 다음의 각 경우에 서로 합동이다.

① 두 직각삼각형의 빗변의 길이와 한 예각의 크기가 각각 같을 때
(직각 – R, 빗변 – H, 예각 – A)

$\angle C=\angle F=90^\circ$, $\overline{AB}=\overline{DE}$, $\angle B=\angle E$

⇨ $\triangle ABC\equiv\triangle DEF$ (RHA 합동)

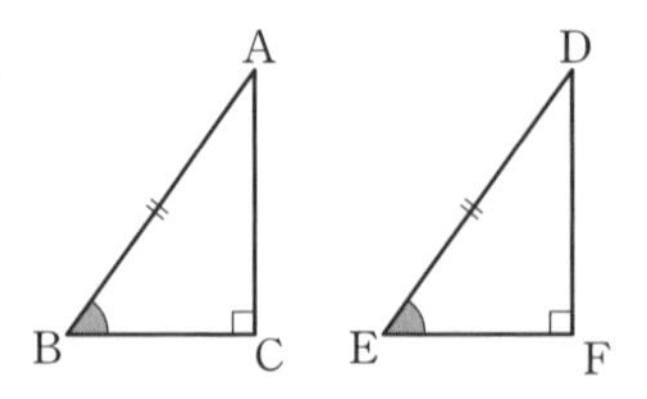

② 두 직각삼각형의 빗변의 길이와 다른 한 변의 길이가 각각 같을 때
(직각 – R, 빗변 – H, 변 – S)

$\angle C=\angle F=90^\circ$, $\overline{AB}=\overline{DE}$, $\overline{AC}=\overline{DF}$

⇨ $\triangle ABC\equiv\triangle DEF$ (RHS 합동)

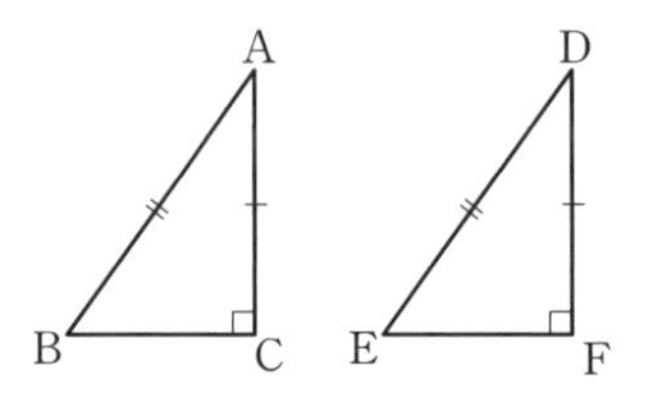

• 삼각형의 합동 조건은 세 가지 SSS 합동, SAS 합동, ASA 합동으로 배웠지. 두 삼각형이 특별하게 직각삼각형일 때는 RHA 합동, RHS 합동이라 불러. 그런데 이것은 결국 RHA 합동은 ASA 합동인 거고 RHS 합동은 SAS 합동인거야.

• RHA 합동, RHS 합동에서
R: 직각 (Right angle)
H: 빗변 (Hypotenuse)
A: 각 (Angle)
S: 변 (Side)

● 각의 이등분선의 성질

① 각의 이등분선 위의 임의의 점에서 그 각을 이루는 두 변까지의 거리는 같다.

⇨ $\angle AOP=\angle BOP$이면 $\overline{PC}=\overline{PD}$

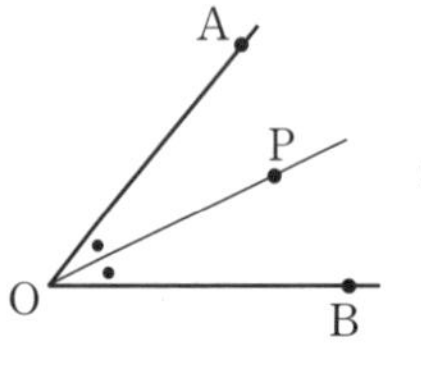

⇨

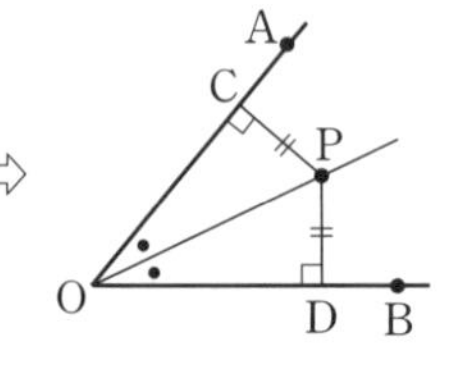

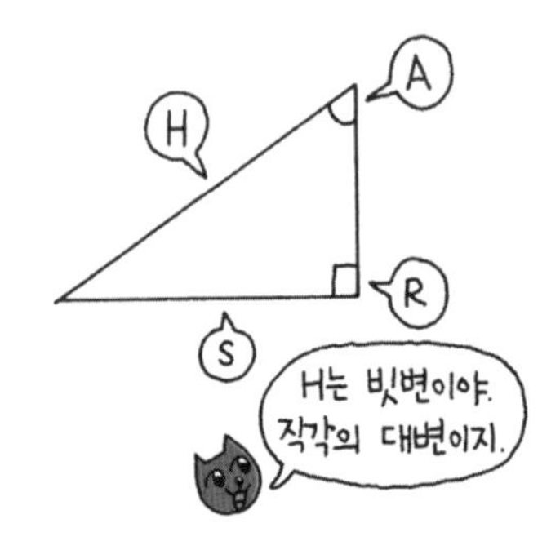

② 각의 두 변에서 같은 거리에 있는 점은 그 각의 이등분선 위에 있다.

⇨ $\overline{PC}=\overline{PD}$이면

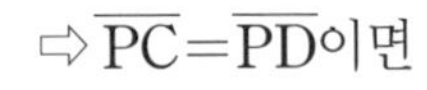

$\angle AOP=\angle BOP$

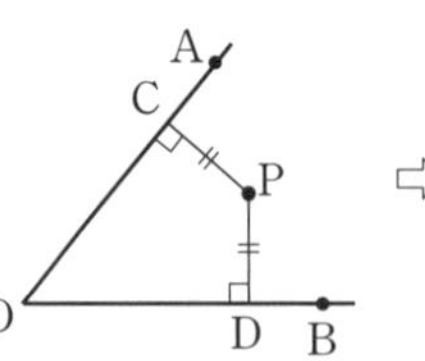

⇨

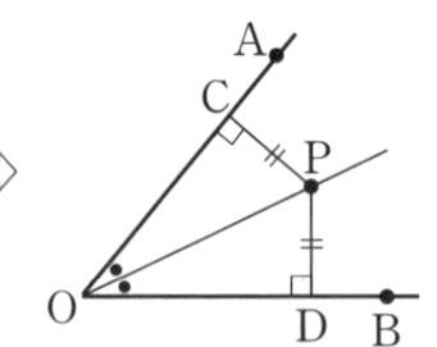

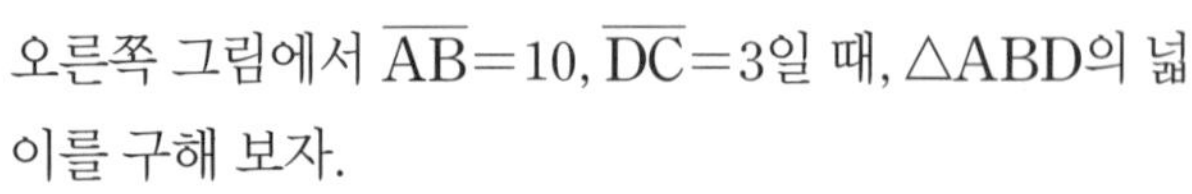

오른쪽 그림에서 $\overline{AB}=10$, $\overline{DC}=3$일 때, $\triangle ABD$의 넓이를 구해 보자.

두 직각삼각형 $\triangle ADE$와 $\triangle ADC$에서

빗변인 $\overline{AD}$는 공통, $\angle EAD=\angle CAD$

따라서 $\triangle AED\equiv\triangle ACD$ (RHA 합동)이므로

$\overline{DE}=\overline{DC}=3$

$\therefore \triangle ABD=\frac{1}{2}\times 10\times 3=15$

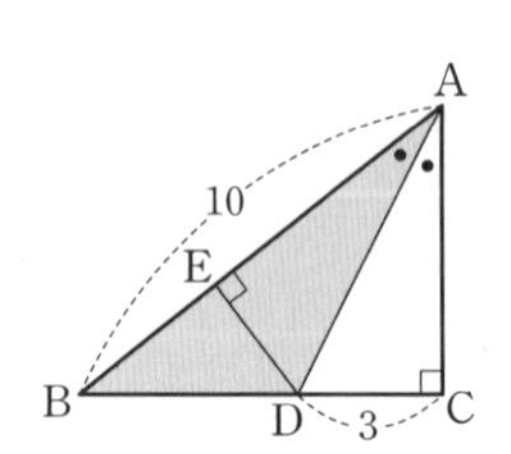

A 직각삼각형의 합동 조건 -RHA 합동

• 두 삼각형이 직각삼각형이고
• 빗변의 길이가 같고
• 직각을 제외한 나머지 각 중 어느 한 각의 크기가 같으면
⇨ RHA 합동 아하 그렇구나!

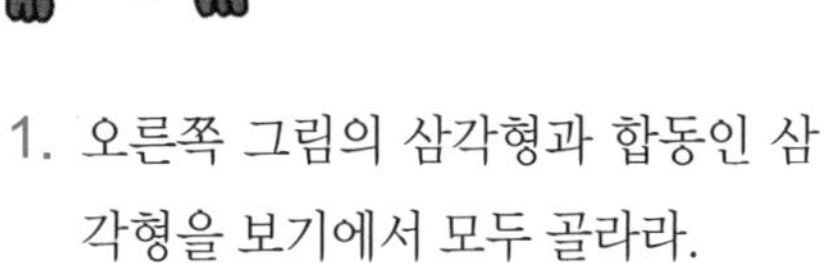

1. 오른쪽 그림의 삼각형과 합동인 삼각형을 보기에서 모두 골라라.

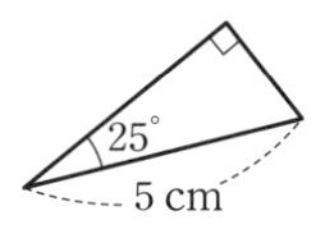

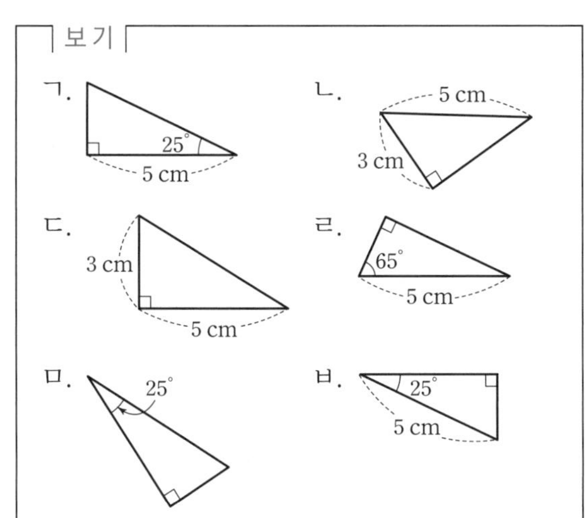

■ 다음 그림에서 $\overline{EF}$의 길이를 구하여라.

2.

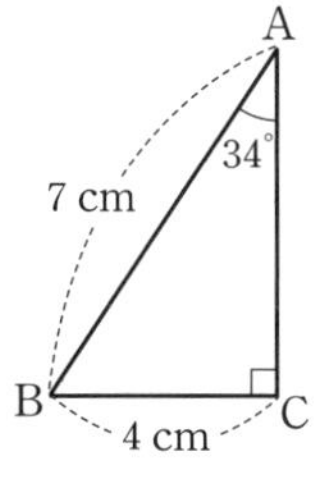

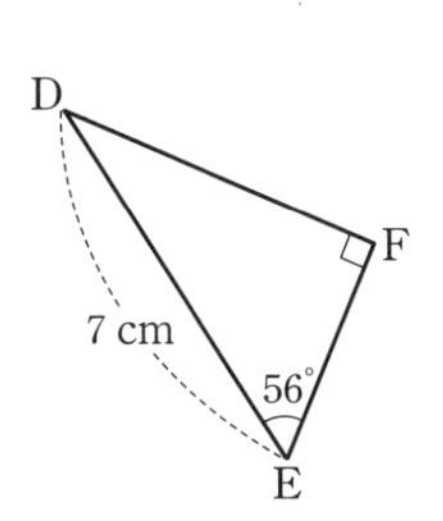

3.

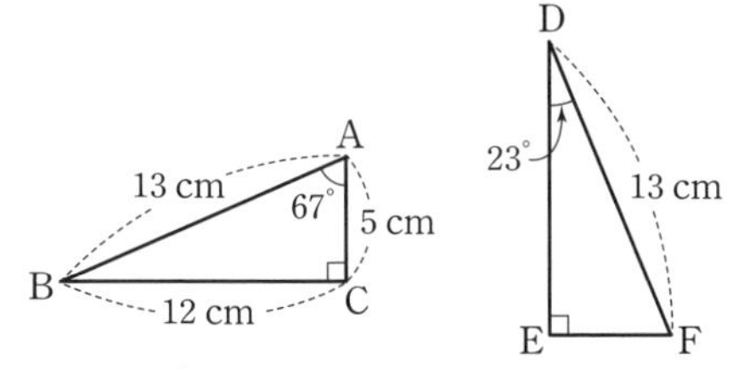

■ 다음 □ 안에 알맞은 값을 써넣어라.

4.

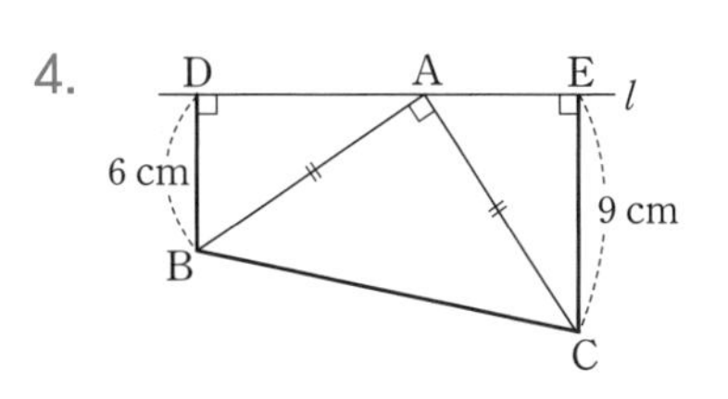

$\overline{DE}=$□

Help $\triangle DBA \equiv \triangle EAC$이므로 $\overline{DA}=\overline{EC}$, $\overline{BD}=\overline{AE}$

5.

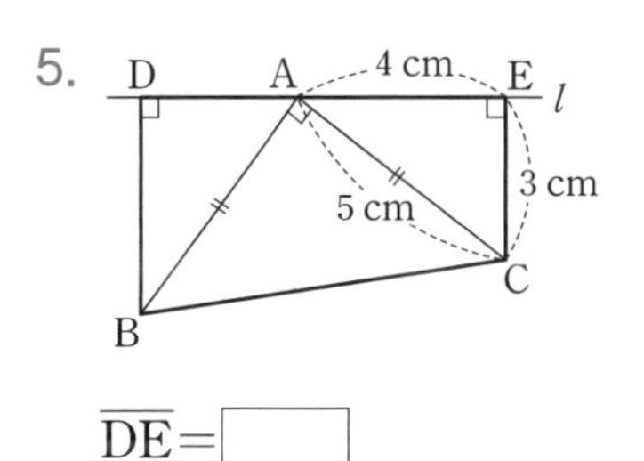

$\overline{DE}=$□

6.

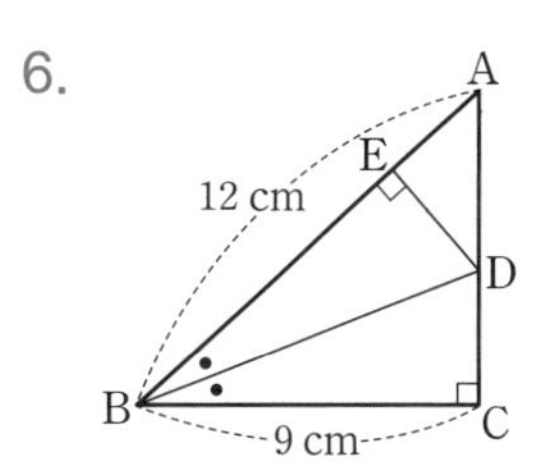

$\overline{AE}=$□

앗! 실수

7.

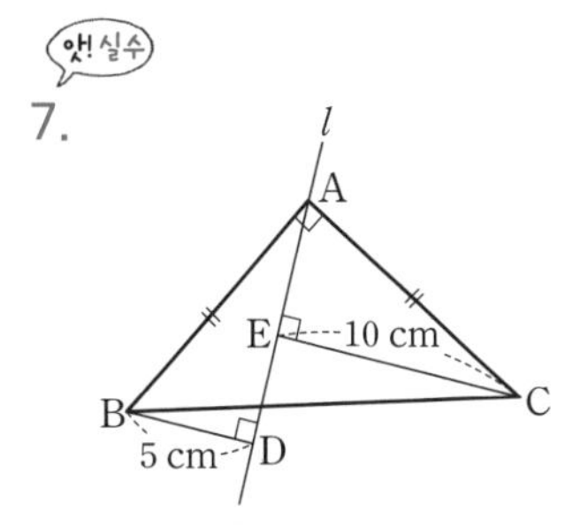

$\overline{DE}=$□

Help $\triangle ABD \equiv \triangle CAE$이므로 $\overline{AD}=\overline{CE}$, $\overline{BD}=\overline{AE}$

B 직각삼각형의 합동 조건 -RHS 합동

• 두 삼각형이 직각삼각형이고
• 빗변의 길이가 같고
• 빗변을 제외한 나머지 변 중 어느 한 변의 길이가 같으면
⇨ RHS 합동 아하 그렇구나!

■ 다음 □ 안에 알맞은 값을 써넣어라.

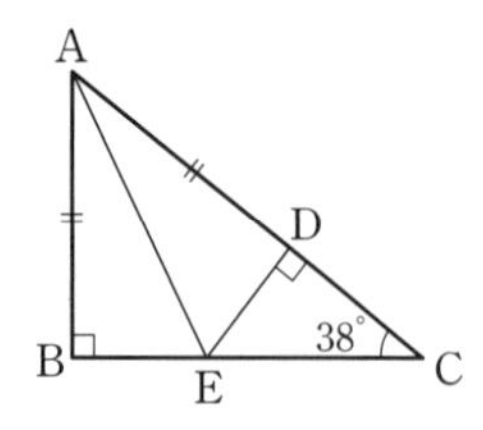

1. $\angle BAE=$ □

2. $\angle AEB=$ □

■ 다음 □ 안에 알맞은 값을 써넣어라.

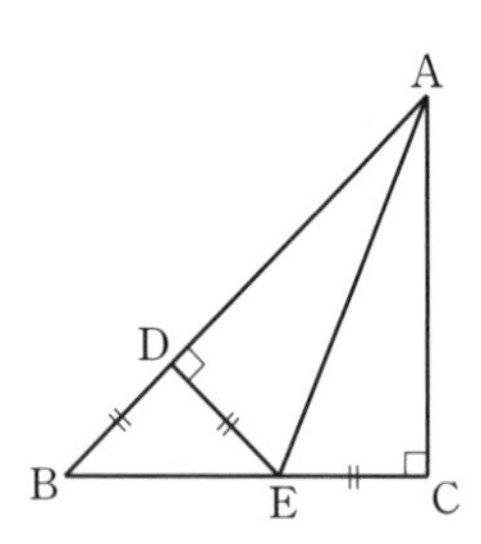

앗! 실수

3. $\angle AED=$ □

Help $\triangle DBE$는 직각이등변삼각형이므로
$\angle DBE=\angle DEB=45°$

4. $\angle BAE=$ □

■ 다음 □ 안에 알맞은 값을 써넣어라.

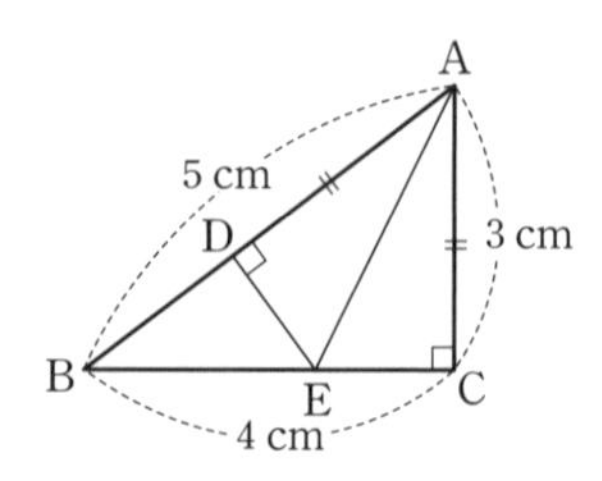

5. $\overline{DB}=$ □

Help $\overline{AD}=\overline{AC}$

6. $\overline{DE}+\overline{BE}=$ □

■ 다음 □ 안에 알맞은 값을 써넣어라.

7.

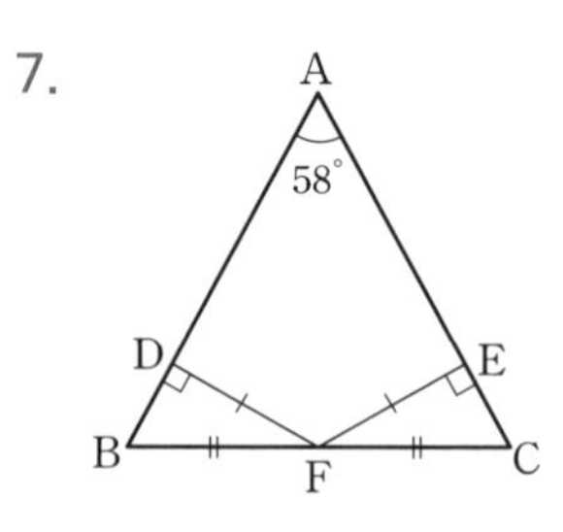

$\angle DFB=$ □

Help $\triangle DBF\equiv\triangle ECF$이므로 $\angle DBF=\angle ECF$

8.

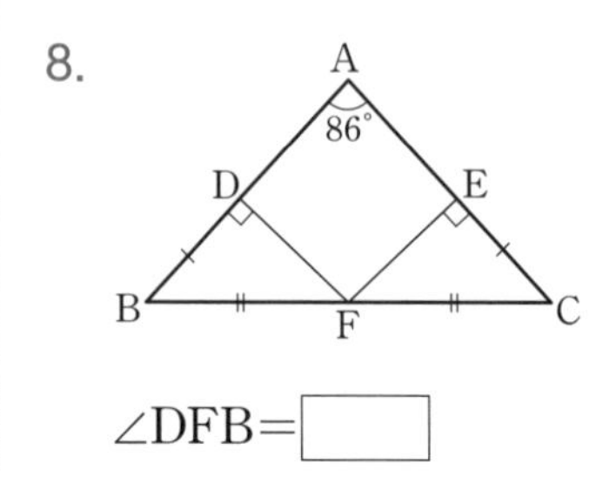

$\angle DFB=$ □

직각삼각형의 합동 조건의 활용 -각의 이등분선의 성질

△ABD의 넓이를 구해 보자.
△AED≡△ACD (RHA 합동)이므로
$\overline{ED}=\overline{CD}=2$ cm

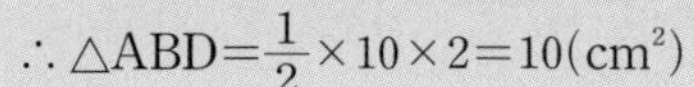
$\therefore \triangle ABD=\frac{1}{2}\times 10\times 2=10(\text{cm}^2)$

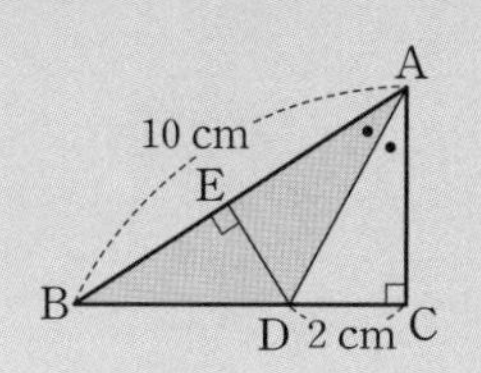

■ 다음 그림에서 □ 안에 알맞은 넓이를 구하여라.

1. △ABD= □

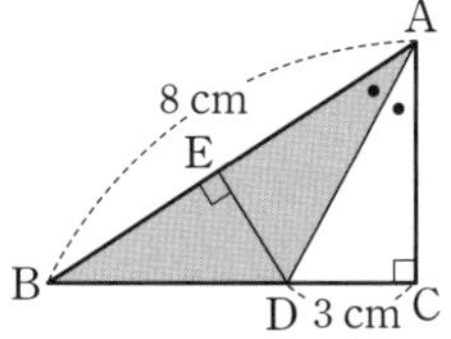

Help △AED≡△ACD (RHA 합동)

2. △ADC= □

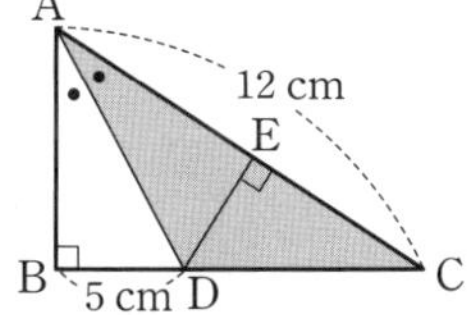

■ 다음 그림과 같이 삼각형의 넓이가 주어졌을 때, $\overline{BD}$의 길이를 구하여라.

앗!실수

5. △ADC=36 cm²

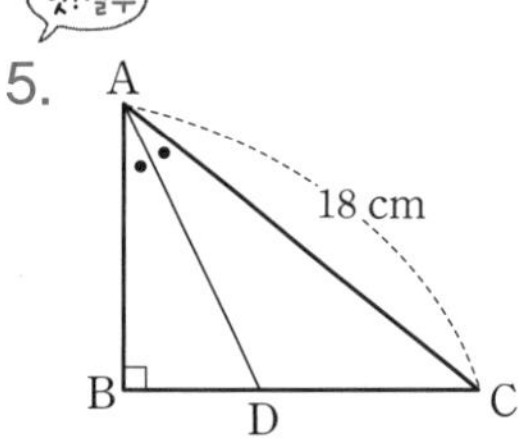

Help 점 D에서 $\overline{AC}$에 수선의 발을 내려서 합동인 삼각형을 찾는다.

6. △ADC=24 cm²

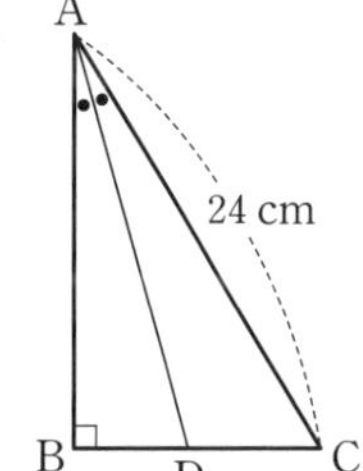

■ 다음 그림에서 ∠x의 크기를 구하여라.

3.

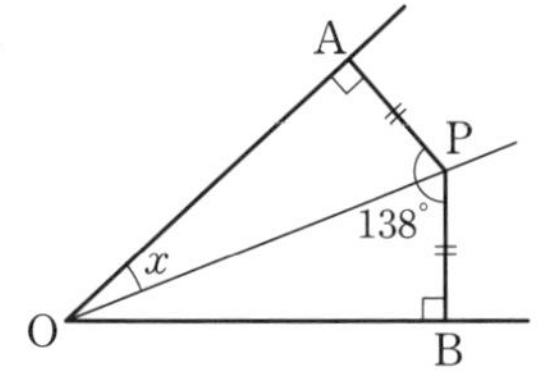

4.

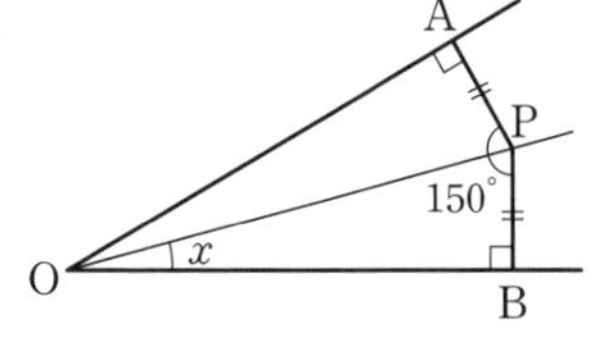

7. 오른쪽 그림에서 △ABC가 $\overline{AC}=\overline{BC}$인 직각이등변삼각형일 때, △AED의 넓이를 구하여라.

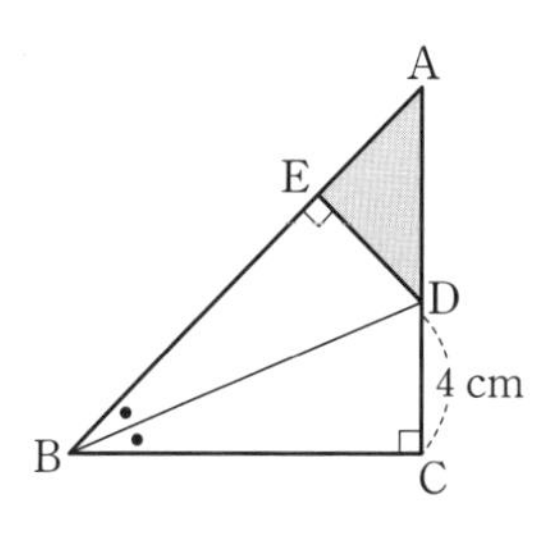

8. 오른쪽 그림에서 △ABC가 $\overline{AB}=\overline{BC}$인 직각이등변삼각형일 때, △ADE의 넓이를 구하여라.

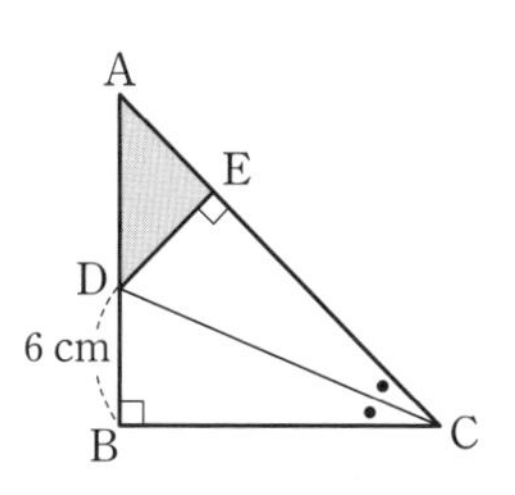

[1～5] 직각삼각형의 합동 조건

1. 오른쪽 그림과 같이 선분 AB의 중점 M을 지나는 직선 l에 선분 AB의 양 끝점 A, B에서 내린 수선의 발을 각각 C, D라 하자. $\angle MAC=56^\circ$일 때, $x+y$의 값을 구하여라.

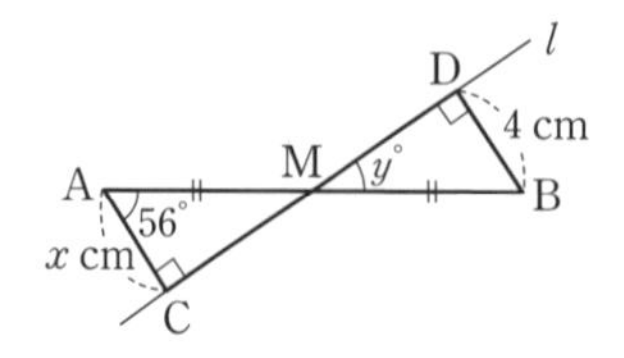

적중률 80%

2. 다음 중 오른쪽 그림의 $\angle C=\angle F=90^\circ$인 두 직각삼각형 ABC와 DEF가 합동이 되는 조건이 아닌 것은?

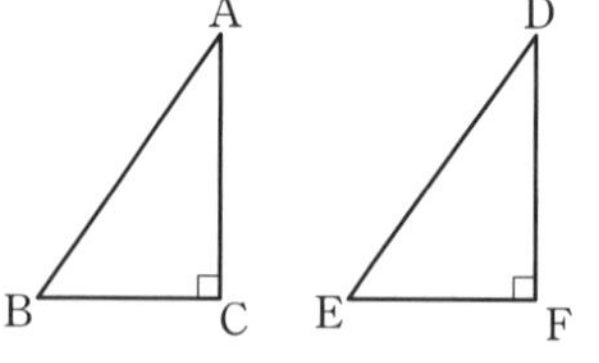

① $\overline{AB}=\overline{DE}$, $\angle B=\angle E$
② $\overline{BC}=\overline{EF}$, $\overline{AC}=\overline{DF}$
③ $\angle A=\angle D$, $\angle B=\angle E$
④ $\overline{AB}=\overline{DE}$, $\overline{AC}=\overline{DF}$
⑤ $\overline{AC}=\overline{DF}$, $\angle A=\angle D$

3. 오른쪽 그림과 같이 $\angle A=90^\circ$이고 $\overline{AB}=\overline{AC}$인 직각이등변삼각형 ABC의 꼭짓점 B, C에서 꼭짓점 A를 지나는 직선 l에 내린 수선의 발을 각각 D, E라 하자. $\overline{BD}=7$ cm, $\overline{CE}=11$ cm일 때, $\overline{DE}$의 길이를 구하여라.

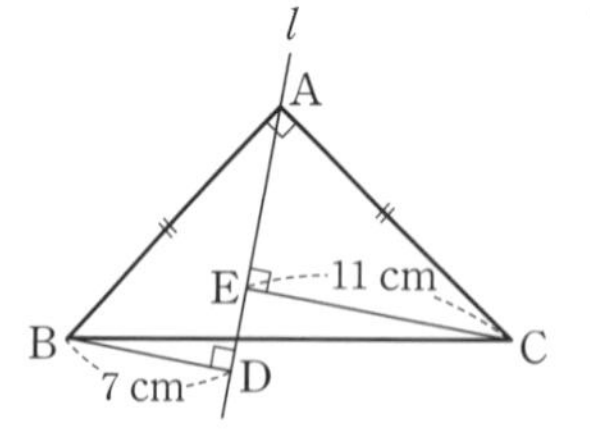

4. 오른쪽 그림과 같이 $\angle B=90^\circ$인 직각삼각형 ABC에서 $\overline{AC}\perp\overline{DE}$이고 $\overline{AB}=\overline{AD}$이다. $\angle EAD=28^\circ$일 때, $\angle DEC$의 크기를 구하여라.

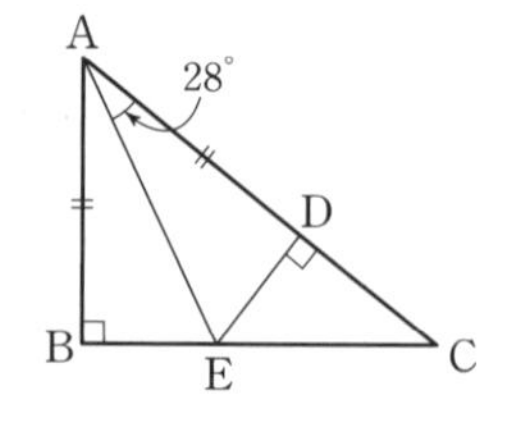

적중률 90%

5. 오른쪽 그림과 같이 $\angle C=90^\circ$인 직각삼각형 ABC에서 $\overline{AC}=\overline{AD}$이고 $\angle ADE=90^\circ$일 때, 다음 중 옳지 않은 것은?

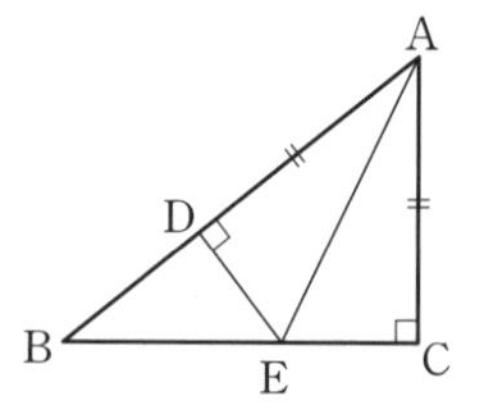

① $\angle DEA=\angle CEA$
② $\overline{BE}=\overline{EC}$
③ $\triangle ADE\equiv\triangle ACE$
④ $\overline{DE}=\overline{CE}$
⑤ $\angle DAE=\angle CAE$

[6] 직각삼각형의 합동 조건의 활용

앗!실수

6. 오른쪽 그림과 같이 $\angle C=90^\circ$인 직각삼각형 ABC에서 $\overline{AB}\perp\overline{ED}$이다. $\overline{AB}=10$ cm, $\overline{BC}=8$ cm, $\overline{AC}=6$ cm일 때, $\triangle BDE$의 둘레의 길이를 구하여라.

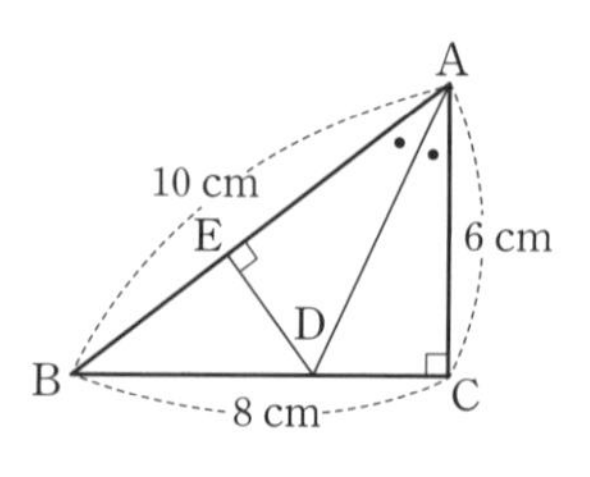

03 삼각형의 외심

개념 강의 보기

● 삼각형의 외심

① 삼각형의 외접원과 외심

$\triangle$ABC의 세 꼭짓점이 원 O 위에 있을 때, 원 O는 $\triangle$ABC에 외접한다고 한다. 이때 원 O를 $\triangle$ABC의 외접원이라 하고, 외접원의 중심 O를 외심이라 한다.

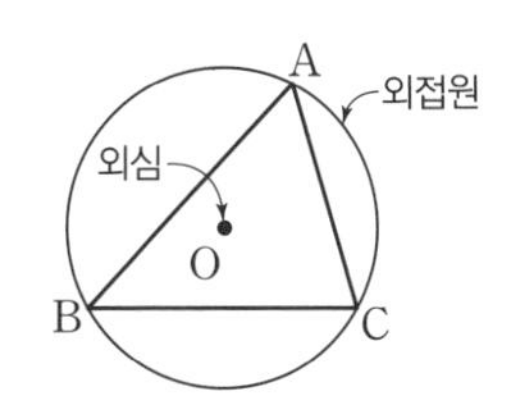

② 삼각형의 외심의 성질

- 삼각형의 세 변의 수직이등분선은 한 점(외심)에서 만난다.
- 외심에서 세 꼭짓점에 이르는 거리는 같다.
  ⇨ $\overline{OA}=\overline{OB}=\overline{OC}$=(외접원의 반지름의 길이)

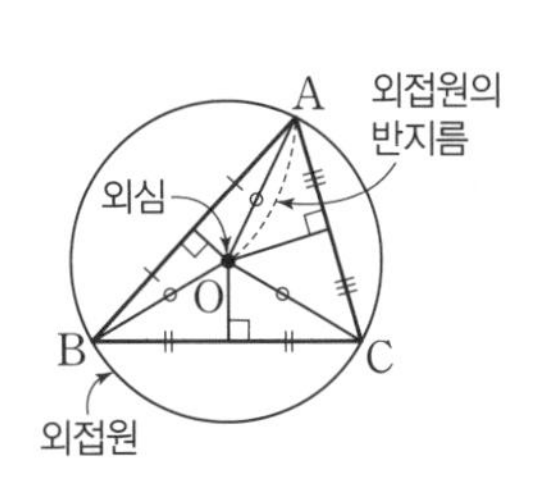

③ 삼각형의 외심의 위치

예각삼각형

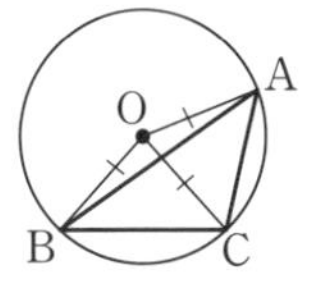

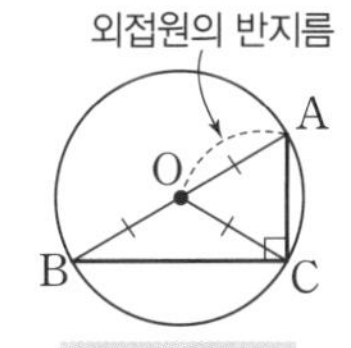

삼각형의 내부 / 삼각형의 외부 / 빗변의 중점

바빠 꿀팁!

여러 삼각형의 외심 중에서 시험에 가장 많이 출제되는 것은 직각삼각형에서의 외심이야. 빗변의 길이의 반이 외접원의 반지름의 길이가 된다는 사실을 잊으면 안 돼.
따라서 $\triangle$OBC, $\triangle$OCA 모두 이등변삼각형이 돼.

● 삼각형의 외심의 응용

점 O가 $\triangle$ABC의 외심일 때, 다음이 성립한다.

① $\angle x+\angle y+\angle z=90^\circ$

$\angle A+\angle B+\angle C=180^\circ$

$2(\angle x+\angle y+\angle z)=180^\circ$

$\therefore \angle x+\angle y+\angle z=90^\circ$

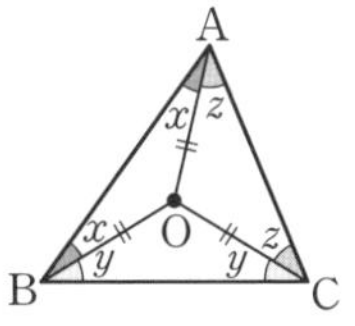

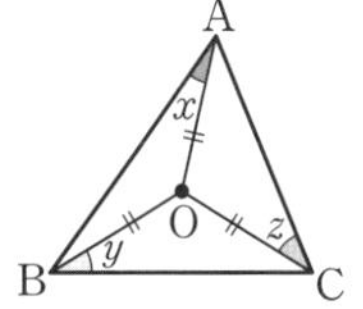

② $\angle BOC=2\angle A$

$\angle BOC=2\bullet+2\times$

$=2(\bullet+\times)$

$=2\angle A$

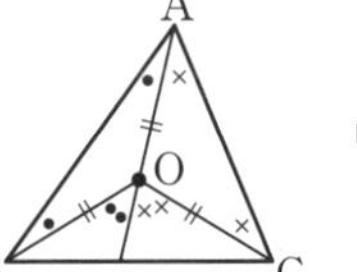

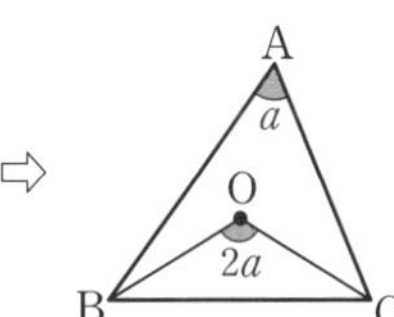

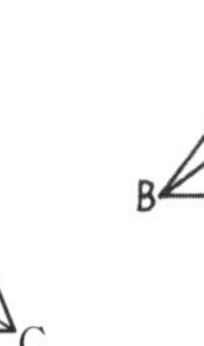

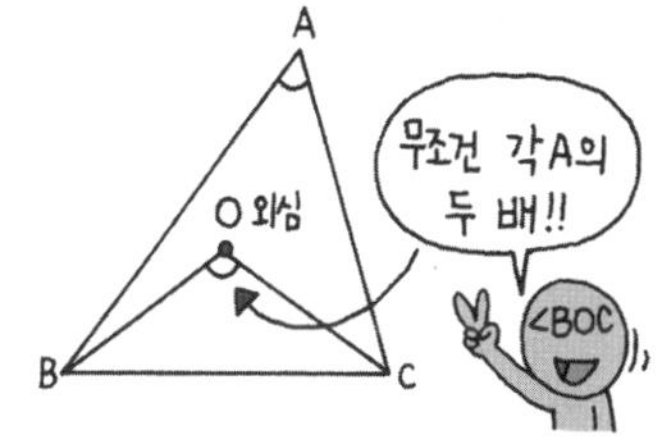

다음 단원에서 내심을 배우고 나면 이 단원에서 배운 외심의 성질이 내심의 성질과 헷갈려서 문제를 많이 틀려. 오른쪽 그림과 같이 그림으로 확실히 기억하자.

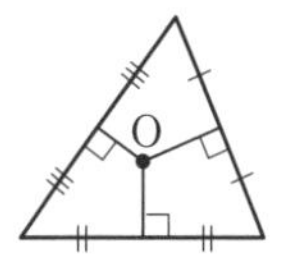

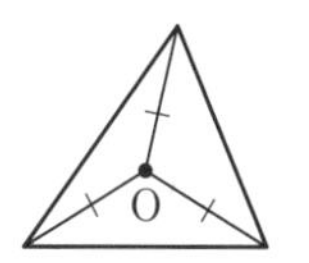

A 삼각형의 외심

점 O가 △ABC의 외심일 때,
- 삼각형의 외심은 세 변의 수직이등분선의 교점이다.
- 삼각형의 외심에서 세 꼭짓점에 이르는 거리는 같다. ⇨ $\overline{OA}=\overline{OB}=\overline{OC}$

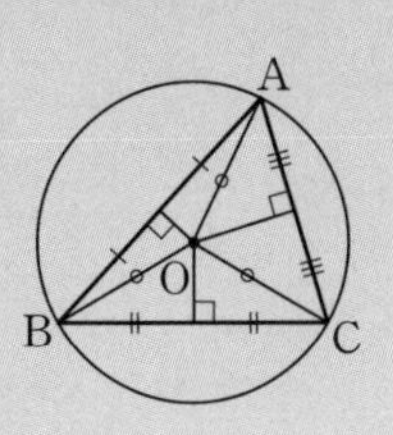

■ 오른쪽 그림에서 점 O가 △ABC의 외심일 때, 다음 중 항상 옳은 것은 ○를, 옳지 않은 것은 ×를 하여라.

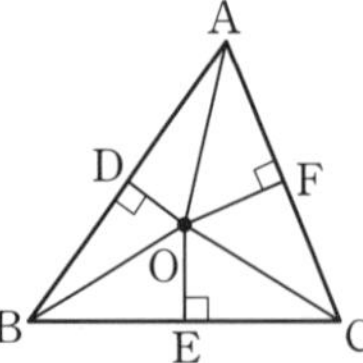
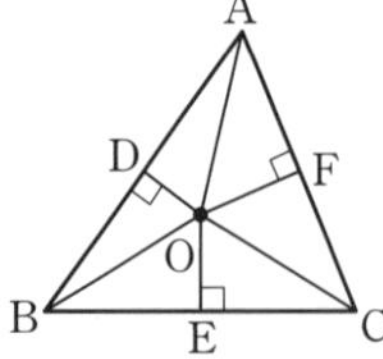
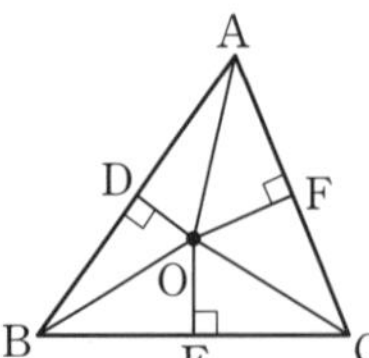

1. $\angle AOD=\angle AOF$ ________

2. $\overline{AD}=\overline{BD}$ ________

3. $\overline{OA}=\overline{OB}$ ________

4. $\overline{CE}=\overline{CF}$ ________

5. $\angle OAD=\angle OBD$ ________

Help 외심에서 세 꼭짓점에 이르는 거리는 같으므로 △OAB는 이등변삼각형이다.

6. $\overline{OD}=\overline{OE}=\overline{OF}$ ________

■ 다음 그림에서 점 O가 △ABC의 외심일 때, x의 값을 구하여라.

7.

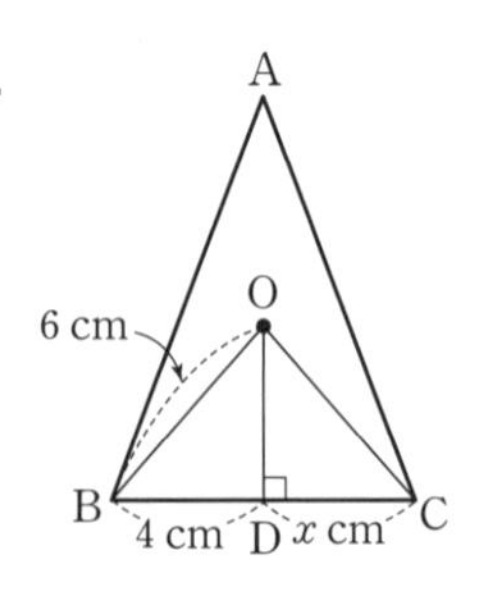

8.

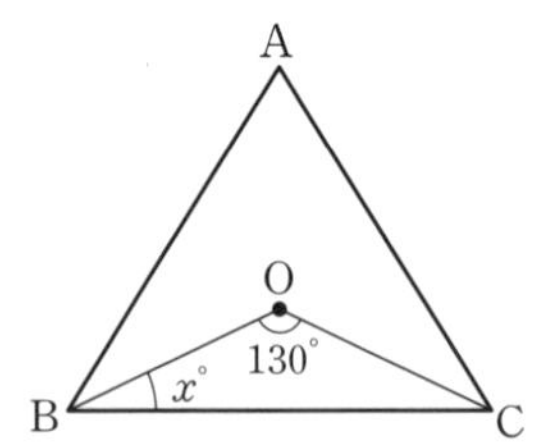

■ 다음 그림에서 점 O가 △ABC의 외심일 때, 주어진 조건을 이용하여 외접원의 반지름의 길이를 구하여라.

9.

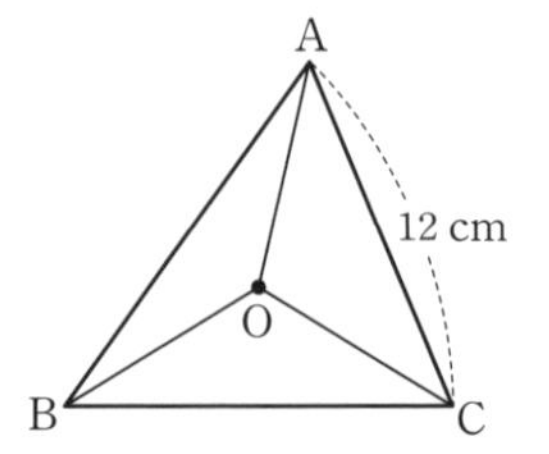

△AOC의 둘레의 길이는 32 cm

10.

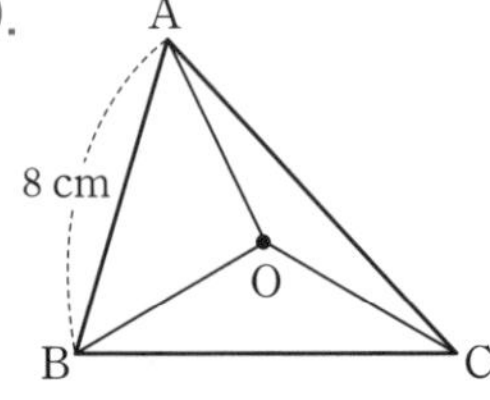

△ABO의 둘레의 길이는 20 cm

B 직각삼각형의 외심

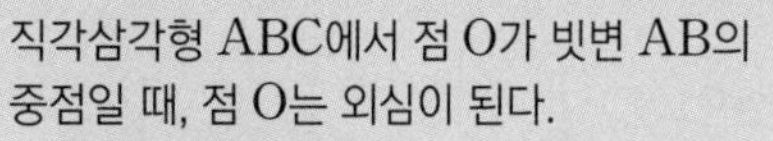

직각삼각형 ABC에서 점 O가 빗변 AB의 중점일 때, 점 O는 외심이 된다.

• $\overline{OA}=\overline{OB}=\overline{OC}$

• $\angle OBC=\angle OCB$, $\angle OAC=\angle OCA$

직각삼각형의 외심이 가장 출제 비율이 높아.

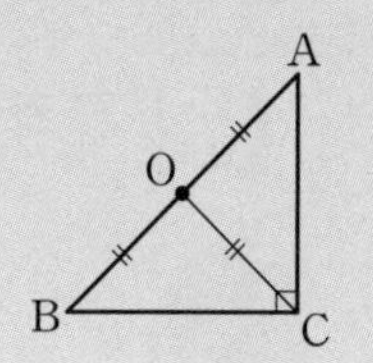

■ 다음 직각삼각형 ABC에서 점 O가 외심일 때, $\overline{OB}$의 길이를 구하여라.

1.

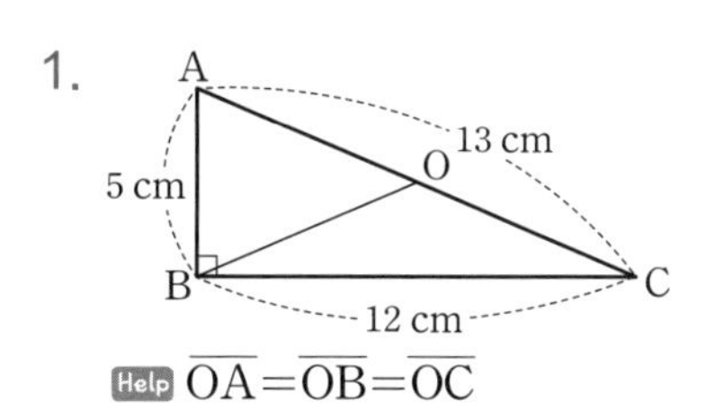

Help $\overline{OA}=\overline{OB}=\overline{OC}$

2.

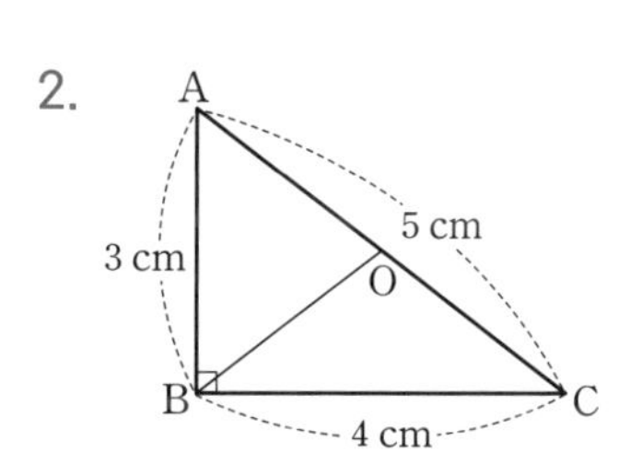

■ 다음 직각삼각형 ABC에서 점 O가 외심일 때, 빗변의 길이를 구하여라.

3.

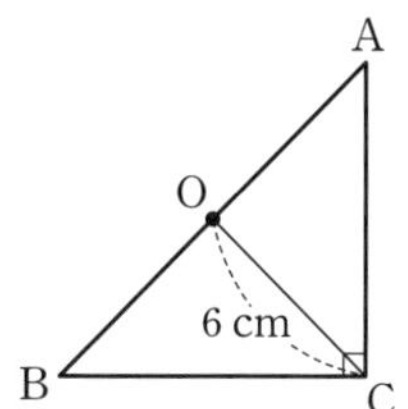

4.

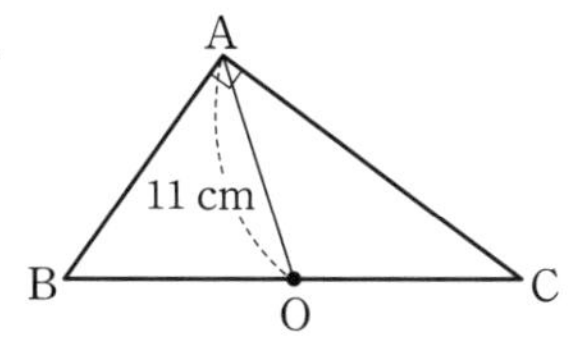

■ 다음 직각삼각형 ABC에서 점 O가 외심일 때, $\angle x$의 크기를 구하여라.

5.

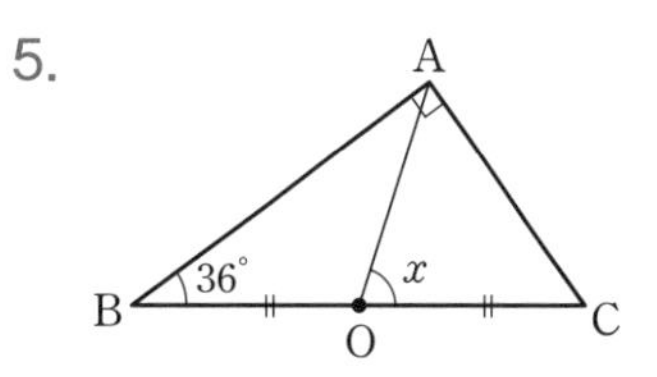

6.

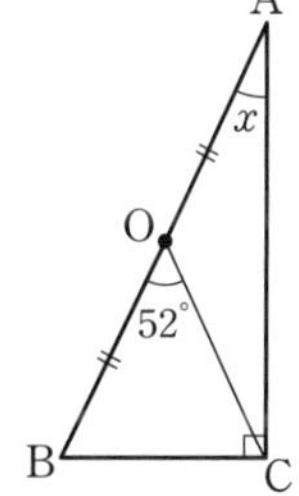

앗! 실수

7.

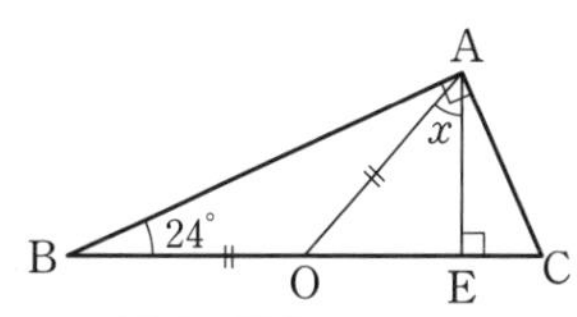

Help $\overline{OA}=\overline{OB}$이므로 $\angle AOE=24^\circ+24^\circ=48^\circ$

8.

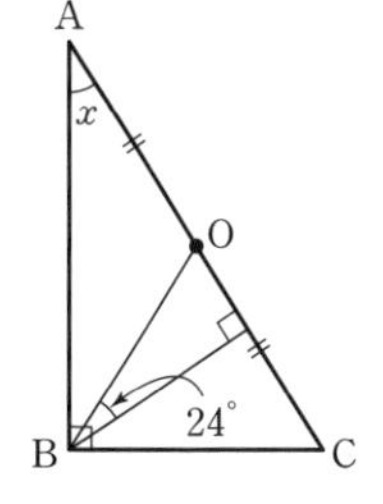

C 둔각삼각형의 외심

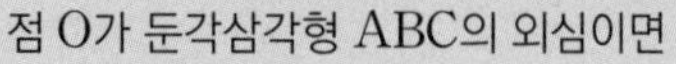
점 O가 둔각삼각형 ABC의 외심이면
- $\overline{OA}=\overline{OB}=\overline{OC}$
- △OAB, △OCB, △OCA는 이등변삼각형이야.

아하 그렇구나!

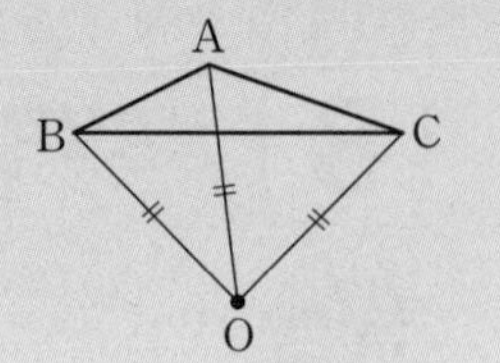

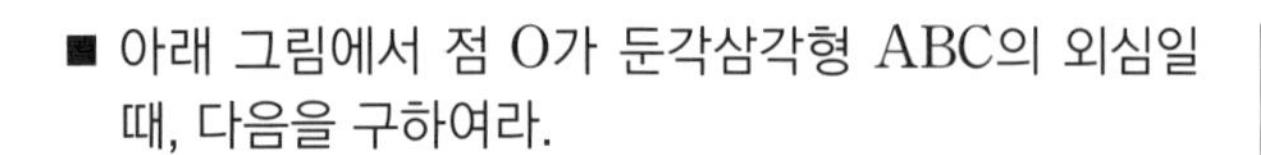
■ 아래 그림에서 점 O가 둔각삼각형 ABC의 외심일 때, 다음을 구하여라.

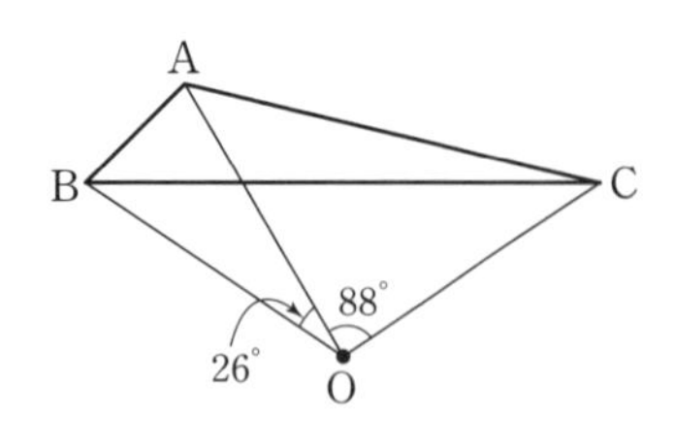

1. ∠ABO의 크기

Help △OAB는 이등변삼각형이다.

2. ∠CBO의 크기

■ 아래 그림에서 점 O가 둔각삼각형 ABC의 외심일 때, 다음을 구하여라.

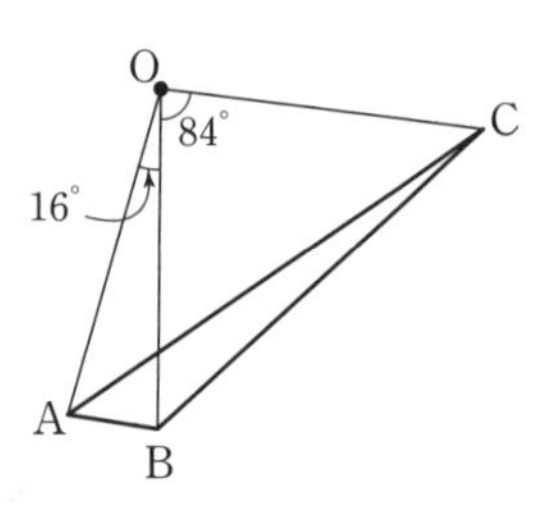

3. ∠ABO의 크기

4. ∠ABC의 크기

■ 아래 그림에서 점 O가 둔각삼각형 ABC의 외심일 때, 다음을 구하여라.

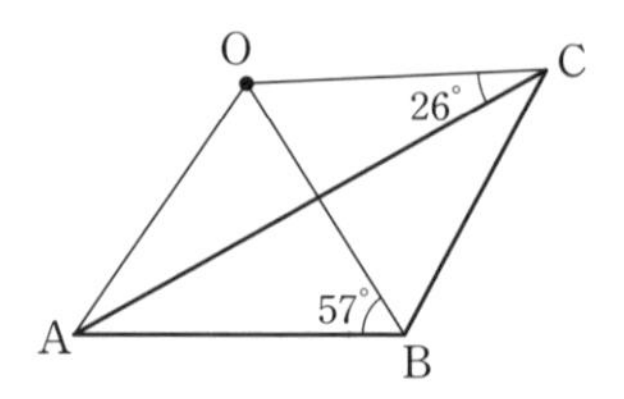

5. ∠AOC의 크기

Help △OAC는 이등변삼각형이다.

6. ∠AOB의 크기

7. ∠BOC의 크기

8. ∠OCB의 크기

9. ∠ACB의 크기

D 삼각형의 외심을 이용한 꼭지각과 중심각

점 O가 $\triangle ABC$의 외심일 때,
- $\angle BOC=2\angle A$, $\angle A=\frac{1}{2}\angle BOC$
- $\triangle OBC$는 이등변삼각형이야.

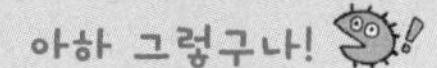

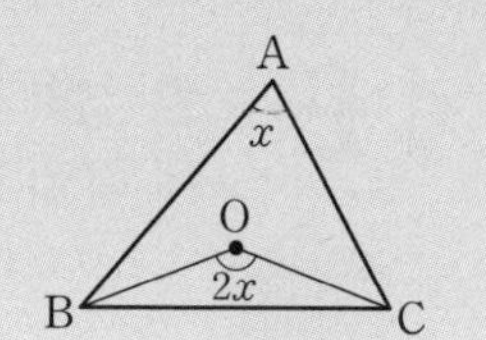

■ 다음 그림에서 점 O가 $\triangle ABC$의 외심일 때, $\angle x$의 크기를 구하여라.

1.

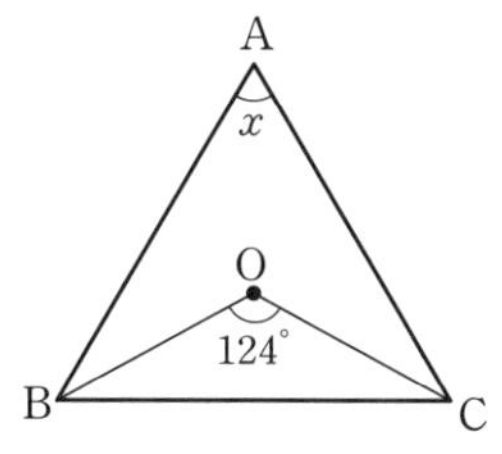

Help $\angle x=\frac{1}{2}\times 124°$

2.

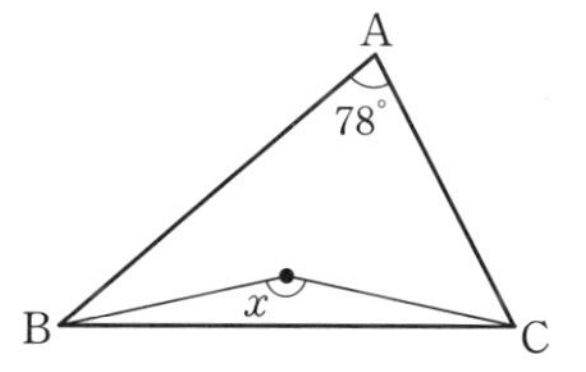

3.

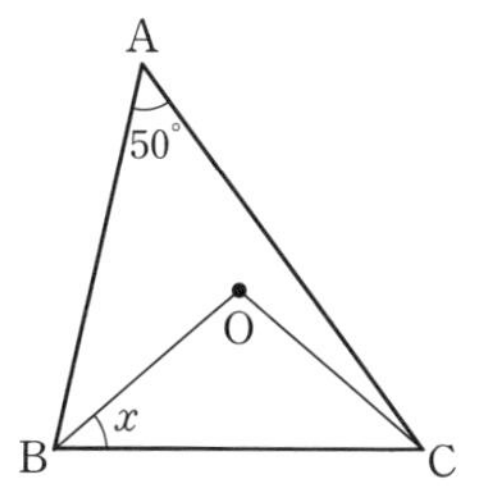

4.

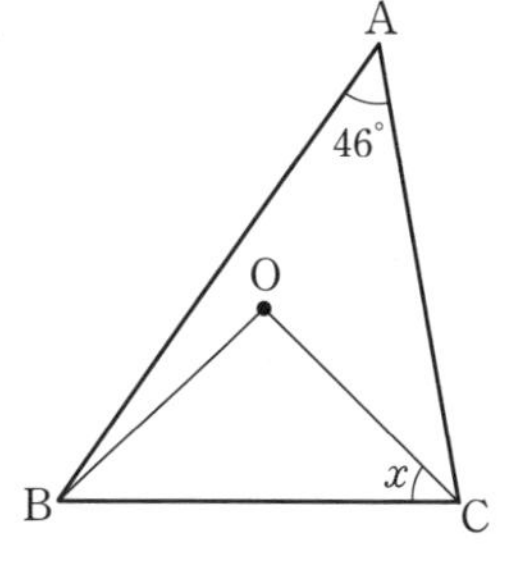

5.

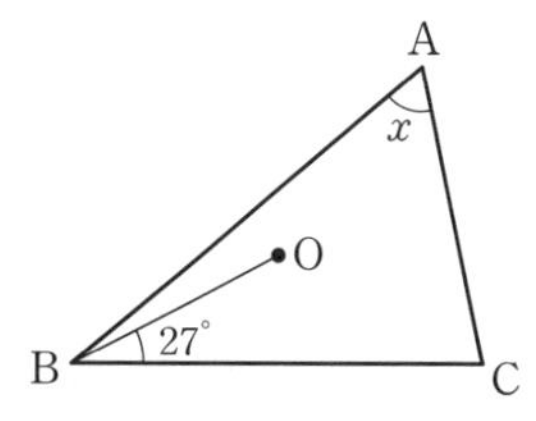

Help 점 O와 점 C를 연결하는 보조선을 긋는다.

6.

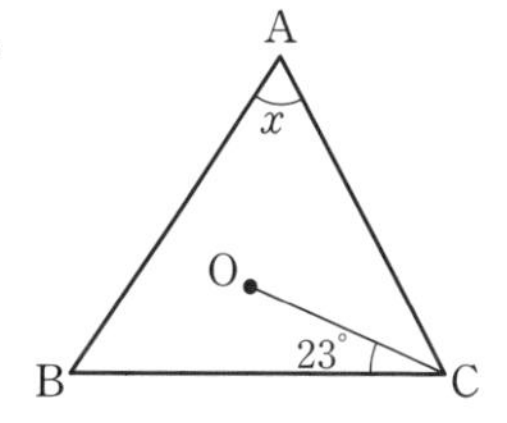

7.

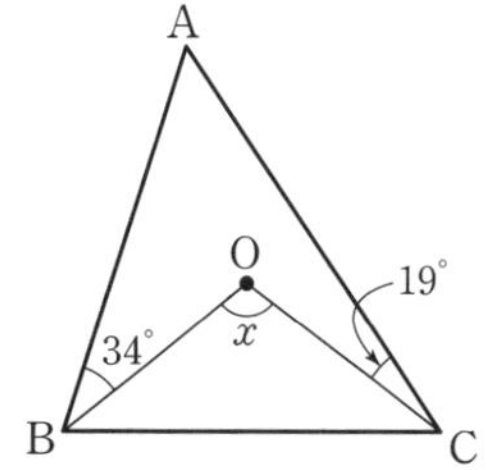

Help 점 A와 점 O를 연결하는 보조선을 그으면
$\angle A=\angle ABO+\angle ACO$

8.

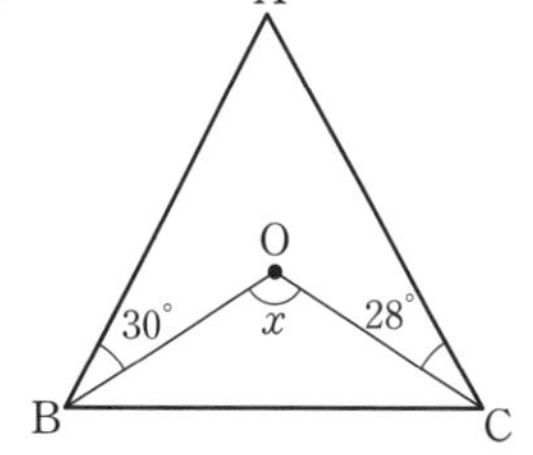

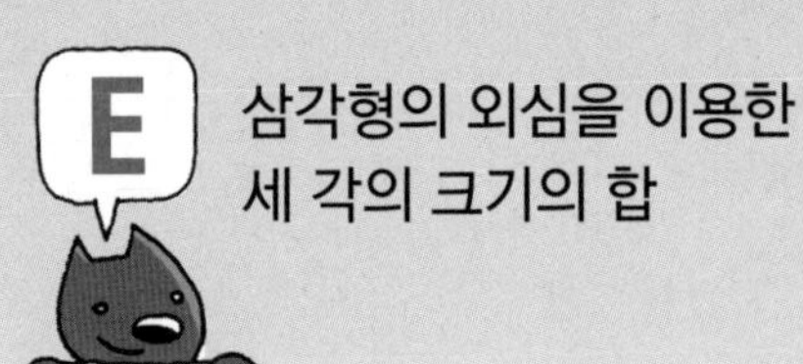

삼각형의 외심을 이용한 세 각의 크기의 합

점 O가 △ABC의 외심일 때,
- $\angle x+\angle y+\angle z=90^\circ$
- △OAB, △OBC, △OCA는 이등변삼각형이야.

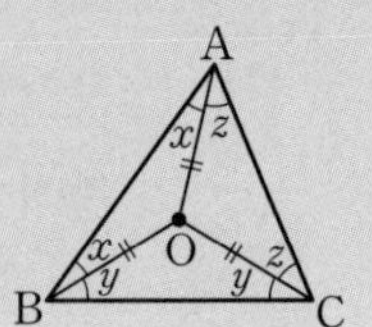

■ 다음 그림에서 점 O가 △ABC의 외심일 때, $\angle x$의 크기를 구하여라.

1.

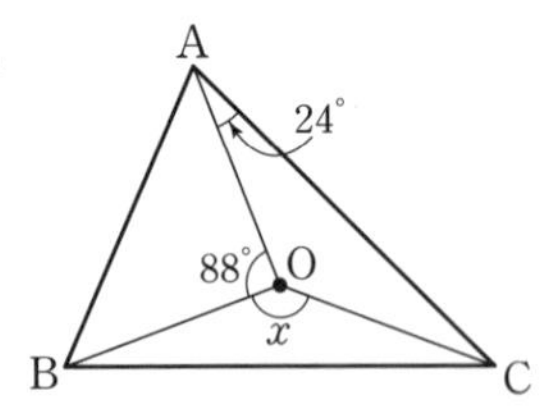

2.

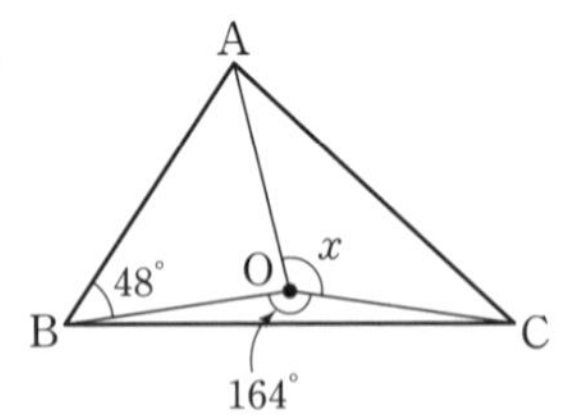

3.

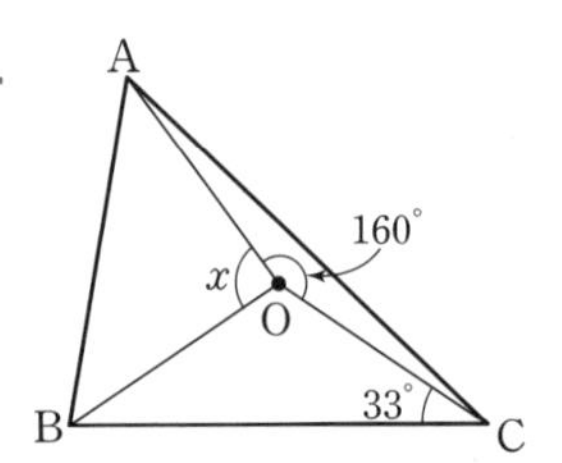

4.

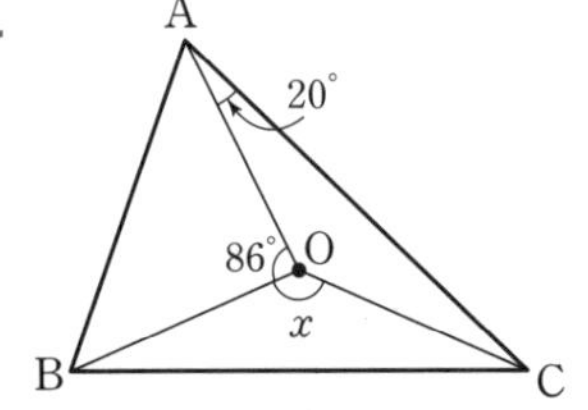

5.

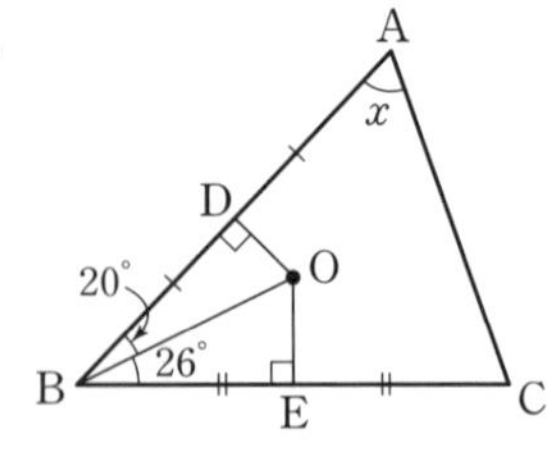

6.

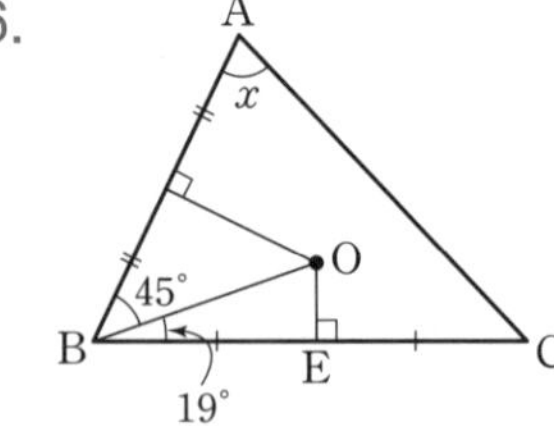

7.

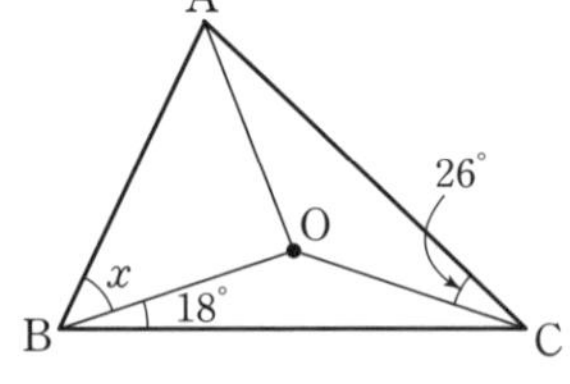

Help $\angle x+18^\circ+26^\circ=90^\circ$

8.

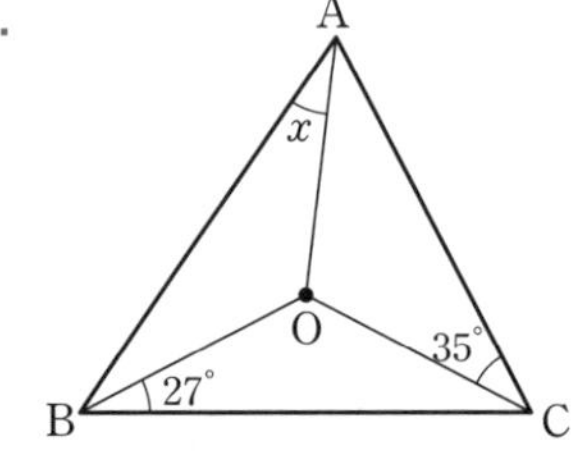

[1] 삼각형의 외심

앗! 실수 적중률 90%

1. 다음 중 점 O가 삼각형의 외심을 나타내는 것을 모두 고르면? (정답 2개)

① 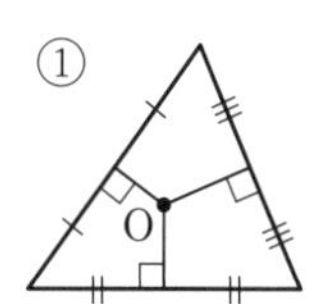

② 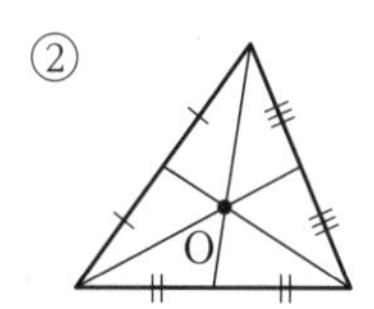

③ 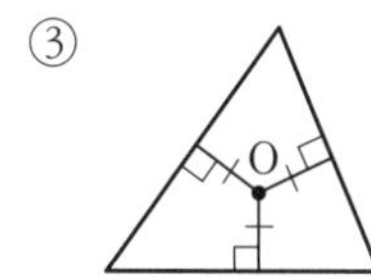

④ 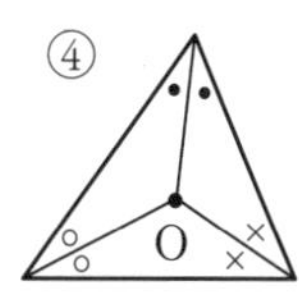

⑤ 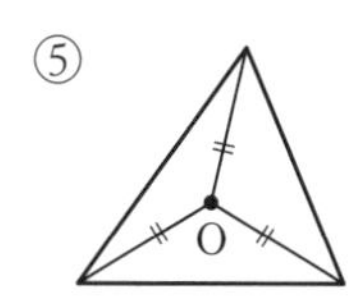

[2～3] 직각삼각형의 외심

2. 오른쪽 그림과 같이 $\angle B=90^\circ$인 직각삼각형 ABC에서 $\overline{AB}=6$ cm, $\overline{BC}=8$ cm, $\overline{CA}=10$ cm일 때, $\triangle ABC$의 외접원의 넓이를 구하여라.

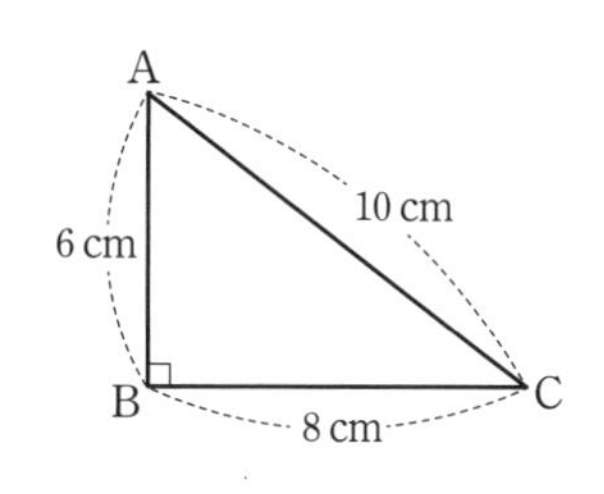

3. 오른쪽 그림과 같이 $\angle A=90^\circ$인 직각삼각형 ABC에서 $\overline{BC}$의 중점을 D라 하고, 꼭짓점 A에서 $\overline{BC}$에 내린 수선의 발을 E라 하자. $\angle B=31^\circ$일 때, $\angle DAE$의 크기를 구하여라.

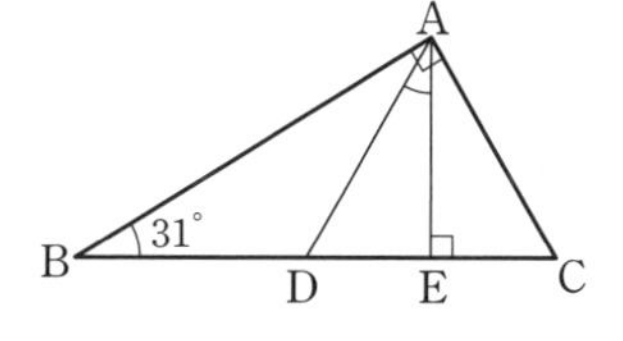

[4～6] 삼각형의 외심을 이용한 각의 크기 구하기

4. 오른쪽 그림에서 원 O는 $\triangle ABC$의 외접원이다. $\angle A=56^\circ$일 때, $\angle x$의 크기는?

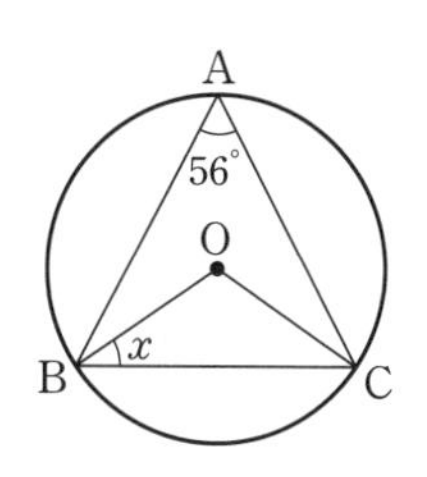

① 25°　② 27°　③ 29°　④ 34°　⑤ 36°

적중률 90%

5. 오른쪽 그림에서 점 O는 $\triangle ABC$의 외심이다. $\angle BOC=130^\circ$일 때, $\angle x+\angle y$의 크기를 구하여라.

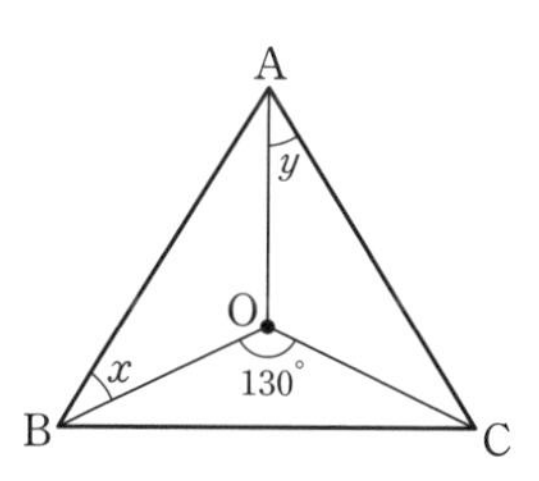

앗! 실수 적중률 80%

6. 오른쪽 그림에서 점 O는 $\triangle ABC$의 외심이다. $\angle ACO=47^\circ$, $\angle BCO=21^\circ$일 때, $\angle A-\angle B$의 크기는?

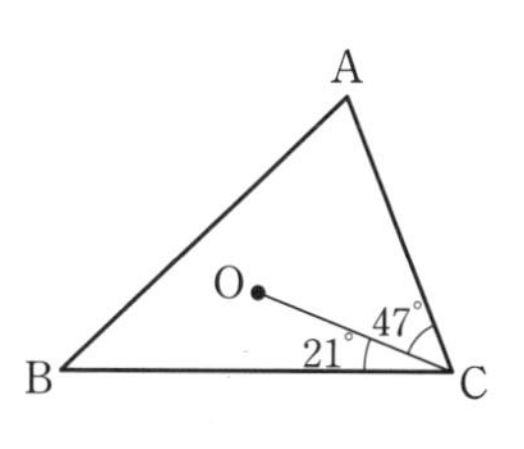

① 26°　② 27°　③ 29°　④ 34°　⑤ 36°

04 삼각형의 내심

개념 강의 보기

● 삼각형의 내심

① 삼각형의 내접원과 내심

△ABC의 세 변이 모두 원 I에 접할 때, 원 I는 △ABC에 **내접**한다고 한다. 이때 원 I를 △ABC의 **내접원**이라 하고, 내접원의 중심 I를 **내심**이라 한다.

② 삼각형의 내심의 성질

- 삼각형의 세 내각의 이등분선은 한 점(내심)에서 만난다.
- 내심에서 세 변에 이르는 거리는 같다.
  ⇨ $\overline{ID}=\overline{IE}=\overline{IF}$=(내접원의 반지름의 길이)

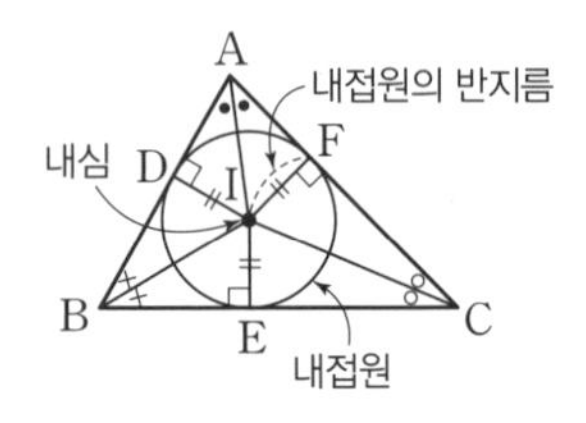

③ 삼각형의 내심의 위치

$\overline{AB}=\overline{AC}$인 이등변삼각형

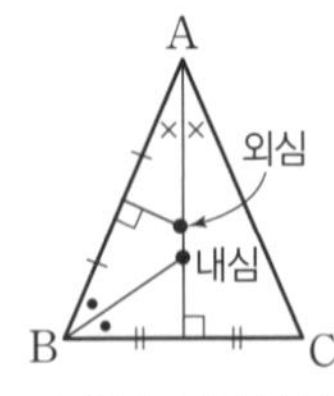

꼭지각의 이등분선 위

정삼각형

외심=내심

외심과 내심이 일치

바빠 꿀팁!

- 외심과 내심의 비교

외심(O)	내심(I)
외접원의 중심 ⇨ 세 변의 수직이등분선의 교점	내접원의 중심 ⇨ 세 내각의 이등분선의 교점
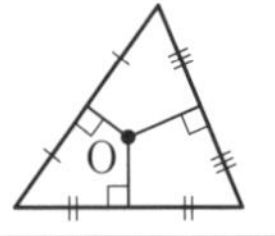	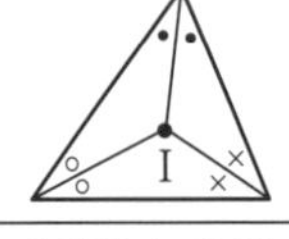
외심에서 세 꼭짓점에 이르는 거리는 같다.	내심에서 세 변에 이르는 거리는 같다.

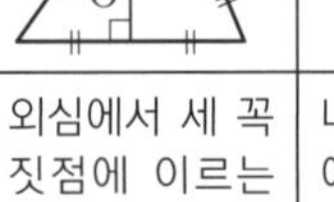

- 모든 삼각형의 내심은 삼각형의 내부에 있다.

● 삼각형의 내심의 응용

점 I가 △ABC의 내심일 때, 다음이 성립한다.

① $\angle x+\angle y+\angle z=90°$

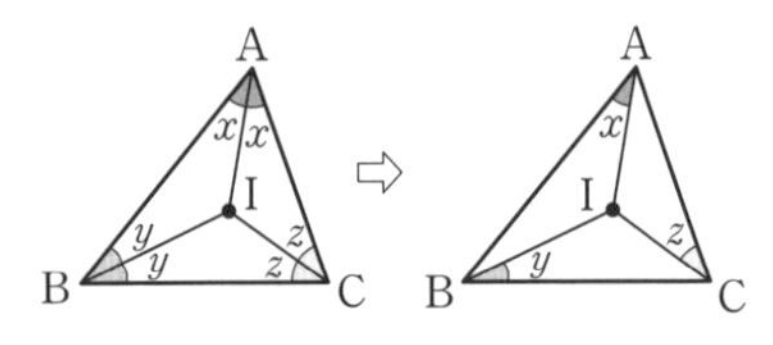

② $\angle BIC=90°+\frac{1}{2}\angle A$

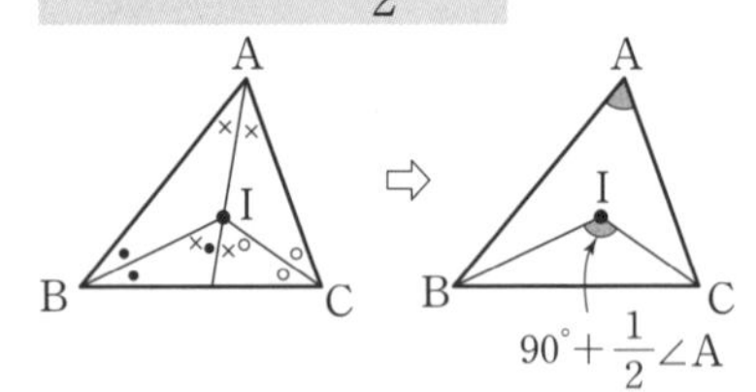

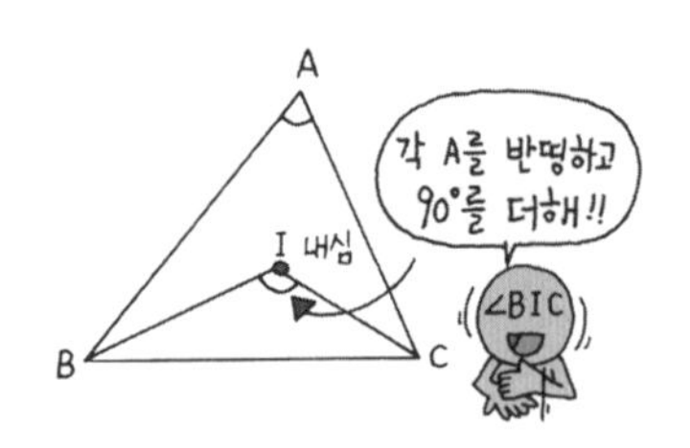

③ △ABC에서 세 변의 길이가 각각 a, b, c이고 내접원의 반지름의 길이가 r일 때,

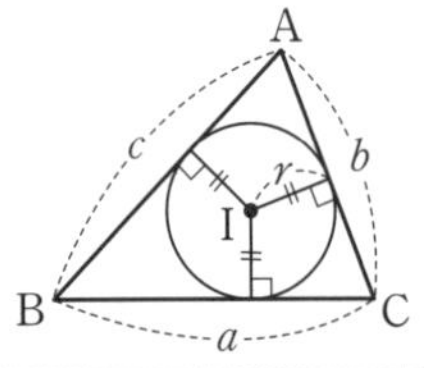

$\triangle ABC=\frac{1}{2}r(a+b+c)$

④ △ABC의 내접원이 $\overline{AB}$, $\overline{BC}$, $\overline{CA}$와 만나는 점을 각각 D, E, F라 할 때,

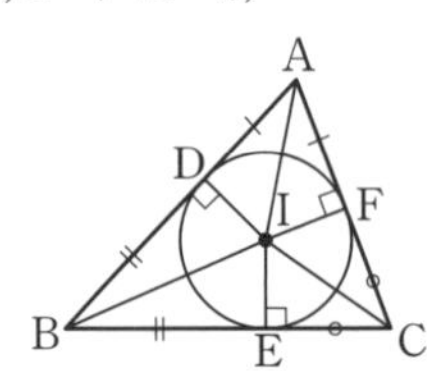

$\overline{AD}=\overline{AF}$, $\overline{BD}=\overline{BE}$, $\overline{CE}=\overline{CF}$

A 삼각형의 내심

점 I가 $\triangle ABC$의 내심일 때,
- 삼각형의 내심은 세 내각의 이등분선의 교점이다.
- 삼각형의 내심에서 세 변에 이르는 거리는 같다. ⇨ $\overline{ID}=\overline{IE}=\overline{IF}$

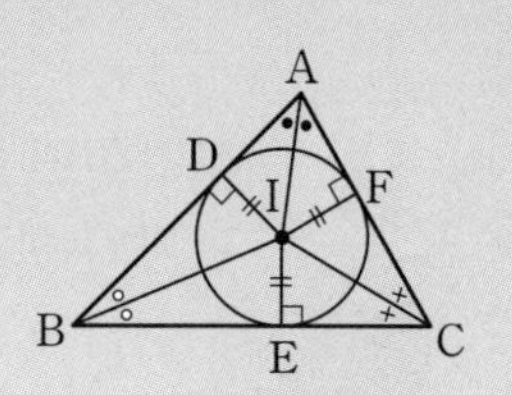

■ 오른쪽 그림에서 점 I가 $\triangle ABC$의 내심일 때, 다음 중 항상 옳은 것은 ○를, 옳지 않은 것은 ×를 하여라.

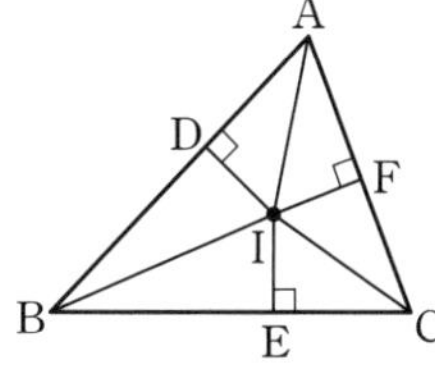

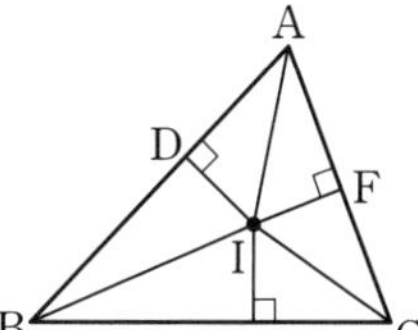

1. $\angle IBE=\angle ICE$ __________

Help $\triangle IDB\equiv\triangle IEB$, $\triangle IEC\equiv\triangle IFC$

2. $\overline{ID}=\overline{IE}=\overline{IF}$ __________

3. $\overline{AD}=\overline{BD}$ __________

4. $\overline{IA}=\overline{IB}=\overline{IC}$ __________

5. $\angle DBI=\angle EBI$ __________

6. $\angle AID=\angle AIF$ __________

Help $\triangle ADI\equiv\triangle AFI$ (RHA 합동)

■ 다음 그림에서 점 I가 $\triangle ABC$의 내심일 때, $\angle x$의 크기를 구하여라.

7.

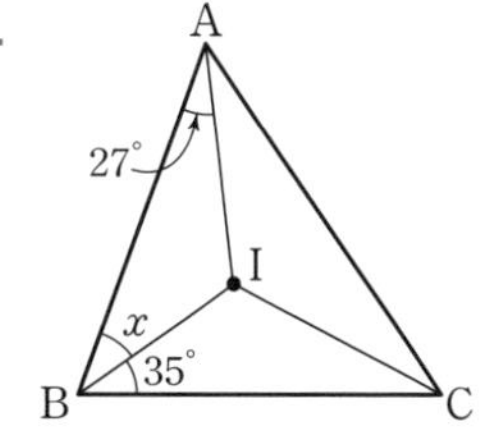

Help $\overline{BI}$는 $\angle B$를 이등분한다.

8.

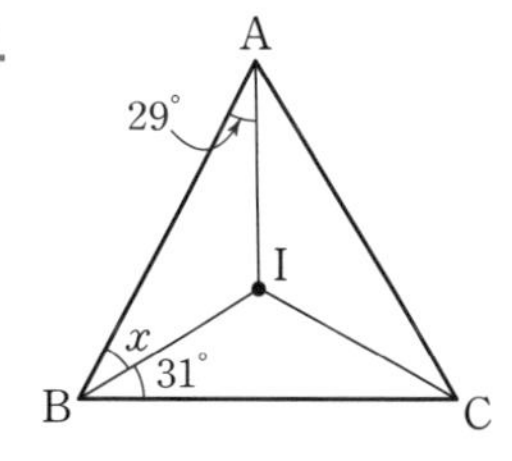

앗! 실수

9.

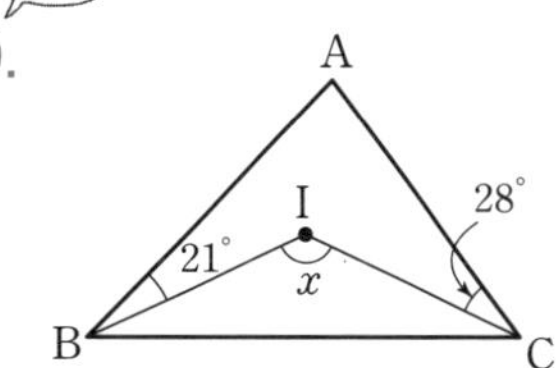

10.

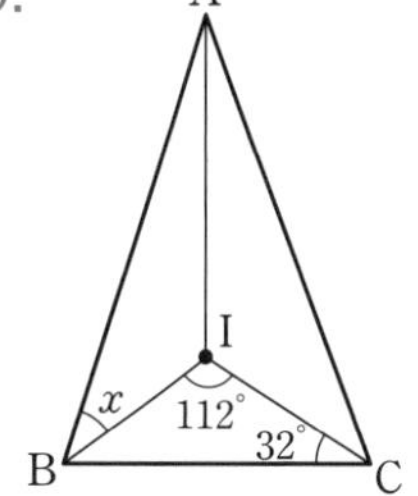

삼각형의 내심을 이용한 각의 크기 구하기

점 I가 $\triangle ABC$의 내심일 때,

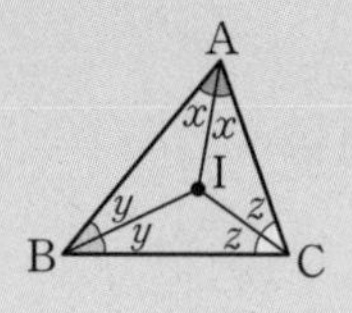

$\angle x+\angle y+\angle z=90^\circ$

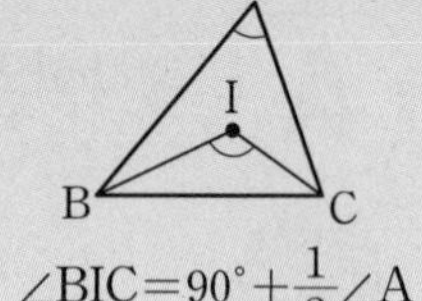

$\angle BIC=90^\circ+\frac{1}{2}\angle A$

■ 다음 그림에서 점 I가 $\triangle ABC$의 내심일 때, $\angle x$의 크기를 구하여라.

1.

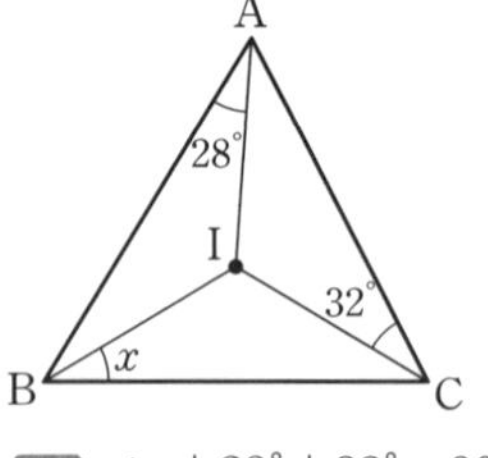

Help $\angle x+28^\circ+32^\circ=90^\circ$

2.

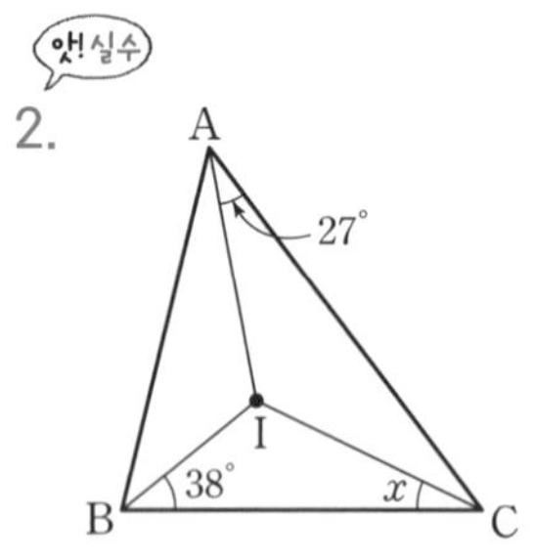

3.

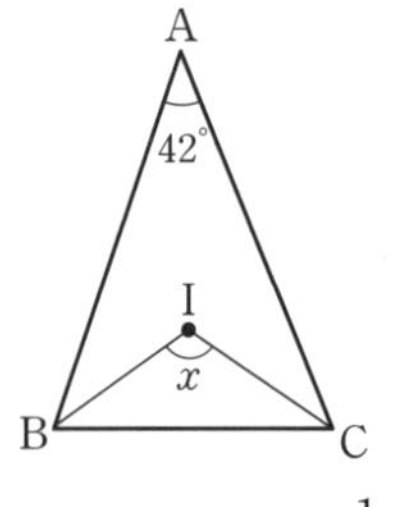

Help $\angle x=90^\circ+\frac{1}{2}\times 42^\circ$

4.

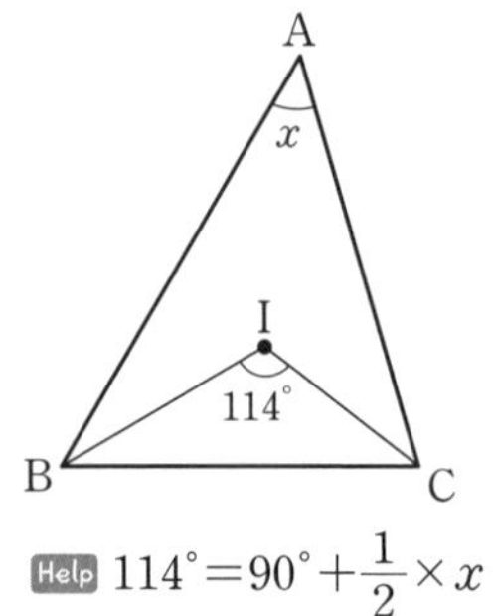

Help $114^\circ=90^\circ+\frac{1}{2}\times x$

5.

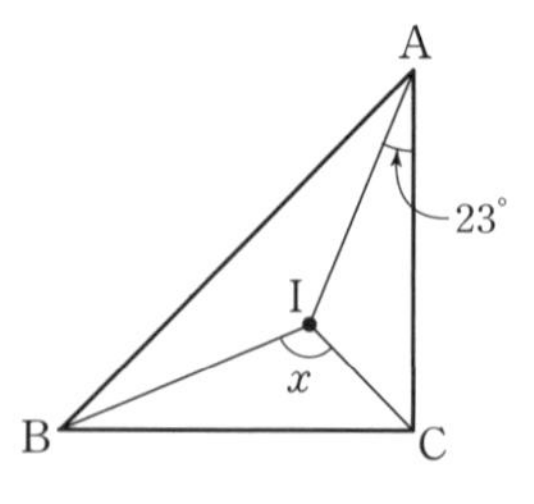

6.

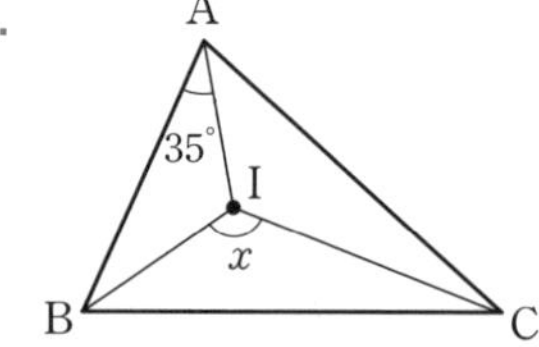

7.

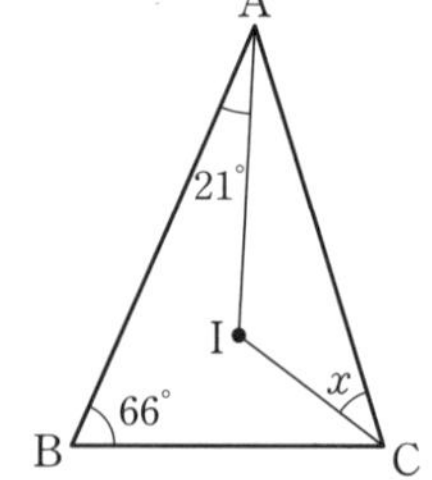

Help $\angle AIC=123^\circ$, $\angle IAC=21^\circ$

8.

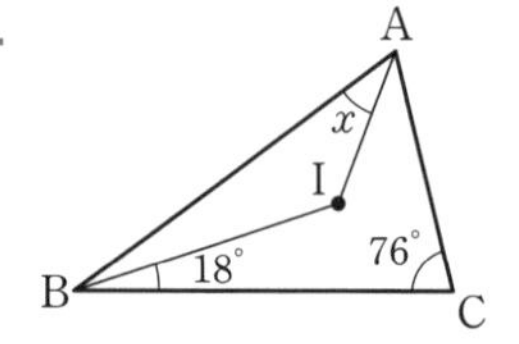

내접원의 반지름의 길이와 삼각형의 넓이

$\triangle ABC$의 내접원의 반지름의 길이를 r라 하면
$\triangle ABC = \frac{1}{2} \times r \times (\triangle ABC$의 둘레의 길이$)$

잊지 말자. 꼬~옥!

■ 다음 그림에서 점 I가 $\triangle ABC$의 내심이고, $\triangle ABC$의 넓이가 주어질 때, $\triangle ABC$의 내접원의 반지름의 길이를 구하여라.

1. $\triangle ABC = 24\ cm^2$

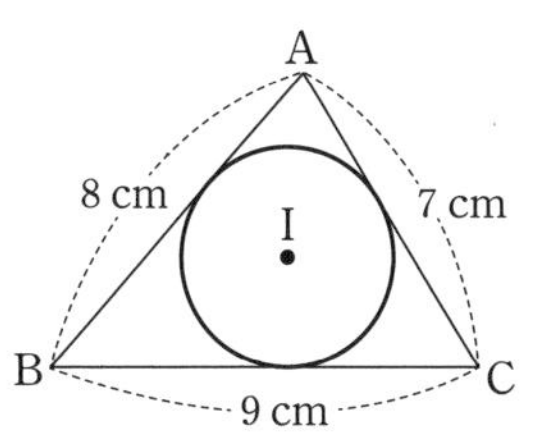

Help 내접원의 반지름의 길이를 r cm라 하면
$\triangle ABC = \frac{1}{2} \times r \times (8+9+7)$

2. $\triangle ABC = 51\ cm^2$

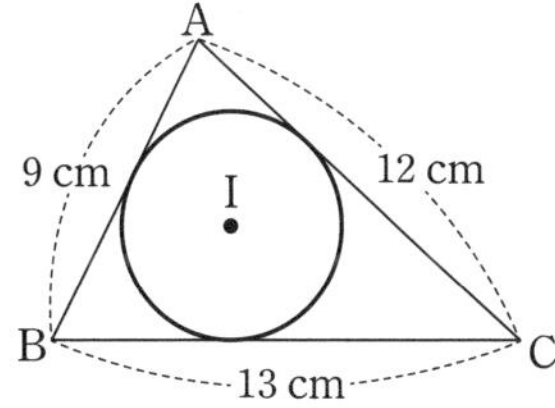

■ 다음 그림에서 점 I가 $\triangle ABC$의 내심이고, $\triangle ABC$의 넓이가 주어질 때, $\triangle ABC$의 둘레의 길이를 구하여라.

3. $\triangle ABC = 48\ cm^2$

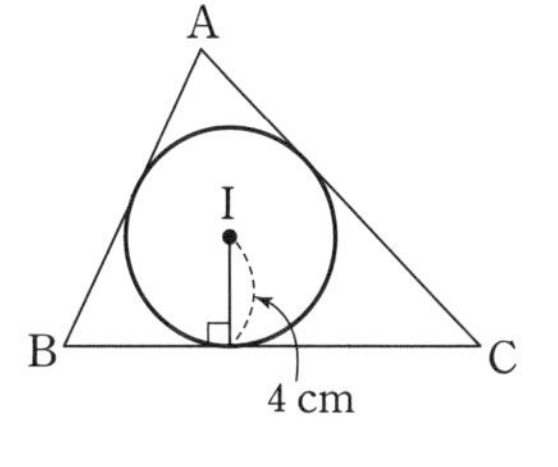

4. $\triangle ABC = 51\ cm^2$

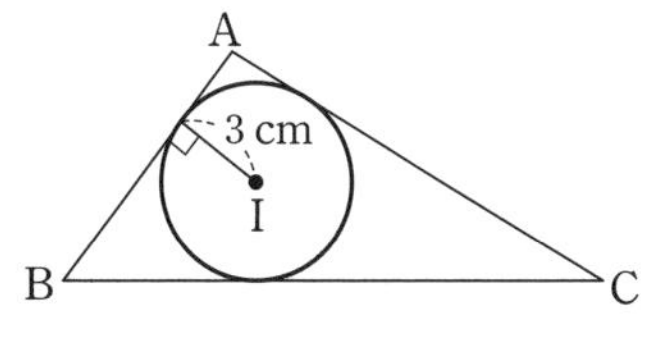

■ 다음 그림에서 점 I가 $\triangle ABC$의 내심일 때, $\triangle ABC$의 내접원의 넓이를 구하여라.

5.

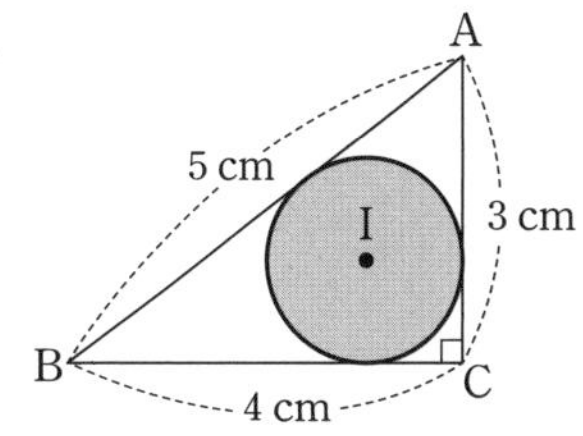

Help 직각삼각형이므로 넓이를 먼저 구하고, 내접원의 반지름의 길이를 구한다.

6.

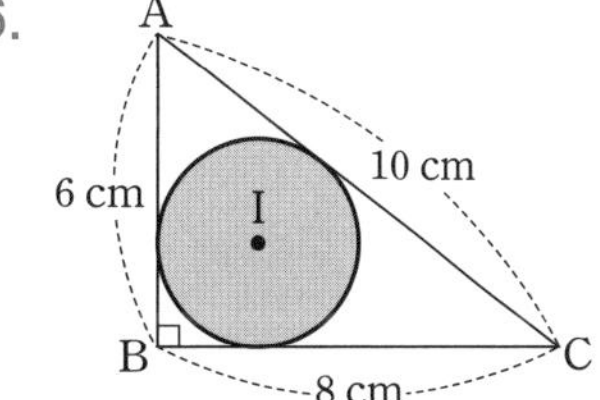

■ 다음 그림에서 점 I가 $\triangle ABC$의 내심일 때, 색칠한 부분의 넓이를 구하여라.

7.

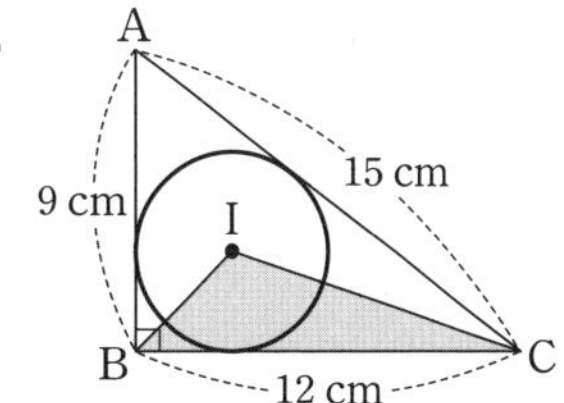

8.

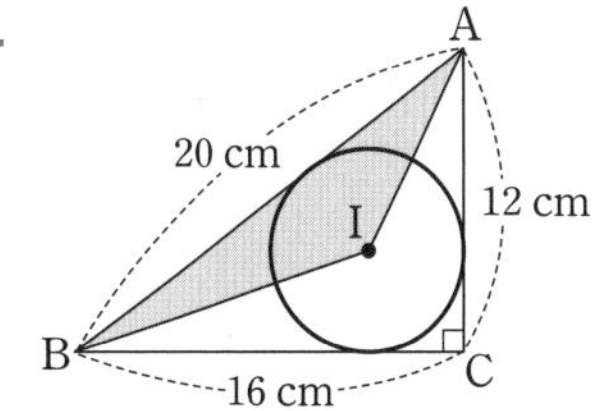

D 삼각형의 내심의 응용

점 I가 △ABC의 내심일 때,
x의 값을 구해 보자.
$\overline{AD}=\overline{AF}$, $\overline{BD}=\overline{BE}$, $\overline{CF}=\overline{CE}$
$\overline{BC}=(6-x)+(5-x)=7$
$\therefore x=2$

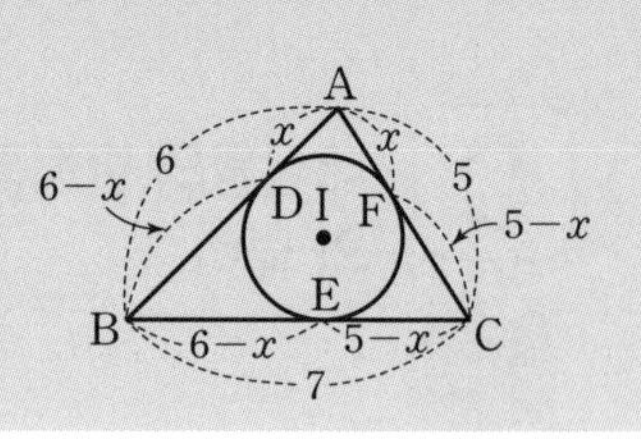

■ 다음 그림에서 점 I가 △ABC의 내심일 때, □ 안에 알맞은 길이를 써넣어라.

1. 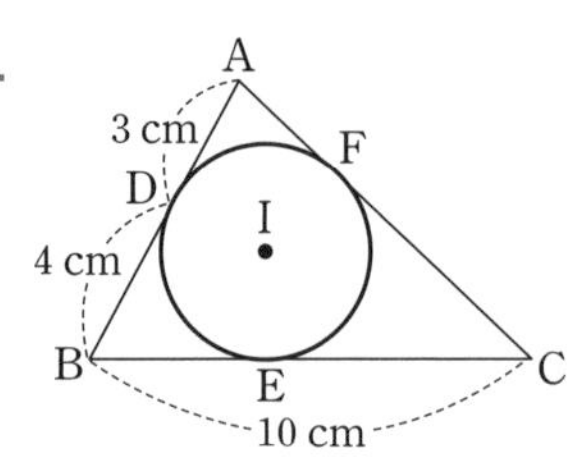

$\overline{AC}=$ □

Help $\overline{AD}=\overline{AF}$, $\overline{BE}=\overline{BD}$

2. 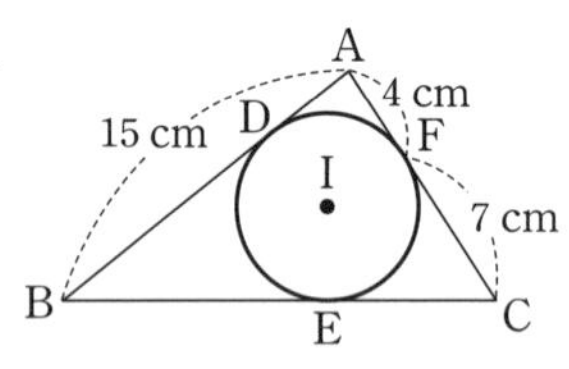

$\overline{BC}=$ □

3. 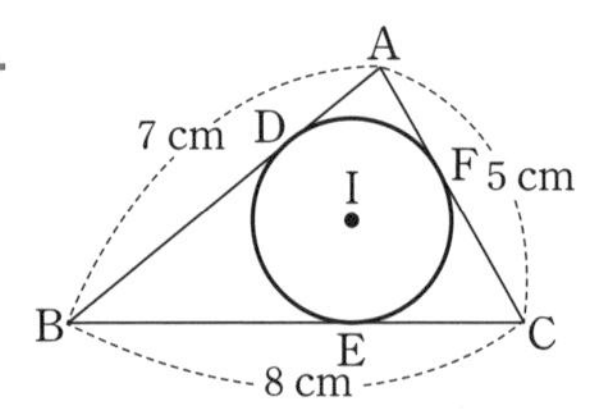

$\overline{AD}=$ □

Help $\overline{AD}=x$ cm라 하면 $\overline{BD}=7-x$, $\overline{FC}=5-x$

4. 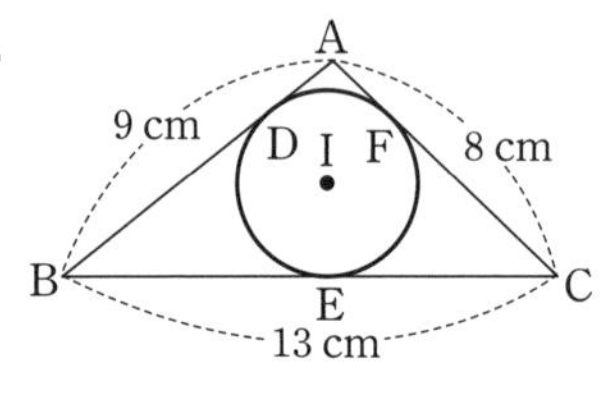

$\overline{CF}=$ □

5. 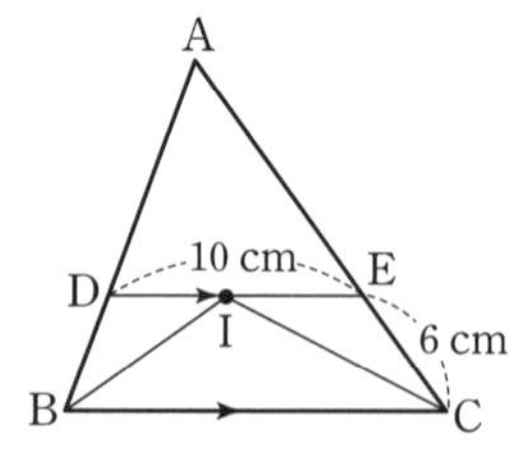

$\overline{DB}=$ □

Help $\angle ECI=\angle ICB=\angle EIC$이므로 $\overline{EI}=\overline{EC}$
$\angle DBI=\angle IBC=\angle DIB$이므로 $\overline{DB}=\overline{DI}$

앗! 실수

6. 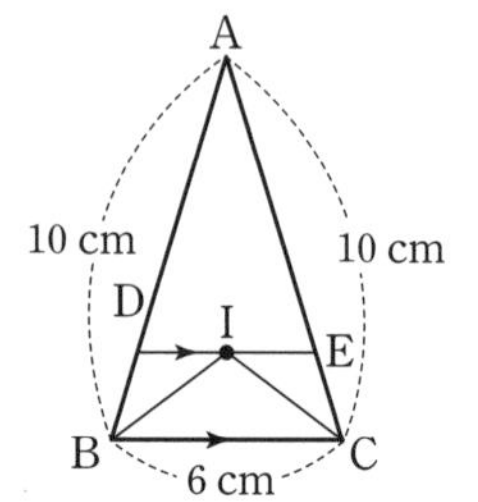

$\overline{DE}=$ □

■ 다음 그림에서 점 I가 △ABC의 내심일 때, △ADE의 둘레의 길이를 구하여라.

7. 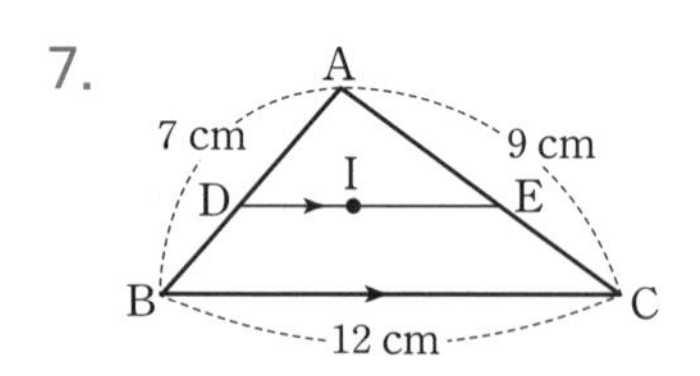

Help $\overline{DB}=\overline{DI}$, $\overline{EC}=\overline{EI}$ $\therefore \overline{DE}=\overline{DB}+\overline{EC}$

8.

E 삼각형의 외심과 내심의 응용

점 O, I가 각각 △ABC의 외심, 내심일 때

- $\angle BOC = 2\angle A$, $\angle BIC = 90^\circ + \frac{1}{2}\angle A$
- $\angle OBC = \angle OCB$, $\angle IBA = \angle IBC$
- △OBC는 이등변삼각형이지만 △IBC는 이등변삼각형이 아니야.

■ △ABC는 $\overline{AB} = \overline{AC}$인 이등변삼각형이다. 점 O, I는 각각 △ABC의 외심, 내심일 때, $\angle x$의 크기를 구하여라.

1.

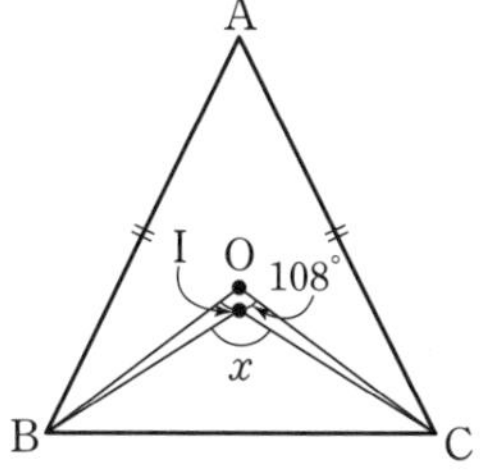

Help 점 O가 외심이므로 $\angle A = \frac{1}{2} \times 108^\circ$

2.

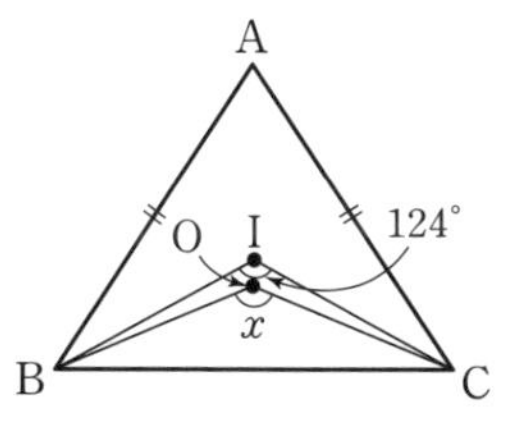

앗! 실수

3.

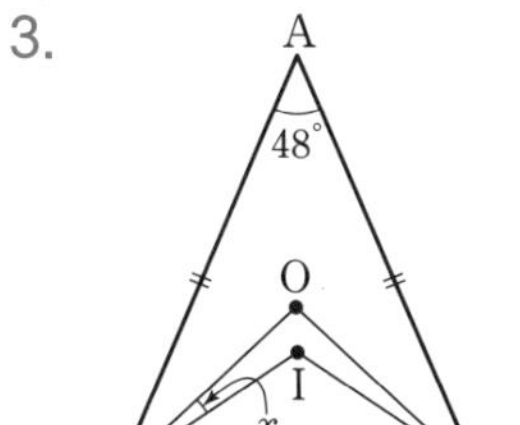

Help $\angle ABC = \frac{1}{2} \times (180^\circ - 48^\circ)$

$\angle IBC = \frac{1}{2} \times \angle ABC$, $\angle OBC = \angle OCB$

4.

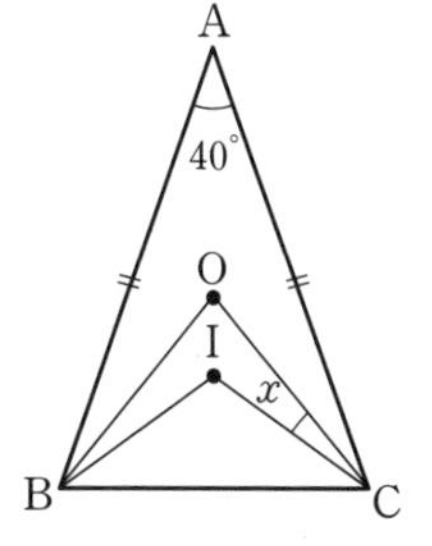

■ 다음 그림과 같은 직각삼각형 ABC의 외접원의 반지름의 길이와 내접원의 반지름의 길이의 합을 구하여라.

5.

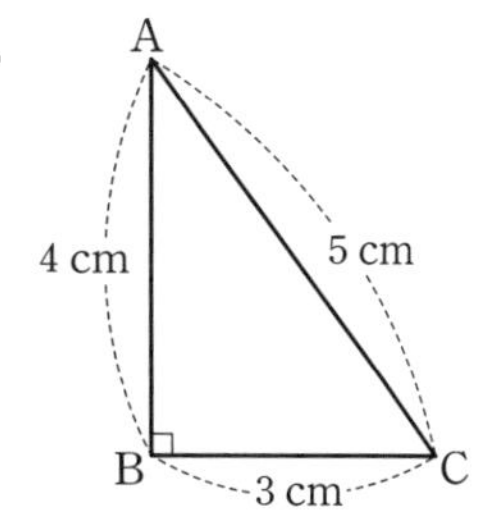

Help △ABC $= \frac{1}{2} \times$ (삼각형의 둘레의 길이) $\times$ (내접원의 반지름의 길이)

6.

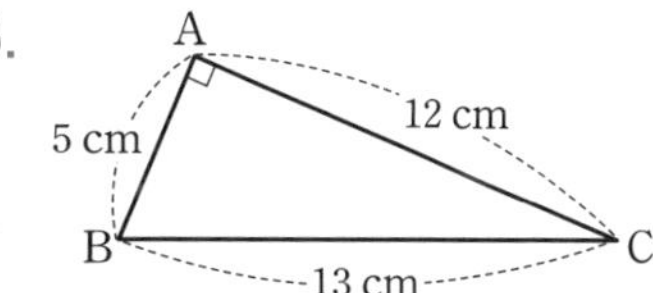

■ 다음 그림과 같은 직각삼각형 ABC의 외접원과 내접원의 넓이를 각각 구하여라.

7.

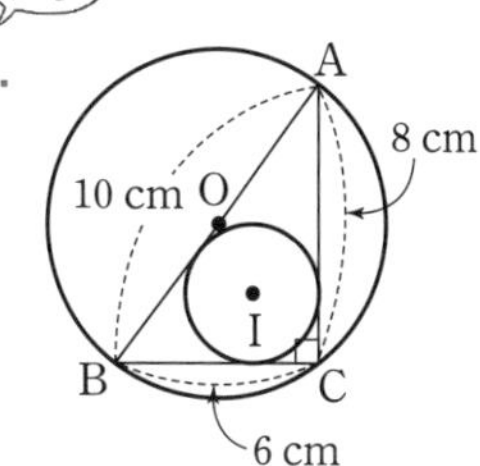

8.

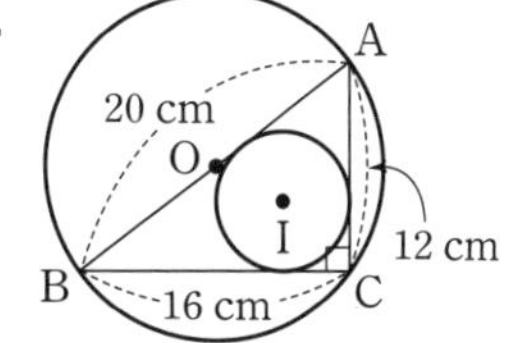

거저먹는 시험 문제

[1] 삼각형의 내심

앗!실수 적중률 90%

1. 다음 중 점 I가 삼각형의 내심을 나타내는 것을 모두 고르면? (정답 2개)

① 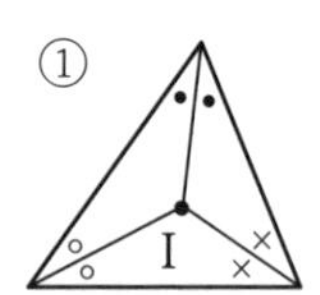 ② 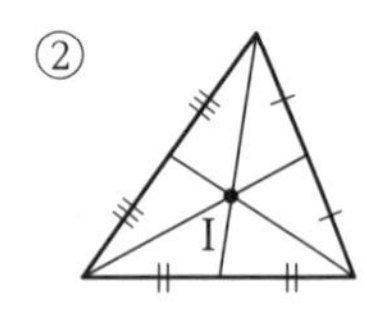 ③  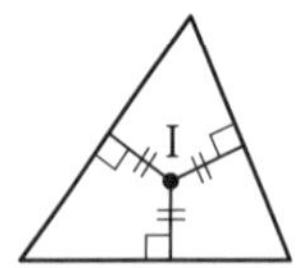

④ 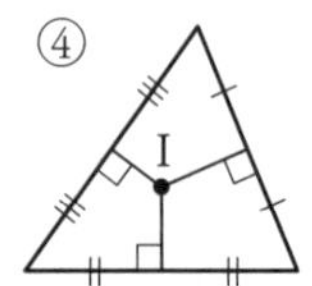 ⑤ 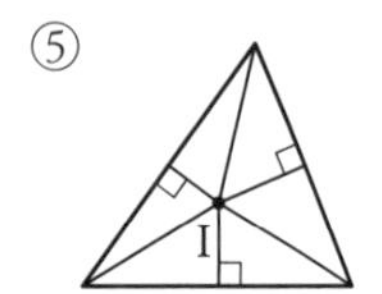

[2~4] 삼각형의 내심을 이용한 각의 크기 구하기

적중률 90%

2. 오른쪽 그림에서 점 I는 $\triangle ABC$의 내심이다. $\angle C=72°$일 때, $\angle x+\angle y$의 크기는?

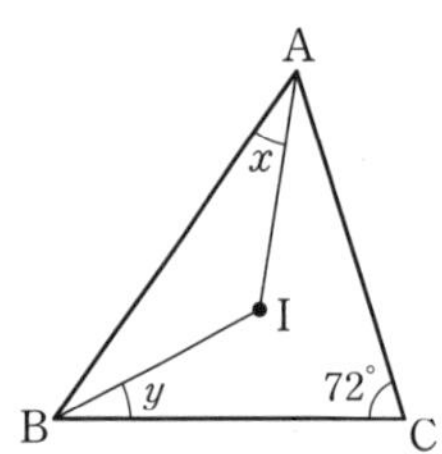

① $42°$ ② $48°$
③ $54°$ ④ $58°$
⑤ $64°$

3. 오른쪽 그림에서 점 I는 $\triangle ABC$의 내심이다. $\angle A : \angle B : \angle C = 4 : 3 : 2$일 때, $\angle BIC$의 크기는?

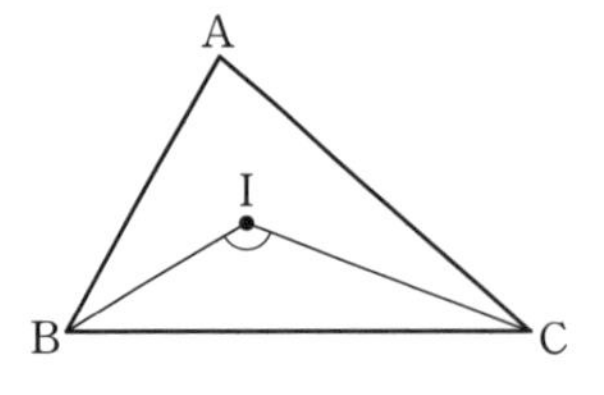

① $100°$ ② $110°$ ③ $120°$
④ $130°$ ⑤ $150°$

앗!실수

4. 오른쪽 그림에서 점 I는 $\triangle ABC$의 내심이고 점 I′은 $\triangle IBC$의 내심이다. $\angle A=64°$일 때, $\angle BI'C$의 크기를 구하여라.

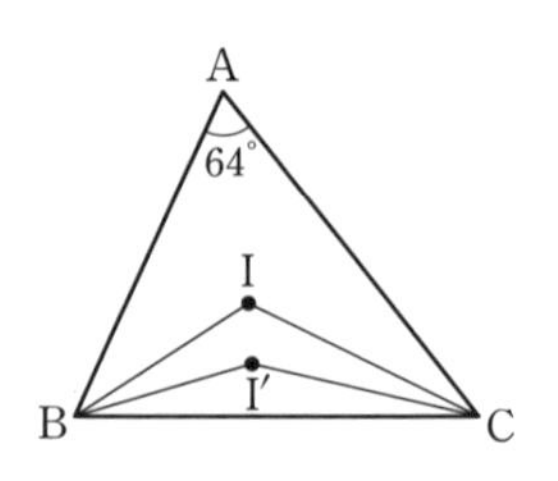

[5] 삼각형의 내심의 응용

적중률 80%

5. 오른쪽 그림과 같은 $\triangle ABC$의 내접원 I의 반지름의 길이는 3 cm이다. $\overline{AB}=9$ cm, $\overline{BC}=14$ cm이고 $\triangle ABC=51\text{ cm}^2$일 때, $\overline{AC}$의 길이를 구하여라.

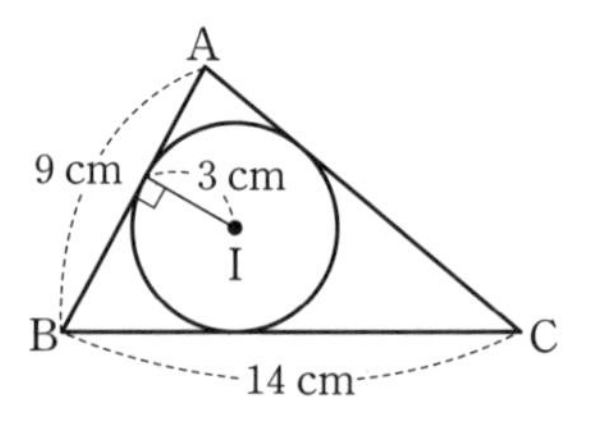

[6] 삼각형의 외심과 내심의 응용

6. 오른쪽 그림에서 $\triangle ABC$는 $\overline{AB}=\overline{AC}$인 이등변삼각형이고 두 점 O, I는 각각 $\triangle ABC$의 외심과 내심이다. $\angle BOC=104°$일 때, $\angle x$의 크기는?

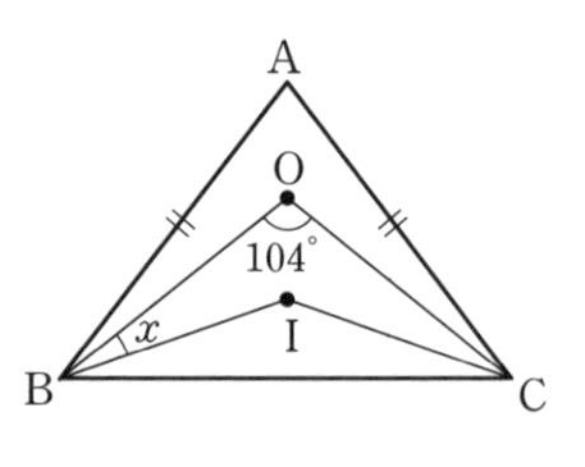

① $5°$ ② $6°$ ③ $8°$
④ $10°$ ⑤ $12°$

05

평행사변형의 뜻과 성질

● 사각형

① 사각형 ABCD를 기호로 □ABCD와 같이 나타낸다.

② 사각형에서 서로 마주 보는 변을 대변, 서로 마주 보는 각을 대각이라 한다.

오른쪽 그림과 같은 □ABCD에서 $\overline{AB}$와 $\overline{DC}$, $\overline{AD}$와 $\overline{BC}$가 대변이고, ∠A와 ∠C, ∠B와 ∠D가 대각이다.

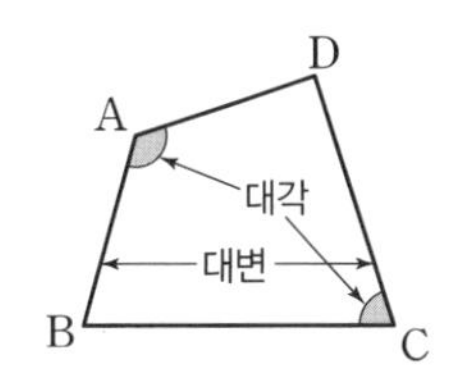

평행사변형의 뜻을 이용한 문제를 풀 때는 두 쌍의 대변이 평행하므로 평행선의 엇각의 크기가 같음을 이용하여 푸는 문제가 많아.
기억하지? 평행선에서의 엇각!

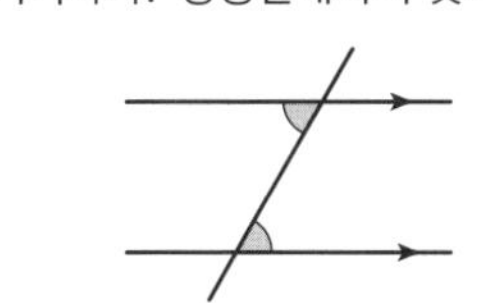

● 평행사변형의 뜻

평행사변형은 두 쌍의 대변이 각각 평행한 사각형이다.

⇨ $\overline{AB} /\!/ \overline{DC}$, $\overline{AD} /\!/ \overline{BC}$

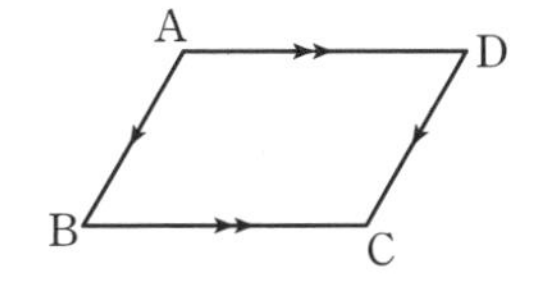

● 평행사변형의 성질

평행사변형에서

① 두 쌍의 대변의 길이는 각각 같다. ⇨ $\overline{AB}=\overline{DC}$, $\overline{AD}=\overline{BC}$

② 두 쌍의 대각의 크기는 각각 같다. ⇨ ∠A=∠C, ∠B=∠D

③ 두 대각선은 서로 다른 것을 이등분한다.

⇨ $\overline{OA}=\overline{OC}$, $\overline{OB}=\overline{OD}$

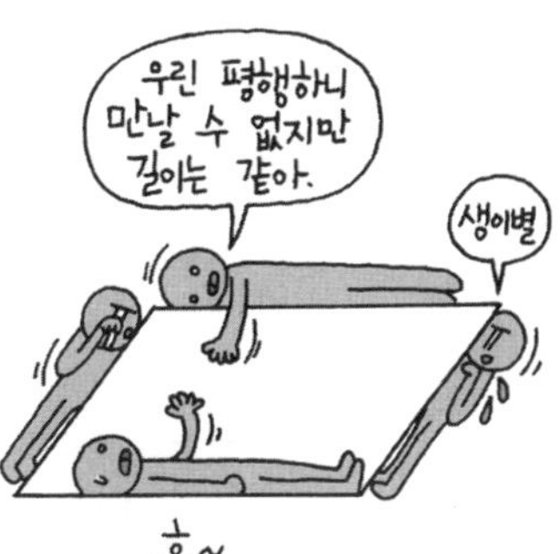

①
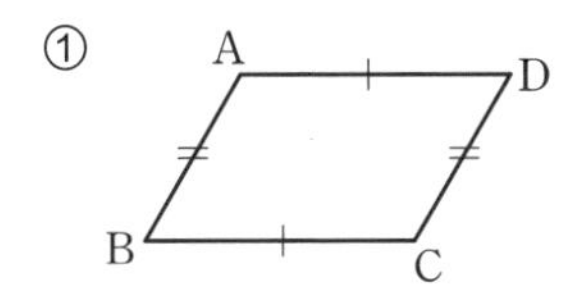

②
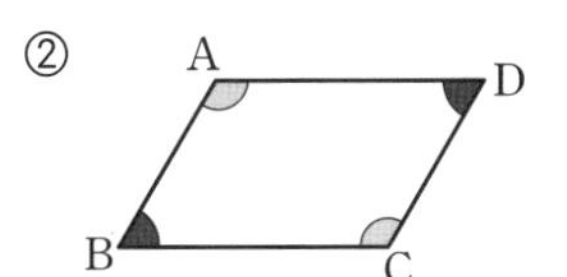

③
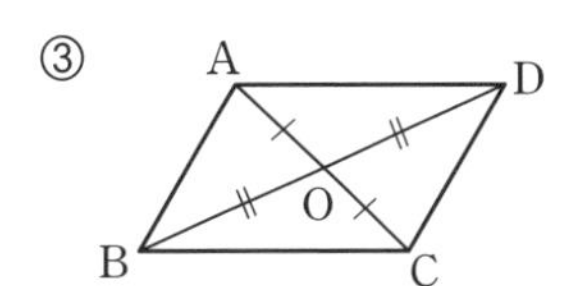

● 평행사변형에서 이웃하는 두 내각의 크기의 합

평행사변형에서 이웃하는 두 내각의 크기의 합은 180°이다.

∠A+∠B=180°, ∠A+∠D=180°

∠B+∠C=180°, ∠C+∠D=180°

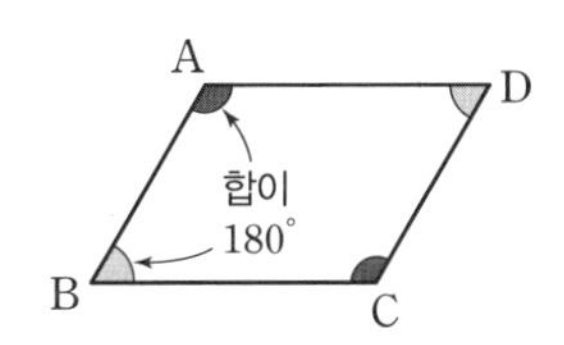

평행사변형에서 한 내각의 크기가 주어지면 나머지 각의 크기를 모두 알 수 있어.
∠A의 크기가 주어지면 ∠A+∠B=180°이므로 ∠B의 크기를 구할 수 있고 대각의 크기가 같음을 이용하면 ∠C와 ∠D의 크기도 구할 수 있지.

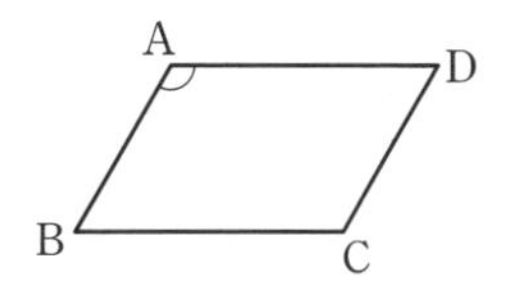

A 평행사변형의 뜻

□ABCD가 평행사변형이면
$\overline{AB} /\!/ \overline{DC}$, $\overline{AD} /\!/ \overline{BC}$이므로
- $\angle A + \angle B = 180^\circ$
- $\angle BAC = \angle ACD$, $\angle DAC = \angle ACB$

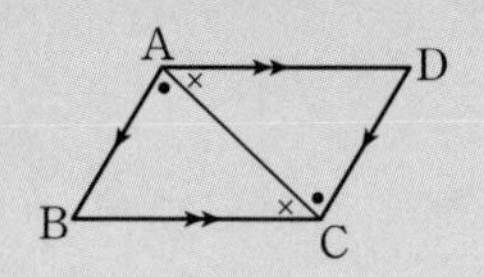

아하 그렇구나!

■ 다음 그림과 같은 평행사변형 ABCD에서 $\angle x$, $\angle y$의 크기를 각각 구하여라.

1. 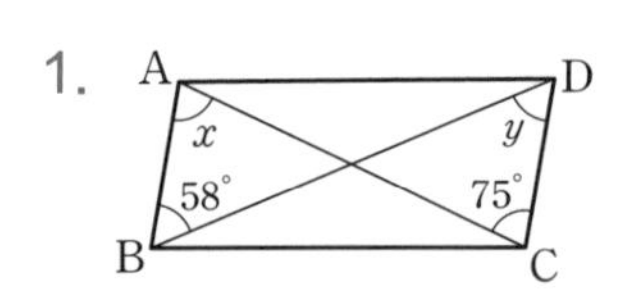

Help 평행선에서 엇각의 크기가 같음을 이용한다.

2. 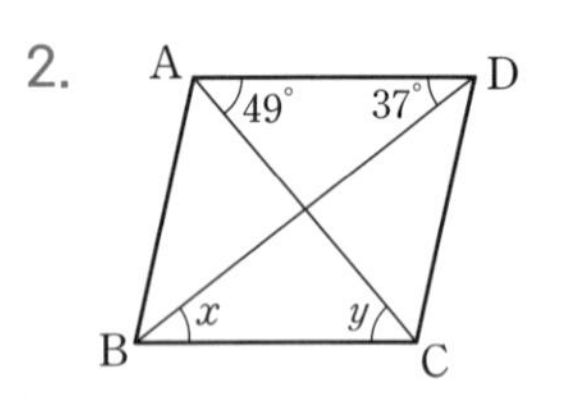

3. 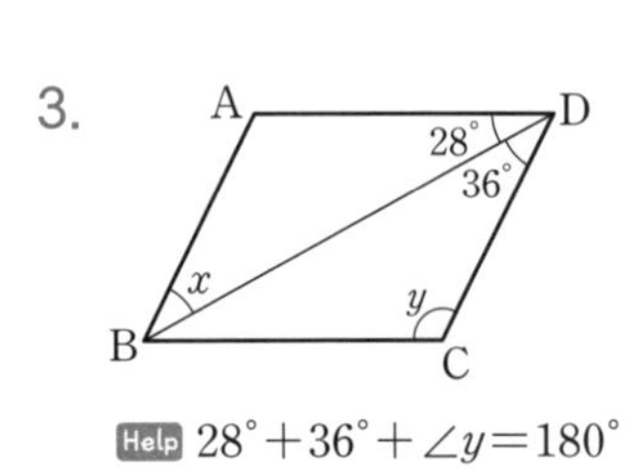

Help $28^\circ + 36^\circ + \angle y = 180^\circ$

4. 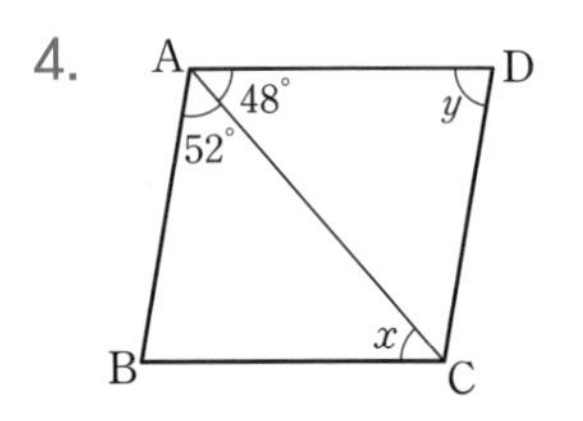

5. 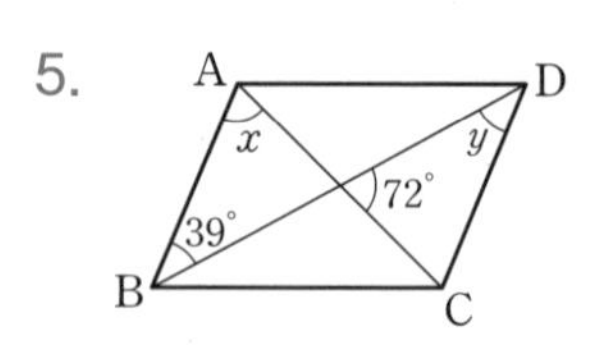

6. 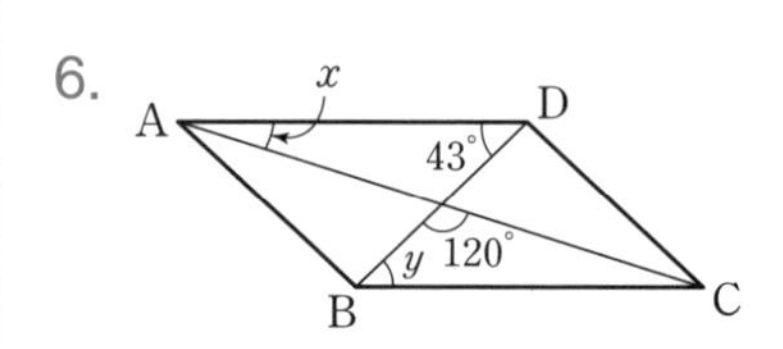

■ 다음 그림과 같은 평행사변형 ABCD에서 $\angle x + \angle y$의 크기를 구하여라.

앗! 실수

7. 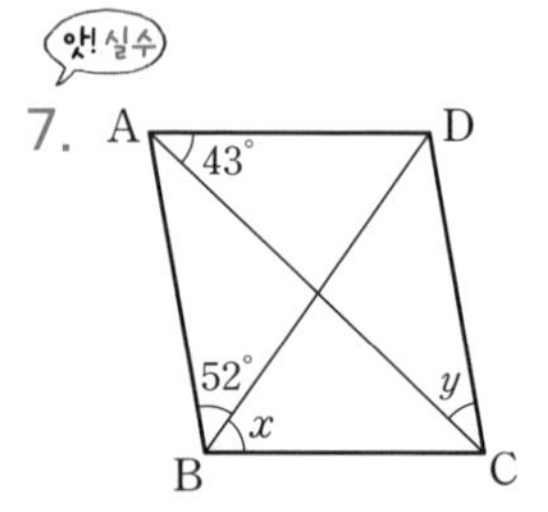

Help $\angle x$, $\angle y$의 크기를 각각 따로 구하지 말고 △DBC의 세 내각의 크기의 합은 180°임을 이용하여 $\angle x + \angle y$의 크기를 구한다.

8. 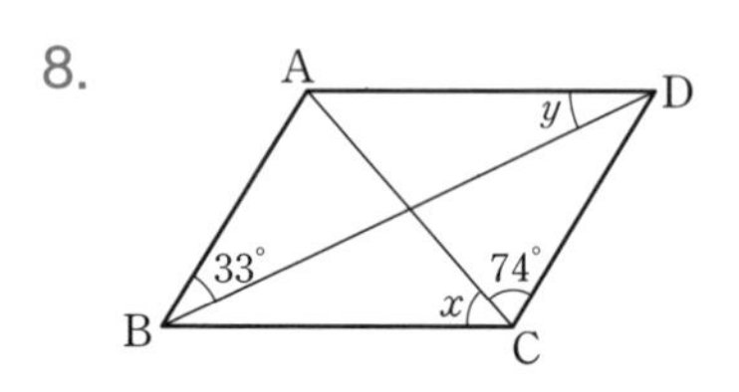

B 평행사변형의 성질

평행사변형의 성질은
- 두 쌍의 대변의 길이가 각각 같아.
- 두 쌍의 대각의 크기가 각각 같아.
- 두 대각선은 서로 다른 것을 이등분해.

잊지 말자. 꼬~옥!

■ 다음 그림과 같은 평행사변형 ABCD에서 x, y의 값을 각각 구하여라.

1.
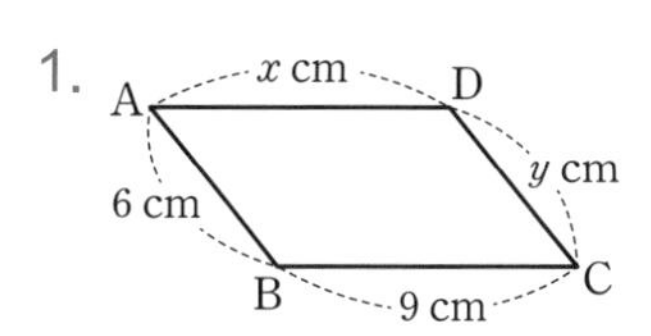

2.
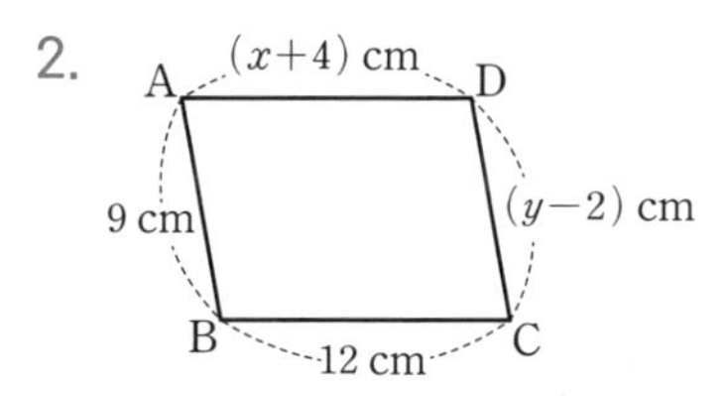

3.
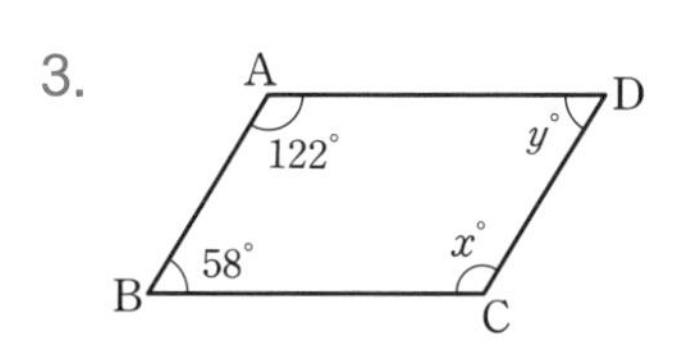

4.
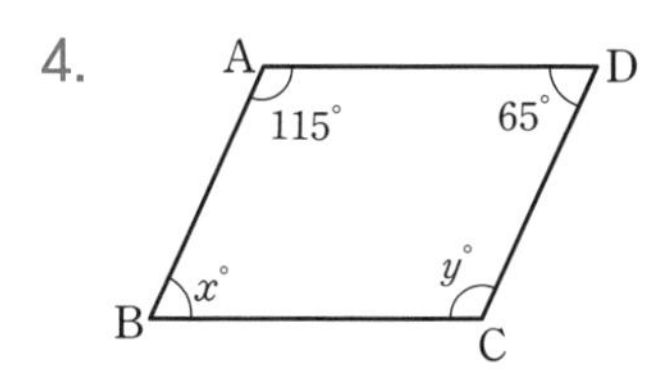

앗! 실수

5.
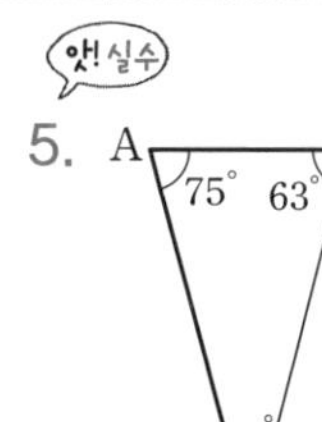

Help $\overline{AD} /\!/ \overline{BC}$이니까 $\angle ADB = \angle DBC$(엇각)인 것을 이용한다.

6.
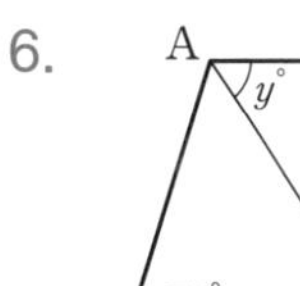

7.
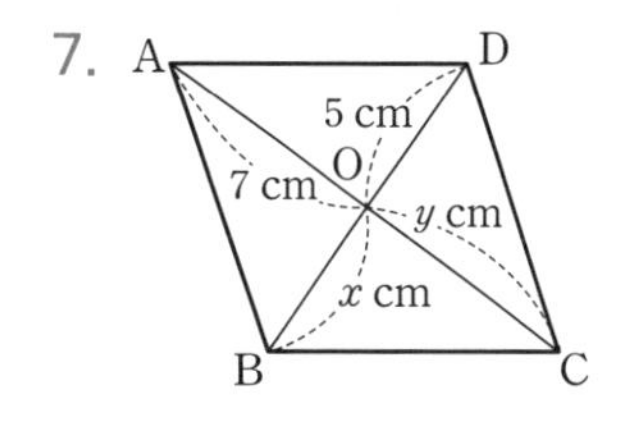

8.
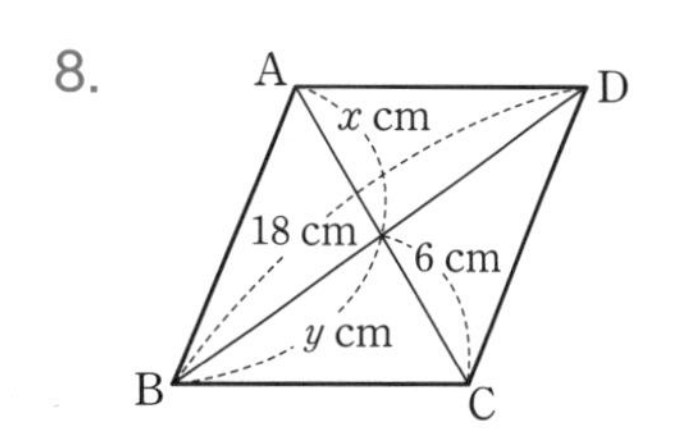

C 평행사변형의 대변의 성질

오른쪽 그림과 같은 평행사변형에서 $\overline{BE}$의 길이를 구해 보자.
$\angle DAE = \angle AEB$(엇각)이므로
$\triangle BEA$는 이등변삼각형이야.
따라서 $\overline{BE} = \overline{AB} = 4$ cm인 거지.

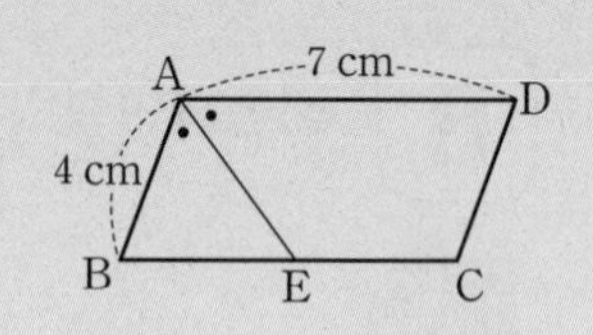

■ 다음 그림과 같은 평행사변형 ABCD에서 □ 안에 알맞은 길이를 써넣어라.

1.

A 8 cm D, 5 cm, B E C

$\overline{EC} =$ □

Help $\angle CED = \angle ADE$이므로 $\triangle CDE$는 이등변삼각형이다.

2.

A 18 cm D, 10 cm, B E C

$\overline{EC} =$ □

3.

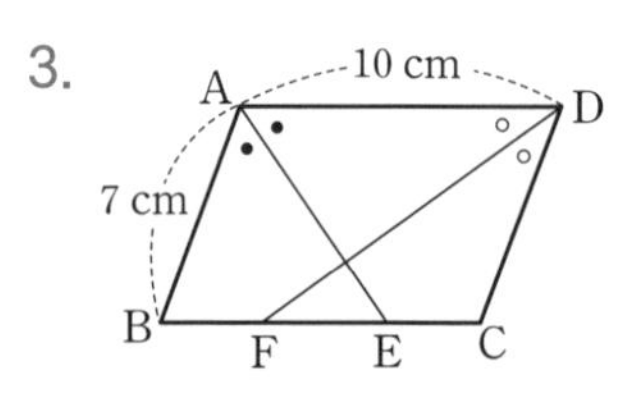

$\overline{FE} =$ □

Help $\angle BEA = \angle DAE$이므로 $\overline{BE} = \overline{BA}$
$\angle CFD = \angle ADF$이므로 $\overline{CF} = \overline{CD}$

4.

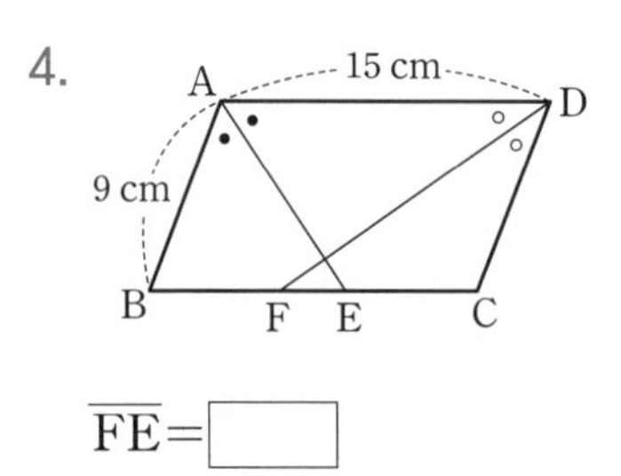

$\overline{FE} =$ □

5.

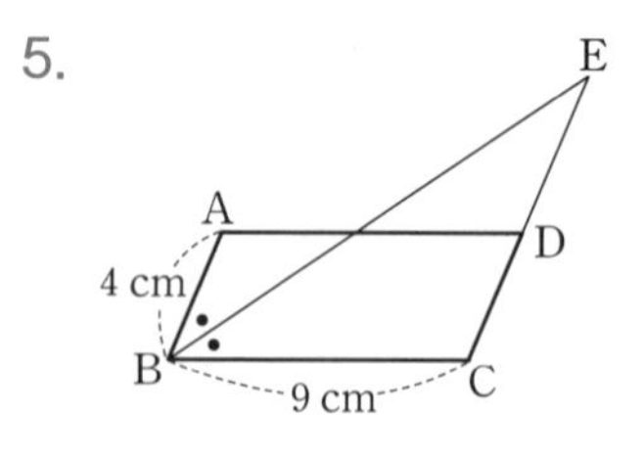

$\overline{DE} =$ □

Help $\angle CEB = \angle ABE$

6.

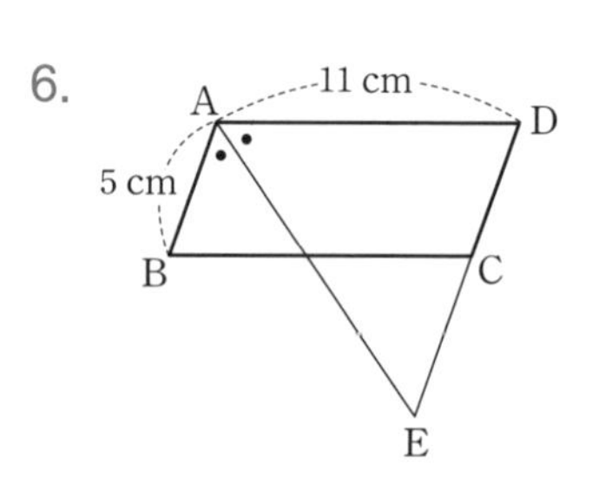

$\overline{CE} =$ □

7.

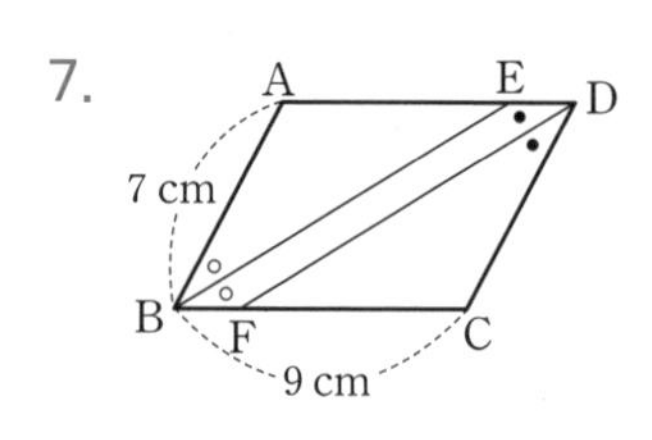

$\overline{ED} =$ □

8.

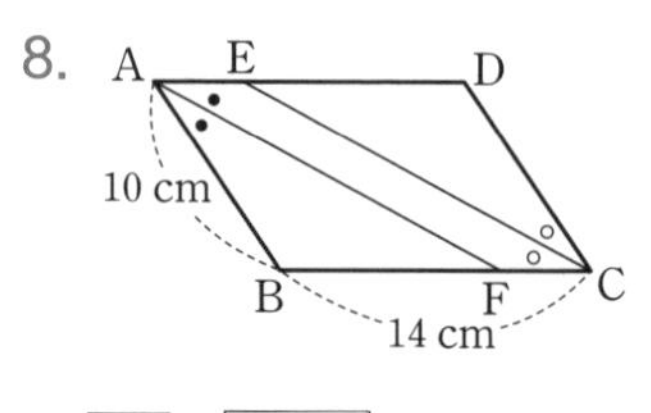

$\overline{FC} =$ □

평행사변형의 대각의 성질

평행사변형의 두 쌍의 대각의 크기가 같음을 이용하여 많은 활용 문제를 풀 수 있어.

- $\angle A = \angle C$, $\angle B = \angle D$
- $\angle A + \angle B = \angle B + \angle C = 180^\circ$

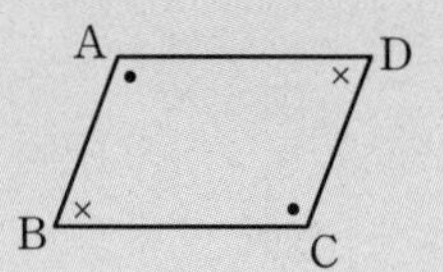

■ 다음 그림과 같은 평행사변형 ABCD에서 $\angle x$의 크기를 구하여라.

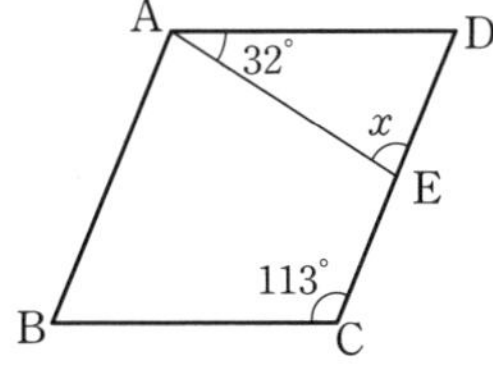

Help $\angle D + \angle C = 180^\circ$

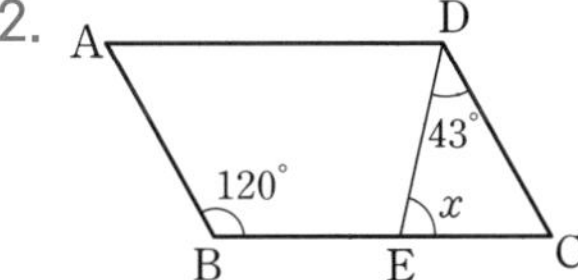

앗! 실수

3.

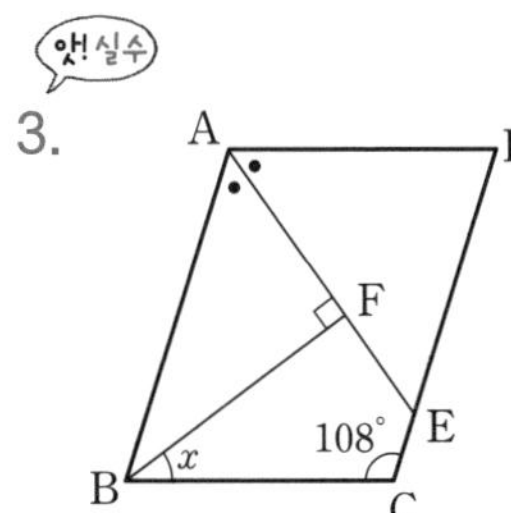

Help $\angle BAF = \frac{1}{2} \times 108^\circ = 54^\circ$, $\angle ABF = 36^\circ$

4.

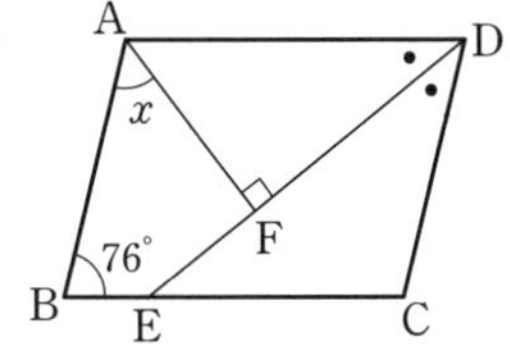

앗! 실수

5.

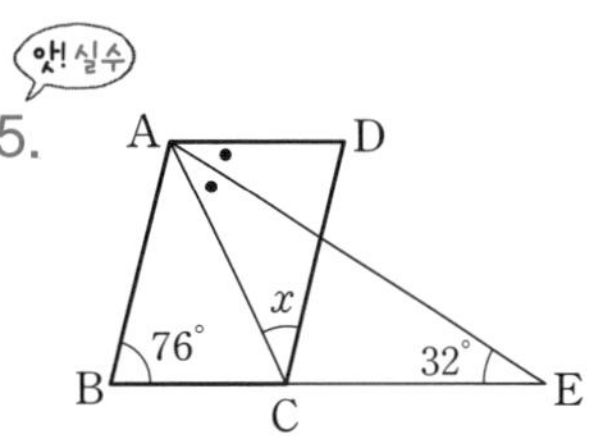

Help $\angle D = \angle B = 76^\circ$, $\angle DAE = \angle CEA = 32^\circ$

6.

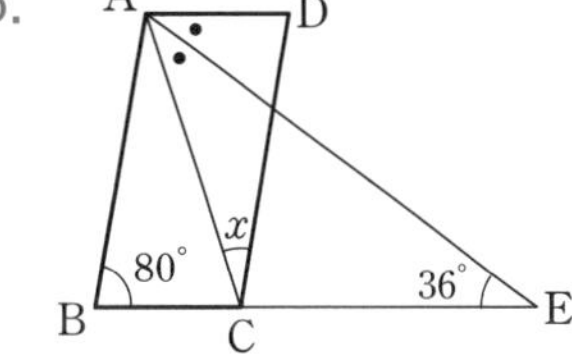

■ 다음 그림과 같은 평행사변형 ABCD에서 $\triangle ABO$의 둘레의 길이를 구하여라.

7.

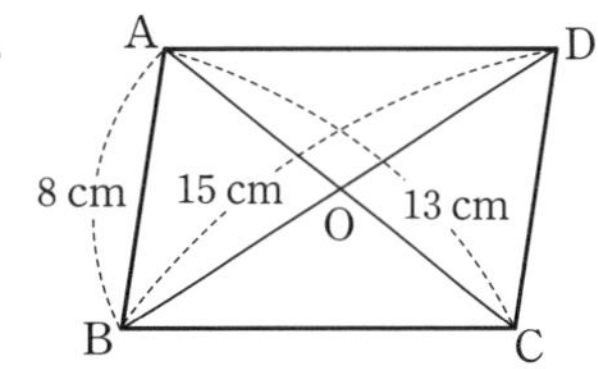

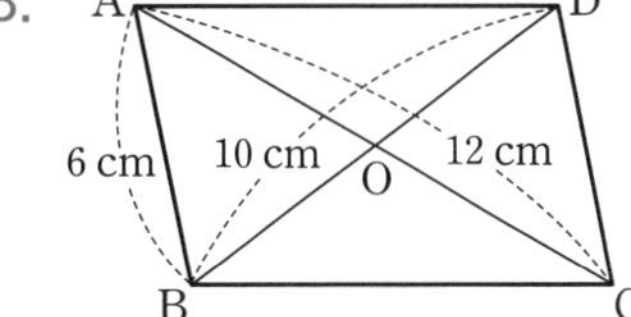

거저먹는 시험 문제

[1] 평행사변형의 성질

적중률 90%

1. 오른쪽 그림과 같은 평행사변형 ABCD에서 두 대각선의 교점을 O라 할 때, 다음 중 옳지 않은 것은?

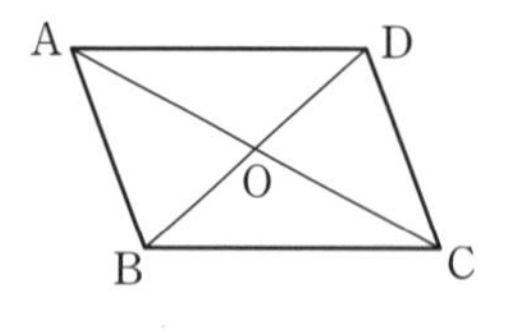

① $\angle A=\angle C$, $\angle B=\angle D$
② $\overline{AB}/\!/\overline{DC}$, $\overline{AD}/\!/\overline{BC}$
③ $\overline{OA}=\overline{OB}$, $\overline{OC}=\overline{OD}$
④ $\overline{AB}=\overline{DC}$, $\overline{AD}=\overline{BC}$
⑤ $\angle A+\angle B=180°$

[2~6] 평행사변형의 성질의 활용

2. 오른쪽 그림과 같은 평행사변형 ABCD에서 $\overline{AE}$, $\overline{DF}$는 각각 $\angle A$, $\angle D$의 이등분선이다. $\overline{AB}=14$ cm, $\overline{FE}=6$ cm일 때, $\overline{AD}$의 길이를 구하여라.

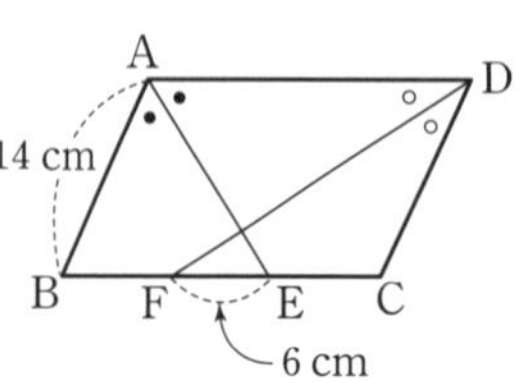

앗! 실수 적중률 80%

3. 오른쪽 그림과 같은 평행사변형 ABCD에서 $\overline{BC}$의 중점을 E라 하고 $\overline{AE}$의 연장선과 $\overline{DC}$의 연장선의 교점을 F라 하자. $\overline{AB}=8$ cm, $\overline{AD}=12$ cm 일 때, $\overline{DF}$의 길이를 구하여라.

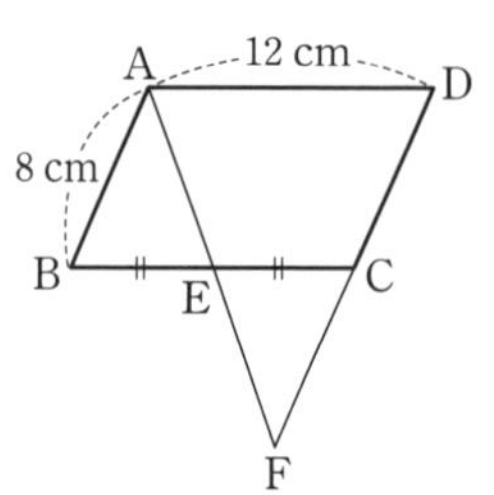

앗! 실수 적중률 80%

4. 오른쪽 그림과 같은 평행사변형 ABCD에서 $\angle A : \angle B=5 : 4$일 때, $\angle A$의 크기는?

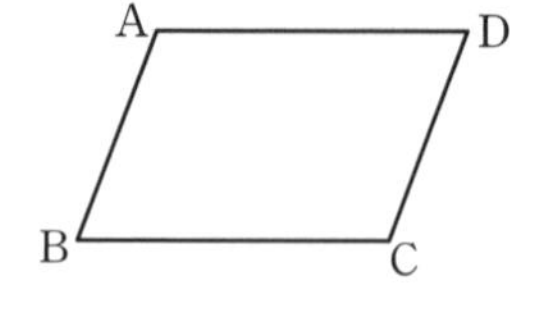

① 95° ② 100° ③ 105°
④ 110° ⑤ 120°

5. 오른쪽 그림과 같은 평행사변형 ABCD에서 $\overline{EB}$는 $\angle B$의 이등분선이고 $\angle AEB=65°$일 때, $\angle C$의 크기를 구하여라.

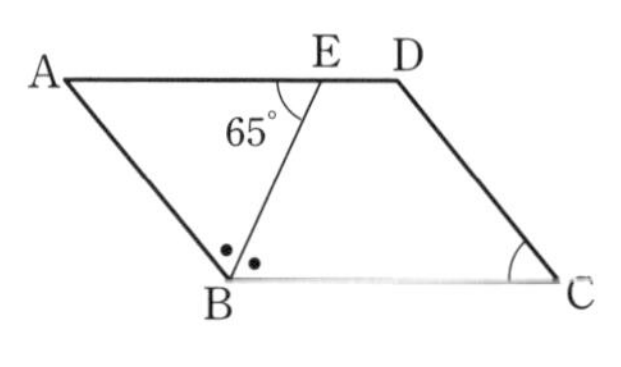

앗! 실수

6. 오른쪽 그림과 같은 평행사변형 ABCD의 두 대각선의 교점 O를 지나는 직선이 $\overline{AD}$, $\overline{BC}$와 만나는 점을 각각 P, Q라 할 때, 다음 중 옳지 않은 것은?

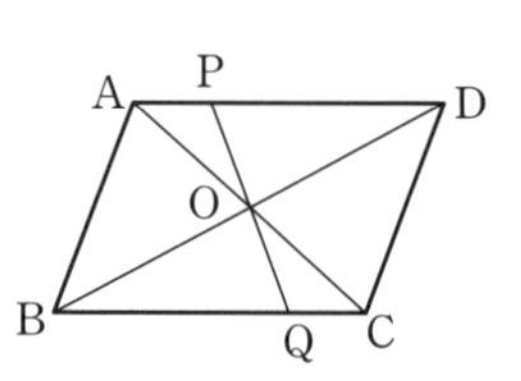

① $\overline{OP}=\overline{OQ}$ ② $\angle APO=\angle CQO$
③ $\overline{AP}=\overline{CQ}$ ④ $\angle PAO=\angle PDO$
⑤ $\triangle AOP\equiv\triangle COQ$

06 평행사변형이 되는 조건

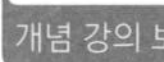

● 평행사변형이 되는 조건

□ABCD가 다음의 어느 한 조건을 만족하면 평행사변형이다.

① 두 쌍의 대변이 각각 평행하다. ⇨ $\overline{AB}/\!/\overline{DC}$, $\overline{AD}/\!/\overline{BC}$

② 두 쌍의 대변의 길이는 각각 같다. ⇨ $\overline{AB}=\overline{DC}$, $\overline{AD}=\overline{BC}$

③ 두 쌍의 대각의 크기는 각각 같다. ⇨ $\angle A=\angle C$, $\angle B=\angle D$

④ 두 대각선은 서로 다른 것을 이등분한다. ⇨ $\overline{OA}=\overline{OC}$, $\overline{OB}=\overline{OD}$

⑤ 한 쌍의 대변이 평행하고, 그 길이가 같다. ⇨ $\overline{AD}/\!/\overline{BC}$, $\overline{AD}=\overline{BC}$

①
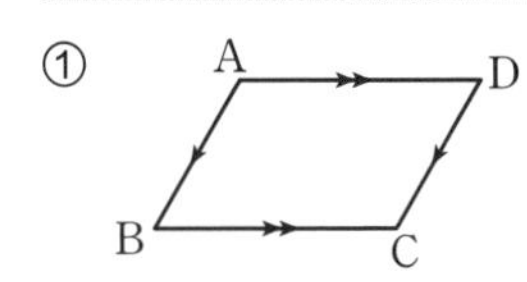

②
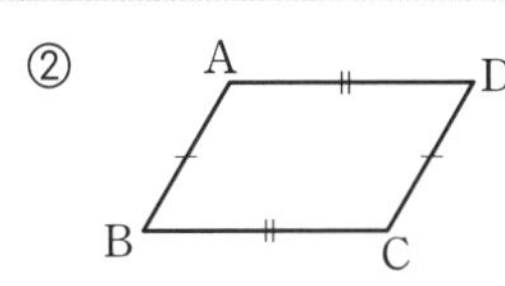

③
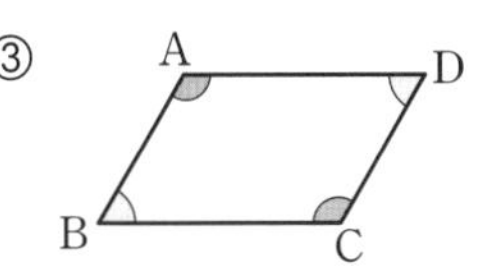

④
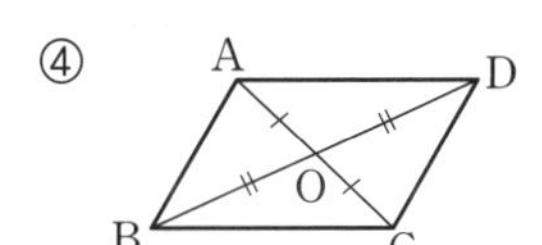

⑤
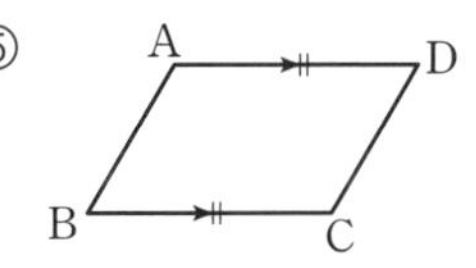

05에서 배운 것도 거의 비슷한데 왜 똑같은 것을 배우지? 라고 생각하는 학생들이 있어. **05**의 내용은 평행사변형이라면 갖게 되는 성질이고, **06**은 어떤 사각형이 왼쪽의 5가지 조건 중 한 가지를 만족한다면 그 사각형이 평행사변형이 된다는 거야.

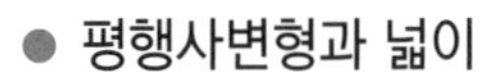

● 평행사변형과 넓이

평행사변형 ABCD에 대하여 다음이 성립한다.

① 두 대각선의 교점을 O라 하면

• $\triangle ABC=\triangle CDA=\triangle ABD=\triangle BCD=\frac{1}{2}\square ABCD$

• $\triangle ABO=\triangle BCO=\triangle CDO=\triangle DAO=\frac{1}{4}\square ABCD$

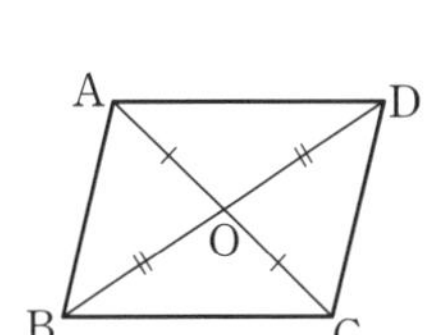

평행사변형의 특징

② 내부의 임의의 점 P에 대하여

$\triangle APD+\triangle BCP=\triangle ABP+\triangle CDP=\frac{1}{2}\square ABCD$

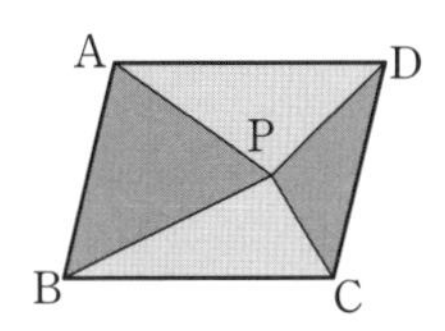

오른쪽 그림과 같이 점 P를 지나고 $\overline{AB}$, $\overline{BC}$에 평행한 직선을 각각 그으면

$\triangle APD+\triangle BCP=㉠+㉡+㉢+㉣=\triangle ABP+\triangle CDP$

$=\frac{1}{2}\square ABCD$

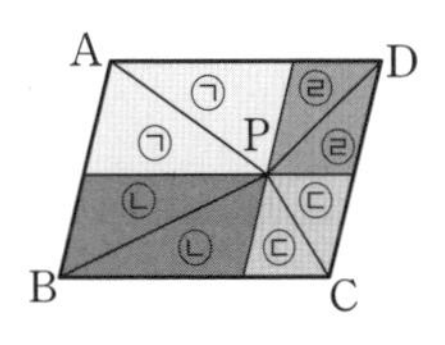

5가지 평행사변형이 되는 조건 중에서 가장 시험 출제율이 높은 것은 마지막 ⑤번이야. 왜냐하면 실수하는 학생들이 많아서야.
오른쪽 그림과 같이 한 쌍의 대변이 평행하고 다른 쌍의 대변의 길이가 같아도 평행사변형이라고 생각하는 거야.
반드시 외우자! 어느 쪽이든지 평행한 그 두 대변의 길이가 같아야 평행사변형이라는 것을!

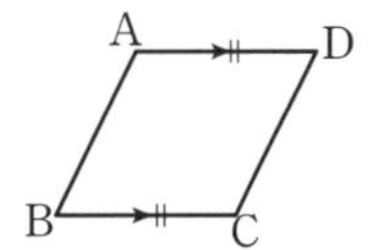

한 쌍의 대변이 평행하고 그 길이가 같으므로 평행사변형이야.

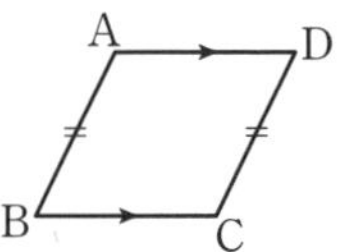

아무리 평행사변형인 것처럼 그려 놓았어도 평행사변형이 아닐 수 있어.

A 평행사변형이 되는 조건

• 두 쌍의 대변이 각각 평행하다.
• 두 쌍의 대변의 길이는 각각 같다.
• 두 쌍의 대각의 크기는 각각 같다.
• 두 대각선은 서로 다른 것을 이등분한다.
• 한 쌍의 대변이 평행하고 그 길이가 같다.

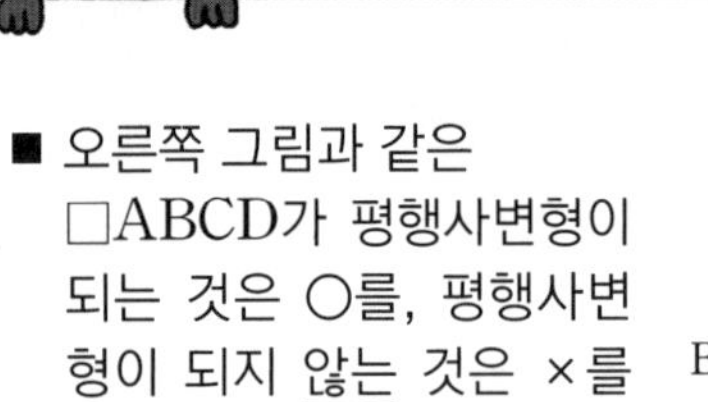

■ 오른쪽 그림과 같은 □ABCD가 평행사변형이 되는 것은 ○를, 평행사변형이 되지 <u>않는</u> 것은 ×를 하여라.

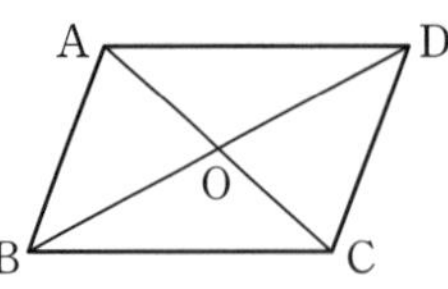

1. $\angle A=130^\circ$, $\angle B=50^\circ$

______

2. $\overline{AB}/\!/\overline{DC}$, $\overline{AD}/\!/\overline{BC}$

______

3. $\overline{OA}=\overline{OB}=5\text{cm}$, $\overline{OC}=\overline{OD}=4\text{cm}$

______

4. $\overline{AB}/\!/\overline{DC}$, $\overline{AB}=\overline{DC}=6\text{cm}$

______

5. $\overline{AB}=\overline{DC}=7\text{cm}$

______

앗실수

6. $\overline{AD}/\!/\overline{BC}$, $\overline{AB}=\overline{DC}=8\text{cm}$

______

7. $\angle A=\angle C=110^\circ$, $\angle B=70^\circ$

______

8. $\overline{OA}=\overline{OC}=6\text{cm}$, $\overline{OB}=\overline{OD}=8\text{cm}$

______

9. $\overline{AB}=\overline{DC}=9\text{cm}$, $\overline{AD}=\overline{BC}=11\text{cm}$

______

10. $\overline{AD}/\!/\overline{BC}$, $\overline{AB}=\overline{AD}=5\text{cm}$

______

B 평행사변형이 되는 조건의 활용 1

아래 문제들은 주어진 평행사변형의 성질과 평행사변형이 되는 조건을 이용하여 새로운 사각형이 평행사변형이 되는 조건을 알아보는 거야.

아하! 그렇구나~

■ □ABCD가 평행사변형일 때, 색칠한 사각형이 평행사변형이 되는 과정을 보고 해당하는 조건을 보기에서 골라 번호로 써라.

보기

① 두 쌍의 대변이 각각 평행하다.
② 두 쌍의 대변의 길이가 각각 같다.
③ 두 쌍의 대각의 크기가 각각 같다.
④ 두 대각선이 서로 다른 것을 이등분한다.
⑤ 한 쌍의 대변이 평행하고, 그 길이가 같다.

1.
$\overline{AB} // \overline{DC}$이므로
$\overline{EB} // \overline{DF}$
$\overline{AB} = \overline{DC}$,
$\overline{AE} = \overline{FC}$이므로 $\overline{EB} = \overline{DF}$

따라서 □EBFD가 평행사변형이 되는 조건은 ________

2.
△ABE와 △CDF에서
$\angle AEB = \angle CFD = 90°$,
$\overline{AB} = \overline{DC}$
$\angle ABE = \angle CDF$ (엇각)이므로
$\triangle ABE \equiv \triangle CDF$ (RHA 합동)
$\therefore \overline{AE} = \overline{CF}$
또, $\angle AEF = \angle CFE$ (엇각)이므로 $\overline{AE} // \overline{FC}$

따라서 □AECF가 평행사변형이 되는 조건은 ________

3.
$\overline{AO} = \overline{CO}$
$\overline{BO} = \overline{DO}$이고 $\overline{BE} = \overline{DF}$
이므로 $\overline{EO} = \overline{FO}$

따라서 □AECF가 평행사변형이 되는 조건은 ________

4.
$\angle B = \angle D$이므로
$\frac{1}{2}\angle B = \frac{1}{2}\angle D$
$\therefore \angle EBF = \angle EDF$
$\angle AEB = \angle EBF$ (엇각),
$\angle DFC = \angle EDF$ (엇각)
$\angle AEB = \angle DFC$
$\therefore \angle DEB = 180° - \angle AEB$
$= 180° - \angle DFC = \angle BFD$

따라서 □EBFD가 평행사변형이 되는 조건은 ________

5.
□AQCS에서 $\overline{AS} // \overline{QC}$,
$\overline{AS} = \overline{QC}$
□AQCS가 평행사변형
이므로 $\overline{AE} // \overline{FC}$
□APCR에서 $\overline{AP} // \overline{RC}$, $\overline{AP} = \overline{RC}$
□APCR가 평행사변형이므로 $\overline{AF} // \overline{EC}$

따라서 □AECF가 평행사변형이 되는 조건은 ________

C 평행사변형이 되는 조건의 활용 2

아래 문제들은 평행사변형이 되는 과정 중에 알맞은 것을 써넣는 문제들이야. 이미 앞에서 배운 내용이니 차근차근 읽어보면 쉽게 구할 수 있어.

아하! 그렇구나~

■ □ABCD가 평행사변형일 때, 색칠한 사각형이 평행사변형이 되는 과정이다. □ 안에 알맞을 것을 써넣어라.

1.

$\overline{AB}/\!/\overline{DC}$이므로

$\overline{EB}/\!/\overline{DF}$

$\overline{AB}=$□,

$\overline{AE}=$□이므로 $\overline{EB}=$□

따라서 □EBFD는 한 쌍의 대변이 평행하고 그 길이가 같으므로 평행사변형이다.

2.

△ABE와 △FCE에서

$\overline{BE}=\overline{CE}$

$\angle ABE=$□(엇각)

$\angle AEB=\angle FEC$

(맞꼭지각)이므로

△ABE≡△FCE (ASA 합동)

$\therefore \overline{AE}=$□

따라서 □ABFC는 두 대각선이 서로 다른 것을 이등분하므로 평행사변형이다.

3.

$\angle B=\angle D$이므로

$\frac{1}{2}\angle B=\frac{1}{2}\angle D$

$\therefore \angle EBF=\angle EDF$

$\angle AEB=$□(엇각),

$\angle DFC=$□(엇각)

$\angle AEB=\angle DFC$

$\therefore \angle DEB=180^\circ-\angle AEB$

$=180^\circ-\angle DFC=$□

따라서 □EBFD는 두 쌍의 대각의 크기가 각각 같으므로 평행사변형이다.

4.

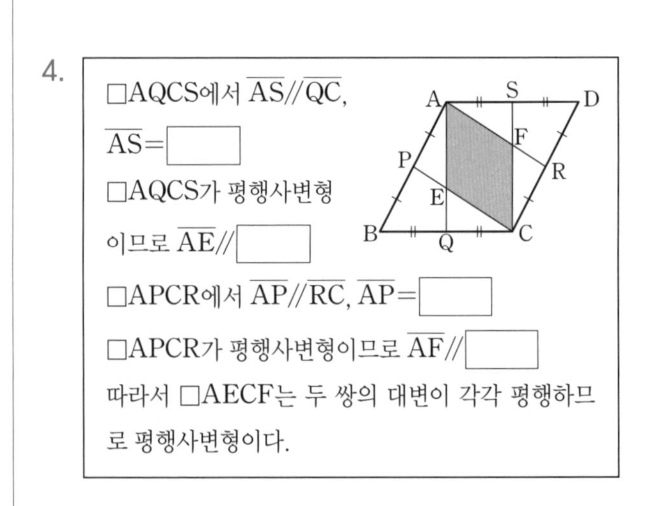

□AQCS에서 $\overline{AS}/\!/\overline{QC}$,

$\overline{AS}=$□

□AQCS가 평행사변형

이므로 $\overline{AE}/\!/$□

□APCR에서 $\overline{AP}/\!/\overline{RC}$, $\overline{AP}=$□

□APCR가 평행사변형이므로 $\overline{AF}/\!/$□

따라서 □AECF는 두 쌍의 대변이 각각 평행하므로 평행사변형이다.

D 평행사변형과 넓이

평행사변형 ABCD의 두 대각선의 교점을 O라 할 때,
$\triangle ABO=\triangle BCO=\triangle CDO=\triangle DAO$
잊지 말자. 꼬~옥!

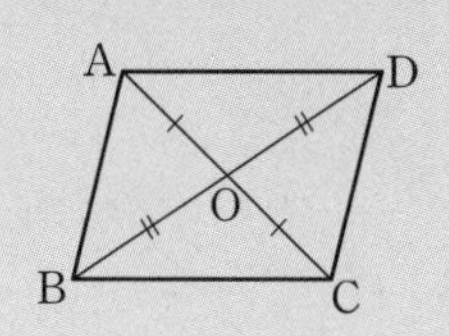

■ 다음 그림과 같이 □ABCD가 평행사변형이고, $\triangle ABC$의 넓이가 주어질 때, □ 안에 알맞은 넓이를 써넣어라.

1. 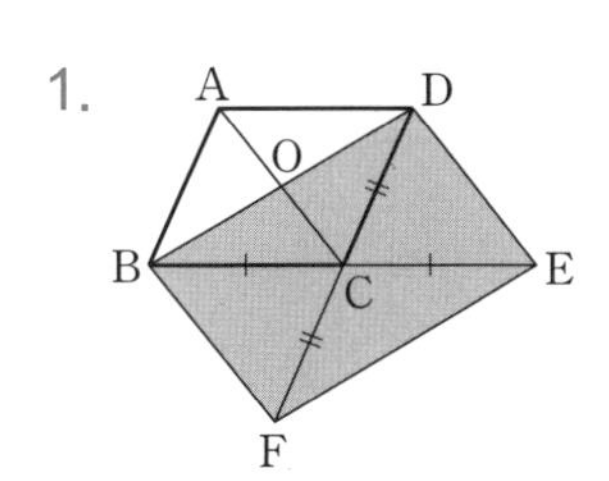

$\triangle ABC=8\text{cm}^2$일 때,
□BFED=□

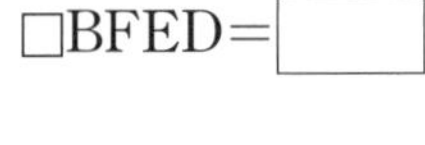

Help $\triangle DBC=\triangle ABC=8\text{cm}^2$

2. 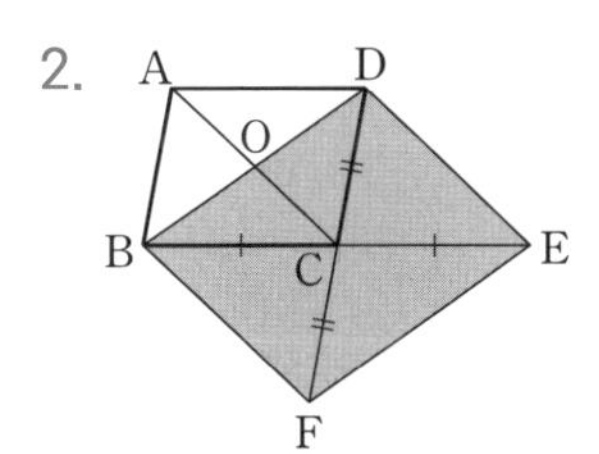

$\triangle ABC=12\text{cm}^2$일 때,
□BFED=□

■ 다음 그림과 같이 □ABCD가 평행사변형이고, □ABCD의 넓이가 주어질 때, □ 안에 알맞은 넓이를 써넣어라.

3. 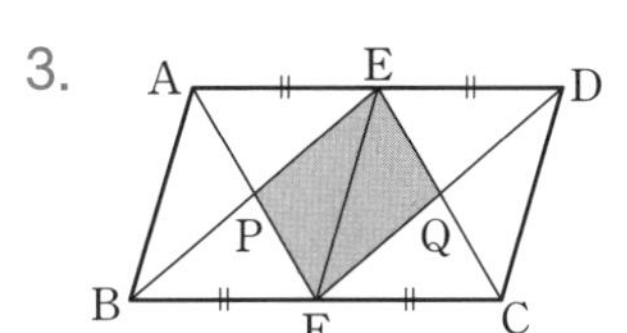

□ABCD$=20\text{cm}^2$일 때,
□EPFQ=□

4. 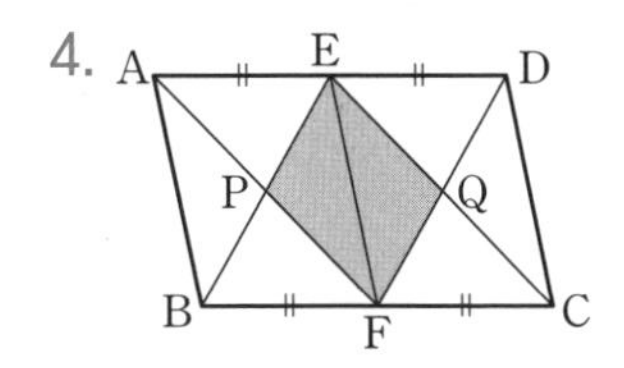

□ABCD$=56\text{cm}^2$일 때,
□EPFQ=□

5. 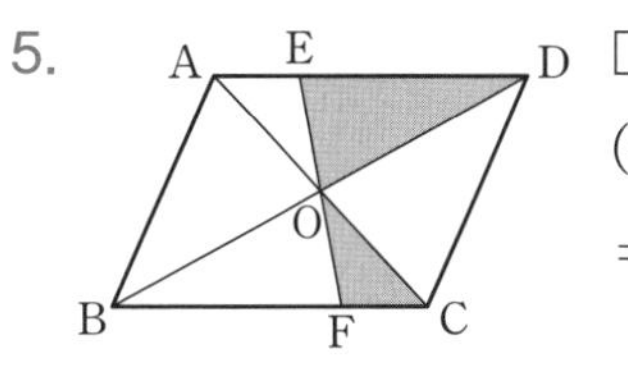

□ABCD$=16\text{cm}^2$일 때,
(색칠한 부분의 넓이)
=□

Help $\triangle AOE\equiv\triangle COF$

6. 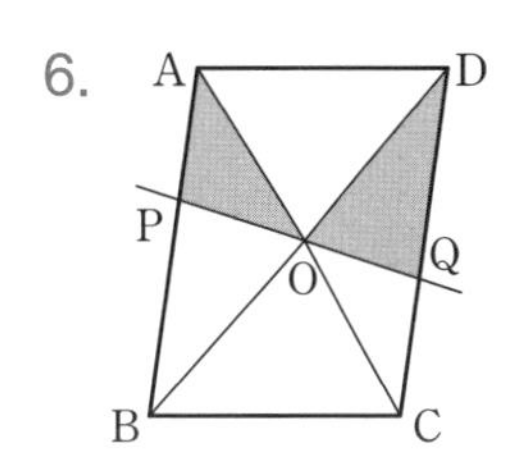

□ABCD$=32\text{cm}^2$일 때,
(색칠한 부분의 넓이)
=□

■ 다음 그림과 같이 □ABCD가 평행사변형이고, 삼각형의 넓이가 주어질 때, □ 안에 알맞은 넓이를 써넣어라.

7. 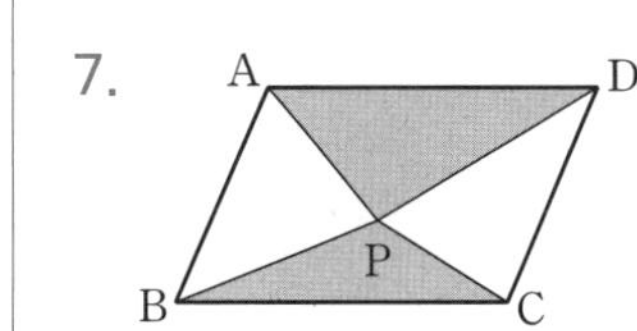

$\triangle PAB=8\text{cm}^2$,
$\triangle PBC=5\text{cm}^2$,
$\triangle PCD=6\text{cm}^2$일 때,
$\triangle PDA=$□

Help $\triangle PDA+\triangle PBC=\triangle PAB+\triangle PCD$

8. 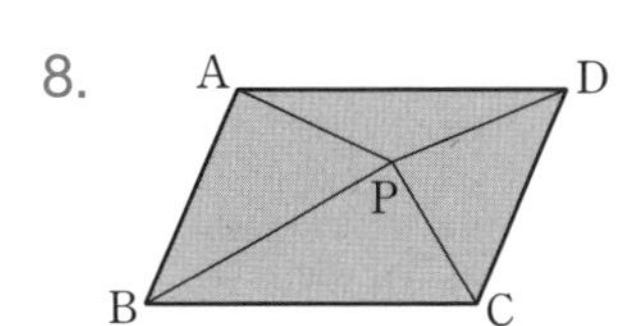

$\triangle PAB=12\text{cm}^2$,
$\triangle PCD=10\text{cm}^2$일 때,
□ABCD=□

거저먹는 시험 문제

[1] 평행사변형이 되는 조건

적중률 90%

1. 다음 중 □ABCD가 평행사변형이 아닌 것을 모두 고르면? (정답 2개)

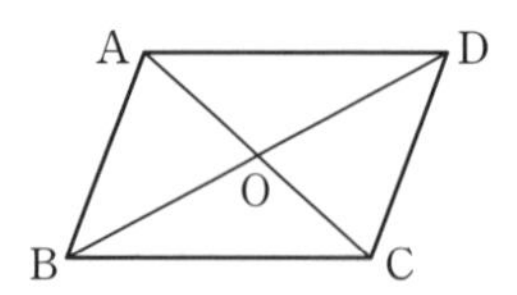

① $\angle A=\angle C=100^\circ$, $\angle B=80^\circ$
② $\overline{OA}=\overline{OB}=7\,cm$, $\overline{OC}=\overline{OD}=5\,cm$
③ $\angle A+\angle B=180^\circ$, $\angle B+\angle C=180^\circ$
④ $\overline{AB}=\overline{DC}=12\,cm$, $\overline{AD}=\overline{BC}=15\,cm$
⑤ $\overline{AD}/\!/\overline{BC}$, $\overline{AB}=\overline{DC}=8\,cm$

[2~4] 평행사변형이 되는 조건의 활용

2. 오른쪽 그림과 같이 평행사변형 ABCD의 두 대각선의 교점을 O라 하고, $\overline{AO}$, $\overline{BO}$, $\overline{CO}$, $\overline{DO}$의 중점을 각각 P, Q, R, S라 하자. 다음 중 □PQRS가 평행사변형이 되는 가장 알맞은 조건은?

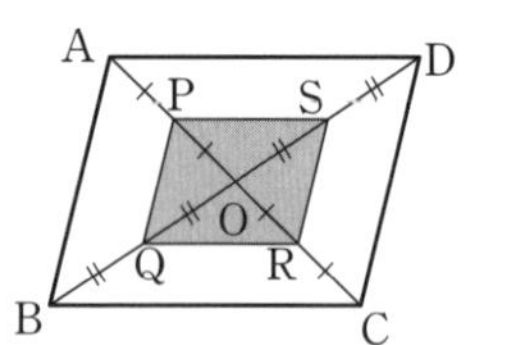

① 두 쌍의 대변이 각각 평행하다.
② 두 쌍의 대변의 길이가 각각 같다.
③ 두 쌍의 대각의 크기가 각각 같다.
④ 두 대각선이 서로 다른 것을 이등분한다.
⑤ 한 쌍의 대변이 평행하고 그 길이가 같다.

앗! 실수 적중률 80%

3. 오른쪽 그림과 같은 평행사변형 ABCD에서 $\overline{AE}$, $\overline{CF}$는 각각 $\angle A$, $\angle C$의 이등분선이다. $\overline{BC}=10\,cm$, $\overline{AB}=6\,cm$, $\angle B=60^\circ$일 때, □AECF의 둘레의 길이를 구하여라.

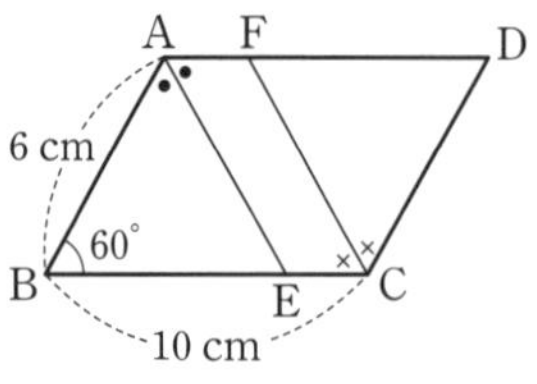

앗! 실수

4. 오른쪽 그림과 같은 평행사변형 ABCD에서 점 O는 두 대각선의 교점이고, $\overline{AB}=10\,cm$, $\overline{BC}=14\,cm$, $\overline{AC}=18\,cm$이다. □OCDE가 평행사변형일 때, △AOF의 둘레의 길이는?

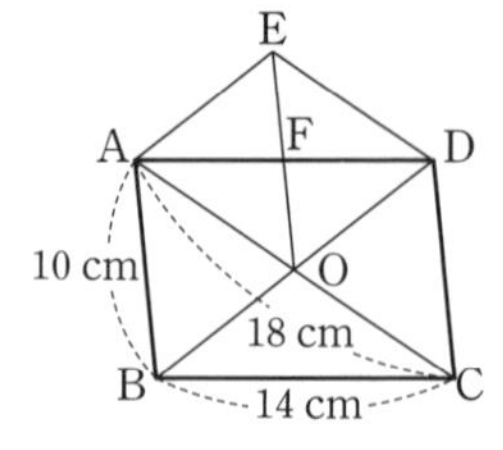

① 17 cm ② 18 cm ③ 20 cm
④ 21 cm ⑤ 23 cm

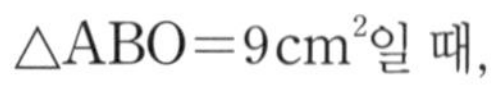

[5~6] 평행사변형과 넓이

5. 오른쪽 그림과 같은 평행사변형 ABCD에서 두 대각선의 교점을 O라 하자. $\triangle ABO=9\,cm^2$일 때, □ABCD의 넓이를 구하여라.

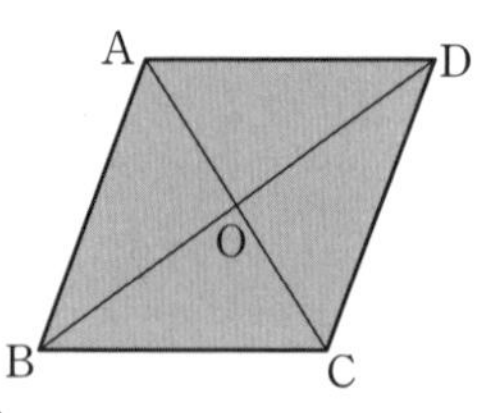

적중률 80%

6. 오른쪽 그림과 같은 평행사변형 ABCD에서 □ABCD의 넓이가 $82\,cm^2$이다. △PBC의 넓이가 $24\,cm^2$일 때, △PDA의 넓이를 구하여라.

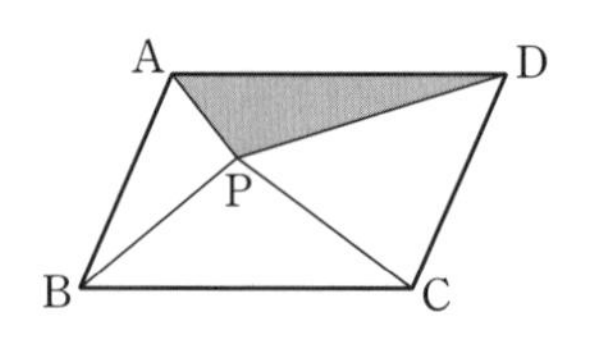

07 직사각형, 마름모

● 직사각형

① 직사각형의 뜻

네 내각의 크기가 같은 사각형

⇨ $\angle A=\angle B=\angle C=\angle D=90^\circ$

② 직사각형의 성질

두 대각선은 길이가 같고 서로 다른 것을 이등분한다.

⇨ $\overline{AC}=\overline{BD}$, $\overline{AO}=\overline{BO}=\overline{CO}=\overline{DO}$

③ 평행사변형이 직사각형이 되는 조건

평행사변형이 다음 중 어느 한 조건을 만족하면 직사각형이 된다.

- 한 내각이 직각이다.
- 두 대각선의 길이가 같다.

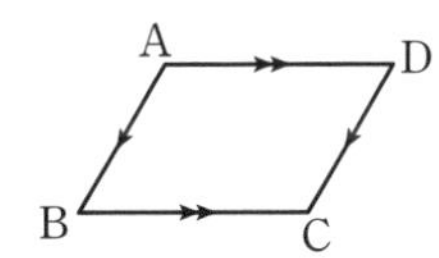

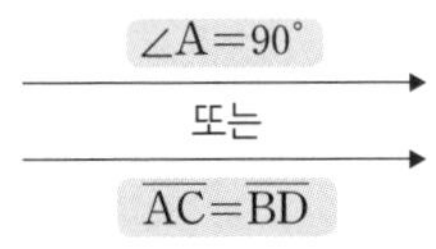

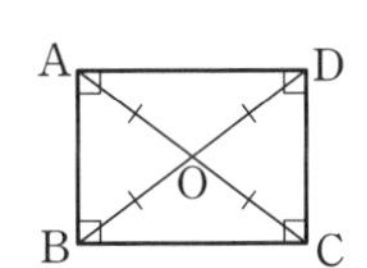

바빠 꿀팁!

- 평행사변형의 한 내각이 직각이면 대각의 크기는 같으므로 네 각이 모두 직각이 되어 직사각형이 돼.
- 평행사변형의 이웃하는 두 변의 길이가 같으면 대변의 길이가 같으므로 네 변의 길이가 모두 같게 되어 마름모가 돼.

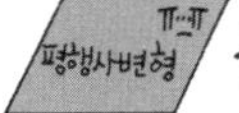

● 마름모

① 마름모의 뜻

네 변의 길이가 같은 사각형

⇨ $\overline{AB}=\overline{BC}=\overline{CD}=\overline{DA}$

② 마름모의 성질

두 대각선은 서로 다른 것을 수직이등분한다.

⇨ $\overline{AC}\perp\overline{BD}$, $\overline{AO}=\overline{CO}$, $\overline{BO}=\overline{DO}$

③ 평행사변형이 마름모가 되는 조건

평행사변형이 다음 중 어느 한 조건을 만족하면 마름모가 된다.

- 이웃하는 두 변의 길이가 같다.
- 대각선이 서로 수직이다.

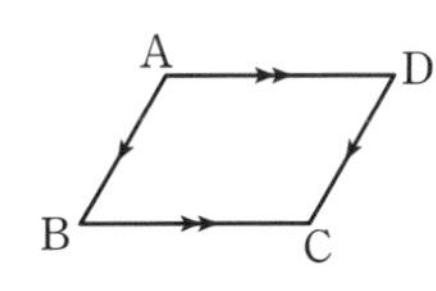

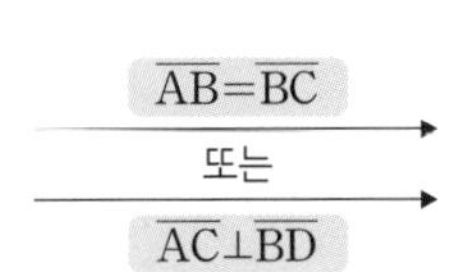

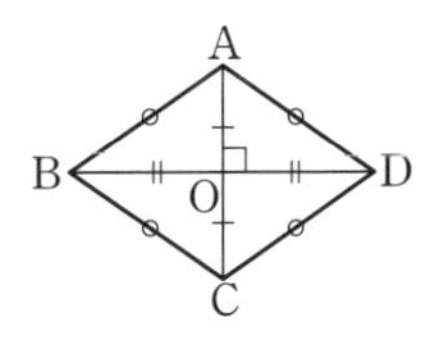

시험에는 평행사변형이 직사각형이 되는 조건과 평행사변형이 마름모가 되는 조건을 섞어서 보기에 출제해. 따라서 두 성질을 확실히 구분 지어서 외우지 않으면 두 조건이 헷갈려서 실수를 많이 하게 돼. 다시 한번 위의 정리를 외워 보자.

A 직사각형

직사각형은
- 네 각의 크기가 모두 같은 사각형이야.
- 두 대각선의 길이가 같고, 서로 다른 것을 이등분해.
- 직사각형은 평행사변형이므로 평행사변형의 모든 성질도 가지고 있어.

아하! 그렇구나~

■ 다음 그림과 같은 직사각형 ABCD에서 x의 값을 구하여라.

1. 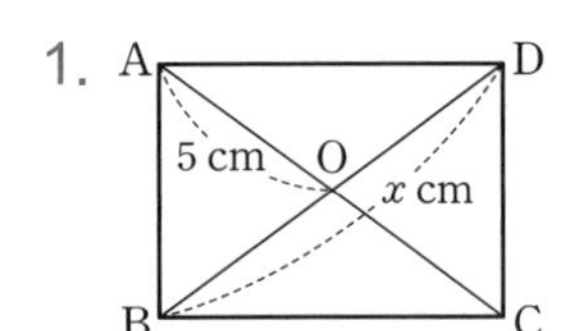

2. 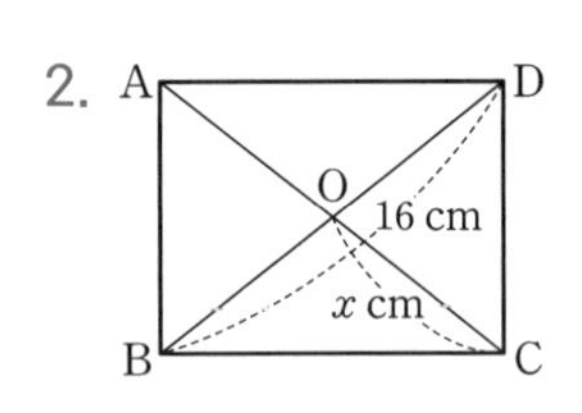

3. 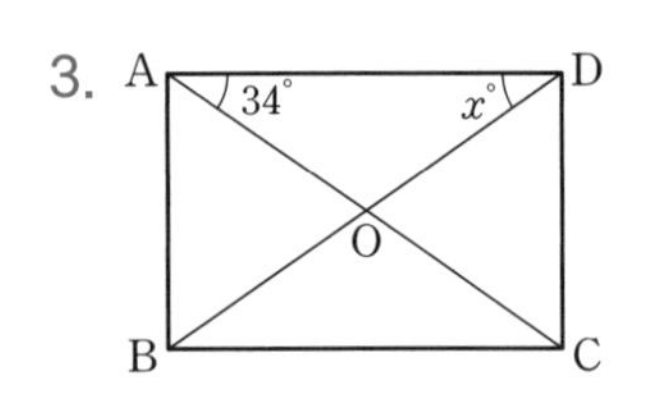

4. 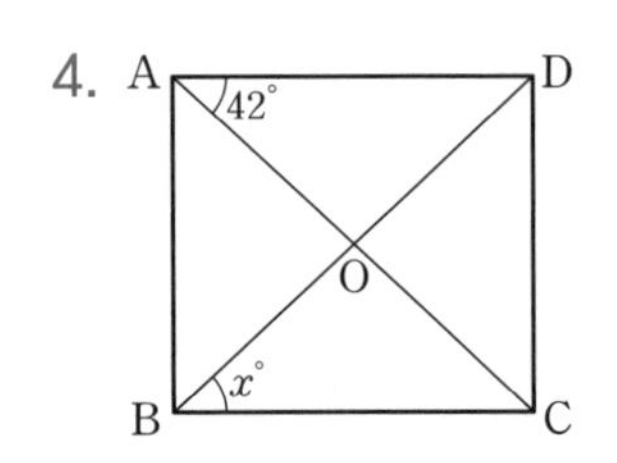

■ 다음 그림과 같은 직사각형 ABCD에서 □ 안에 알맞은 것을 써넣어라.

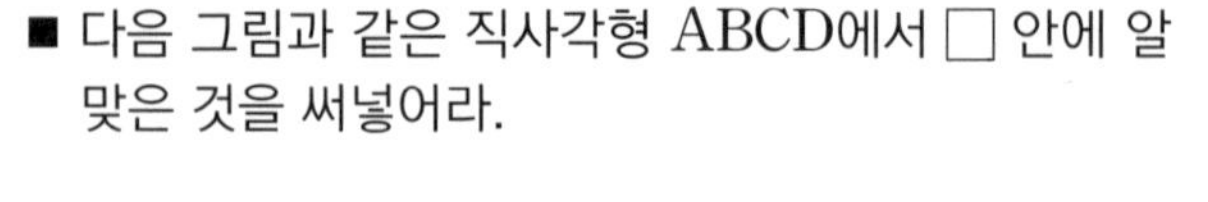

5. 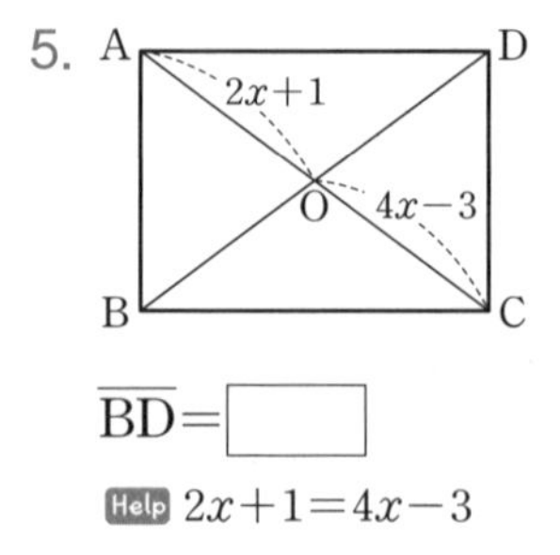

$\overline{BD}=$□

Help $2x+1=4x-3$

6. 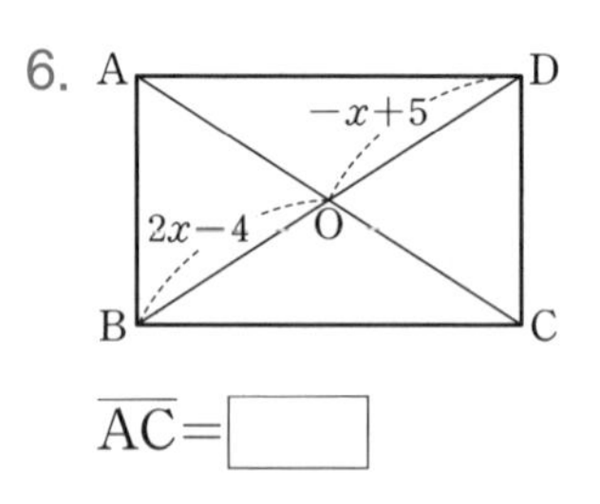

$\overline{AC}=$□

7. 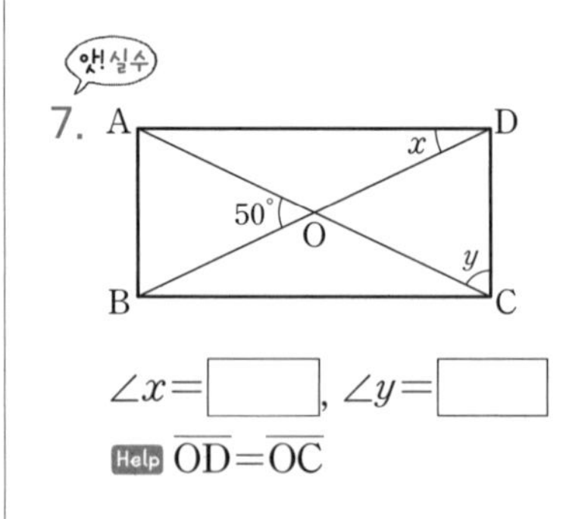

$\angle x=$□, $\angle y=$□

Help $\overline{OD}=\overline{OC}$

8. 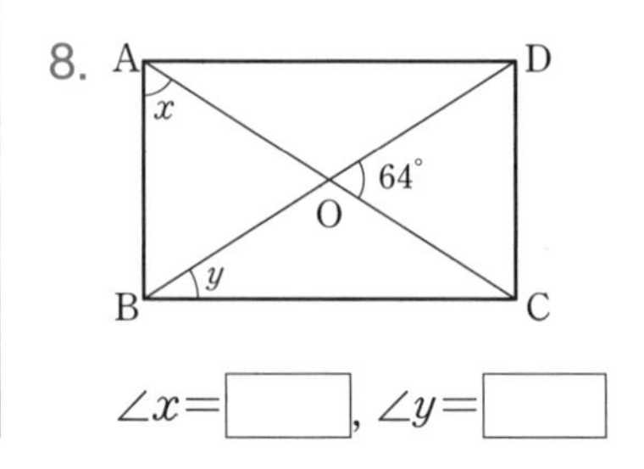

$\angle x=$□, $\angle y=$□

B 평행사변형이 직사각형이 되는 조건

평행사변형이 직사각형이 되는 조건은 다음 조건 중 하나만 만족하면 돼.
- 평행사변형의 한 각의 크기가 90°이다.
  ⇨ 한 각의 크기가 90°이면 모든 각의 크기가 90°
- 대각선의 길이가 같다.

이 정도는 암기해야 해 암암!

■ 오른쪽 그림에서 평행사변형 ABCD가 직사각형이 되는 조건으로 옳은 것은 ○를, 옳지 않은 것은 ×를 하여라.

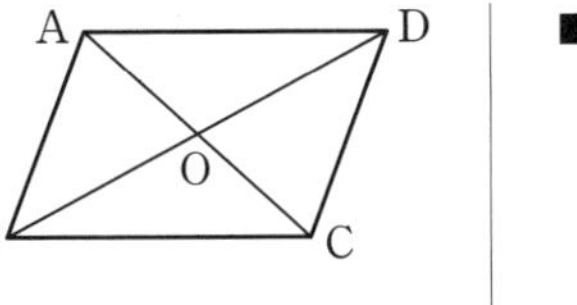
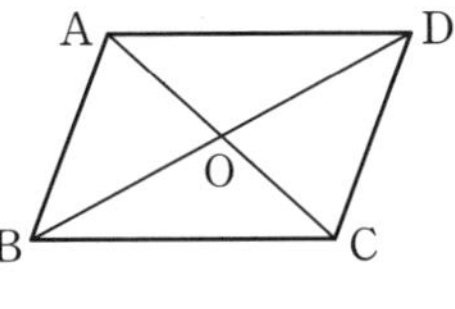
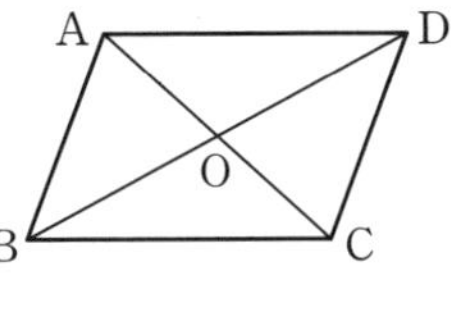

1. $\overline{AC}=\overline{BD}$ ________

2. $\overline{AC}\perp\overline{BD}$ ________

3. $\overline{AB}=\overline{AD}$ ________

4. $\overline{OD}=\overline{OC}$ ________

Help $\overline{OD}=\overline{OC}$이면 $\overline{BD}=\overline{AC}$

5. $\angle B=90°$ ________

6. $\angle OBC=\angle OCB$ ________

Help $\angle OBC=\angle OCB$이면 $\overline{OB}=\overline{OC}$

■ 오른쪽 그림에서 평행사변형 ABCD가 직사각형이 되는 조건으로 옳은 것은 ○를, 옳지 않은 것은 ×를 하여라.

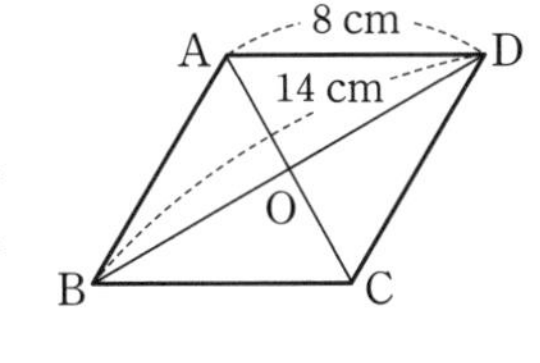

7. $\angle AOB=90°$ ________

8. $\overline{BC}=8\text{cm}$ ________

9. $\angle A=90°$ ________

10. $\overline{AB}=8\text{cm}$ ________

11. $\overline{AC}=14\text{cm}$ ________

앗! 실수

12. $\angle BAO=\angle DAO$ ________

C 마름모

마름모는
- 네 변의 길이가 같은 사각형이야.
- 두 대각선은 서로 다른 것을 수직이등분해.
- 마름모의 대각선은 꼭지각을 이등분해.

잊지 말자. 꼬~옥!

■ 다음 그림과 같은 마름모 ABCD에서 x의 값을 구하여라.

1.
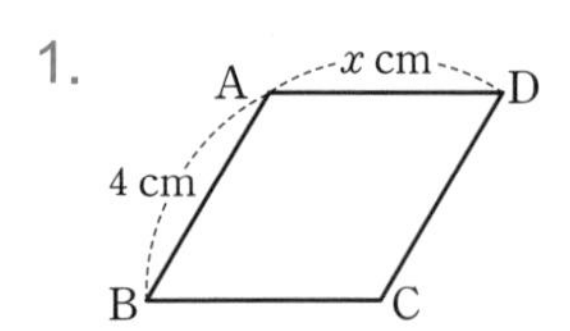

2.
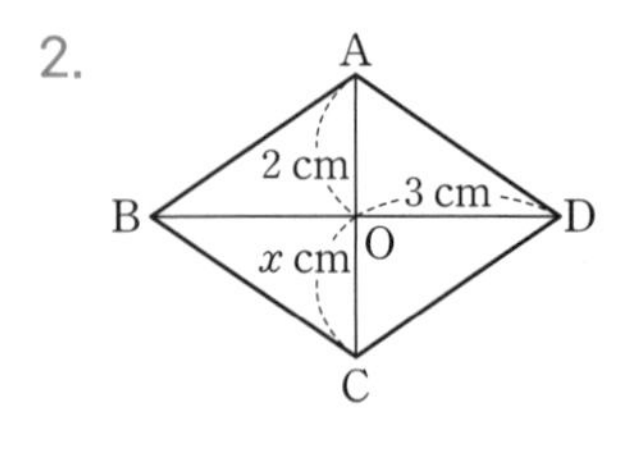

■ 다음 그림과 같은 마름모 ABCD에서 $\angle x$, $\angle y$의 크기를 각각 구하여라.

3.
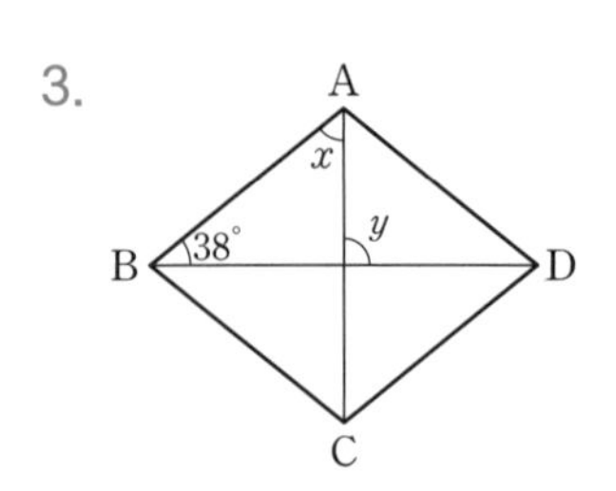

4.
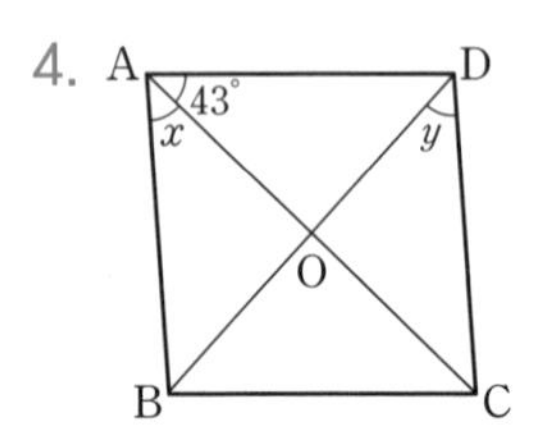

Help 마름모의 대각선은 꼭지각을 이등분한다.

■ 다음 그림과 같은 마름모 ABCD에서 $x+y$의 값을 구하여라.

5.
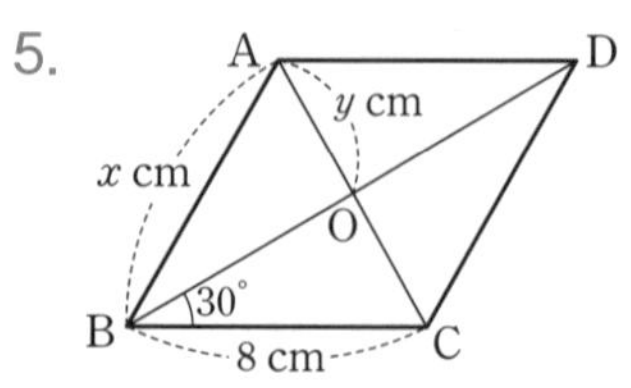

Help $\angle ABC=60°$이고, $\overline{BA}=\overline{BC}$이므로 $\triangle ABC$는 정삼각형이다.

6.

■ 다음 그림과 같은 마름모 ABCD에서 $\angle x$의 크기를 구하여라.

앗! 실수

7.
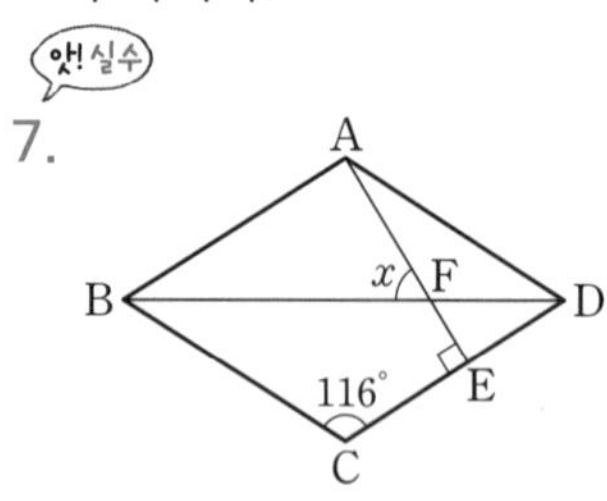

Help 마름모의 대각선은 꼭지각을 이등분하므로

$\angle EDF=\frac{1}{2}\times(180°-116°)$

8.
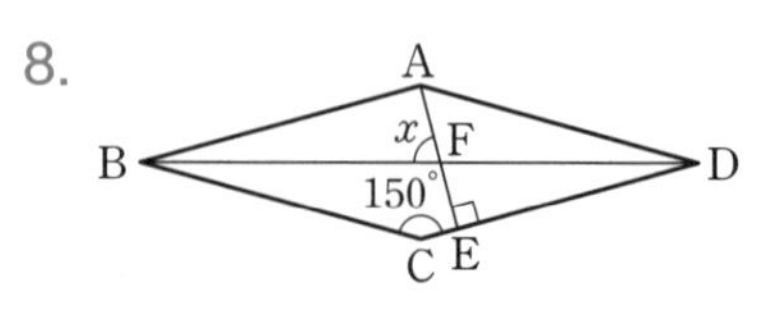

평행사변형이 마름모가 되는 조건

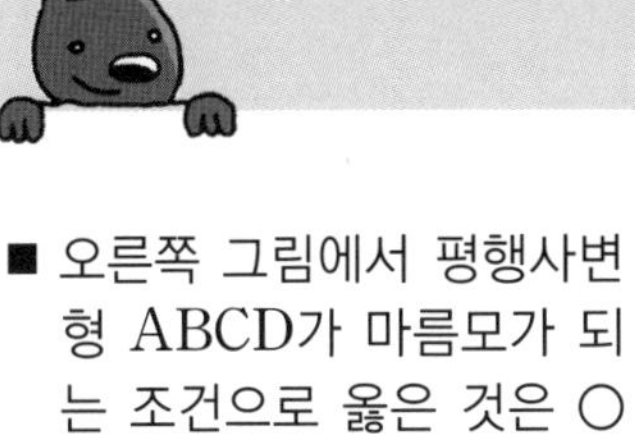

평행사변형이 마름모가 되는 조건은 다음 조건 중 하나만 만족하면 돼.
- 평행사변형의 이웃하는 두 변의 길이가 같다.
- 대각선이 서로 수직이다.

아하! 그렇구나~

■ 오른쪽 그림에서 평행사변형 ABCD가 마름모가 되는 조건으로 옳은 것은 ○를, 옳지 않은 것은 ×를 하여라.

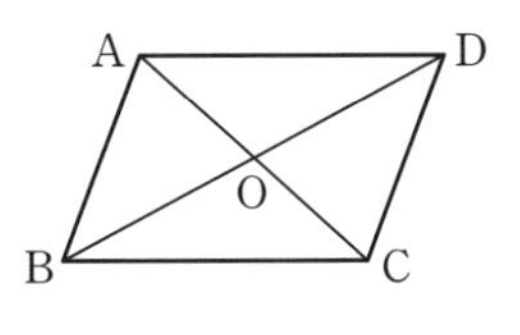

1. $\overline{AB}=\overline{AD}$

2. $\overline{AC}\perp\overline{BD}$

3. $\angle OBC=\angle OCB$

4. $\overline{AO}=\overline{BO}$

5. $\angle A=\angle B$

앗! 실수

6. $\angle ADB+\angle ACB=90^\circ$

Help $\angle ADB=\angle CBD$ $\quad\therefore \angle CBD+\angle ACB=90^\circ$

■ 오른쪽 그림에서 평행사변형 ABCD가 마름모가 되는 조건으로 옳은 것은 ○를, 옳지 않은 것은 ×를 하여라.

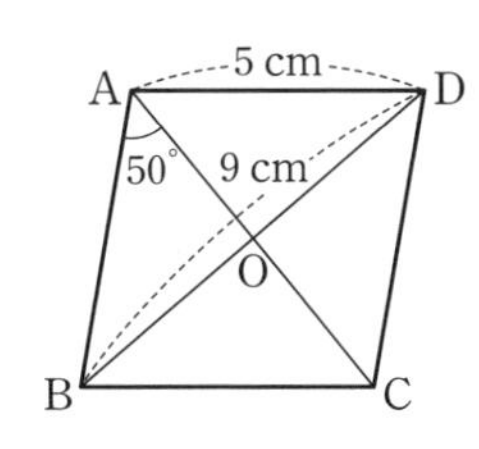

7. $\angle ACB=50^\circ$

Help $\triangle BCA$는 이등변삼각형이다.

8. $\overline{AC}=9\text{cm}$

9. $\angle ABO=30^\circ$

10. $\overline{AB}=5\text{cm}$

11. $\angle C=90^\circ$

12. $\angle BDC=40^\circ$

거저먹는 시험 문제

[1～2] 직사각형

적중률 80%

1. 오른쪽 그림과 같은 직사각형 ABCD에서 두 대각선의 교점을 O라 하자. $\overline{BC}=8\,cm$, $\overline{AC}=10\,cm$ 일 때, △ABO의 둘레의 길이는?

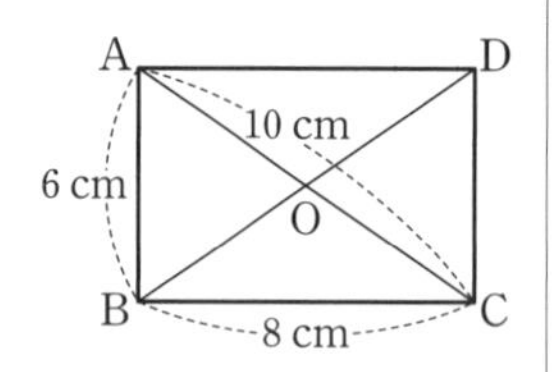

① 12 cm ② 14 cm ③ 16 cm
④ 17 cm ⑤ 18 cm

2. 오른쪽 그림의 직사각형 ABCD에서 $\overline{BE}=\overline{DE}$, ∠BDE=∠CDE일 때, ∠DEC의 크기를 구하여라.

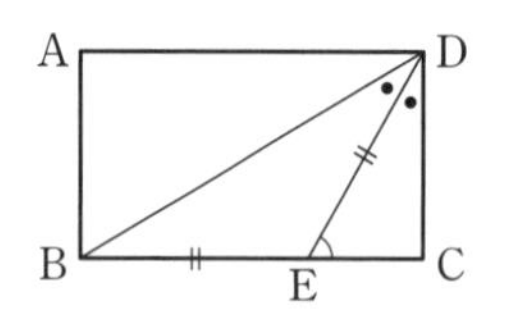

[3] 평행사변형이 직사각형이 되는 조건

적중률 90%

3. 다음 중 오른쪽 그림의 평행사변형 ABCD가 직사각형이 되기 위한 조건이 아닌 것은?

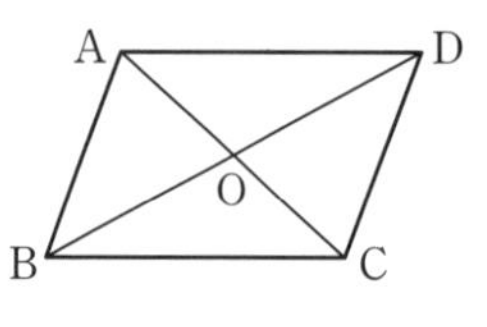

① ∠C=∠D ② $\overline{AC}=\overline{BD}$
③ ∠B=90° ④ $\overline{AO}=\overline{BO}$
⑤ ∠A=∠C

[4～5] 마름모

적중률 80%

4. 오른쪽 그림에서 □ABCD가 마름모일 때, $\angle x+\angle y$의 크기는?

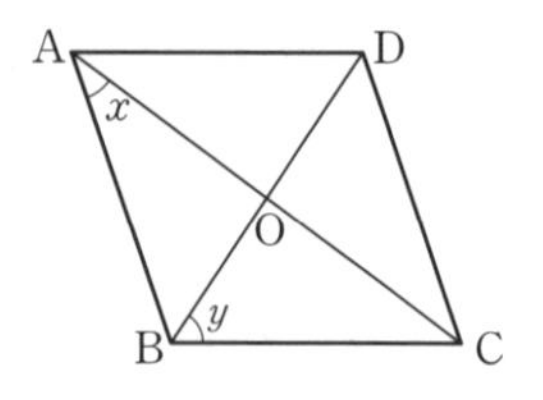

① 70° ② 75°
③ 80° ④ 90°
⑤ 100°

앗!실수

5. 오른쪽 그림과 같은 평행사변형 ABCD에서 대각선 BD가 ∠B를 이등분할 때, □ABCD가 될 수 있는 사각형을 모두 고르면? (정답 3개)

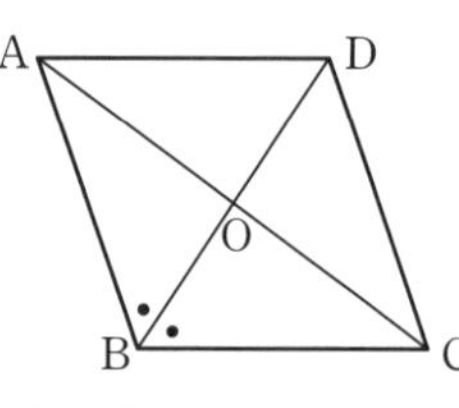

① 마름모 ② 정사각형
③ 직사각형 ④ 평행사변형
⑤ 사다리꼴

[6] 평행사변형이 마름모가 되는 조건

적중률 90%

6. 오른쪽 그림과 같은 평행사변형 ABCD가 마름모가 되도록 하는 x, y에 대하여 $x+3y$의 값을 구하여라.

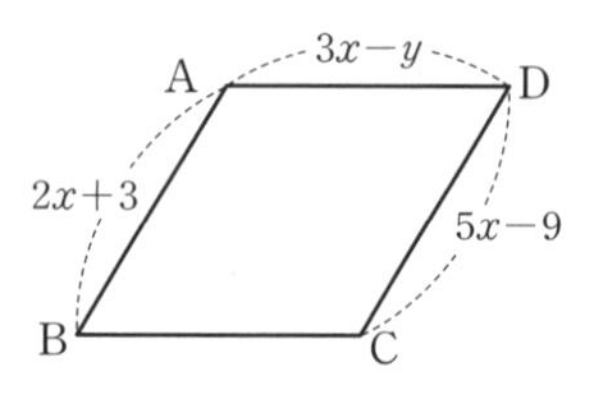

08 정사각형, 등변사다리꼴

● 정사각형

① 정사각형의 뜻

네 변의 길이가 같고 네 내각의 크기가 같은 사각형

⇨ $\overline{AB}=\overline{BC}=\overline{CD}=\overline{DA}$, $\angle A=\angle B=\angle C=\angle D=90°$

② 정사각형의 성질

두 대각선은 길이가 같고, 서로 다른 것을 수직이등분한다.

⇨ $\overline{AC}=\overline{BD}$, $\overline{AC}\perp\overline{BD}$, $\overline{AO}=\overline{BO}=\overline{CO}=\overline{DO}$

③ 직사각형이 정사각형이 되는 조건

이웃하는 두 변의 길이가 같거나 두 대각선이 수직이다.

④ 마름모가 정사각형이 되는 조건

한 내각이 직각이거나 두 대각선의 길이가 같다.

바빠 꿀팁!

정사각형은 네 각의 크기가 같으므로 직사각형이고 네 변의 길이가 같으므로 마름모이기도 해.
따라서 정사각형은 직사각형이면서 마름모인 거지.

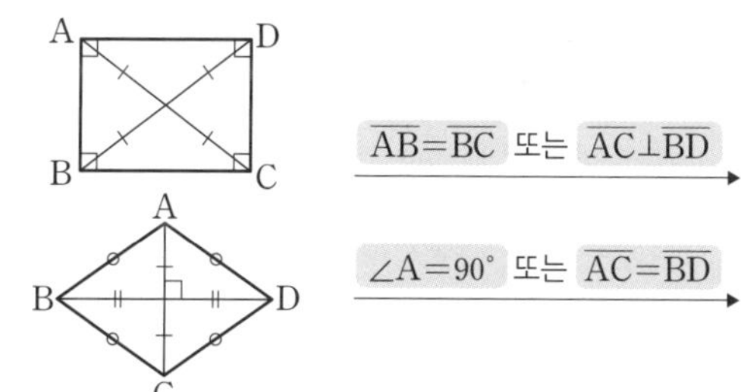

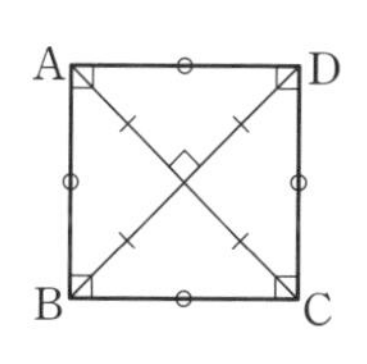

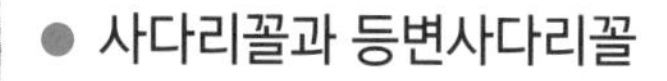

● 사다리꼴과 등변사다리꼴

① 사다리꼴의 뜻

한 쌍의 대변이 평행한 사각형

⇨ $\overline{AD}/\!/\overline{BC}$

② 등변사다리꼴의 뜻

밑변의 양 끝각의 크기가 같은 사다리꼴

⇨ $\overline{AD}/\!/\overline{BC}$, $\angle B=\angle C$

③ 등변사다리꼴의 성질

- 평행하지 않은 한 쌍의 대변의 길이가 같다.

  $\overline{AB}=\overline{DC}$

- 두 대각선의 길이가 같다.

  $\overline{AC}=\overline{DB}$

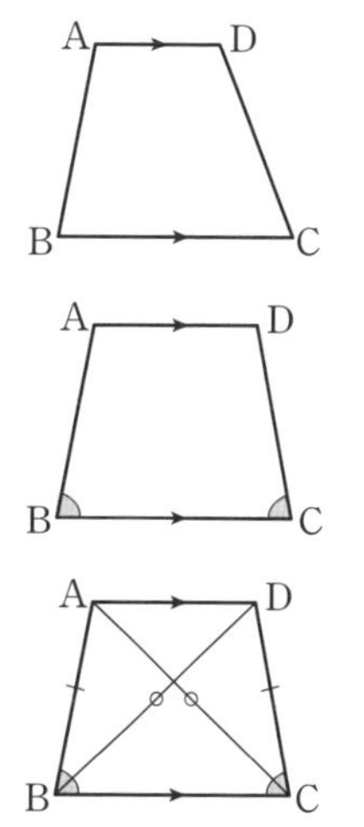

두 대각선의 길이가 같은 사각형은 모두 직사각형이 될까? NO! 등변사다리꼴도 두 대각선의 길이가 같기 때문에 아니야. 그럼 앞 단원에서 왜 두 대각선의 길이가 같으면 직사각형이 된다고 한 거지? 잘 생각해 봐. 두 대각선의 길이가 같은 평행사변형이 직사각형이라고 배운 거야. 잊지 마! 이건 시험 문제에서 학생들이 가장 많이 실수하는 거니까.

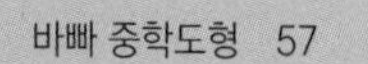

A 정사각형

정사각형은
- 네 변의 길이가 같고 네 내각의 크기가 같은 사각형이야.
- 직사각형과 마름모의 성질을 모두 가진 사각형이기 때문에 두 대각선의 길이가 같고, 서로 다른 것을 수직이등분해.

아하! 그렇구나~

■ 다음 그림과 같은 정사각형 ABCD에서 두 대각선의 교점을 O라 할 때, x, y의 값을 각각 구하여라.

1. 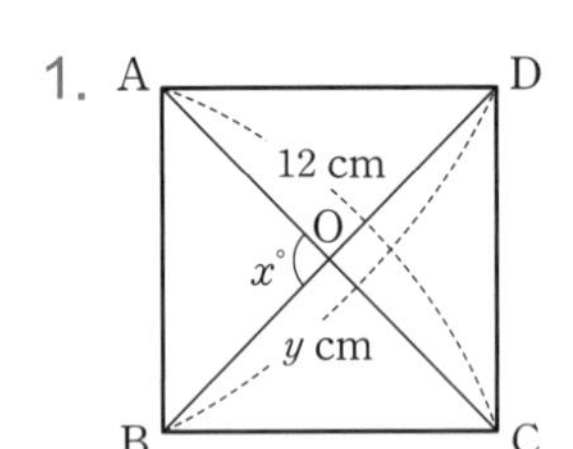

2. 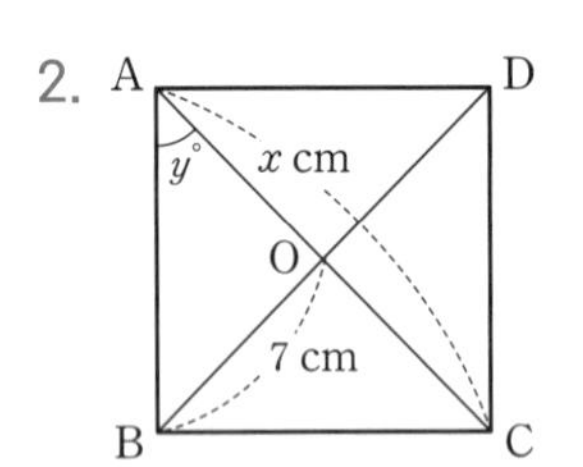

■ 다음 그림과 같은 정사각형 ABCD의 넓이를 구하여라.

3. 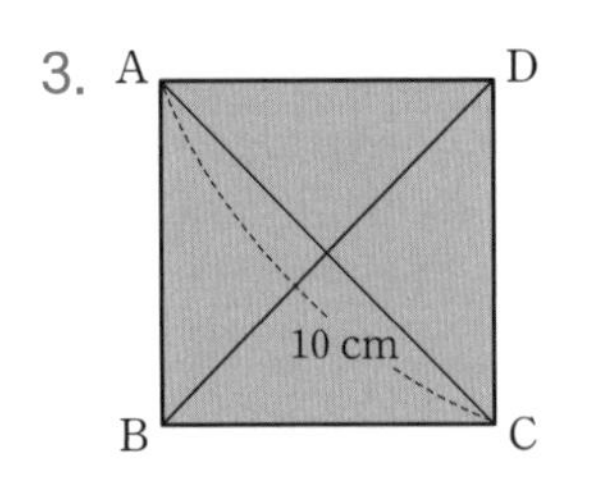

4. 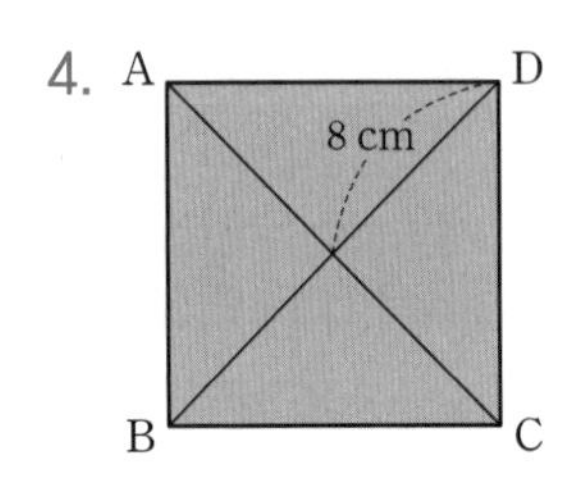

■ 다음 그림과 같은 정사각형 ABCD에서 $\angle x$의 크기를 구하여라.

5. 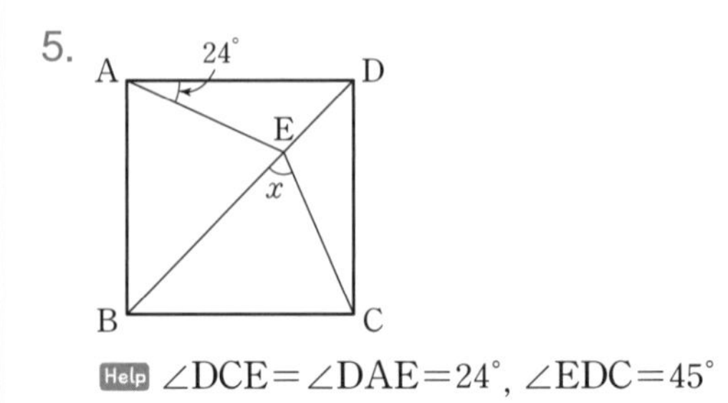

Help $\angle DCE=\angle DAE=24°$, $\angle EDC=45°$

6. A D E x 40° B C

7. E A 76° D F x B C

Help $\angle AED=\angle ADE=76°$이므로 $\angle EAD=28°$
$\triangle ABE$는 이등변삼각형이고
$\angle EAB=90°+28°=118°$

8. 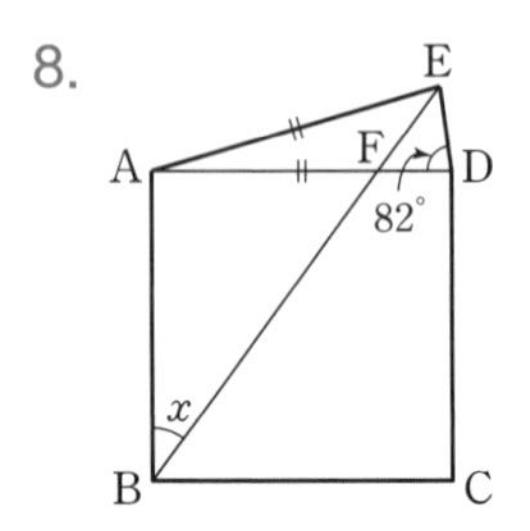

B 정사각형이 되는 조건

• 직사각형의 이웃하는 두 변의 길이가 같거나 두 대각선이 서로 수직이면 ⇨ 정사각형
• 마름모의 한 내각이 직각이거나 두 대각선의 길이가 같으면 ⇨ 정사각형 이 정도는 암기해야 해 암암!

■ 오른쪽 그림에서 평행사변형 ABCD가 정사각형이 되는 조건으로 옳은 것은 ○를, 옳지 않은 것은 ×를 하여라.

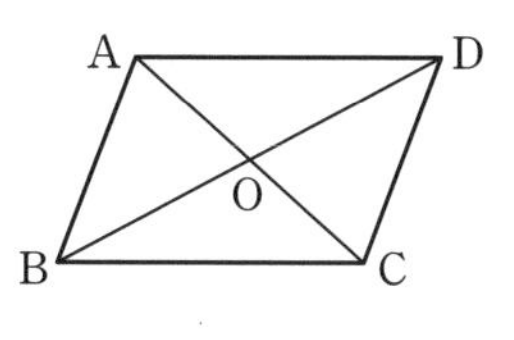

1. $\angle AOB=90°$, $\overline{AB}=\overline{AD}$

______

Help 직사각형이 되는 조건과 마름모가 되는 조건을 모두 만족해야 정사각형이 된다.
$\angle AOB=90°$ ⇨ 마름모가 되는 조건
$\overline{AB}=\overline{AD}$ ⇨ 마름모가 되는 조건

2. $\overline{AB}=\overline{AD}$, $\overline{AC}\perp\overline{BD}$

______

3. $\angle ABC=90°$, $\angle AOB=90°$

______

Help $\angle ABC=90°$ ⇨ 직사각형이 되는 조건
$\angle AOB=90°$ ⇨ 마름모가 되는 조건

4. $\overline{AB}=\overline{AD}$, $\overline{OA}=\overline{OD}$

______

5. $\overline{AB}=\overline{AD}$, $\angle BAO=\angle DAO$

______

6. $\angle AOB=\angle AOD$, $\overline{AO}=\overline{DO}$

______

■ 다음 중 정사각형은 ○를, 정사각형이 아닌 것은 ×를 하여라.

7. 두 대각선의 길이가 같은 사각형

______

8. 이웃하는 두 변의 길이가 같은 평행사변형

______

9. 한 각의 크기가 90°인 평행사변형

______

10. 두 대각선이 수직으로 만나는 직사각형

______

11. 두 대각선의 길이가 같은 마름모

______

12. 두 대각선이 서로 다른 것을 수직이등분하는 평행사변형

______

C 등변사다리꼴

등변사다리꼴은
- 밑변의 양 끝각의 크기가 같은 사다리꼴이야.
- 평행하지 않은 한 쌍의 대변의 길이가 같아.
- 두 대각선의 길이가 같아.

이 정도는 암기해야 해 암암! 

■ 다음 그림과 같이 $\overline{AD}/\!/\overline{BC}$인 등변사다리꼴 ABCD에서 x의 값을 구하여라.

1.

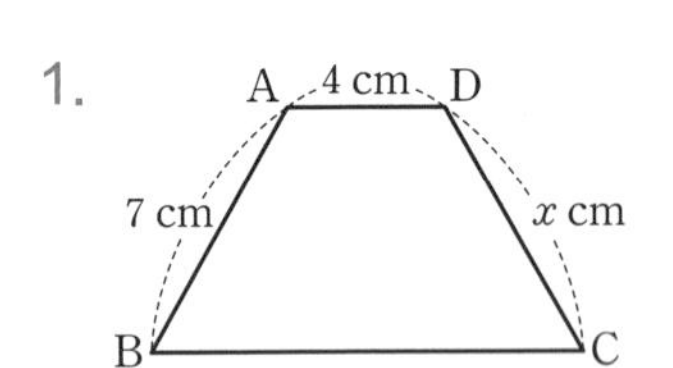

2.

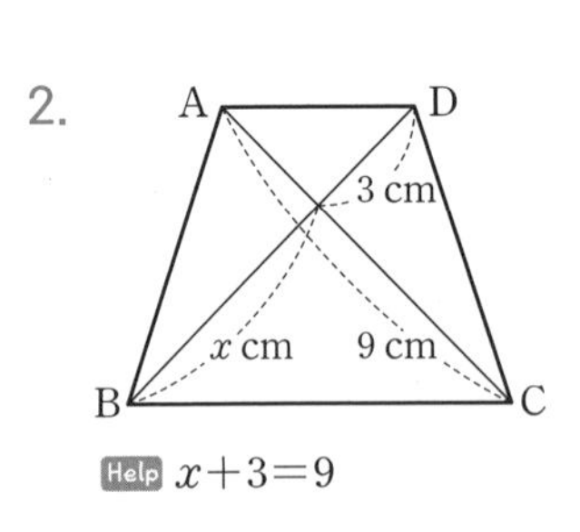

Help $x+3=9$

3.

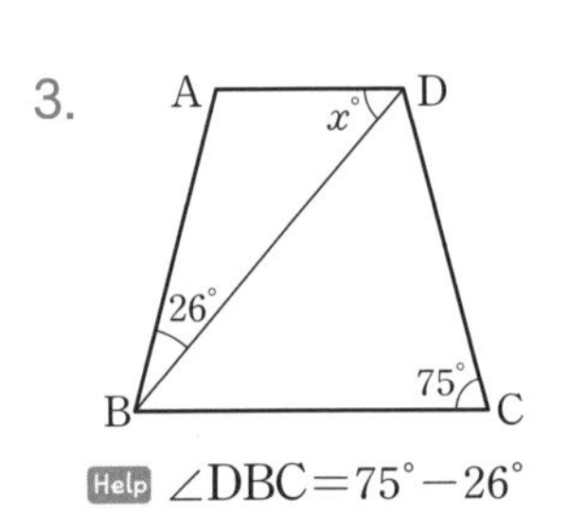

Help $\angle DBC=75^\circ-26^\circ$

4.

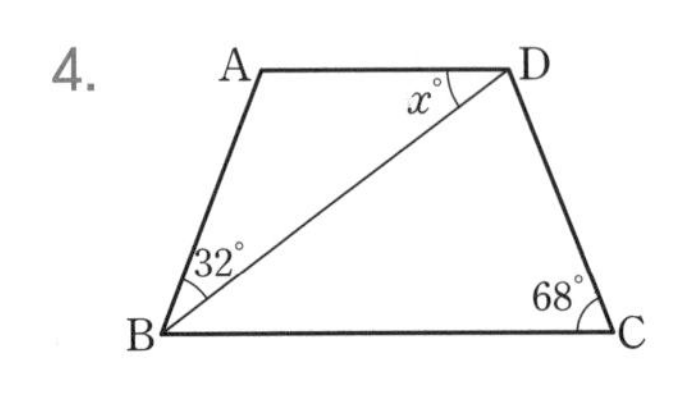

앗! 실수

5.

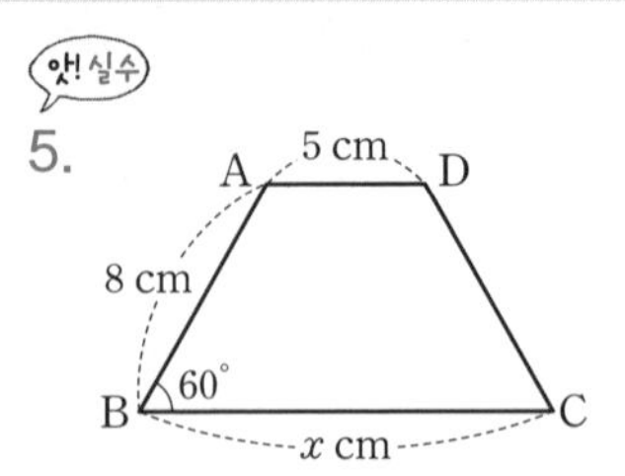

Help 점 A에서 $\overline{DC}$에 평행한 보조선을 그어 $\overline{BC}$와 만나는 점을 E라 하면 $\triangle ABE$는 정삼각형이 된다.

6.

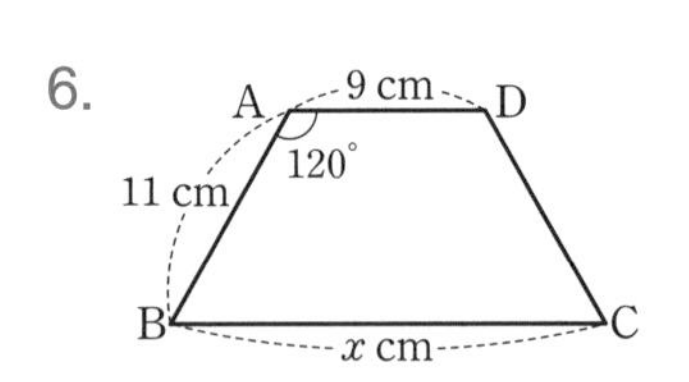

7.

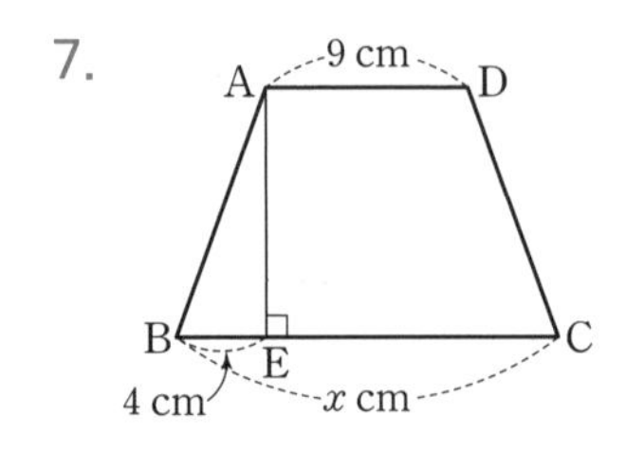

8.

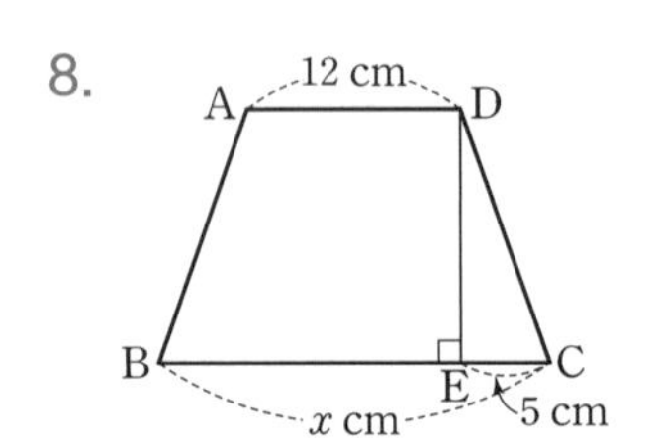

D 여러 가지 사각형 1

□ 안에 알맞은 것을 써넣는 문제는 내용이 어려워 보여도 앞뒤의 내용을 잘 읽어 보면 문제 안에 답이 있어.

아하! 그렇구나~

■ 다음은 □ABCD에 대하여 색칠한 사각형이 어떤 사각형이 되는지 말하는 과정이다. □ 안에 알맞은 것을 써넣고 어떤 사각형인지 구하여라.

1. □ABCD가 평행사변형이고 네 내각의 이등분선의 교점을 P, Q, R, S라 할 때,

$\angle DAB + \angle ABC = 180^\circ$

$2\bullet + 2\times = 180^\circ$

$\bullet + \times =$ □

$\therefore \angle PQR = \angle AQB = 90^\circ$

같은 방법으로 하면

$\angle QPS = \angle QRS = \angle PSR =$ □

따라서 □PQRS는 □이다.

2. □ABCD가 직사각형이고 대각선 BD의 수직이등분선이 $\overline{AD}$, $\overline{BC}$와 만나는 점을 각각 E, F라 할 때,

△EOD와 △FOB에서

$\angle EOD = \angle FOB = 90^\circ$, $\overline{OD} = \overline{OB}$,

$\angle ODE = \angle OBF$ (엇각)이므로

△EOD≡△FOB (□ 합동)

$\therefore \overline{OE} =$ □, $\overline{ED} =$ □

따라서 □EBFD는 $\overline{ED} /\!/ \overline{BF}$, $\overline{ED} = \overline{BF}$이므로 평행사변형이고 이때 두 대각선이 수직이므로 □이다.

3. □ABCD가 직사각형이고 $\overline{EB} = \overline{DF}$일 때,

△ABE와 △CDF에서

$\overline{EB} = \overline{DF}$,

$\angle A = \angle C = 90^\circ$,

$\overline{AB} = \overline{CD}$이므로

△ABE≡△CDF (□ 합동)

$\overline{AE} =$ □, $\overline{ED} =$ □

따라서 □EBFD는 두 쌍의 대변의 길이가 각각 같으므로 □이다.

4. □ABCD가 평행사변형이고 ∠A, ∠B의 이등분선이 $\overline{BC}$, $\overline{AD}$와 만나는 점을 각각 E, F라 할 때,

$\overline{AF} /\!/ \overline{BE}$이므로 $\angle AFB = \angle FBE$ (엇각)

$\angle ABF = \angle AFB$이므로 $\overline{AB} =$ □

$\overline{AF} /\!/ \overline{BE}$이므로 $\angle BEA = \angle EAF$ (엇각)

$\angle BAE = \angle BEA$이므로 $\overline{AB} =$ □

$\therefore \overline{AF} = \overline{BE}$

따라서 □ABEF는 $\overline{AF} /\!/ \overline{BE}$, $\overline{AF} = \overline{BE}$이므로 평행사변형이고 이웃하는 두 변의 길이가 같으므로 □이다.

E 여러 가지 사각형 2

- 한 내각의 크기가 90°인 마름모는 정사각형이다.
- 이웃하는 두 변의 길이가 같은 평행사변형은 마름모이다.
- 한 내각의 크기가 90°인 평행사변형은 직사각형이다.

잊지 말자. 꼬~옥!

■ 다음은 □ABCD에 대하여 주어진 사각형이 어떤 사각형이 되는지 말하는 과정이다. □ 안에 알맞은 것을 써넣고 어떤 사각형인지 구하여라.

1.

□ABCD가 정사각형일 때,
△AEH, △BFE, △CGF, △DHG에서
$\overline{AE}=\overline{BF}=\overline{CG}=\overline{DH}$,
$\angle A=\angle B=\angle C=\angle D=90°$,
$\overline{AH}=\overline{BE}=\overline{CF}=\overline{DG}$이므로
△AEH≡△BFE≡△CGF≡△DHG
(□ 합동)
∴ $\overline{HE}=\overline{EF}=\overline{FG}=\overline{GH}$
이때 $\angle AEH+\angle AHE=$□,
$\angle AHE=\angle BEF$이므로
$\angle AEH+\angle BEF=$□ ∴ $\angle HEF=90°$
따라서 □EFGH는 한 내각의 크기가 90°인 마름모이므로 □이다.

2.

□ABCD가 평행사변형이고 $\overline{AQ}\perp\overline{CD}$, $\overline{AP}\perp\overline{BC}$
△ABP, △ADQ에서
$\overline{AP}=\overline{AQ}$,
$\angle BPA=\angle DQA=90°$
$\angle B=$□이므로 $\angle BAP=$□
△ABP≡△ADQ (ASA 합동)
∴ $\overline{AB}=$□
따라서 □ABCD는 이웃하는 두 변의 길이가 같은 평행사변형이므로 □이다.

3.

□ABCD가 평행사변형이고 $\overline{AD}$의 중점이 M일 때,
△ABM과 △DCM에서
$\overline{AM}=\overline{DM}$, $\overline{AB}=\overline{DC}$,
$\overline{MB}=\overline{MC}$이므로
△ABM≡△DCM (SSS 합동)
∴ $\angle A=$□
이때 $\angle A+\angle D=180°$이므로
$\angle A=\angle D=$□
따라서 □ABCD는 한 내각의 크기가 90°인 평행사변형이므로 □이다.

4.

□ABCD가 직사각형이고 $\overline{AD}=2\overline{AB}$이다.
두 점 E, F는 각각 $\overline{AD}$와 $\overline{BC}$의 중점일 때, 점 E와 F를 연결하면 □ABFE와 □EFCD는 서로 합동인 정사각형이다. 정사각형의 두 대각선은 길이가 같고 서로 다른 것을 수직이등분하므로
$\overline{EP}=\overline{PF}=\overline{FQ}=$□
$\angle EPF=\angle EQF=$□
따라서 □EPFQ는 한 내각의 크기가 90°인 마름모이므로 □이다.

거저먹는 시험 문제

[1~2] 정사각형

적중률 90%

1. 오른쪽 그림과 같은 평행사변형 ABCD가 정사각형이 되는 조건은? (단, 점 O는 두 대각선의 교점이다.)

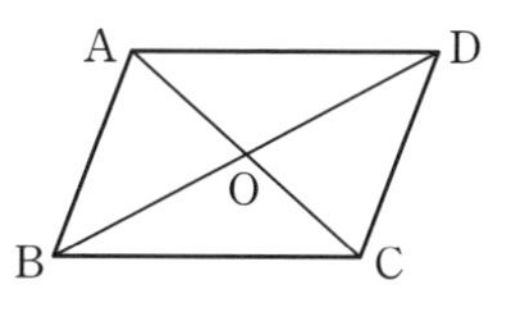

① $\overline{AC}=\overline{BD}$, $\angle BAD=90°$
② $\overline{AB}=\overline{AD}$, $\angle BAC=\angle DAC$
③ $\overline{AB}=\overline{BC}=\overline{CD}=\overline{DA}$
④ $\angle ABC=90°$, $\angle AOB=90°$
⑤ $\overline{AO}=\overline{BO}$, $\angle BCD=90°$

앗! 실수 적중률 80%

2. 오른쪽 그림과 같이 정사각형 ABCD에서 $\overline{BE}=\overline{CF}$일 때, 다음 중 옳지 않은 것은?

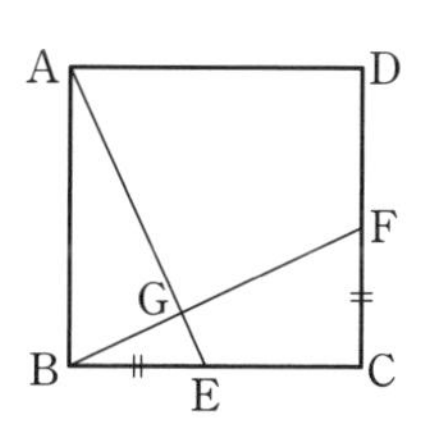

① $\triangle ABE\equiv\triangle BCF$ (RHS 합동)
② $\angle FBC=\angle EAB$
③ $\angle BFC=\angle AEB$
④ $\angle FBC+\angle AEB=90°$
⑤ $\angle AGF=90°$

[3~5] 등변사다리꼴

3. 오른쪽 그림과 같이 $\overline{AD}/\!/\overline{BC}$인 등변사다리꼴 ABCD에서 $\overline{AB}=\overline{AD}$, $\angle C=76°$일 때, $\angle ADB$의 크기를 구하여라.

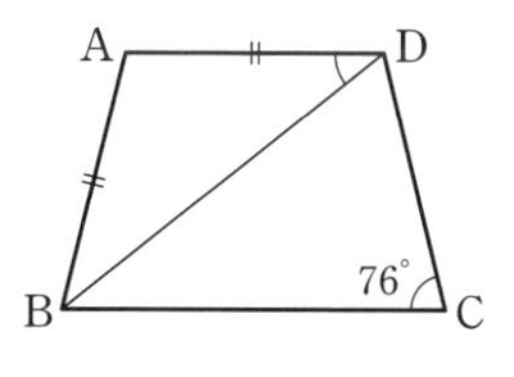

앗! 실수 적중률 90%

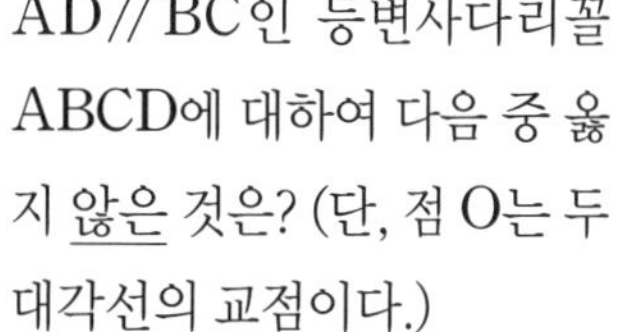

4. 오른쪽 그림과 같이 $\overline{AD}/\!/\overline{BC}$인 등변사다리꼴 ABCD에 대하여 다음 중 옳지 않은 것은? (단, 점 O는 두 대각선의 교점이다.)

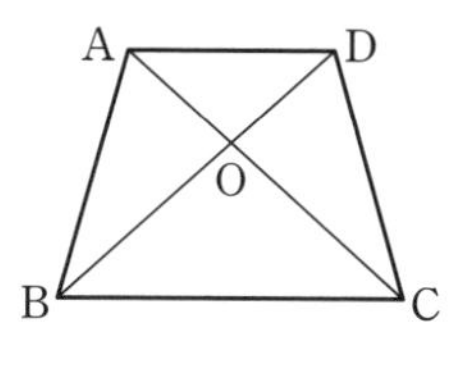

① $\overline{AC}=\overline{BD}$
② $\overline{AC}\perp\overline{BD}$
③ $\angle BAC=\angle CDB$
④ $\angle ABC=\angle DCB$
⑤ $\angle DAO=\angle BCO$

5. 오른쪽 그림과 같이 $\overline{AD}/\!/\overline{BC}$인 등변사다리꼴 ABCD의 꼭짓점 A에서 $\overline{BC}$에 내린 수선의 발을 E라 하자.
$\overline{AD}=8\,\text{cm}$, $\overline{BC}=20\,\text{cm}$일 때, $\overline{BE}$의 길이를 구하여라.

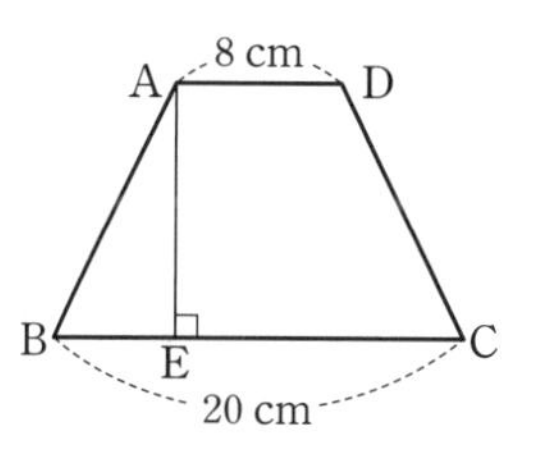

[6] 여러 가지 사각형

6. 오른쪽 그림과 같은 직사각형 ABCD에서 $\overline{EF}$가 $\overline{BD}$의 수직이등분선일 때, □FBED의 둘레의 길이를 구하여라.

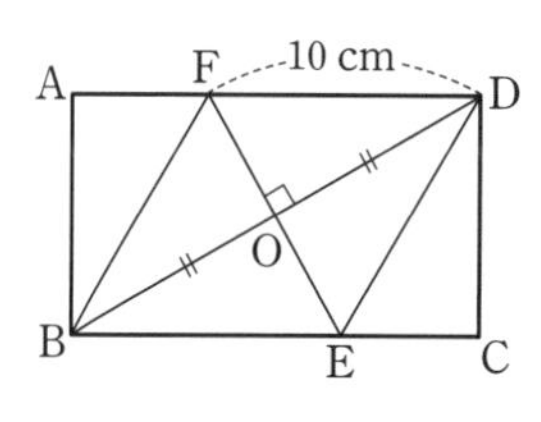

09 여러 가지 사각형 사이의 관계

● 여러 가지 사각형 사이의 관계

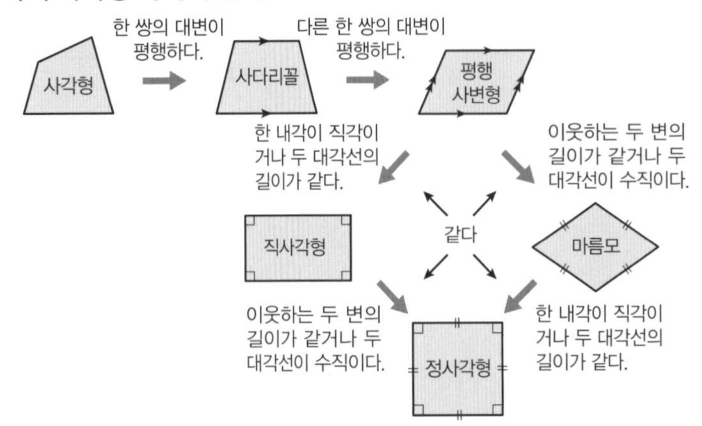

● 사각형의 각 변의 중점을 연결하여 만든 사각형

평행사변형	직사각형	마름모
평행사변형	마름모	직사각형
정사각형	**사각형**	**등변사다리꼴**
정사각형	평행사변형	마름모

● 평행선과 넓이

① 평행선과 삼각형의 넓이 : 두 직선 l과 m이 평행할 때, △ABC와 △DBC는 밑변 BC가 공통이고 높이는 h로 같으므로 넓이가 서로 같다.

⇨ $l /\!/ m$이면 △ABC=△DBC

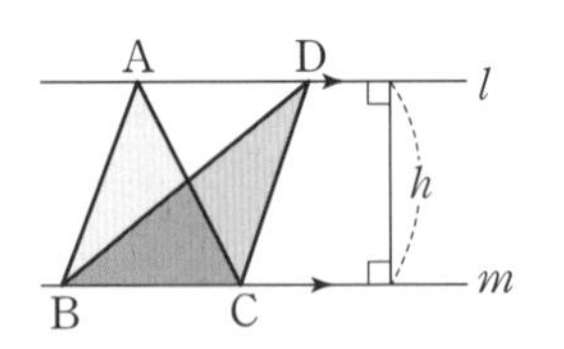

② 높이가 같은 삼각형의 넓이의 비 : 높이가 같은 두 삼각형의 넓이의 비는 밑변의 길이의 비와 같다.

⇨ △ABD : △ADC=m : n

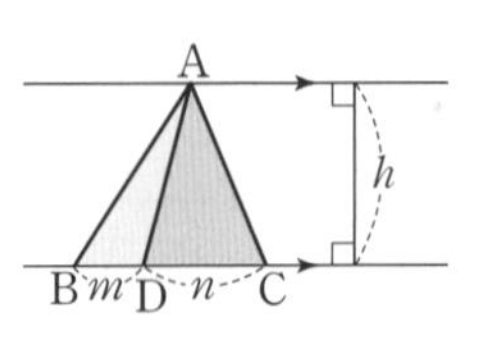

$\overline{AC} /\!/ \overline{DE}$일 때,

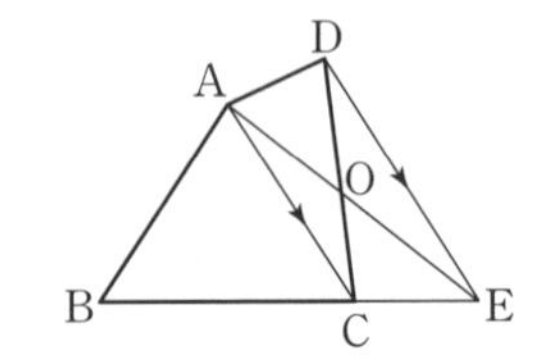

□ABCD와 △ABE는 보기에 두 도형의 넓이가 같아 보이지 않지만 같아. 평행선에서 밑변의 길이가 같은 두 삼각형의 넓이가 같으므로 △ACD=△ACE이지.
이 두 삼각형에 △ABC를 합해 보면 □ABCD=△ABE임을 알 수 있어.

오른쪽 그림의 평행사변형 ABCD에서 $\overline{AD} /\!/ \overline{BC}$이므로 △ABE=△DBE
$\overline{BD} /\!/ \overline{EF}$이므로 △DBE=△DBF, $\overline{AB} /\!/ \overline{DC}$이므로 △DBF=△AFD
따라서 넓이가 달라 보이는 △ABE와 △AFD의 넓이가 같아져.

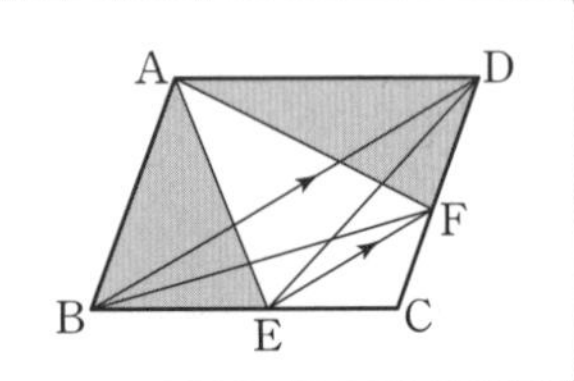

A 여러 가지 사각형 사이의 관계

여러 가지 사각형의 대각선의 성질을 비교해 보자.
- 평행사변형 ⇨ 서로 다른 것을 이등분한다.
- 직사각형 ⇨ 길이가 같고, 서로 다른 것을 이등분한다.
- 마름모 ⇨ 서로 다른 것을 수직이등분한다.
- 정사각형 ⇨ 길이가 같고, 서로 다른 것을 수직이등분한다.

■ 다음 그림은 사각형에 조건이 하나씩 추가되어 여러 가지 사각형이 되는 과정을 나타낸 것이다. 다음 조건에 알맞은 것을 보기에서 골라 기호로 써넣어라.

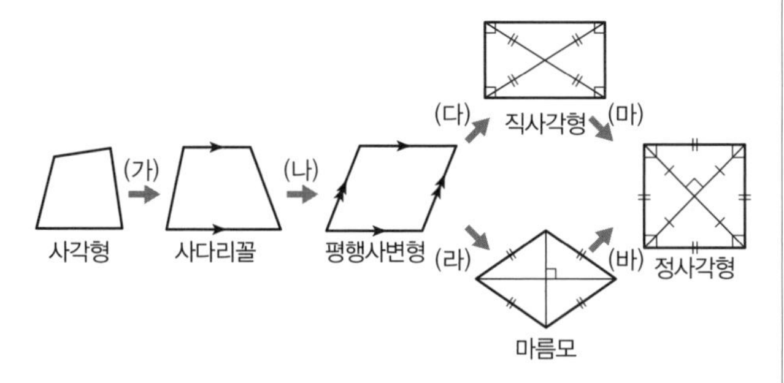

보 기

ㄱ. 한 내각이 직각이거나 두 대각선의 길이가 같다.
ㄴ. 이웃하는 두 변의 길이가 같거나 두 대각선이 수직이다.
ㄷ. 한 쌍의 대변이 평행하다.
ㄹ. 다른 한 쌍의 대변이 평행하다.

1. (가) – ____________

2. (나) – ____________

3. (다) – ____________

4. (라) – ____________

5. (마) – ____________

6. (바) – ____________

7. 다음 표에 각 사각형의 성질에 해당하는 것은 ○를, 해당하지 않는 것은 ×를 하여라.

	두 대각선이 서로를 이등분	두 대각선의 길이가 같음	두 대각선이 수직
사다리꼴			
평행사변형			
직사각형			
마름모			
정사각형			

8. 다음 (가)~(마) 안에 가장 알맞은 사각형을 보기에서 골라 기호로 써넣어라.

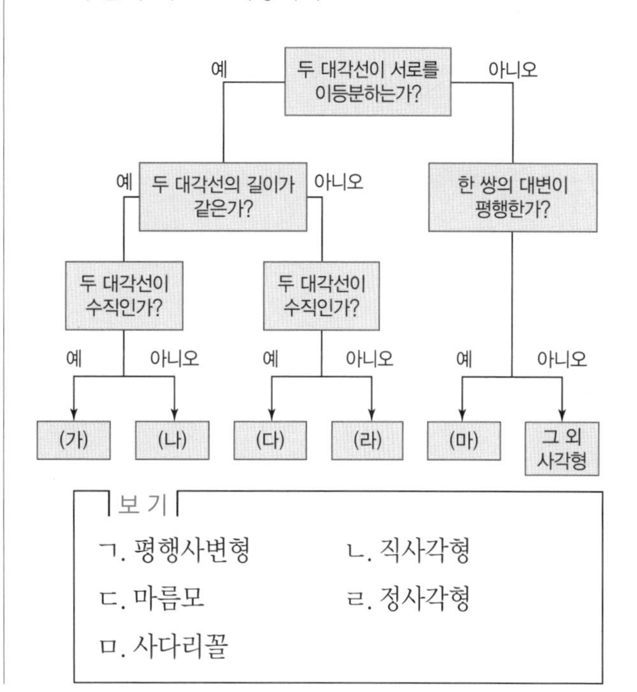

보 기

ㄱ. 평행사변형　　ㄴ. 직사각형
ㄷ. 마름모　　ㄹ. 정사각형
ㅁ. 사다리꼴

사각형의 각 변의 중점을 연결하여 만든 사각형

사각형의 각 변의 중점을 연결하여 만든 사각형을 알아보자.

- 사각형, 평행사변형 ⇨ 평행사변형
- 직사각형, 등변사다리꼴 ⇨ 마름모
- 마름모 ⇨ 직사각형
- 정사각형 ⇨ 정사각형 이 정도는 암기해야 해 암암!

■ 다음과 같은 □ABCD의 각 변의 중점을 연결하여 만든 □EFGH는 어떤 사각형인지 말하여라.

1.

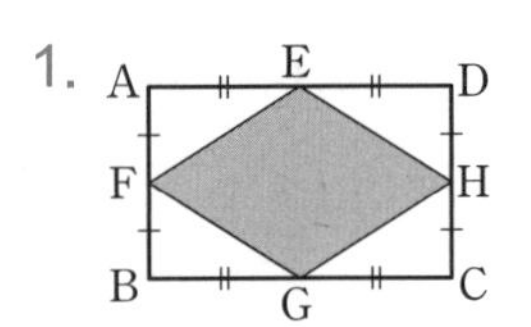

직사각형

⇨ ____________

2. A E D F H B G C

정사각형

⇨ ____________

3. A E H B D F G C

마름모

⇨ ____________

4.

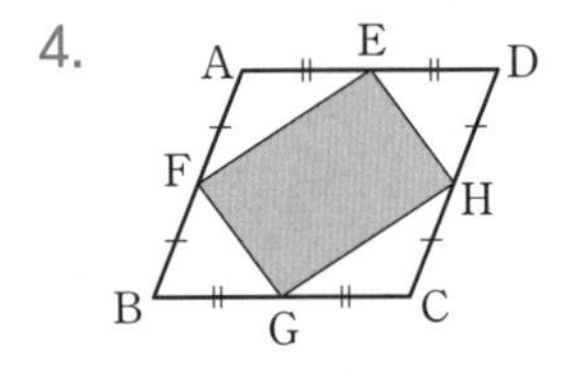

평행사변형

⇨ ____________

■ 다음과 같은 □ABCD의 각 변의 중점을 연결하여 만든 □EFGH의 둘레의 길이를 구하여라.

5. 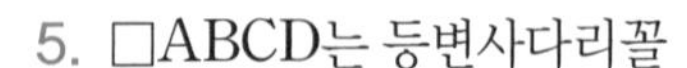 □ABCD는 등변사다리꼴

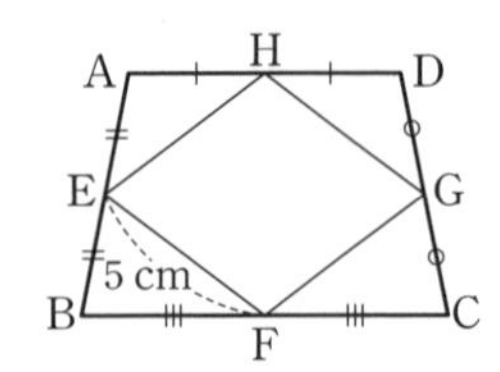

6. □ABCD는 사각형

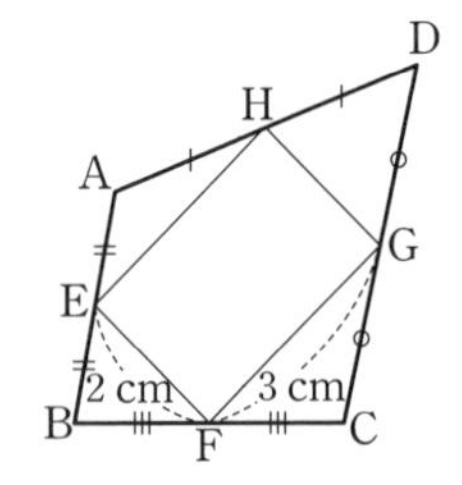

■ 다음과 같은 사각형이 주어질 때, □EFGH의 넓이를 구하여라.

7.  □ABCD는 직사각형

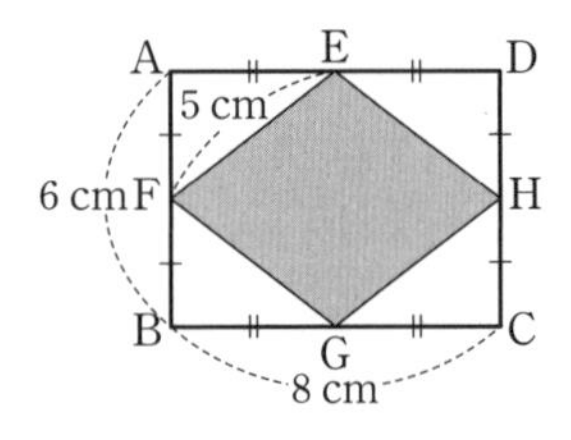

Help (마름모의 넓이)

$=\frac{1}{2}\times$(한 대각선의 길이)$\times$(다른 대각선의 길이)

8. □ABCD는 정사각형

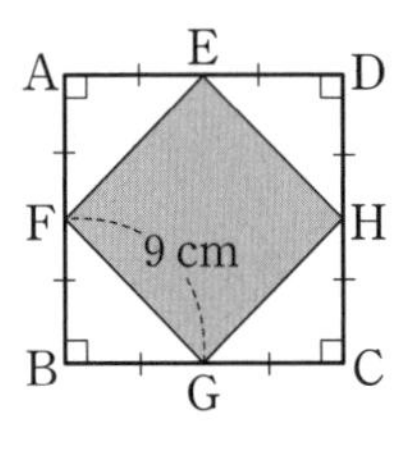

C 평행선과 삼각형의 넓이

오른쪽 그림에서 △ACD=△ACE이므로 양변에 △ABC를 더하면 □ABCD=△ABE

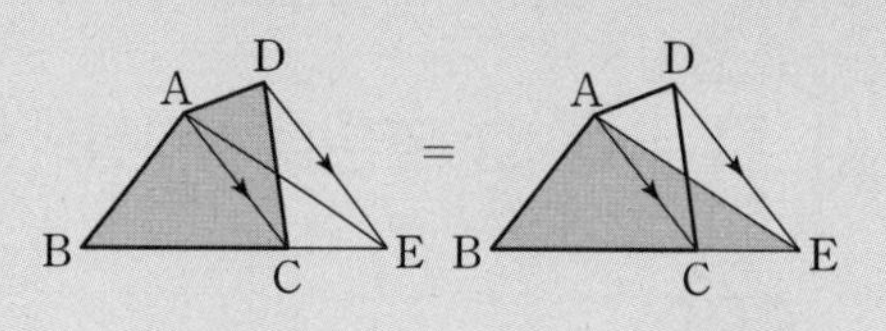

■ 다음 그림에서 $l // m$일 때, □ 안에 알맞은 것을 써넣어라.

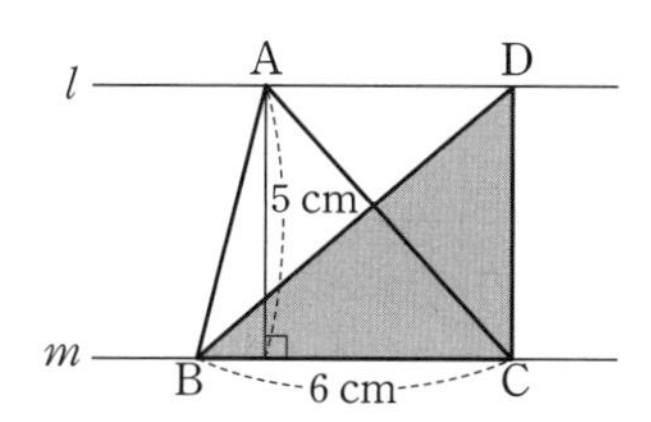

1. △DBC와 넓이가 같은 삼각형은 ☐이다.

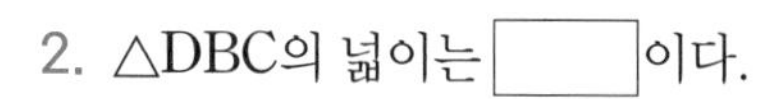

2. △DBC의 넓이는 ☐이다.

■ 다음 그림에서 $\overline{AC} // \overline{DE}$일 때, □ 안에 알맞은 것을 써넣어라.

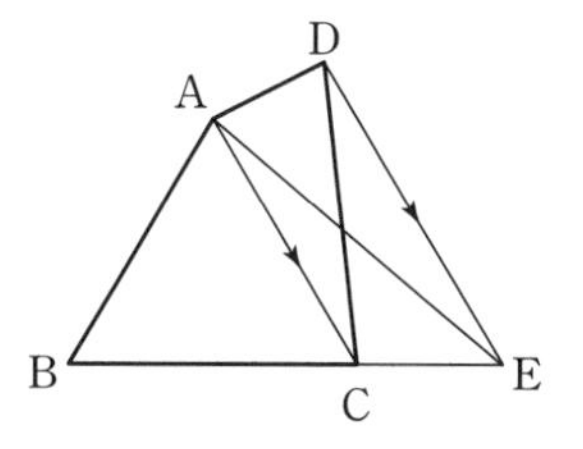

3. △ACE와 넓이가 같은 삼각형은 ☐이다.

4. △ABE=△ABC+△ACE

=△ABC+☐

이므로 △ABE와 넓이가 같은 사각형은 ☐이다.

■ 다음 그림에서 $\overline{AC} // \overline{DE}$일 때, □ 안에 알맞은 넓이를 써넣어라.

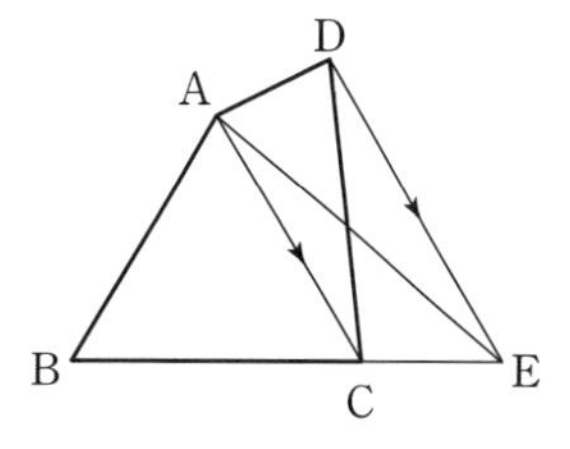

5. △ABC=12 cm², △ACE=9 cm²일 때,

□ABCD=☐

Help □ABCD=△ABE

6. □ABCD=25 cm²일 때,

△ABE=☐

■ 다음 그림에서 $\overline{AC} // \overline{DE}$일 때, □ 안에 알맞은 넓이를 써넣어라.

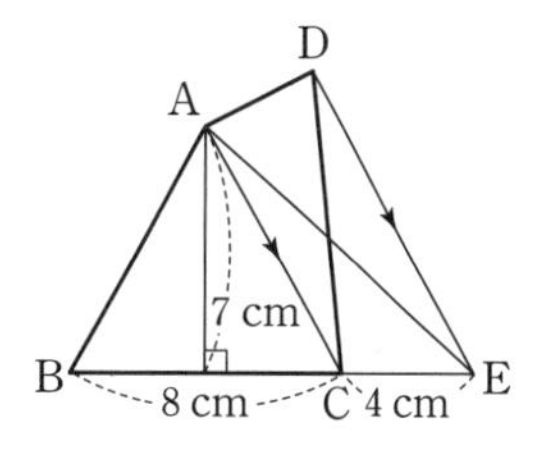

7. △ABC=☐

△ACE=☐

8. □ABCD=☐

높이가 같은 두 삼각형의 넓이

높이가 같은 두 삼각형의 넓이의 비는 밑변의 길이의 비와 같아.
$\overline{BD}:\overline{DC}=m:n$이면
$\triangle ABD:\triangle ADC=m:n$

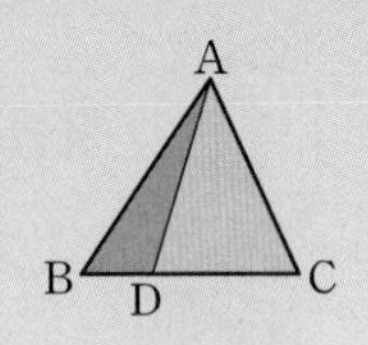

■ 다음 그림에서 □ 안에 알맞은 넓이를 써넣어라.

1. $\triangle ABC=25\,cm^2$,
$\overline{BD}:\overline{DC}=3:2$일 때,
$\triangle ABD=$□

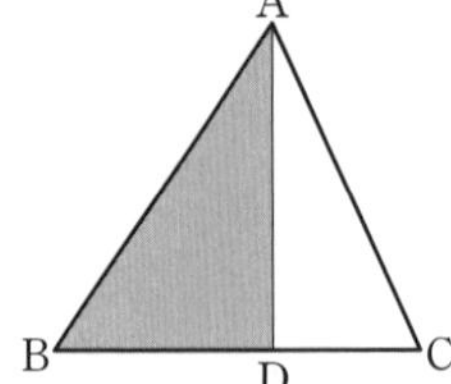

2. $\triangle ABC=72\,cm^2$,
$\overline{BD}:\overline{DC}=5:4$일 때,
$\triangle ADC=$□

3. $\triangle ABC=56\,cm^2$
$\overline{AE}:\overline{ED}=1:3$
$\triangle EDC=$□

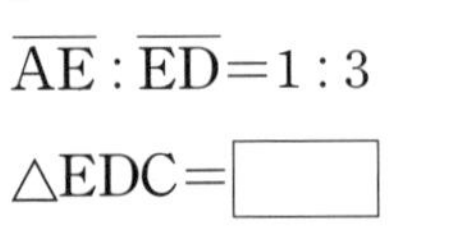

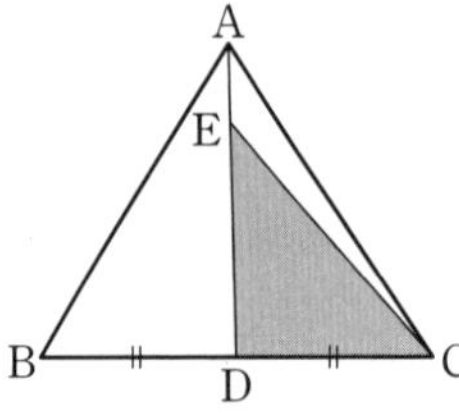

Help $\triangle ADC=\frac{1}{2}\triangle ABC$, $\triangle EDC=\frac{3}{4}\triangle ADC$

앗! 실수

4. $\triangle ABC=63\,cm^2$
$\overline{BD}:\overline{DC}=1:2$
$\overline{AE}:\overline{EC}=2:1$
$\triangle EDC=$□

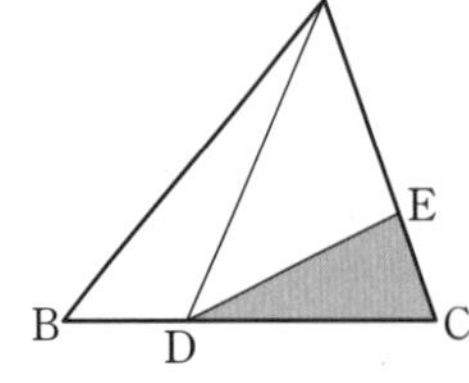

Help $\triangle ADC=\frac{2}{3}\triangle ABC$, $\triangle EDC=\frac{1}{3}\triangle ADC$

5. □ABCD는 평행사변형이고
□$ABCD=42\,cm^2$,
$\overline{AE}:\overline{ED}=4:3$일 때,
$\triangle ABE=$□

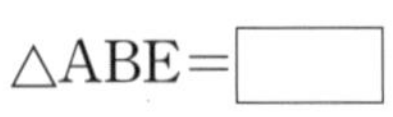

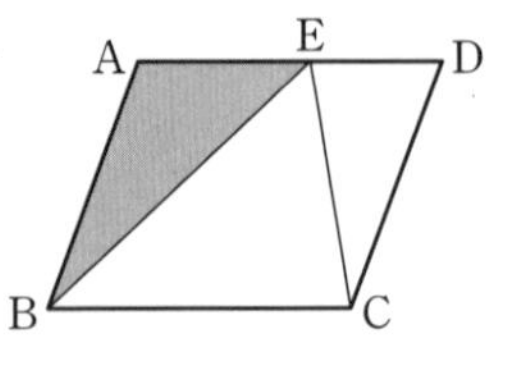

Help $\triangle ABE+\triangle ECD=\frac{1}{2}$□ABCD

6. □ABCD는 평행사변형이고
□$ABCD=50\,cm^2$,
$\overline{AE}:\overline{ED}=3:2$일 때,
$\triangle EFD=$□

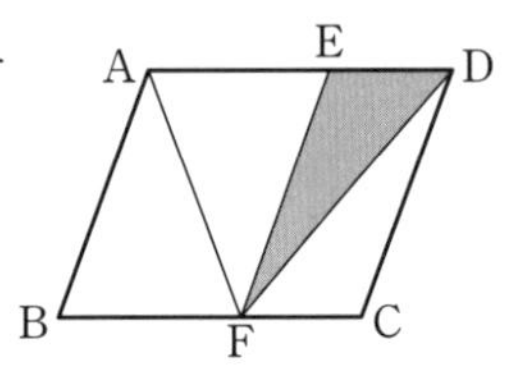

■ 오른쪽 그림에서 □ABCD는 평행사변형일 때, △BED와 넓이가 같은 삼각형은 ○를, 넓이가 같지 않은 삼각형은 ×를 하여라.

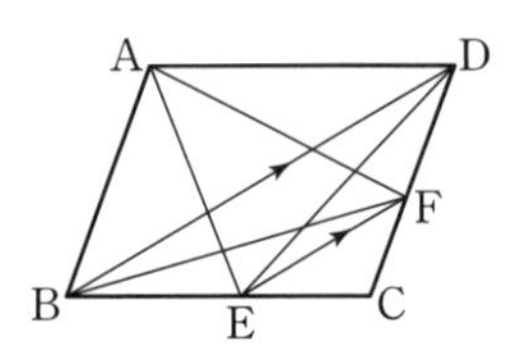

7. △BFD ________

8. △BFC ________

9. △ABE ________

Help △ABE와 △BED는 밑변이 $\overline{BE}$로 같고 평행선에서 높이가 같다.

10. △AFD ________

사다리꼴에서 높이가 같은 두 삼각형의 넓이

오른쪽 그림과 같은 사다리꼴 ABCD에서 $\triangle ABC = \triangle DBC$이고 이 두 삼각형에 공통으로 $\triangle OBC$가 들어 있으므로 $\triangle ABO = \triangle DOC$

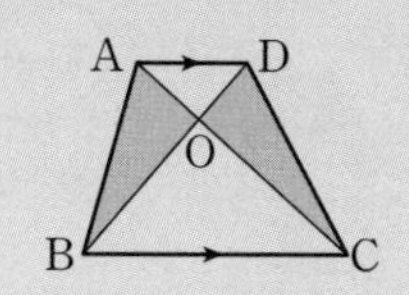

■ 오른쪽 그림과 같은 $\overline{AD} /\!/ \overline{BC}$인 사다리꼴에서 □ 안에 다음의 삼각형과 넓이가 같은 삼각형을 써넣어라.

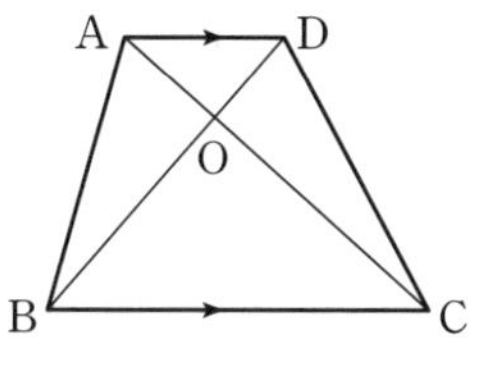

1. $\triangle ABC =$ □

2. $\triangle ABD =$ □

3. $\triangle DOC =$ □

■ 다음 그림과 같은 $\overline{AD} /\!/ \overline{BC}$인 사다리꼴에서 □ 안에 알맞은 넓이를 써넣어라.

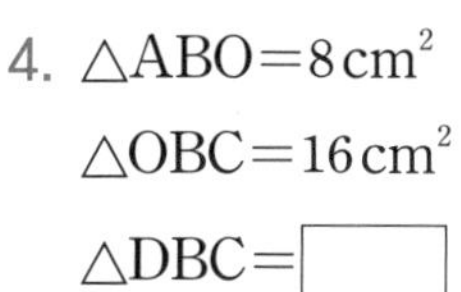

4. $\triangle ABO = 8\,\text{cm}^2$
   $\triangle OBC = 16\,\text{cm}^2$
   $\triangle DBC =$ □

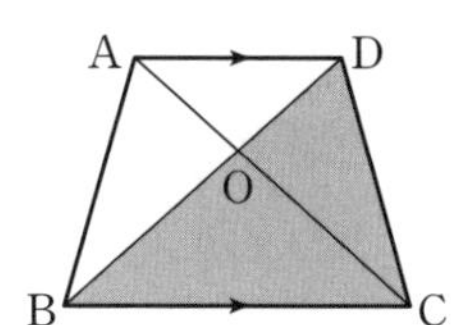
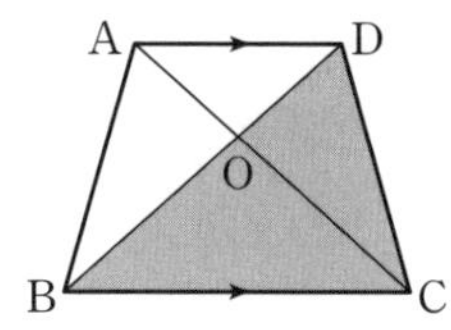

5. $\triangle ABO = 12\,\text{cm}^2$
   $\triangle DBC = 48\,\text{cm}^2$
   $\triangle OBC =$ □

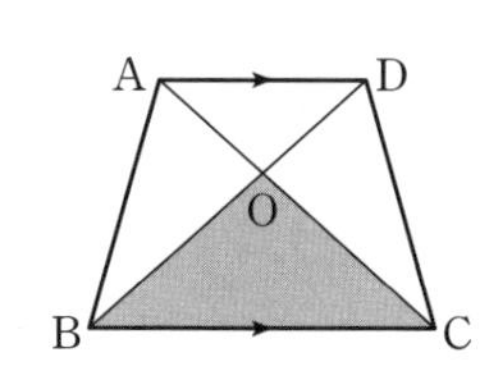

6. $\triangle ABD = 32\,\text{cm}^2$
   $\overline{AO} : \overline{OC} = 3 : 5$
   $\triangle DOC =$ □

   Help $\triangle ABD = \triangle ACD$

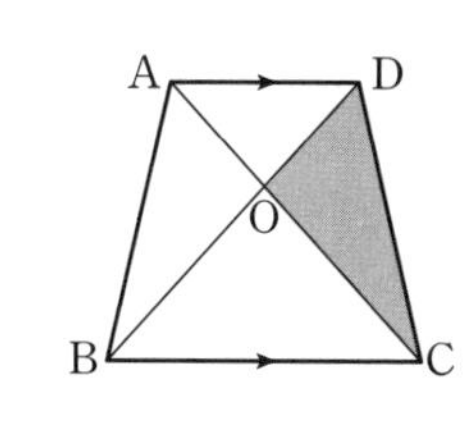

7. $\triangle ACD = 45\,\text{cm}^2$
   $\overline{AO} : \overline{OC} = 2 : 3$
   $\triangle ABO =$ □

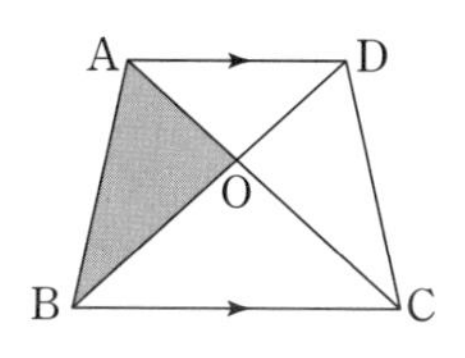

8. $\overline{AO} : \overline{OC} = 1 : 2$
   $\triangle AOD = 4\,\text{cm}^2$
   $\square ABCD =$ □

   Help $\triangle AOD : \triangle DOC = 1 : 2$
   $\triangle ABO : \triangle OBC = 1 : 2$

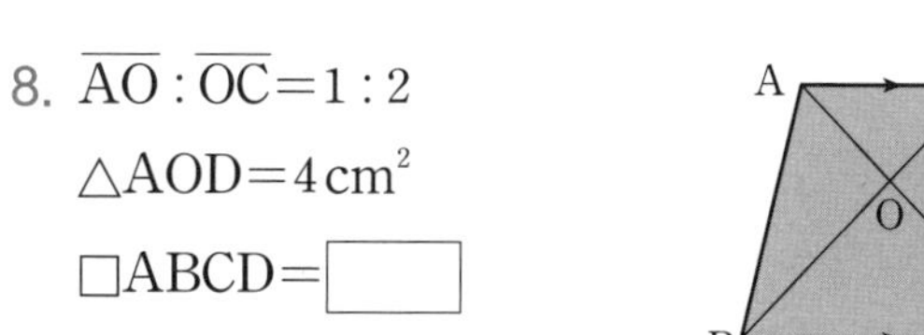

9. $\overline{AO} : \overline{OC} = 3 : 4$
   $\triangle AOD = 9\,\text{cm}^2$
   $\square ABCD =$ □

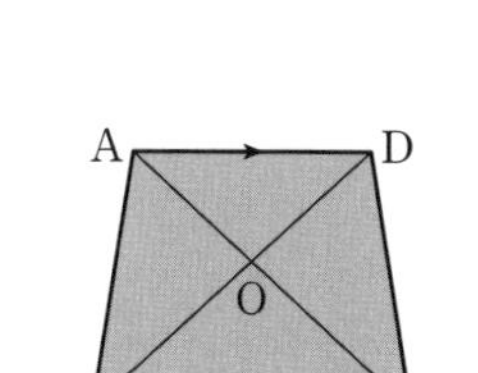

[1] 여러 가지 사각형 사이의 관계

적중률 90%

1. 다음 보기에서 두 대각선의 길이가 같은 사각형을 모두 골라라.

보기
ㄱ. 평행사변형　　ㄴ. 마름모
ㄷ. 등변사다리꼴　　ㄹ. 사다리꼴
ㅁ. 정사각형　　ㅂ. 직사각형

[2] 사각형의 각 변의 중점을 연결하여 만든 사각형

2. 다음 중 사각형과 그 사각형의 각 변의 중점을 연결하여 만든 사각형을 짝지은 것으로 옳지 않은 것은?

① 직사각형 — 마름모
② 등변사다리꼴 — 직사각형
③ 평행사변형 — 평행사변형
④ 마름모 — 직사각형
⑤ 정사각형 — 정사각형

[3~4] 평행선과 삼각형의 넓이

적중률 90%

3. 오른쪽 그림과 같은 □ABCD에서 점 A를 지나고 $\overline{DB}$에 평행한 직선을 그어 $\overline{CB}$의 연장선과 만나는 점을 E라 하자. □ABCD의 넓이가 36cm^2일 때, △DEC의 넓이를 구하여라.

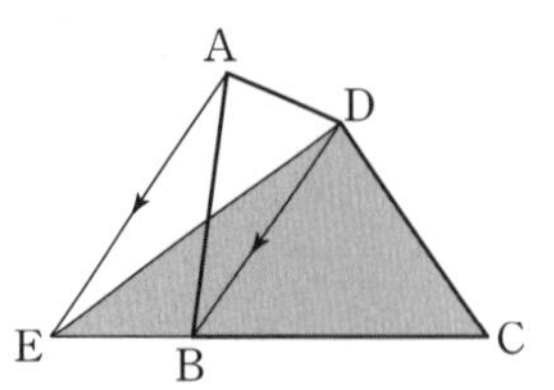

앗! 실수 적중률 90%

4. 오른쪽 그림과 같은 평행사변형 ABCD에서 $\overline{BD}$//$\overline{EF}$일 때, 다음 삼각형 중 그 넓이가 나머지 넷과 다른 하나는?

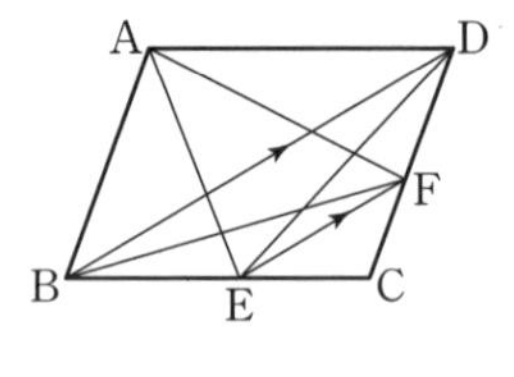

① △DBF　② △ABE　③ △DAF
④ △DEF　⑤ △DBE

[5~6] 높이가 같은 두 삼각형의 넓이

5. 오른쪽 그림과 같은 평행사변형 ABCD에서 대각선 BD 위의 점 P에 대하여 $\overline{BP}:\overline{PD}=3:5$이고 $\triangle ABP=21\text{cm}^2$일 때, □APCD의 넓이는?

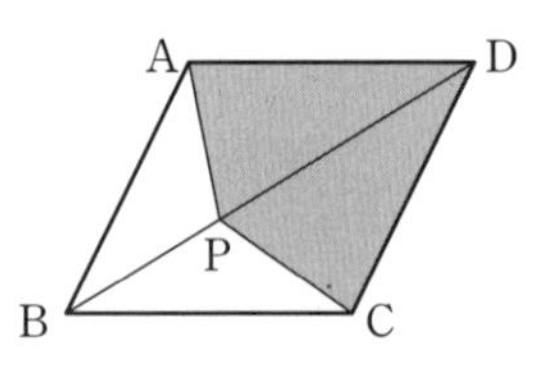

① 30cm^2　② 35cm^2　③ 42cm^2
④ 65cm^2　⑤ 70cm^2

앗! 실수

6. 오른쪽 그림과 같이 $\overline{AD}$//$\overline{BC}$인 사다리꼴 ABCD에서 두 대각선의 교점을 O라 하자. $\overline{AO}:\overline{OC}=2:3$이고 $\triangle ABO=12\text{cm}^2$일 때, □ABCD의 넓이를 구하여라.

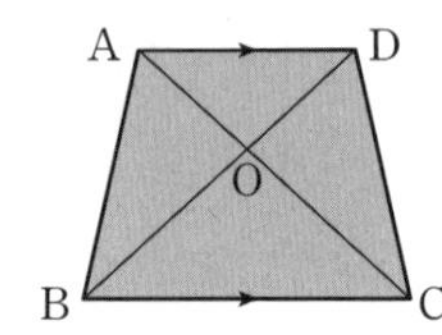

둘째 마당

도형의 닮음과 피타고라스 정리

둘째 마당에서는 닮음의 뜻과 성질, 피타고라스 정리를 배울 거야. 삼각형의 닮음 조건은 앞으로 여러 가지 도형에 관련된 문제를 해결하는 데 많이 이용되므로 정확히 이해하는 것이 중요해.
피타고라스 정리는 고대 그리스의 수학자인 피타고라스의 이름을 따서 만들어졌는데, 이 정리를 이용하면 직각삼각형의 세 변의 길이 사이의 관계를 알 수 있어. 직각삼각형에 관한 문제는 대부분 피타고라스 정리를 이용하면 풀 수 있으니 잘 익혀 두자.

공부할 내용!	14일 진도	20일 진도	스스로 계획을 세워 봐!
10 닮은 도형	6일차	8일차	____월 ____일
11 삼각형의 닮음 조건			____월 ____일
12 직각삼각형에서 닮은 삼각형	7일차	9일차	____월 ____일
13 삼각형에서 평행선과 선분의 길이의 비		10일차	____월 ____일
14 삼각형의 내각과 외각의 이등분선	8일차	11일차	____월 ____일
15 사다리꼴에서 평행선과 선분의 길이의 비		12일차	____월 ____일
16 삼각형의 두 변의 중점을 연결한 선분의 성질	9일차	13일차	____월 ____일
17 삼각형의 무게중심		14일차	____월 ____일
18 닮은 도형의 넓이와 부피	10일차	15일차	____월 ____일
19 피타고라스 정리		16일차	____월 ____일
20 피타고라스 정리의 설명, 직각삼각형이 되는 조건	11일차	17일차	____월 ____일
21 피타고라스 정리의 활용			____월 ____일

10 닮은 도형

● 도형의 닮음

한 도형을 일정한 비율로 확대 또는 축소한 것이 다른 도형과 합동일 때, 이 두 도형은 서로 닮음인 관계가 있다고 하고, 닮음인 관계가 있는 두 도형을 닮은 도형이라 한다.

△ABC와 △DEF가 서로 닮은 도형일 때, 이것을 기호 ∽를 사용하여 나타낸다.

△ABC ∽ △DEF

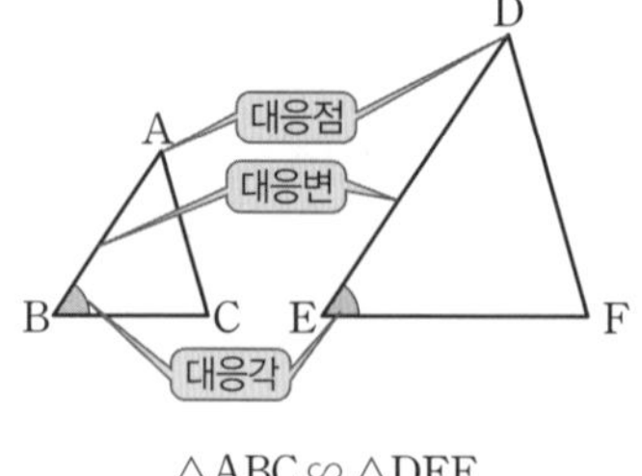
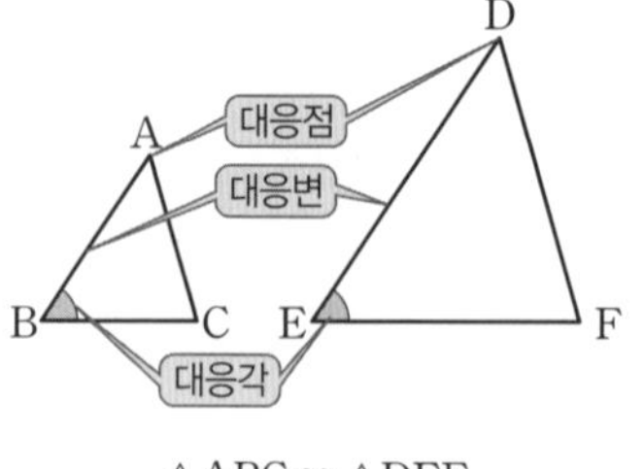

- 기호 ∽는 영어 Similar의 첫 글자 S를 옆으로 뉘어서 쓴 거야.
  가끔 ∽, ≡, =의 의미를 헷갈려 하는 경우가 있는데 비교해 보자.
  △ABC∽△DEF (닮음)
  △ABC≡△DEF (합동)
  △ABC=△DEF (넓이가 같음)

● 평면도형에서의 닮음의 성질

① 평면도형에서의 닮음의 성질

서로 닮은 두 평면도형에서

- 대응변의 길이의 비는 일정하다.
  ⇨ $\overline{AB}:\overline{DE}=\overline{BC}:\overline{EF}=\overline{CA}:\overline{FD}$
- 대응각의 크기는 각각 같다.
  ⇨ $\angle A=\angle D$, $\angle B=\angle E$, $\angle C=\angle F$

② 닮음비 : 대응변의 길이의 비

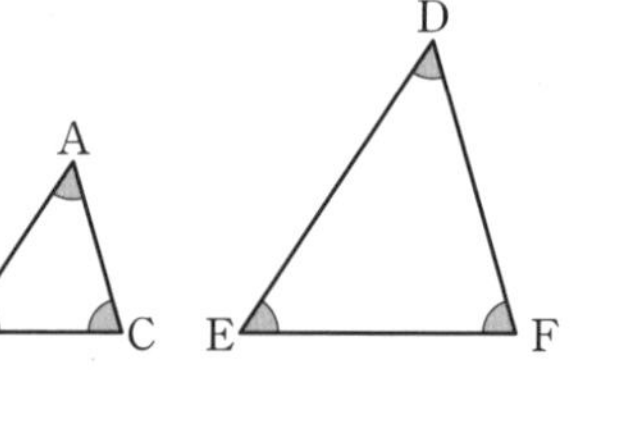

● 입체도형에서의 닮음의 성질

① 입체도형에서의 닮음의 성질

서로 닮은 두 입체도형에서

- 대응하는 모서리의 길이의 비는 일정하다.
  ⇨ $\overline{AB}:\overline{A'B'}=\overline{BF}:\overline{B'F'}$
  $=\overline{FG}:\overline{F'G'}=\cdots$
- 대응하는 면은 닮은 도형이다.
  ⇨ □ABCD∽□A′B′C′D′, □BFGC∽□B′F′G′C′, ⋯

② 닮음비 : 대응하는 모서리의 길이의 비

- 항상 닮은 도형 : 두 원, 두 직각이등변삼각형, 변의 개수가 같은 두 정다각형, 중심각의 크기가 같은 두 부채꼴, 구, 면의 개수가 같은 두 정다면체
- 닮음이라고 착각하기 쉬운 도형 : 이등변삼각형, 마름모, 직사각형, 평행사변형
- 오른쪽과 같이 대응점의 순서를 다르게 쓰면 대응변도 달라져. 따라서 대응점의 순서는 반드시 지켜야 하는 거야.

△ABC∽△DEF	△ABC∽△DFE
$\overline{AB}$ 대응변이 $\overline{DE}$	$\overline{AB}$ 대응변이 $\overline{DF}$
$\overline{AC}$ 대응변이 $\overline{DF}$	$\overline{AC}$ 대응변이 $\overline{DE}$

닮은 도형

- 항상 닮은 평면도형
  ⇨ 변의 개수가 같은 두 정다각형, 두 직각이등변삼각형, 두 원, 중심각의 크기가 같은 두 부채꼴
- 항상 닮은 입체도형
  ⇨ 면의 개수가 같은 두 정다면체, 두 구

■ 다음 그림에서 $\triangle ABC \backsim \triangle DEF$일 때, 다음을 구하여라.

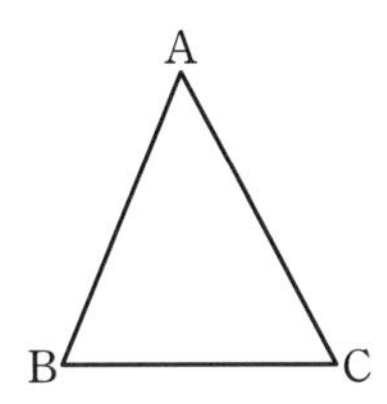

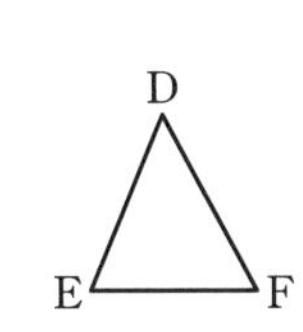

1. 꼭짓점 B의 대응점

2. $\overline{AC}$의 대응변

3. $\overline{EF}$의 대응변

■ 다음 그림에서 $\square ABCD \backsim \square EFGH$일 때, 다음을 구하여라.

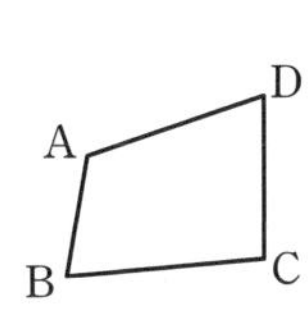

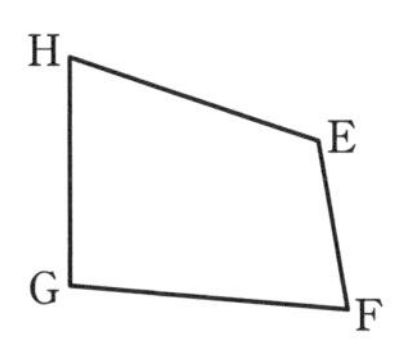

4. 꼭짓점 D의 대응점

5. $\overline{BC}$의 대응변

6. 꼭짓점 G의 대응점

■ 다음 중 항상 닮은 도형이면 ○를, 닮은 도형이 아니면 ×를 하여라.

7. 두 원 ________

8. 두 정사각형 ________

9. 두 마름모 ________

10. 두 이등변삼각형 ________

11. 두 직각이등변삼각형 ________

12. 두 원기둥 ________

B 평면도형에서 닮음의 성질

서로 닮은 도형일 때
- 대응변의 길이의 비는 일정해.
- 대응각의 크기는 같아.
- $\triangle ABC \backsim \triangle DEF$와 같이 두 닮은 도형은 그림이 없더라도 알파벳 순서를 보면 대응변과 대응점을 알 수 있어.

■ 아래 그림에서 $\triangle ABC \backsim \triangle DEF$일 때, 다음을 구하여라.

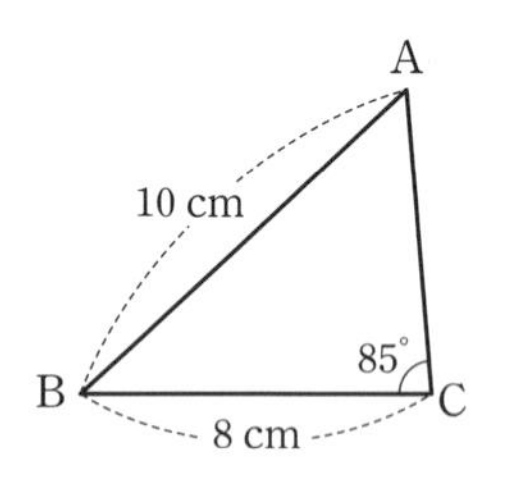

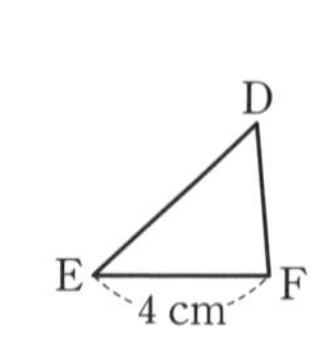

1. $\triangle ABC$와 $\triangle DEF$의 닮음비

2. $\overline{DE}$의 길이

3. $\angle F$의 크기

■ 아래 그림에서 $\triangle ABC \backsim \triangle DEF$일 때, 다음을 구하여라.

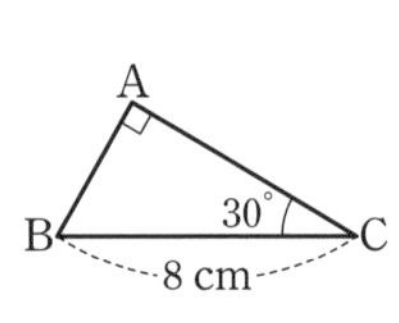

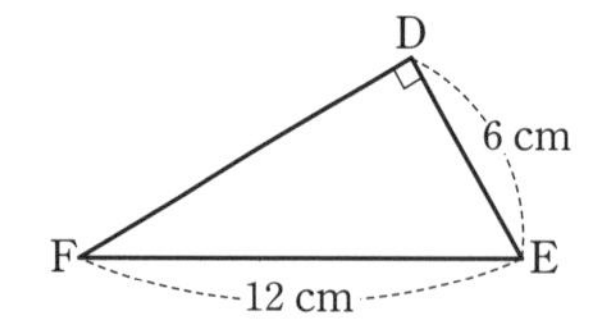

4. $\triangle ABC$와 $\triangle DEF$의 닮음비

5. $\angle E$의 크기

6. $\overline{AB}$의 길이

■ 아래 그림에서 $\square ABCD \backsim \square EFGH$일 때, 다음을 구하여라.

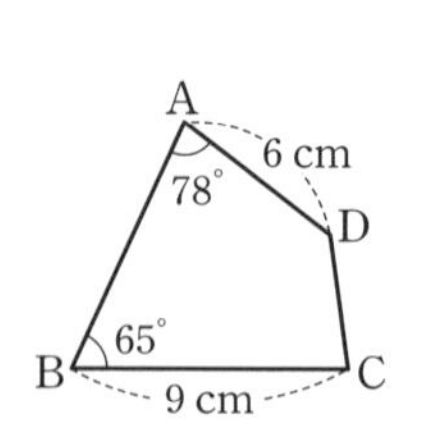

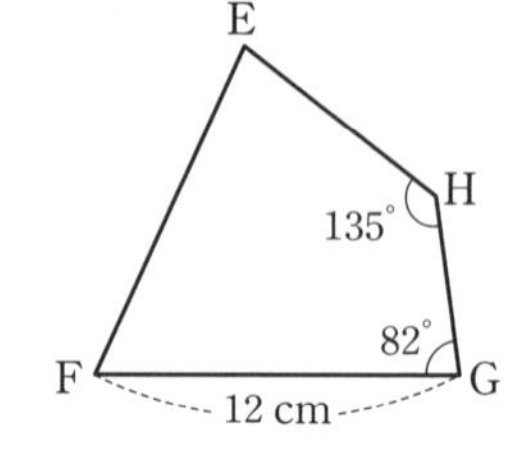

7. $\overline{EH}$의 길이

8. $\angle E$의 크기

9. $\angle D$의 크기

■ 아래 그림에서 $\square ABCD \backsim \square EFGH$일 때, 다음을 구하여라.

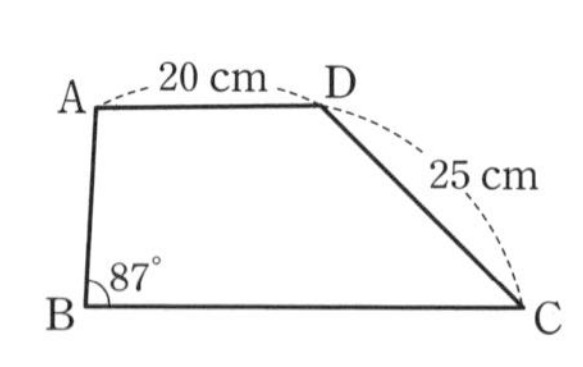

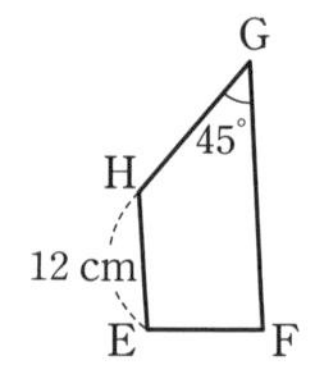

10. $\square ABCD$와 $\square EFGH$의 닮음비

11. $\overline{HG}$의 길이

12. $\angle C$의 크기

C 평면도형에서 닮음비의 응용

△ABC∽△DEF이고 닮음비가 $m:n$이면 모든 변의 길이의 비가 $m:n$이므로 각각의 변의 길이를 구해서 삼각형의 둘레의 길이를 구할 수 있어.

아하! 그렇구나~

■ 다음 그림을 보고 □ 안에 알맞은 길이를 써넣어라.

1.

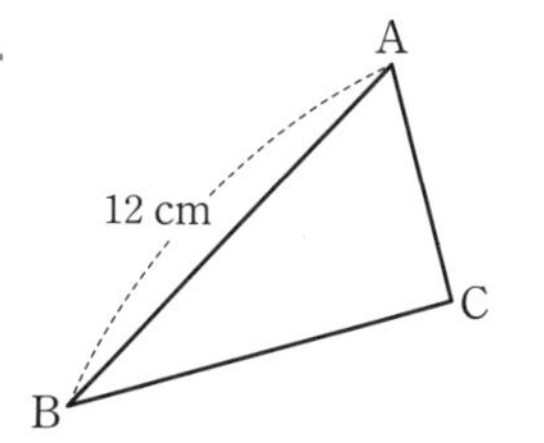

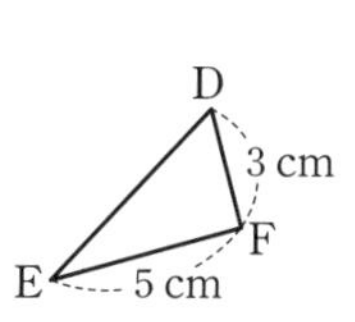

△ABC∽△DEF이고 닮음비가 2 : 1일 때,

△ABC의 둘레의 길이는 [ ]이다.

2.

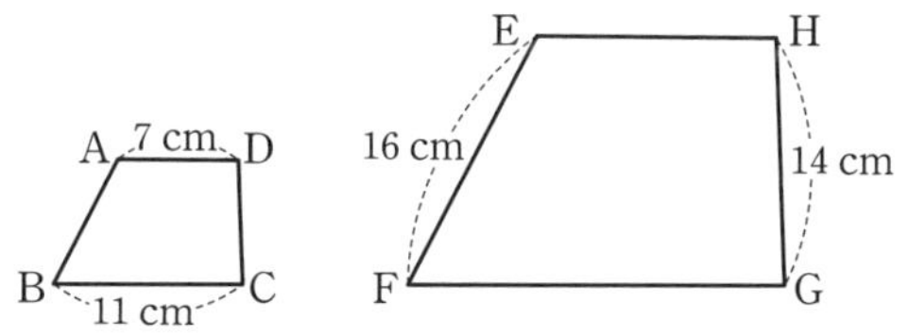

□ABCD∽□EFGH이고 닮음비가 1 : 2일 때,

□EFGH의 둘레의 길이는 [ ]이다.

3.

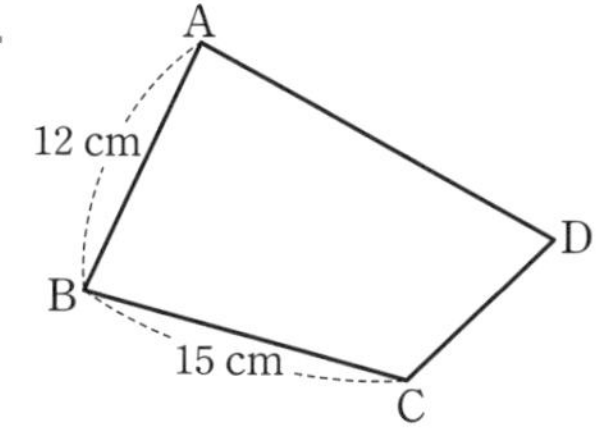

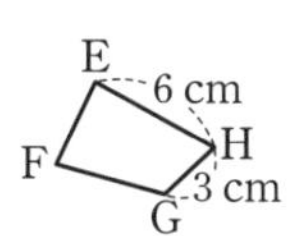

□ABCD∽□EFGH이고 닮음비가 3 : 1일 때,

□EFGH의 둘레의 길이는 [ ]이다.

4.

△ABC∽△DEF일 때, △DEF의 둘레의 길이는

[ ]이다.

Help 두 삼각형의 닮음비는 $\overline{BC}:\overline{EF}$

5.

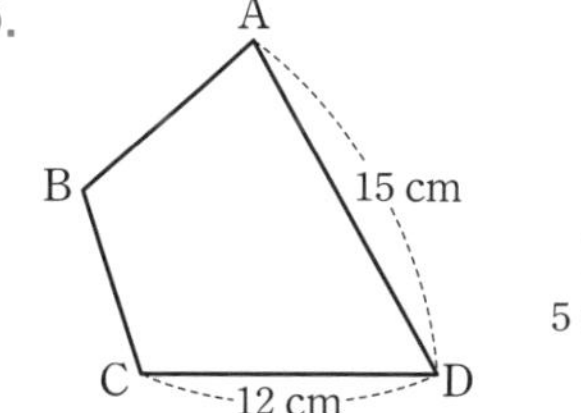

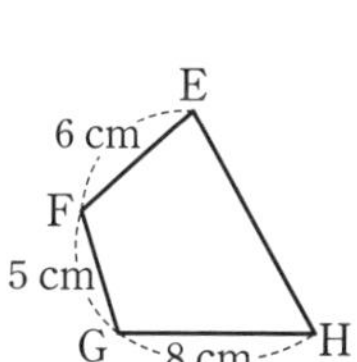

□ABCD∽□EFGH일 때, □EFGH의 둘레의 길이는 [ ]이다.

6.

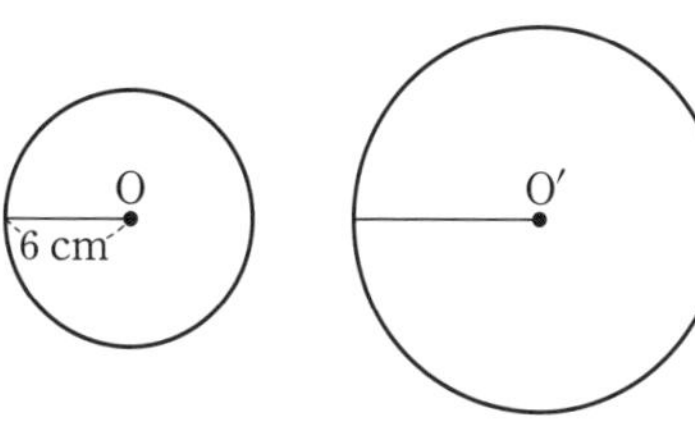

두 원 O, O′의 닮음비가 2 : 3일 때,

원 O′의 둘레의 길이는 [ ]이다.

입체도형에서 닮음비의 응용

(닮음인 두 원뿔의 밑면의 둘레의 길이의 비)
=(닮음인 두 원뿔의 높이의 비)
=(닮음인 두 원뿔의 모선의 길이의 비)
=(닮음인 두 원뿔의 밑면의 반지름의 길이의 비)

■ 아래 그림의 두 입체도형이 닮은 도형일 때, □ 안에 알맞은 것을 써넣어라.

1.

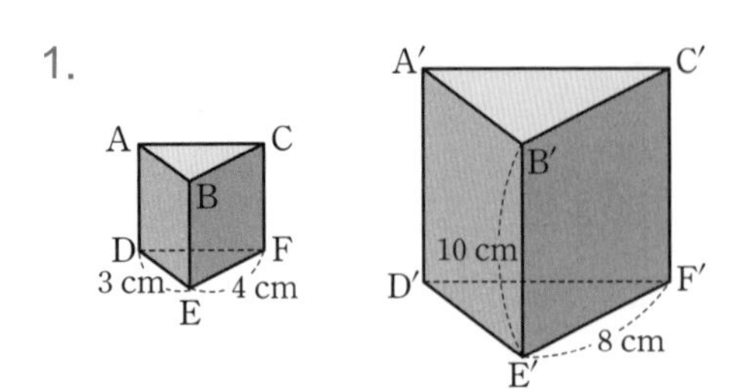

$\overline{BE}$=□, $\overline{D'E'}$=□

Help 두 입체도형의 닮음비는 4 : 8=1 : 2

2.

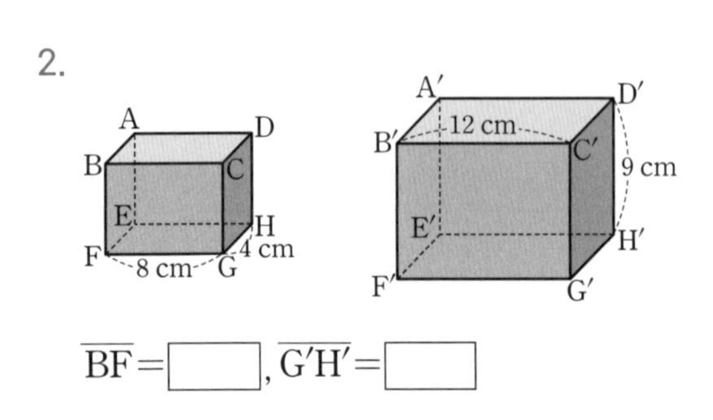

$\overline{BF}$=□, $\overline{G'H'}$=□

3.

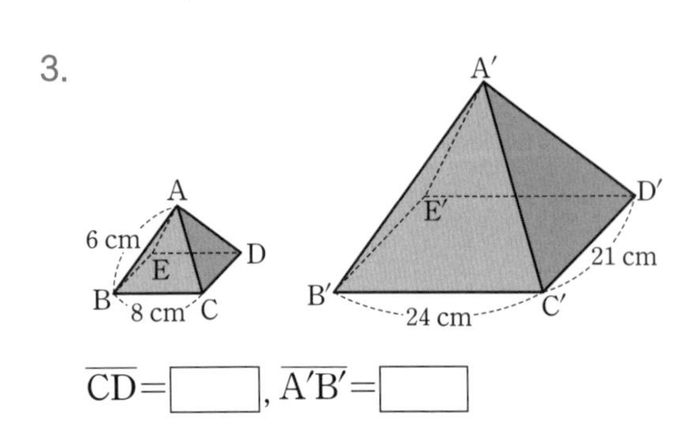

$\overline{CD}$=□, $\overline{A'B'}$=□

4.

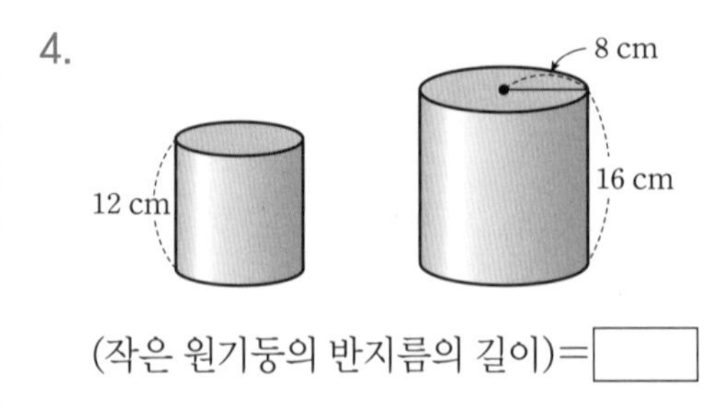

(작은 원기둥의 반지름의 길이)=□

5.

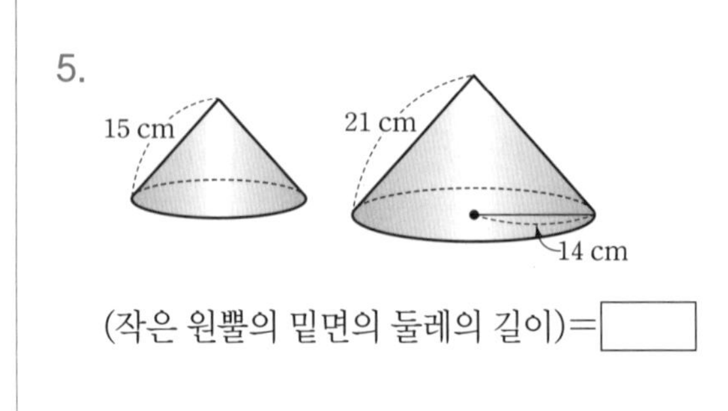

(작은 원뿔의 밑면의 둘레의 길이)=□

6.

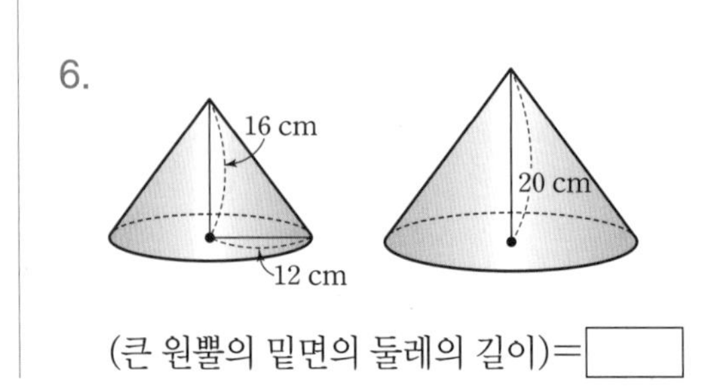

(큰 원뿔의 밑면의 둘레의 길이)=□

[1～2] 닮은 도형

1. 다음 중 항상 닮은 도형인 것을 모두 고르면? (정답 2개)

① 두 직육면체 ② 두 구
③ 두 원뿔 ④ 두 원기둥
⑤ 두 직각이등변삼각형

2. 다음 중 옳지 않은 것을 모두 고르면? (정답 2개)

① 닮은 두 평면도형의 넓이는 같다.
② 닮은 두 평면도형의 대응변의 길이의 비는 일정하다.
③ 닮은 두 평면도형의 대응각의 크기는 각각 같다.
④ 닮은 두 입체도형의 대응하는 면은 합동이다.
⑤ 닮은 두 입체도형의 대응하는 모서리의 길이의 비는 닮음비와 같다.

[3～6] 닮음의 성질의 응용

적중률 90%

3. 다음 그림에서 □ABCD∽□EFGH일 때, 다음 중 옳지 않은 것은?

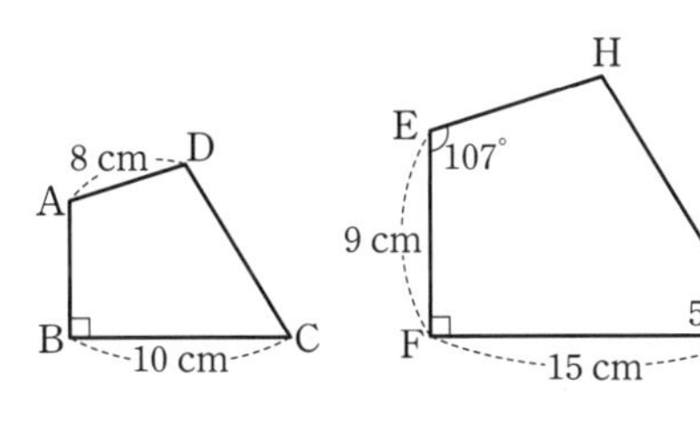

① $\angle C=58°$ ② $\overline{AB}=6$ cm
③ $\overline{EH}=12$ cm ④ $\angle D=95°$
⑤ $\overline{DC}:\overline{HG}=2:3$

4. 다음 그림에서 □ABCD와 □EFGH는 평행사변형이고 서로 닮음이다. 닮음비가 3 : 5일 때, □EFGH의 둘레의 길이를 구하여라.

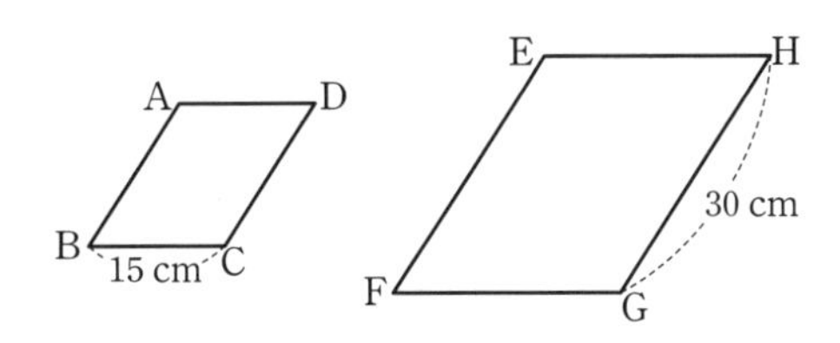

적중률 90%

5. 다음 그림에서 두 직육면체는 서로 닮은 도형이다. $x+y$의 값은?

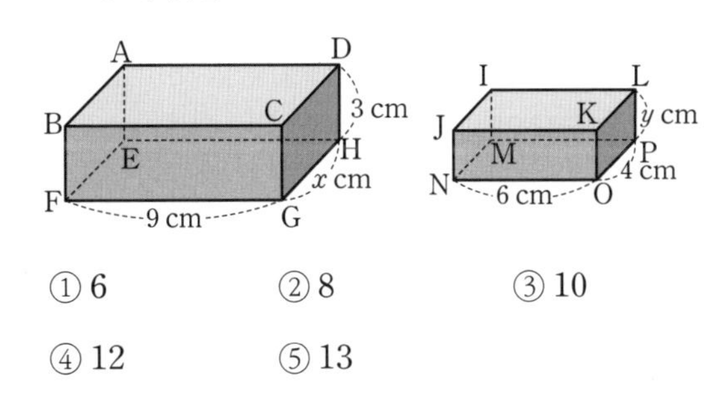

① 6 ② 8 ③ 10
④ 12 ⑤ 13

앗! 실수

6. 오른쪽 그림과 같이 원뿔을 밑면에 평행한 평면으로 잘랐을 때 생기는 단면은 반지름의 길이가 4 cm인 원이다. 처음 원뿔의 밑면의 반지름의 길이를 구하여라.

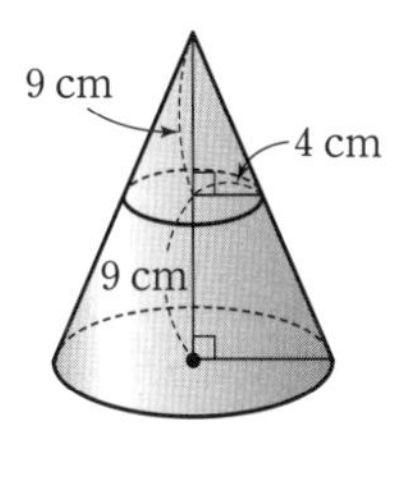

11 삼각형의 닮음 조건

● 삼각형의 닮음 조건

두 삼각형이 다음의 세 경우 중 어느 하나를 만족하면 서로 닮음이다.

① 세 쌍의 대응변의 길이의 비가 같다.
(SSS 닮음)
⇨ $a : a'=b : b'=c : c'$

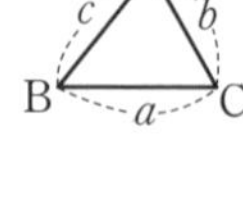
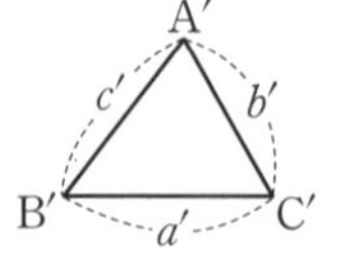

② 두 쌍의 대응변의 길이의 비가 같고, 그 끼인 각의 크기가 같다. (SAS 닮음)
⇨ $a : a'=b : b'$, $\angle C=\angle C'$

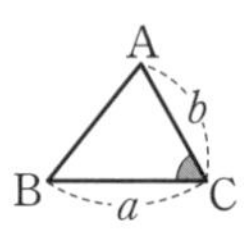
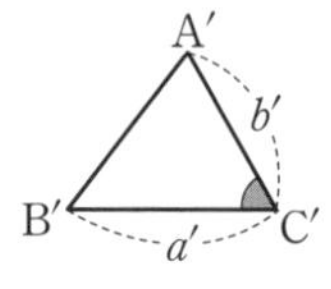

③ 두 쌍의 대응각의 크기가 각각 같다.
(AA 닮음)
⇨ $\angle A=\angle A'$, $\angle B=\angle B'$

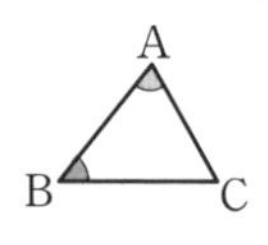
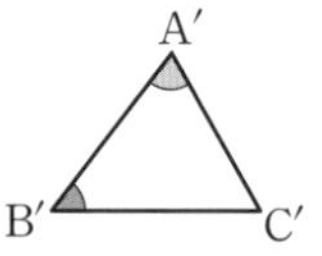

겹쳐진 도형에서 닮음을 찾을 때는 큰 삼각형과 작은 삼각형을 따로 분리하여 상상해 봐.
공통으로 겹쳐진 각을 먼저 찾아내고,
- 대응하는 변의 길이의 비가 같으면
⇨ SAS 닮음
- 대응하는 다른 한 각의 크기가 같으면
⇨ AA 닮음

● 삼각형의 닮음 조건의 활용

두 삼각형이 겹쳐진 도형에서 닮음인 삼각형은 다음과 같이 찾는다.

① SAS 닮음의 활용
공통인 각을 기준으로 대응변의 길이의 비가 같은 삼각형을 찾는다.

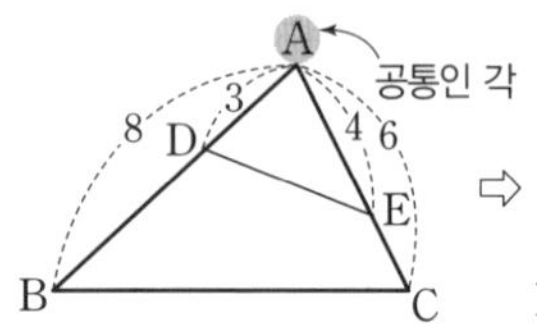
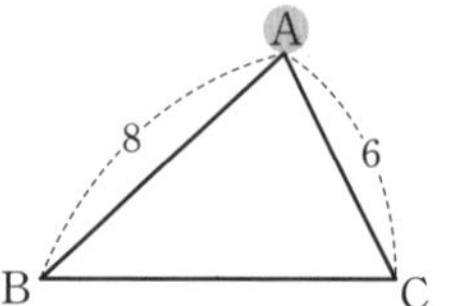
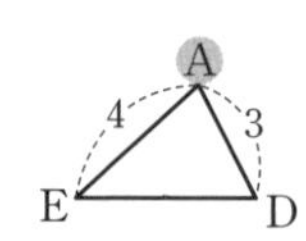

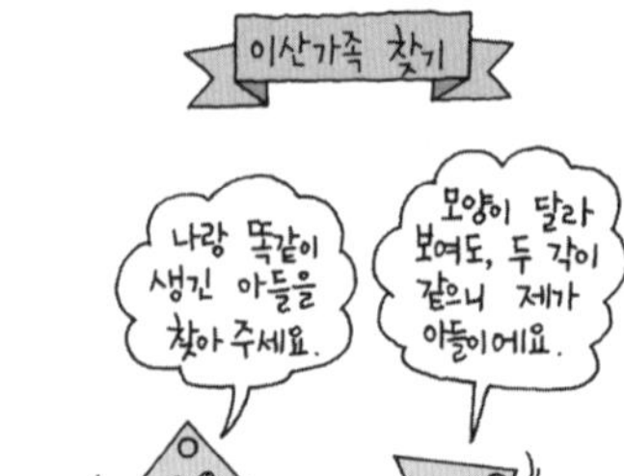

② AA 닮음의 활용
공통인 각을 기준으로 다른 한 각의 크기가 같은 삼각형을 찾는다.

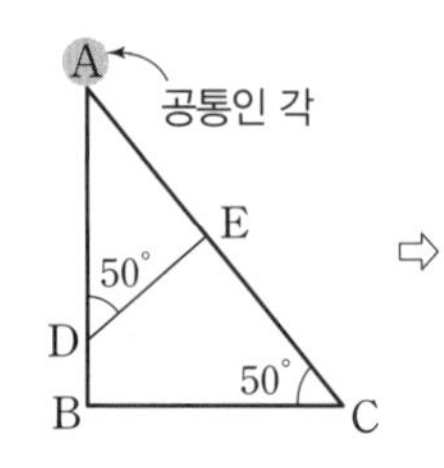
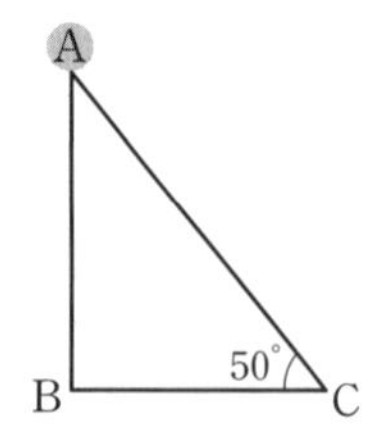
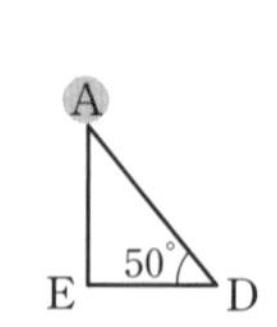

삼각형의 합동 조건	삼각형의 닮음 조건
세 쌍의 대응변의 길이가 각각 같다. (SSS합동)	세 쌍의 대응변의 길이의 비가 같다. (SSS닮음)
두 쌍의 대응변의 길이가 각각 같고 그 끼인 각의 크기가 같다. (SAS합동)	두 쌍의 대응변의 길이의 비가 같고 그 끼인 각의 크기가 같다. (SAS닮음)
한 쌍의 대응변의 길이가 같고 그 양 끝각의 크기가 각각 같다. (ASA합동)	두 쌍의 대응각의 크기가 각각 같다. (AA닮음)

A 삼각형의 닮음 조건

• 세 쌍의 대응변의 길이의 비가 같다. ⇨ SSS 닮음
• 두 쌍의 대응변의 길이의 비가 같고 그 끼인 각의 크기가 같다. ⇨ SAS닮음
• 두 쌍의 대응각의 크기가 각각 같다. ⇨ AA 닮음

이 정도는 암기해야 해~ 암암! 

■ 다음은 두 삼각형의 닮음 조건을 나타낸 것이다. □ 안에 알맞은 것을 써넣어라.

1. △ABD와 △DBC에서

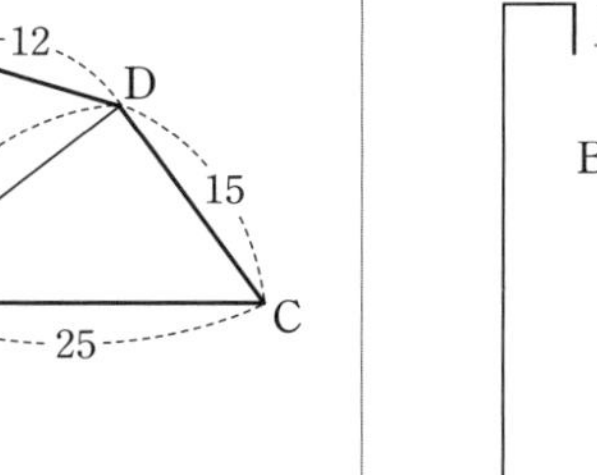

$\overline{AB}$: □
$=16:20=4:5$

$\overline{BD}$: □
$=20:25=4:5$

$\overline{AD}$: □ $=12:15=4:5$

∴ △ABD∽△DBC (□ 닮음)

2. △ABC와 △AED에서

∠□는 공통각

$\overline{AB}$: □
$=9:3=3:1$

$\overline{AC}$: □ $=12:4=3:1$

∴ △ABC∽△AED (□ 닮음)

3. △ABC와 △AED에서

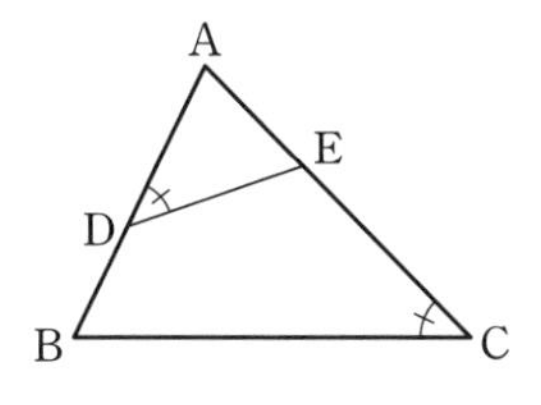

∠□는 공통각

∠ACB=□

∴ △ABC∽△AED
(□ 닮음)

■ 다음 보기의 삼각형 중 각각의 닮음인 것을 찾아 기호 ∽로 나타내어라.

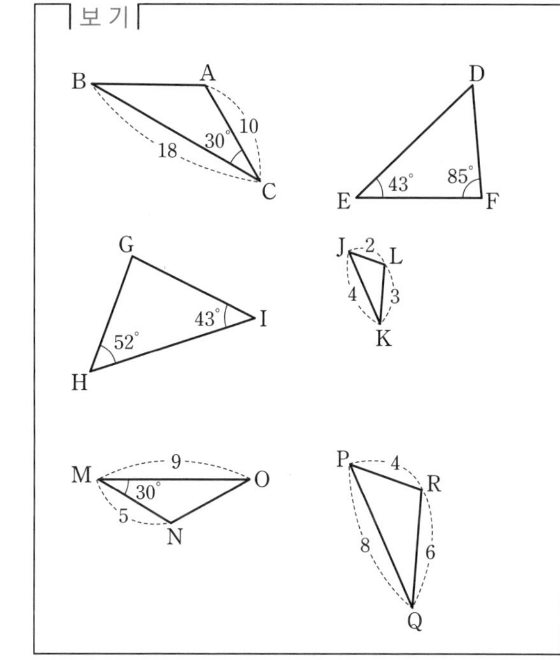

4. SSS 닮음

5. SAS 닮음

6. AA 닮음

B 삼각형의 닮음 조건의 응용 - SAS 닮음

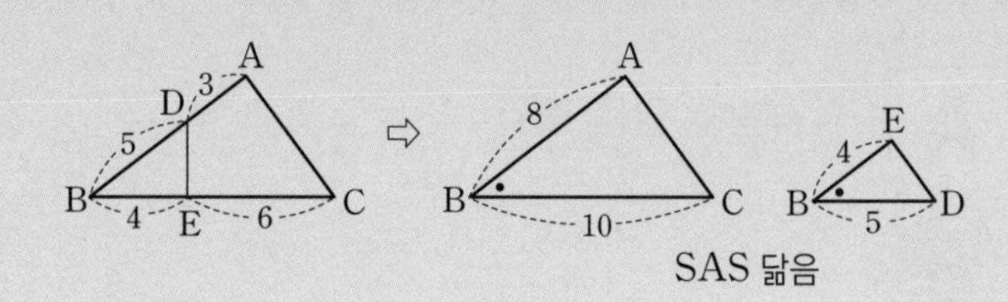

■ 다음 그림에서 x의 값을 구하여라.

1.

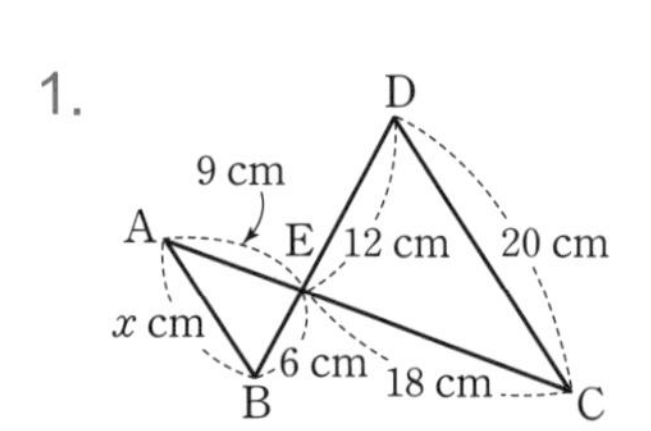

Help $\overline{AE}:\overline{CE}=\overline{BE}:\overline{DE}=1:2$

$\angle AEB=\angle CED$ (맞꼭지각)

2.

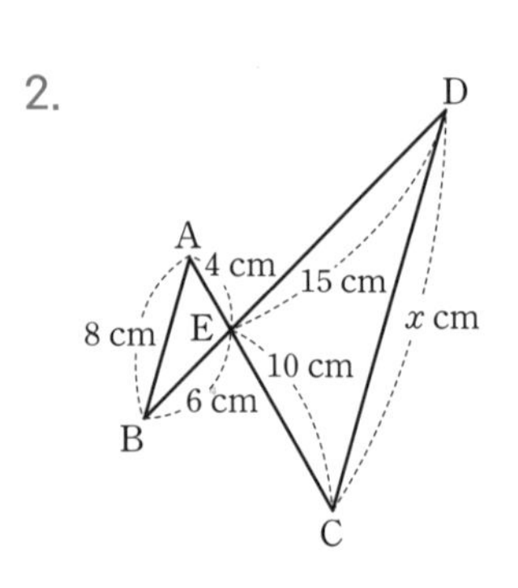

3.

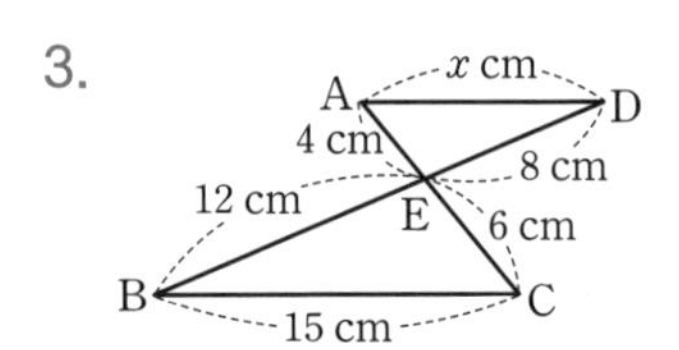

앗! 실수

4.

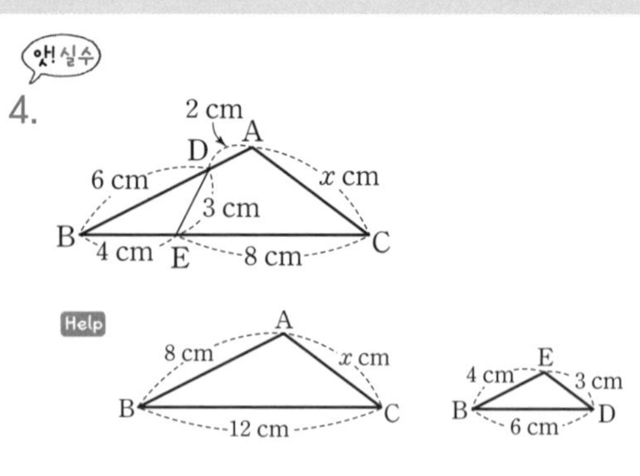

5.

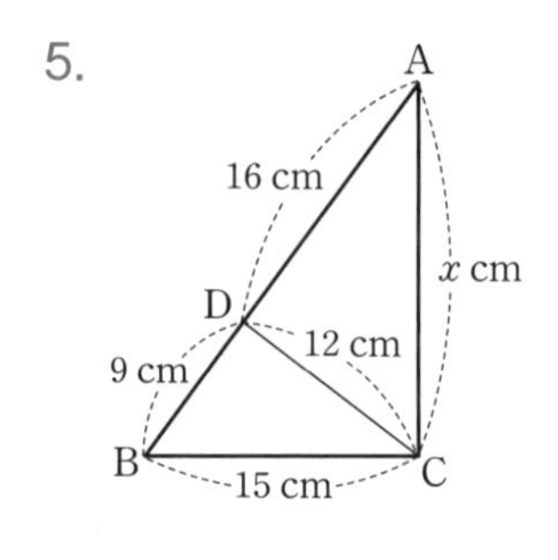

6.

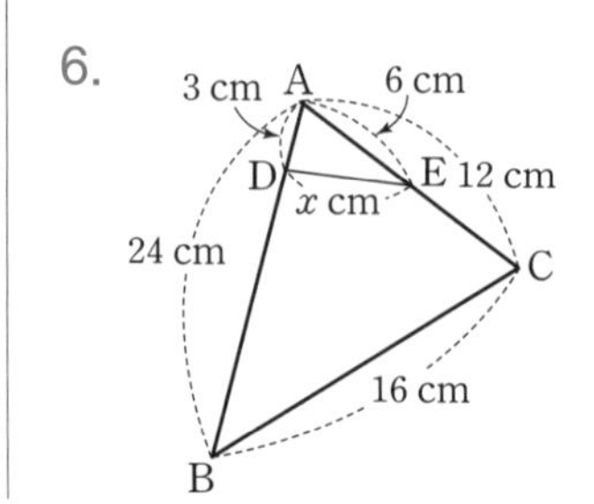

삼각형의 닮음 조건의 응용 - AA 닮음

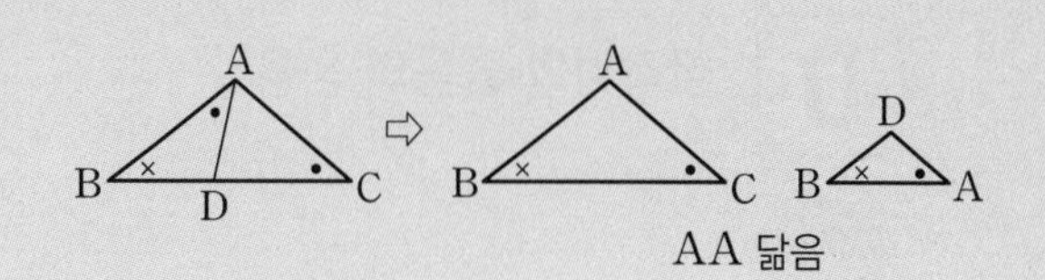

■ 다음 그림에서 $\angle ABC = \angle AED$일 때, x의 값을 구하여라.

1.

Help $\triangle ABC \backsim \triangle AED$ (AA 닮음)이므로
$\overline{AB} : \overline{AE} = \overline{AC} : \overline{AD}$

2.

3.

■ 다음 그림에서 x의 값을 구하여라.

4.  $\angle ACB = \angle ABD$

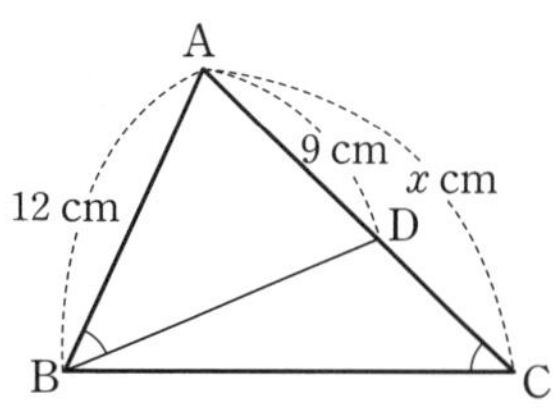

Help $\triangle ABC \backsim \triangle ADB$ (AA 닮음)이므로
$\overline{AB} : \overline{AD} = \overline{AC} : \overline{AB}$

5. $\angle ABC = \angle ACD$

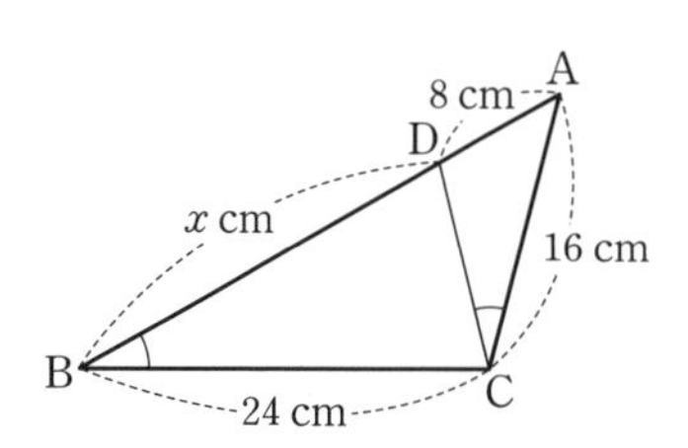

6. $\angle BAC = \angle BCD$

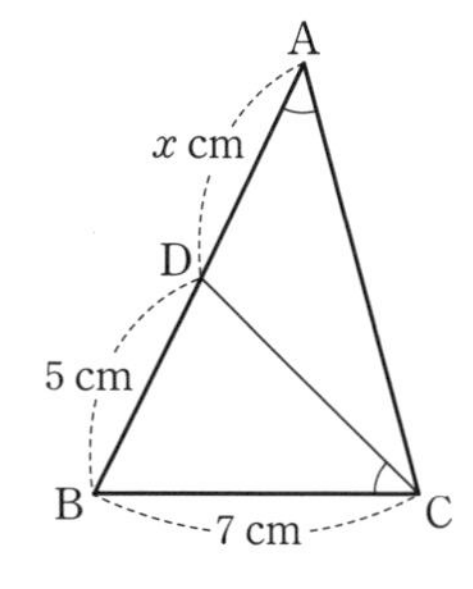

삼각형의 닮음의 응용

오른쪽 그림에서 x의 값을 구해 보자.
$\overline{AB} /\!/ \overline{DE}$이므로 $\angle BAC = \angle DEA$
$\overline{AD} /\!/ \overline{BC}$이므로 $\angle BCA = \angle DAE$
$\therefore \triangle ABC \backsim \triangle EDA$ (AA 닮음)
$10 : 8 = x+3 : x \qquad \therefore x = 12$

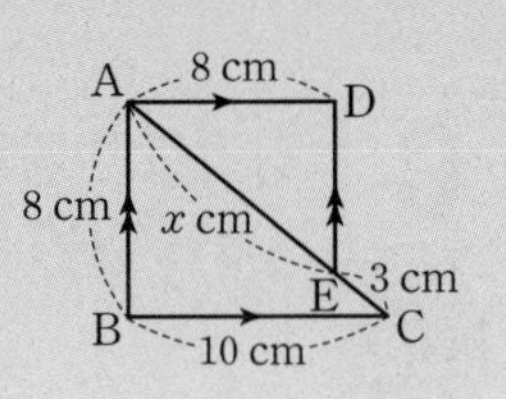

■ 다음 그림에서 x의 값을 구하여라.

1.

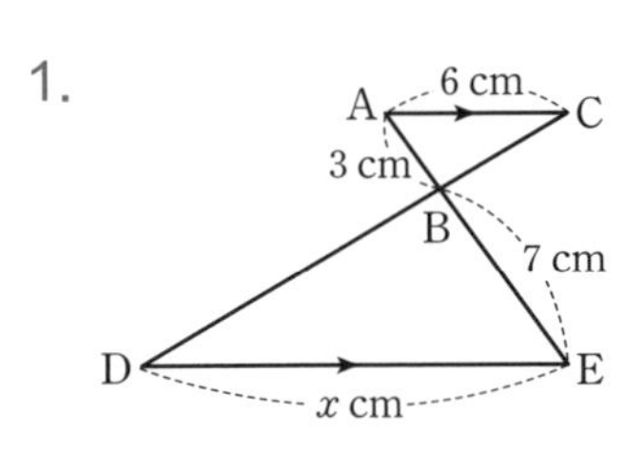

Help $\angle CAB = \angle DEB$ (엇각)
$\angle ACB = \angle EDB$ (엇각)
$\triangle ABC \backsim \triangle EBD$ (AA 닮음)

2.

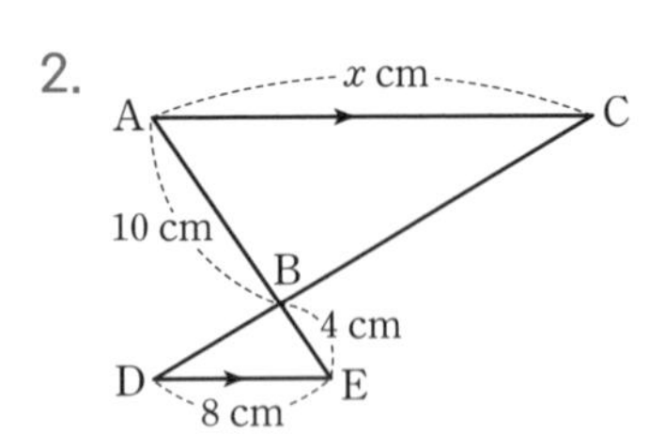

3.

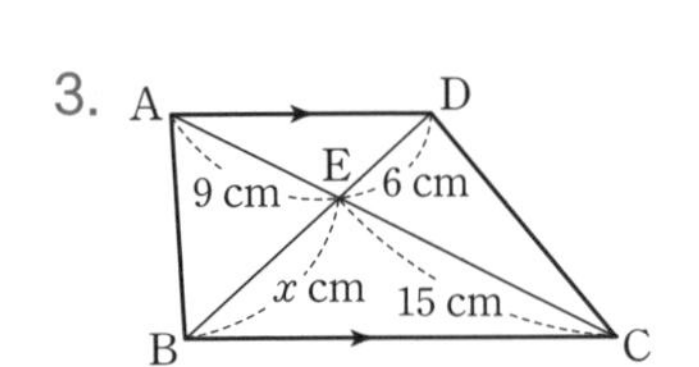

4.

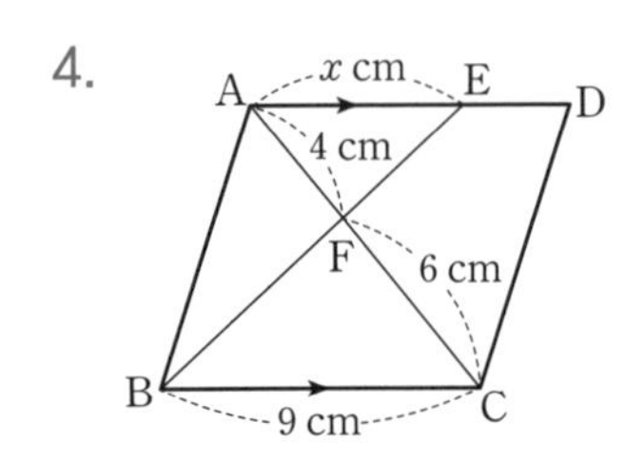

5.

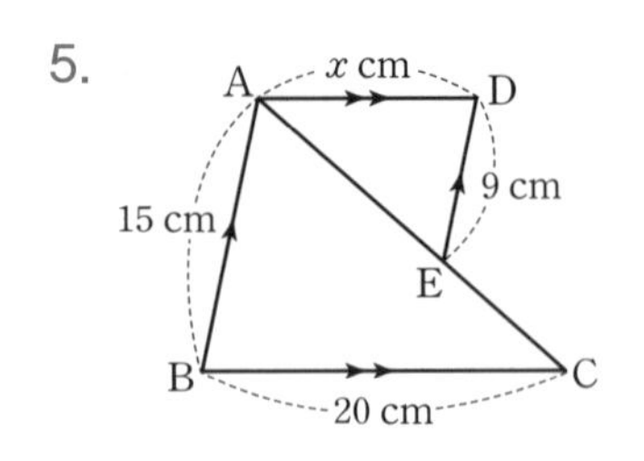

6.

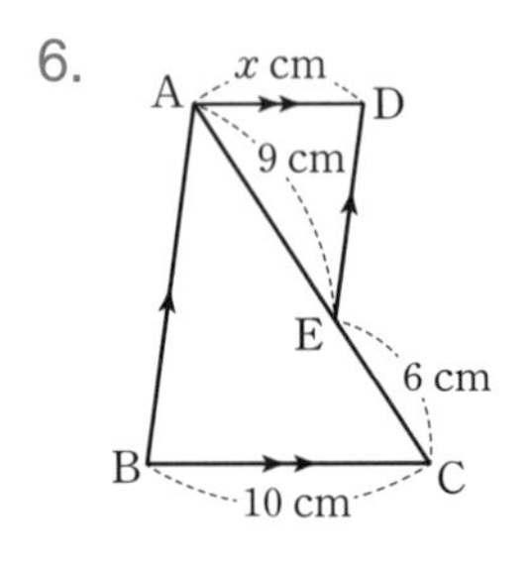

■ 다음 평행사변형 ABCD에서 x의 값을 구하여라.

7.

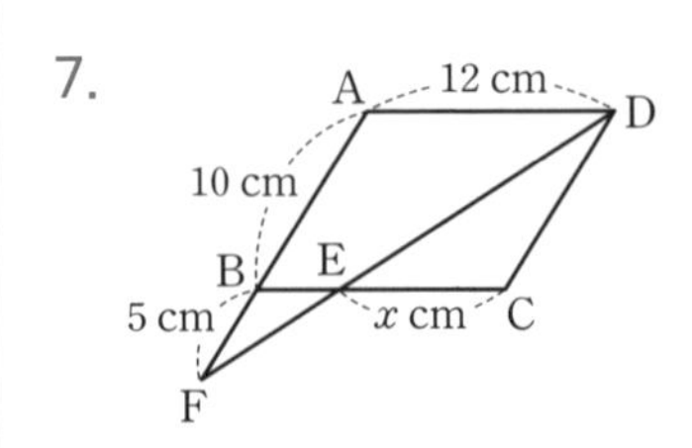

Help $\triangle AFD \backsim \triangle CDE$ (AA 닮음)

8.

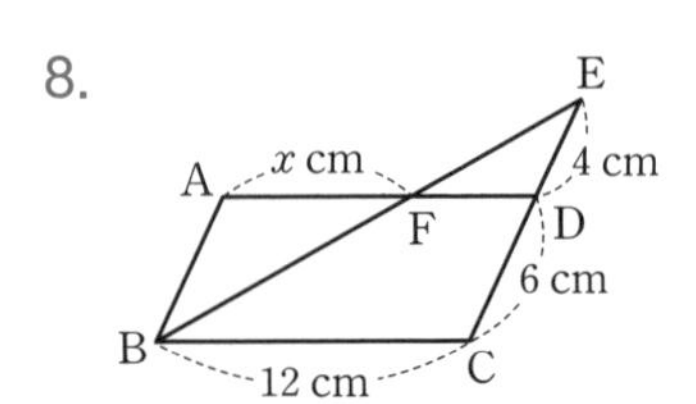

거저먹는 시험 문제

[1～2] 삼각형의 닮음 조건

앗! 실수 적중률 90%

1. 다음 중 보기의 삼각형과 닮은 도형인 것은?

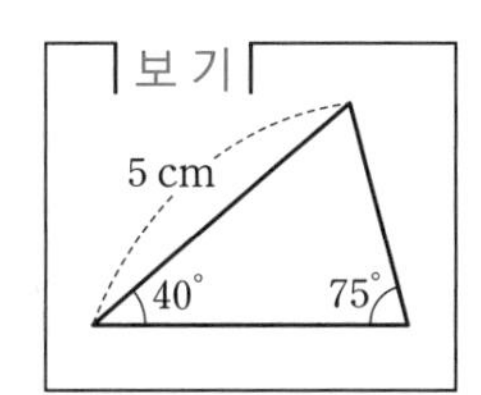

①

3 cm
4 cm
5 cm

②

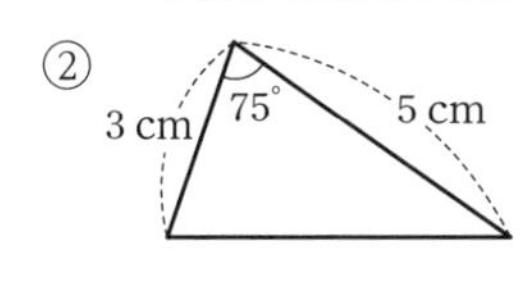

③

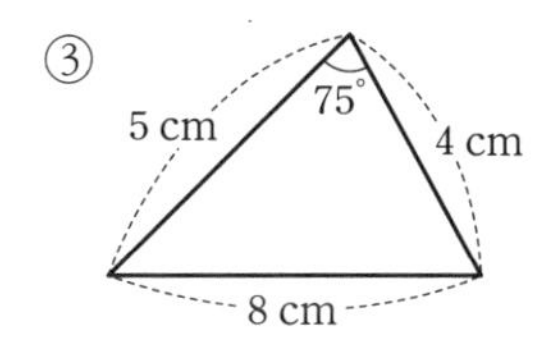

④

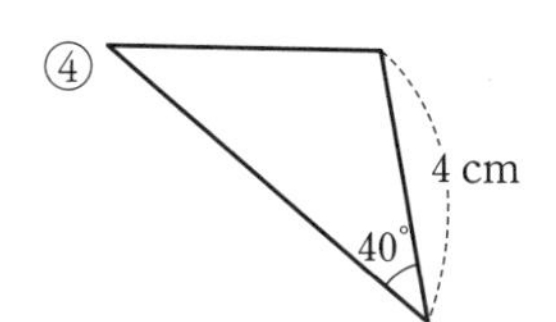

⑤

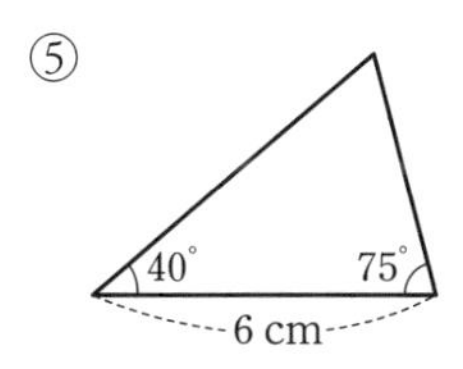

2. 아래 그림의 $\triangle ABC$와 $\triangle DEF$가 닮은 도형이 되려면 다음 중 어느 조건을 만족해야 하는가?

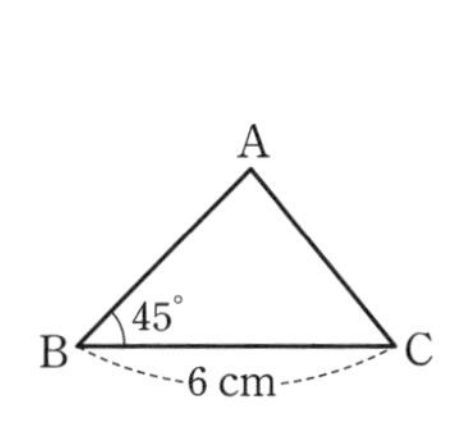

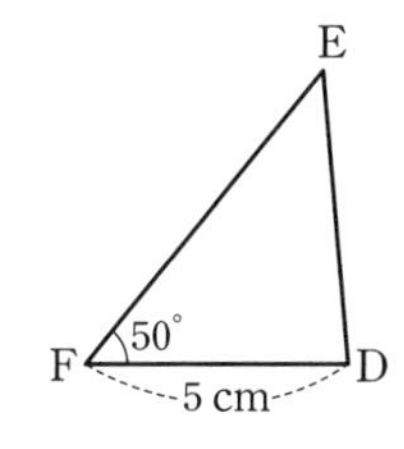

① $\overline{AB}=4$ cm, $\overline{DE}=8$ cm

② $\angle A=85°$, $\angle E=45°$

③ $\overline{AC}=4$ cm, $\overline{EF}=10$ cm

④ $\angle C=50°$, $\angle D=70°$

⑤ $\overline{AB}=5$ cm, $\overline{EF}=12$ cm

[3～5] 삼각형의 닮음 조건의 응용

적중률 80%

3. 오른쪽 그림과 같은 $\triangle ABC$에서 x의 값은?

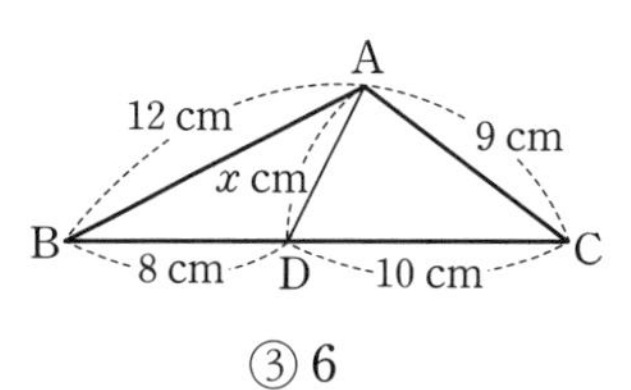

① 4 ② 5 ③ 6 ④ 7 ⑤ 8

적중률 80%

4. 오른쪽 그림과 같은 $\triangle ABC$에서 $\angle ABC=\angle DAC$일 때, x의 값을 구하여라.

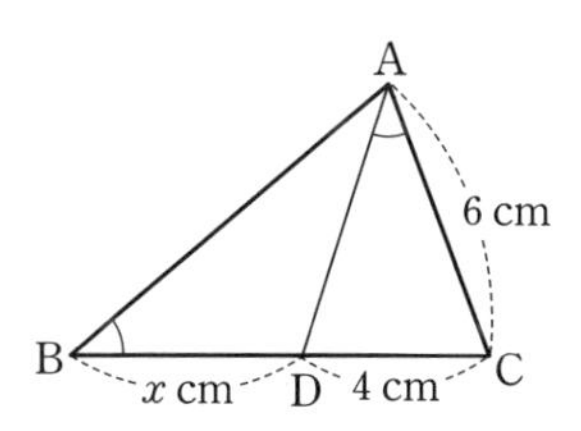

5. 오른쪽 그림에서 $\overline{AB} /\!/ \overline{DE}$, $\overline{AD} /\!/ \overline{BC}$이다. $\overline{AD}=4$ cm, $\overline{AE}=8$ cm, $\overline{BC}=5$ cm일 때, x의 값을 구하여라.

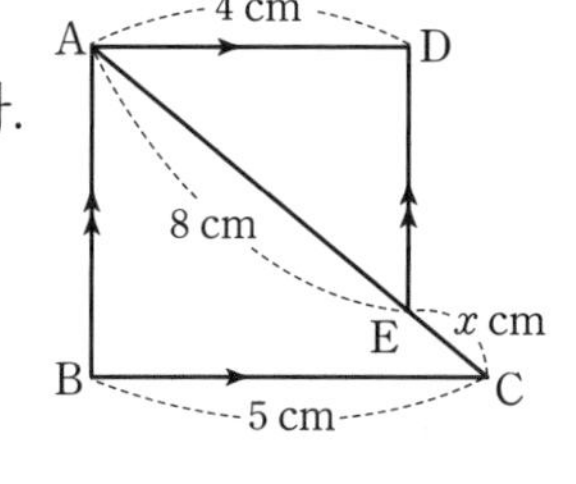

12 직각삼각형에서 닮은 삼각형

● 직각삼각형의 닮음

두 직각삼각형에서 한 예각의 크기가 같으면 서로 닮음이다.

⇨ $\angle B = \angle E$, $\angle C = \angle F = 90^\circ$

$\therefore \triangle ABC \backsim \triangle DEF$ (AA 닮음)

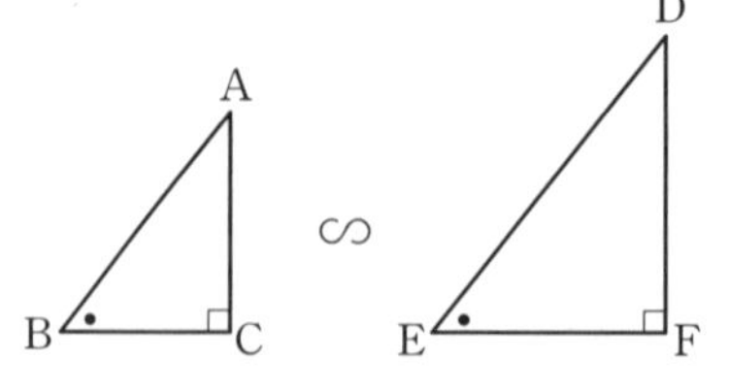

아래 그림에서 각 변의 길이를 닮음을 이용하면 풀 수 있지만 모든 문제를 닮음으로 풀기는 시간이 많이 걸리니 공식을 반드시 외워야 해.

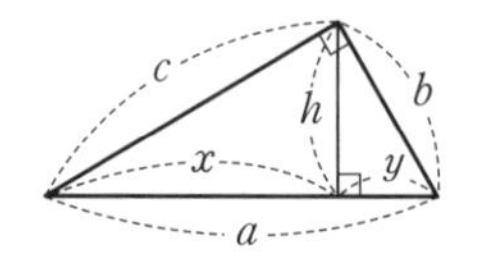

$c^2 = ax$, $b^2 = ay$
$h^2 = xy$, $ah = bc$

● 직각삼각형의 닮음의 활용

$\angle A = 90^\circ$인 직각삼각형 ABC에서 $\overline{AD} \perp \overline{BC}$일 때,
$\triangle ABC \backsim \triangle DBA \backsim \triangle DAC$ (AA 닮음)
이고, 이때 다음이 성립한다.

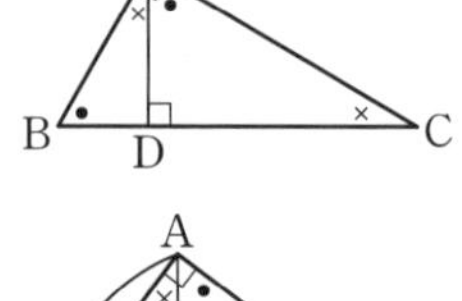

① $\triangle ABC \backsim \triangle DBA$ (AA 닮음)

$\overline{AB} : \overline{DB} = \overline{BC} : \overline{BA}$

$\therefore \overline{AB}^2 = \overline{BD} \times \overline{BC}$

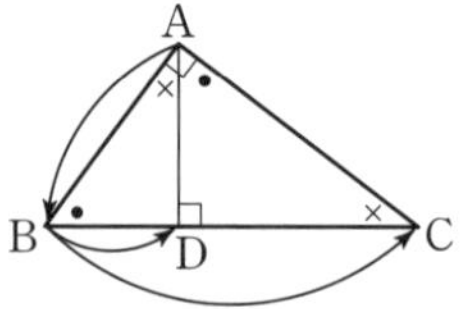

② $\triangle ABC \backsim \triangle DAC$ (AA 닮음)

$\overline{AC} : \overline{DC} = \overline{BC} : \overline{AC}$

$\therefore \overline{AC}^2 = \overline{CD} \times \overline{CB}$

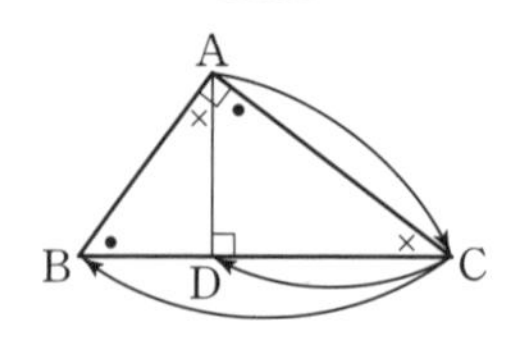

③ $\triangle DBA \backsim \triangle DAC$ (AA 닮음)

$\overline{DA} : \overline{DC} = \overline{DB} : \overline{DA}$

$\therefore \overline{AD}^2 = \overline{DB} \times \overline{DC}$

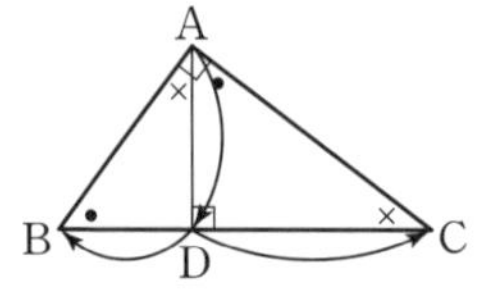

● 직각삼각형의 넓이를 이용한 식

직각삼각형 ABC의 넓이를 구하면

$\frac{1}{2} \times \overline{AB} \times \overline{AC} = \frac{1}{2} \times \overline{BC} \times \overline{AD}$이므로

$\overline{AB} \times \overline{AC} = \overline{BC} \times \overline{AD}$

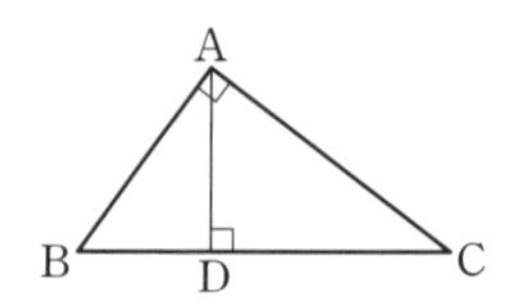

오른쪽 그림에서 위의 공식을 이용하여 길이를 구할 때,
$x^2 = 5 \times 8 = 40$인데 $x^2 = 5 \times 3 = 15$로 계산하고
$y^2 = 3 \times 8 = 24$인데 $y^2 = 3 \times 5 = 15$로 계산해서
틀리는 경우가 아주 많으니 주의해야 해.

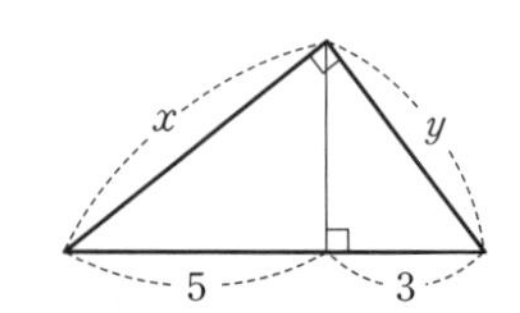

A 직각삼각형에서 닮은 삼각형 찾기

오른쪽 그림의 두 직각삼각형에서 한 예각이 공통이면 닮은 도형임을 이용하여 닮은 삼각형을 찾아보자.
△ABF∽△ACD∽△EBD∽△ECF

아하! 그렇구나~

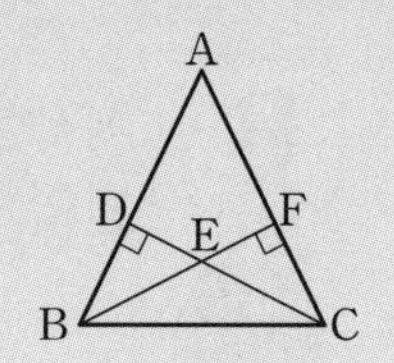

■ 다음 그림에서 $\overline{AB}\perp\overline{DE}$, $\overline{AC}\perp\overline{BE}$일 때, 닮음인 삼각형이 맞으면 ○를, 맞지 않으면 ×를 하여라.

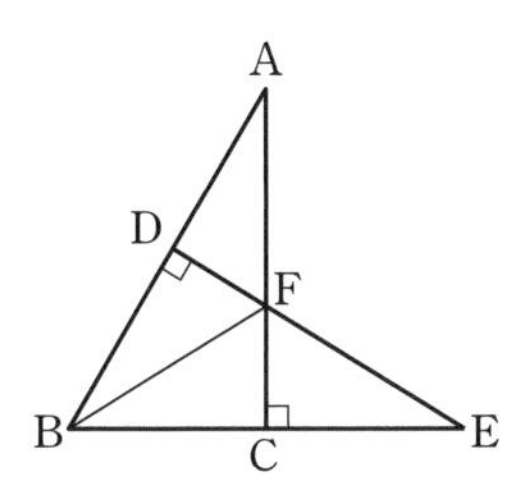

1. △ABC∽△AFD ________

Help 두 삼각형이 모두 직각삼각형이므로 공통인 한 예각을 찾아본다.

2. △EFC∽△EBD ________

3. △DBF∽△CBF ________

4. △ABC∽△EBD ________

5. △ADF∽△ECF ________

■ 다음 그림에서 $\overline{AB}\perp\overline{CD}$, $\overline{AC}\perp\overline{BF}$일 때, 닮음인 삼각형이 맞으면 ○를, 맞지 않으면 ×를 하여라.

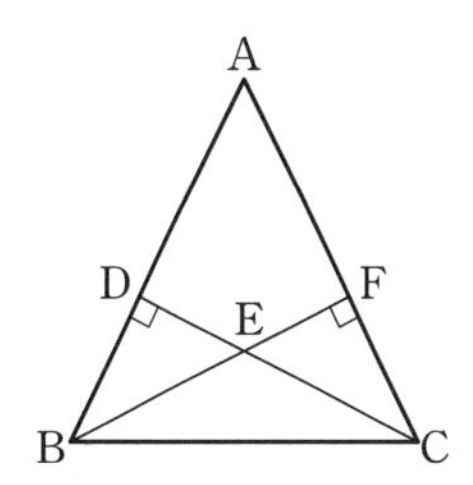

6. △ABF∽△CBF ________

7. △ABF∽△ACD ________

8. △BCD∽△BCE ________

9. △BED∽△CEF ________

앗! 실수

10. △BED∽△CAD ________

B 직각삼각형의 닮음을 이용하여 변의 길이 구하기

오른쪽 그림에서
• + × = 90°이므로
△ADB∽△BEC
아하! 그렇구나~

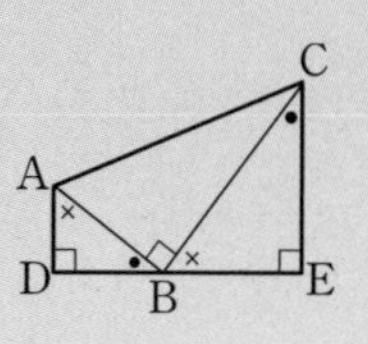

■ 다음 그림에서 x의 값을 구하여라.

1.

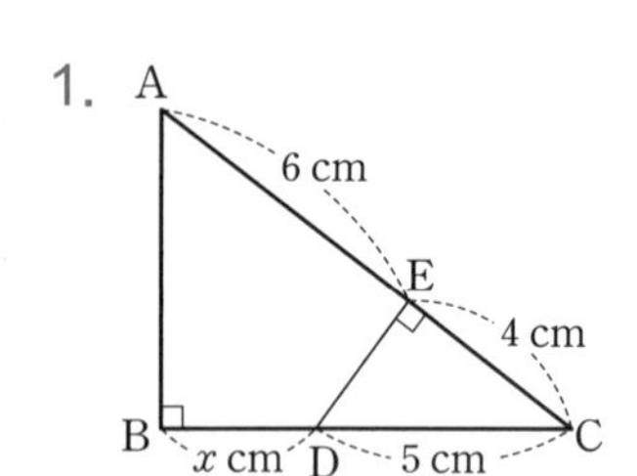

Help △ABC∽△DEC에서 10 : 5=(5+x) : 4

2.

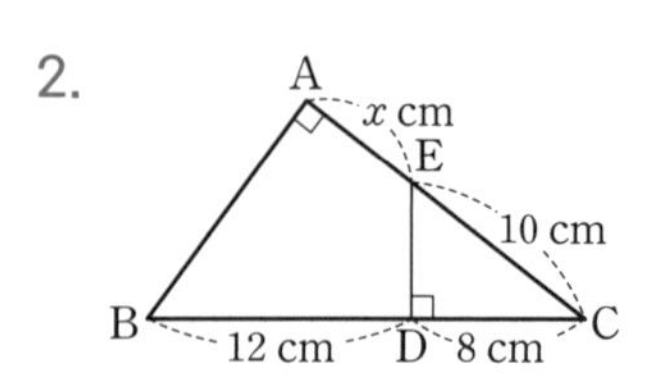

3.

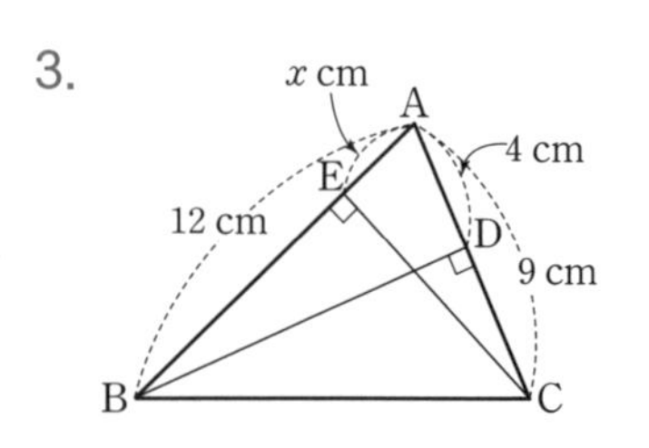

Help △AEC∽△ADB에서 x : 4=9 : 12

4.

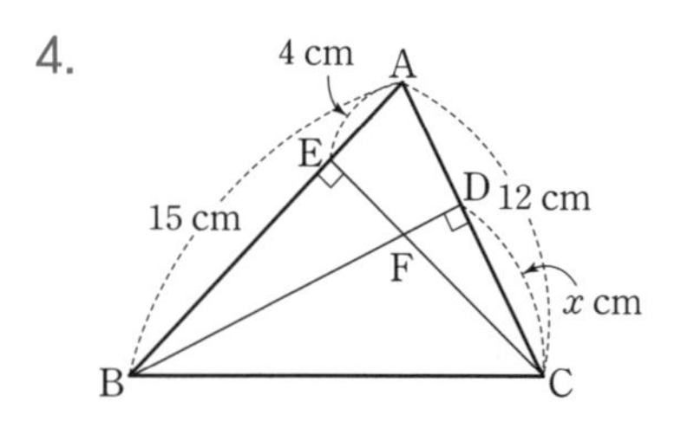

앗! 실수

5.

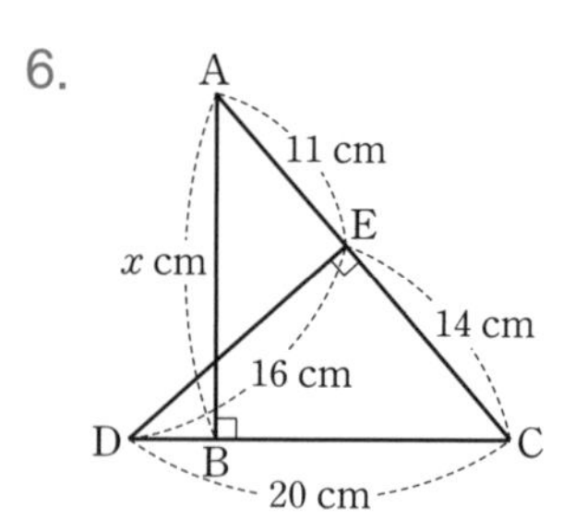

Help △ADF∽△EDB에서 x : 9=4 : 6

6.

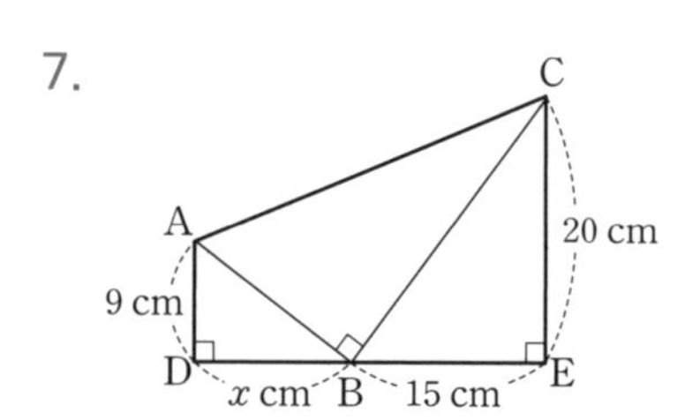

7.

C
A
20 cm
9 cm
D
x cm
B
15 cm
E

Help △ADB∽△BEC에서 9 : 15=x : 20

8.

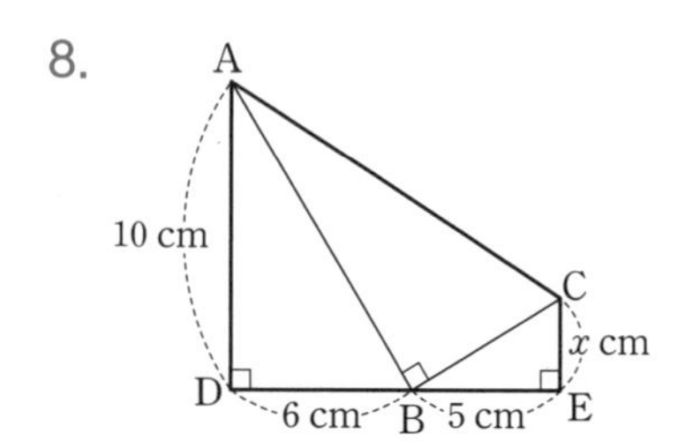

C 직각삼각형의 닮음의 응용 1

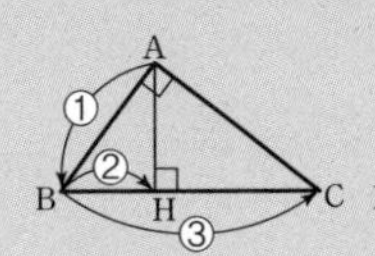

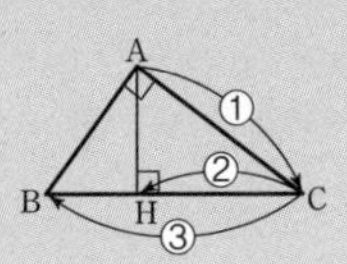

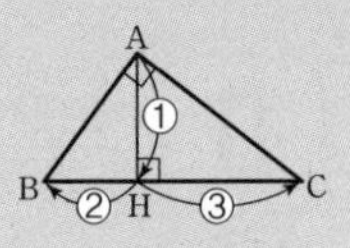

⇨ ①^2=②×③ 이 정도는 암기해야 해~ 암암!

■ 다음 그림과 같은 직각삼각형에서 닮음인 삼각형을 □ 안에 써넣어라.

1.

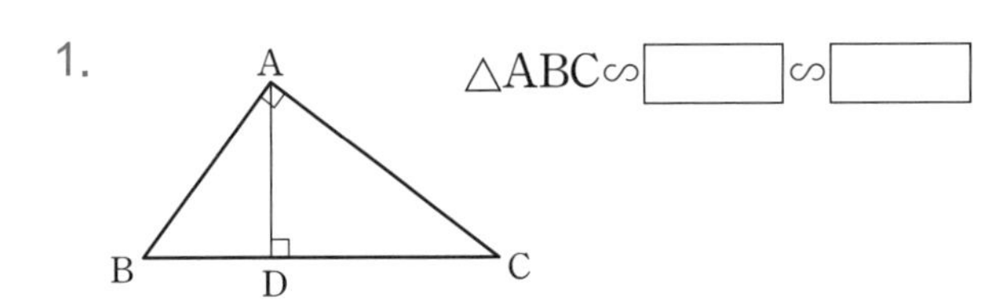

$\triangle ABC \backsim$ □ $\backsim$ □

■ 다음 그림과 같은 직각삼각형에서 □ 안에 알맞은 것을 써넣어라.

2.

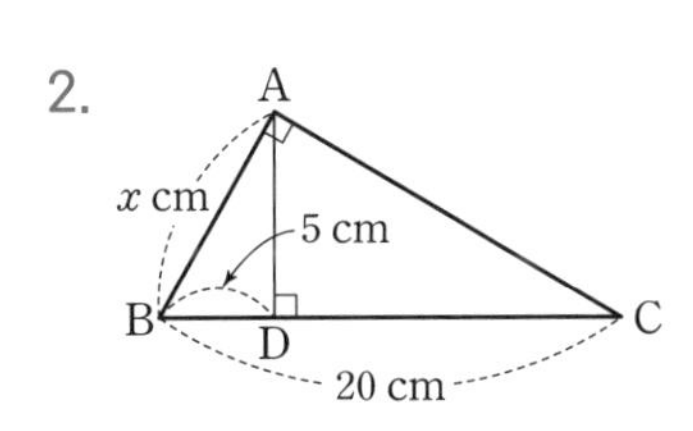

$\overline{AB}^2=$ □ $\times \overline{BC}$

$\therefore x=$ □

3.

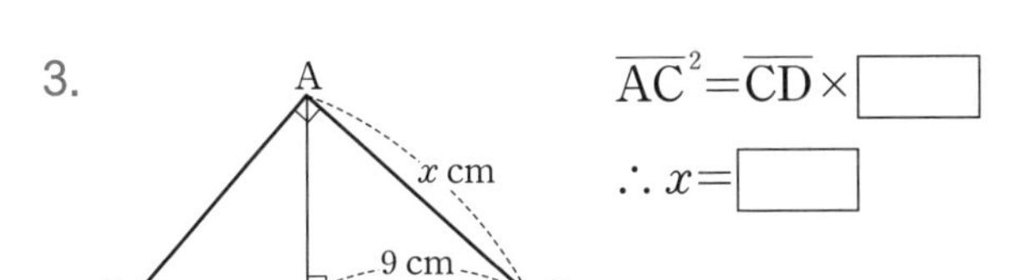

$\overline{AC}^2=\overline{CD}\times$ □

$\therefore x=$ □

4.

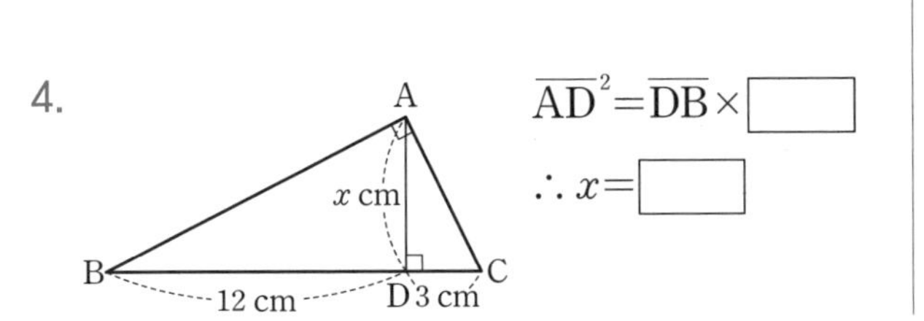

$\overline{AD}^2=\overline{DB}\times$ □

$\therefore x=$ □

■ 다음 그림과 같은 직각삼각형에서 x의 값을 구하여라.

5.

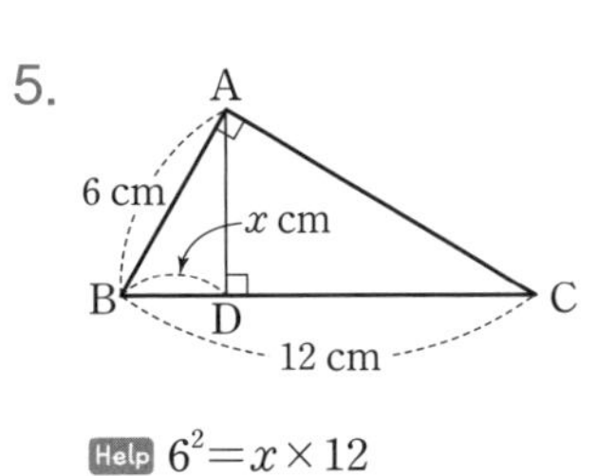

Help $6^2=x\times 12$

6.

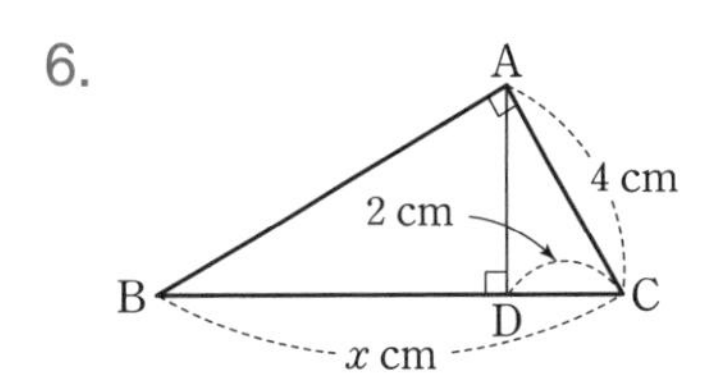

7.

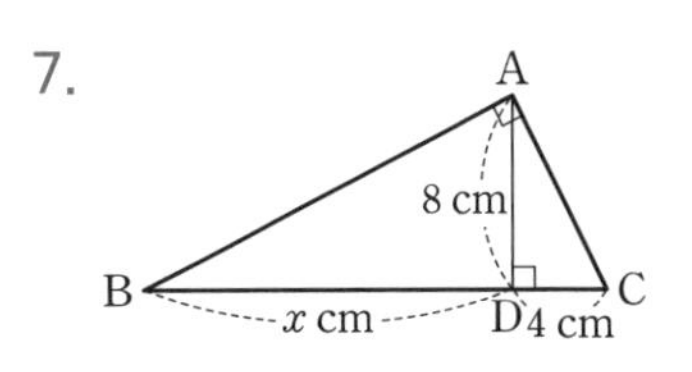

직각삼각형의 닮음의 응용 2

직각삼각형 ABC에서 넓이를 이용하면 다음 공식이 성립해.

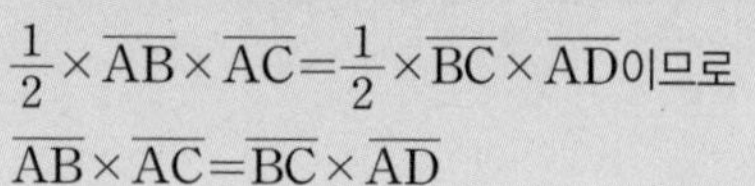

$\frac{1}{2}\times\overline{AB}\times\overline{AC}=\frac{1}{2}\times\overline{BC}\times\overline{AD}$이므로

$\overline{AB}\times\overline{AC}=\overline{BC}\times\overline{AD}$

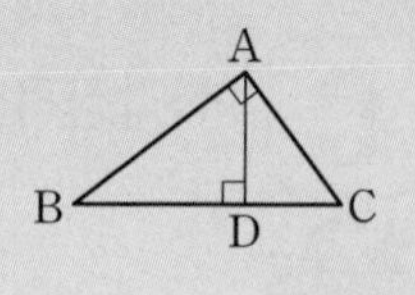

■ 다음 그림과 같은 직각삼각형에서 x의 값을 구하여라.

1.

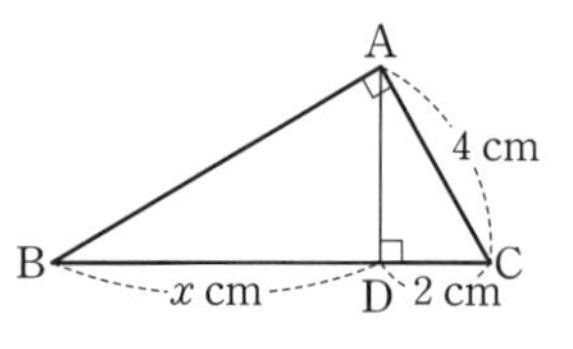

Help $4^2=2\times(2+x)$

2.

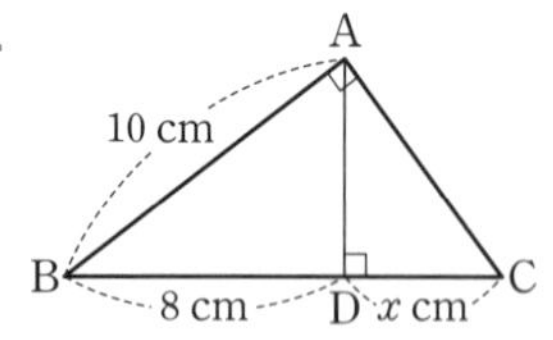

3.

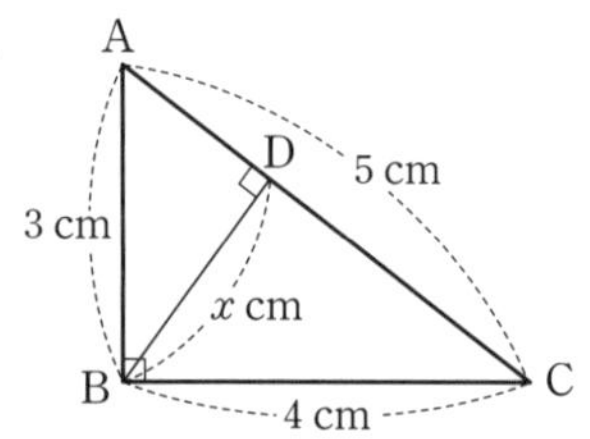

Help $3\times4=5\times x$

4.

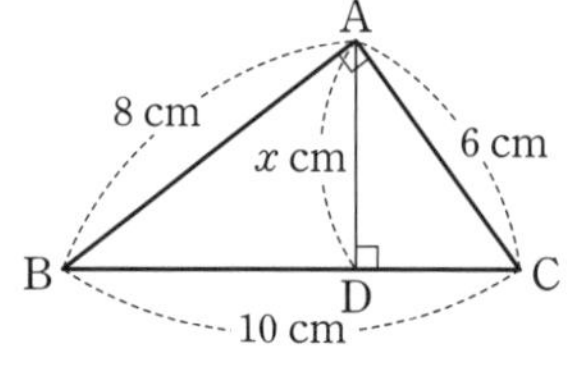

■ 다음 그림과 같은 직각삼각형에서 x, y의 값을 각각 구하여라.

5.

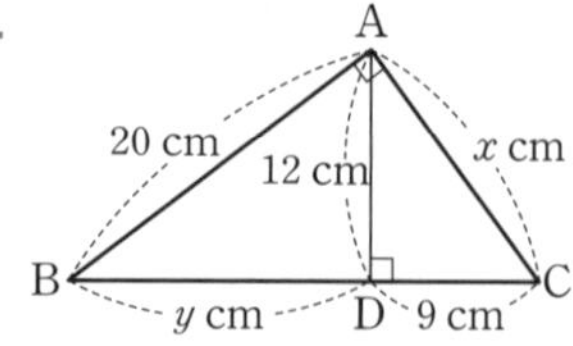

Help $12^2=y\times9$, $20\times x=12\times(9+y)$

6.

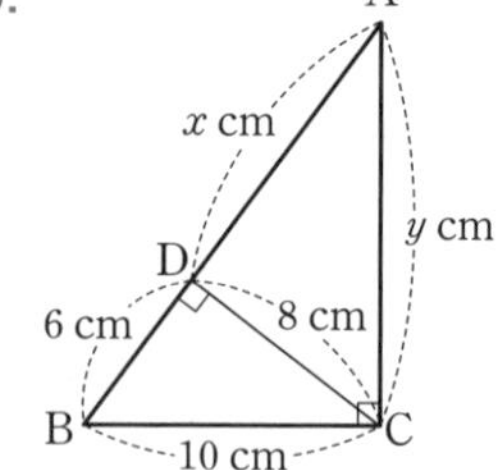

■ 다음 그림에서 주어진 삼각형의 넓이를 □ 안에 써넣어라.

7.

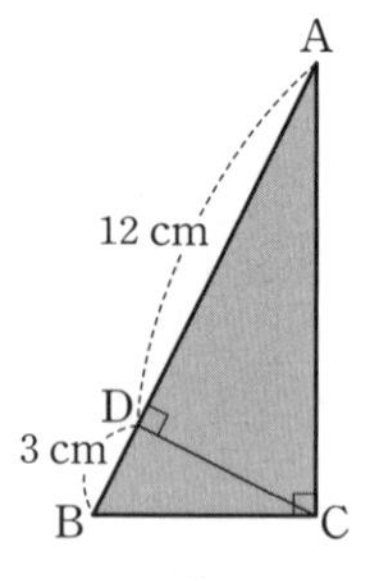

$\triangle ABC=$ □

Help $\overline{CD}^2=\overline{DA}\times\overline{DB}$

8.

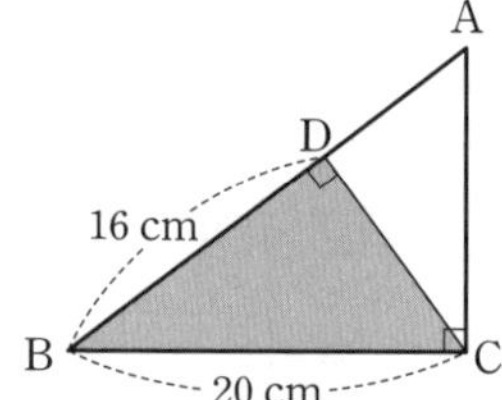

$\triangle BCD=$ □

Help $20^2=16\times\overline{BA}$, $\overline{CD}^2=\overline{DA}\times\overline{DB}$

E 접은 도형에서의 닮은 삼각형

직사각형 ABCD에서
$\triangle AEB' \backsim \triangle DB'C$

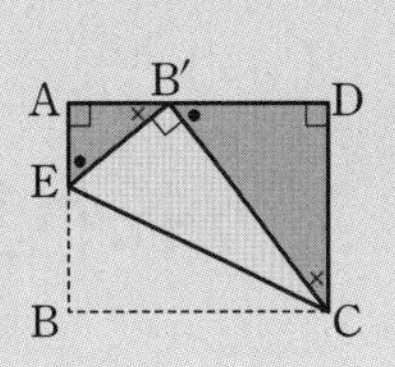

■ 다음 그림과 같은 정삼각형 ABC에서 $\overline{DF}$를 접는 선으로 하여 접었을 때, x의 값을 구하여라.

앗! 실수

1.

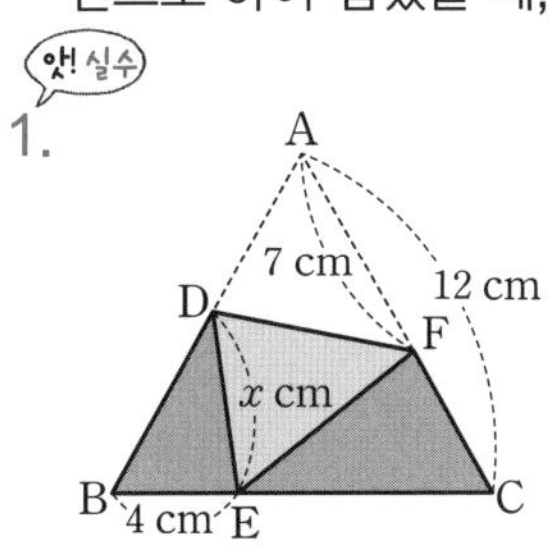

Help $\triangle DBE \backsim \triangle ECF$이고
$\overline{EF}=7$ cm, $\overline{CF}=5$ cm

2.

A
x cm
D
F
16 cm
14 cm
B
10 cm
E
C

Help $\triangle DBE \backsim \triangle ECF$이고 $\triangle ABC$의 한 변의 길이는 30 cm이므로 $\overline{EC}=20$ cm

■ 직사각형 ABCD를 다음 그림과 같이 접었을 때, x의 값을 구하여라.

앗! 실수

3.

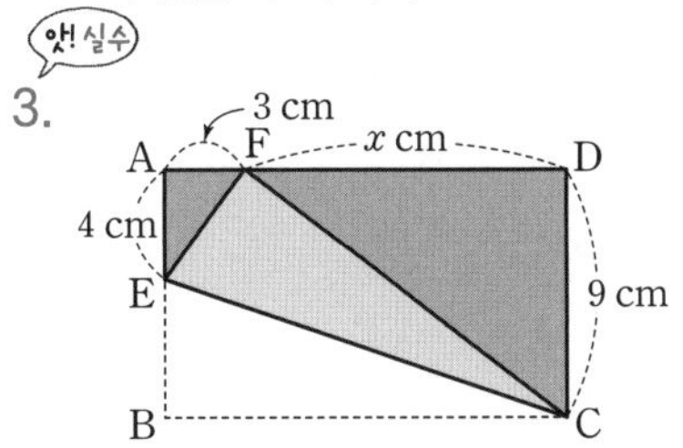

Help $\triangle AEF \backsim \triangle DFC$

4.

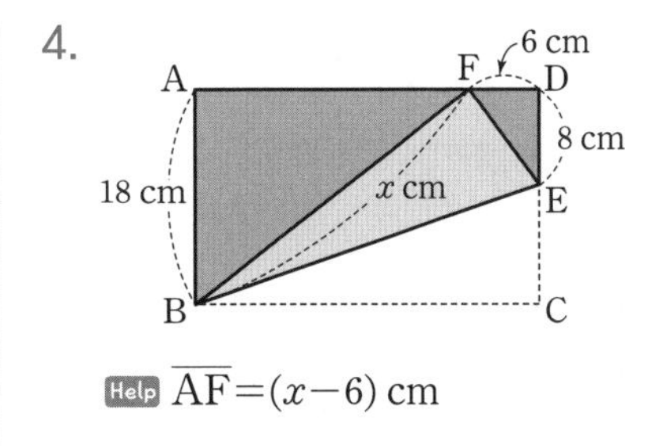

Help $\overline{AF}=(x-6)$ cm

앗! 실수

5.

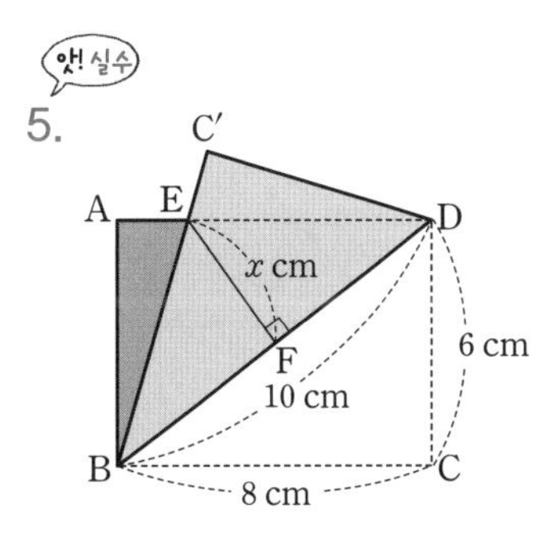

Help $\triangle C'BD \backsim \triangle FBE$이고
$\triangle ABE \equiv \triangle C'DE$(ASA합동)
$\overline{FB}=5$ cm, $\overline{C'B}=8$ cm, $\overline{C'D}=6$ cm

6.

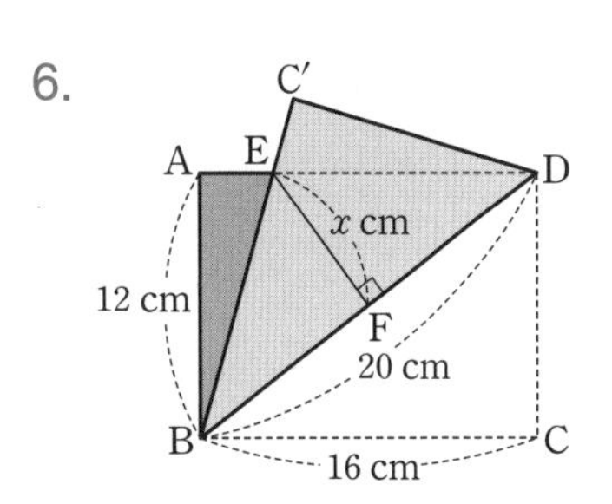

[1～2] 직각삼각형의 닮음을 이용하여 변의 길이 구하기

1. 오른쪽 그림과 같이 직각삼각형 ABC에서 점 D는 $\overline{AB}$의 중점이고 $\overline{DE}\perp\overline{AB}$이다. $\overline{AB}=10$ cm, $\overline{BC}=6$ cm, $\overline{AC}=8$ cm일 때, $\overline{DE}$의 길이를 구하여라.

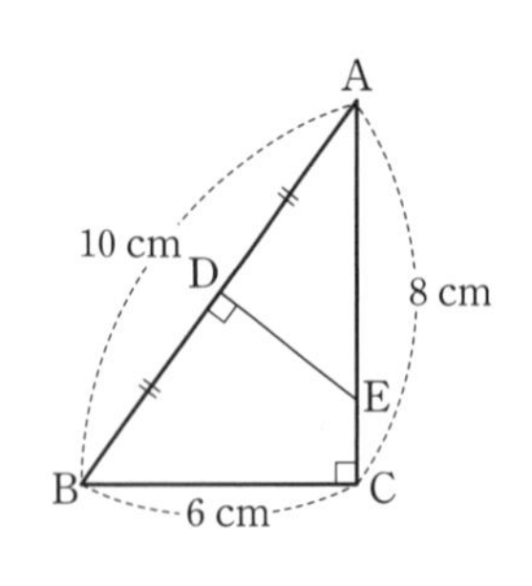

적중률 80%

2. 오른쪽 그림과 같이 △ABC의 두 꼭짓점 B, C에서 $\overline{AC}$, $\overline{AB}$에 내린 수선의 발을 각각 D, E라 하자. $\overline{AD}=4$ cm, $\overline{AE}=3$ cm, $\overline{EB}=5$ cm일 때, $\overline{DC}$의 길이를 구하여라.

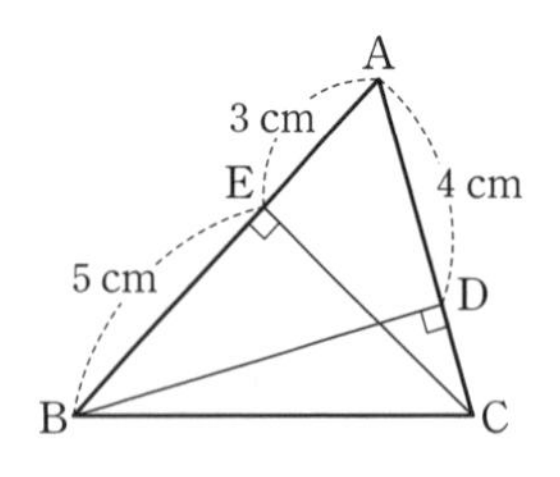

[3～5] 직각삼각형의 닮음의 응용

적중률 80%

3. 오른쪽 그림과 같이 직각삼각형 ABC에서 $\overline{AD}\perp\overline{BC}$일 때, 다음 중 옳지 않은 것은?

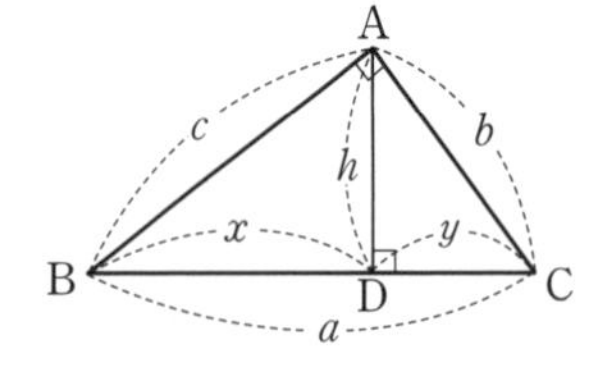

① △ABC∽△DBA　② $c^2=xy$

③ $h^2=xy$　④ $b^2=ay$

⑤ △ABD∽△CAD

적중률 80%

4. 오른쪽 그림과 같이 직각삼각형 ABC에서 $\overline{AD}\perp\overline{BC}$일 때, $x+y$의 값은?

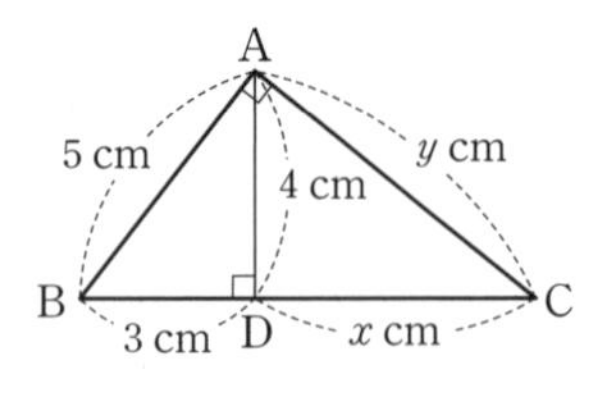

① 9　② 10　③ 11

④ 12　⑤ 13

5. 오른쪽 그림과 같은 직각삼각형 ABC에서 $\overline{AD}\perp\overline{BC}$이고 $\overline{AD}=6$ cm, $\overline{DC}=4$ cm일 때, △ABD의 넓이를 구하여라.

[6] 접은 도형에서의 닮음의 응용

6. 오른쪽 그림과 같이 직사각형 ABCD의 꼭짓점 B가 $\overline{AD}$ 위의 점 F에 오도록 접을 때, $\overline{FC}$의 길이를 구하여라.

13 삼각형에서 평행선과 선분의 길이의 비

● **삼각형에서 평행선과 선분의 길이의 비 1**

$\triangle$ABC에서 $\overline{AB}$, $\overline{AC}$ 또는 그 연장선 위에 각각 점 D, E가 있을 때

① $\overline{BC}/\!/\overline{DE}$이면

⇨ $a:a'=b:b'=c:c'$

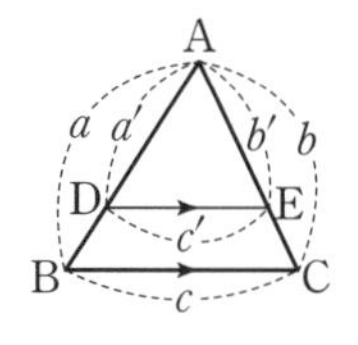 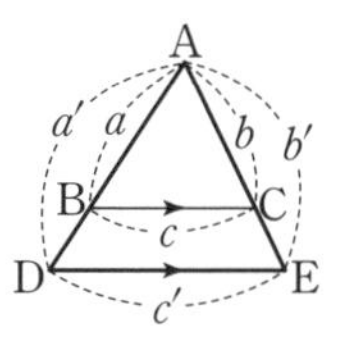 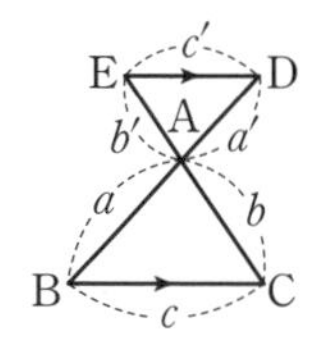

② $\overline{BC}/\!/\overline{DE}$이면

⇨ $a:a'=b:b'$

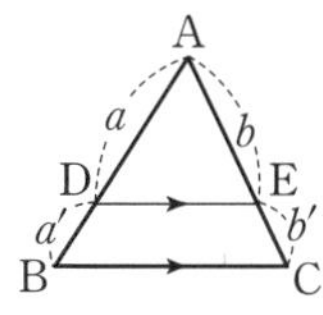 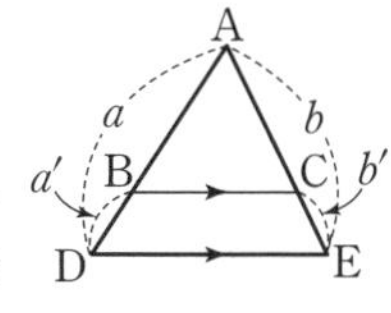  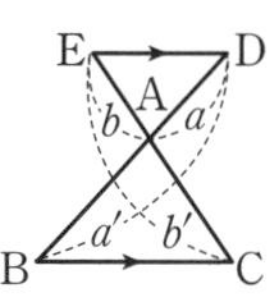

③ $\overline{BC}/\!/\overline{DE}$이면

⇨ $a:a'=b:b'$

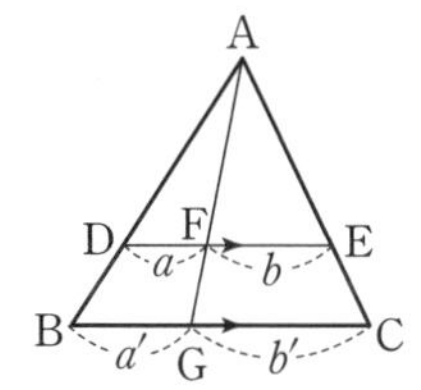

위의 그림에서 x의 값을 구할 때,
$18:12=12:x$이므로
$18x=144$로 구하면 계산이 복잡해져.
먼저 비를 간단히 하여
$18:12=3:2$로 만든 다음
$3:2=12:x$, $3x=24$
로 구하면 x의 값을 훨씬 간단히 구할 수 있어.

● **삼각형에서 평행선과 선분의 길이의 비 2**

$\triangle$ABC에서 $\overline{AB}$, $\overline{AC}$ 또는 그 연장선 위에 각각 점 D, E가 있을 때

① $a:a'=b:b'=c:c'$이면

⇨ $\overline{BC}/\!/\overline{DE}$

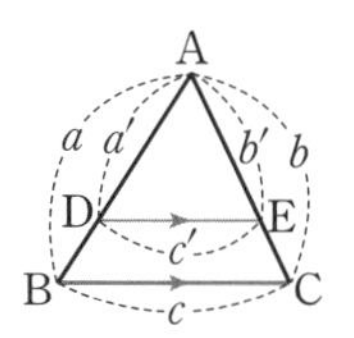 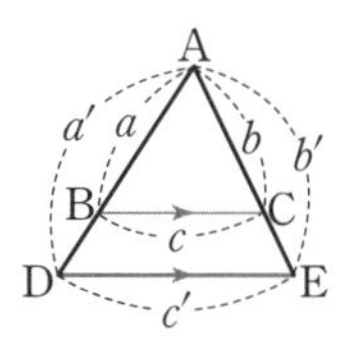 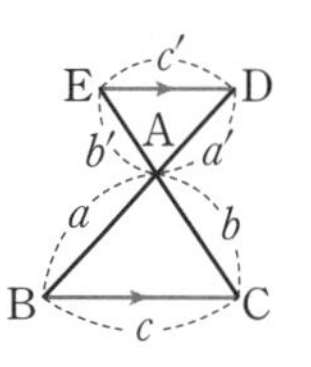

② $a:a'=b:b'$이면

⇨ $\overline{BC}/\!/\overline{DE}$

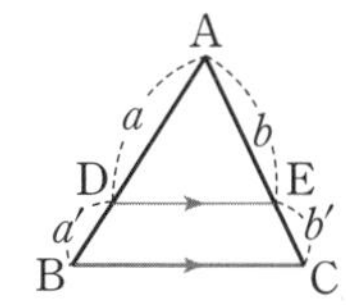 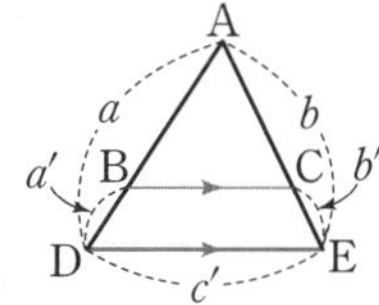 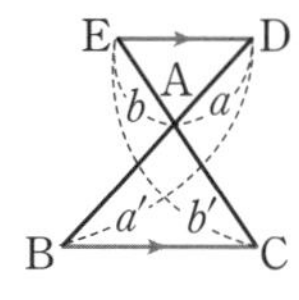

앗! 실수

삼각형에서 평행선과 선분의 길이를 구할 때 많이 하는 실수는 오른쪽 그림에서 $8:4=6:x$로 구하는 거야.
하지만 삼각형의 가로 선의 경우 $\triangle ABC \backsim \triangle ADE$를 이용하여 구해야 하기 때문에 반드시
$\overline{AD}:\overline{AB}=\overline{DE}:\overline{BC}$, 즉 $8:12=6:x$로 구해야만 해.

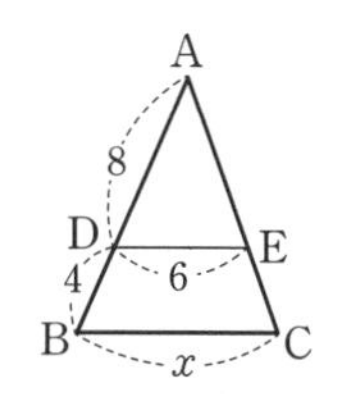

A 삼각형에서 평행선과 선분의 길이의 비 1 - 꼭지각을 공유

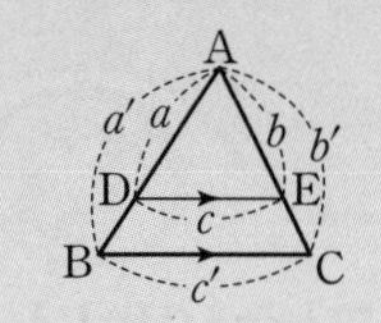

$a:a'=b:b'=c:c'$

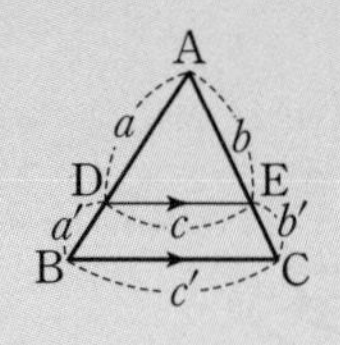

$a:a'=b:b'\neq c:c'$

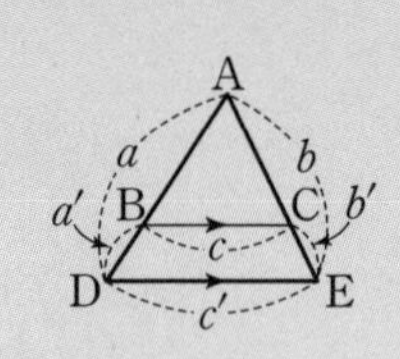

$a:a'=b:b'\neq c:c'$

■ 다음 그림에서 $\overline{BC}/\!/\overline{DE}$일 때, x의 값을 구하여라.

1.

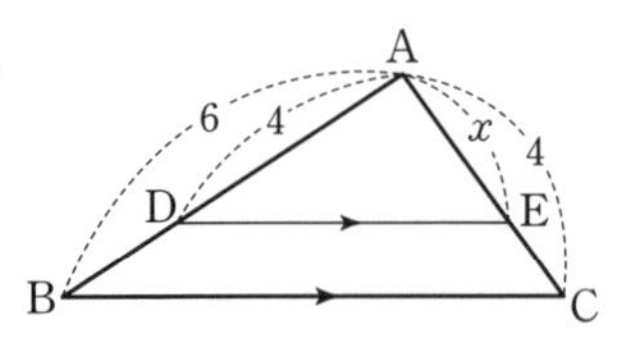

Help $4:6=x:4$

2.

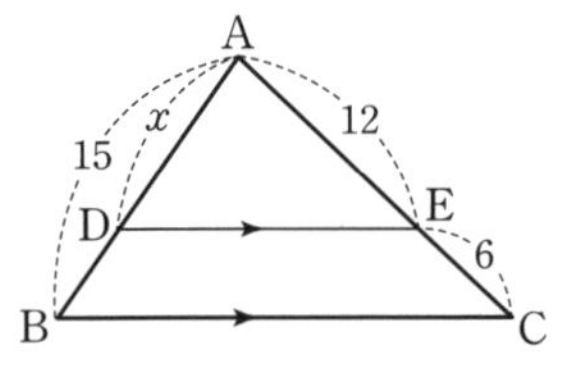

3.

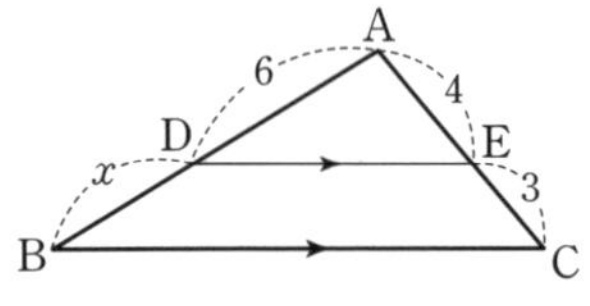

Help $6:x=4:3$

4.

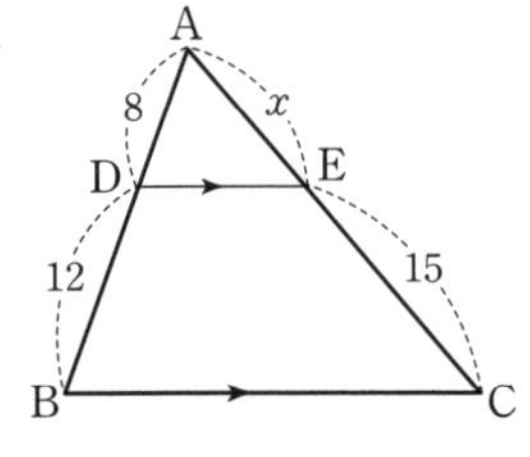

5.

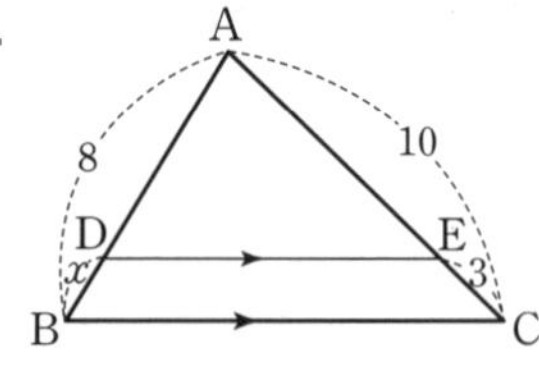

Help $8:x=10:3$

6.

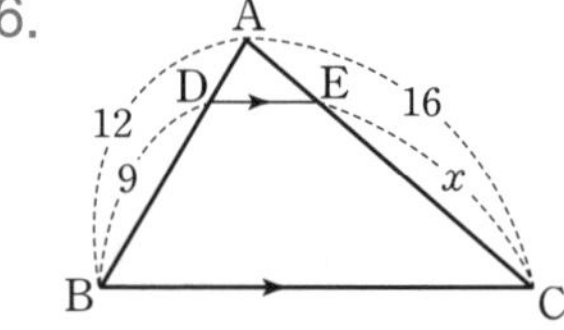

7.

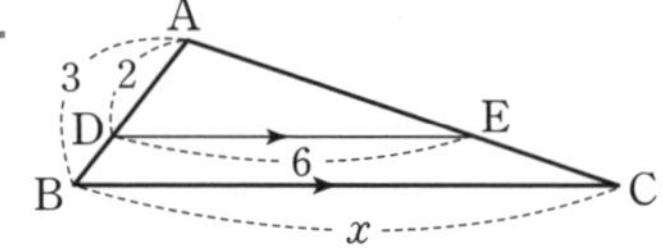

8.

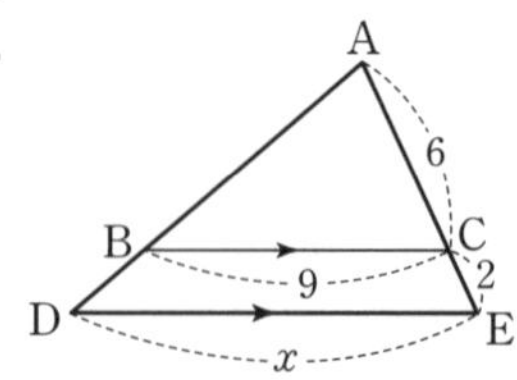

Help $6:2\neq 9:x \Rightarrow 6:8=9:x$

B 삼각형에서 평행선과 선분의 길이의 비 1 - 반대쪽에 위치

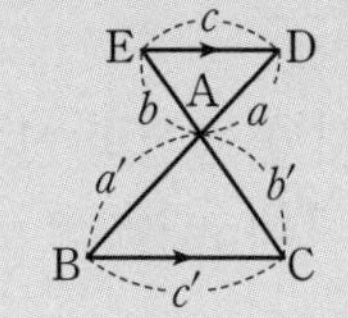

$a:a'=b:b'=c:c'$

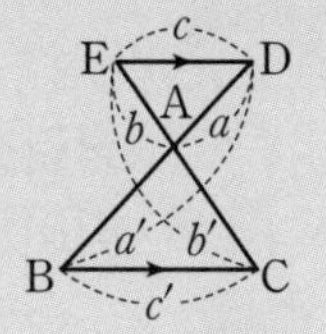

$a:a'=b:b'\neq c:c'$

■ 다음 그림에서 $\overline{BC}/\!/\overline{DE}$일 때, x의 값을 구하여라.

1.

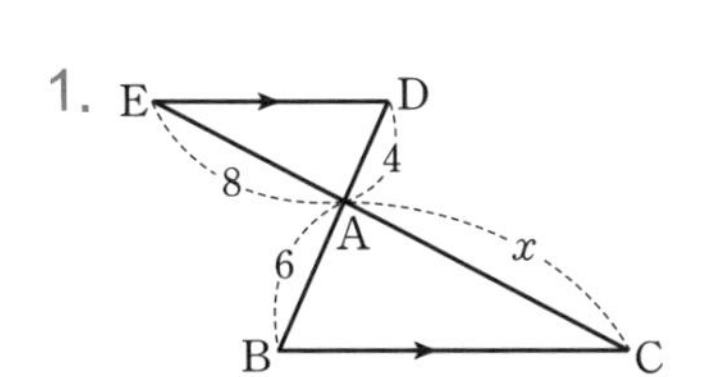

2.

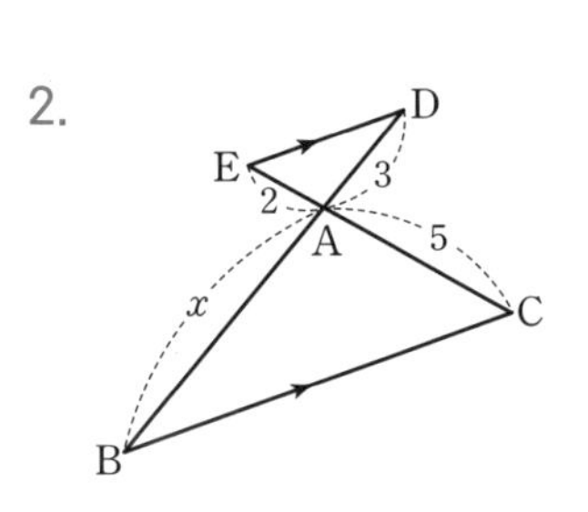

3.

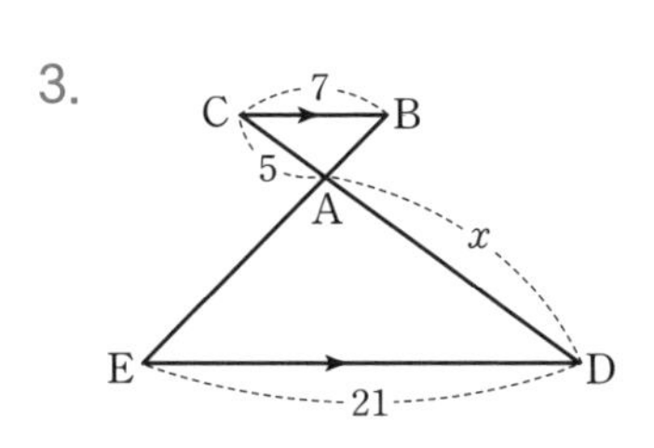

4.

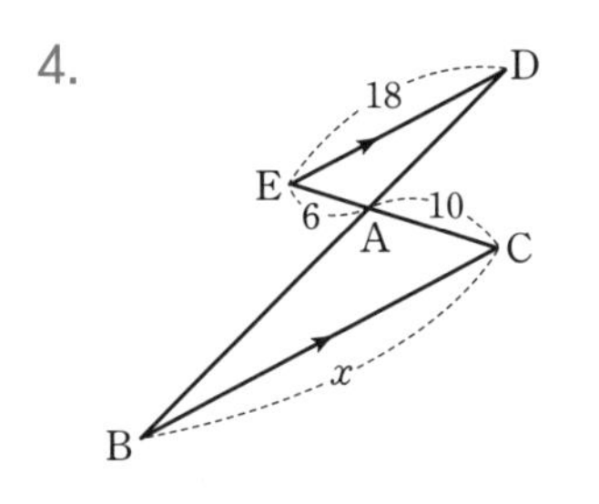

5.

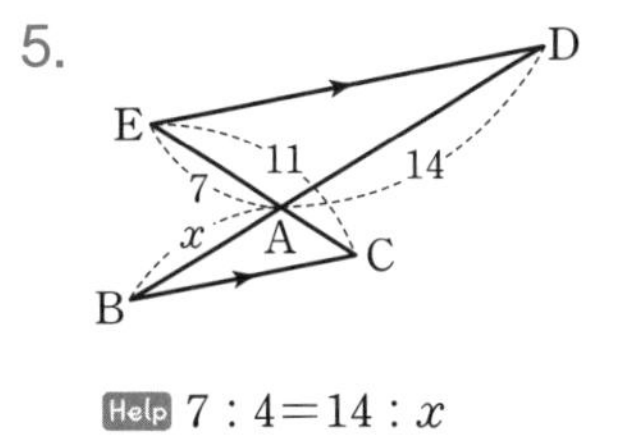

Help $7:4=14:x$

6.

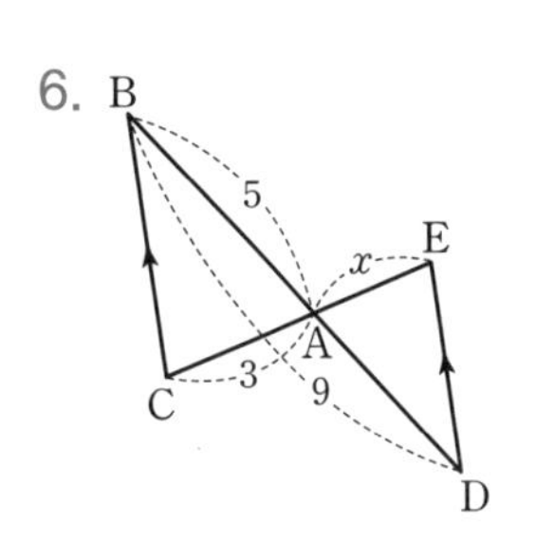

7.

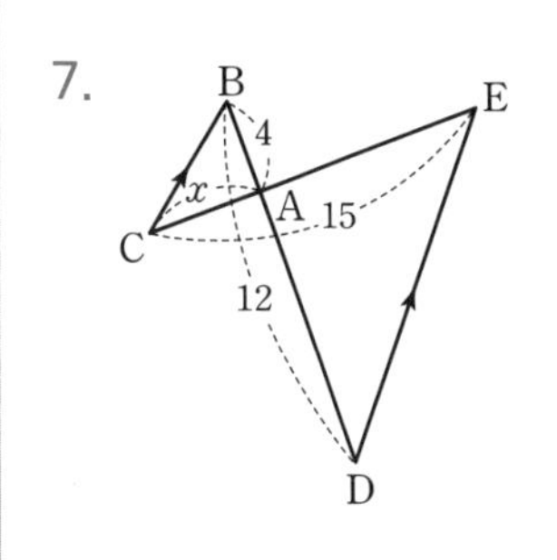

8.

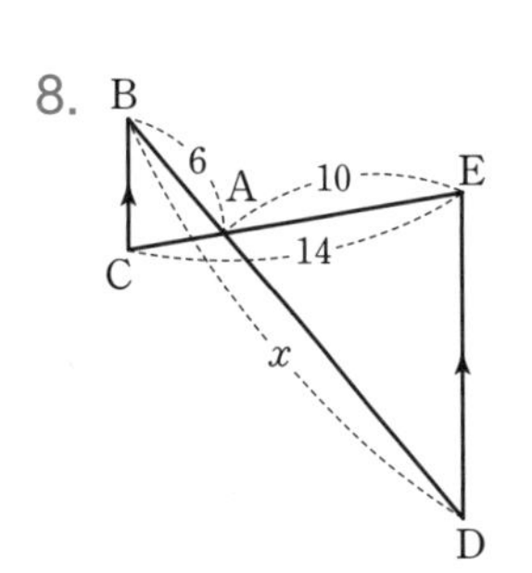

삼각형에서 평행선과 선분의 길이의 비 1의 응용

오른쪽 그림에서 x, y의 값을 각각 구해 보자.

$4:16=3:x \quad \therefore x=12$

$12:16=y:x=y:12 \quad \therefore y=9$

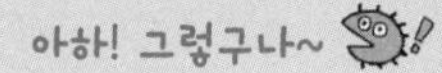

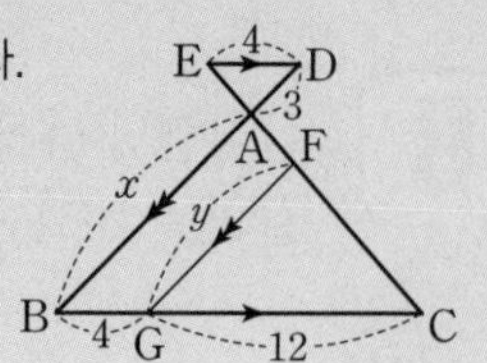

■ 다음 그림에서 $\overline{BC} /\!/ \overline{DE}$일 때, x의 값을 구하여라.

1.

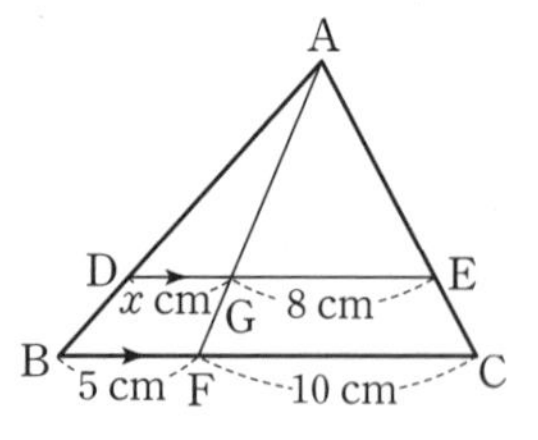

Help $x:5=8:10$

2.

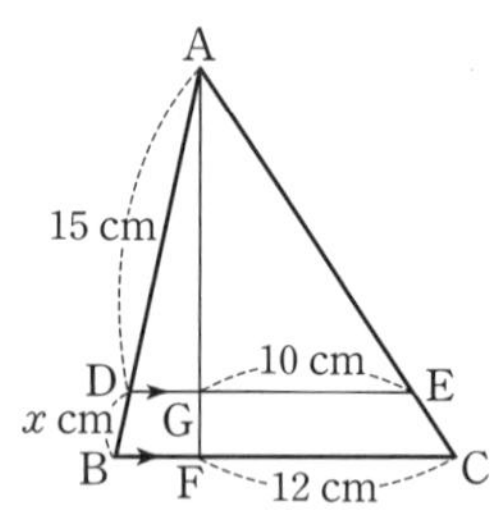

Help $15:(15+x)=10:12=5:6$

■ 다음 그림에서 $\overline{BC} /\!/ \overline{DE}$, $\overline{AC} /\!/ \overline{DF}$일 때, x의 값을 구하여라.

3.

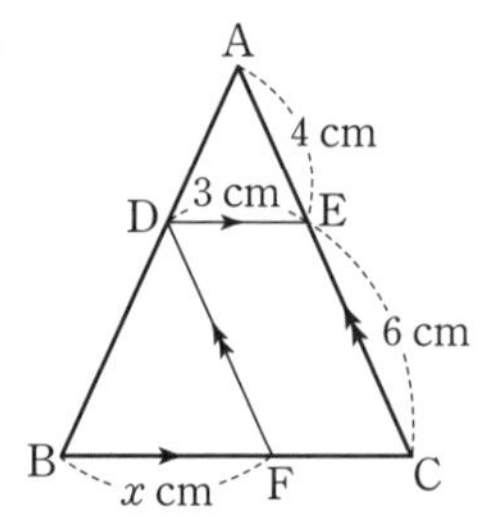

Help $4:10=3:(x+3)$

4.

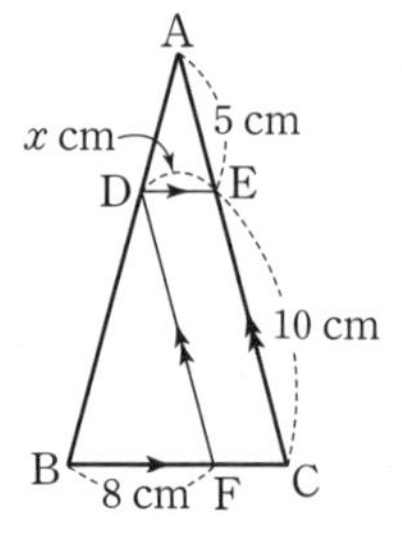

■ 다음 그림에서 $\overline{BC} /\!/ \overline{DE}$, $\overline{AB} /\!/ \overline{FG}$일 때, x, y의 값을 각각 구하여라.

5. 앗실수

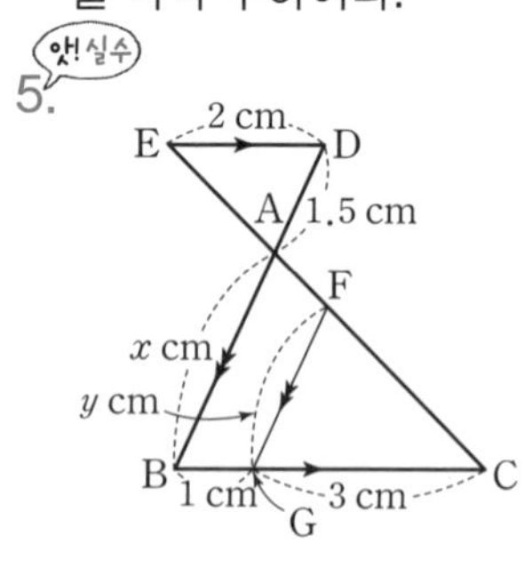

Help $2:4=1.5:x$, $3:4=y:x$

6.

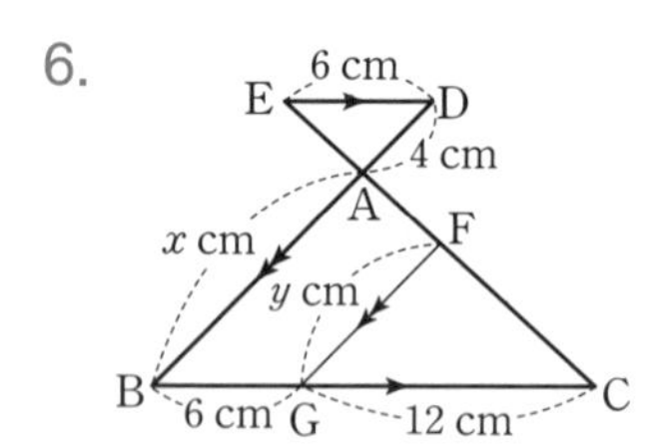

■ 다음 그림에서 $\overline{BC} /\!/ \overline{DE} /\!/ \overline{FG}$일 때, x, y의 값을 각각 구하여라.

7.

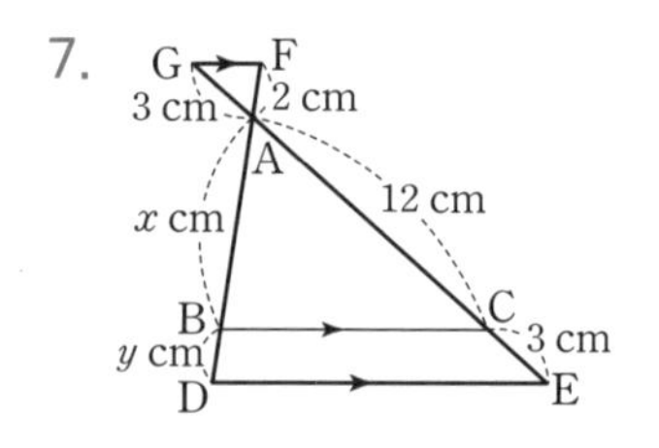

Help $3:12=2:x$, $x:y=12:3$

8.

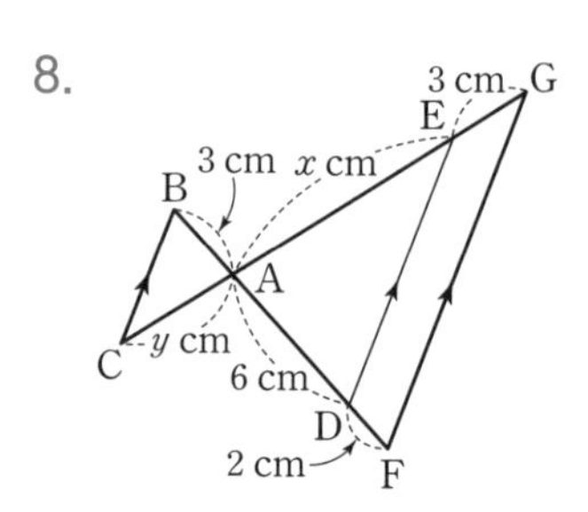

삼각형에서 평행선과 선분의 길이의 비 2

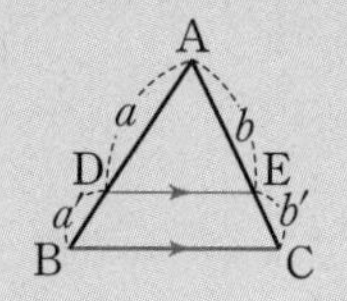
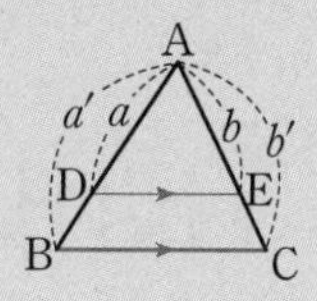
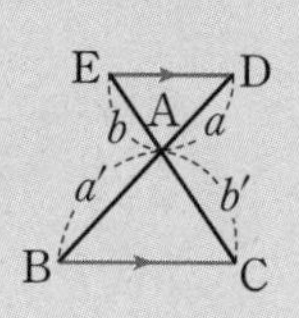

$a : a' = b : b' \Rightarrow \overline{BC} /\!/ \overline{DE}$

■ 다음 그림에서 $\overline{BC}$와 $\overline{DE}$가 평행하면 ○를, $\overline{BC}$와 $\overline{DE}$가 평행하지 않으면 ×를 하여라.

1.

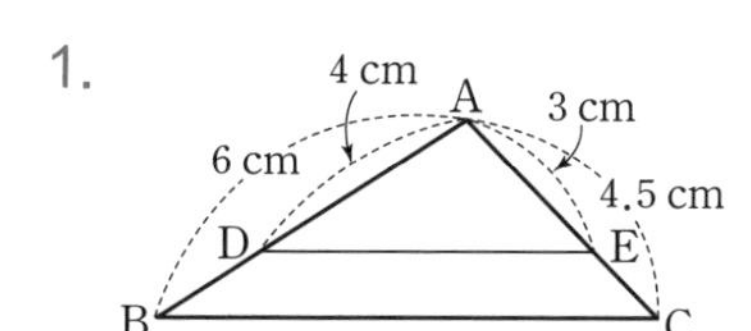

Help $4 : 6 = 3 : 4.5 = 2 : 3$

2.

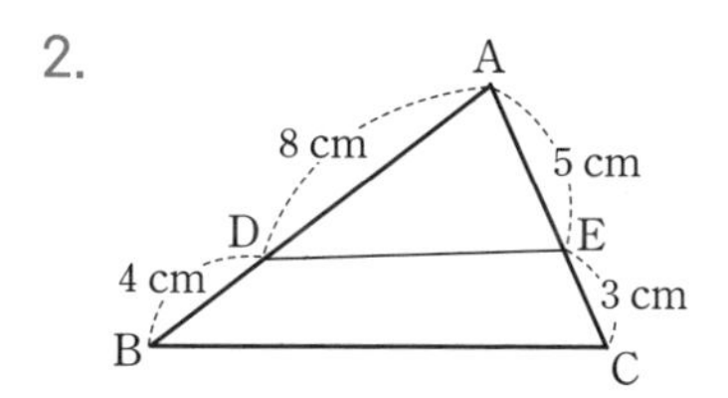

3.

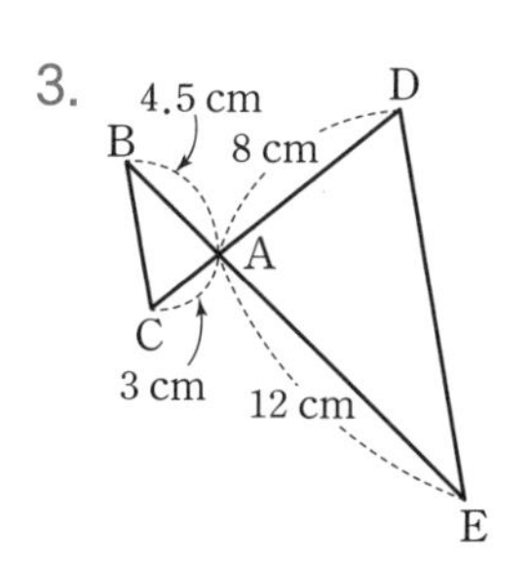

4.

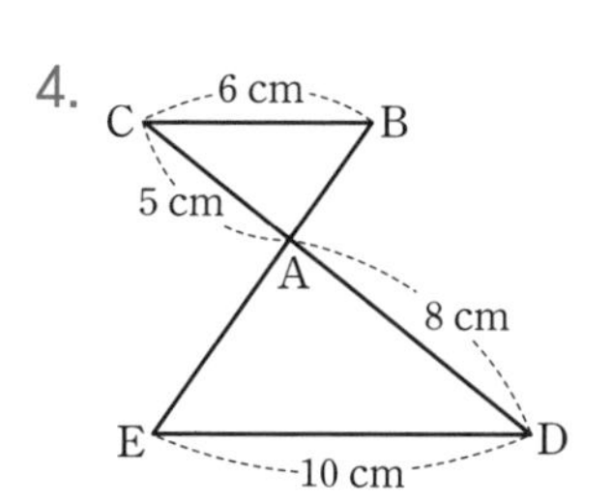

■ 다음 그림을 보고 옳은 것은 ○를, 옳지 않은 것은 ×를 하여라.

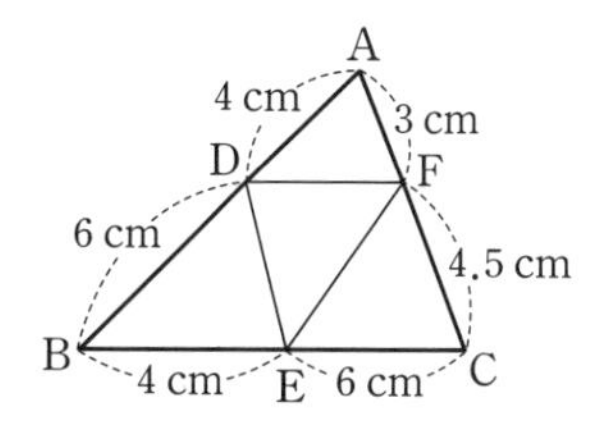

5. $\overline{AB} /\!/ \overline{FE}$

Help $\overline{CF} : \overline{FA} = 4.5 : 3 = 3 : 2$
$\overline{CE} : \overline{EB} = 6 : 4 = 3 : 2$

6. $\triangle ABC \backsim \triangle FEC$

7. $\overline{BC} /\!/ \overline{DF}$

8. $\triangle ABC \backsim \triangle DBE$

9. $\overline{AC} /\!/ \overline{DE}$

거저먹는 시험 문제

[1~6] 삼각형에서 평행선과 선분의 길이의 비

적중률 90%

1. 오른쪽 그림의 $\triangle ABC$에서 $\overline{DE} /\!/ \overline{BC}$일 때, $x+y$의 값은?

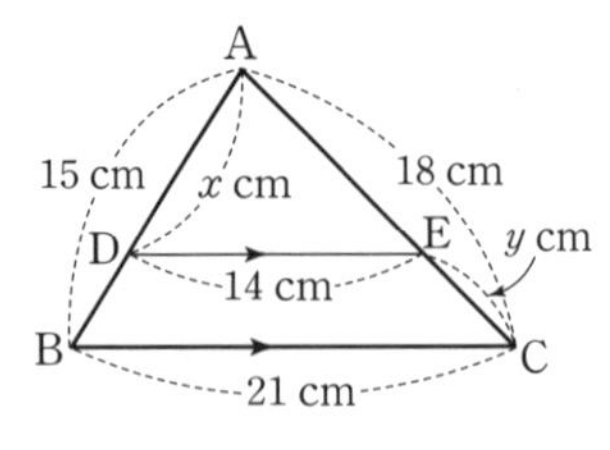

① 14 ② 16 ③ 17
④ 18 ⑤ 20

2. 오른쪽 그림의 $\triangle ABC$에서 $\overline{BC} /\!/ \overline{DE}$일 때, $y-x$의 값을 구하여라.

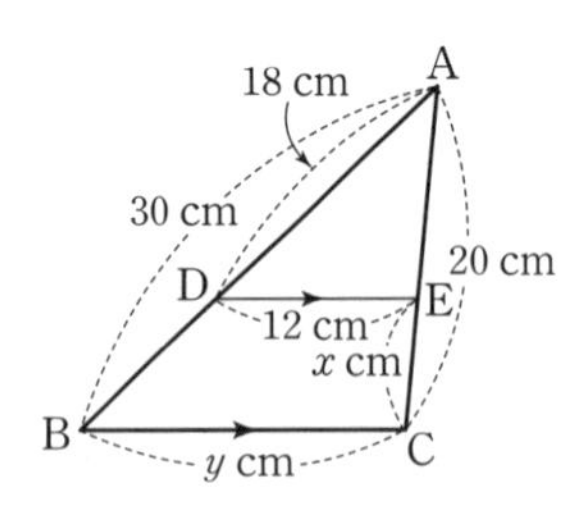

3. 오른쪽 그림과 같은 $\triangle ABC$에서 두 점 D, E는 각각 $\overline{AB}$, $\overline{AC}$의 연장선 위의 점이고 $\overline{BC} /\!/ \overline{DE}$일 때, $\triangle ABC$의 둘레의 길이는?

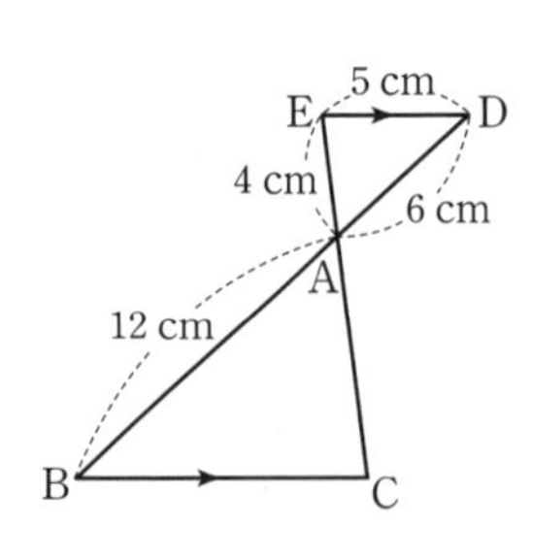

① 22 cm ② 25 cm ③ 30 cm
④ 36 cm ⑤ 40 cm

적중률 90%

4. 오른쪽 그림의 $\triangle ABC$에서 $\overline{DE} /\!/ \overline{BC}$일 때, x, y의 값을 각각 구하여라.

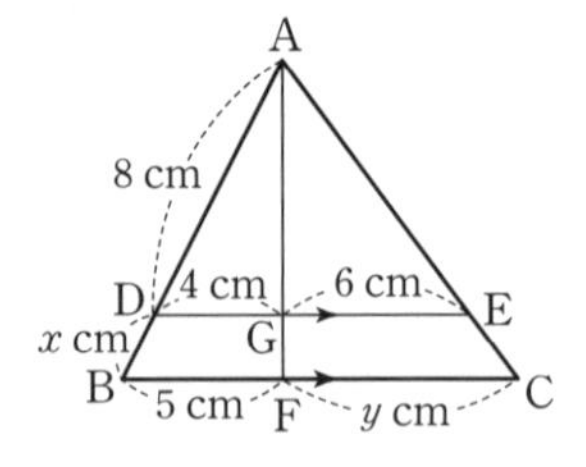

앗!실수 적중률 80%

5. 오른쪽 그림에서 $\overline{DE} /\!/ \overline{BC}$, $\overline{FH} /\!/ \overline{AC}$일 때, $\overline{GH}$의 길이를 구하여라.

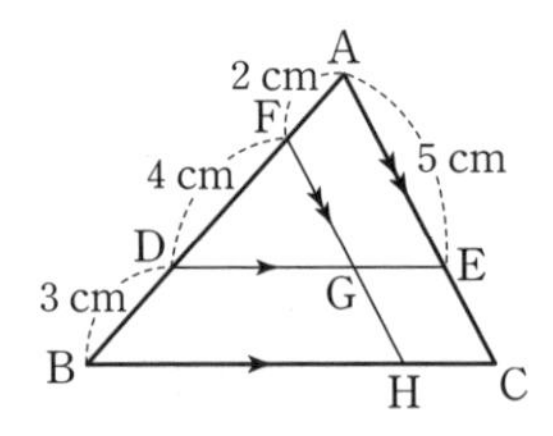

6. 오른쪽 그림과 같은 $\triangle ABC$에서 옳지 않은 것은?

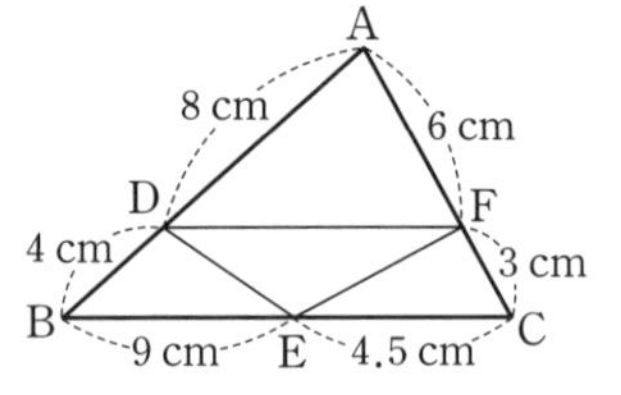

① $\triangle ABC \backsim \triangle ADF$
② $\overline{BC} /\!/ \overline{DF}$
③ $\overline{AB} /\!/ \overline{EF}$
④ $\overline{AC} /\!/ \overline{DE}$
⑤ $\triangle ABC \backsim \triangle FEC$

14 삼각형의 내각과 외각의 이등분선

● **삼각형의 내각의 이등분선의 성질**

△ABC에서 ∠A의 이등분선이 $\overline{BC}$와 만나는 점을 D라 하면

$\overline{AB}:\overline{AC}=\overline{BD}:\overline{CD}$

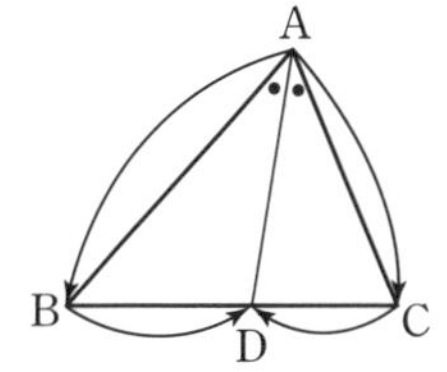

- 왼쪽의 공식들은 공식을 외우는 것보다 그림의 형태로 기억하는 것이 더 빨리 기억할 수 있어.
- 삼각형의 내각의 이등분선의 성질은 삼각형의 내심의 응용 문제에서 나올 때가 있으니 확실히 기억해야 해.

● **삼각형의 내각의 이등분선의 성질의 응용**

△ABC에서 ∠BAD=∠CAD이면

$\triangle ABD:\triangle ADC=\overline{BD}:\overline{CD}$

$=\overline{AB}:\overline{AC}$

$=a:b$

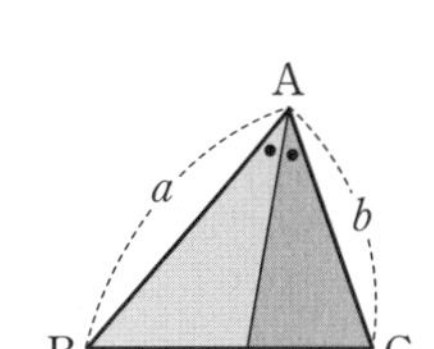

● **삼각형의 외각의 이등분선의 성질**

△ABC에서 ∠A의 외각의 이등분선이 $\overline{BC}$의 연장선과 만나는 점을 D라 하면

$\overline{AB}:\overline{AC}=\overline{BD}:\overline{CD}$

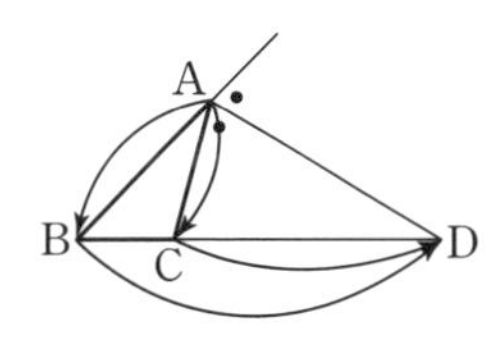

● **평행선 사이의 선분의 길이의 비**

세 개 이상의 평행선이 다른 두 직선과 만나서 생긴 선분의 길이의 비는 같다.

즉, 다음 그림에서 $l /\!/ m /\!/ n$일 때,

$a:b=a':b'$ 또는 $a:a'=b:b'$

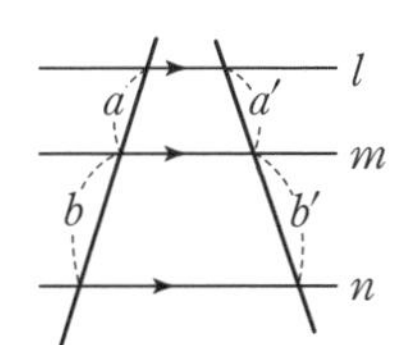

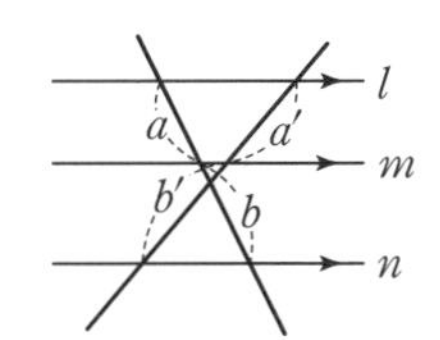

오른쪽 그림과 같이 한 직선을 평행이동하면 삼각형에서 평행선과 선분의 길이의 비를 이용할 수 있다.

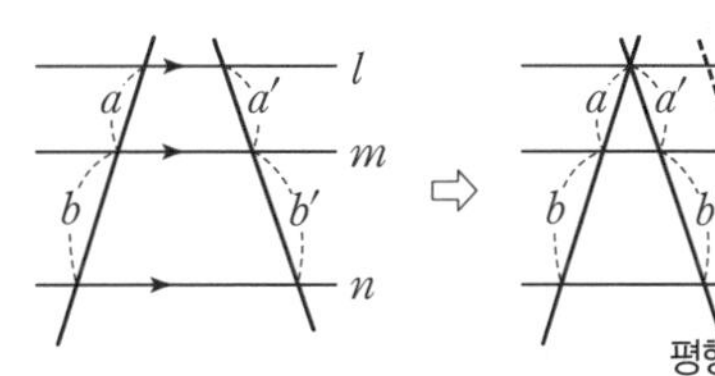

외각의 이등분선의 성질을 다음과 같이 착각하지 않도록 주의하자.

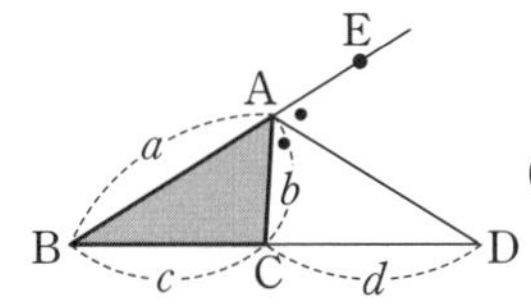

에서 $a:b=c:d$ (×)

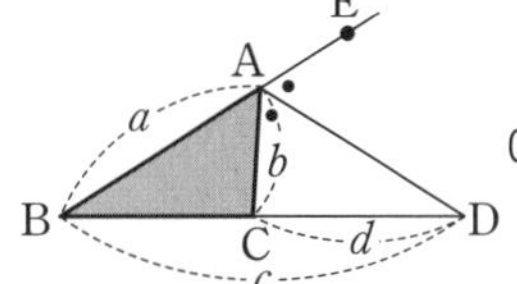

에서 $a:b=c:d$ (○)

A 삼각형의 내각의 이등분선

$\triangle ABC$에서 $\angle BAD = \angle CAD$
$\Rightarrow a : b = c : d$
이 정도는 암기해야 해~ 암암!

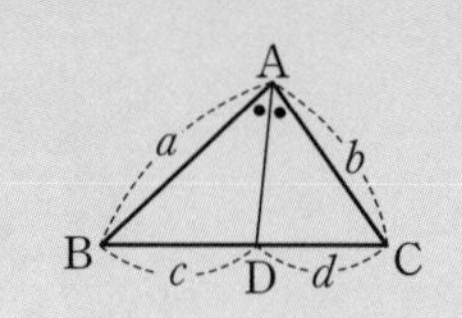

■ 다음 그림에서 x의 값을 구하여라.

1.

Help $6 : 4 = 3 : x$

2.

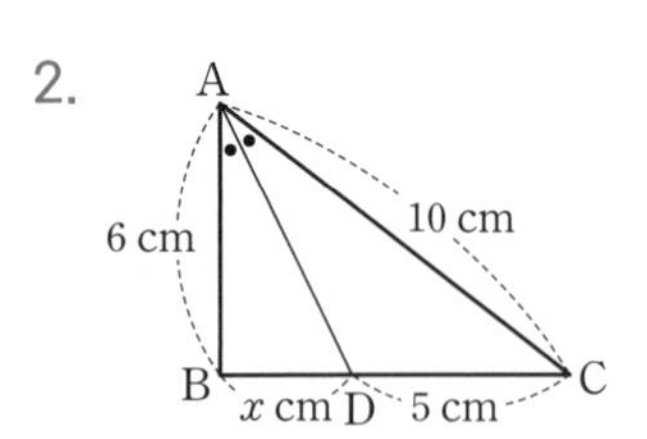

3.

4.

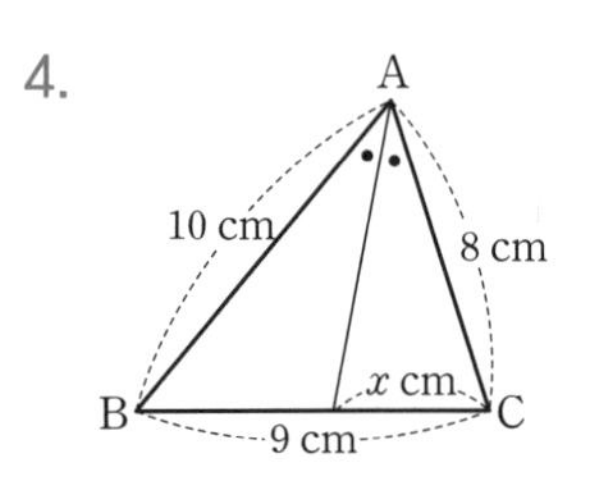

5.

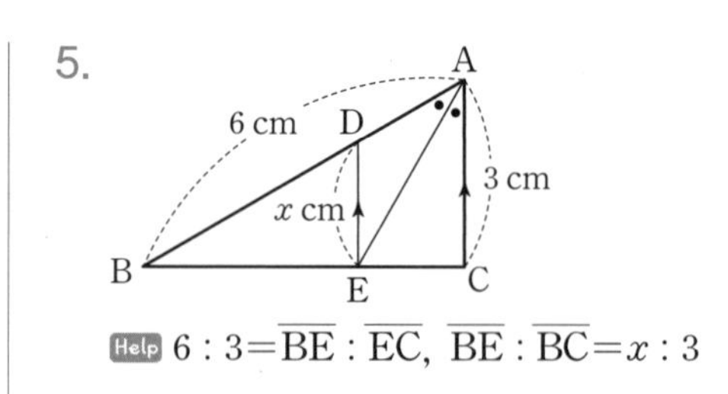

Help $6 : 3 = \overline{BE} : \overline{EC}$, $\overline{BE} : \overline{BC} = x : 3$

6.

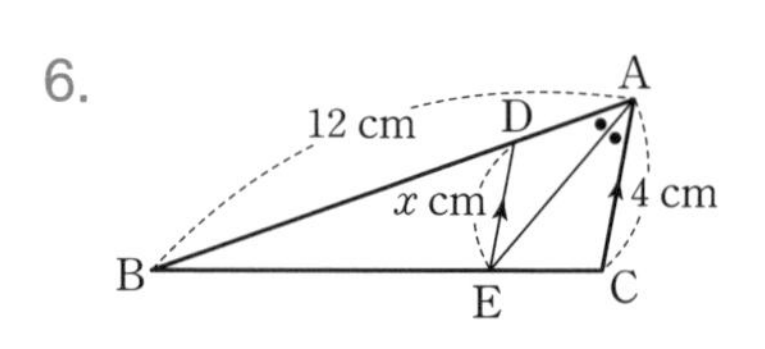

7.

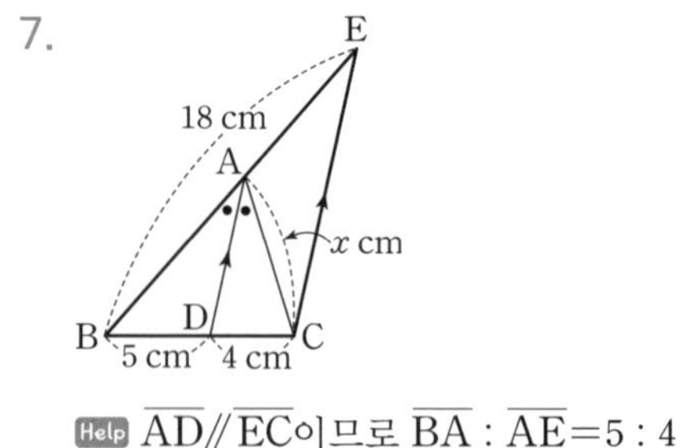

Help $\overline{AD} /\!/ \overline{EC}$이므로 $\overline{BA} : \overline{AE} = 5 : 4$

앗! 실수

8.

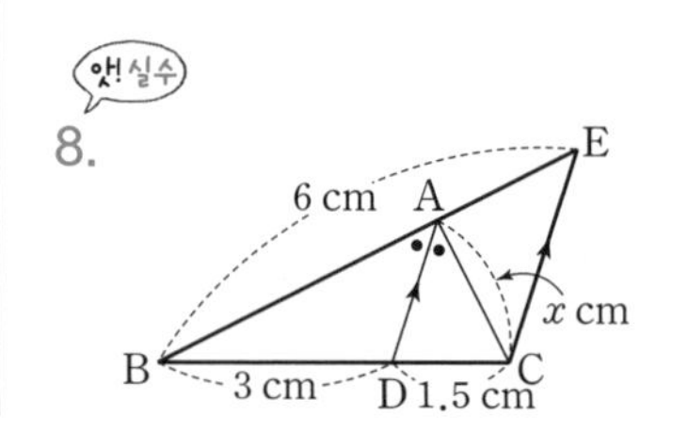

삼각형의 내각의 이등분선을 이용하여 넓이 구하기

$\triangle ABC$에서 $\angle BAD = \angle CAD$이면
$\triangle ABD : \triangle ADC = \overline{BD} : \overline{CD}$
$= a : b$

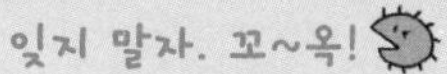

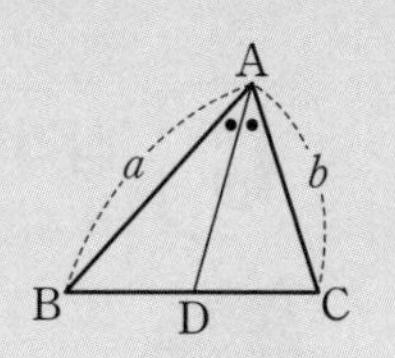

■ 다음 □ 안에 알맞은 것을 써넣어라.

1.

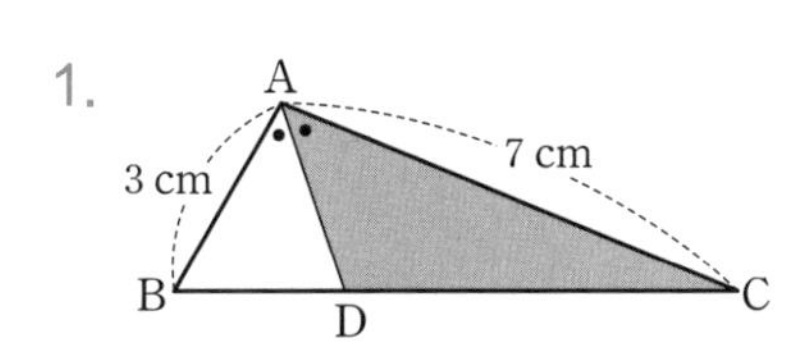

$\triangle ABC = 20\,cm^2$일 때, $\triangle ADC =$ □

2.

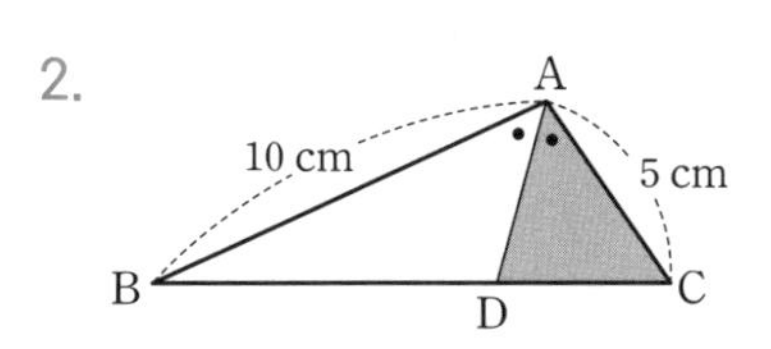

$\triangle ABC = 18\,cm^2$일 때, $\triangle ADC =$ □

3.

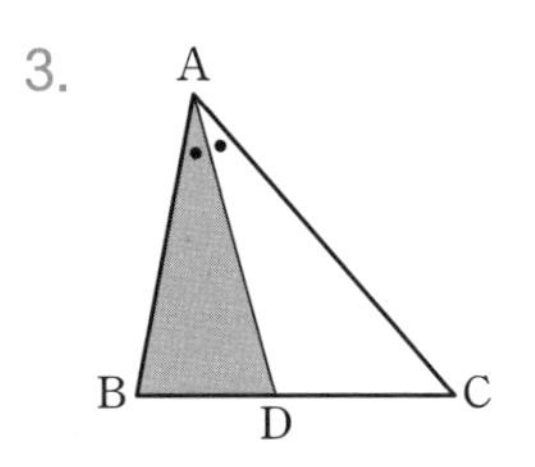

$\overline{AB} : \overline{AC} = 3 : 4$, $\triangle ABC = 28\,cm^2$일 때,

$\triangle ABD =$ □

4.

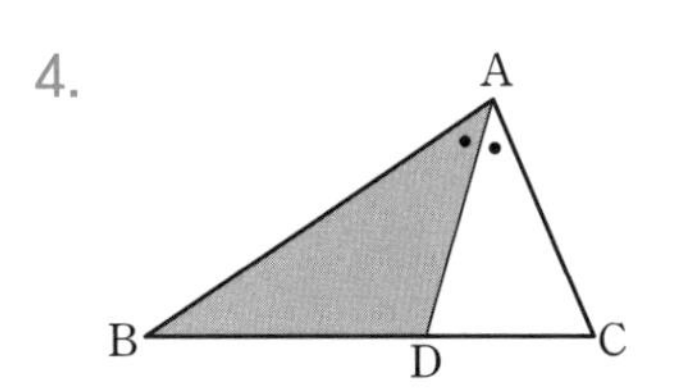

$\overline{AB} : \overline{AC} = 5 : 3$, $\triangle ABC = 40\,cm^2$일 때,

$\triangle ABD =$ □

5.

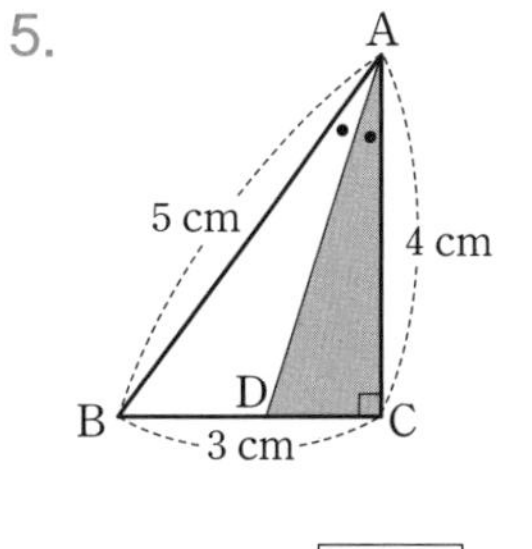

$\triangle ADC =$ □

Help $\triangle ABC$의 넓이를 먼저 구한다.

6.

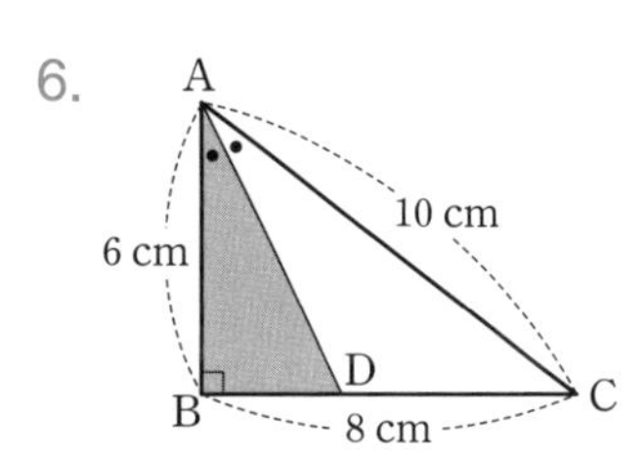

$\triangle ABD =$ □

7.

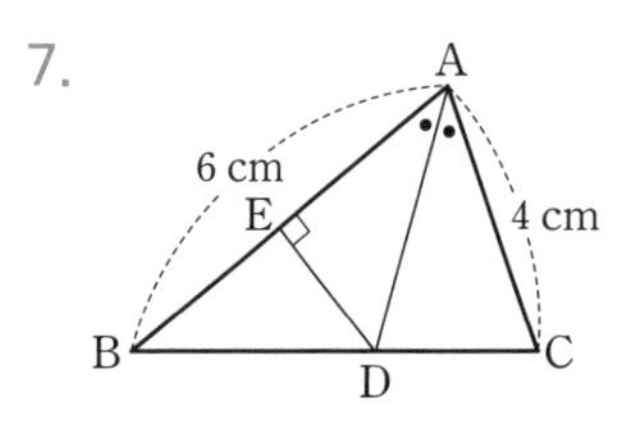

$\triangle ABC = 15\,cm^2$일 때, $\overline{DE} =$ □

Help $\triangle ABD : \triangle ADC = 6 : 4 = 3 : 2$

8.

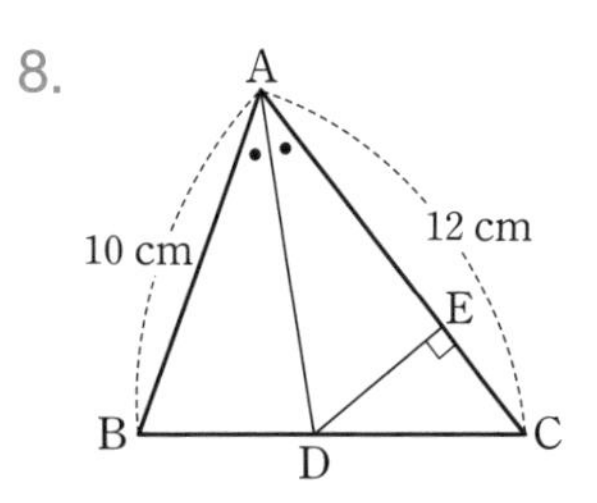

$\triangle ABC = 44\,cm^2$일 때, $\overline{DE} =$ □

C 삼각형의 외각의 이등분선

△ABC에서 ∠CAD=∠EAD
⇨ $a:b=c:d$
이 정도는 암기해야 해~ 암암!

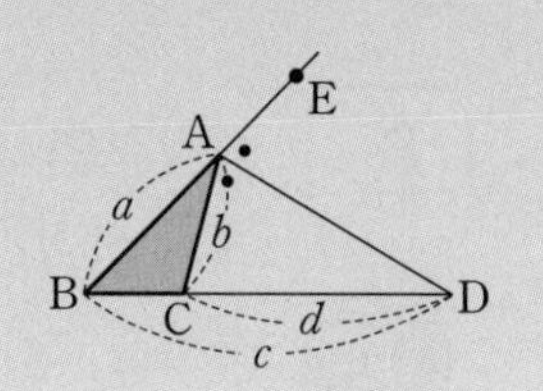

■ 다음 그림에서 x의 값을 구하여라.

1.

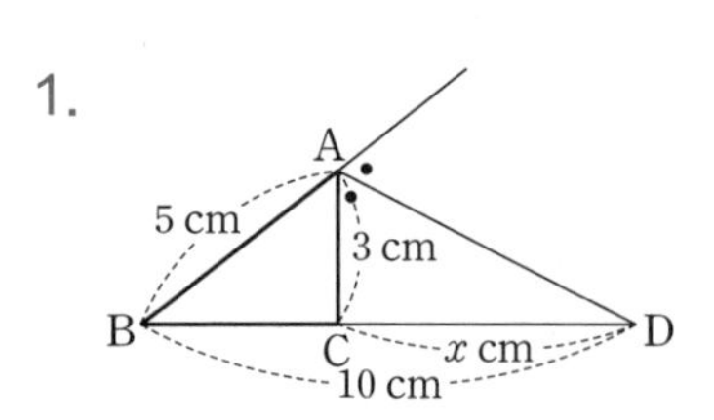

Help $5:3=10:x$

2.

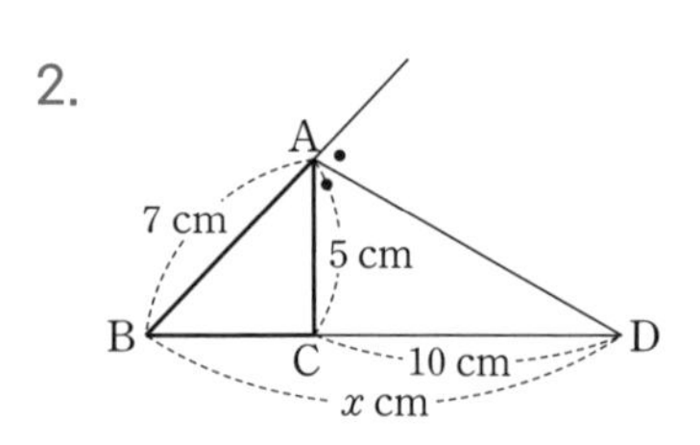

3.

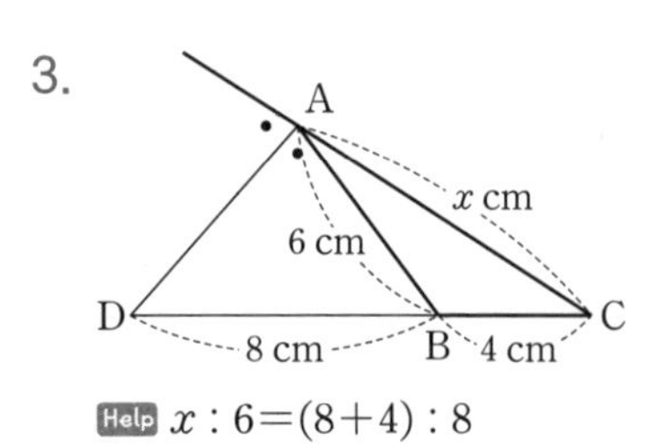

Help $x:6=(8+4):8$

4.

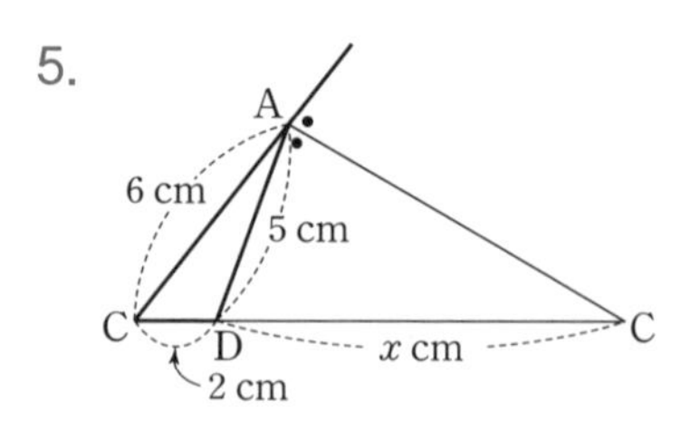

5.

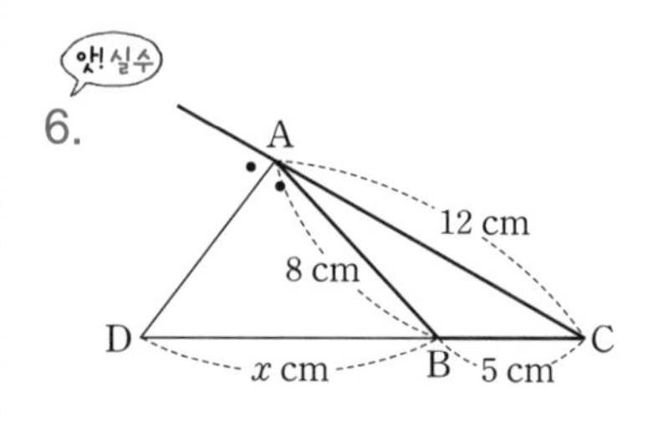

앗!실수

6.

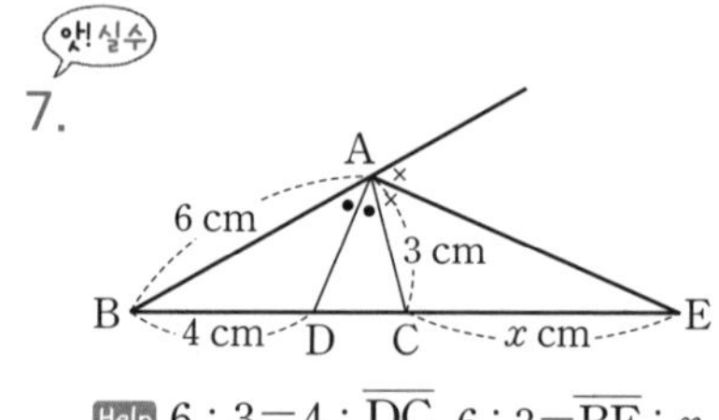

앗!실수

7.

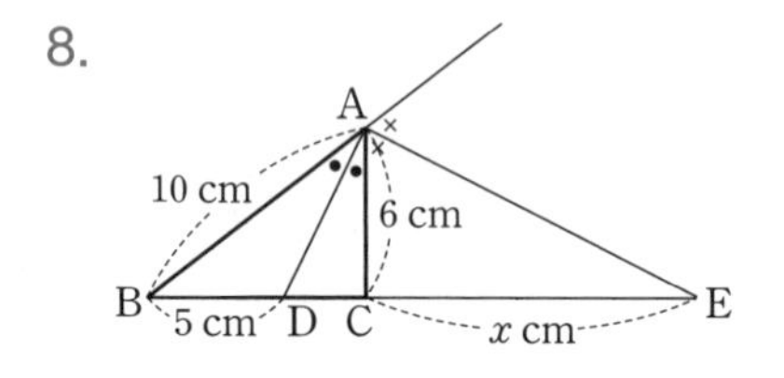

Help $6:3=4:\overline{DC}$, $6:3=\overline{BE}:x$

8.

평행선 사이의 선분의 길이의 비

세 개 이상의 평행선이 다른 두 직선과 만나서 생기는 선분의 길이의 비는 같아.
⇨ $l /\!/ m /\!/ n$이면
$a : b = a' : b'$

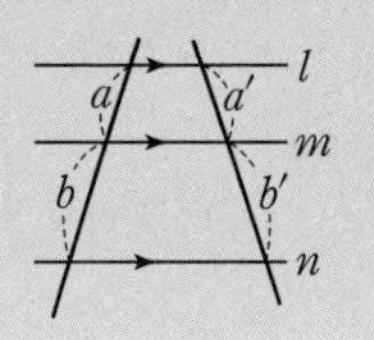

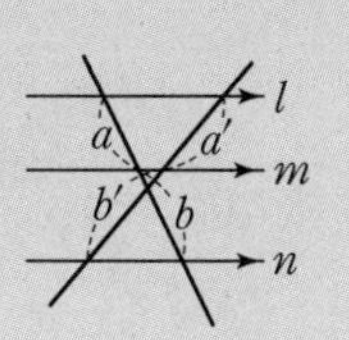

■ 다음 그림에서 $l /\!/ m /\!/ n$일 때, x의 값을 구하여라.

1.

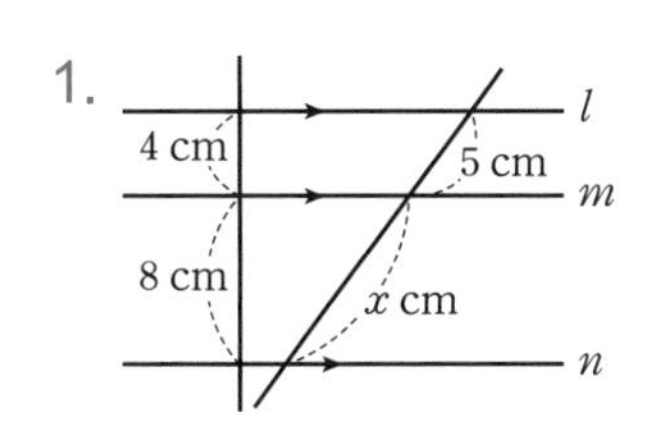

2.

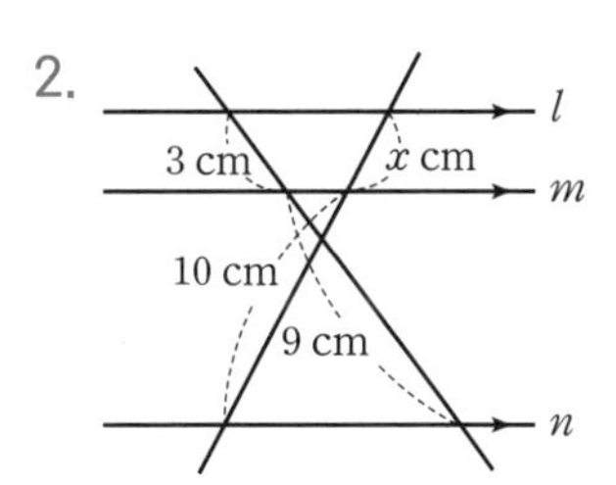

3.

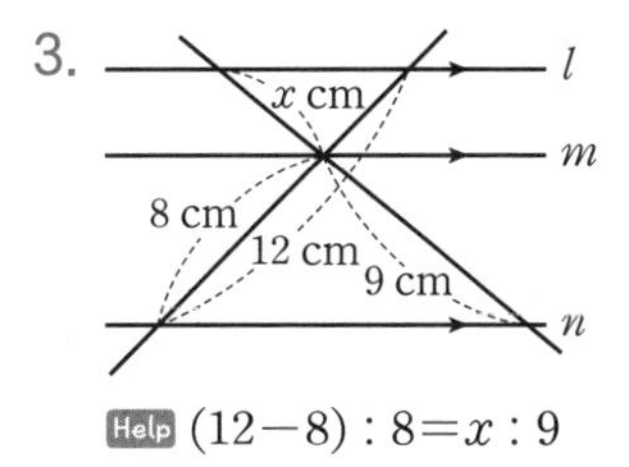

Help $(12-8) : 8 = x : 9$

4.

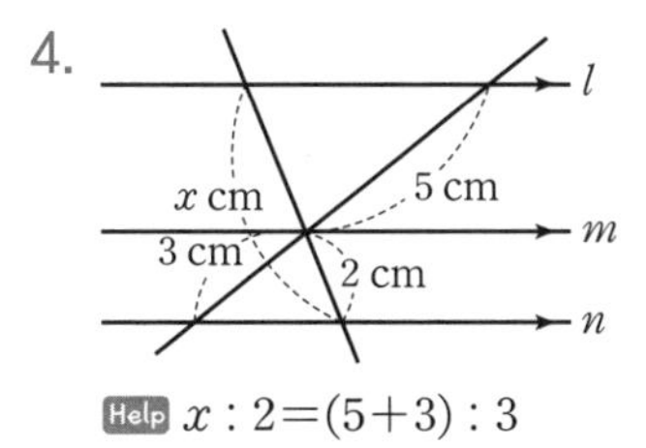

Help $x : 2 = (5+3) : 3$

5.

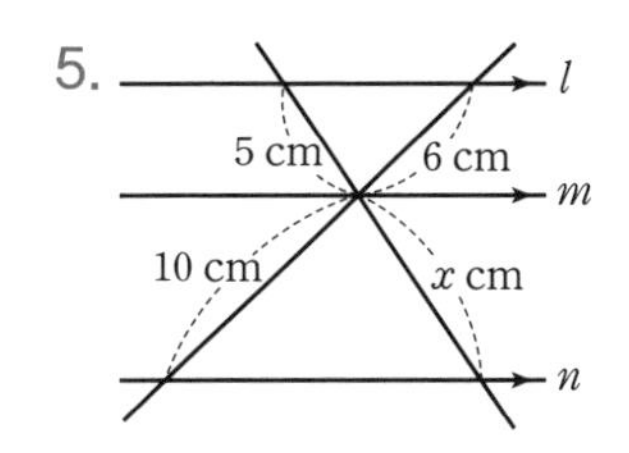

6.

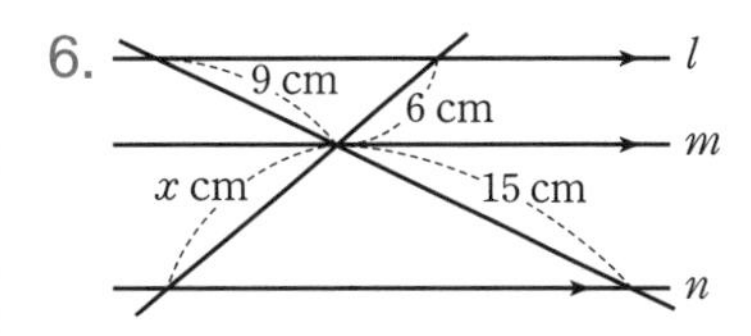

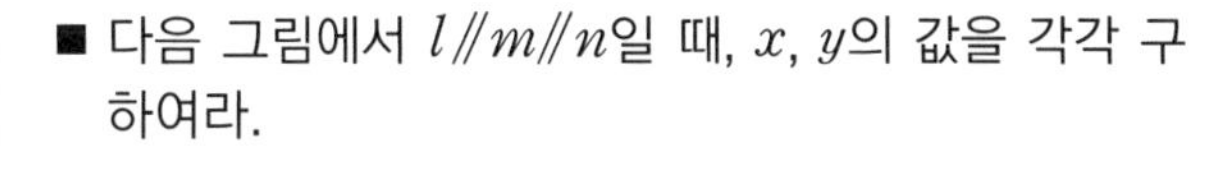

■ 다음 그림에서 $l /\!/ m /\!/ n$일 때, x, y의 값을 각각 구하여라.

7.

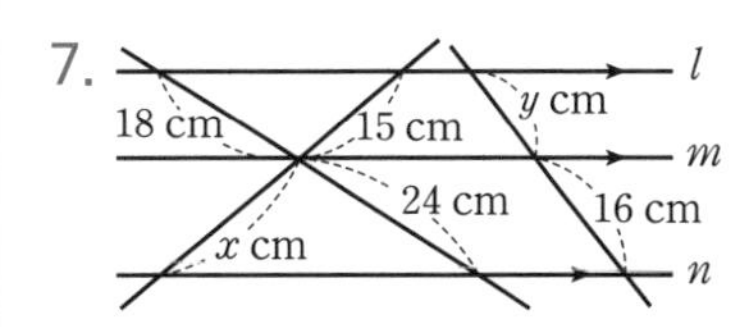

8.

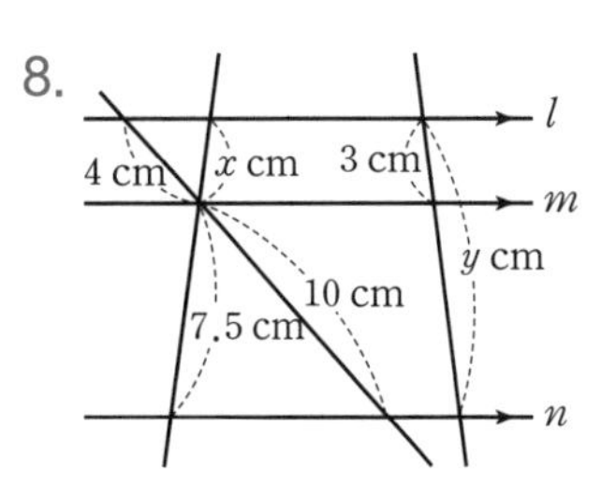

거저먹는 시험 문제

[1~3] 삼각형의 내각의 이등분선

적중률 90%

1. 오른쪽 그림과 같은 △ABC에서 $\overline{AD}$는 ∠A의 이등분선이다. $\overline{AB}=10\text{cm}$, $\overline{BC}=12\text{cm}$, $\overline{CA}=15\text{cm}$일 때, $\overline{CD}$의 길이는?

① 6.5cm ② 7cm ③ 7.2cm
④ 8cm ⑤ 8.5cm

2. 오른쪽 그림에서 ∠BAD=∠CAD이고 $\overline{AD}/\!/\overline{CE}$일 때, 다음 중 옳지 않은 것은?

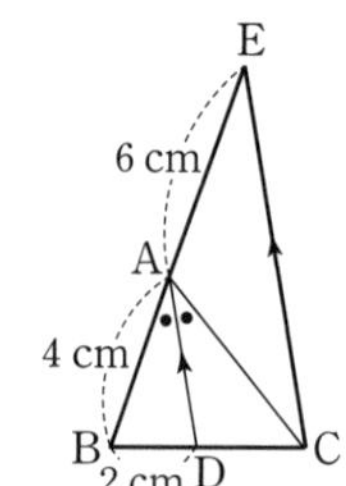

① ∠BAD=∠AEC
② ∠DAC=∠ACE
③ $\overline{DC}=4\text{cm}$
④ $\overline{AC}=6\text{cm}$
⑤ $\overline{AB}:\overline{AC}=2:3$

적중률 80%

3. 오른쪽 그림과 같은 △ABC에서 ∠BAD=∠CAD이고 △ABD=28cm^2, △ADC=21cm^2일 때, $\overline{AB}:\overline{AC}$를 가장 간단한 자연수의 비로 나타내어라.

[4~5] 삼각형의 외각의 이등분선

적중률 90%

4. 오른쪽 그림과 같은 △ABC에서 $\overline{AD}$가 ∠A의 외각의 이등분선일 때, $\overline{AB}$의 길이는?

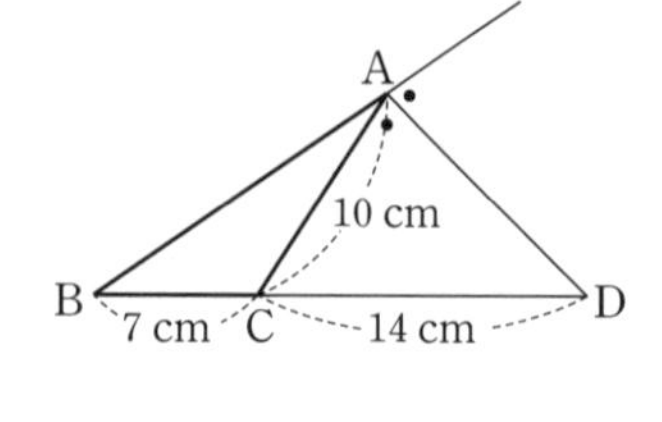

① 14cm ② 15cm ③ 17cm
④ 18cm ⑤ 20cm

앗! 실수

5. 다음 그림의 △ABC에서 $\overline{AD}$가 ∠A의 외각의 이등분선이다. △ADB=30cm^2일 때, △ABC의 넓이를 구하여라.

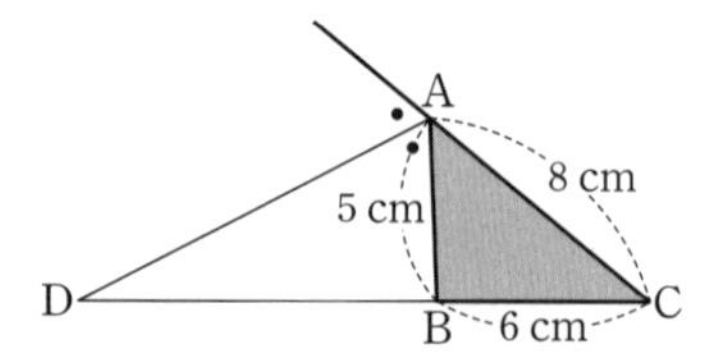

[6] 평행선 사이의 선분의 길이의 비

6. 오른쪽 그림에서 $l/\!/m/\!/n/\!/o$일 때, $x+y$의 값을 구하여라.

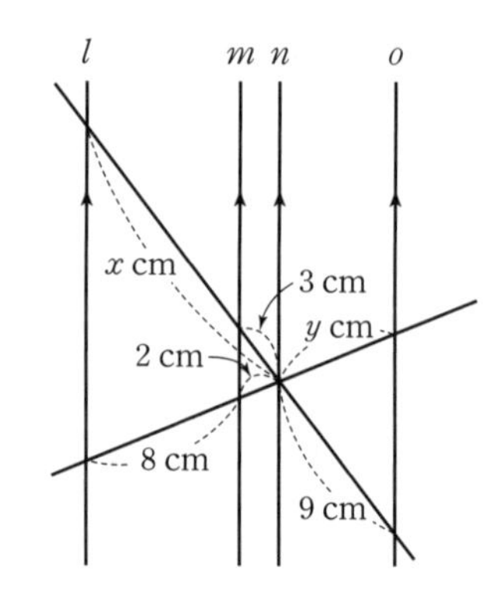

15 사다리꼴에서 평행선과 선분의 길이의 비

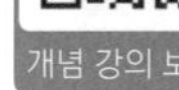

● 사다리꼴에서 평행선 사이의 선분의 길이의 비

$\overline{AD} /\!/ \overline{BC}$인 사다리꼴 ABCD에서 $\overline{EF} /\!/ \overline{BC}$일 때, $\overline{EF}$의 길이를 구해 보자.

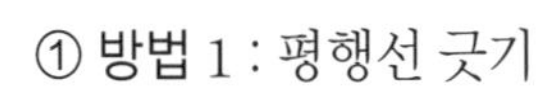

① 방법 1 : 평행선 긋기

$\overline{GF}=\overline{AD}=\overline{HC}=a$

△ABH에서

$\overline{EG}:\overline{BH}=m:(m+n)$

⇨ $\overline{EF}=\overline{EG}+\overline{GF}$

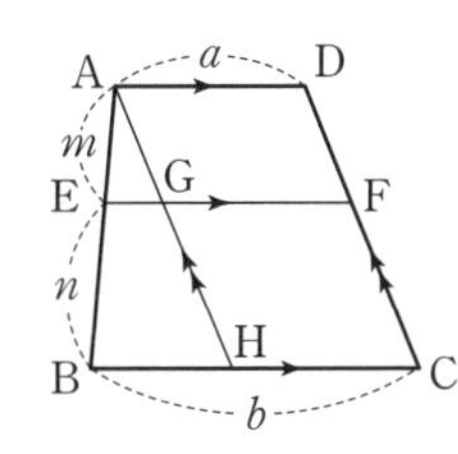

② 방법 2 : 대각선 긋기

△ABC에서

$\overline{EG}:\overline{BC}=m:(m+n)$

△CDA에서

$\overline{GF}:\overline{AD}=n:(n+m)$

⇨ $\overline{EF}=\overline{EG}+\overline{GF}$

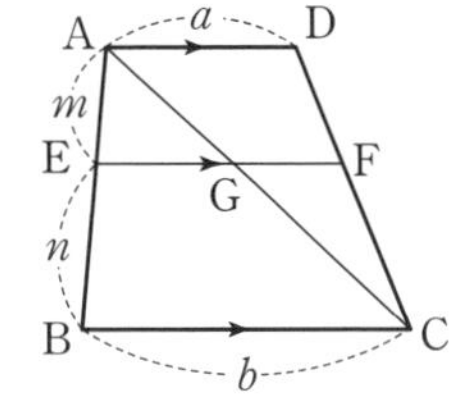

방법 1은 □AGFD가 평행사변형이 되므로 $\overline{GF}=a$로 정해지고 나머지 $\overline{EG}$의 길이만 삼각형의 닮음을 이용하여 구하면 되고, 방법 2는 삼각형의 닮음을 두 번 이용하여 $\overline{EG}$와 $\overline{GF}$의 길이를 따로 구하니 좀 더 복잡해져.

● 평행선 사이의 선분의 길이의 비의 활용

$\overline{AB} /\!/ \overline{EF} /\!/ \overline{DC}$이고 △ABE와 △CDE의 닮음비가 $a:b$일 때, $\overline{EF}$의 길이를 구해 보자.

① 방법 1

△BCD에서 $\overline{BE}:\overline{BD}=\overline{EF}:\overline{DC}$

$a:(a+b)=\overline{EF}:b$

$\therefore \overline{EF}=\dfrac{ab}{a+b}$

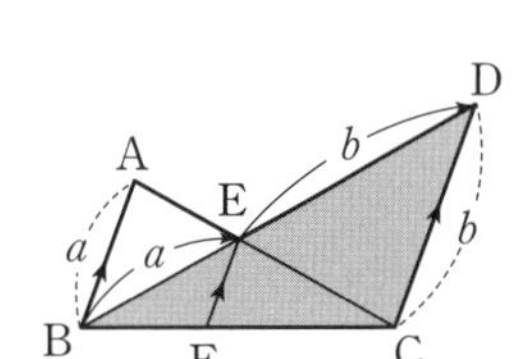

② 방법 2

△CAB에서

$\overline{CE}:\overline{CA}=\overline{EF}:\overline{AB}$

$b:(b+a)=\overline{EF}:a$

$\therefore \overline{EF}=\dfrac{ab}{a+b}$

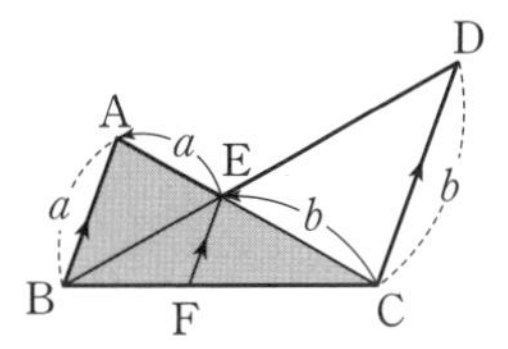

오른쪽과 같은 그림에서 길이를 구할 때, 실수하지 않는 방법은 주어진 길이를 이용하여 닮음비를 써놓는 거야.
이때 닮음비는 실제 길이가 아니니 착각하지 않게 나만의 방법, 예를 들어 ○로 표시하면 구하는 길이를 쉽게 구할 수 있지.

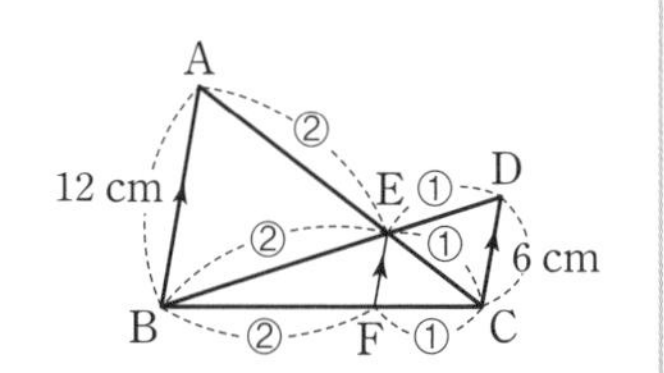

사다리꼴에서 평행선과 선분의 길이의 비 1

오른쪽 그림에서 $\overline{EF}$의 길이를 구해 보자.
$\triangle ABH$에서 $2:6=\overline{EG}:3$이므로 $\overline{EG}=1$
$\therefore \overline{EF}=\overline{EG}+\overline{GF}=1+3=4$
아하! 그렇구나~

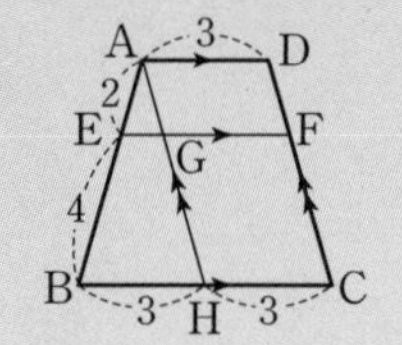

■ 다음 그림에서 x의 값을 구하여라.

1.

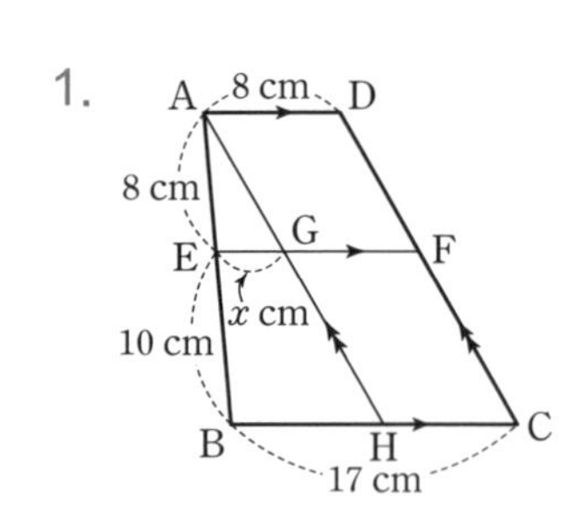

2.

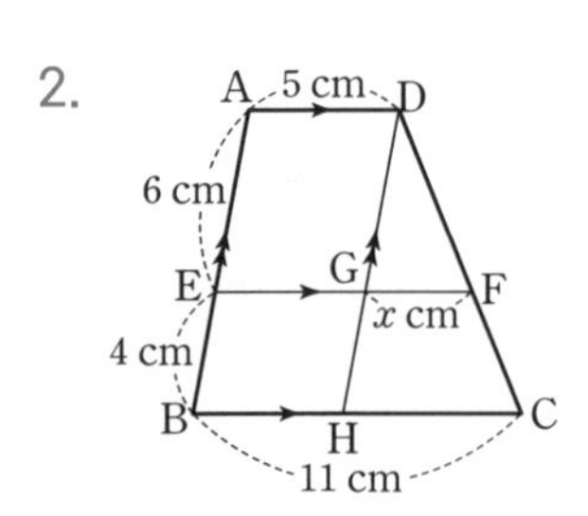

3.

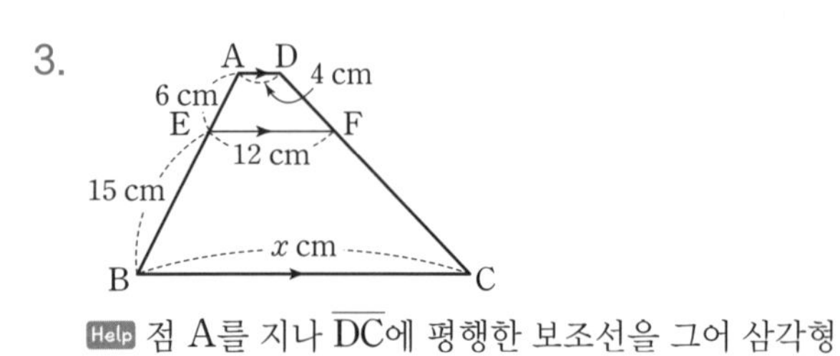

Help 점 A를 지나 $\overline{DC}$에 평행한 보조선을 그어 삼각형의 닮음을 이용한다.

4.

A
6 cm
D
3 cm
E
F
8 cm
4.5 cm
B
C
x cm

5.

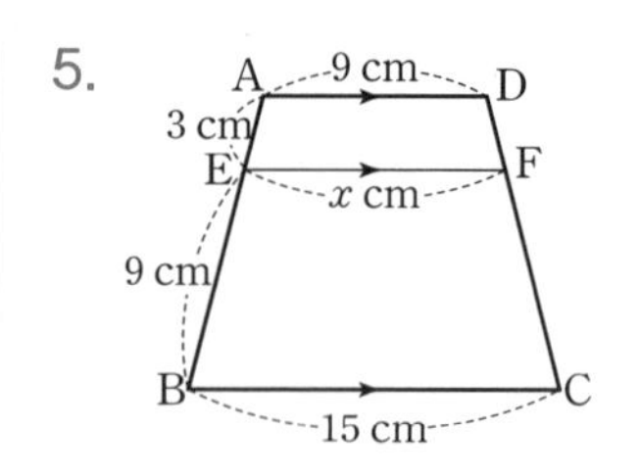

6.

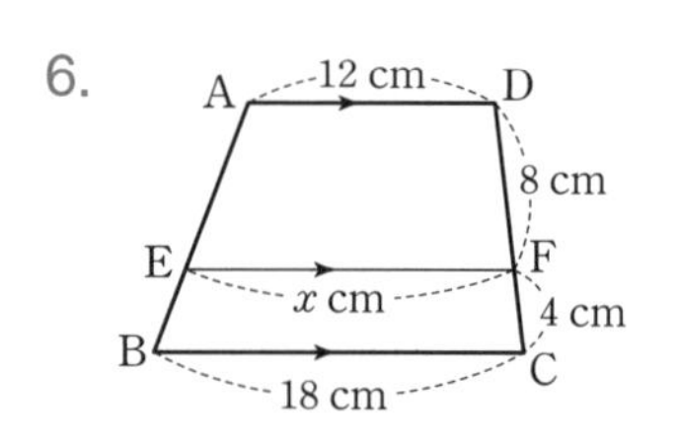

7.

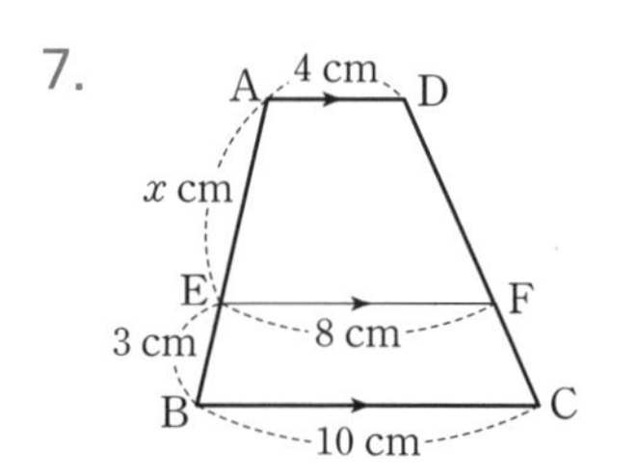

8.

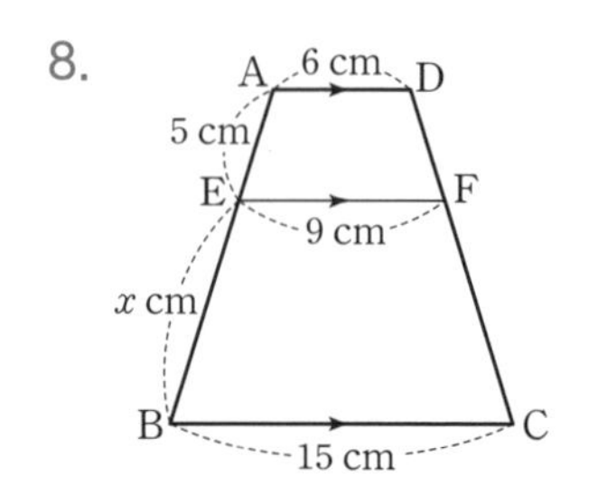

B 사다리꼴에서 평행선과 선분의 길이의 비 2

오른쪽 그림에서 $\overline{EF}$의 길이를 구해 보자.
$\triangle ABC$에서 $4:6=\overline{EG}:6$ $\quad\therefore \overline{EG}=4$
$\triangle CAD$에서 $2:6=\overline{GF}:3$ $\quad\therefore \overline{GF}=1$
$\therefore \overline{EF}=\overline{EG}+\overline{GF}=4+1=5$

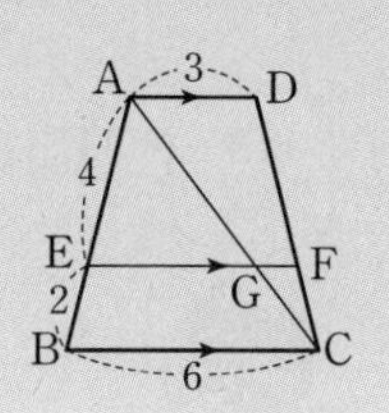

■ 다음 그림에서 x의 값을 구하여라.

1.
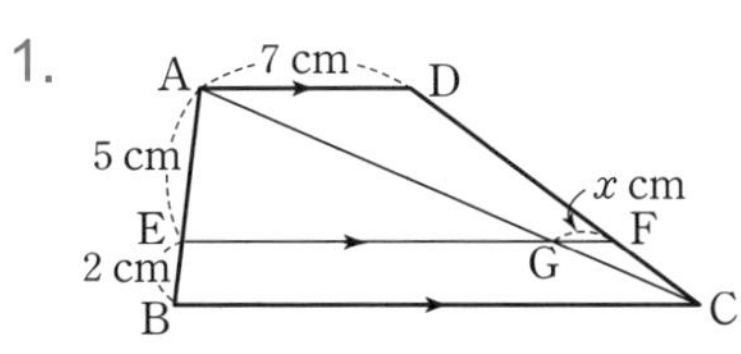

Help $\triangle CDA$에서 $\overline{CG}:\overline{GA}=2:5$이므로
$2:7=x:7$

2.
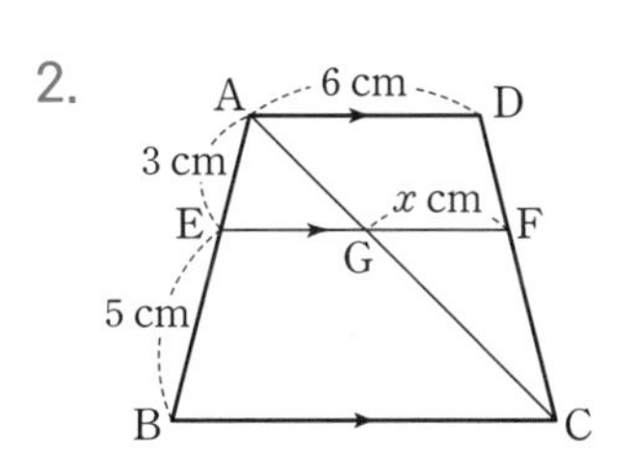

3.
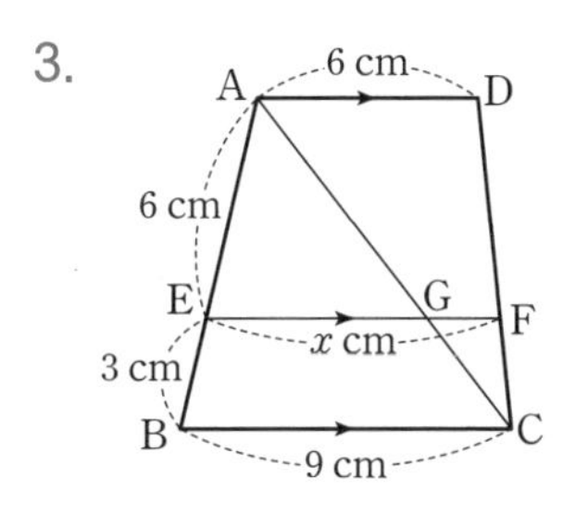

4.
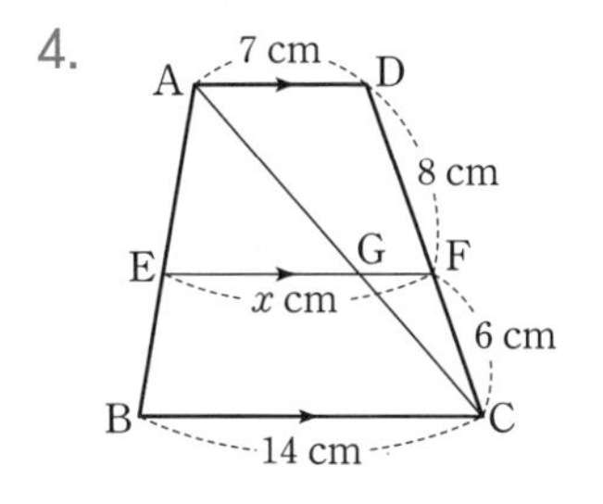

■ 다음 그림에서 x, y의 값을 각각 구하여라.

5.
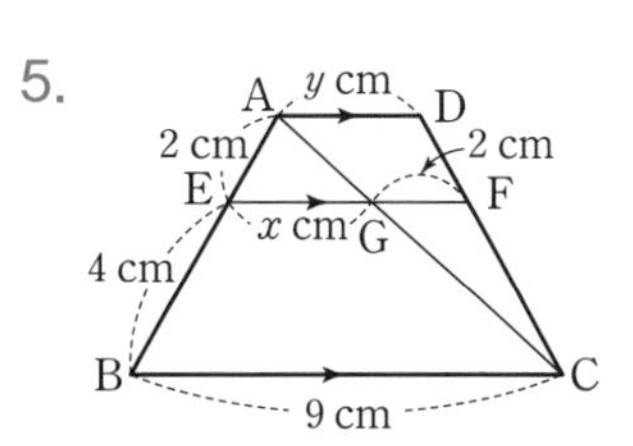

Help $\triangle ABC$에서 $\overline{EG}$의 길이를 구하고 $\triangle CDA$에서 $\overline{AD}$의 길이를 구한다.

6.
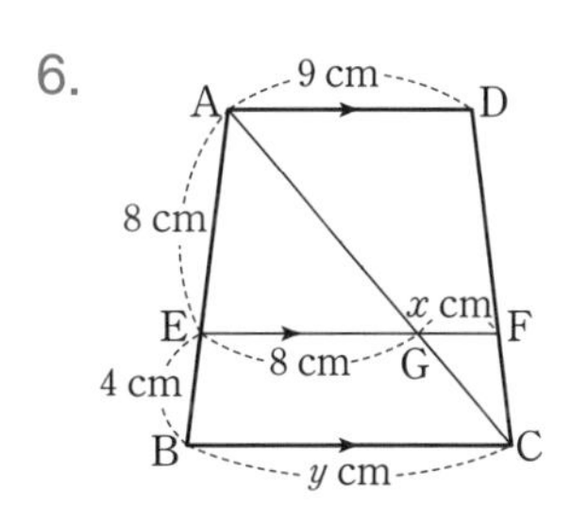

앗! 실수

7.
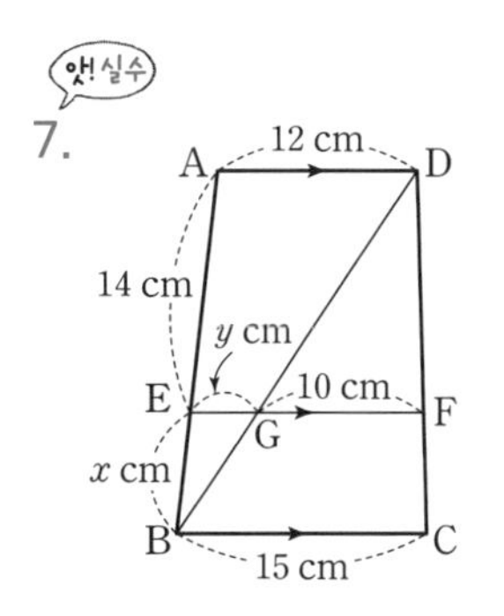

8.
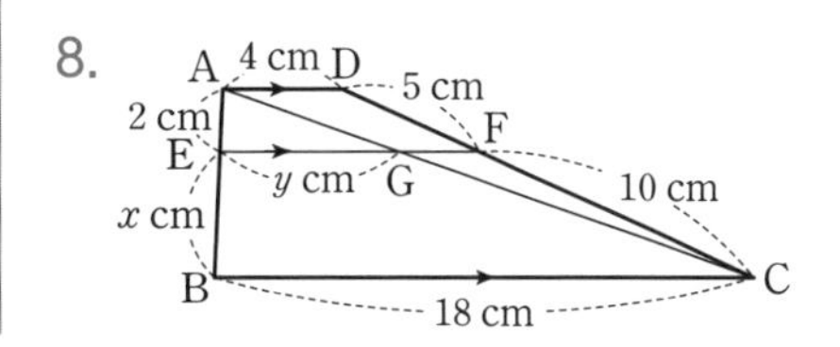

C 사다리꼴과 평행선의 응용

오른쪽 그림에서 $\overline{GH}$의 길이를 구해 보자.
$\triangle$ABC에서 $3:4=\overline{EH}:12$ $\quad\therefore \overline{EH}=9$
$\triangle$BDA에서 $2:8=\overline{EG}:8$ $\quad\therefore \overline{EG}=2$
$\therefore \overline{GH}=\overline{EH}-\overline{EG}=9-2=7$

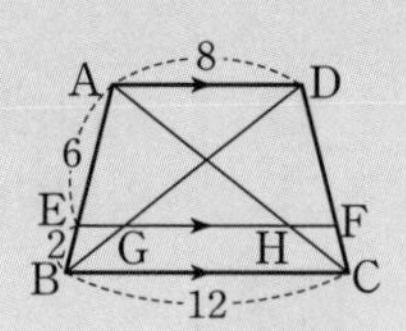

■ 다음 그림에서 x의 값을 구하여라.

1.

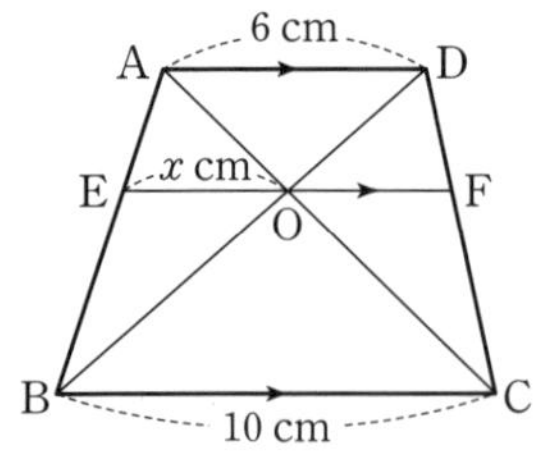

Help $\overline{AO}:\overline{OC}=6:10=3:5$

2.

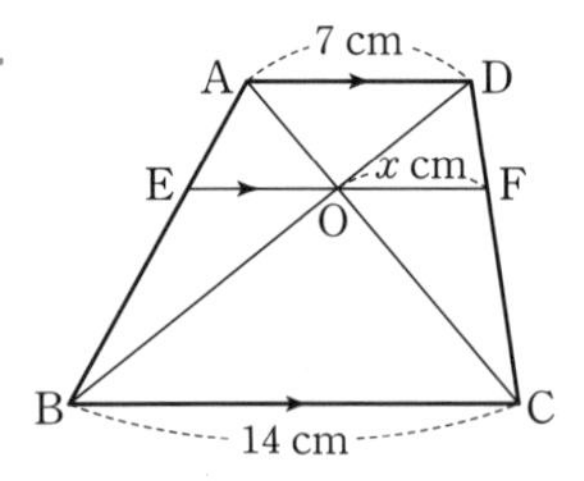

앗! 실수

3.

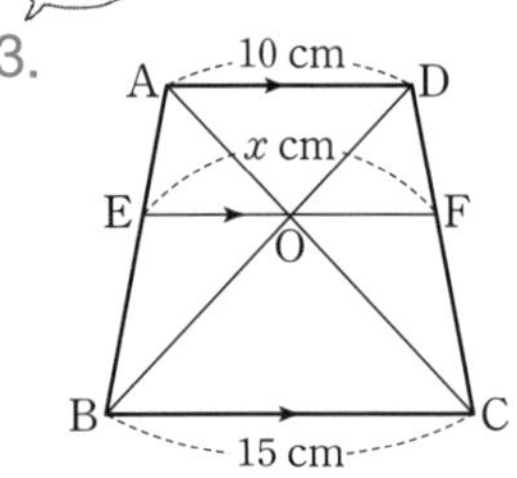

4.

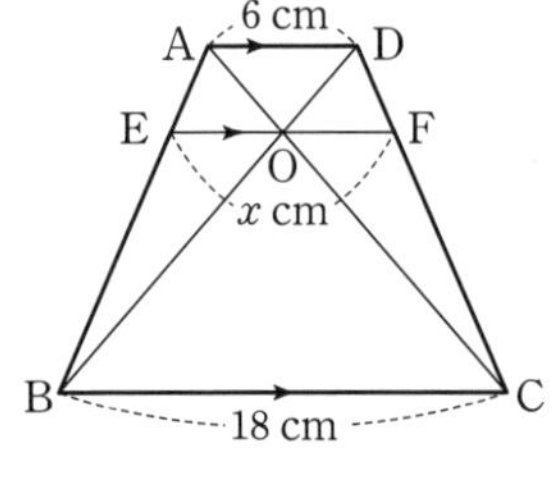

앗! 실수

5.

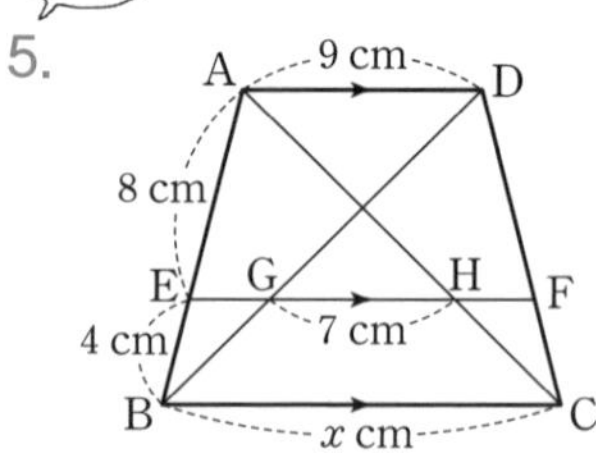

Help $\triangle$BDA에서 $\overline{EG}$를 구한 후 $\triangle$ABC에서 x를 구한다.

6.

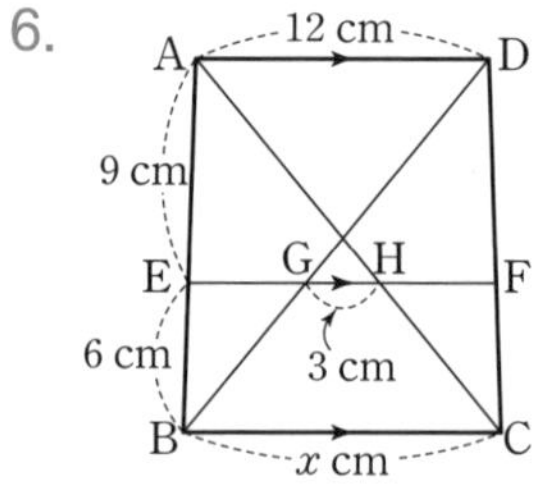

7.

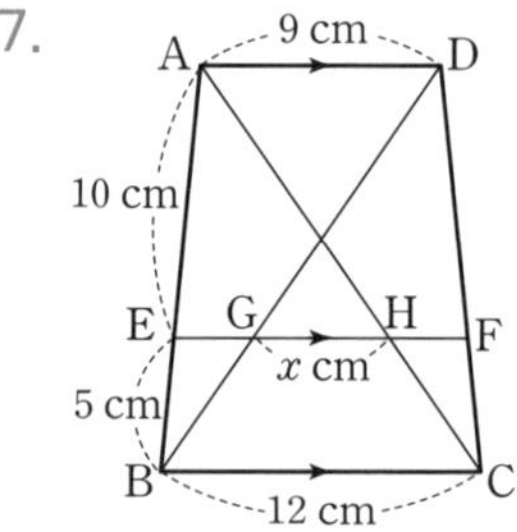

8.

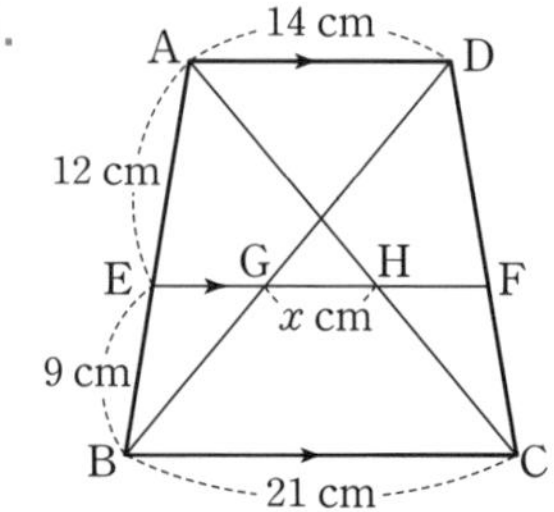

D 평행선과 선분의 길이의 비의 응용

오른쪽 그림에서 $\overline{EF}$의 길이를 구해 보자.
$\triangle ECD \backsim \triangle EAB$에서 $\overline{EC} : \overline{EA} = 1 : 2$
$\triangle CAB$에서 $1 : 3 = \overline{EF} : 12$
$\therefore \overline{EF} = 4$

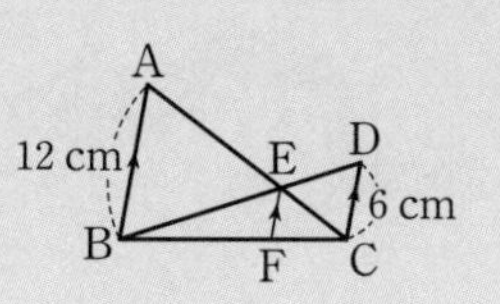

■ 다음 그림에서 닮음비를 가장 간단한 자연수의 비로 나타내어라.

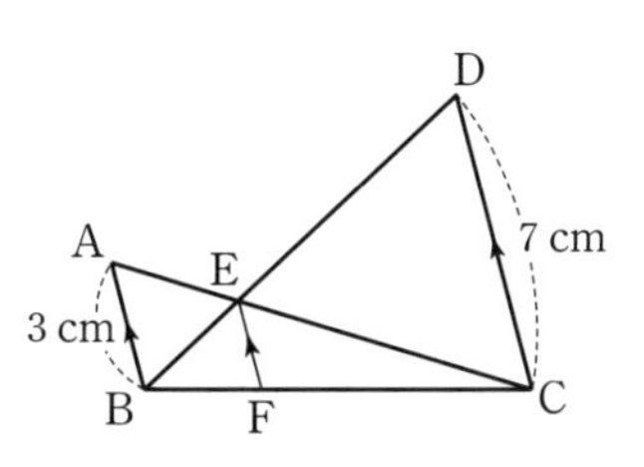

1. $\overline{BE} : \overline{DE}$

2. $\overline{CA} : \overline{CE}$

3. $\overline{BF} : \overline{BC}$

■ 다음 그림에서 x의 값을 구하여라.

앗! 실수

4.

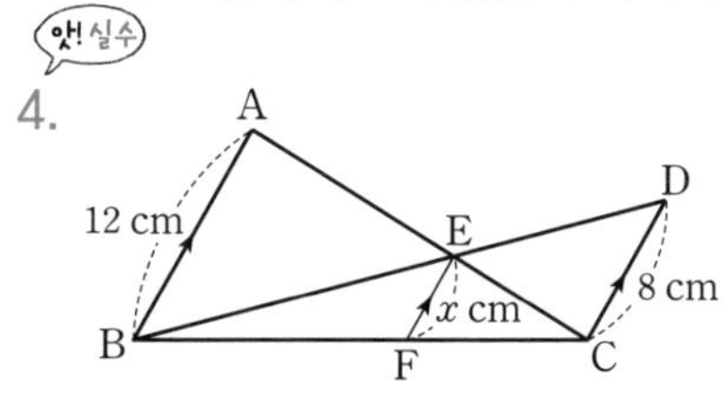

Help $\overline{CE} : \overline{EA} = 8 : 12 = 2 : 3$

5.

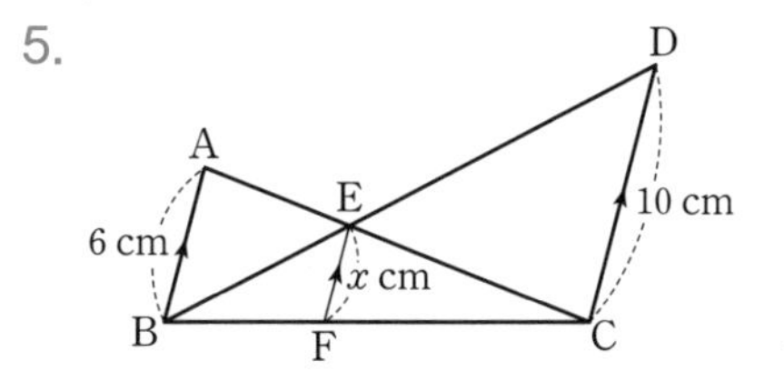

앗! 실수

6.

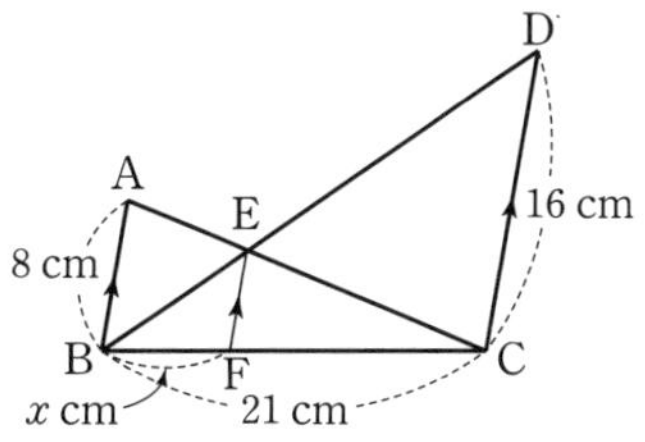

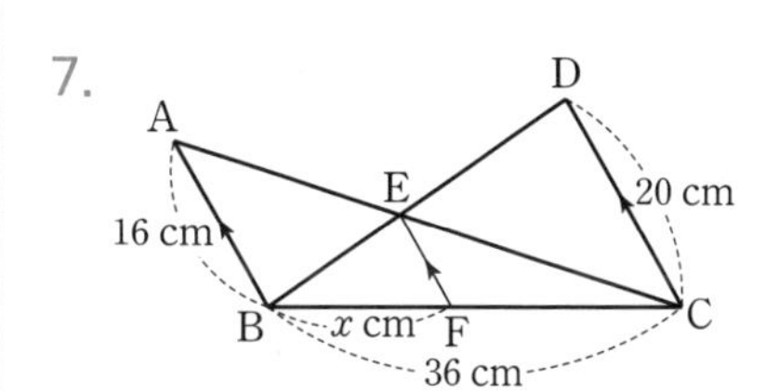

Help $\overline{BE} : \overline{ED} = 8 : 16 = 1 : 2$
$\overline{BE} : \overline{BD} = x : 21$

7.

D
A
E
20 cm
16 cm
B
x cm
F
C
36 cm

8.

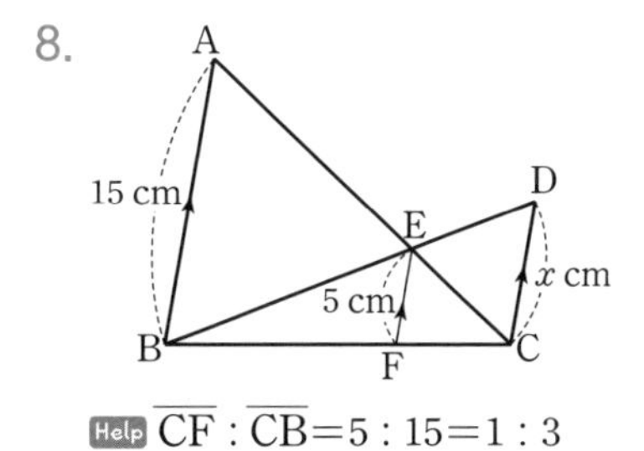

Help $\overline{CF} : \overline{CB} = 5 : 15 = 1 : 3$
$\overline{BF} : \overline{BC} = 2 : 3$

9.

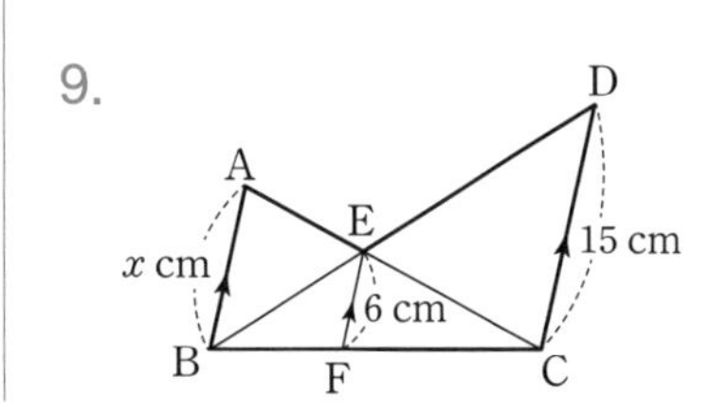

거저먹는 시험 문제

[1～3] 사다리꼴에서 평행선과 선분의 길이의 비

적중률 90%

1. 오른쪽 그림과 같은 사다리꼴 ABCD에서 $\overline{AD}/\!/\overline{EF}/\!/\overline{BC}$이고 $\overline{AH}/\!/\overline{DC}$일 때, x, y의 값을 각각 구하여라.

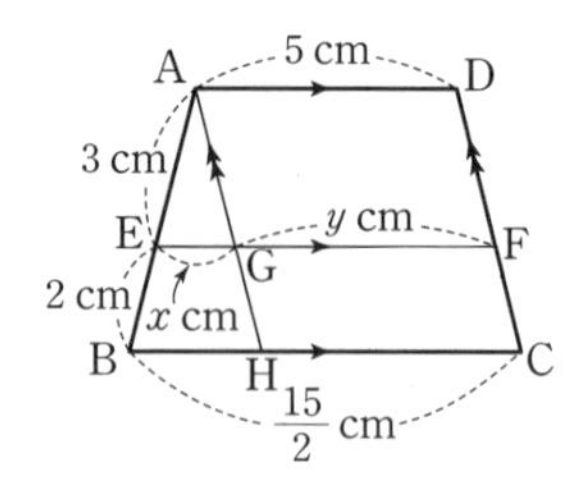

2. 오른쪽 그림과 같은 사다리꼴 ABCD에서 $\overline{AD}/\!/\overline{EF}/\!/\overline{BC}$이고 $\overline{AE}:\overline{EB}=2:1$일 때, $\overline{AD}$의 길이는?

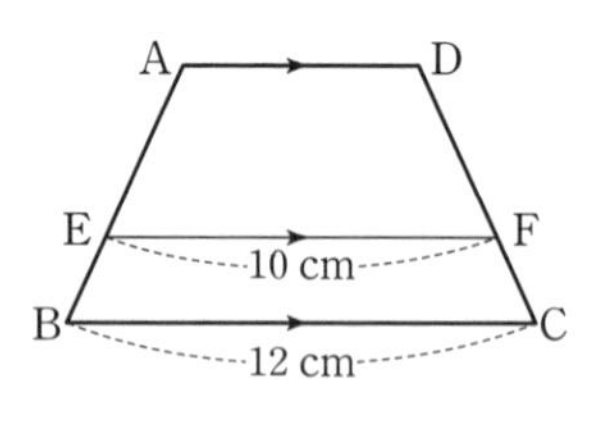

① 5cm ② 6cm ③ 7cm
④ 8cm ⑤ 9cm

적중률 90%

3. 다음 그림과 같은 사다리꼴 ABCD에서 $\overline{AD}/\!/\overline{EF}/\!/\overline{BC}$일 때, x, y의 값을 각각 구하여라.

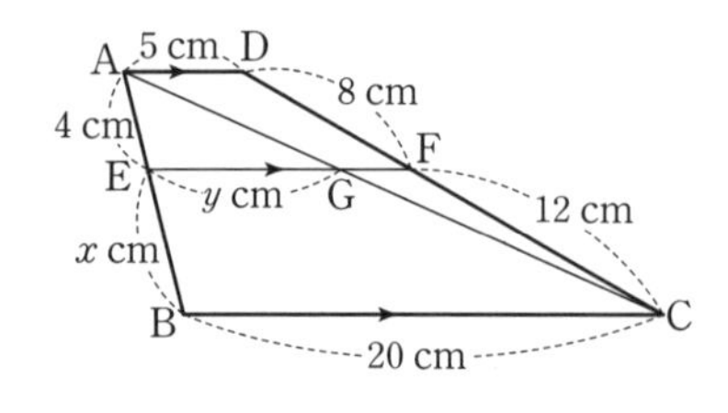

[4～5] 사다리꼴과 평행선의 응용

적중률 80%

4. 오른쪽 그림과 같은 사다리꼴 ABCD에서 $\overline{AD}/\!/\overline{EF}/\!/\overline{BC}$일 때, $\overline{EF}$의 길이를 구하여라.

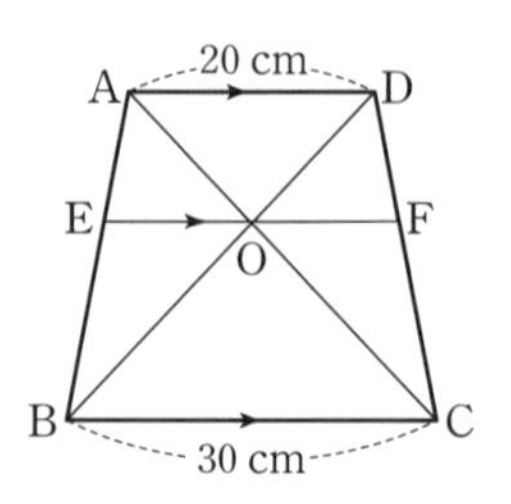

앗! 실수

5. 오른쪽 그림과 같은 사다리꼴 ABCD에서 $\overline{AD}/\!/\overline{EF}/\!/\overline{BC}$일 때, x, y의 값을 각각 구하여라.

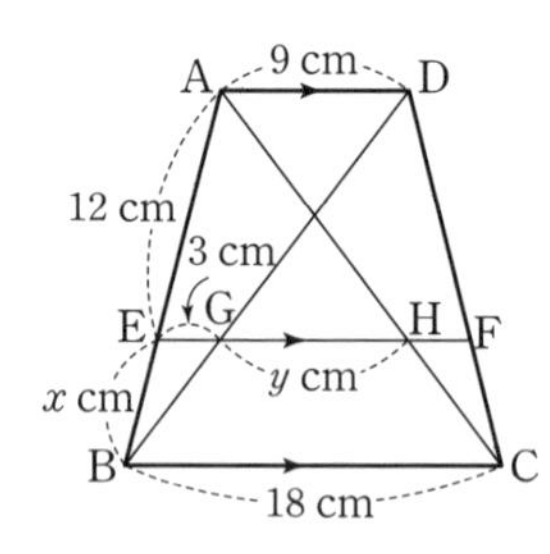

[6] 평행선과 선분의 길이의 비의 응용

6. 오른쪽 그림에서 $\overline{AB}/\!/\overline{EF}/\!/\overline{DC}$일 때, x의 값은?

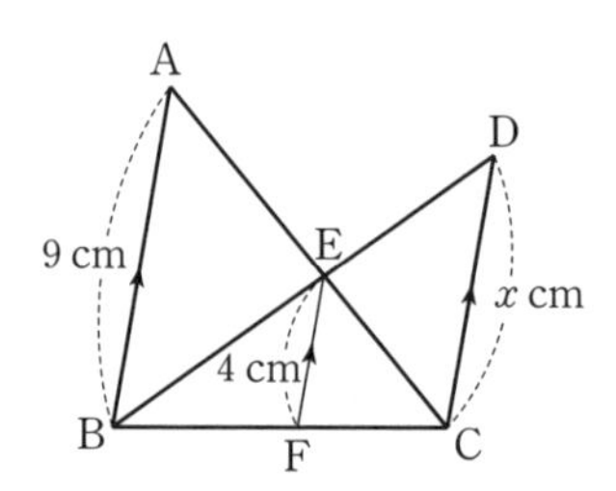

① 6
② 6.5
③ 7
④ 7.2
⑤ 8.5

16 삼각형의 두 변의 중점을 연결한 선분의 성질

● 삼각형의 두 변의 중점을 연결한 선분의 성질

① 삼각형의 두 변의 중점을 연결한 선분은 나머지 변과 평행하고 그 길이는 나머지 변의 길이의 $\frac{1}{2}$이다.

$\overline{AM}=\overline{MB}$, $\overline{AN}=\overline{NC}$이면

⇨ $\overline{MN} /\!/ \overline{BC}$, $\overline{MN}=\frac{1}{2}\overline{BC}$

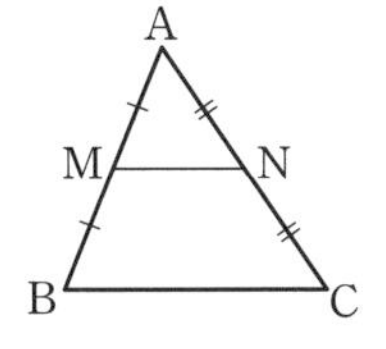

⇨

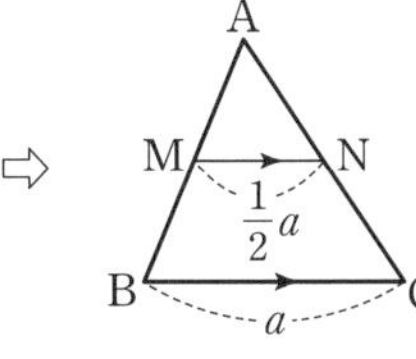

② 삼각형의 한 변의 중점을 지나고 다른 한 변에 평행한 직선은 나머지 변의 중점을 지난다.

$\overline{AM}=\overline{MB}$, $\overline{MN} /\!/ \overline{BC}$이면

⇨ $\overline{AN}=\overline{NC}$

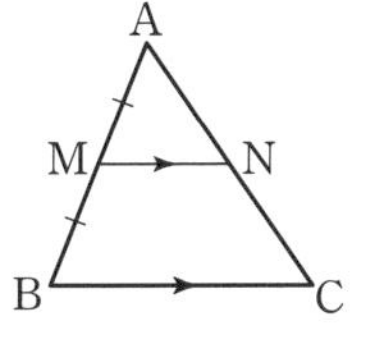

⇨

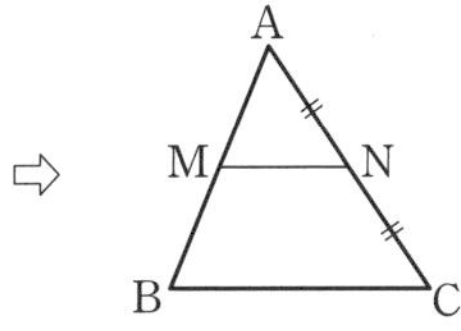

도형 문제에서 길이나 각도를 구할 때 구할 방법이 떠오르지 않는다면 아래와 같이 적당한 보조선을 그어 봐. 보조선을 잘 그리는 것은 도형 문제를 푸는 열쇠와 같아.

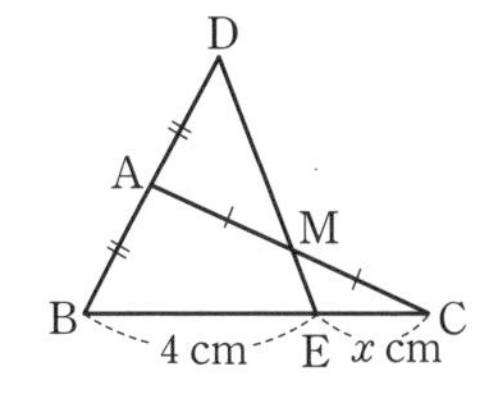

⇩

D, x cm, 밑변에 평행한 보조선, A, M, B, 4 cm, E, x cm, C

● 삼각형의 두 변의 중점을 연결한 선분의 성질의 활용

① 사각형 ABCD에서 $\overline{AB}$, $\overline{BC}$, $\overline{CD}$, $\overline{DA}$의 중점을 각각 E, F, G, H라 하면

• $\overline{AC} /\!/ \overline{EF} /\!/ \overline{HG}$, $\overline{EF}=\overline{HG}=\frac{1}{2}\overline{AC}$

• $\overline{BD} /\!/ \overline{EH} /\!/ \overline{FG}$, $\overline{EH}=\overline{FG}=\frac{1}{2}\overline{BD}$

• (□EFGH의 둘레의 길이)$=\overline{AC}+\overline{BD}$

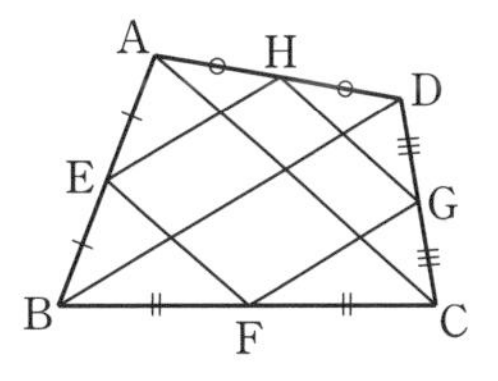

② $\overline{AD} /\!/ \overline{BC}$인 사다리꼴 ABCD에서 $\overline{AB}$, $\overline{CD}$의 중점을 각각 M, N이라 하면

• $\overline{AD} /\!/ \overline{MN} /\!/ \overline{BC}$

• $\overline{MP}=\overline{NQ}=\frac{1}{2}\overline{AD}$, $\overline{MQ}=\overline{NP}=\frac{1}{2}\overline{BC}$

• $\overline{MN}=\frac{1}{2}(\overline{AD}+\overline{BC})$

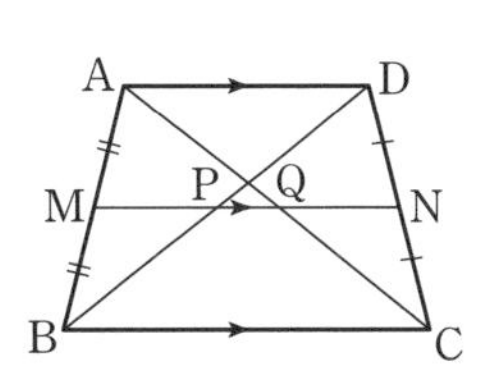

오른쪽 그림과 같이 밑변이 같은 삼각형의 나머지 두 변의 중점을 연결한 선분은 삼각형의 모양에 상관없이 그 길이가 같음을 잊지 말자.

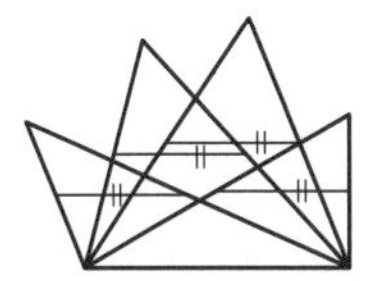

삼각형의 두 변의 중점을 연결한 선분의 성질

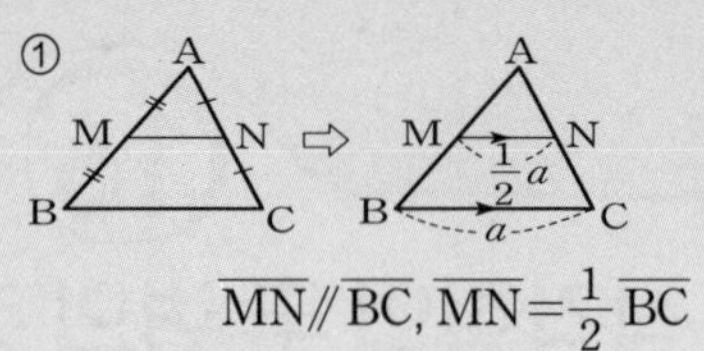

$\overline{MN} /\!/ \overline{BC}$, $\overline{MN} = \frac{1}{2}\overline{BC}$

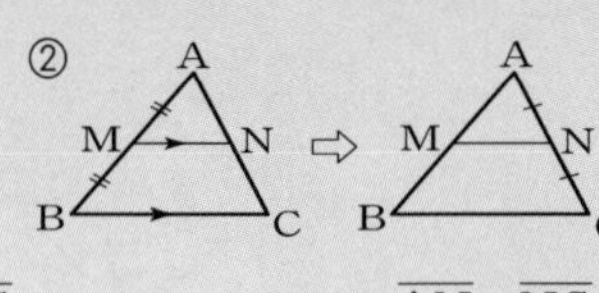

$\overline{AN} = \overline{NC}$

■ 다음에서 x의 값을 구하여라.

1. 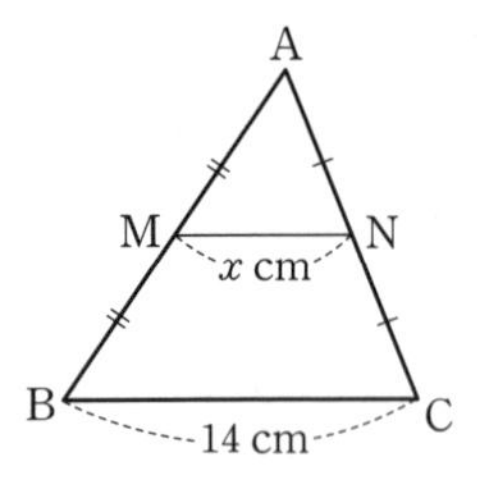

2. 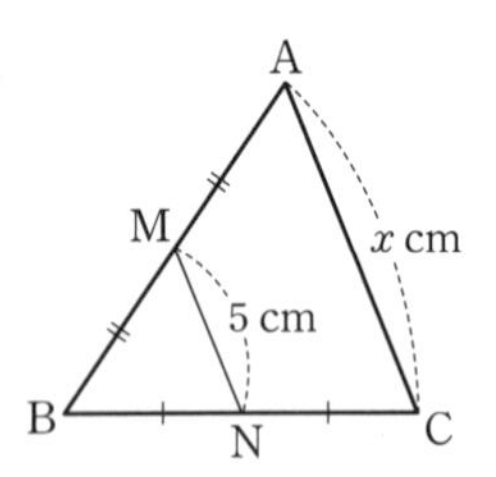

3. 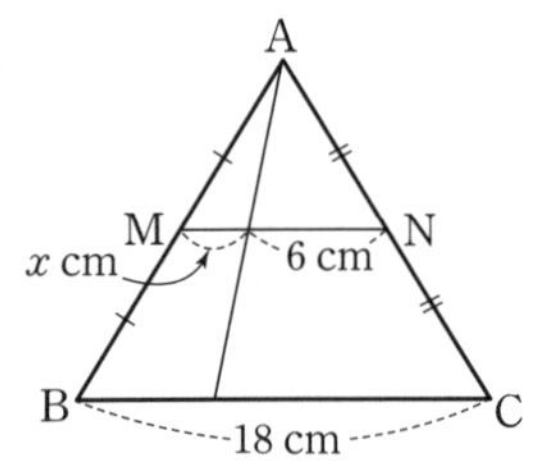

4. 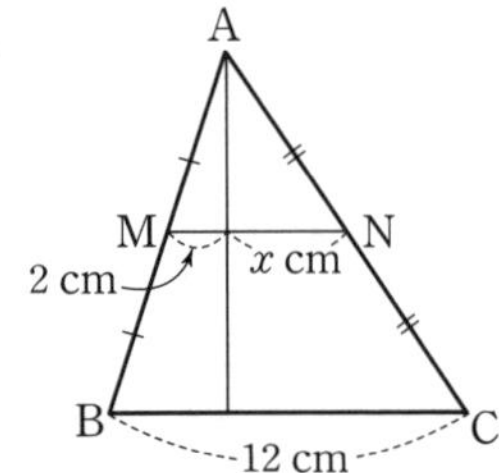

5. 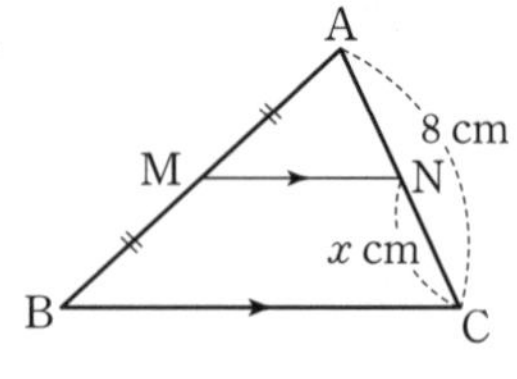

6. 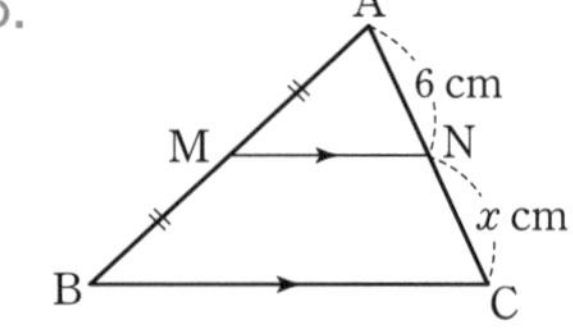

7. 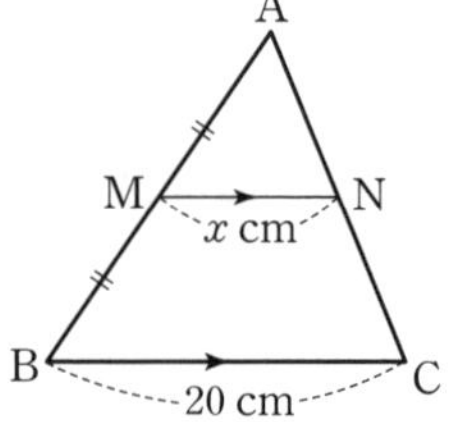

8. 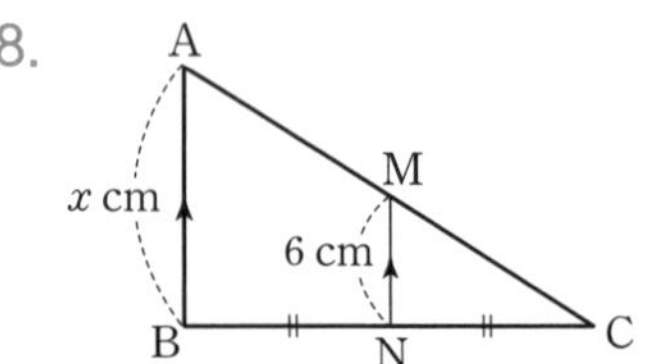

B 삼각형의 두 변의 중점을 연결한 선분의 성질의 응용 1

△ABC에서 $\overline{AB}$, $\overline{BC}$, $\overline{CA}$의 중점을 각각 D, E, F라 하면
(△DEF의 둘레의 길이)
$=\frac{1}{2}\times$(△ABC의 둘레의 길이)

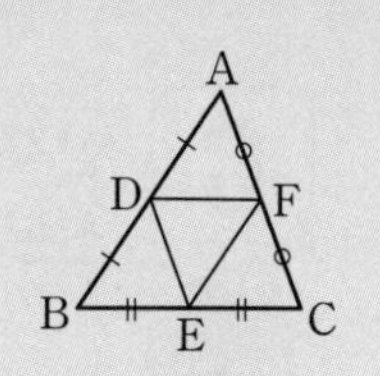

■ 다음에서 $\overline{AB}$, $\overline{AC}$, $\overline{DB}$, $\overline{DC}$의 중점이 각각 M, N, P, Q일 때, x의 값을 구하여라.

1.

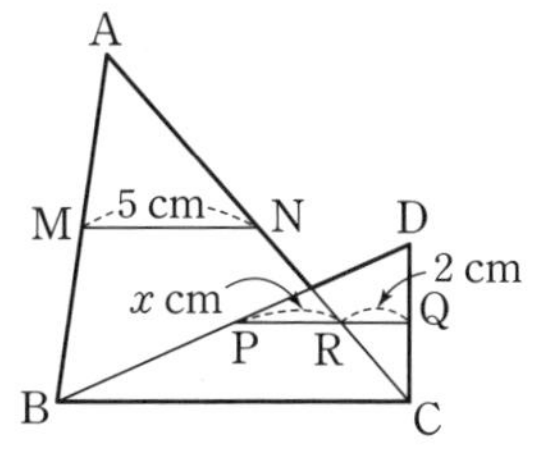

Help $\overline{MN}=\overline{PQ}$

2.

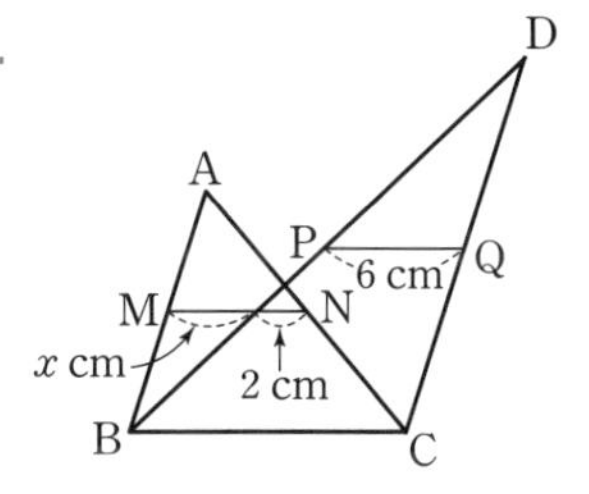

■ 다음에서 x의 값을 구하여라.

3.

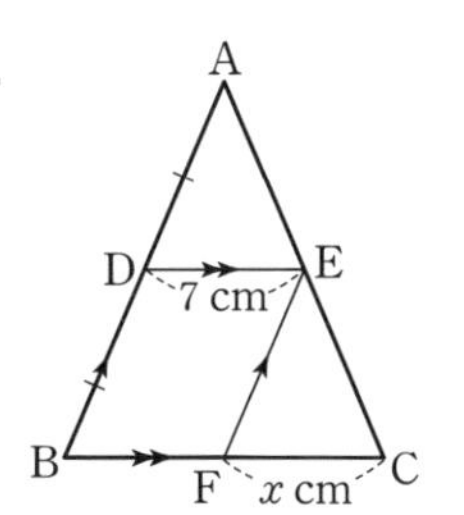

Help $\overline{DE}=\overline{BF}$, $\overline{BC}=2\times\overline{DE}$

4.

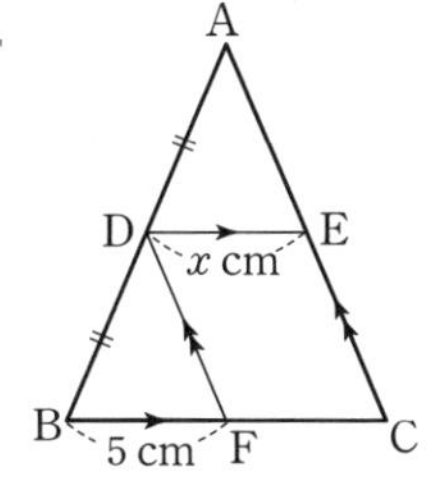

■ 다음 $\overline{AD}/\!/\overline{BC}$인 등변사다리꼴에서 x의 값을 구하여라.

5.

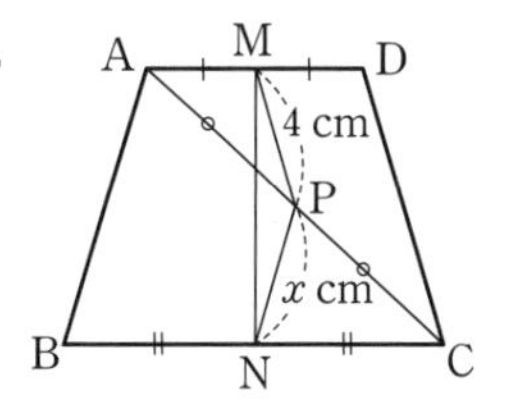

Help 등변사다리꼴이므로 $\overline{AB}=\overline{DC}$

6.

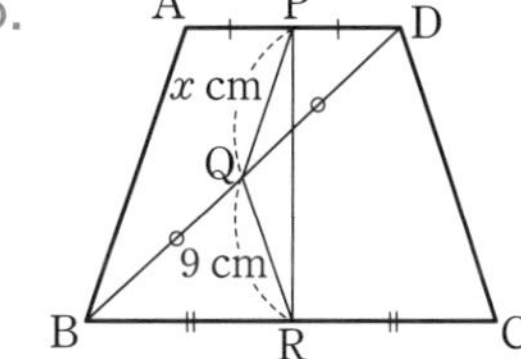

■ 다음에서 △DEF의 둘레의 길이를 구하여라.

7.

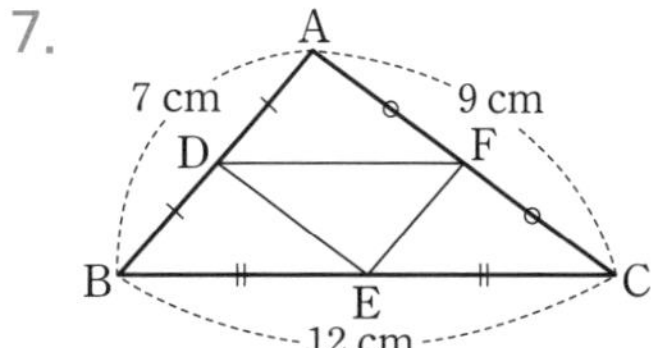

Help (△DEF의 둘레의 길이)
$=\frac{1}{2}\times$(△ABC의 둘레의 길이)

8.

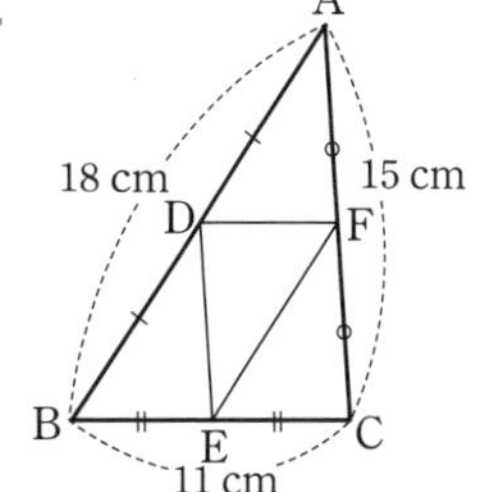

삼각형의 두 변의 중점을 연결한 선분의 성질의 응용 2

오른쪽 그림에서 $\overline{PQ}$의 길이를 구해 보자.
$\overline{MQ}=\frac{1}{2}\times14=7$, $\overline{MP}=\frac{1}{2}\times10=5$
$\therefore \overline{PQ}=7-5=2$

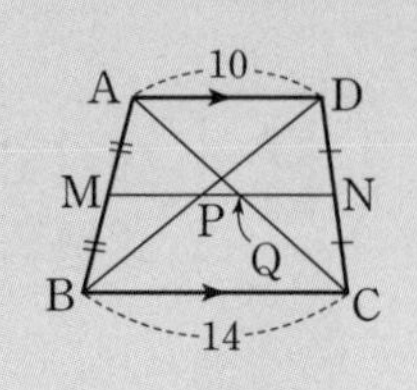

■ 다음에서 □EFGH의 둘레의 길이를 구하여라.

1.

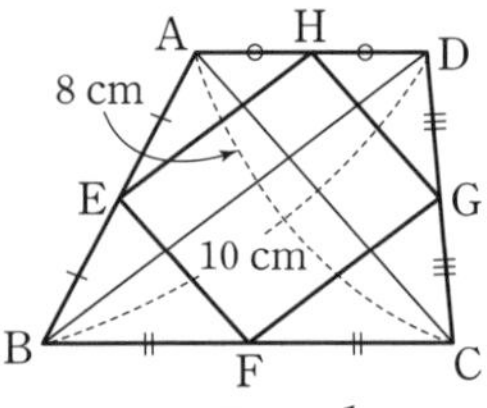

Help $\overline{EH}=\overline{FG}=\frac{1}{2}\times10$, $\overline{EF}=\overline{HG}=\frac{1}{2}\times8$

2.

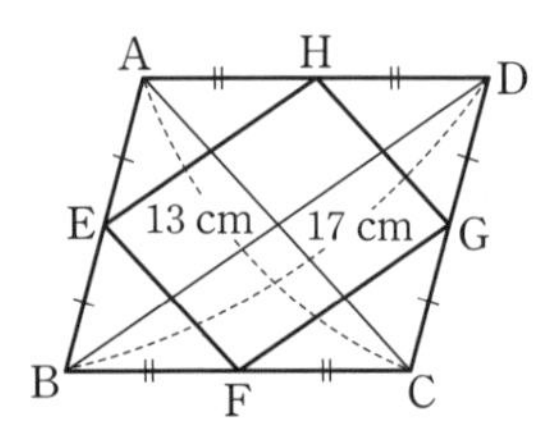

■ 다음에서 □ABCD가 마름모일 때, □EFGH의 넓이를 구하여라.

3.

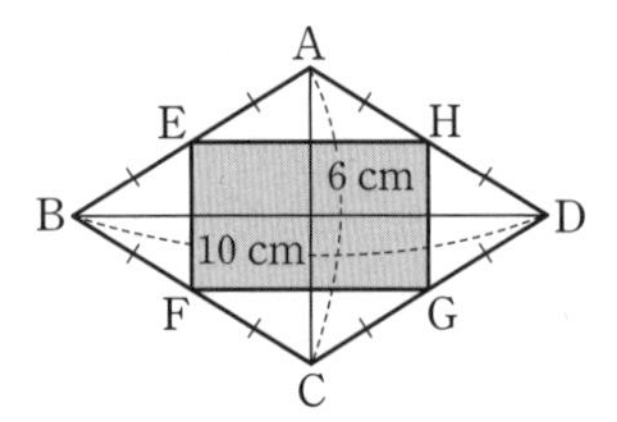

4.

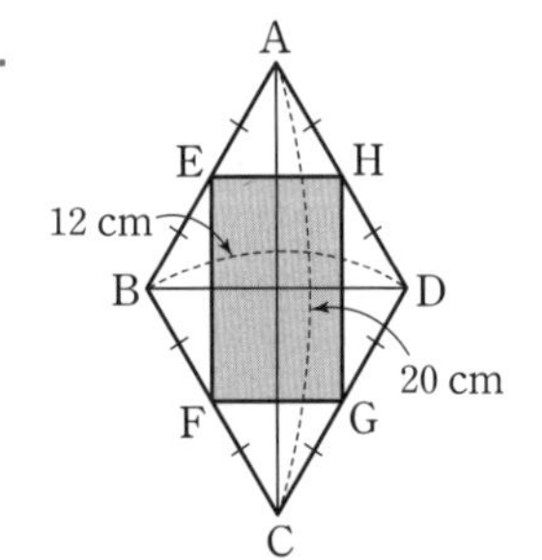

■ 다음에서 x의 값을 구하여라.

5.

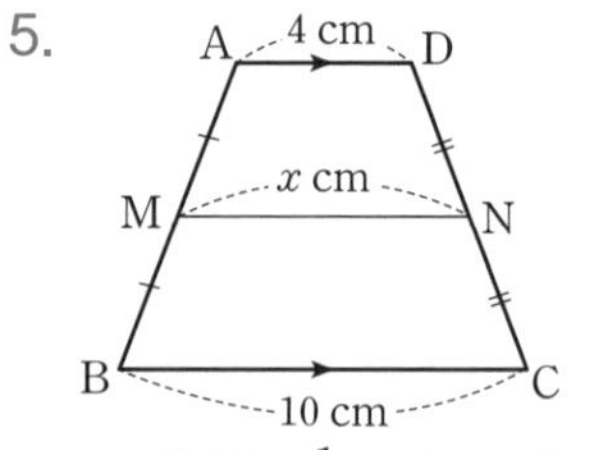

Help $\overline{MN}=\frac{1}{2}\times(\overline{AD}+\overline{BC})$

6.

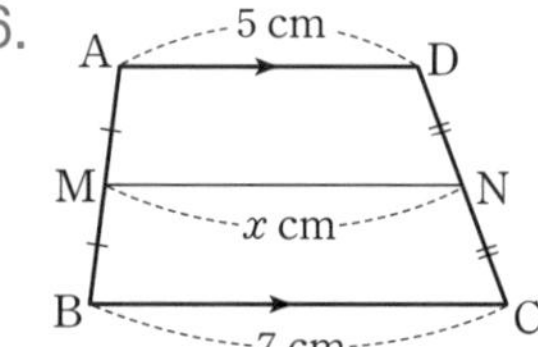

7.

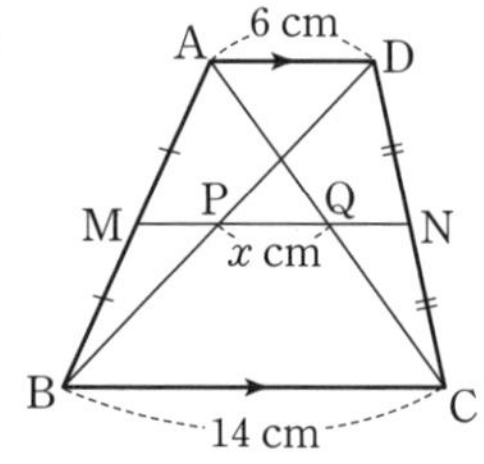

Help $x=\overline{MQ}-\overline{MP}$

8.

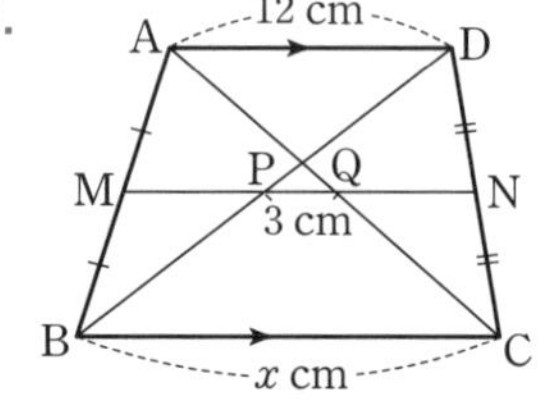

삼각형의 두 변의 중점을 연결한 선분의 성질의 응용 3

오른쪽 그림에서 x의 값을 구해 보자.
$\triangle$ADF에서 $\overline{DF}=2\times3=6$
$\triangle$CEB에서 $\overline{BE}=2\times6=12$
$\therefore x=9$

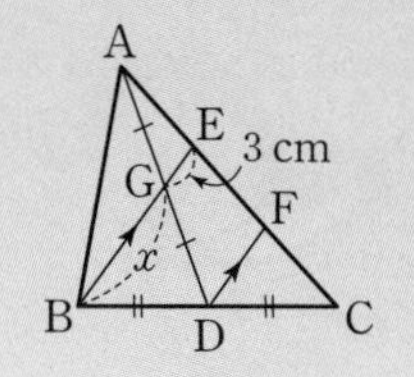

■ 다음에서 x의 값을 구하여라.

1.

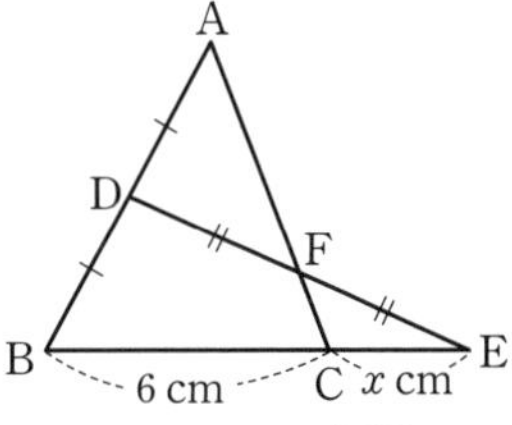

Help 점 D를 지나 $\overline{BC}$에 평행한 선을 그어 $\overline{AC}$와 만나는 점을 G라 하면 $\triangle DFG\equiv\triangle EFC$가 되므로 $\overline{DG}=x$ cm

2.

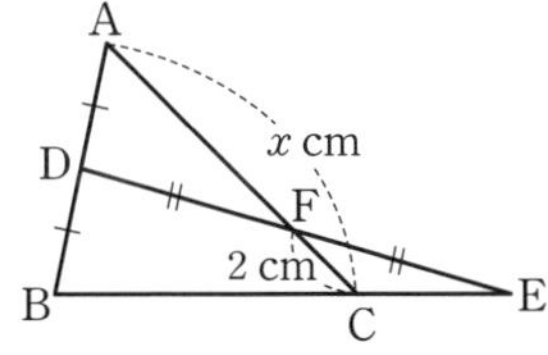

Help 점 D를 지나 $\overline{BC}$에 평행한 선을 그으면 $\overline{AC}$의 중점을 지난다.

3.

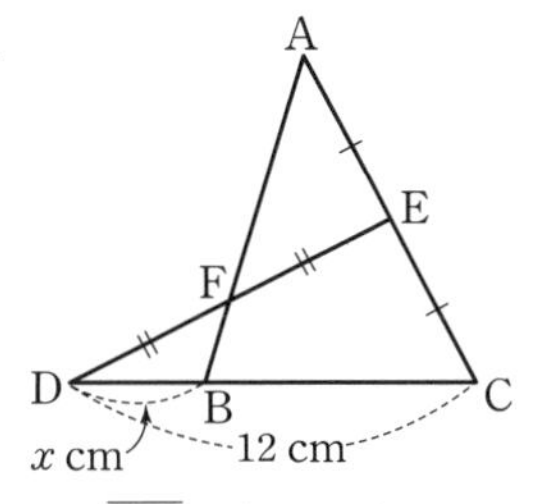

Help $\overline{BC}=(12-x)$cm

4.

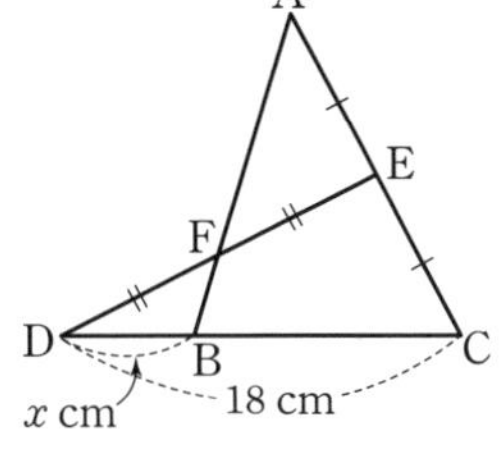

앗!실수

5.

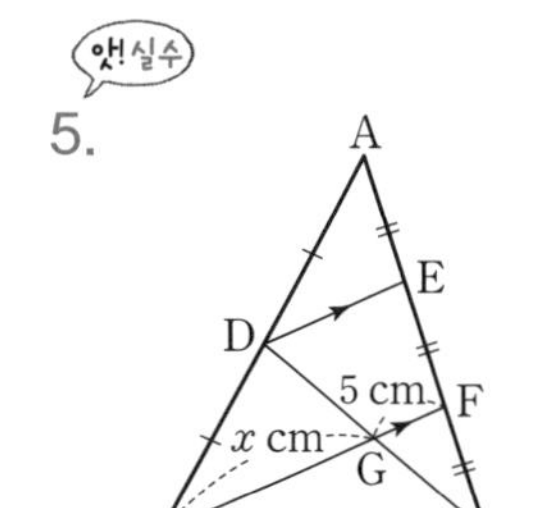

Help $\overline{DE}=2\overline{GF}=10$(cm), $\overline{BF}=2\overline{DE}$

6.

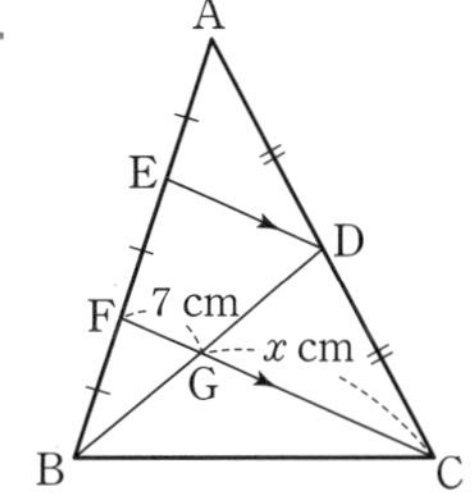

7.

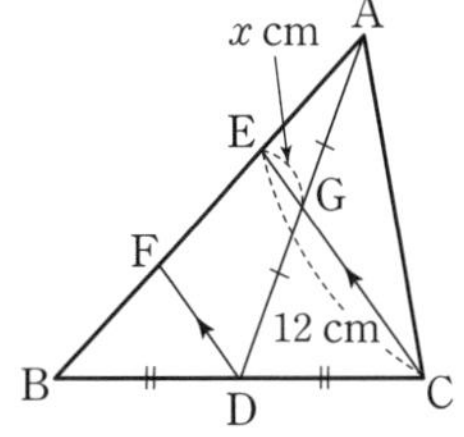

Help $\overline{FD}=\frac{1}{2}\overline{EC}$, $\overline{EG}=\frac{1}{2}\overline{FD}$

8.

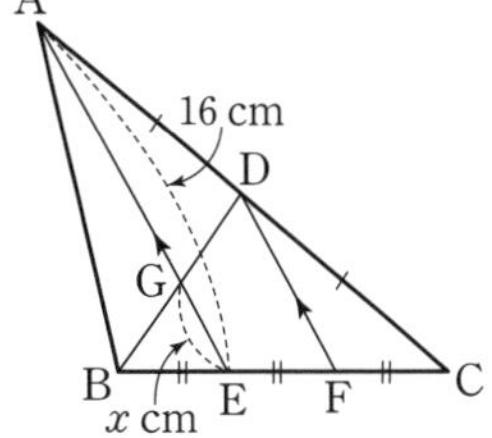

거저먹는 시험 문제

[1~6] 삼각형의 두 변의 중점을 연결한 선분의 성질

적중률 80%

1. 오른쪽 그림과 같은 △ABC에서 세 변의 중점을 각각 D, E, F라 할 때, △DEF의 둘레의 길이를 구하여라.

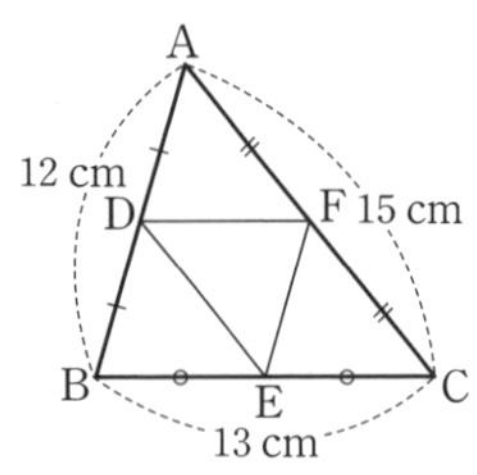

2. 오른쪽 그림과 같은 △ABC에서 점 E는 $\overline{AC}$의 중점이고, $\overline{DE} /\!/ \overline{BC}$, $\overline{EF} /\!/ \overline{AB}$이다. $\overline{AB}=10\,\text{cm}$, $\overline{DE}=4\,\text{cm}$일 때, $\overline{AD}+\overline{FC}$의 길이를 구하여라.

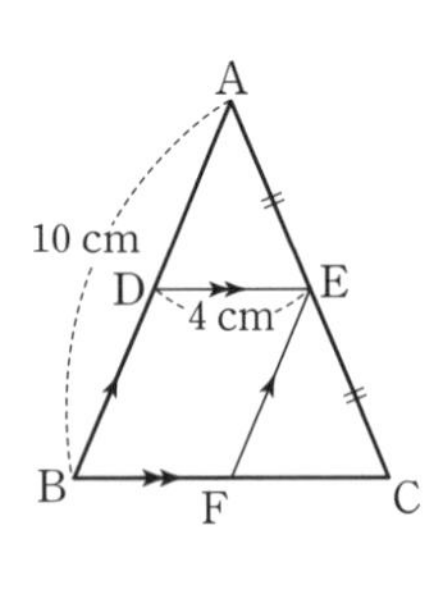

3. 오른쪽 그림의 △ABC와 △DBC에서 $\overline{AM}=\overline{MB}$, $\overline{DQ}=\overline{QC}$이고, $\overline{MN} /\!/ \overline{PQ} /\!/ \overline{BC}$이다. $\overline{MN}=9\,\text{cm}$, $\overline{RQ}=6\,\text{cm}$일 때, $\overline{PR}$의 길이는?

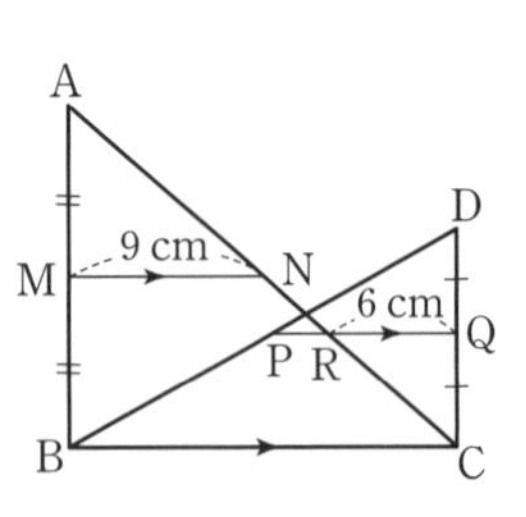

① 2 cm ② 3 cm ③ 4 cm ④ 5 cm ⑤ 6 cm

적중률 80%

4. 오른쪽 그림에서 점 M은 $\overline{AB}$의 중점이고, $\overline{AD} /\!/ \overline{ME} /\!/ \overline{BC}$이다. $\overline{AD}=12\,\text{cm}$, $\overline{BC}=14\,\text{cm}$일 때, x의 값은?

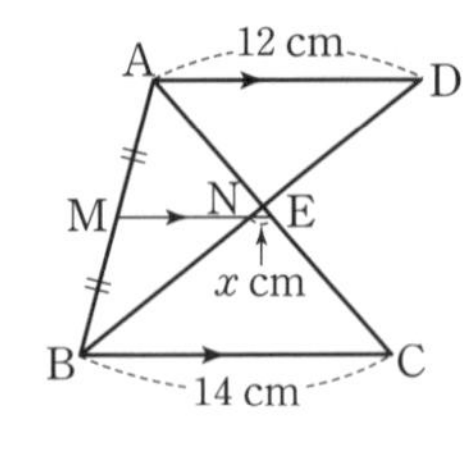

① 1 ② 2 ③ 3 ④ 4 ⑤ 5

적중률 90%

5. 오른쪽 그림과 같은 △ABC에서 두 점 E, F는 $\overline{AC}$의 삼등분점이고, 점 D는 $\overline{AB}$의 중점이다. $\overline{BF}$와 $\overline{CD}$가 만나는 점을 G라 할 때, x의 값은?

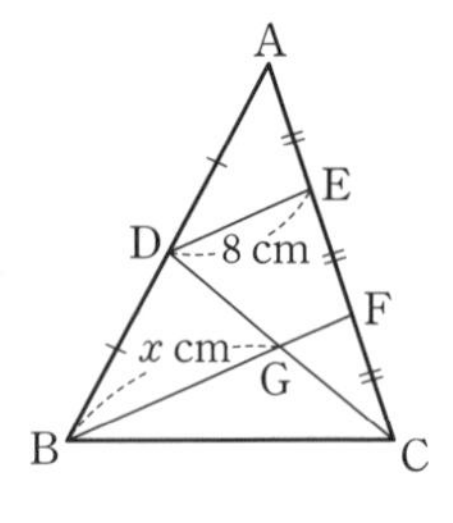

① 10 ② 11 ③ 12 ④ 13 ⑤ 14

앗! 실수

6. 오른쪽 그림과 같은 △ABC에서 $\overline{AD}=\overline{DB}$이고, $\overline{AE}=2\overline{CE}$이다. $\overline{BE}=20\,\text{cm}$일 때, $\overline{BF}$의 길이를 구하여라.

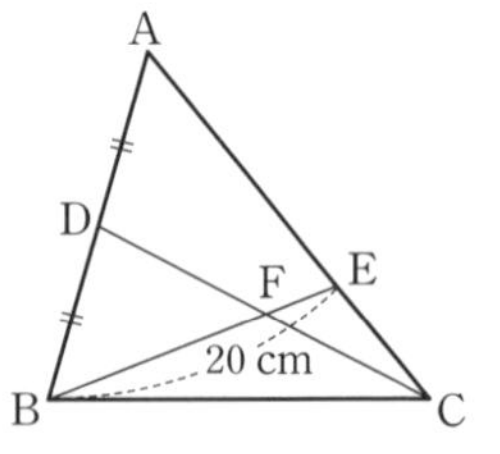

17 삼각형의 무게중심

● 삼각형의 중선과 무게중심

① 삼각형의 중선

- 삼각형에서 한 꼭짓점과 그 대변의 중점을 연결한 선분을 중선이라 한다.
- 삼각형의 중선은 그 삼각형의 넓이를 이등분한다.

  ⇨ $\overline{AD}$가 $\triangle ABC$의 중선일 때, $\triangle ABD = \triangle ADC$

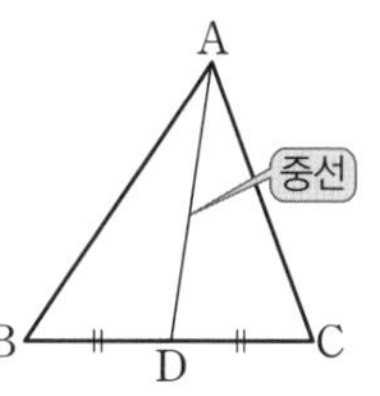

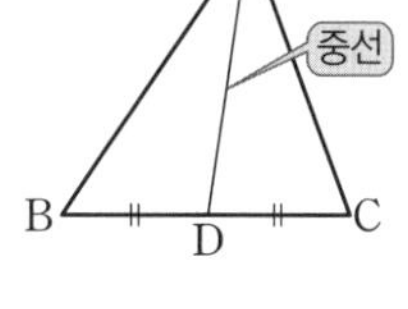

② 삼각형의 무게중심

- 삼각형의 세 중선은 한 점에서 만나고, 이 교점을 무게중심이라 한다.
- 삼각형의 무게중심은 세 중선의 길이를 꼭짓점으로부터 각각 2 : 1로 나눈다.

  ⇨ $\triangle ABC$의 무게중심이 G일 때,

  $\overline{AG} : \overline{GD} = \overline{BG} : \overline{GE} = \overline{CG} : \overline{GF} = 2 : 1$

무게중심하면 절대 잊지 말아야 할 것이 아래 그림과 같이 무게중심은 중선을 꼭짓점으로부터 2 : 1로 나눈다는 거야.

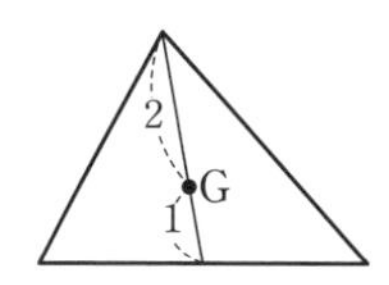

이것을 평행사변형에 적용하면 아래 그림과 같이 대각선이 1 : 1 : 1로 나뉜다는 것을 알 수 있지.

● 삼각형의 무게중심과 넓이

① 삼각형의 세 중선에 의해 나누어지는 여섯 개의 삼각형의 넓이는 모두 같다.

⇨ $\triangle GAF = \triangle GFB = \triangle GBD = \triangle GDC$

$= \triangle GCE = \triangle GEA = \frac{1}{6}\triangle ABC$

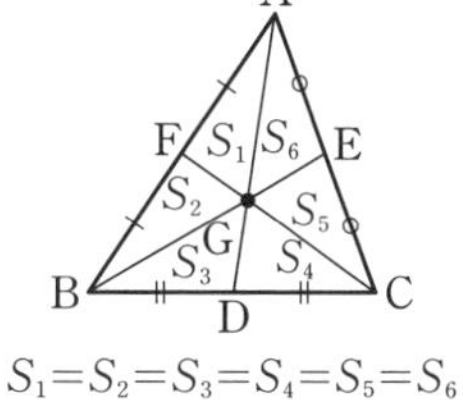

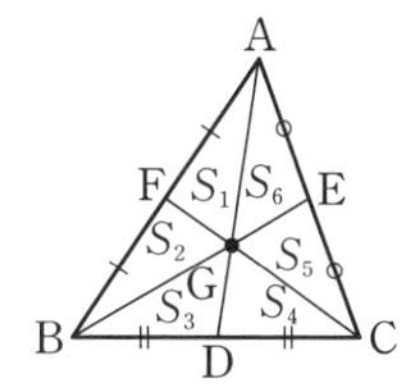

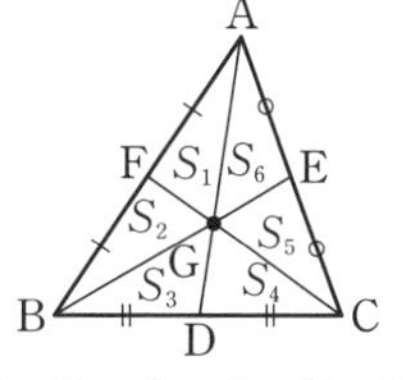

$S_1 = S_2 = S_3 = S_4 = S_5 = S_6$

② 삼각형의 무게중심과 세 꼭짓점을 이어서 생기는 세 개의 삼각형의 넓이는 모두 같다.

⇨ $\triangle GAB = \triangle GBC = \triangle GCA = \frac{1}{3}\triangle ABC$

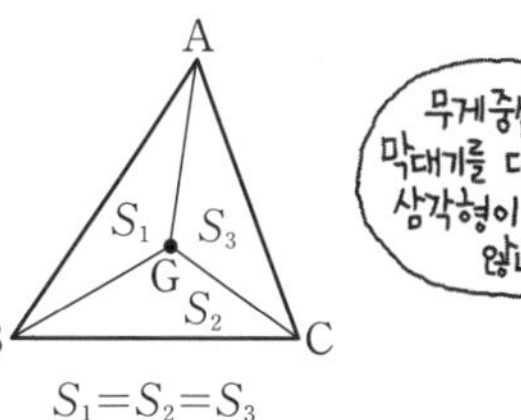

$S_1 = S_2 = S_3$

● 평행사변형에서 삼각형의 무게중심의 응용

평행사변형 ABCD에서 $\overline{BC}$, $\overline{CD}$의 중점을 각각 M, N이라 하면

① 점 P는 $\triangle ABC$의 무게중심이다.

② 점 Q는 $\triangle ACD$의 무게중심이다.

③ $\overline{BP} = \overline{PQ} = \overline{QD}$ ⇨ $\overline{BP} : \overline{PQ} : \overline{QD} = 1 : 1 : 1$

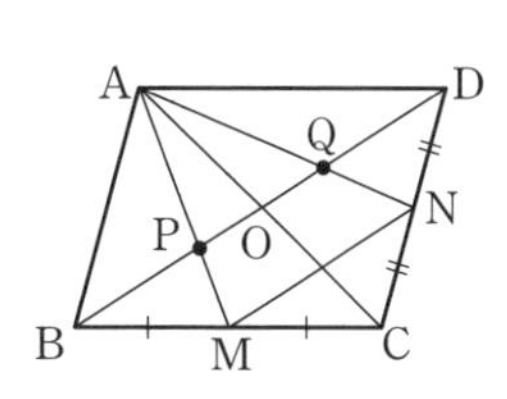

A 삼각형의 무게중심

점 G가 △ABC의 무게중심일 때,
$\overline{AG}:\overline{GD}=\overline{BG}:\overline{GE}=\overline{CG}:\overline{GF}=2:1$
잊지 말자. 꼬~옥!

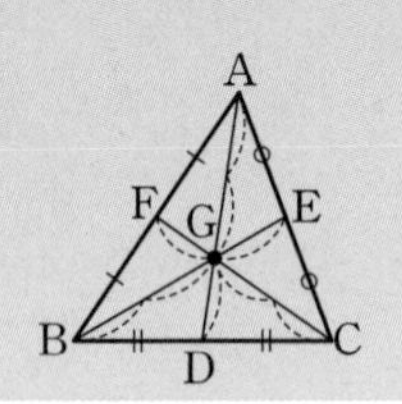

■ 다음 그림에서 점 G가 △ABC의 무게중심일 때, x, y의 값을 각각 구하여라.

1.

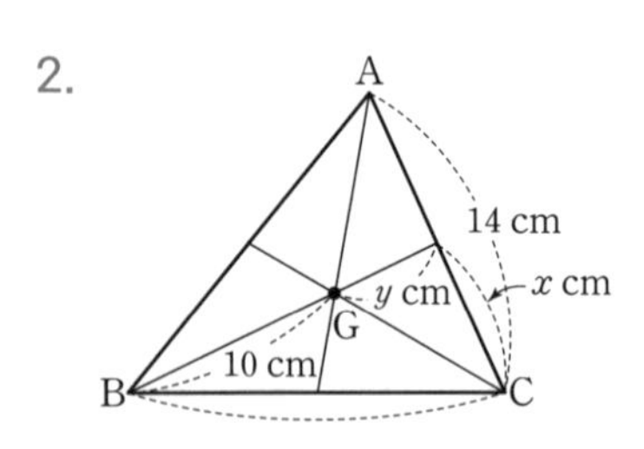

Help $x:2=6:y=2:1$

2.

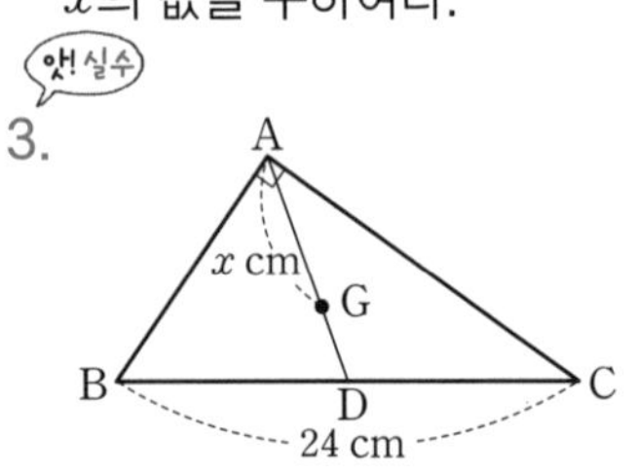

■ 다음 그림에서 점 G가 △ABC의 무게중심일 때, x의 값을 구하여라.

앗! 실수

3.

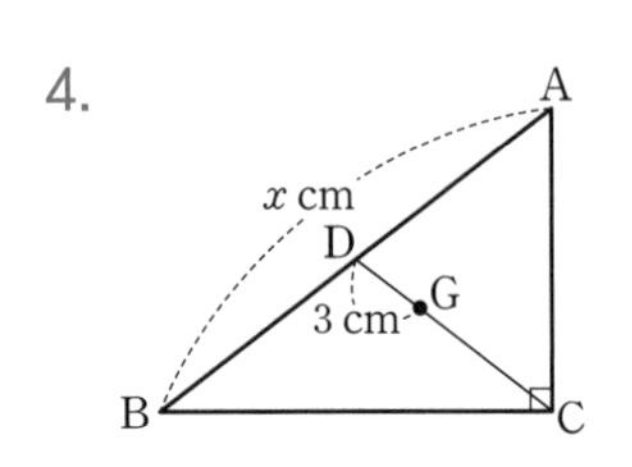

Help △ABC가 직각삼각형이므로 점 D가 빗변의 중점이 되어 외심이다.
$\overline{BD}=\overline{CD}=\overline{AD}=12\,\text{cm}$

4.

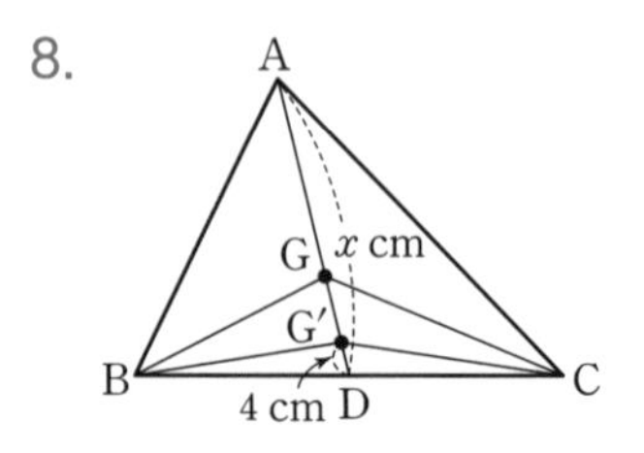

■ 다음 그림에서 점 G가 △ABC의 무게중심이고, 점 G′은 △GBC의 무게중심일 때, x의 값을 구하여라.

앗! 실수

5.

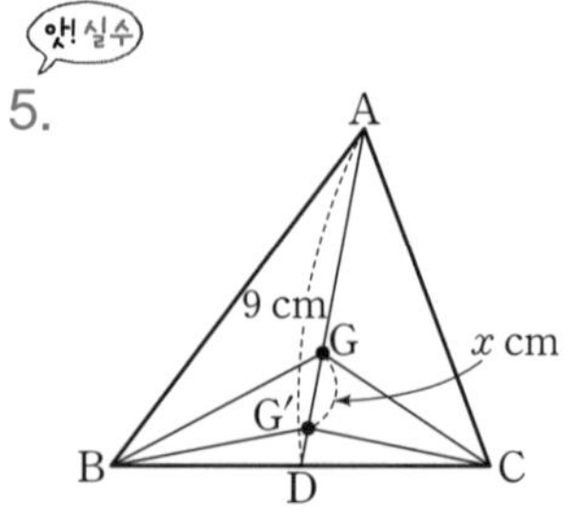

Help △ABC에서 $\overline{AG}:\overline{GD}=2:1$
△GBC에서 $\overline{GG'}:\overline{G'D}=2:1$

6.

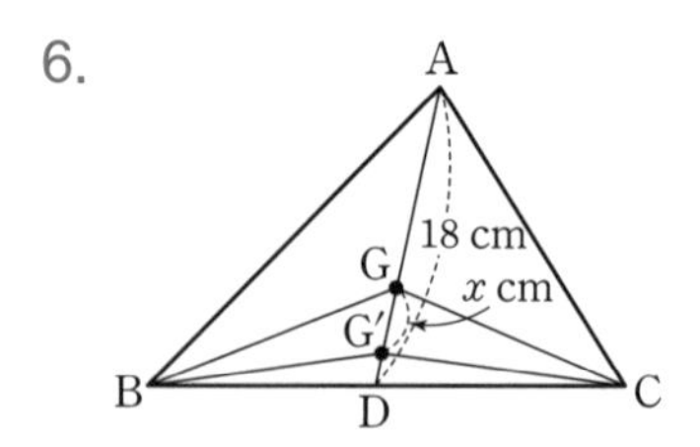

7.

A
x cm
G 4 cm
G′
B D C

Help $\overline{GG'}=4$이므로 $\overline{G'D}=2$, $\overline{AG}=2\overline{GD}$

8.

A
G x cm
G′
B 4 cm D C

B 삼각형의 무게중심의 응용

점 G가 △ABC의 무게중심일 때,
$\overline{AG}:\overline{GD}=2:1$이므로 $\overline{GD}=2$
$\overline{FD}=\frac{1}{2}\times 6=3$
$\therefore x=\overline{FD}-\overline{GD}=1$

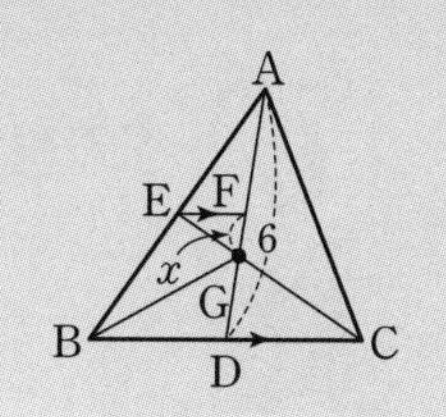

■ 다음 그림에서 점 G가 △ABC의 무게중심일 때, x의 값을 구하여라.

1.

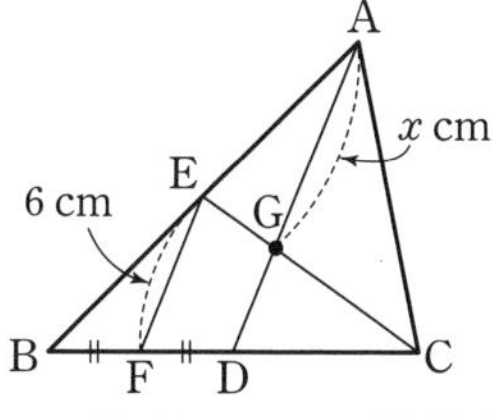

Help $\overline{AD}=12\,\text{cm}$, $\overline{AG}:\overline{GD}=2:1$

2.

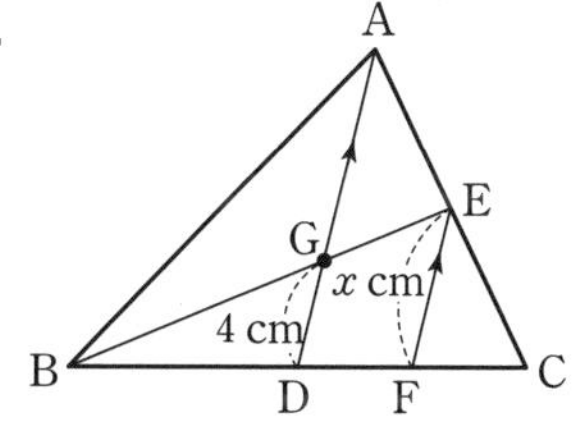

3.

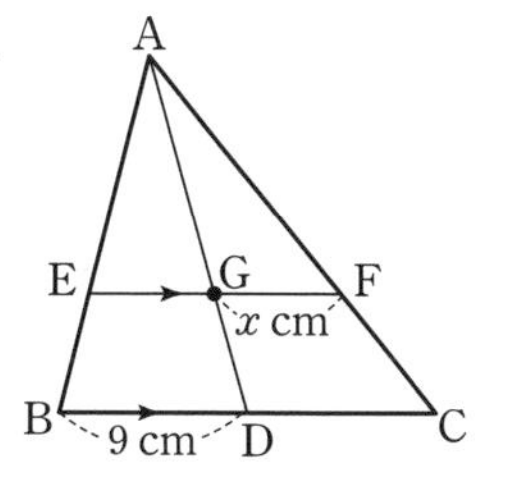

Help $\overline{AG}:\overline{AD}=x:9=2:3$

4.

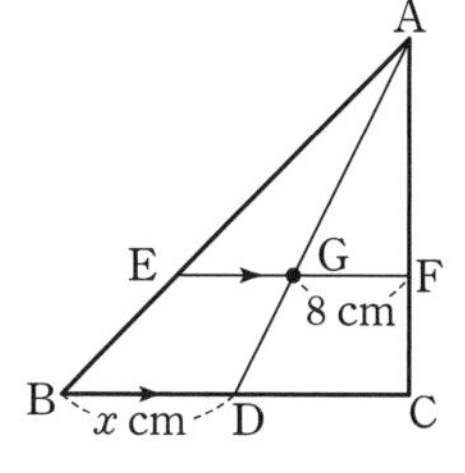

앗! 실수

5.

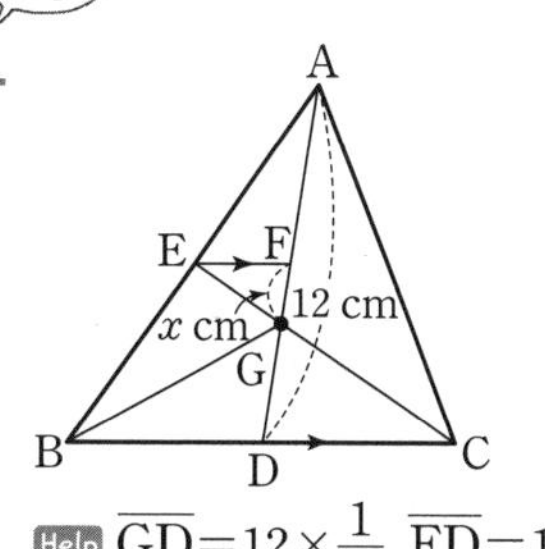

Help $\overline{GD}=12\times\frac{1}{3}$, $\overline{FD}=12\times\frac{1}{2}$

6.

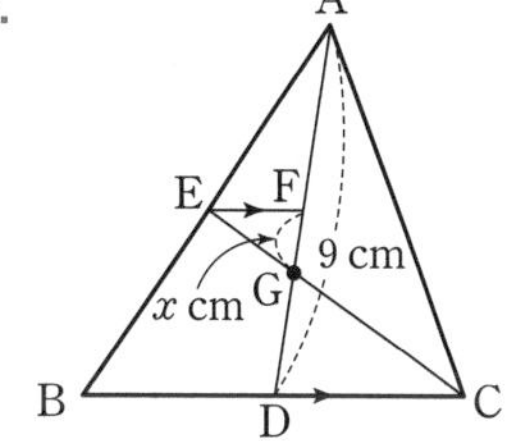

■ 다음 그림에서 점 G가 △ABD의 무게중심이고, 점 G′이 △ADC의 무게중심일 때, x의 값을 구하여라.

7.

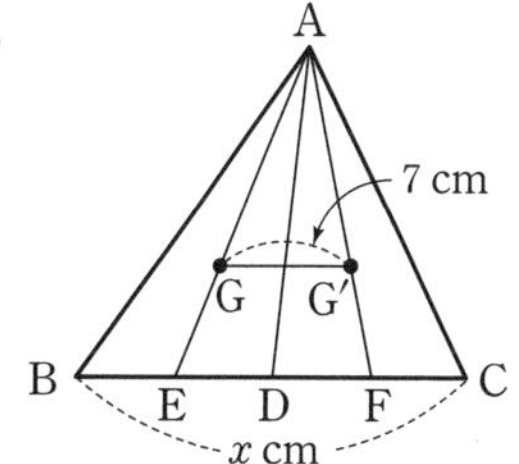

Help $\overline{AG}:\overline{AE}=\overline{GG'}:\overline{EF}=2:3$, $\overline{BC}=2\overline{EF}$

8.

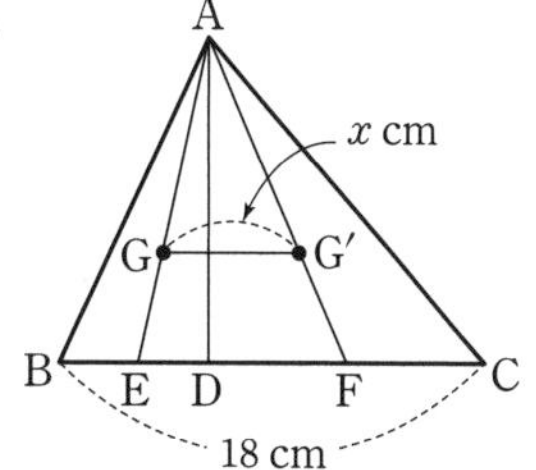

C 삼각형의 무게중심과 넓이

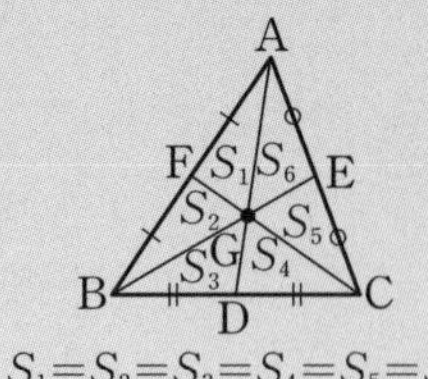

$S_1=S_2=S_3=S_4=S_5=S_6$

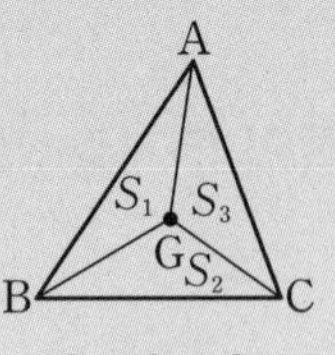

$S_1=S_2=S_3$

■ 다음 그림에서 점 G가 △ABC의 무게중심이고 △ABC$=24\text{cm}^2$일 때, □ 안에 알맞은 넓이를 써넣어라.

1. 

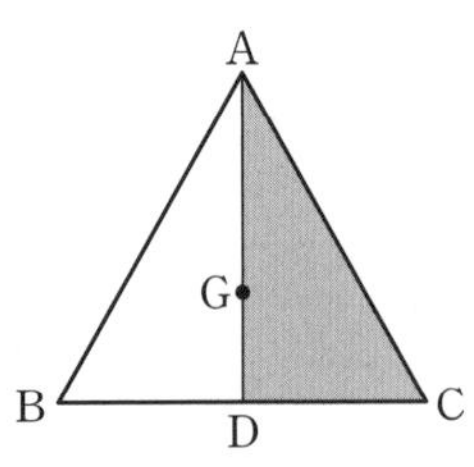

△ADC=□

2.

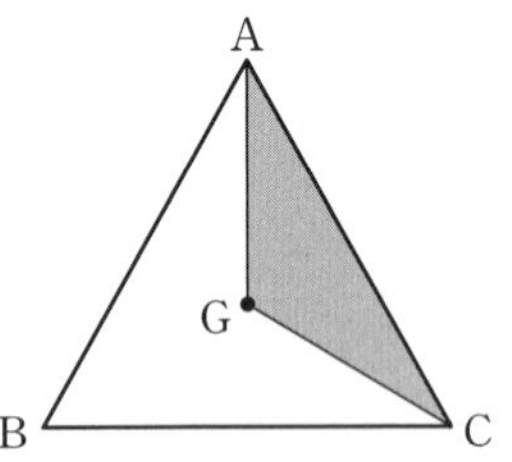

△AGC=□

3.

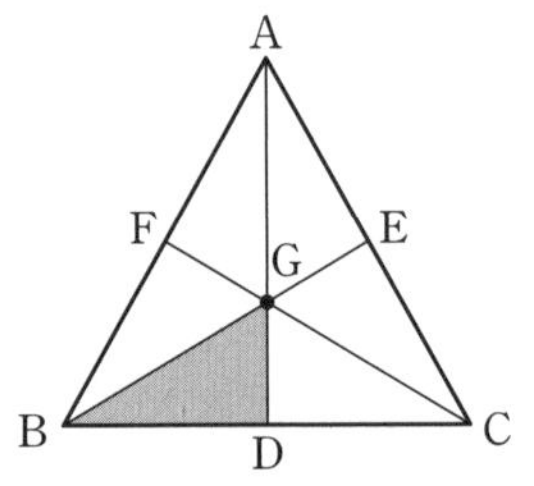

△GBD=□

4.

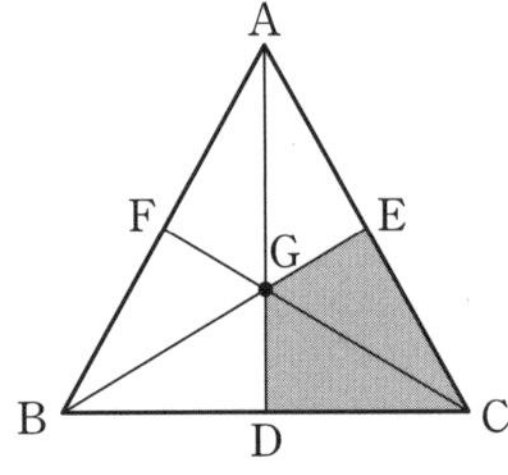

□GDCE=□

Help □GDCE=2 △GDC

■ 다음 그림에서 점 G가 △ABC의 무게중심일 때, □ 안에 알맞은 넓이를 써넣어라.

5.

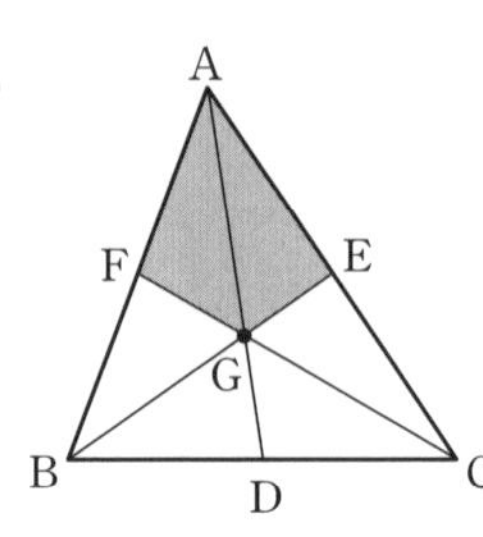

□AFGE$=4\text{cm}^2$일 때,

△ABC=□

6.

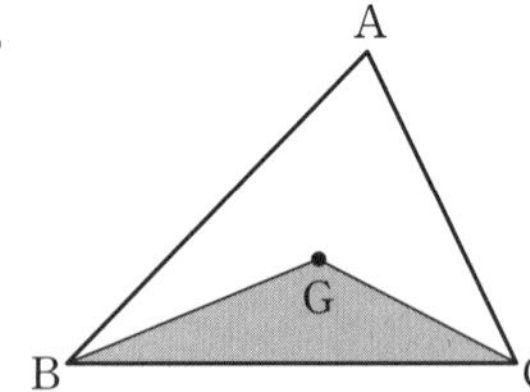

△GBC$=5\text{cm}^2$일 때,

△ABC=□

7.

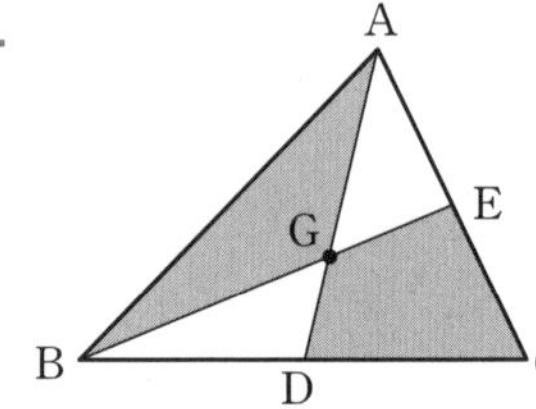

△ABC$=27\text{cm}^2$일 때,

(색칠한 부분의 넓이)

=□

Help (색칠한 부분의 넓이)$=\frac{2}{3}$△ABC

앗! 실수

8.

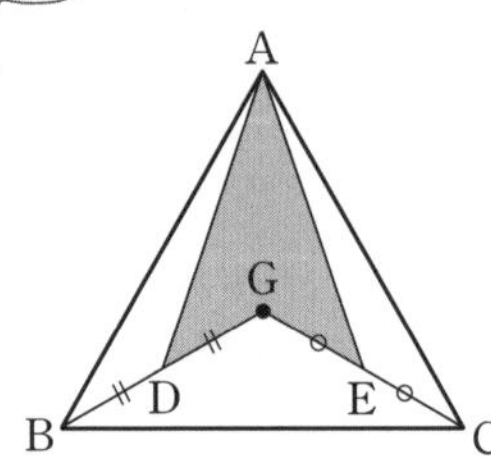

△ABC$=36\text{cm}^2$일 때,

(색칠한 부분의 넓이)

=□

Help 점 A와 점 G를 이으면

△ADG=△AGE$=\frac{1}{6}$△ABC

D 삼각형의 무게중심과 넓이의 응용

$\triangle ABC$의 넓이가 48일 때, $\triangle DGE$의 넓이를 구해 보자.

$\triangle DGE=\frac{1}{3}\triangle DBE=\frac{1}{3}\times\frac{1}{2}\triangle ABE$

$=\frac{1}{3}\times\frac{1}{2}\times\frac{1}{2}\triangle ABC=4$

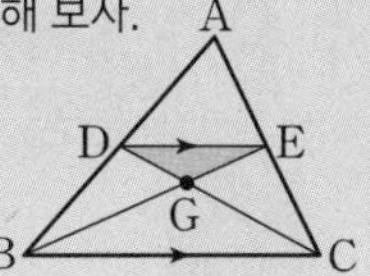

■ 다음 그림에서 점 G가 $\triangle ABC$의 무게중심이고, 점 G′이 $\triangle GBC$의 무게중심일 때, □ 안에 알맞은 넓이를 써넣어라.

1. 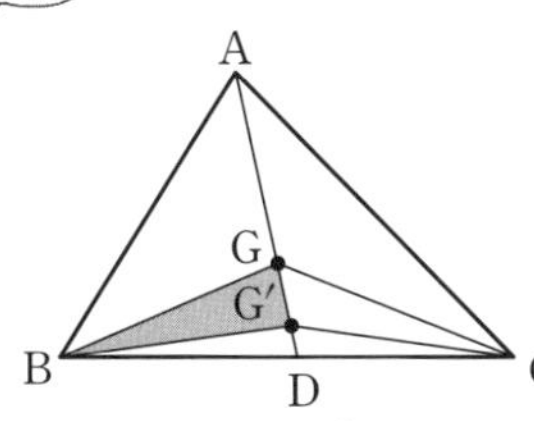

$\triangle ABC=18\,cm^2$일 때,

$\triangle GBG'=$□

Help $\triangle GBG'=\frac{1}{3}\triangle GBC=\frac{1}{3}\times\frac{1}{3}\triangle ABC$

2. 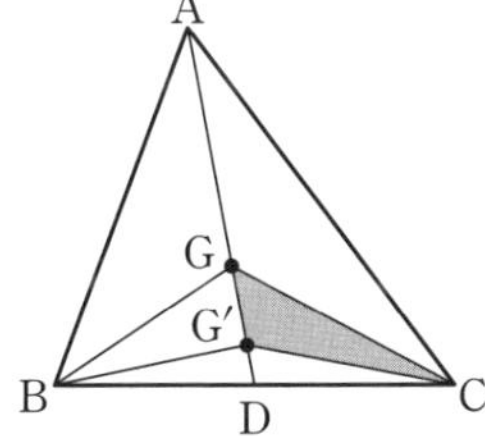

$\triangle ABC=36\,cm^2$일 때,

$\triangle GG'C=$□

3. 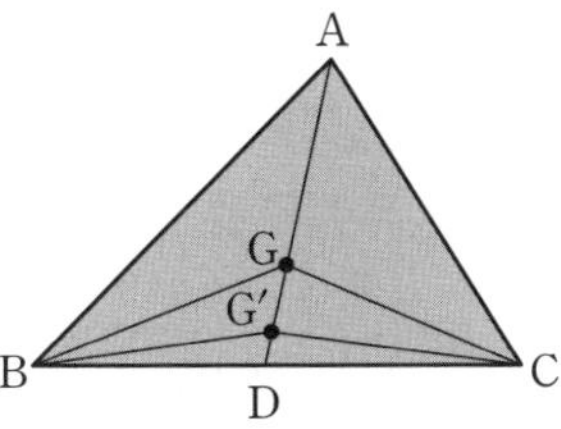

$\triangle G'BC=2\,cm^2$일 때,

$\triangle ABC=$□

Help $\triangle ABC=3\triangle GBC=3\times3\triangle G'BC$

4. 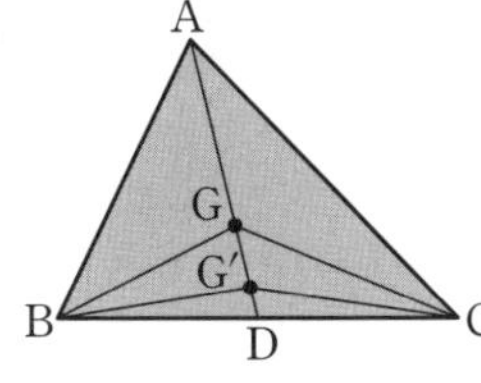

$\triangle G'BC=3\,cm^2$일 때,

$\triangle ABC=$□

■ 다음 그림에서 점 G가 $\triangle ABC$의 무게중심일 때, □ 안에 알맞은 넓이를 써넣어라.

5. 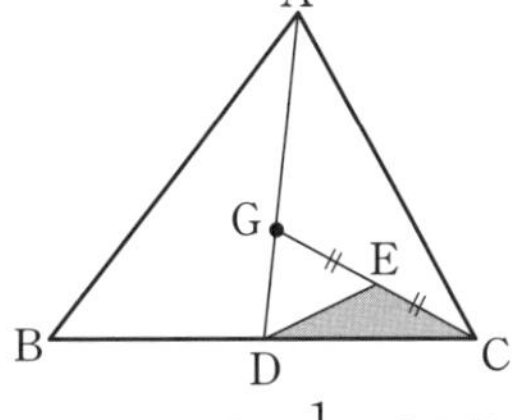

$\triangle ABC=12\,cm^2$일 때,

$\triangle EDC=$□

Help $\triangle EDC=\frac{1}{2}\triangle GDC=\frac{1}{2}\times\frac{1}{6}\triangle ABC$

6. 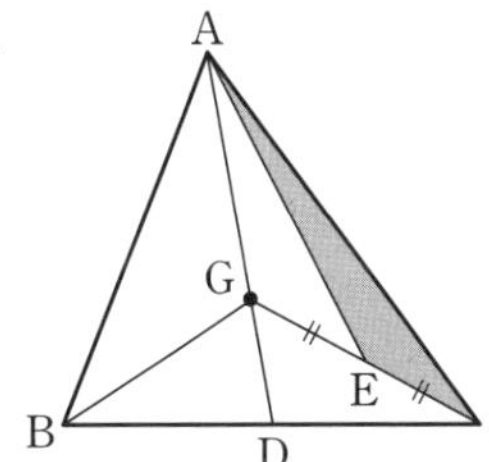

$\triangle ABC=24\,cm^2$일 때,

$\triangle AEC=$□

7. 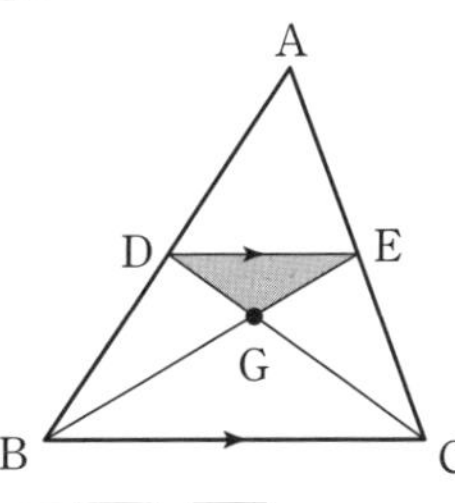

$\triangle ABC=60\,cm^2$일 때,

$\triangle DGE=$□

Help $\overline{BG}:\overline{GE}=2:1$이므로

$\triangle DGE=\frac{1}{3}\triangle DBE=\frac{1}{3}\times\frac{1}{2}\triangle ABE$

$=\frac{1}{3}\times\frac{1}{2}\times\frac{1}{2}\triangle ABC$

8. 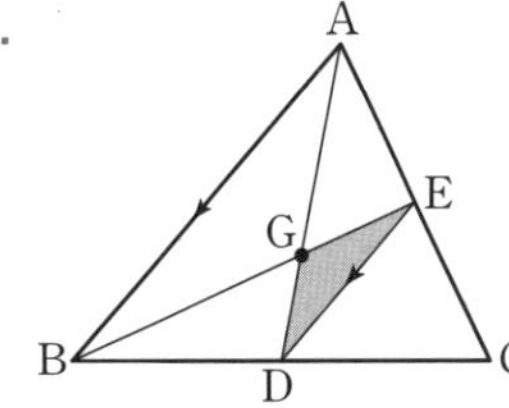

$\triangle ABC=48\,cm^2$일 때,

$\triangle EGD=$□

평행사변형에서 삼각형의 무게중심의 응용

오른쪽 그림에서 x의 값을 구해 보자.
점 P는 $\triangle$ABC의 무게중심이므로
$\overline{AP} : \overline{AM} = 2 : 3 = 8 : x$
$\therefore x = 12$

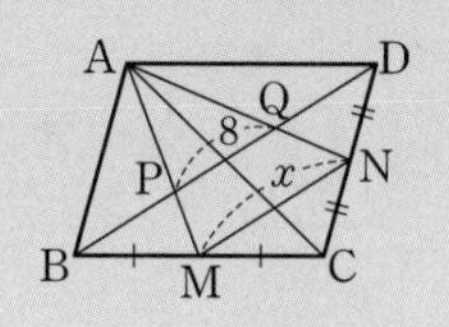

■ 다음 평행사변형 ABCD에서 x의 값을 구하여라.

1.

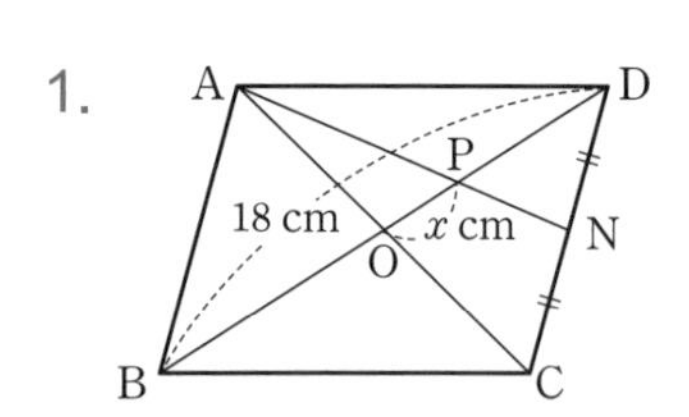

Help $\overline{DO} = \overline{BO} = 9\,\text{cm}$, $\overline{DP} : \overline{PO} = 2 : 1$

2.

A D 24 cm O P x cm B M C

3.

x cm A D Q N O P 2 cm B M C

Help $\overline{BP} = \overline{PQ} = \overline{QD} = 2\,\text{cm}$

4.

15 cm A D O Q N x cm P B M C

5.

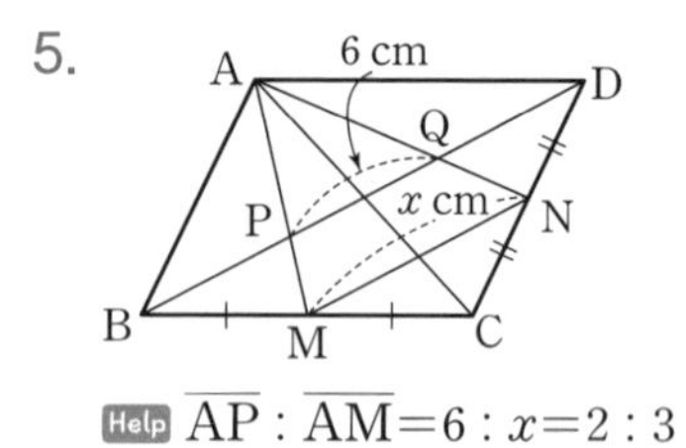

Help $\overline{AP} : \overline{AM} = 6 : x = 2 : 3$

앗! 실수

6.

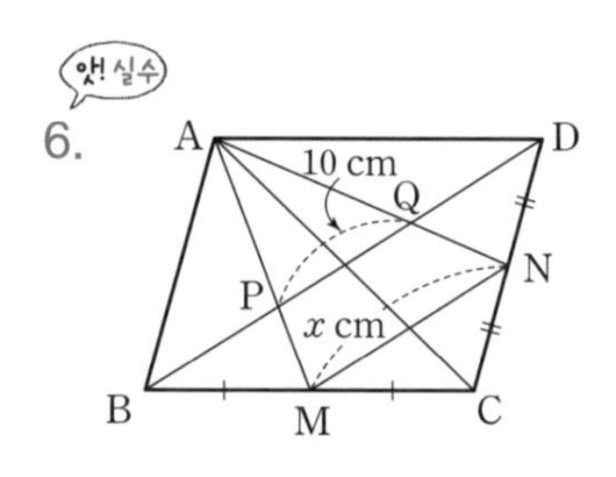

■ 다음 그림에서 □ 안에 알맞은 넓이를 써넣어라.

7.

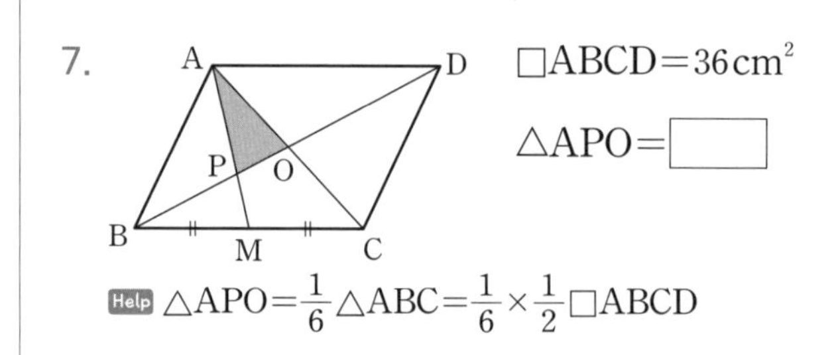

□ABCD$=36\,\text{cm}^2$

$\triangle$APO$=$□

Help $\triangle\text{APO} = \frac{1}{6}\triangle\text{ABC} = \frac{1}{6} \times \frac{1}{2}\square\text{ABCD}$

8.

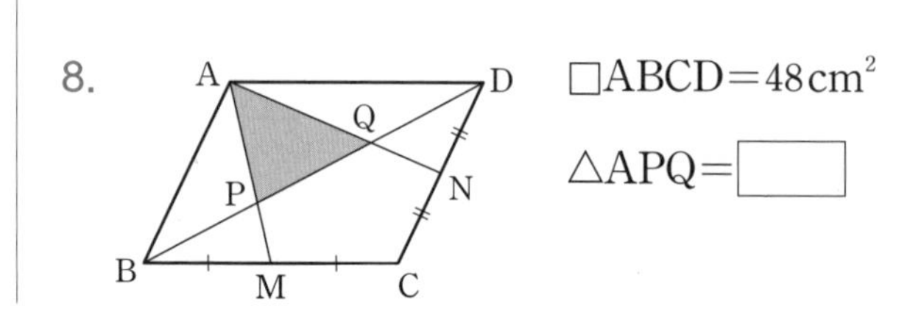

□ABCD$=48\,\text{cm}^2$

$\triangle$APQ$=$□

[1~3] 삼각형의 무게중심

적중률 90%

1. 오른쪽 그림에서 $\overline{AD}$는 $\triangle ABC$의 한 중선이고, 점 G는 무게중심이다. $\overline{BC}=18\text{cm}$, $\overline{GD}=3\text{cm}$일 때, $x+y$의 값은?

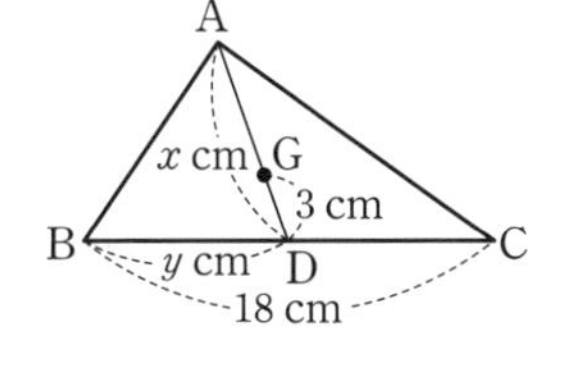

① 15　② 16　③ 17　④ 18　⑤ 19

적중률 80%

2. 오른쪽 그림에서 점 G는 $\triangle ABC$의 무게중심이고, 점 G′은 $\triangle AGC$의 무게중심이다. $\overline{G'D}=4\text{cm}$일 때, $\overline{BD}$의 길이를 구하여라.

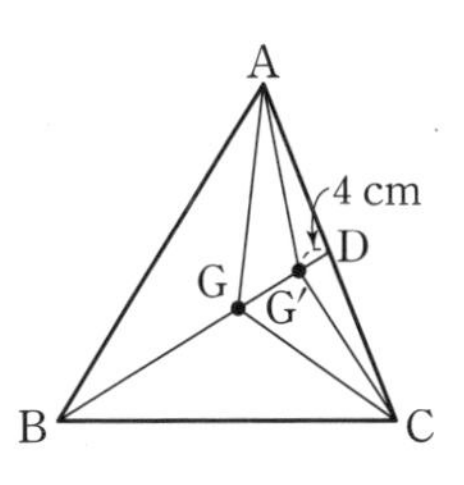

3. 오른쪽 그림에서 점 G는 $\triangle ABC$의 무게중심이고, $\overline{BE}/\!/\overline{DF}$이다. $\overline{BG}=8\text{cm}$일 때, $y-x$의 값을 구하여라.

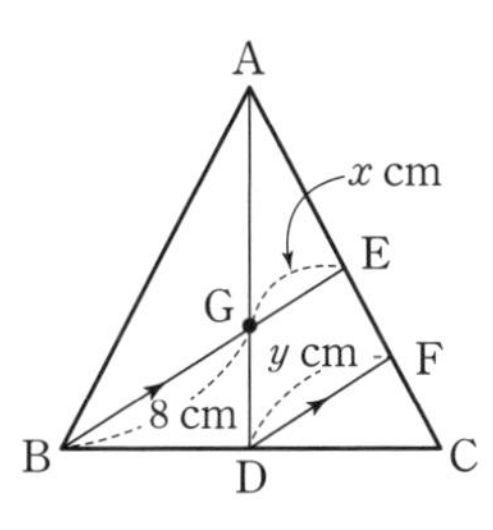

[4] 삼각형의 무게중심과 넓이의 응용

4. 오른쪽 그림에서 점 G는 $\triangle ABC$의 무게중심이고, 점 G′은 $\triangle GBC$의 무게중심이다. $\triangle ABC=45\text{cm}^2$일 때, $\triangle G'BC$의 넓이는?

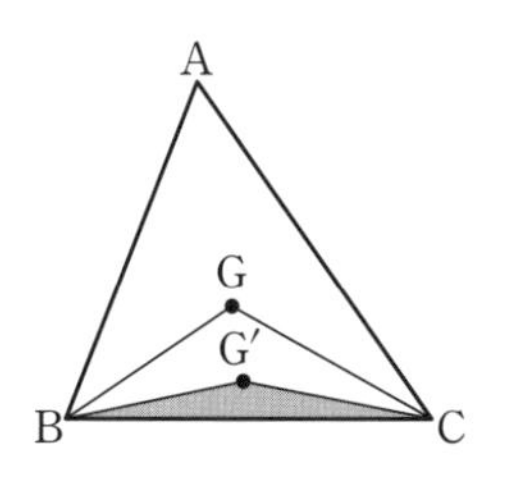

① 5cm^2　② 6cm^2　③ 7cm^2　④ 8cm^2　⑤ 9cm^2

[5~6] 평행사변형에서 삼각형의 무게중심의 응용

적중률 80%

5. 오른쪽 그림의 평행사변형 ABCD에서 두 대각선의 교점을 O라 하고, $\overline{AD}$, $\overline{BC}$의 중점을 각각 M, N이라 하자. $\overline{PO}=7\text{cm}$일 때, $\overline{AC}$의 길이는?

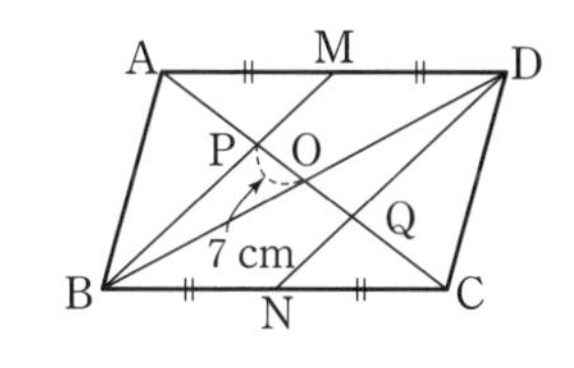

① 25cm　② 28cm　③ 35cm　④ 38cm　⑤ 42cm

앗! 실수

6. 오른쪽 그림과 같은 평행사변형 ABCD에서 $\overline{BE}=\overline{EC}$이고, $\square OFEC=6\text{cm}^2$일 때, $\square ABCD$의 넓이를 구하여라.

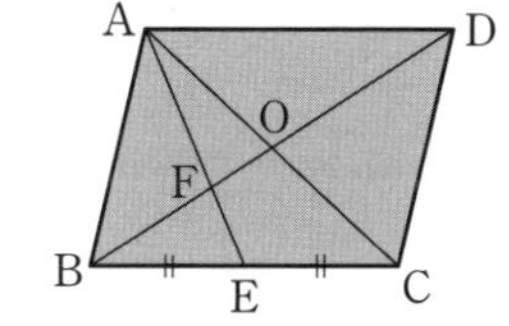

18 닮은 도형의 넓이와 부피

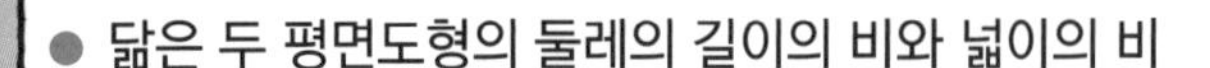

● 닮은 두 평면도형의 둘레의 길이의 비와 넓이의 비

닮음비가 $m : n$인 두 평면도형에서

① 둘레의 길이의 비 ⇨ $m : n$

② 넓이의 비 ⇨ $m^2 : n^2$

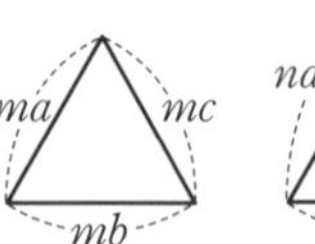

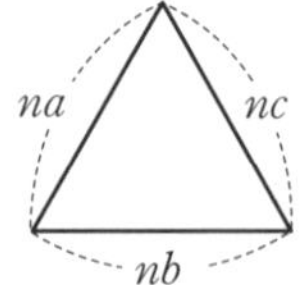

● 닮은 두 입체도형의 겉넓이의 비와 부피의 비

닮음비가 $m : n$인 두 입체도형에서

① 겉넓이의 비 ⇨ $m^2 : n^2$

② 부피의 비 ⇨ $m^3 : n^3$

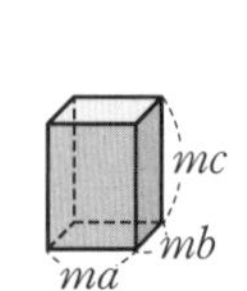

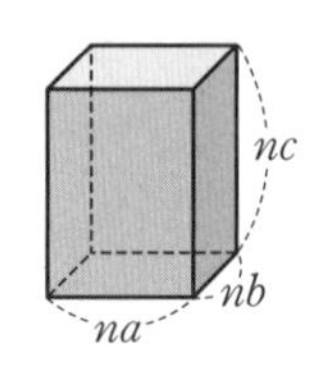

- 닮음비와 같은 것은 둘레의 길이의 비, 높이의 비, 밑변의 길이의 비, 반지름의 길이의 비 등이야.
- 넓이의 비와 같은 것은 겉넓이뿐만 아니라 옆넓이, 밑넓이도 있어.
- 축도와 축척 문제에서 주어지는 값들의 단위가 다른 경우에는 단위를 통일시켜야 해.
  1m=100cm
  1km=1000 m=100000cm

● 축도와 축척

직접 측정하기 어려운 실제 높이나 거리, 넓이 등은 도형의 닮음을 이용하여 축도를 그려서 간접적으로 측정할 수 있다.

① **축도** : 실제 높이나 거리를 일정한 비율로 줄여서 나타낸 그림

② **축척** : 축도에서 실제 높이나 거리를 줄인 비율

지도에서 축척을 $\frac{1}{5000}$ 또는 1 : 5000과 같이 나타내고 이것은 지도에서의 거리와 실제 거리의 닮음비가 1 : 5000임을 뜻한다.

따라서 지도에서 1cm는 실제 거리가 5000cm이다.

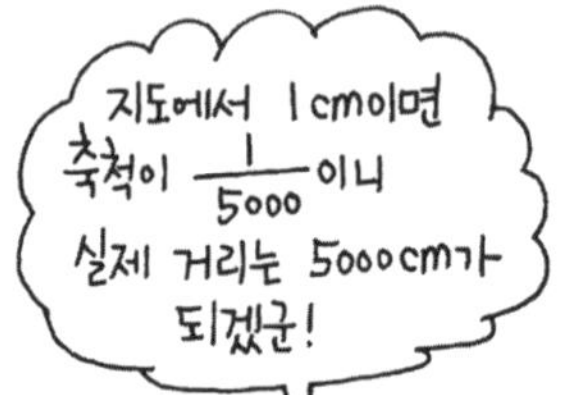

③ **축도, 축척, 실제 길이 사이의 관계**

- (축척)$=\frac{\text{(축도에서의 길이)}}{\text{(실제 길이)}}$
- (축도에서의 길이)=(실제 길이)×(축척)
- (실제 길이)$=\frac{\text{(축도에서의 길이)}}{\text{(축척)}}$

실제 길이가 0.2 km인 거리를 축척이 $\frac{1}{10000}$인 지도에 나타낼 때,

0.2 km=20000cm이므로 $20000\times\frac{1}{10000}=2$(cm)로 나타내야 한다.

오른쪽 그림과 같이 $\overline{DE}/\!/\overline{BC}$이고, $\overline{AB} : \overline{AD}=3 : 2$일 때, △ABC : □DBCE의 비를 구해 보자.

△ABC와 △ADE의 닮음비가 3 : 2이므로 넓이의 비는

△ABC : △ADE$=3^2 : 2^2=9 : 4$

□DBCE=△ABC−△ADE이므로

△ABC : □DBCE=9 : (9−4)=9 : 5

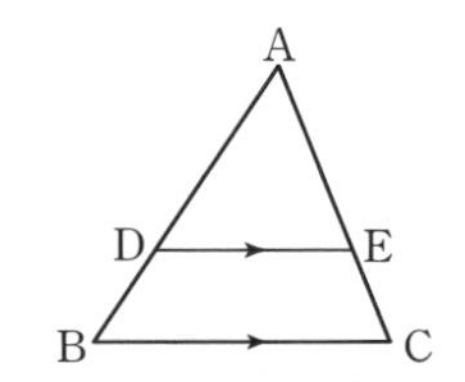

A 닮은 두 평면도형의 넓이의 비 1

닮음비가 $m : n$인 닮은 두 평면도형에서
- 둘레의 길이의 비 ⇨ $m : n$
- 넓이의 비 ⇨ $m^2 : n^2$

이 정도는 암기해야 해~ 암암! 

■ 아래 그림에서 △ABC∽△DEF일 때, 다음을 구하여라.

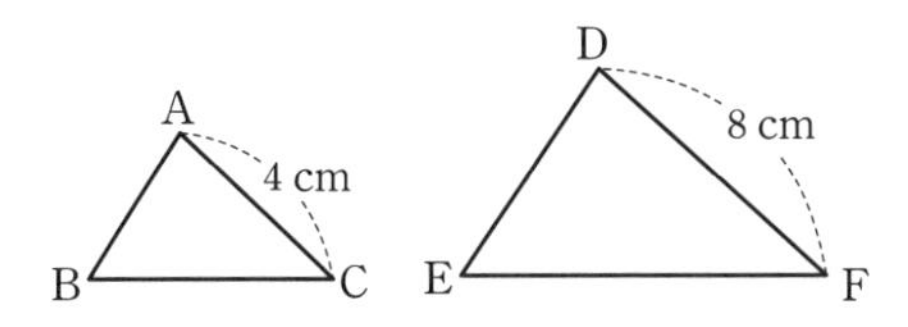

1. △ABC와 △DEF의 닮음비

2. △ABC와 △DEF의 넓이의 비

■ 아래 그림에서 □ABCD∽□A′B′C′D′일 때, 다음을 구하여라.

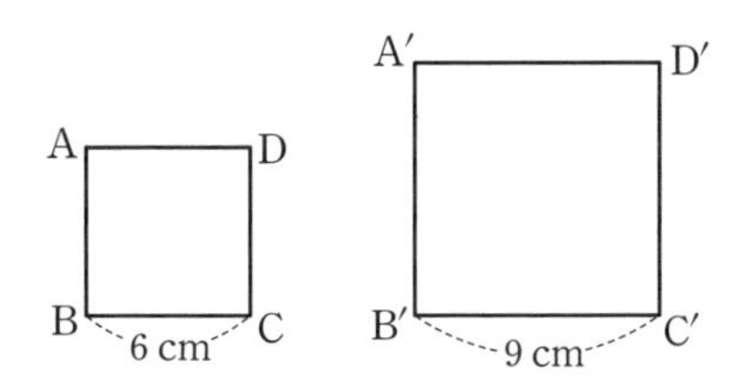

3. □ABCD와 □A′B′C′D′의 둘레의 길이의 비

4. □ABCD와 □A′B′C′D′의 넓이의 비

■ 다음 그림에서 □ 안에 알맞은 넓이를 써넣어라.

5. 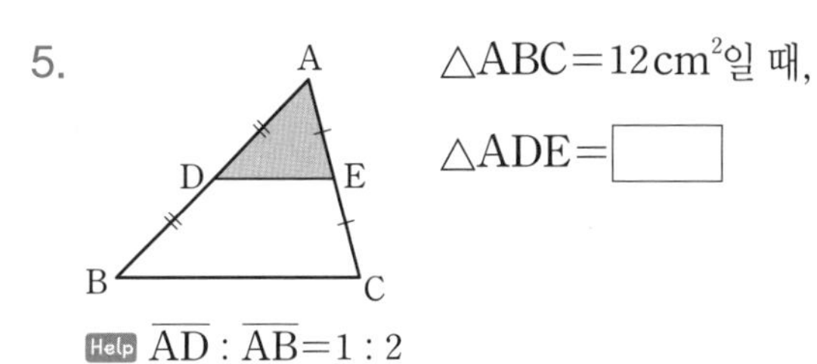

△ABC$=12\text{cm}^2$일 때,

△ADE$=$□

Help $\overline{AD} : \overline{AB}=1 : 2$

$\therefore$ △ADE : △ABC$=1^2 : 2^2$

6. 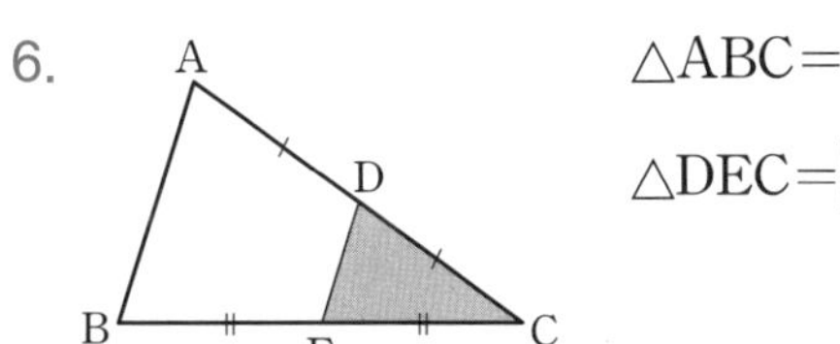

△ABC$=36\text{cm}^2$일 때,

△DEC$=$□

앗! 실수

7. 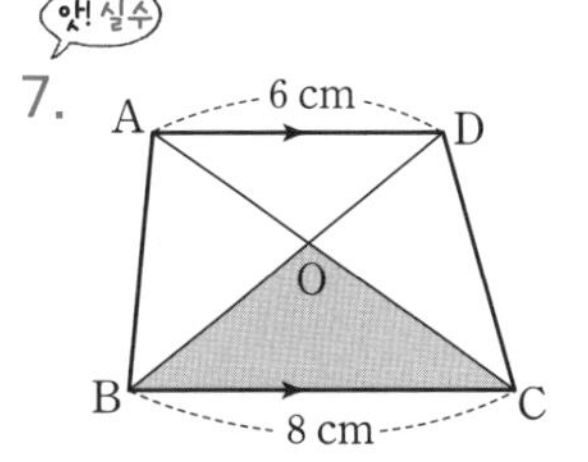

△AOD$=18\text{cm}^2$일 때,

△OBC$=$□

Help $\overline{AD} : \overline{BC}=6 : 8=3 : 4$

$\therefore$ △AOD : △OBC$=3^2 : 4^2$

8. 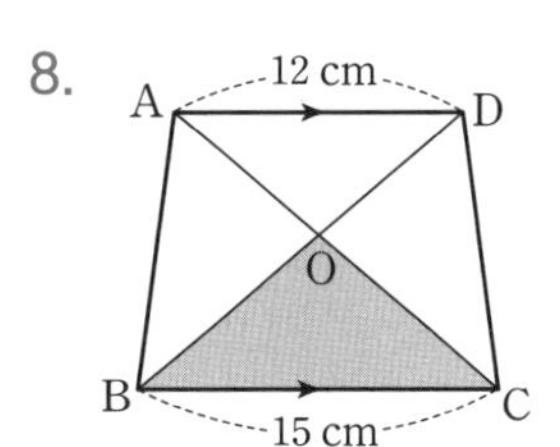

△AOD$=32\text{cm}^2$일 때,

△OBC$=$□

닮은 두 평면도형의 넓이의 비 2

△ABC의 넓이가 45일 때, □DBCE의 넓이를 구해 보자.
$\overline{AD}:\overline{AB}=2:3$이므로 △ADE : △ABC=4 : 9
△ABC : □DBCE=9 : (9−4)=9 : 5
∴ □DBCE=25

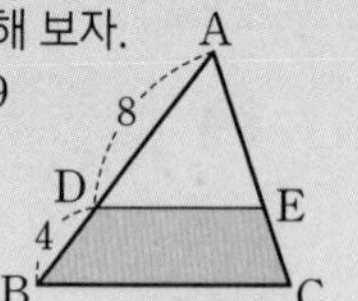

■ 다음 그림에서 □ 안에 알맞은 것을 써넣어라.

1. 

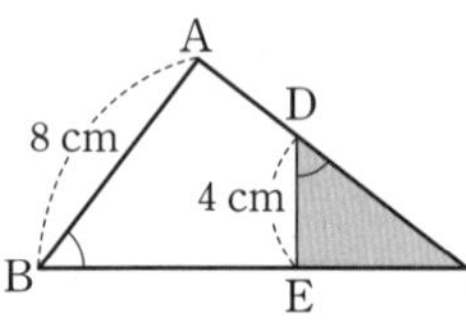

∠ABC=∠EDC,
△ABC=16 cm²일 때,
△EDC=□

Help △ABC ∽ △EDC(AA닮음)

2. 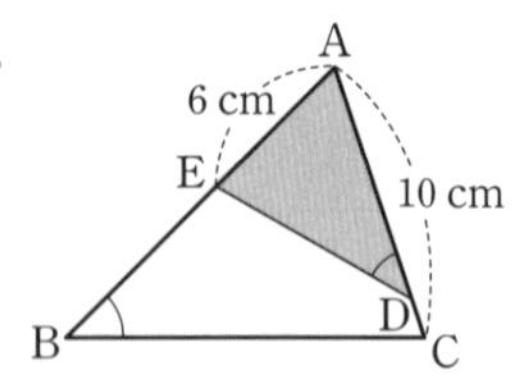

∠ABC=∠ADE,
△ABC=50 cm²일 때,
△ADE=□

3. 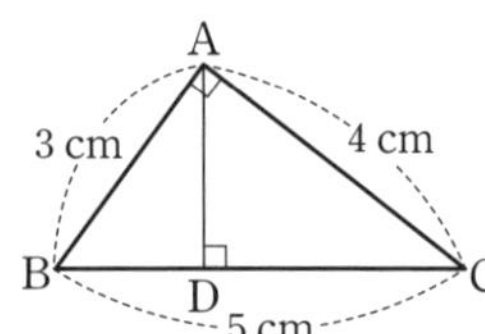

△ABD : △CAD
=□ : □

4. 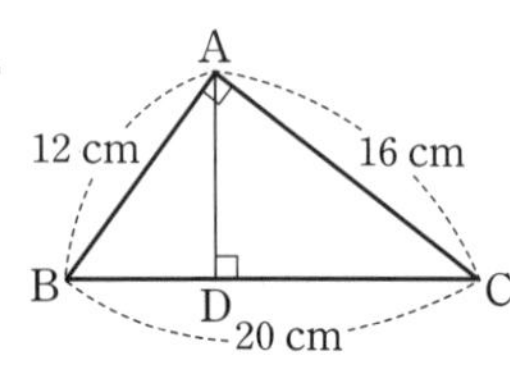

△ABC : △DAC
=□ : □

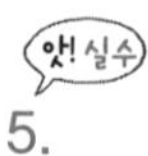

5. 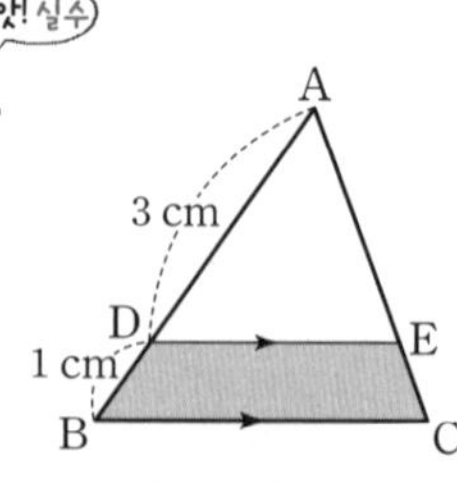

△ABC=32 cm²일 때,
□DBCE=□

Help $\overline{AD}:\overline{AB}=3:4$이므로
△ADE : △ABC=9 : 16
∴ △ABC : □DBCE=16 : (16−9)

6. 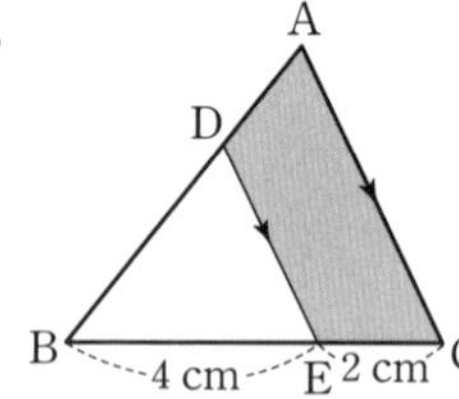

△ABC=27 cm²일 때,
□ADEC=□

7. 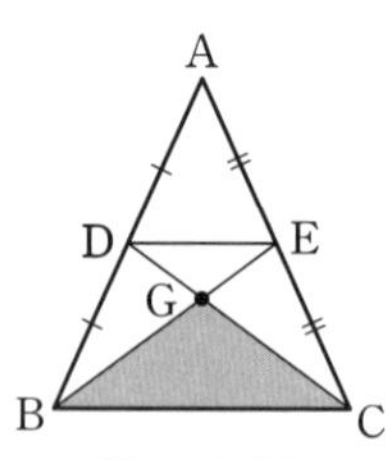

△DGE=6 cm²일 때,
△GBC=□

Help $\overline{DG}:\overline{GC}=1:2$
∴ △DGE : △GBC=1 : 4

8. 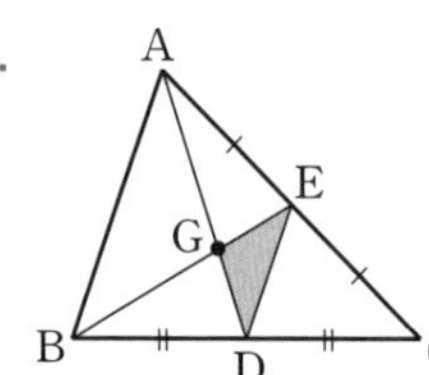

△GAB=20 cm²일 때,
△GDE=□

닮은 두 입체도형의 겉넓이의 비, 부피의 비

닮음비가 $m : n$인 두 입체도형에서
- 겉넓이의 비 ⇨ $m^2 : n^2$
- 옆넓이의 비 ⇨ $m^2 : n^2$
- 부피의 비 ⇨ $m^3 : n^3$

잊지 말자. 꼬~옥!

■ 아래 그림에서 닮음인 두 원기둥에 대하여 다음을 구하여라.

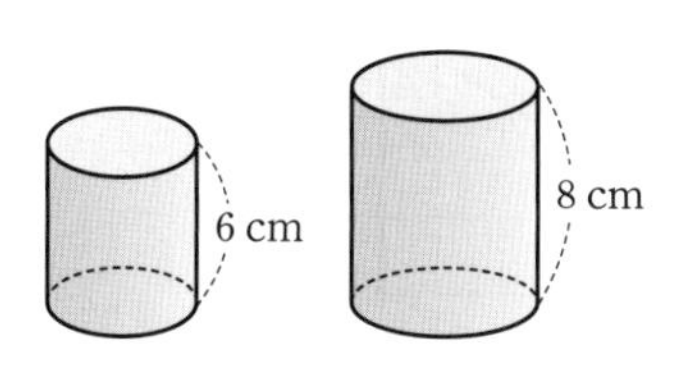

1. 겉넓이의 비

2. 옆넓이의 비

3. 부피의 비

■ 아래 그림에서 닮음인 두 삼각뿔에 대하여 다음을 구하여라.

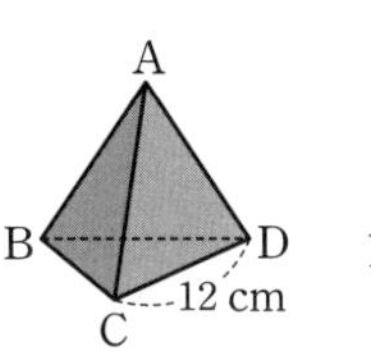

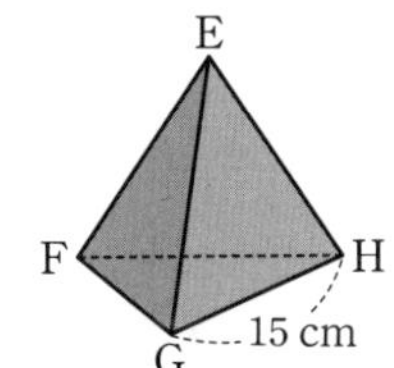

4. 겉넓이의 비

5. 부피의 비

■ 다음을 구하여라.

6. 서로 닮음인 두 원뿔의 닮음비가 1 : 3이다. 작은 원뿔의 부피가 8cm^3일 때, 큰 원뿔의 부피

7. 서로 닮음인 두 직육면체의 닮음비가 2 : 5이다. 작은 직육면체의 부피가 16cm^3일 때, 큰 직육면체의 부피

8. 서로 닮음인 두 삼각기둥의 겉넓이의 비가 4 : 1이다. 큰 삼각기둥의 부피가 40cm^3일 때, 작은 삼각기둥의 부피

   Help 겉넓이의 비가 4 : 1이므로 닮음비는 2 : 1이다. 따라서 부피의 비는 $2^3 : 1^3$

9. 서로 닮음인 두 구의 겉넓이의 비가 16 : 9이다. 큰 구의 부피가 64cm^3일 때, 작은 구의 부피

10. 지름의 길이가 8cm인 쇠구슬을 녹여 지름의 길이가 2cm인 쇠구슬을 만들 때, 쇠구슬의 개수

    Help 구슬의 닮음비가 4 : 1이므로 부피의 비는 64 : 1이다.

D 닮음의 활용

원뿔 모양의 그릇에 전체 높이의 $\frac{1}{3}$만큼 물을 채웠다.
그릇의 부피가 108일 때, 물의 부피를 구해 보자.
(물의 부피) : (그릇의 부피) $=1^3 : 3^3$
$\therefore$ (물의 부피) $=108\times\frac{1}{27}=4$

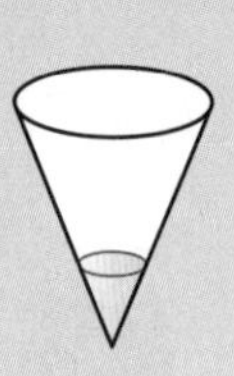

■ 다음에서 A, B 두 부분의 부피의 비를 구하여라.

앗! 실수

1.

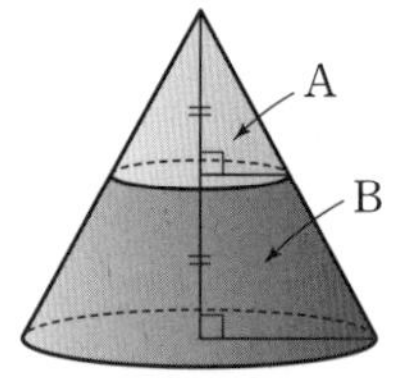

Help (작은 원뿔의 부피) : (큰 원뿔의 부피) $=1^3 : 2^3$
B부분은 큰 원뿔의 부피에서 작은 원뿔의 부피를 뺀 부분이다.

2.

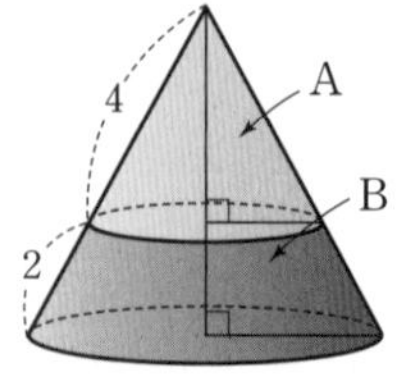

■ 원뿔 모양의 그릇에 물을 채울 때, 물의 부피를 □ 안에 써넣어라.

3.

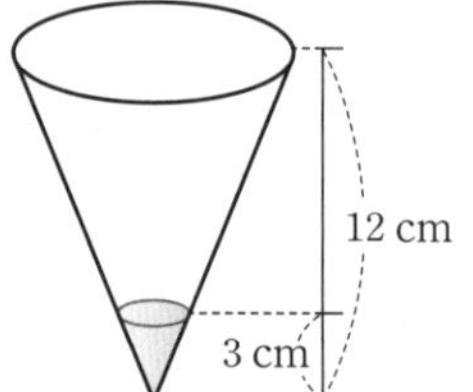

(전체 그릇의 부피) $=128\text{cm}^3$
(물의 부피) $=$ □

Help (물의 부피) : (그릇의 부피) $=1^3 : 4^3$

4.

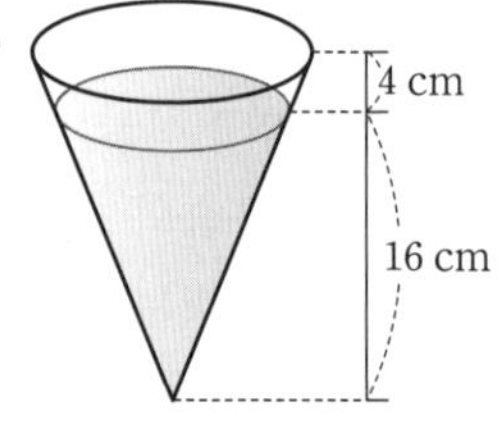

(전체 그릇의 부피) $=250\text{cm}^3$
(물의 부피) $=$ □

■ 다음 □ 안에 알맞은 것을 써넣어라.

5.

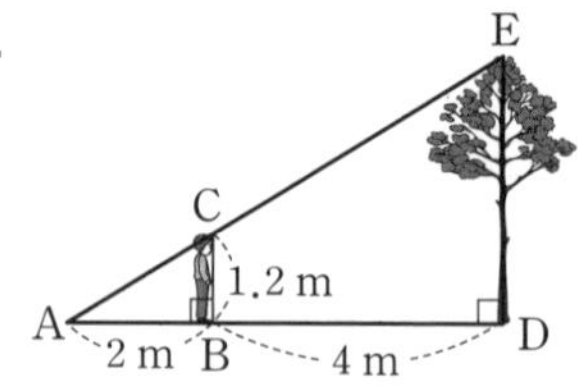

(나무의 높이 $\overline{\text{ED}}$)

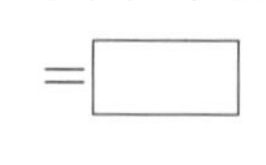

$=$ □

6.

(탑의 높이 $\overline{\text{ED}}$)

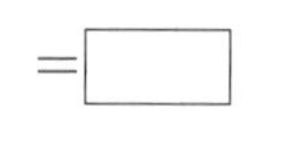

$=$ □

7.

$\angle\text{ACB}=\angle\text{DCE}$일 때,
(건물의 높이 $\overline{\text{AB}}$) $=$ □

Help $\overline{\text{AB}} : \overline{\text{DE}}=\overline{\text{BC}} : \overline{\text{EC}}$

축도와 축척

• (축도에서의 길이)=(실제 길이)×(축척)

• (실제 길이)=$\dfrac{(\text{축도에서의 길이})}{(\text{축척})}$

이 정도는 암기해야 해~ 암암! 

■ 다음은 강의 폭을 구하기 위해 축도를 그린 것이다. □ 안에 실제의 길이를 써넣어라.

1. 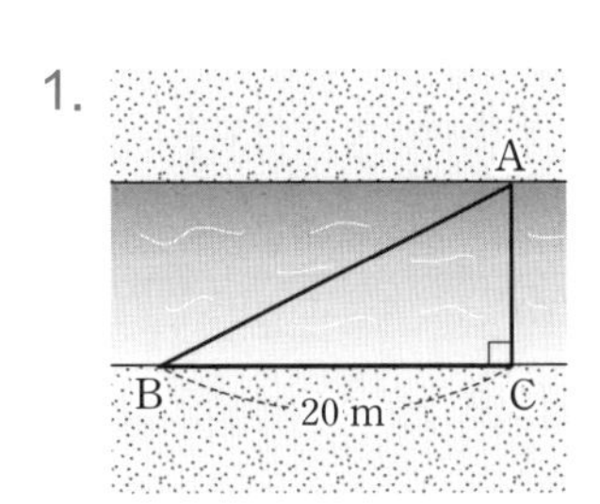

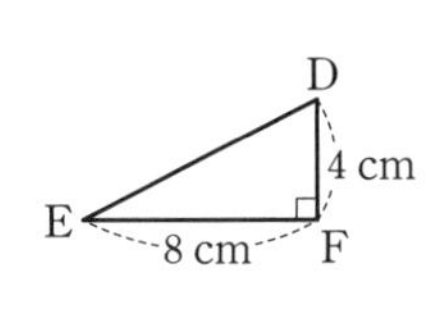

(강의 폭 A와 C의 실제 거리)=□m

Help 1m=100cm이므로 2000 : 8=$\overline{AC}$: 4

2. 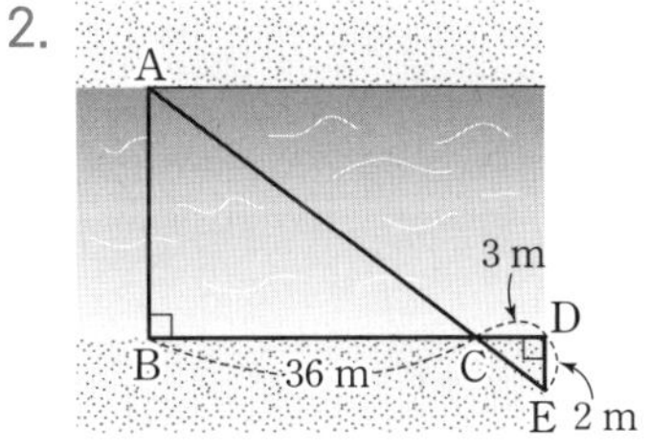

(강의 폭 A와 B의 실제 거리)=□m

3. 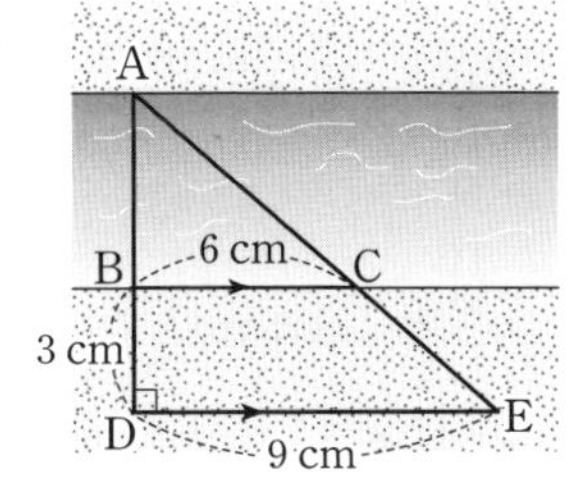

위의 그림은 축척이 5000 : 1인 축도일 때,

(강의 폭 A와 B의 실제 거리)=□m

■ 다음을 구하여라.

4. 축척이 $\dfrac{1}{10000}$인 지도에서 3cm인 거리의 실제 거리는 몇 km

Help (실제 거리)=3×10000(cm),
1km=100000cm

5. 실제 거리가 0.4km인 거리를 축척이 $\dfrac{1}{5000}$인 지도에 나타낼 때 몇cm

6. 지도에서 거리가 2cm일 때, 실제 거리가 4km이다. 지도에서 거리가 6cm일 때, 실제 거리는 몇 km

Help 2 : 400000=6 : x

7. 지도에서 거리가 1cm일 때, 실제 거리가 3km이다. 실제 거리가 12km인 거리는 지도에서 몇cm

[1~3] 닮은 두 평면도형의 넓이의 비

적중률 80%

1. 오른쪽 그림에서 □ABCD는 평행사변형이고 $\overline{CE}:\overline{ED}=2:3$이고, $\triangle CEF=20\text{cm}^2$일 때, $\triangle ABF$의 넓이는?

① 50cm^2 ② 75cm^2 ③ 80cm^2
④ 100cm^2 ⑤ 125cm^2

앗!실수

2. 오른쪽 그림과 같이 중심이 같은 세 원의 반지름의 길이의 비가 1 : 2 : 3일 때, A, B, C 부분의 넓이의 비를 가장 간단한 자연수의 비로 나타내어라.

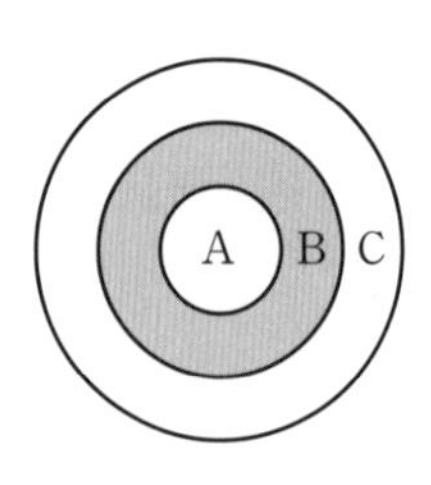

적중률 80%

3. 오른쪽 그림과 같은 $\triangle ABC$에서 $\angle ADE=\angle ABC$이고 $\triangle ABC$의 넓이가 54cm^2일 때, □EBCD의 넓이는?

① 18cm^2 ② 20cm^2 ③ 30cm^2
④ 36cm^2 ⑤ 52cm^2

[4~5] 닮은 두 입체도형의 부피의 비

4. 서로 닮음인 두 원뿔 A와 B의 옆넓이의 비가 4 : 9이다. A의 부피가 32cm^3일 때, B의 부피는?

① 64cm^3 ② 70cm^3 ③ 95cm^3
④ 108cm^3 ⑤ 120cm^3

앗!실수

5. 다음 그림과 같이 두 종이컵은 서로 닮은 도형이고 종이컵 입구의 반지름의 길이가 3cm, 9cm일 때, 큰 종이컵에 음료수를 가득 담으려면 작은 종이컵으로 가득 담아 몇 번 부어야 하는지 구하여라.

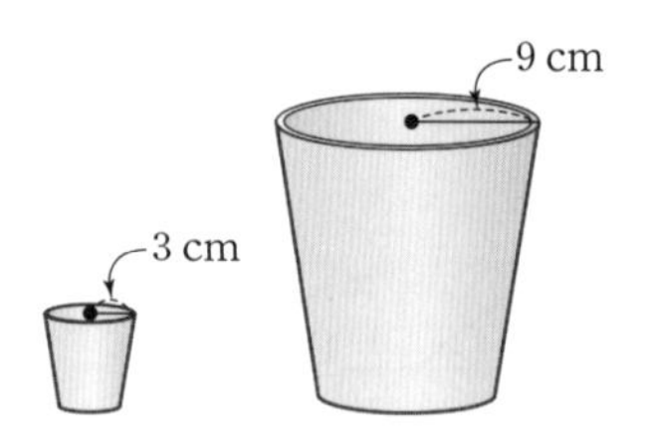

[6] 축도와 축척

적중률 80%

6. 막대의 그림자 길이를 측정하였더니 다음 그림과 같을 때, 농구대의 높이를 구하여라.

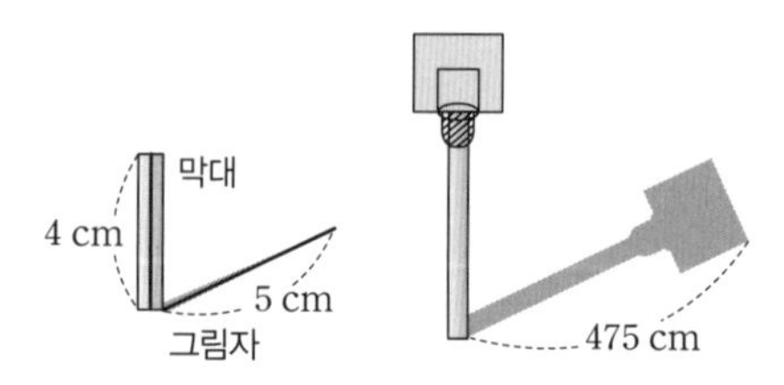

19 피타고라스 정리

● 피타고라스 정리

직각삼각형에서 직각을 낀 두 변의 길이를 a, b라 하고, 빗변의 길이를 c라 하면

$a^2+b^2=c^2$

오른쪽 직각삼각형에서 x의 값을 구해 보자.

$x^2=4^2+3^2=5^2$

$\therefore x=5$

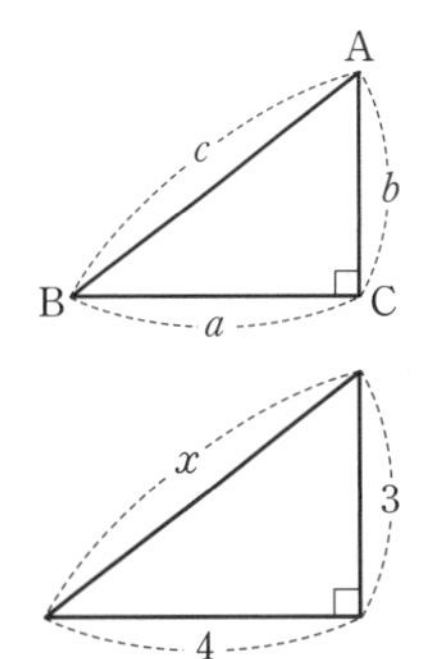

● 직각삼각형에서 변의 길이 구하기

피타고라스 정리를 이용하면 직각삼각형에서 두 변의 길이를 알 때, 나머지 한 변의 길이를 구할 수 있다.

오른쪽 그림과 같이 $\angle C=90°$인 직각삼각형 ABC에서

① b, c의 길이를 알 때, $a^2=c^2-b^2$

② a, c의 길이를 알 때, $b^2=c^2-a^2$

③ a, b의 길이를 알 때, $c^2=a^2+b^2$

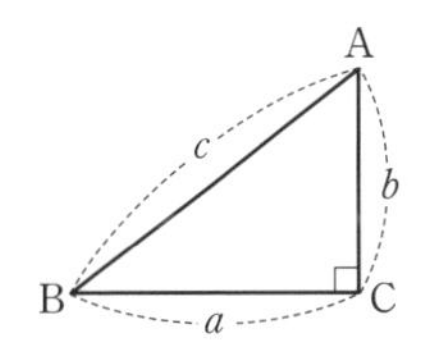

● 피타고라스 정리를 이용하여 변의 길이 구하기

오른쪽 그림에서 x, y의 값을 각각 구해 보자.

$x^2=10^2-8^2=36$ $\qquad\therefore x=6$

$y^2=8^2+(6+9)^2=289$ $\qquad\therefore y=17$

오른쪽 그림에서 x의 값을 구해 보자.

점 D에서 $\overline{BC}$에 내린 수선의 발을 E라 하면

$\overline{DE}=\overline{AB}=12$

$\overline{EC}^2=13^2-12^2=25$ $\qquad\therefore \overline{EC}=5$

$\overline{BC}=4+5=9$이므로

$\overline{AC}^2=12^2+9^2=225$ $\qquad\therefore \overline{AC}=15$

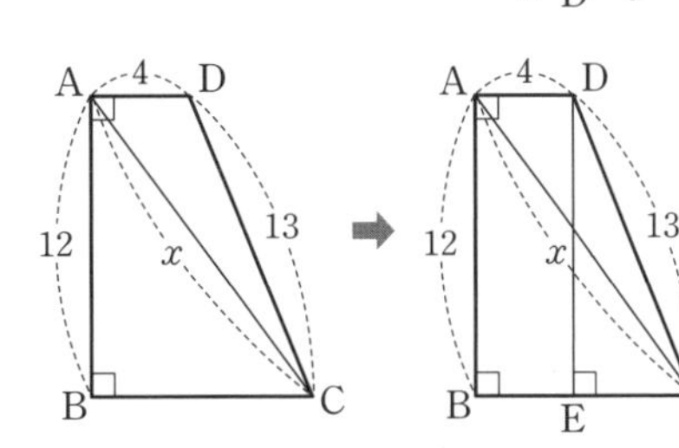

- 직각삼각형의 세 변의 길이를 세 자연수의 쌍 (a, b, c)로 나타낼 때, $(3, 4, 5)$, $(6, 8, 10)$, $(5, 12, 13)$, $(9, 12, 15)$, $(8, 15, 17)$, $(7, 24, 25)$ 이 가장 많이 나오는 수야. 이 수들을 외워 두면 매번 계산하지 않아도 되니 편리해.
- 피타고라스 정리는 제곱수가 많이 나오기 때문에 아래 제곱수를 외우고 있으면 계산이 빠르고 쉬워져.
  $12^2=144$, $13^2=169$, $15^2=225$, $17^2=289$, $24^2=576$, $25^2=625$

피타고라스 정리를 배우고 나면 직각삼각형인지 확인하지 않고 모든 삼각형에 피타고라스 정리를 이용하여 변의 길이를 구하는 경우가 있어. 피타고라스 정리는 직각삼각형에서만 성립한다는 것을 잊지 말자.

A 직각삼각형에서 변의 길이 구하기

• $c^2=a^2+b^2$
• $b^2=c^2-a^2$
• $a^2=c^2-b^2$

잊지 말자. 꼬~옥!

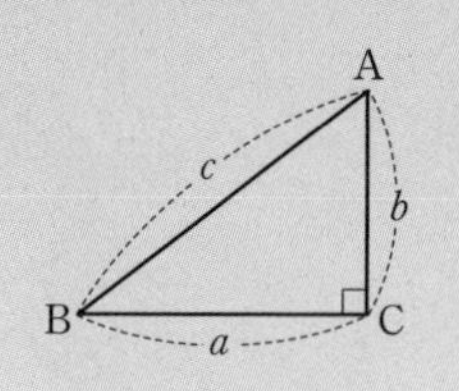

■ 다음 그림의 직각삼각형에서 x의 값을 구하여라.

1.

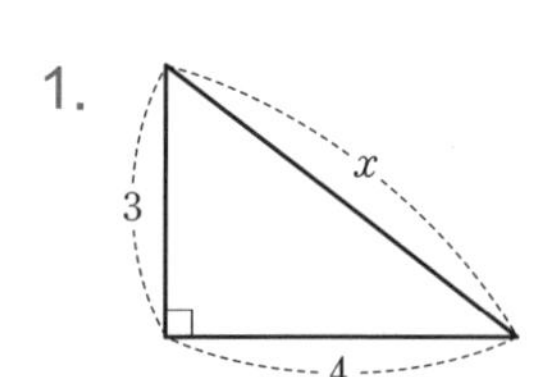

2.

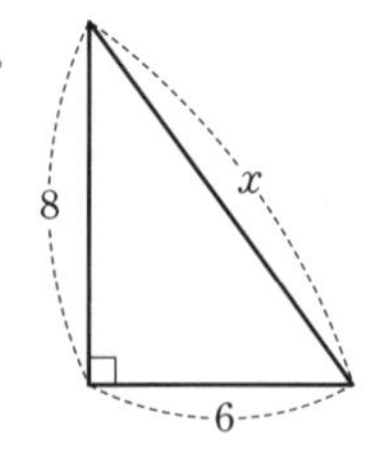

3.

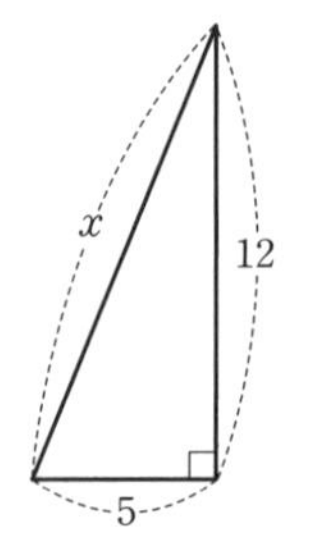

4.

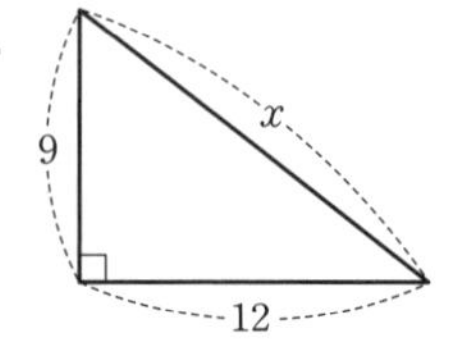

5.

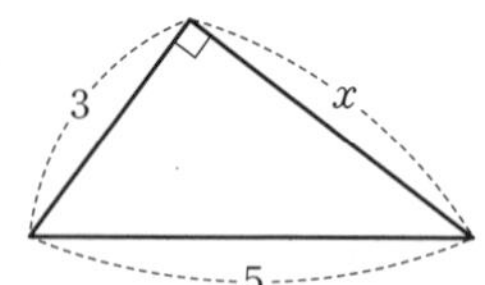

Help 빗변의 길이가 5이므로 $5^2=3^2+x^2$이 성립한다.

6.

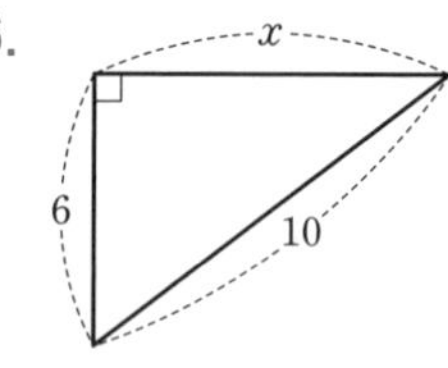

7.

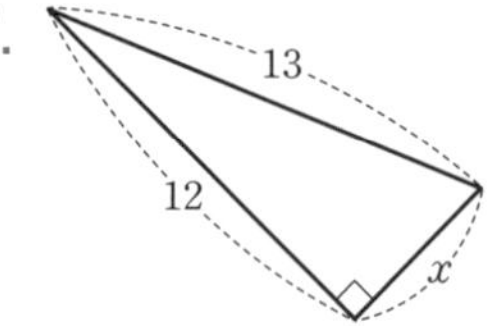

8.

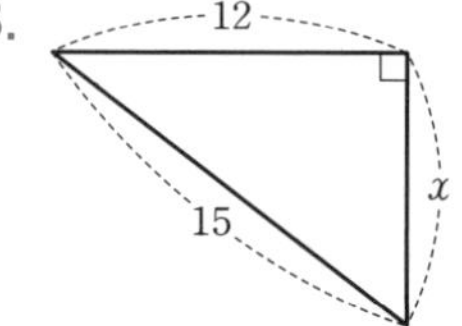

삼각형에서 피타고라스 정리의 이용

이등변삼각형 ABC의 꼭지각에서
밑변에 수선을 그으면
밑변의 길이를 이등분하므로
$b^2=h^2+\left(\frac{a}{2}\right)^2$

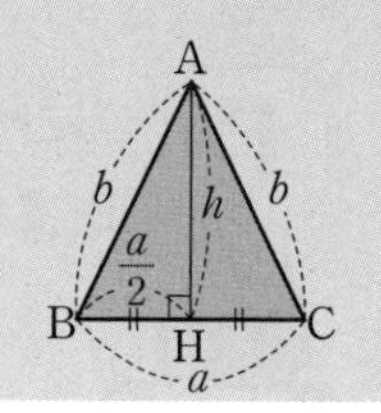

■ 다음 그림의 삼각형 ABC에서 x, y의 값을 각각 구하여라.

1.

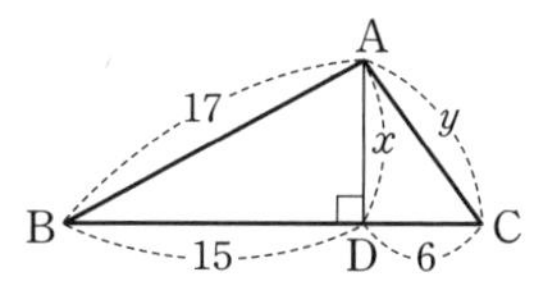

2.

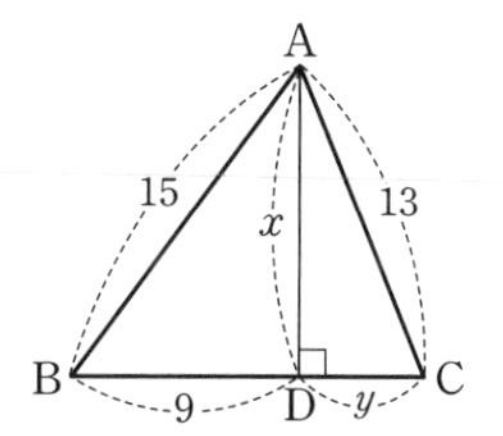

3.

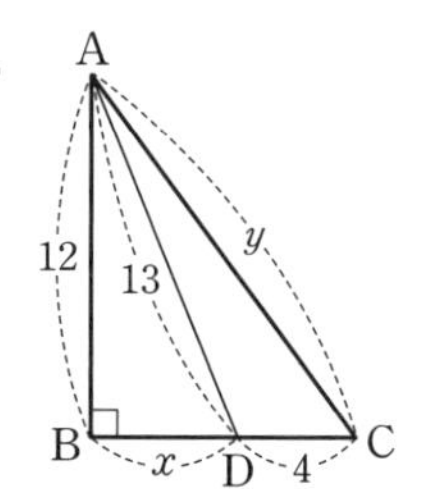

4.

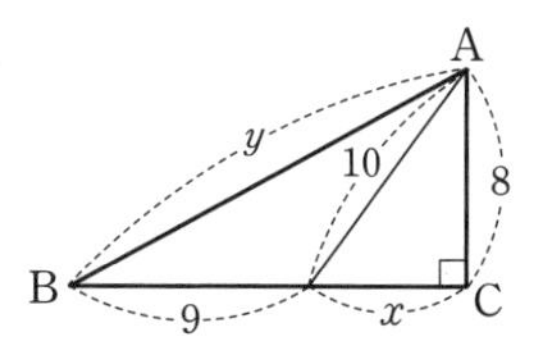

■ 다음 그림의 이등변삼각형 ABC에서 x의 값을 구하여라.

5.

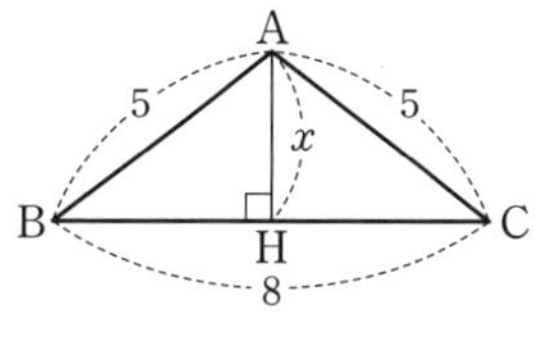

Help $5^2=x^2+\left(\frac{8}{2}\right)^2$

6.

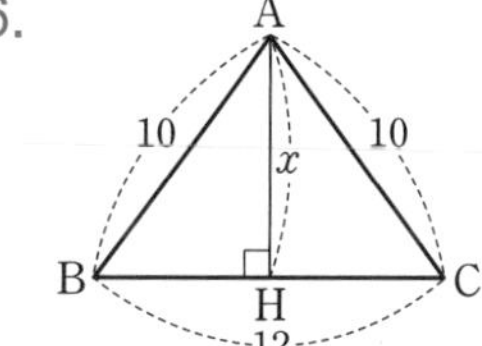

■ 다음 그림의 이등변삼각형 ABC의 넓이를 구하여라.

7.

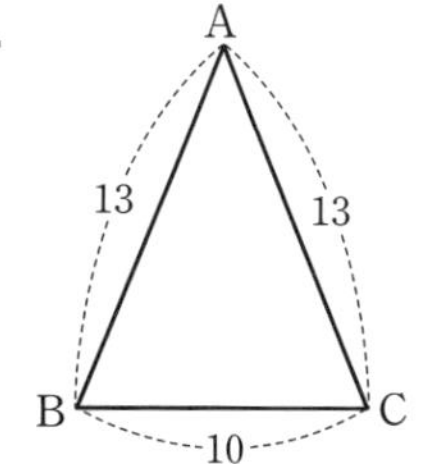

8.

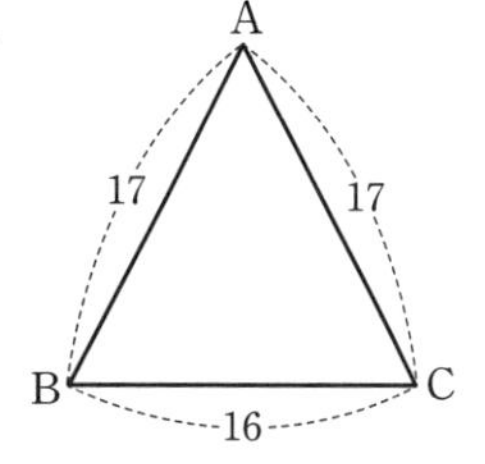

C 사각형에서 피타고라스 정리의 이용

오른쪽 그림과 같은 사각형 ABCD의 변의 길이는 수선을 그어 직각삼각형을 찾고 피타고라스 정리를 이용하여 구해.

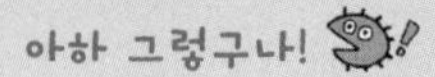

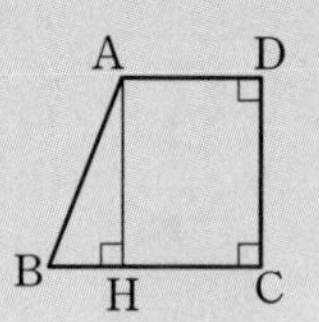

■ 다음 그림의 사각형 ABCD에서 x, y의 값을 각각 구하여라.

1.

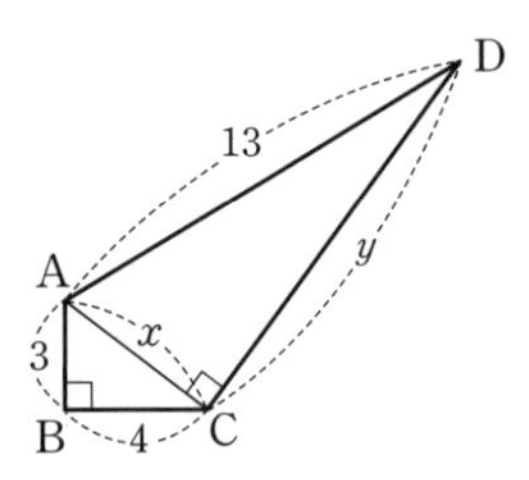

2.

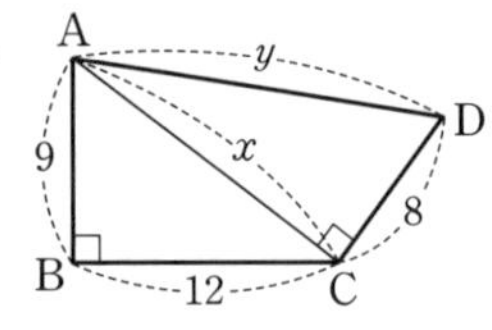

3.

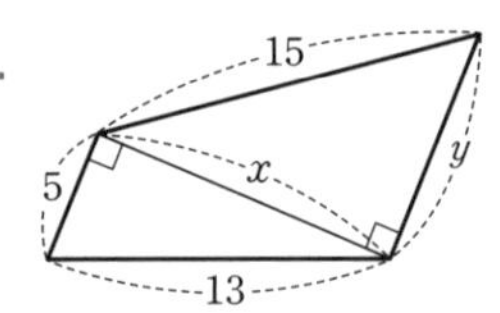

4.

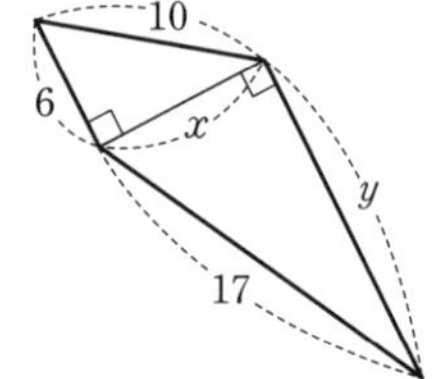

■ 다음 그림의 사각형 ABCD에서 x의 값을 구하여라.

5.

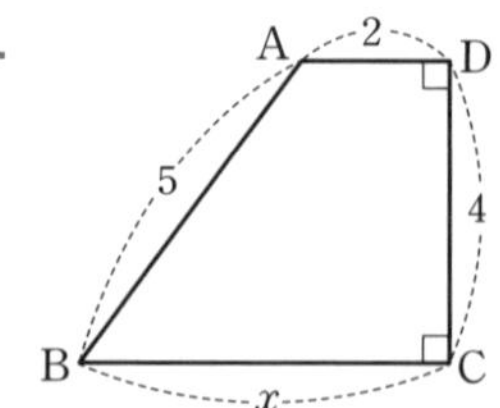

Help 점 A에서 $\overline{BC}$에 수선을 긋는다.

6.

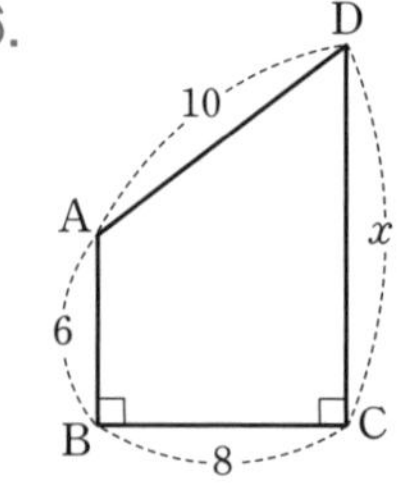

7.

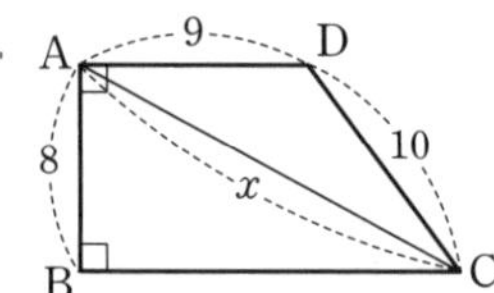

Help 점 D에서 $\overline{BC}$에 수선을 그어 밑변의 길이를 구한다.

8.

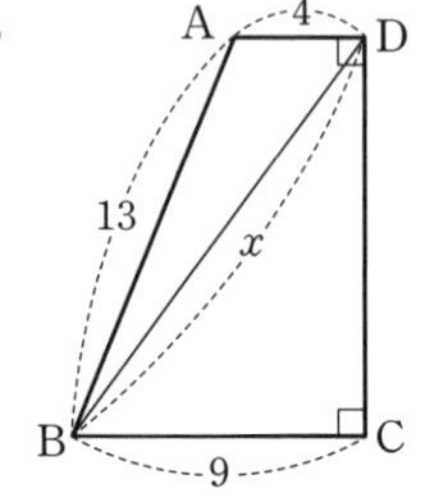

D 피타고라스 정리의 응용 1

등변사다리꼴 ABCD의 넓이를 구해보자.
점 A, D에서 $\overline{BC}$에 수선을 그으면
$x^2=13^2-5^2=144 \qquad \therefore x=12$
넓이는 $(4+14)\times12\times\frac{1}{2}=108$

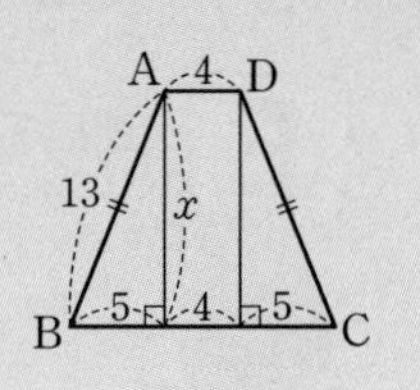

■ 다음 그림에서 등변사다리꼴 ABCD의 넓이를 구하여라.

1.

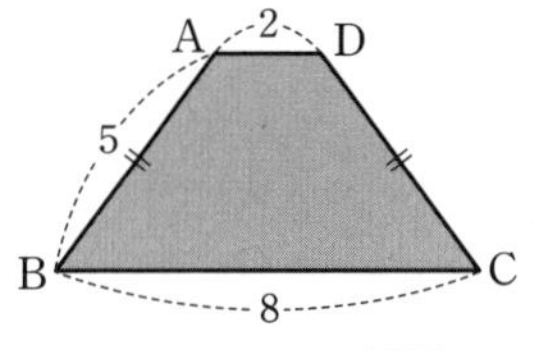

Help 점 A, D에서 $\overline{BC}$에 수선을 그어 피타고라스 정리를 이용한다.

2.

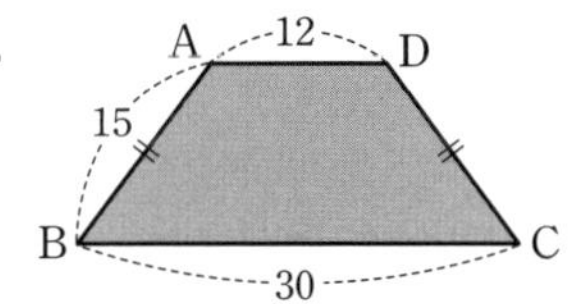

■ 다음과 같이 넓이가 주어진 두 개의 정사각형을 붙여 놓았을 때, x의 값을 구하여라.

3.

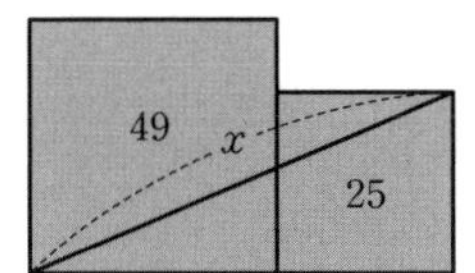

Help 정사각형의 한 변의 길이는 각각 7, 5이다.

4.

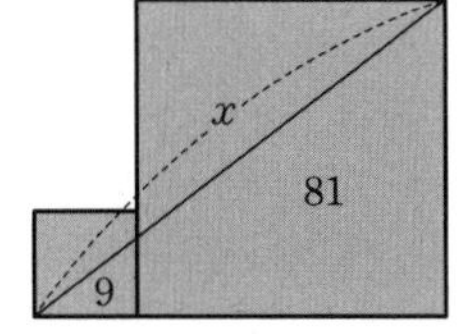

■ 다음 직사각형 ABCD에서 $\overline{BC}:\overline{CD}=4:3$일 때, $\overline{BC}$의 길이를 구하여라.

5.

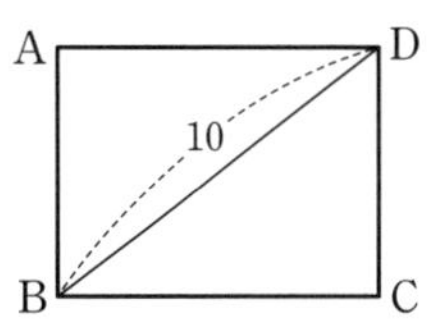

Help $\overline{BC}:\overline{CD}=4:3$이므로 $\overline{BC}=4x$, $\overline{CD}=3x$로 놓으면 $10^2=(4x)^2+(3x)^2$

6.

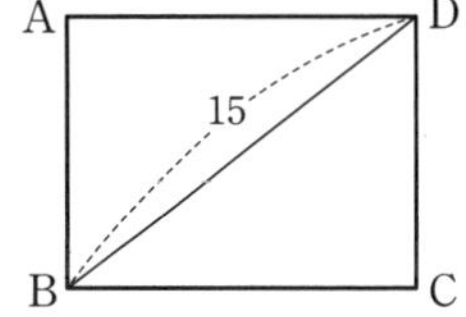

■ 다음 그림에서 마름모 ABCD의 한 변의 길이를 구하여라.

7.

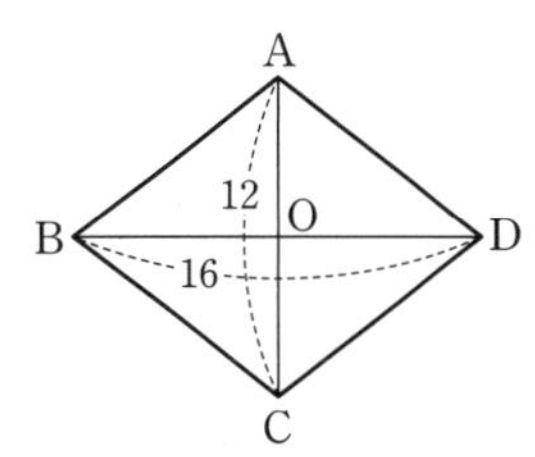

Help 마름모의 대각선은 서로 다른 것을 수직이등분하므로 △ABO는 직각삼각형이다.

8.

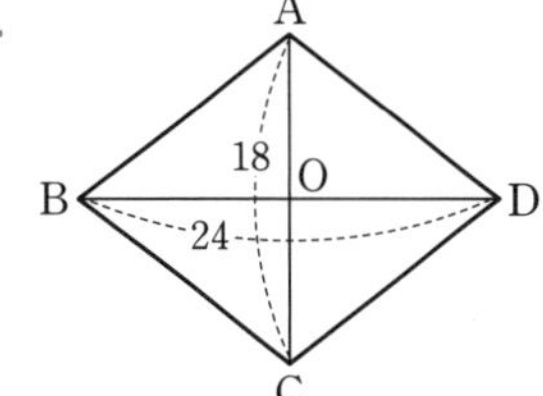

E 피타고라스 정리의 응용 2

• ①²=②×③

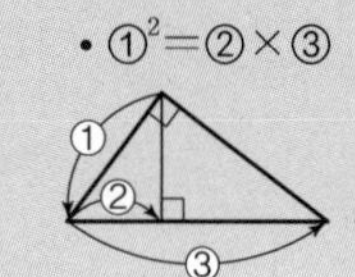
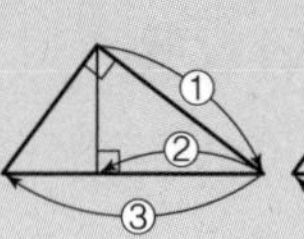
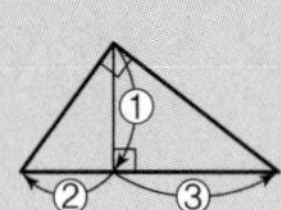

• ①×②=③×④

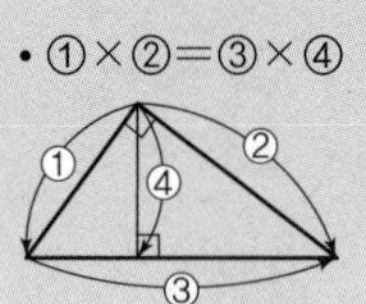

■ 다음 그림과 같이 직사각형 ABCD를 접은 도형에서 x의 값을 구하여라.

1.

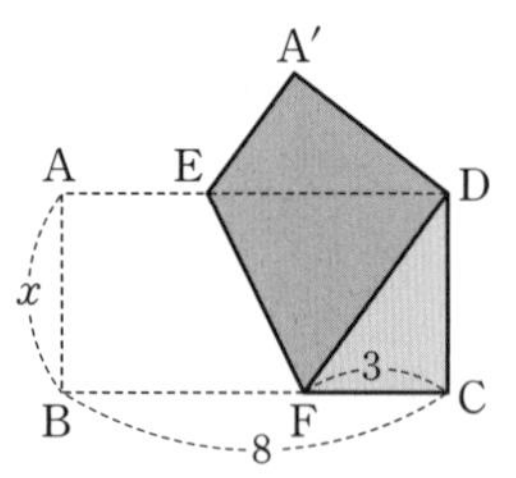

Help $\overline{DF}=\overline{BF}=8-3=5$이므로 △DFC에서 피타고라스 정리를 이용한다.

2.

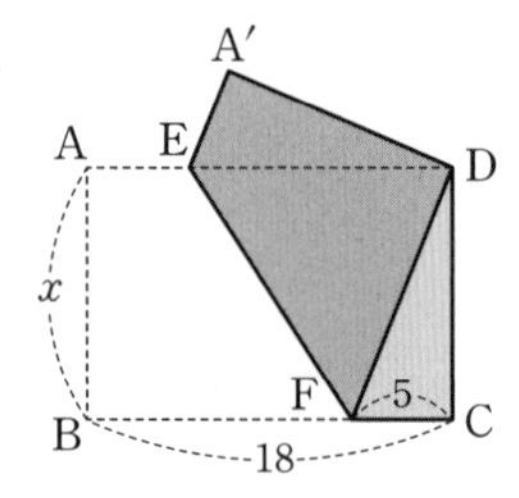

3.

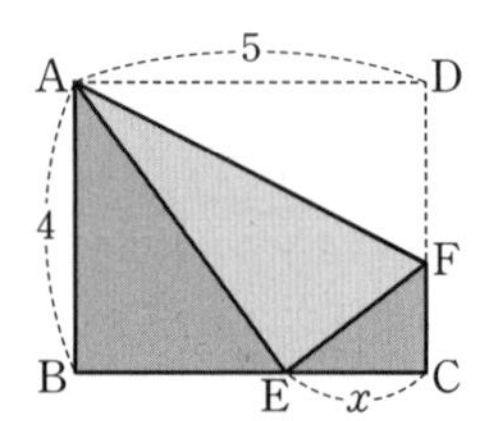

Help $\overline{AE}=\overline{AD}=5$이므로 △ABE에서 피타고라스 정리를 이용하여 $\overline{BE}$를 구한다.

앗! 실수

4.

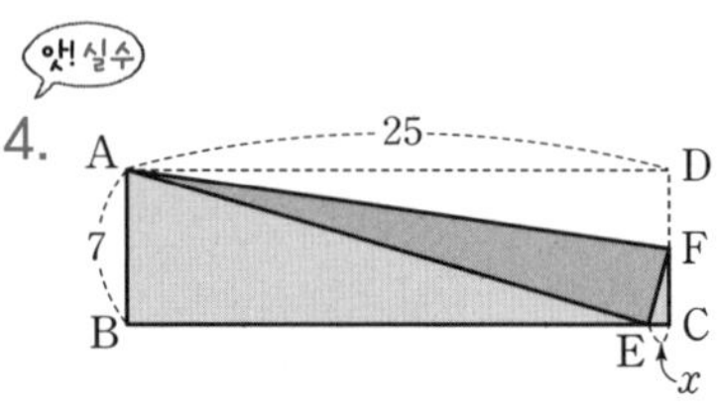

Help $576=24^2$

■ 다음 그림과 같은 직각삼각형 ABC에서 x의 값을 구하여라.

5.

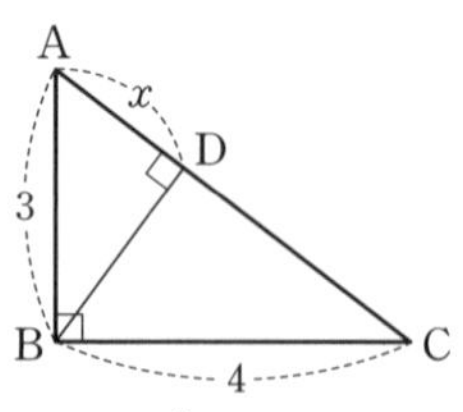

Help $\overline{AC}^2=3^2+4^2$

6.

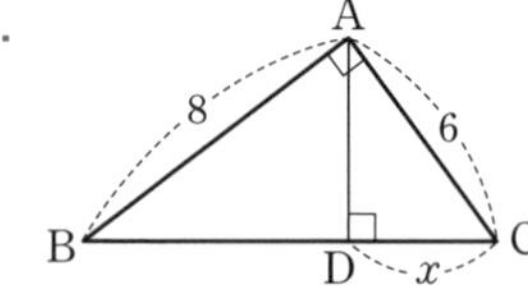

7.

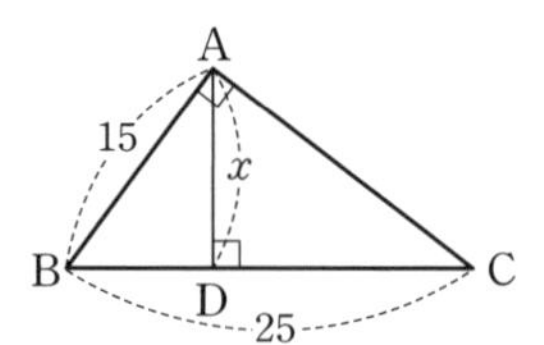

Help $\overline{AC}^2=\overline{BC}^2-\overline{AB}^2$, $\overline{AB}\times\overline{AC}=\overline{BC}\times\overline{AD}$

8.

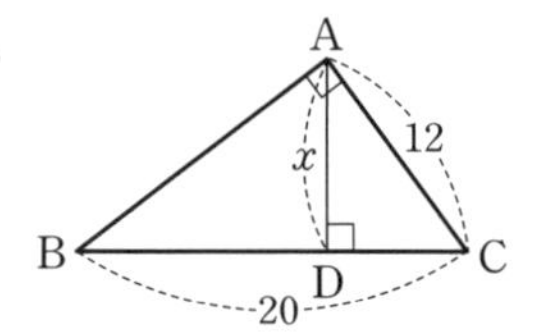

[1～2] 삼각형에서 피타고라스 정리의 이용

1. 오른쪽 그림과 같이 $\angle A=90°$인 $\triangle ABC$의 넓이는?

① 20 cm^2　② 30 cm^2
③ 40 cm^2　④ 50 cm^2
⑤ 60 cm^2

적중률 80%

2. 오른쪽 그림과 같이 $\triangle ABC$에서 x, y의 값을 각각 구하여라.

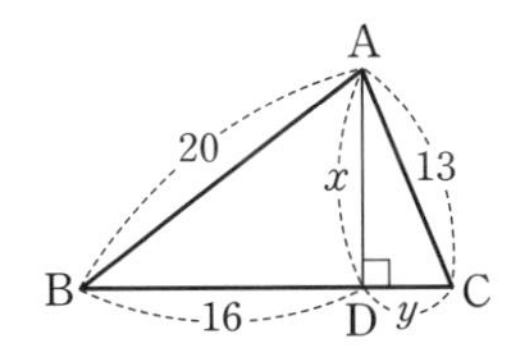

[3～4] 사각형에서 피타고라스 정리의 이용

적중률 70%

3. 오른쪽 그림과 같은 사다리꼴 ABCD의 넓이는?

① 200 cm^2
② 240 cm^2
③ 250 cm^2
④ 280 cm^2
⑤ 300 cm^2

4. 오른쪽 그림과 같이 □ABCD에서 $\angle A=\angle C=90°$이고 $\overline{AB}=24$, $\overline{AD}=7$, $\overline{CD}=15$일 때, $\overline{BC}$의 길이를 구하여라.

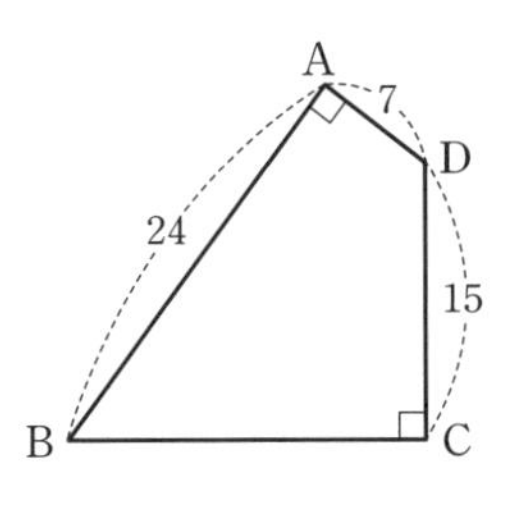

[5～6] 직각삼각형에서의 닮음

적중률 80%

5. 오른쪽 그림과 같이 $\angle A=90°$인 직각삼각형 ABC에서 $\overline{AD}\perp\overline{BC}$일 때, $x+y$의 값은?

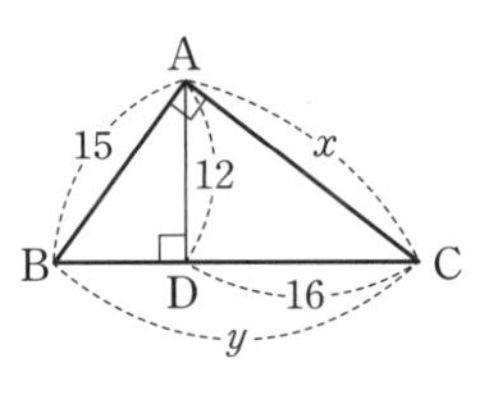

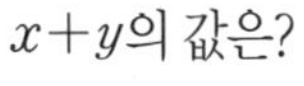

① 33　② 36　③ 39
④ 42　⑤ 45

6. 오른쪽 그림과 같은 $\triangle ABC$의 넓이는?

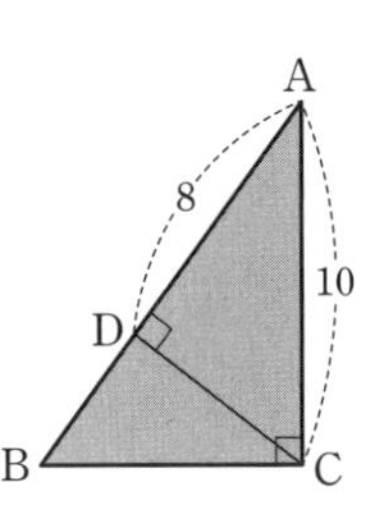

① $\frac{65}{2}$　② 32
③ $\frac{75}{2}$　④ 40
⑤ $\frac{81}{2}$

20 피타고라스 정리의 설명, 직각삼각형이 되기 위한 조건

● **피타고라스 정리의 설명 1**

직각삼각형 ABC의 각 변을 한 변으로 하는 정사각형 AFGB, ACDE, BHIC를 그리고 꼭짓점 C에서 $\overline{AB}$에 내린 수선의 발을 L, 그 연장선과 $\overline{FG}$가 만나는 점을 M이라 하면

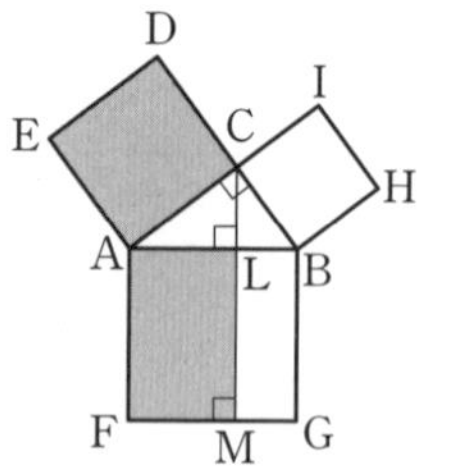

① □ACDE=□AFML, □BHIC=□LMGB

② □ACDE+□BHIC=□AFGB이므로 $\overline{AC}^2+\overline{BC}^2=\overline{AB}^2$

● **피타고라스 정리의 설명 2**

한 변의 길이가 $a+b$인 정사각형을 직각삼각형 ABC와 합동인 3개를 이어 붙여 [그림1]과 같은 정사각형을 만들었다.

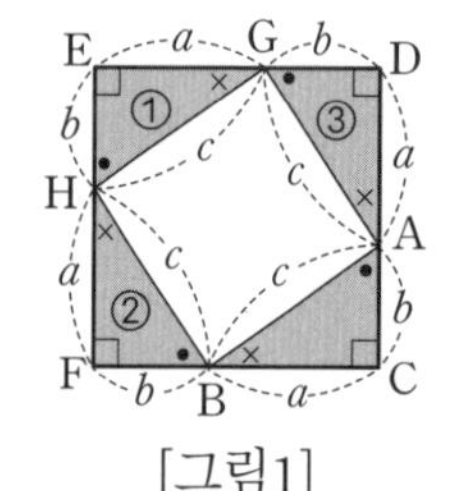
[그림1]

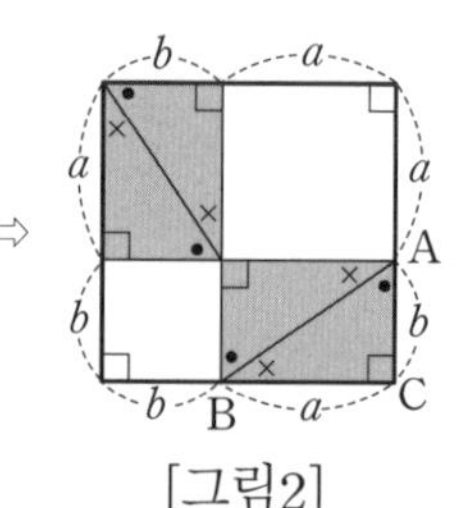
[그림2]

① [그림1]에서 □AGHB는 한 변의 길이가 c인 정사각형이다.

② [그림1]의 세 개의 직각삼각형 ①, ②, ③을 옮겨 붙여서 [그림2]를 만들 수 있다.

③ [그림1]의 정사각형 AGHB의 넓이가 [그림2]의 한 변의 길이가 각각 a, b인 두 정사각형의 넓이의 합과 같으므로 $a^2+b^2=c^2$

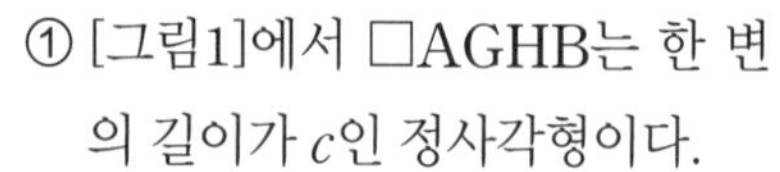

● **직각삼각형이 되기 위한 조건**

삼각형 ABC의 세 변의 길이를 각각 a, b, c라 할 때, $a^2+b^2=c^2$이면 이 삼각형은 빗변의 길이가 c인 직각삼각형이다.

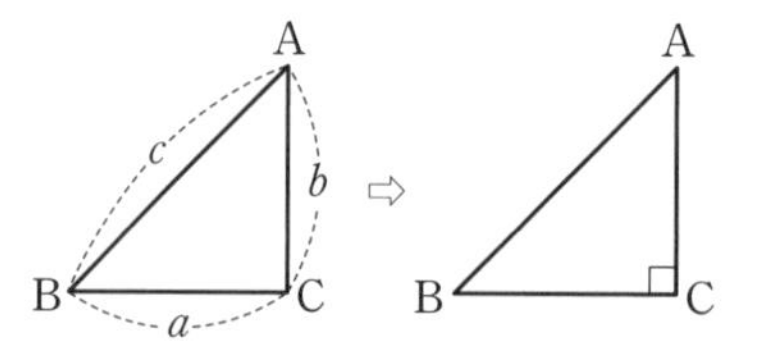

● **삼각형의 변의 길이에 대한 각의 크기**

삼각형 ABC에서 $\overline{AB}=c$, $\overline{BC}=a$, $\overline{CA}=b$이고, c가 가장 긴 변의 길이일 때,

① $c^2<a^2+b^2$이면 $\angle C<90°$ ⇨ 삼각형 ABC는 예각삼각형

② $c^2=a^2+b^2$이면 $\angle C=90°$ ⇨ 삼각형 ABC는 직각삼각형

③ $c^2>a^2+b^2$이면 $\angle C>90°$ ⇨ 삼각형 ABC는 둔각삼각형

다음 그림의 색칠한 4개 삼각형의 넓이는 모두 같아.

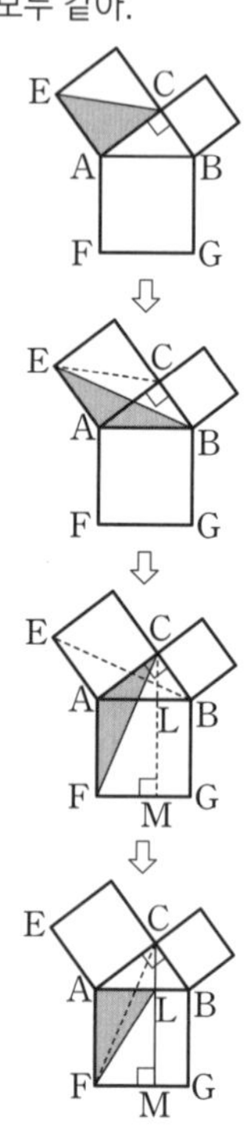

△ACE=△ABE=△AFC
=△AFL

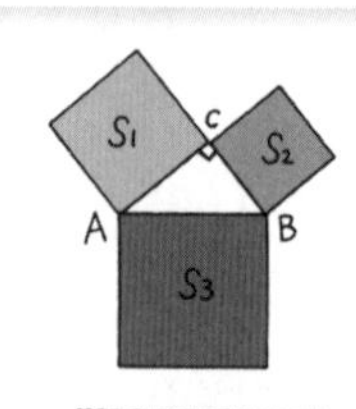

삼각형 ABC에서 $c^2<a^2+b^2$이 성립하면 ∠C는 예각이지만 예각삼각형이 아닐 수 있어. c가 가장 긴 변이 아니고 a 또는 b가 가장 긴 변일 경우 $a^2\geq b^2+c^2$ 또는 $b^2\geq a^2+c^2$이 될 수 있거든. 삼각형의 세 변의 길이가 4, 6, 8인 경우 $4^2<6^2+8^2$이니까 예각삼각형이라 착각할 수 있지만 가장 긴 변의 길이 8에 대하여 $8^2>4^2+6^2$이므로 둔각삼각형이야.

A 피타고라스 정리의 설명 1

오른쪽 그림에서

- $\triangle EBA = \triangle EBC \equiv \triangle ABF \equiv \triangle BFL$
- $\square DEBA + \square ACHI = \square BFGC$

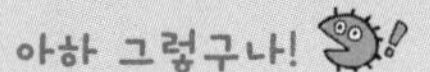

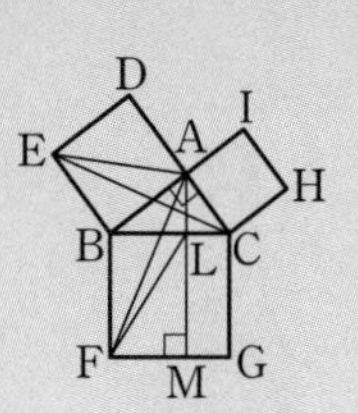

앗! 실수

■ 다음 그림은 $\angle A = 90°$인 직각삼각형 ABC의 세 변을 각각 한 변으로 하는 정사각형을 그린 것이다. 다음 중 삼각형 EBA와 넓이가 같은 것은 ○를, 넓이가 같지 않은 것은 ×를 하여라.

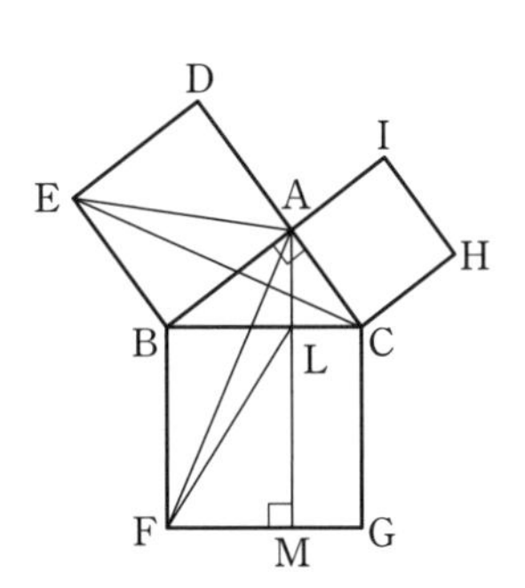

1. 삼각형 EBC

2. 삼각형 ABF

3. 삼각형 AEC

4. 삼각형 ABC

5. 삼각형 BFL

■ 다음 그림은 $\angle A = 90°$인 직각삼각형 ABC의 세 변을 각각 한 변으로 하는 정사각형을 그린 것이다. 색칠한 부분의 넓이를 구하여라.

6.

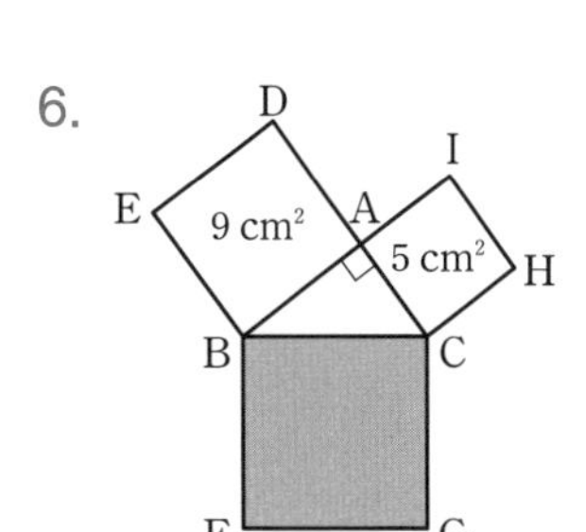

7.

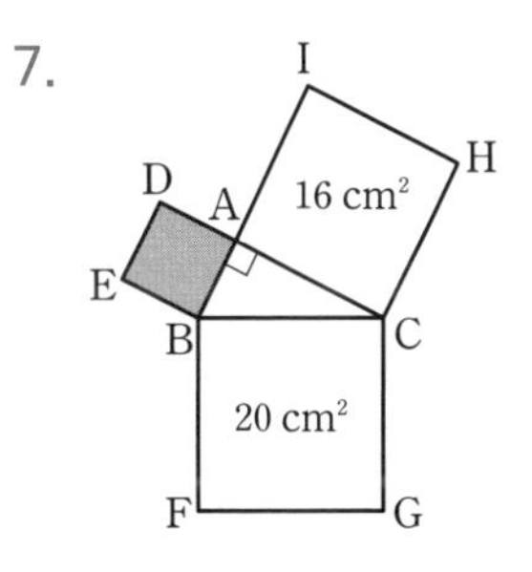

앗! 실수

8.

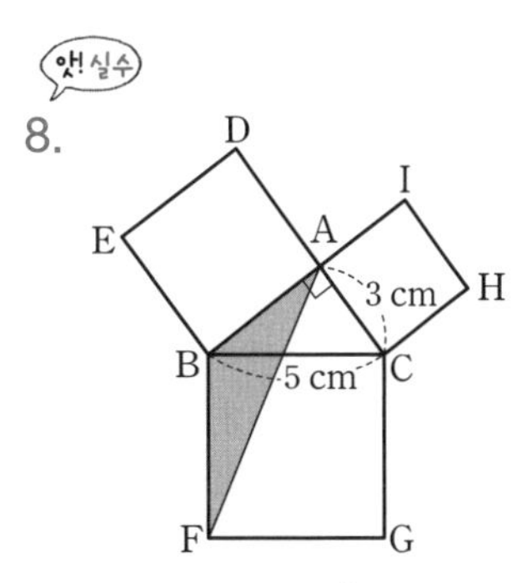

Help $\triangle ABF = \frac{1}{2}\square EBAD$

9.

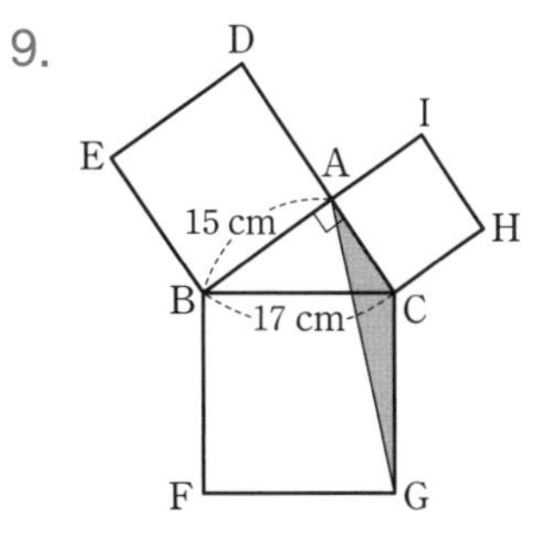

B 피타고라스 정리의 설명 2

△ABC에서 두 변을 연장하여 한 변이 $a+b$인 정사각형을 그리면
- △ABC≡△EAD≡△GEF≡△BGH
- □CDFH=4△ABC+□AEGB
⇨ $a^2+b^2=c^2$

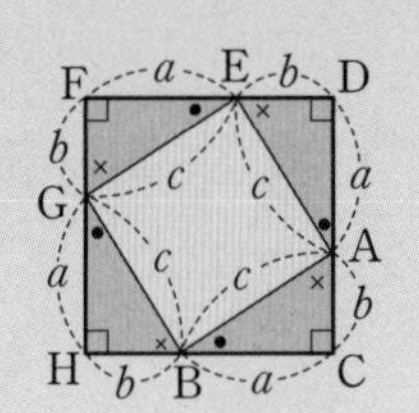

■ 다음 그림에서 사각형 EFGH의 넓이가 주어질 때, 정사각형 ABCD의 넓이를 구하여라.

1. □EFGH=25 cm²

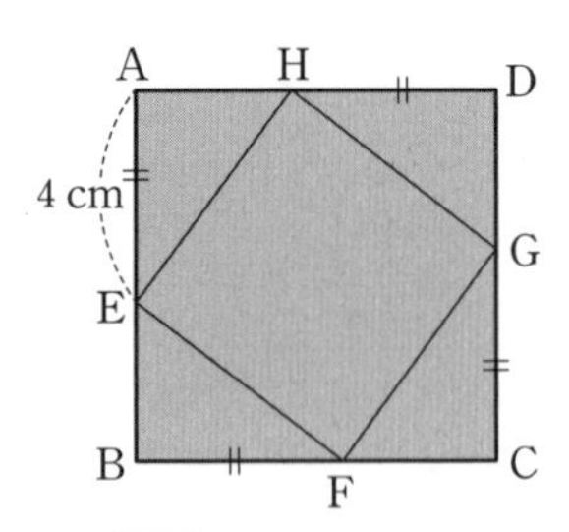

Help $\overline{EH}$=5 cm

2. □EFGH=169 cm²

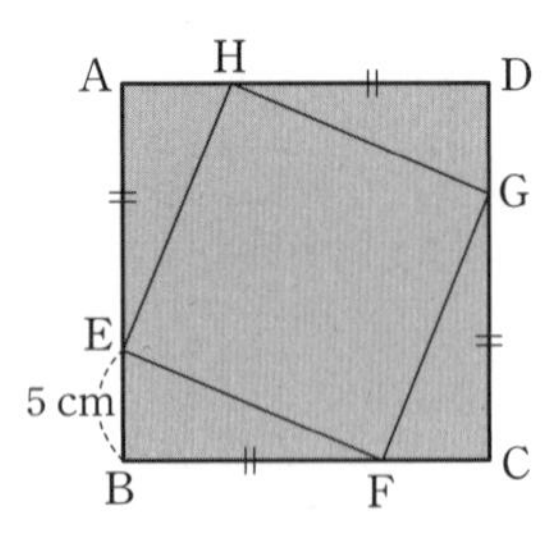

■ 다음 그림에서 정사각형 ABCD의 넓이가 주어질 때, 사각형 EFGH의 넓이를 구하여라.

3. □ABCD=49 cm²

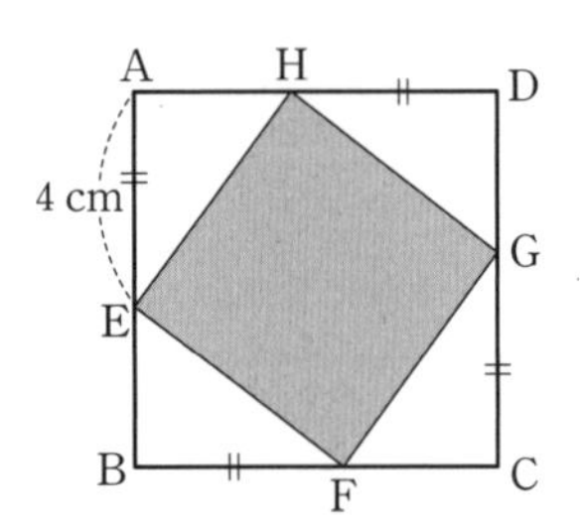

4. □ABCD=196 cm²

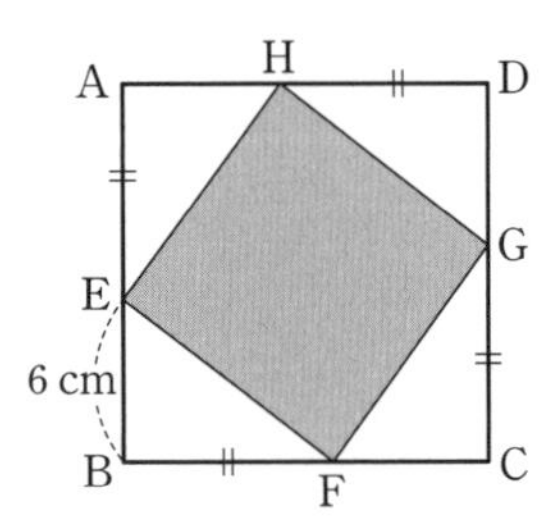

■ 다음 그림과 같은 정사각형 ABCD에서 사각형 EFGH의 넓이를 구하여라.

5.

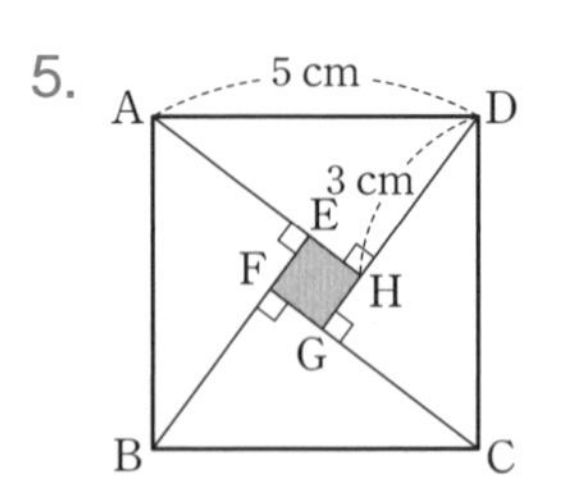

Help △ABE≡△BCF≡△CDG≡△DAH이므로
$\overline{AE}$=$\overline{DH}$=3 cm, $\overline{EH}$=$\overline{AH}$−$\overline{AE}$

6.

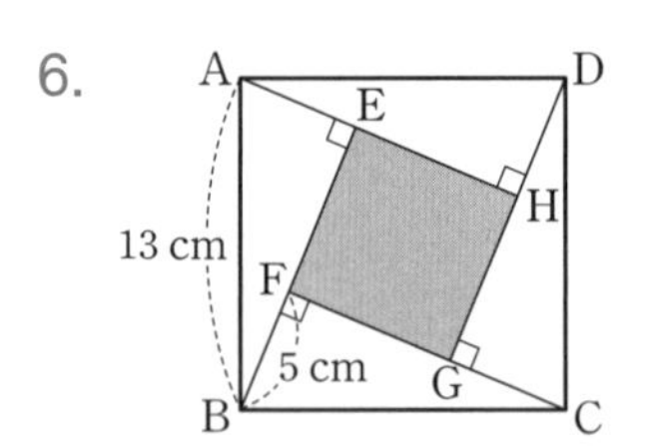

■ 다음 그림에서 사각형 EFGH의 넓이가 주어질 때, 정사각형 ABCD의 넓이를 구하여라.

7. □EFGH=4 cm²

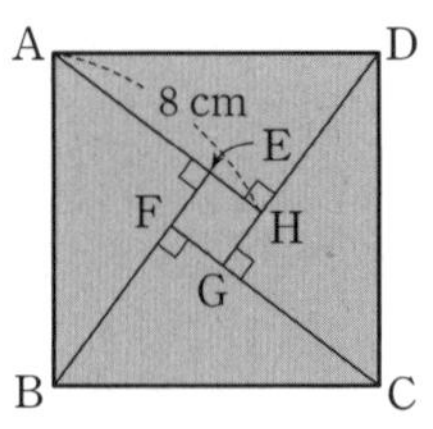

Help □EFGH=4 cm²이므로
$\overline{EH}$=2 cm, $\overline{AE}$=6 cm

8. □EFGH=49 cm²

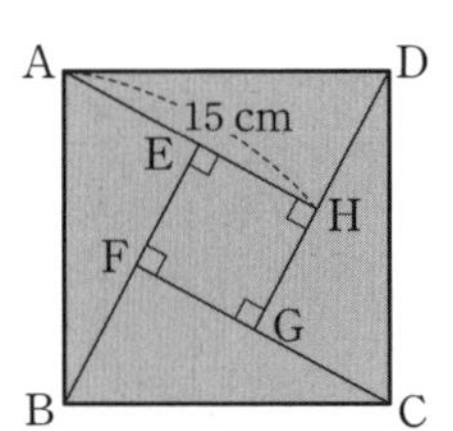

C 직각삼각형이 되기 위한 조건

세 변의 길이가 각각 a, b, c인 삼각형 ABC에서 가장 긴 변의 길이 c에 대하여 $a^2+b^2=c^2$이면 삼각형 ABC는 $\angle C=90°$인 직각삼각형이야.

아하 그렇구나!

■ 세 변의 길이가 다음과 같은 삼각형 중에서 직각삼각형인 것은 ○를, 직각삼각형이 아닌 것은 ×를 하여라.

1. 2, 3, 4

______

Help (가장 긴 변의 길이의 제곱)
=(나머지 두 변의 길이의 제곱의 합)이 되는지를 확인한다.

2. 3, 4, 5

______

3. 5, 6, 7

______

4. 4, 8, 9

______

5. 6, 8, 10

______

6. 8, 15, 17

______

7. 9, 12, 14

______

8. 7, 24, 25

______

9. 8, 10, 15

______

10. 12, 16, 20

______

D 변의 길이에 따른 삼각형의 종류

삼각형 ABC에서 c가 가장 긴 변의 길이일 때,
- $c^2 < a^2 + b^2$ ⇨ 삼각형 ABC는 예각삼각형 (모든 각이 예각)
- $c^2 = a^2 + b^2$ ⇨ 삼각형 ABC는 직각삼각형 (한 각이 직각)
- $c^2 > a^2 + b^2$ ⇨ 삼각형 ABC는 둔각삼각형 (한 각이 둔각)

아하 그렇구나!

■ 삼각형의 세 변의 길이가 다음과 같을 때, 예각삼각형은 예, 직각삼각형은 직, 둔각삼각형은 둔이라 □ 안에 써넣어라.

1. 3 cm, 5 cm, 7 cm

□각삼각형

Help $7^2 > 3^2 + 5^2$

2. 4 cm, 5 cm, 8 cm

□각삼각형

3. 5 cm, 8 cm, 9 cm

□각삼각형

4. 6 cm, 9 cm, 10 cm

□각삼각형

5. 5 cm, 12 cm, 13 cm

□각삼각형

6. 6 cm, 8 cm, 13 cm

□각삼각형

7. 6 cm, 10 cm, 10 cm

□각삼각형

8. 7 cm, 10 cm, 16 cm

□각삼각형

9. 9 cm, 12 cm, 15 cm

□각삼각형

10. 10 cm, 12 cm, 14 cm

□각삼각형

E 조건에 따른 변의 길이

삼각형 ABC에서 c가 가장 긴 변의 길이일 때,
- $\angle C < 90° \Rightarrow c^2 < a^2 + b^2$
- $\angle C = 90° \Rightarrow c^2 = a^2 + b^2$
- $\angle C > 90° \Rightarrow c^2 > a^2 + b^2$

아하 그렇구나!

■ 삼각형 ABC에서 $\overline{AB}=c$, $\overline{BC}=a$, $\overline{CA}=b$일 때, 다음 중 옳은 것은 ○를, 옳지 않은 것은 ×를 하여라.

1. $\angle C > 90°$이면 $c^2 < a^2 + b^2$이다.

______

2. $\angle A = 90°$이면 $b^2 = a^2 + c^2$이다.

______

Help $\angle A = 90°$이면 a가 가장 긴 변이다.

앗! 실수

3. $c^2 < a^2 + b^2$이면 삼각형 ABC는 예각삼각형이다.

______

Help $\angle C$는 예각이지만 $\angle A$, $\angle B$가 모두 예각인지는 알 수 없다.

4. $a^2 < b^2 + c^2$이면 삼각형 ABC는 예각삼각형이다. (단, a가 가장 긴 변이다.)

______

5. $c^2 > a^2 + b^2$이면 삼각형 ABC는 둔각삼각형이다.

______

■ 세 변의 길이가 각각 4, a, 6인 삼각형에 대하여 다음을 구하여라. (단, $a < 6$)

6. 예각삼각형이 되기 위한 자연수 a의 개수

Help $a < 6$, 예각삼각형의 조건에서 $6^2 < 4^2 + a^2$

앗! 실수

7. 둔각삼각형이 되기 위한 자연수 a의 개수

Help 삼각형의 변의 길이의 조건에 따라 $a + 4 > 6$
둔각삼각형의 조건에서 $6^2 > 4^2 + a^2$

■ 세 변의 길이가 각각 6, 8, a인 삼각형에 대하여 다음을 구하여라. (단, $a > 8$)

8. 예각삼각형이 되기 위한 자연수 a의 개수

앗! 실수

9. 둔각삼각형이 되기 위한 자연수 a의 개수

Help 삼각형의 변의 길이의 조건에 의해 $a < 6 + 8$도 만족해야 한다.

[1～2] 피타고라스 정리의 설명

1. 오른쪽 그림에서 $x^2+y^2=30$일 때, □ABCD의 넓이는?

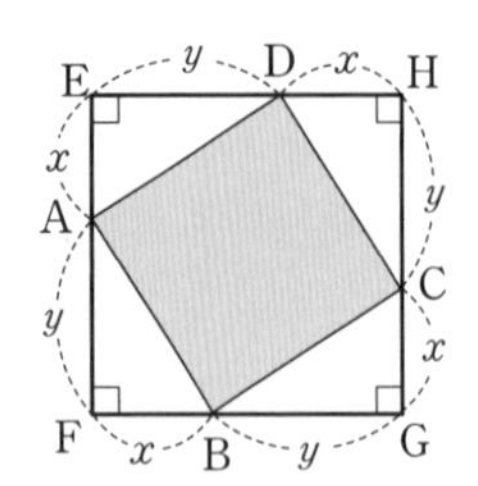

① 26 ② 30
③ 32 ④ 38
⑤ 40

적중률 90%

2. 오른쪽 그림은 직각삼각형 ABC의 각 변을 한 변으로 하는 세 정사각형을 그린 것이다.
□BADE의 넓이는?

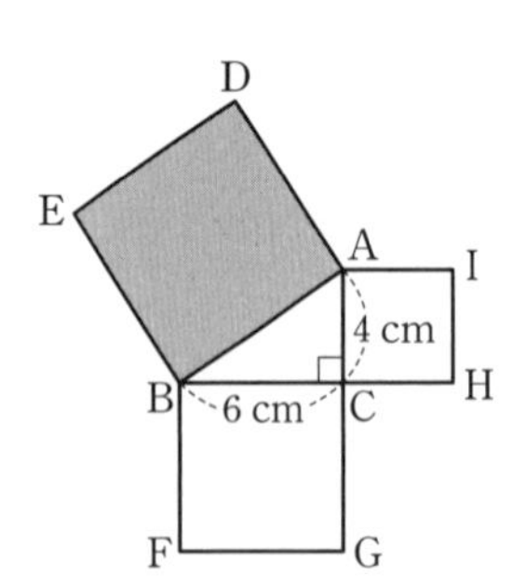

① 36 ② 42
③ 48 ④ 52
⑤ 56

[3～5] 변의 길이에 따른 삼각형의 종류

적중률 80%

3. △ABC에서 $\overline{AB}=7$ cm, $\overline{BC}=14$ cm, $\overline{CA}=9$ cm일 때, 삼각형 ABC는 어떤 삼각형인지 구하여라.

4. 세 변의 길이가 각각 다음과 같은 삼각형 중 예각삼각형인 것은?

① 3, 4, 5 ② 4, 4, 7
③ 5, 6, 7 ④ 6, 8, 10
⑤ 7, 8, 12

적중률 90%

5. △ABC에서 $\overline{AB}=c$, $\overline{BC}=a$, $\overline{CA}=b$일 때, 다음 중 옳지 않은 것은?

① $a^2<b^2+c^2$이면 삼각형 ABC는 예각삼각형이다.
② $\angle C<90°$이면 $c^2<a^2+b^2$이다.
③ $\angle C>90°$이면 $c^2>a^2+b^2$이다.
④ $a^2>b^2+c^2$이면 삼각형 ABC는 둔각삼각형이다.
⑤ $a^2=b^2+c^2$이면 삼각형 ABC는 $\angle A=90°$인 직각삼각형이다.

[6] 조건에 따른 변의 길이

6. 오른쪽 그림과 같은 △ABC에서 $\angle A<90°$일 때, 자연수 x의 값 중 가장 큰 수는?

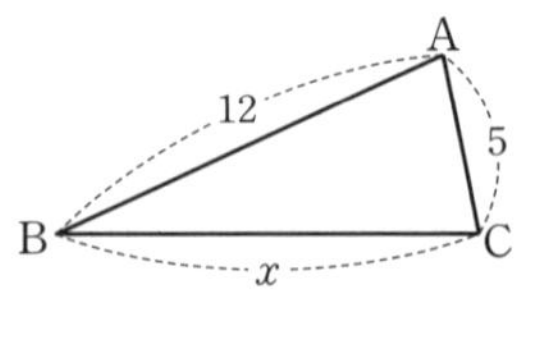

① 9 ② 10 ③ 11
④ 12 ⑤ 13

21 피타고라스 정리의 활용

● **피타고라스 정리를 이용한 직각삼각형의 성질**

삼각형 ABC에서 $\angle A=90^\circ$이고 점 D, E가 각각 $\overline{AB}$, $\overline{AC}$ 위에 있을 때

⇨ $\overline{DE}^2+\overline{BC}^2=\overline{BE}^2+\overline{CD}^2$

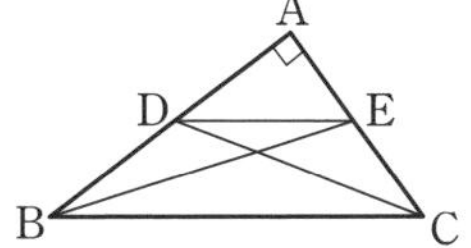

● **두 대각선이 직교하는 사각형의 성질**

사각형 ABCD에서 두 대각선이 직교할 때

⇨ $\overline{AB}^2+\overline{CD}^2=\overline{AD}^2+\overline{BC}^2$

● **피타고라스 정리를 이용한 직사각형의 성질**

직사각형 ABCD의 내부에 있는 임의의 점 P에 대하여

⇨ $\overline{AP}^2+\overline{CP}^2=\overline{BP}^2+\overline{DP}^2$

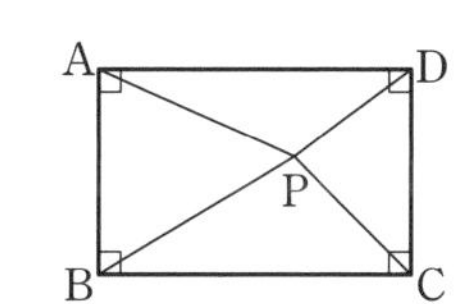

● **직각삼각형의 세 반원 사이의 관계**

직각삼각형 ABC에서 직각을 낀 두 변을 각각 지름으로 하는 반원의 넓이를 S_1, S_2, 빗변을 지름으로 하는 반원의 넓이를 S_3이라 할 때,

⇨ $S_1+S_2=S_3$

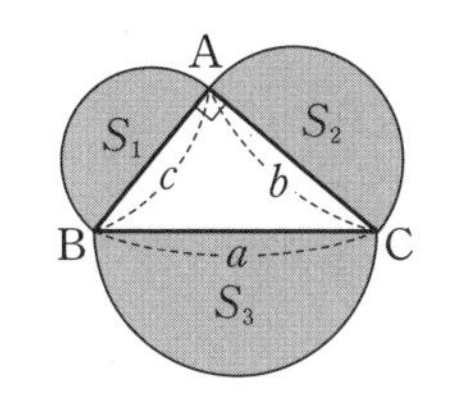

● **히포크라테스의 원의 넓이**

직각삼각형 ABC의 세 변을 각각 지름으로 하는 반원을 그릴 때

⇨ (색칠한 부분의 넓이)$=\triangle ABC=\frac{1}{2}bc$

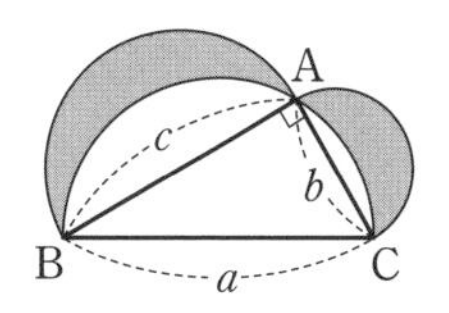

• 왼쪽에 있는 여러 공식들은 도형의 모양으로 기억해야 헷갈리지 않아.
• 반원뿐만 아니라 아래 그림과 같이 직각삼각형의 세 변에 각각 닮음인 정다각형을 그리면 $S_1+S_2=S_3$

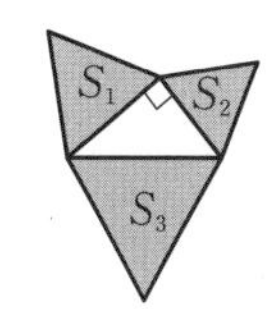

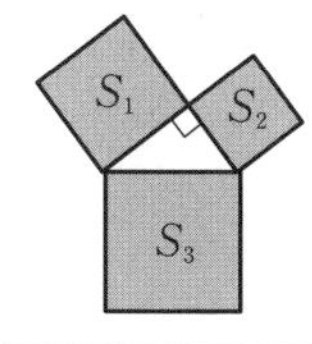

앗! 실수

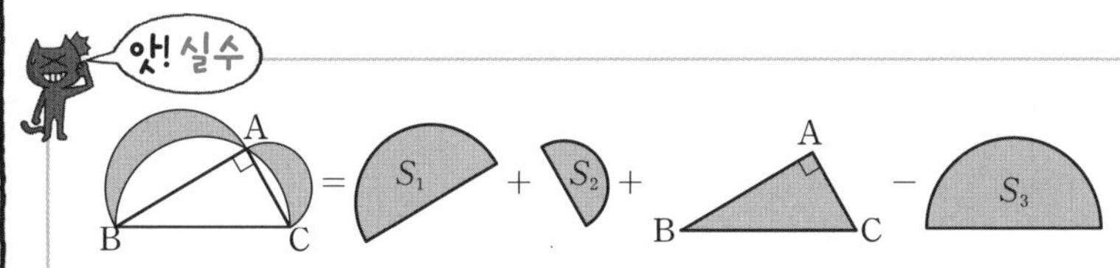

(색칠한 부분의 넓이)$=S_1+S_2+\triangle ABC-S_3=S_3+\triangle ABC-S_3$ (왜냐하면 $S_1+S_2=S_3$)
$=\triangle ABC$

따라서 초승달 모양의 넓이는 △ABC의 넓이와 같은 것을 알 수 있지.

피타고라스 정리를 이용한 직각삼각형의 성질

$\angle A=90°$인 직각삼각형 ABC에서
$\overline{AB}$, $\overline{AC}$ 위의 점 D, E에 대하여
$\overline{DE}^2+\overline{BC}^2=\overline{BE}^2+\overline{CD}^2$

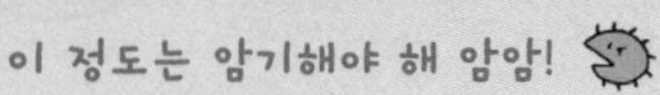

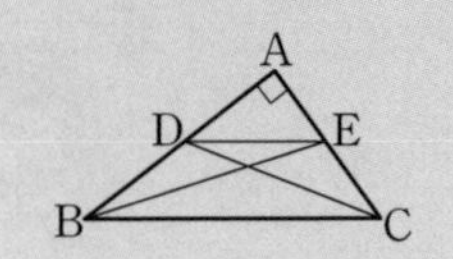

■ 다음 그림의 직각삼각형 ABC에서 x^2의 값을 구하여라.

1.

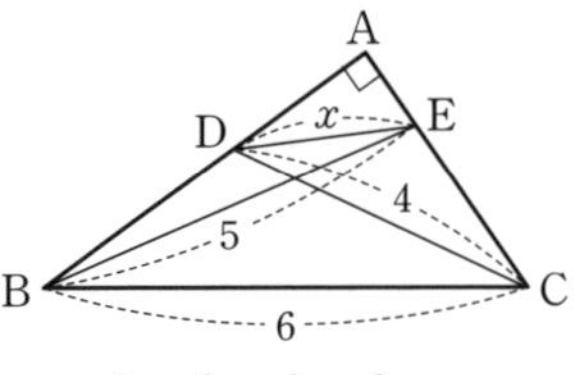

Help $x^2+6^2=5^2+4^2$

2.

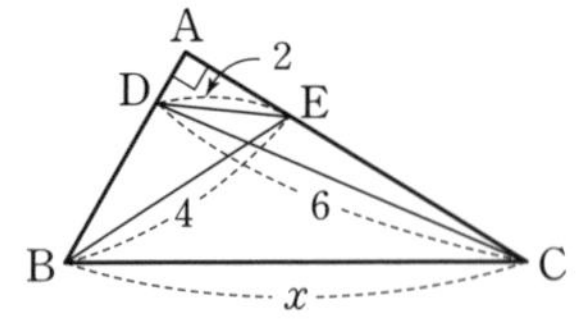

3.

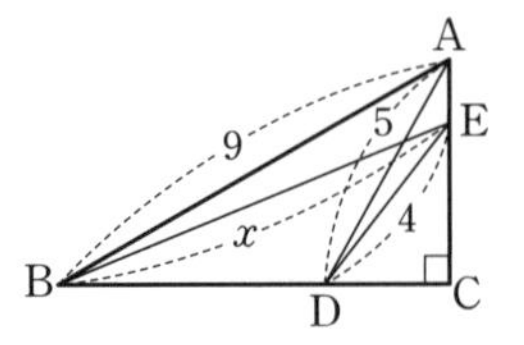

4.

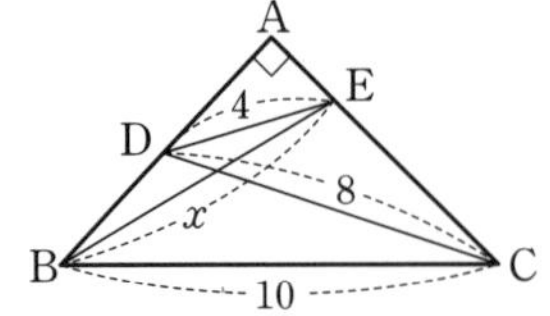

■ 다음 그림의 직각삼각형 ABC에서 x^2+y^2의 값을 구하여라.

5.

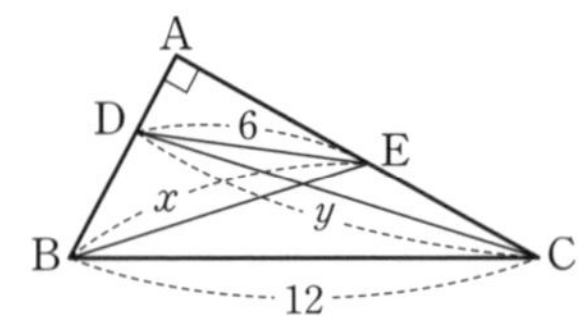

6.

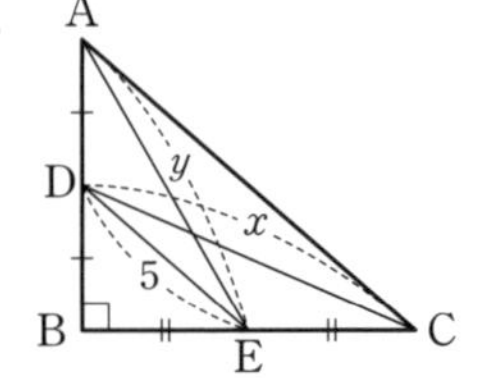

Help 삼각형의 두 변의 중점을 연결한 선분의 성질에 의하여 $\overline{AC}=2\overline{DE}$

■ 다음 그림의 직각삼각형 ABC에서 x^2-y^2의 값을 구하여라.

앗! 실수

7.

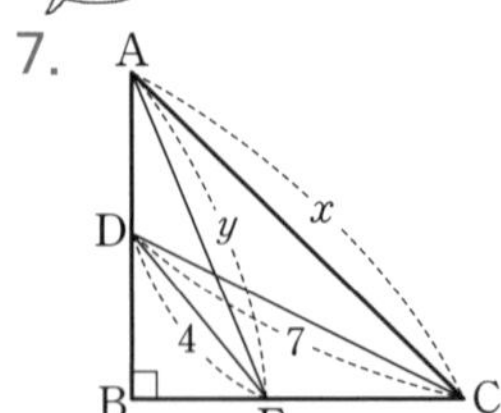

8.

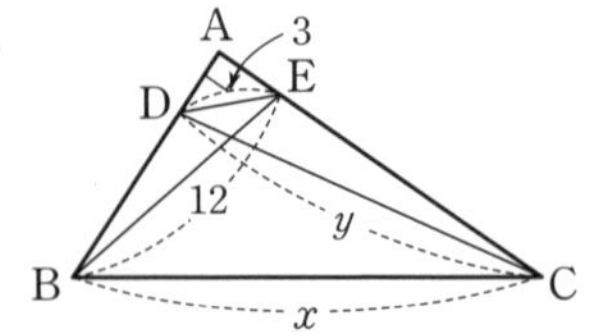

두 대각선이 직교하는 사각형의 성질

사각형 ABCD의 두 대각선이 직교할 때, 대변의 길이의 제곱의 합이 서로 같아.
$\overline{AB}^2+\overline{CD}^2=\overline{AD}^2+\overline{BC}^2$
잊지 말자. 꼬~옥!

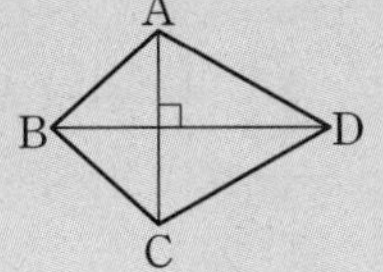

■ 다음 그림의 사각형 ABCD에서 x^2의 값을 구하여라.

1.

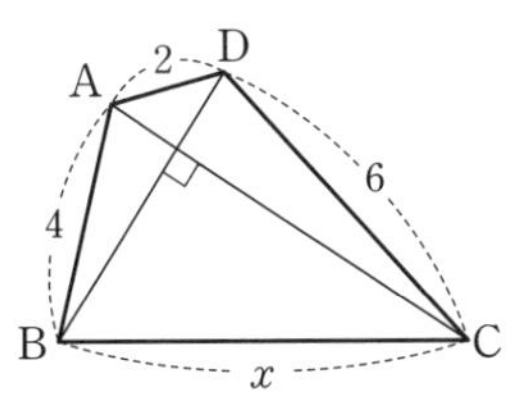

Help $2^2+x^2=4^2+6^2$

2.

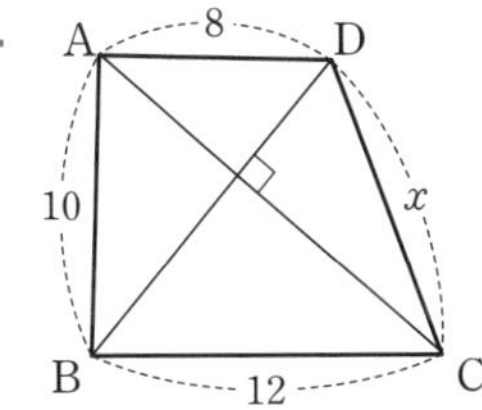

■ 다음 그림의 등변사다리꼴 ABCD에서 x^2의 값을 구하여라.

3.

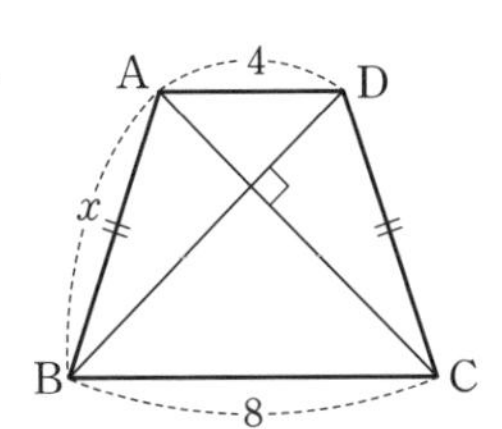

4.

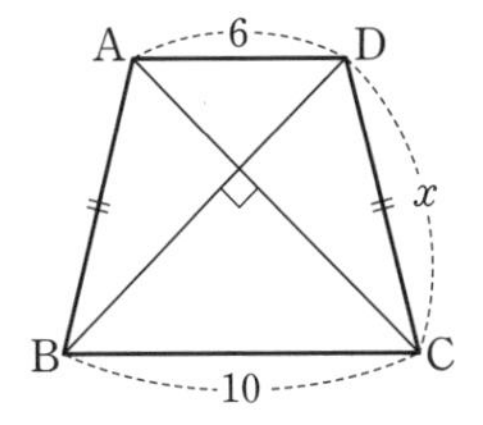

■ 다음 그림의 사각형 ABCD에서 x^2-y^2의 값을 구하여라.

5.

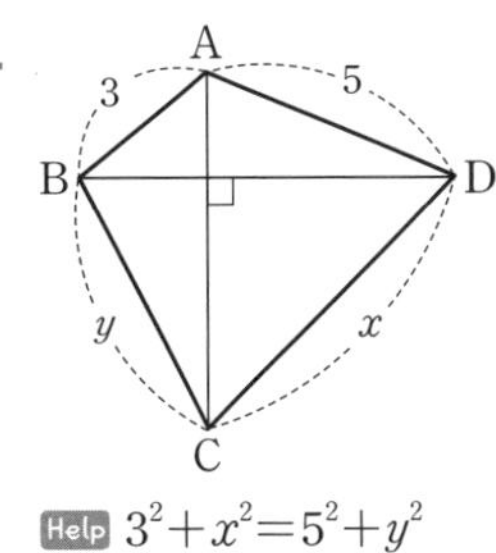

Help $3^2+x^2=5^2+y^2$

6.

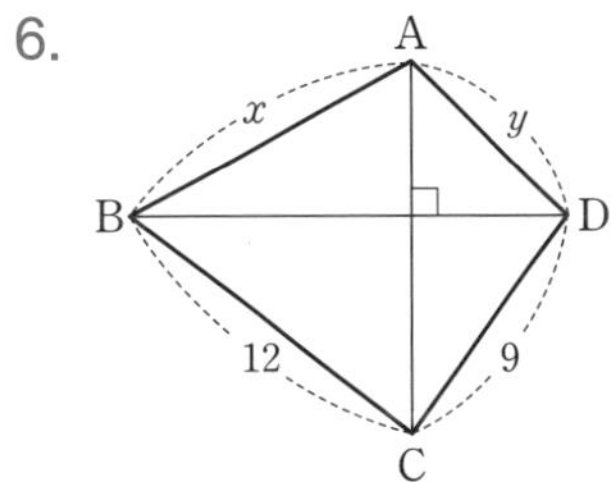

■ 다음 그림의 사각형 ABCD에서 x^2의 값을 구하여라.

앗! 실수

7.

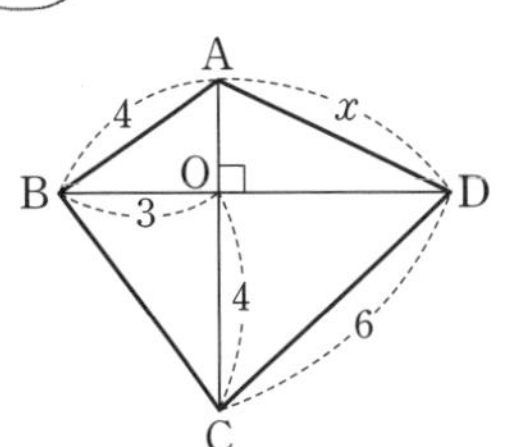

8.

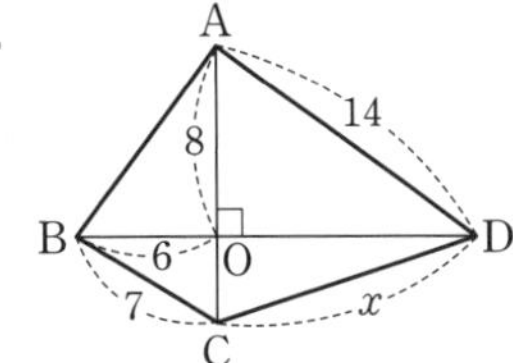

피타고라스 정리를 이용한 직사각형의 성질

직사각형 ABCD의 내부의 한 점 P에 대하여
$\overline{AP}^2+\overline{CP}^2=\overline{BP}^2+\overline{DP}^2$
잊지 말자. 꼬~옥!

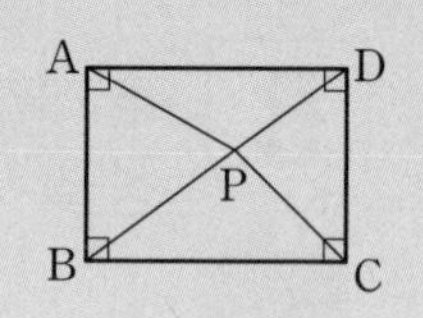

■ 다음 그림과 같이 직사각형 ABCD의 내부에 한 점 P가 있다. x^2의 값을 구하여라.

1.

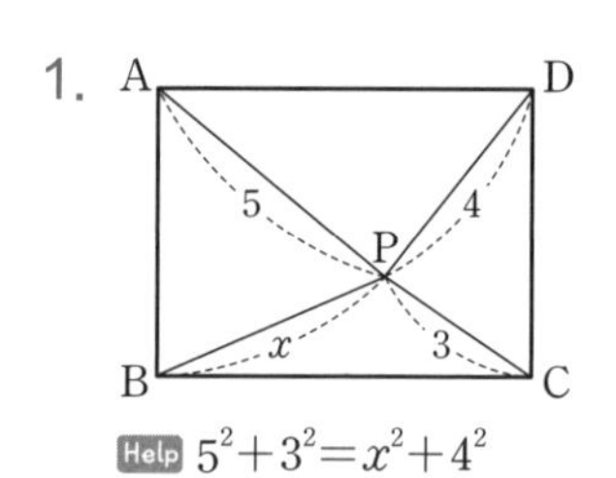

Help $5^2+3^2=x^2+4^2$

2.

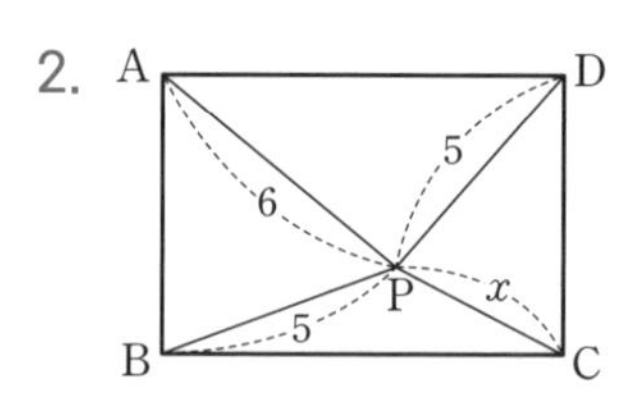

3. A, D, P, B, C, $2x$, x, 8, 5

4.

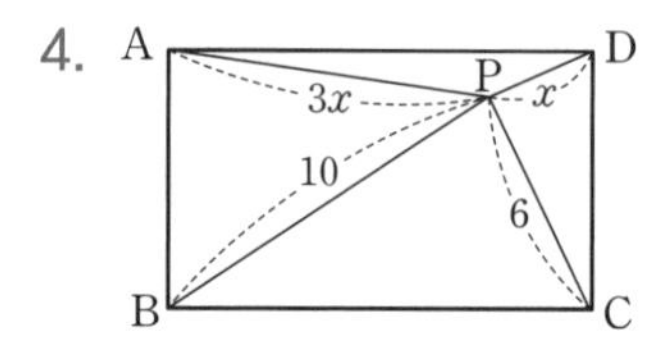

5. A, D, P, 6, x, 5, 7, B, C

6.

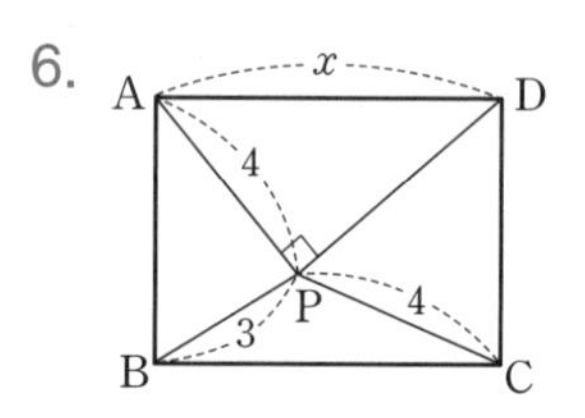

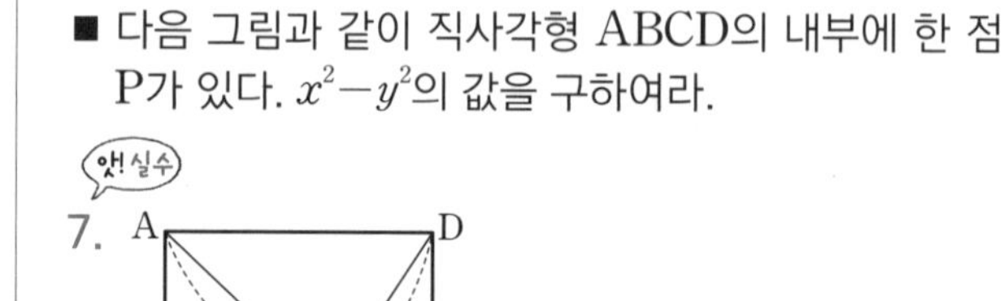

■ 다음 그림과 같이 직사각형 ABCD의 내부에 한 점 P가 있다. x^2-y^2의 값을 구하여라.

앗! 실수

7. A, D, 13, P, x, y, 11, B, C

Help $13^2+y^2=x^2+11^2$

8.

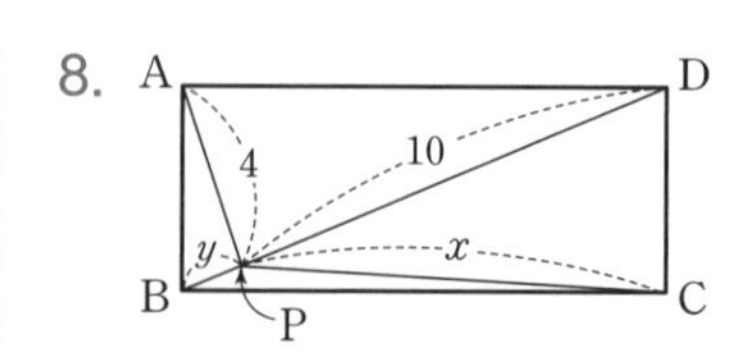

D 직각삼각형의 반원 사이의 관계

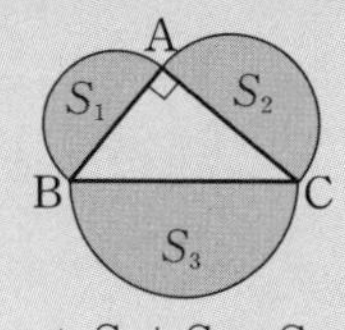

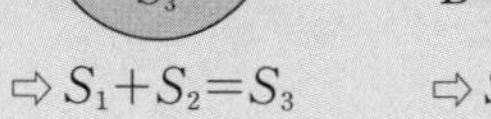

⇨ $S_1+S_2=S_3$

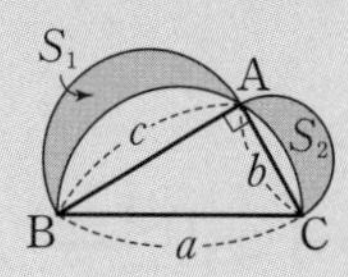

⇨ $S_1+S_2=\triangle ABC=\frac{1}{2}bc$

■ 다음 그림에서 색칠한 부분의 넓이를 구하여라.

1.

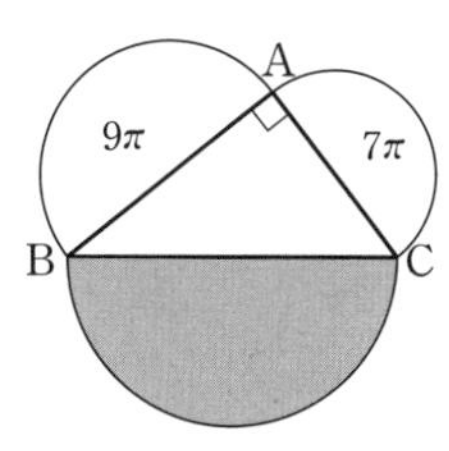

2.

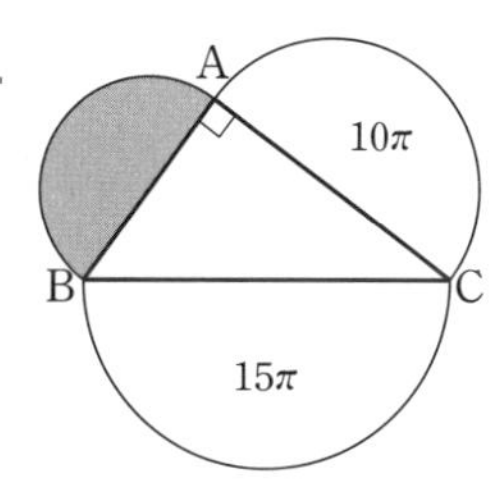

3. A, B, C, 10

4.

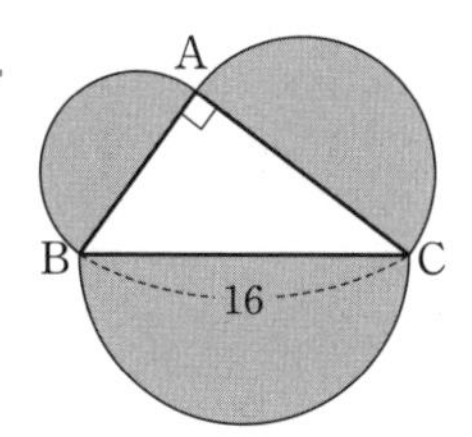

5.

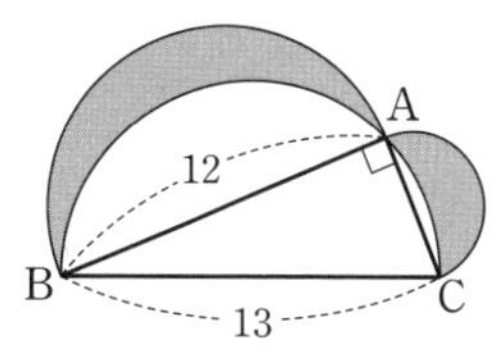

Help (색칠한 부분의 넓이)=(△ABC의 넓이)

6.

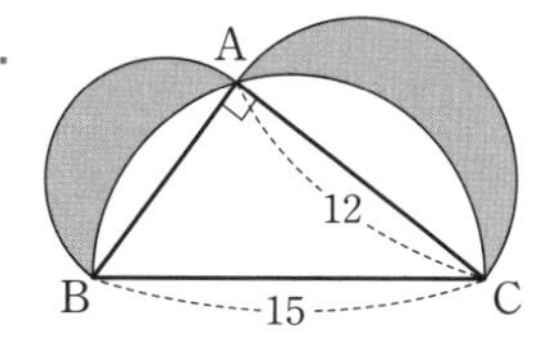

■ 다음 그림에서 색칠한 부분의 넓이가 주어질 때, x의 값을 구하여라.

7. 색칠한 부분의 넓이는 24

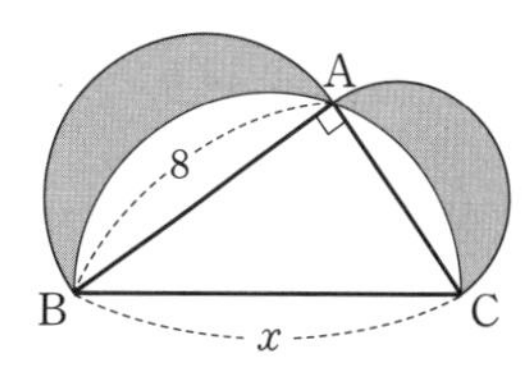

앗! 실수

8. 색칠한 부분의 넓이는 84

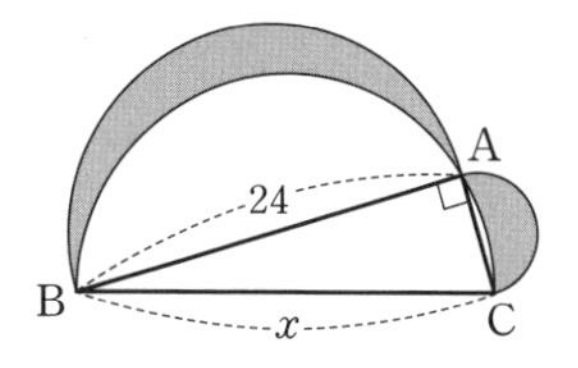

[1～3] 피타고라스 정리의 활용

1. 오른쪽 그림의 직각삼각형 ABC에서 $\overline{AB}$, $\overline{BC}$의 중점을 각각 D, E라 하자. $\overline{DE}=4$일 때, $\overline{AE}^2+\overline{CD}^2$의 값은?

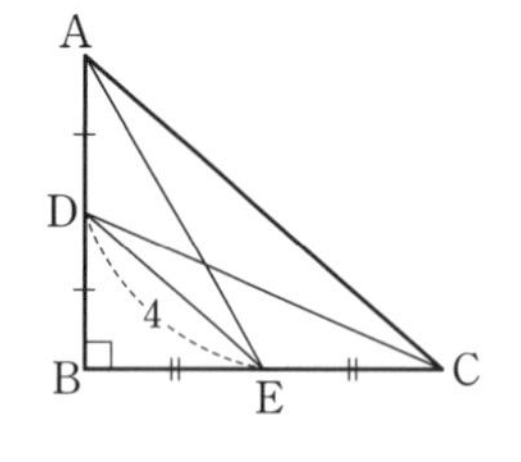

① 36 ② 40 ③ 56
④ 72 ⑤ 80

적중률 90%

2. 오른쪽 그림의 사각형 ABCD에서 $\overline{AC}\perp\overline{BD}$이고 점 O는 $\overline{AC}$와 $\overline{BD}$의 교점일 때, x^2의 값을 구하여라.

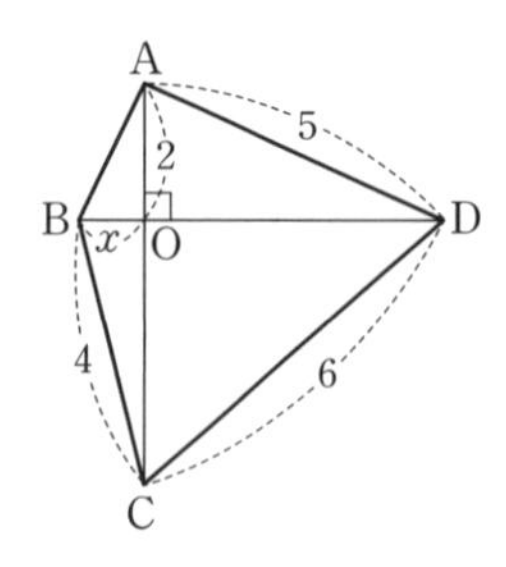

적중률 80%

3. 오른쪽 그림과 같은 직사각형 ABCD의 내부에 한 점 P가 있다. $\overline{AP}=10$, $\overline{BP}=7$, $\overline{CP}=x$, $\overline{DP}=2x$일 때, x^2의 값은?

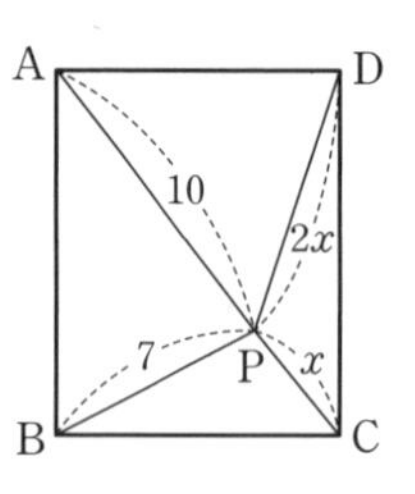

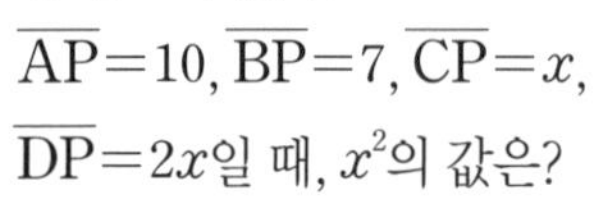

① 17 ② 25 ③ 27
④ 30 ⑤ 32

[4～6] 직각삼각형의 반원 사이의 관계

4. 오른쪽 그림과 같이 $\overline{BC}=12$인 직각삼각형 ABC에서 $\overline{AB}$, $\overline{AC}$를 지름으로 하는 두 반원의 넓이를 각각 S_1, S_2라 할 때, S_1+S_2의 값은?

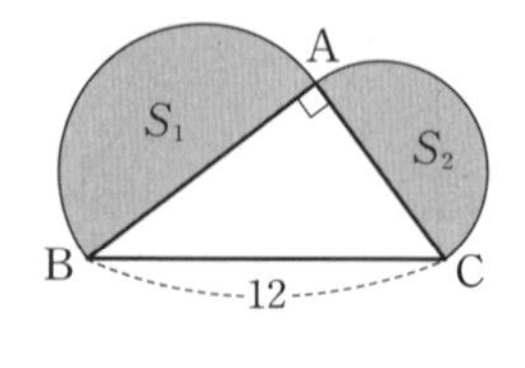

① 16π ② 18π ③ 20π
④ 22π ⑤ 24π

적중률 80%

5. 오른쪽 그림과 같이 $\angle C=90^\circ$인 직각삼각형 ABC의 세 변을 각각 지름으로 하는 반원을 그렸다. $\overline{AB}$를 지름으로 하는 반원의 넓이가 24π이고 $\overline{AC}=8$일 때, 색칠한 반원의 넓이는?

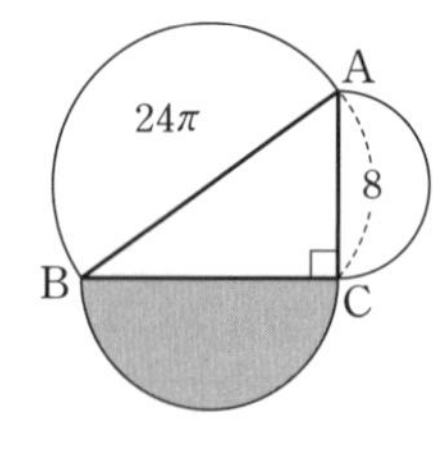

① 8π ② 12π ③ 16π
④ 25π ⑤ 32π

앗! 실수

6. 오른쪽 그림과 같이 직각삼각형 ABC의 세 변을 각각 지름으로 하는 반원에서 $\overline{AB}=16$, $\overline{BC}=20$일 때, 색칠한 부분의 넓이를 구하여라.

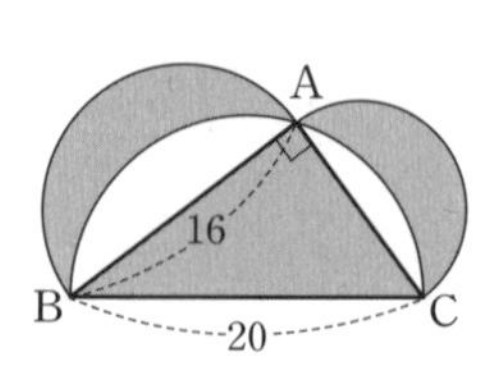

셋째 마당

확률

셋째 마당에서는 경우의 수와 확률을 배울거야. 확률은 일상 생활에서 자주 사용돼. 대표적으로 비올 확률, 복권에 당첨될 확률, 시험 문제를 맞힐 확률 등은 흔히 접하는 것들이지. 이렇게 확률은 우리 생활 속의 문제를 해결하는 편리한 수단이 돼. 또한 중학교 2학년의 확률 단원은 고등학교에서 배우는 확률과 통계와 연결되는 중요한 단원이니, 잘 익혀 두자.

공부할 내용!	14일 진도	20일 진도	스스로 계획을 세워 봐!
22 경우의 수 1	12일차	18일차	___월 ___일
23 경우의 수 2			___월 ___일
24 경우의 수 3	13일차	19일차	___월 ___일
25 확률의 뜻과 성질			___월 ___일
26 확률의 계산 1	14일차	20일차	___월 ___일
27 확률의 계산 2			___월 ___일

22 경우의 수 1

● 사건과 경우의 수

① **사건** : 같은 조건에서 여러 번 반복할 수 있는 실험이나 관찰에 의하여 나타나는 결과

② **경우의 수** : 어떤 사건이 일어나는 가짓수

실험	사건	경우	경우의 수
동전을 던진다.	일어날 수 있는 모든 경우	백원, 100	2가지
	앞면이 나온다.	백원	1가지
주사위를 던진다.	일어날 수 있는 모든 경우	⚀ ⚁ ⚂ ⚃ ⚄ ⚅	6가지
	짝수의 눈이 나온다.	⚁ ⚃ ⚅	3가지
	3의 배수의 눈이 나온다.	⚂ ⚅	2가지
1에서 10까지의 카드를 뽑는다.	일어날 수 있는 모든 경우	1 2 3 4 5 6 7 8 9 10	10가지
	6의 약수의 눈이 나온다.	1 2 3 6	4가지

- 경우의 수를 구할 때에는 한 가지라도 빼먹거나 중복해서 두 번 세면 틀린 답이야. 그래서 수학을 잘하는 학생들도 틀리는 경우가 많으니 정신을 바짝 차려야 해.
- 문제에 '또는', '~이거나'라는 표현이 있으면 두 사건의 경우의 수를 더하면 돼.

● 사건 A 또는 사건 B가 일어나는 경우의 수

두 사건 A, B가 동시에 일어나지 않을 때,
사건 A가 일어나는 경우의 수가 a가지이고, 사건 B가 일어나는 경우의 수가 b가지이면

(사건 A 또는 사건 B가 일어나는 경우의 수)$=a+b$(가지)

- 서로 다른 두 개의 주사위를 동시에 던질 때, 2와 5가 나왔다면 $(2, 5)$와 같이 1학년 때 배운 순서쌍으로 나타내. 주의해야 할 것은 $(2, 5)$와 $(5, 2)$는 다른 경우이므로 각각 경우의 수를 세야 해.
- 돈을 지불하는 경우의 수를 구할 때 50원짜리 동전 2개를 내는 것과 100원짜리 동전 1개를 내는 경우는 다른 경우야. 따라서 금액이 같아도 지불하는 경우가 다른 것이 여러 가지가 나올 수 있지.

A 주사위를 던질 때의 경우의 수

서로 다른 두 개의 주사위를 던질 때, 눈의 수의 합이 5가 되는 경우의 수를 구해 보자.
주사위에서 나온 눈의 수의 합이 5가 되는 경우를 순서쌍으로 나타내면 $(1, 4)$, $(2, 3)$, $(3, 2)$, $(4, 1)$이므로 4가지야.
잊지 말자. 꼬~옥!

■ 한 개의 주사위를 던질 때, 다음의 눈이 나오는 경우의 수를 구하여라.

1. 3보다 작은 눈
   Help 한 개의 주사위에서 3보다 작은 눈의 개수를 구한다.

2. 4보다 큰 눈

3. 5 이상의 눈

4. 짝수의 눈

5. 3의 배수의 눈

6. 4의 약수의 눈

■ 서로 다른 두 개의 주사위를 던질 때, 다음의 경우의 수를 구하여라.

7. 두 눈의 수의 합이 3
   Help 두 눈의 수의 합이 3이 되는 경우는 $(1, 2)$, $(2, 1)$이다.

8. 두 눈의 수의 합이 4

9. 두 눈의 수의 합이 8

앗! 실수

10. 두 눈의 수의 차가 1
    Help 수의 차는 큰 것에서 작은 것을 빼면 되므로 $(3, 4)$, $(4, 3)$과 같이 순서가 바뀌는 경우를 모두 세야 한다.

11. 두 눈의 수의 차가 3

12. 두 눈의 수의 차가 5

숫자, 동전을 뽑는 경우의 수

경우의 수를 구할 때에 주어진 조건에 맞는 수를 빠짐없이 중복되지 않게 나열하여 세야 돼. 아하! 그렇구나~

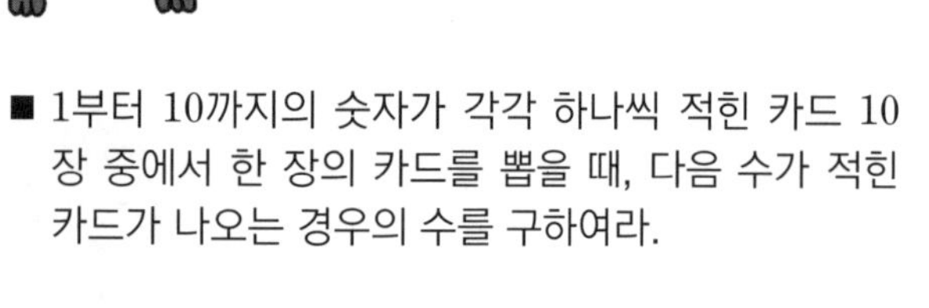

■ 1부터 10까지의 숫자가 각각 하나씩 적힌 카드 10장 중에서 한 장의 카드를 뽑을 때, 다음 수가 적힌 카드가 나오는 경우의 수를 구하여라.

1. 3의 배수

2. 5의 배수

3. 8 이상의 수

4. 10 이상의 수

5. 홀수

6. 소수

Help 소수는 약수를 1과 자기 자신만 가지는 수이다.

■ 500원짜리 동전 1개와 100원짜리 동전 1개를 동시에 던질 때, 다음의 경우의 수를 구하여라.

7. 앞면이 1개

Help 앞면이 1개인 경우는 (앞면, 뒷면), (뒷면, 앞면)이다.

8. 뒷면이 1개

9. 앞면이 0개

10. 앞면이 2개

11. 뒷면이 0개

12. 뒷면이 2개

돈을 지불하는 경우의 수

돈을 지불하는 경우의 수를 구할 때에는 표를 이용하면 편리해. 오른쪽 표는 50원, 100원짜리 동전이 각각 5개씩 있을 때, 350원을 지불하는 경우의 수를 표로 나타낸 거야.

100원	50원
3	1
2	3
1	5

■ 다음과 같이 동전을 가지고 물건의 값을 지불하는 경우의 수를 구하여라.

1. 100원짜리 동전 1개, 50원짜리 동전 2개로 100원 지불

Help

100원	50원
1	
0	

2. 100원짜리 동전 2개, 50원짜리 동전 4개로 200원 지불

Help 액수가 큰 화폐의 개수부터 정하고, 지불하는 금액에 맞게 나머지 화폐의 개수를 정하는 표를 만든다.

3. 500원짜리 동전 2개, 100원짜리 동전 5개로 1000원 지불

4. 100원짜리 동전 1개, 50원짜리 동전 2개, 10원짜리 동전 5개로 200원 지불

Help

100원	50원	10원
1	2	
1	1	

5. 100원짜리 동전 2개, 50원짜리 동전 2개, 10원짜리 동전 5개로 300원 지불

앗! 실수

6. 100원짜리 동전 2개, 50원짜리 동전 3개, 10원짜리 동전 5개로 250원 지불

사건 A 또는 사건 B가 일어나는 경우의 수 1

서로 다른 두 개의 주사위를 동시에 던질 때, 눈의 수의 합이 4 또는 11인 경우의 수를 구해 보자.
눈의 수의 합이 4인 경우는 $(1, 3)$, $(2, 2)$, $(3, 1)$로 3가지이고,
눈의 수의 합이 11인 경우는 $(5, 6)$, $(6, 5)$로 2가지이므로
$3+2=5$(가지)인 거지. 아하! 그렇구나~

■ 서로 다른 두 개의 주사위를 동시에 던질 때, 다음의 경우의 수를 구하여라.

1. 두 눈의 수의 합이 3 또는 4

Help 두 눈의 수의 합이 3인 경우의 수와 4인 경우의 수를 더하면 된다.

2. 두 눈의 수의 합이 2 또는 5

3. 두 눈의 수의 합이 6 또는 10

4. 두 눈의 수의 차가 0 또는 2

Help 두 눈의 수의 차가 0인 경우는 두 눈이 같은 수가 나오는 경우이다.

5. 두 눈의 수의 차가 1 또는 5

■ 1부터 15까지의 숫자가 각각 하나씩 적힌 카드 15장 중에서 한 장의 카드를 뽑을 때, 다음의 수가 적힌 카드가 나오는 경우의 수를 구하여라.

6. 4의 배수 또는 5의 배수

7. 2의 배수 또는 9의 약수

8. 3의 배수 또는 7의 배수

9. 6의 약수 또는 8의 배수

앗! 실수

10. 소수 또는 6의 배수

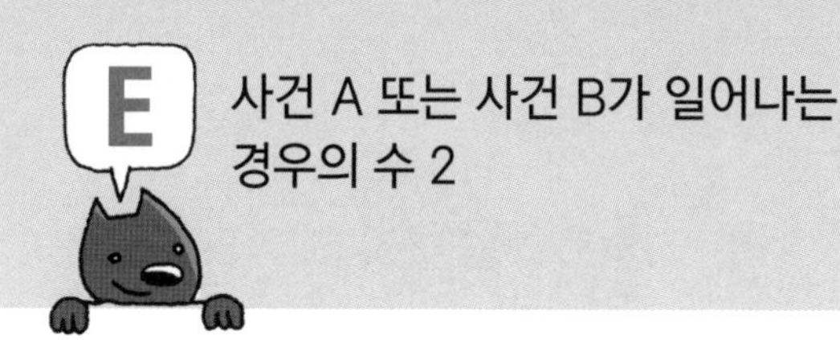

사건 A 또는 사건 B가 일어나는 경우의 수 2

서로 다른 운동화 3종류와 서로 다른 구두 4종류 중 한 종류의 신발을 선택하는 경우의 수를 구해 보자.
운동화를 선택하는 경우의 수는 3가지, 구두를 선택하는 경우의 수는 4가지이므로 $3+4=7$(가지) 잊지 말자. 꼬~옥!

■ 다음과 같이 길 또는 교통수단을 선택하는 경우의 수를 구하여라.

1. 학교에서 집으로 가는 버스 노선은 3가지, 지하철 노선은 2가지일 때, 버스 또는 지하철로 집에 가는 방법

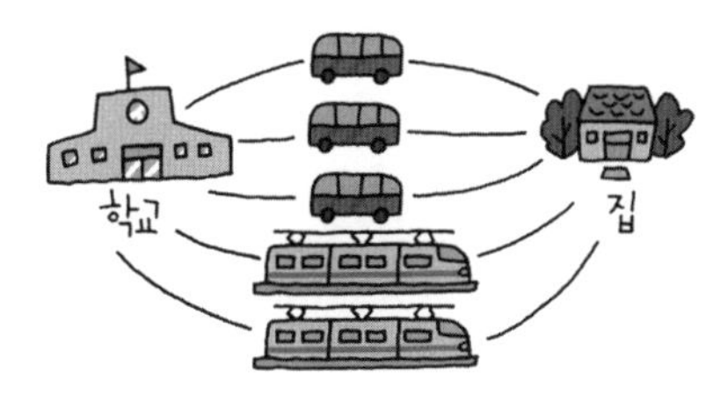

2. 집에서 공원으로 가는 방법은 버스는 5가지, 걸어서 가는 방법은 6가지일 때, 버스 또는 걸어서 가는 방법

3. 하루에 서울에서 부산으로 가는 버스 시간은 8가지, 비행기 시간은 5가지일 때, 버스 또는 비행기로 서울에서 부산까지 가는 방법

4. 서울에서 광주까지 가는 KTX는 하루에 14회, SRT는 하루에 10회가 있다고 할 때, KTX 또는 SRT로 서울에서 광주까지 가는 방법

■ 다음과 같이 물건을 선택하는 경우의 수를 구하여라.

5. 책꽂이에 서로 다른 수학책 5권과 서로 다른 영어책 3권이 있을 때, 수학책 또는 영어책 한 권을 선택하는 방법

6. 분식집에 서로 다른 김밥 4종류와 서로 다른 튀김 7종류가 있을 때, 김밥 또는 튀김 한 종류를 선택하는 방법

7. 서로 다른 목걸이 10종류와 서로 다른 반지 9종류가 있을 때, 목걸이 또는 반지 한 종류를 선택하는 방법

8. 서로 다른 운동화 12종류와 서로 다른 구두 5종류가 있을 때, 운동화 또는 구두 한 종류를 선택하는 방법

[1～3] 주사위, 숫자를 뽑는 경우의 수

1. 서로 다른 두 개의 주사위를 동시에 던질 때, 나오는 눈의 수의 합이 7이 되는 경우의 수는?

① 3가지　② 4가지　③ 6가지
④ 7가지　⑤ 8가지

적중률 80%

2. 1에서 20까지의 숫자가 각각 하나씩 적힌 20장의 카드가 있다. 이 카드 중에서 임의로 한 장을 뽑을 때, 3의 배수가 적힌 카드가 나오는 경우의 수는?

① 4가지　② 5가지　③ 6가지
④ 8가지　⑤ 9가지

3. 주머니 속에 1부터 10까지의 숫자가 각각 하나씩 적힌 10개의 공이 들어 있다. 이 중 한 개의 공을 꺼낼 때, 8의 약수가 적힌 공을 꺼내는 경우의 수를 구하여라.

[4] 지불하는 경우의 수

앗! 실수

4. 민우가 편의점에서 800원짜리 과자를 1개 사려고 한다. 100원짜리 동전 7개, 50원짜리 동전 4개, 10원짜리 동전 5개를 가지고 있을 때, 과자의 값을 지불하는 경우의 수를 구하여라.

[5～6] 사건 A 또는 사건 B가 일어나는 경우의 수

적중률 90%

5. 서로 다른 두 개의 주사위를 동시에 던질 때, 나오는 두 눈의 수의 차가 3 또는 4가 되는 경우의 수는?

① 6가지　② 8가지　③ 9가지
④ 10가지　⑤ 12가지

6. 1에서 15까지의 숫자가 각각 하나씩 적힌 15장의 카드가 있다. 이 카드 중에서 임의로 한 장을 뽑을 때, 짝수 또는 15의 약수가 적힌 카드가 나오는 경우의 수는?

① 6가지　② 7가지　③ 8가지
④ 9가지　⑤ 11가지

23 경우의 수 2

● 두 사건 A와 B가 동시에 일어나는 경우의 수

사건 A가 일어나는 경우의 수가 a가지이고, 사건 B가 일어나는 경우의 수가 b가지이면

(두 사건 A와 B가 동시에 일어나는 경우의 수)$=a\times b$(가지)

① 동전을 여러 개 던지는 경우의 수

- 동전 2개를 던졌을 때 ⇨ $\underbrace{2\times2}_{2가\ 2개}=4$(가지)
- 동전 3개를 던졌을 때 ⇨ $\underbrace{2\times2\times2}_{2가\ 3개}=8$(가지)

② 주사위를 여러 개 던지는 경우의 수

- 주사위 2개를 던졌을 때 ⇨ $\underbrace{6\times6}_{6이\ 2개}=36$(가지)
- 주사위 3개를 던졌을 때 ⇨ $\underbrace{6\times6\times6}_{6이\ 3개}=216$(가지)

③ 동전과 주사위를 함께 던지는 경우의 수

- 동전 1개, 주사위 1개를 던졌을 때 ⇨ $2\times6=12$(가지)
- 동전 2개, 주사위 1개를 던졌을 때 ⇨ $2\times2\times6=24$(가지)
- 동전 1개, 주사위 2개를 던졌을 때 ⇨ $2\times6\times6=72$(가지)

④ 길을 선택하는 경우의 수

세 지점 A, B, C 사이에 오른쪽 그림과 같은 길이 있다. 각 지점을 한 번씩 지날 때, A지점에서 C지점까지 가는 경우의 수는 $3\times2=6$(가지)

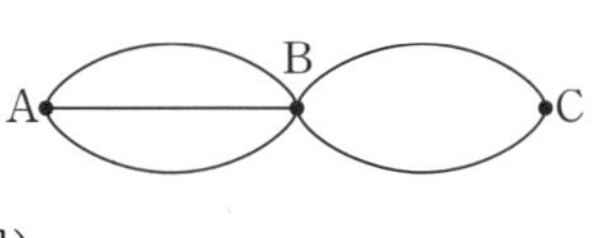

⑤ 물건을 선택하는 경우의 수

메뉴판에 있는 서로 다른 스파게티 5종류와 서로 다른 피자 7종류 중에서 스파게티와 피자를 한 종류씩 주문하는 경우의 수는 $5\times7=35$(가지)

⑥ 색칠하는 경우의 수

A, B, C 세 부분에 빨강, 노랑, 파랑, 보라, 초록의 5가지 색을 같은 색을 여러 번 사용해도 좋으나 이웃하는 곳에는 서로 다른 색을 칠하는 경우의 수를 구해 보자.

A에 칠할 수 있는 색은 5가지, B에 칠할 수 있는 색은 A에 칠한 색을 제외한 4가지, C에 칠할 수 있는 색은 A에 칠한 색과는 상관없고 B에 칠한 색만 제외하면 되므로 4가지이다.

따라서 $5\times4\times4=80$(가지)이다.

바빠 꿀팁!

- 경우의 수를 곱하는 문제에는 '동시에', '~이고', '~하고 나서'라는 표현이 있음을 기억해.
- 전구를 켰다 끄는 문제나 깃발을 들었다 내렸다 하는 문제도 두 가지 경우만 있으므로 동전을 던지는 경우의 수와 같아.

사건 A와 사건 B가 동시에 일어나는 경우의 수 - 동전 또는 주사위

• 1개의 동전을 던질 때 2가지 경우가 생기므로 동전을 여러 개 던질 때의 경우의 수는 던지는 횟수만큼 2를 곱하면 돼.
• 1개의 주사위를 던질 때 6가지 경우가 생기므로 주사위를 여러 개 던질 때의 경우의 수는 던지는 횟수만큼 6을 곱하면 돼.

아하! 그렇구나~

■ 다음 경우의 수를 구하여라.

1. 서로 다른 동전 2개를 동시에 던질 때

2. 서로 다른 동전 3개를 동시에 던질 때

3. 서로 다른 동전 4개를 동시에 던질 때

4. 서로 다른 주사위 2개를 동시에 던질 때

5. 서로 다른 주사위 3개를 동시에 던질 때

6. 동전 1개와 주사위 1개를 동시에 던질 때

Help 동전이 나오는 경우의 수와 주사위가 나오는 경우의 수를 곱한다.

7. 동전 2개와 주사위 1개를 동시에 던질 때

8. 동전 1개와 주사위 2개를 동시에 던질 때

9. 동전 3개와 주사위 1개를 동시에 던질 때

10. 동전 2개와 주사위 2개를 동시에 던질 때

B 사건 A와 사건 B가 동시에 일어나는 경우의 수 - 길 또는 교통수단

오른쪽 그림과 같이 A지점에서 B지점까지 가는 경우의 수는 4가지, B지점에서 C지점까지 가는 경우의 수는 2가지일 때, A지점에서 B지점을 거쳐 C지점까지 가는 경우의 수는 $4\times2=8$(가지)

■ 다음을 구하여라.

1. 학교에서 도서관까지 가는 버스 노선은 4가지, 도서관에서 집까지 가는 지하철 노선은 5가지일 때, 학교에서 도서관을 거쳐 집까지 가는 경우의 수

2. 집에서 백화점까지 가는 길은 3가지, 백화점에서 시장까지 가는 길은 6가지가 있을 때, 집에서 백화점에 갔다가 시장에 가는 경우의 수

3. 부산과 제주도를 오가는 교통편으로 비행기는 하루에 8가지, 배는 3가지가 있을 때, 부산에서 비행기를 타고 제주도에 갔다가 다음 날 배를 타고 돌아오는 경우의 수

4. 어느 산의 정상까지 가는 등산로는 6가지가 있을 때, 이 산의 정상까지 올라갔다가 내려오는 경우의 수

Help 올라간 길로 다시 내려올 수도 있다.

■ 세 지점 A, B, C 사이에 다음과 같은 길이 있다. A지점에서 B지점을 거쳐 C지점까지 가는 경우의 수를 구하여라. (단, 한 번 지나는 지점은 다시 지나지 않는다.)

5.

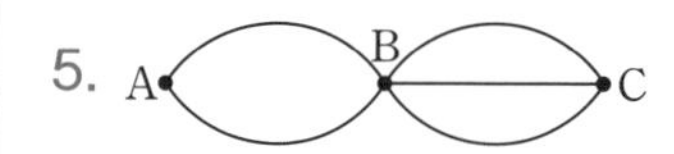

6.

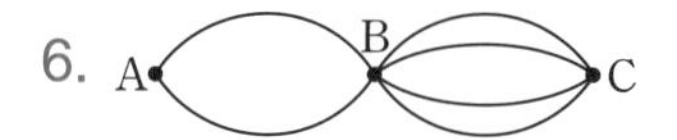

7.

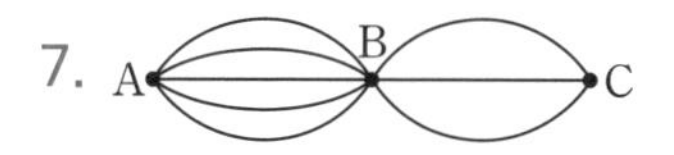

■ 어느 전시회장의 평면도가 다음 그림과 같을 때, 미술관에서 복도를 거쳐 영상관으로 가는 경우의 수를 구하여라.

8.

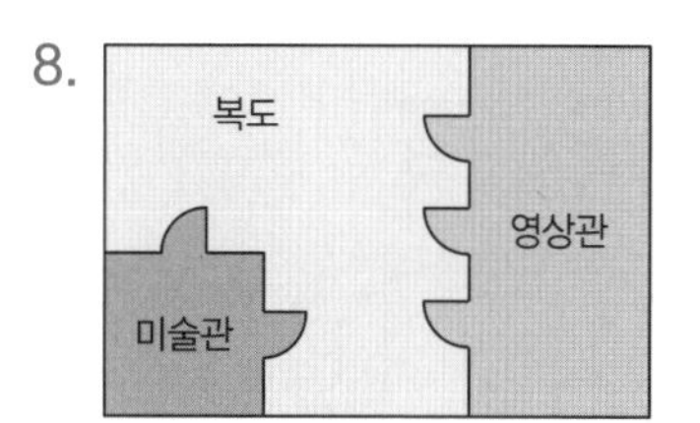

Help ⎍ 표시는 문을 표시하는 기호이다.

9.

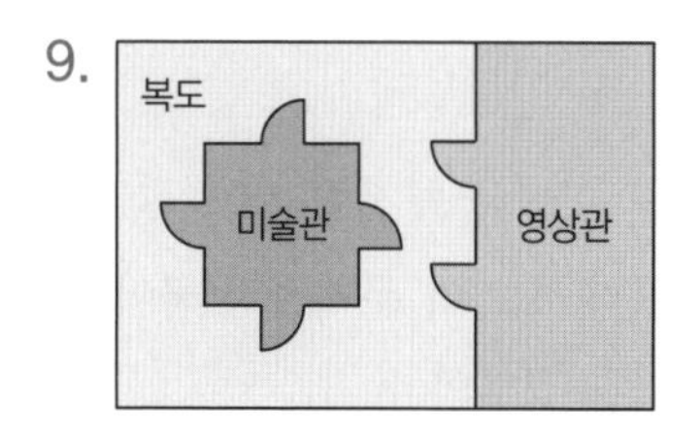

사건 A와 사건 B가 동시에 일어나는 경우의 수 - 물건을 선택하는 경우

서로 다른 안경 4종류와 서로 다른 가방 5종류 중에서 각각 한 개씩 고르는 경우의 수를 구해 보자.
안경을 고르는 경우의 수는 4가지이고, 가방을 고르는 경우의 수는 5가지이므로 $4\times5=20$(가지) 아하! 그렇구나~

■ 다음을 구하여라.

1. 문방구에 있는 서로 다른 노트 5종류와 서로 다른 샤프펜슬 3종류 중에서 각각 한 종류씩 사는 경우의 수

2. 서로 다른 티셔츠 7종류와 서로 다른 바지 4종류 중에서 각각 한 종류씩 골라서 옷을 입는 경우의 수

3. 한글 자음 카드 3장과 모음 카드 4장 중에서 자음 카드 한 개와 모음 카드 한 개를 짝지어서 만들 수 있는 글자의 개수

4. 서점에 있는 서로 다른 영어 문제집 6권과 서로 다른 국어 문제집 4권 중에서 영어 문제집과 국어 문제집을 각각 한 권씩 사는 경우의 수

5. 레스토랑의 메뉴판에 있는 서로 다른 스파게티 10종류와 서로 다른 피자 5종류 중에서 스파게티와 피자를 각각 한 종류씩 주문하는 경우의 수

6. 전통 시장에 있는 서로 다른 나물 9종류와 서로 다른 튀김 7종류 중에서 각각 한 종류씩 사는 경우의 수

7. 영화 상영관에서 서로 다른 한국 영화 5편과 서로 다른 외국 영화 8편이 상영되고 있을 때, 한국 영화와 외국 영화를 각각 한 편씩 관람하는 경우의 수

8. 쇼핑몰에 있는 서로 다른 핸드폰 케이스 10종류와 서로 다른 액세서리 12종류 중에서 각각 한 종류씩 사는 경우의 수

여러 가지 경우의 수

A, B, C 세 부분에 5가지 색 중에서 서로 다른 색을 칠하면 $5\times4\times3=60$(가지)
같은 색을 여러 번 사용하고 이웃하는 곳에만 다른 색을 칠하면 $5\times4\times4=80$(가지)

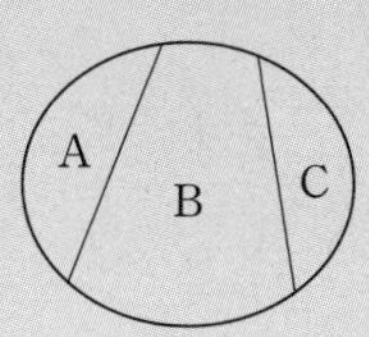

■ 다음을 구하여라.

1. 두 개의 전구를 켜거나 꺼서 만들 수 있는 신호의 개수 (단, 전구가 모두 꺼진 경우는 신호로 생각하지 않는다.)

Help 전구의 개수만큼 2를 곱하고 모두 꺼진 상태인 1가지를 빼준다.

2. 세 개의 전구를 켜거나 꺼서 만들 수 있는 신호의 개수 (단, 전구가 모두 꺼진 경우는 신호로 생각하지 않는다.)

3. 두 명의 학생이 가위바위보를 할 때, 나올 수 있는 경우의 수

Help 한 명이 낼 수 있는 가짓수는 3가지이다.

4. 세 명의 학생이 가위바위보를 할 때, 나올 수 있는 경우의 수

5. A, B, C 세 부분에 빨강, 노랑, 파랑의 3가지 색을 한 번씩만 사용하여 칠하는 경우의 수

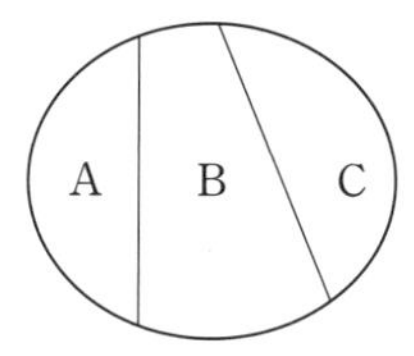

6. A, B, C, D 네 부분에 보라, 연두, 분홍, 주황의 4가지 색을 한 번씩만 사용하여 칠하는 경우의 수

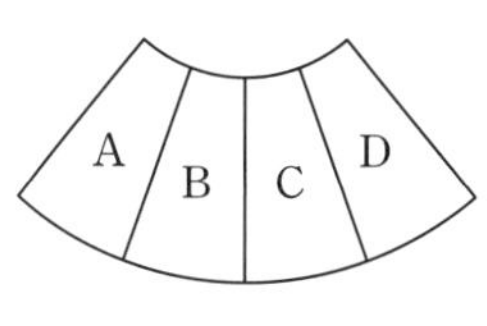

앗! 실수

7. A, B, C 세 부분에 초록, 노랑, 파랑, 보라의 4가지 색을 같은 색을 여러 번 칠해도 좋으나 이웃하는 곳에는 서로 다른 색을 칠하는 경우의 수

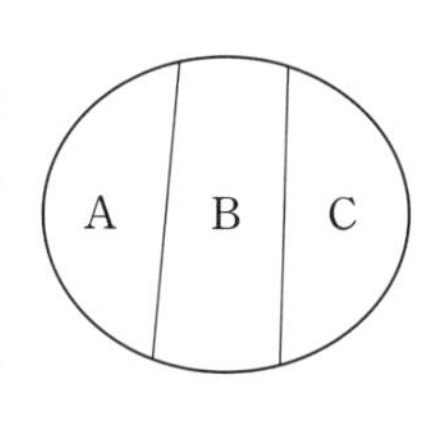

Help C에 칠할 수 있는 색은 B에 칠한 색을 제외한 3가지이다.

8. A, B, C, D 네 부분에 연두, 빨강, 밤색, 남색의 4가지 색을 같은 색을 여러 번 칠해도 좋으나 이웃하는 곳에는 서로 다른 색을 칠하는 경우의 수

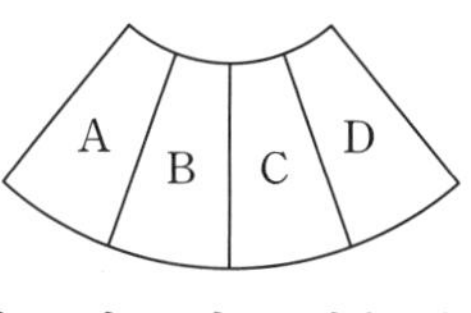

거저먹는 시험 문제

[1～4] 사건 A와 사건 B가 동시에 일어나는 경우의 수

적중률 90%

1. 10원짜리, 50원짜리, 100원짜리, 500원짜리 동전 4개를 동시에 던질 때, 일어나는 모든 경우의 수는?

   ① 4가지　② 8가지　③ 12가지
   ④ 16가지　⑤ 32가지

2. 두 개의 주사위 A, B를 동시에 던질 때, A는 홀수의 눈이 나오고 B는 3의 배수의 눈이 나오는 경우의 수를 구하여라.

3. 1부터 12까지의 수가 각각 적혀 있는 정십이면체 모양의 주사위가 있다. 이 주사위를 두 번 던져 바닥에 닿은 면이 첫 번째는 소수가 나오고 두 번째는 4의 배수가 나오는 경우의 수를 구하여라.

앗! 실수

4. 오른쪽 그림과 같이 세 지점 A, B, C를 연결하는 길이 있다. A지점에서 C지점으로 가는 경우의 수는? (단, 한 번 지나는 길은 다시 지나지 않는다.)

   ① 8가지　② 9가지　③ 11가지
   ④ 12가지　⑤ 13가지

[5～6] 여러 가지 경우의 수

5. 세 명의 학생이 각각 서로 다른 깃발을 한 개씩 들고 있다. 깃발을 들거나 내리는 방법으로 신호를 보낸다고 할 때, 만들 수 있는 신호는 모두 몇 가지인지 구하여라.

앗! 실수　적중률 80%

6. A, B, C, D 네 부분에 노랑, 주황, 분홍, 파랑의 4가지 색을 같은 색을 여러 번 칠해도 좋으나 이웃하는 곳에는 서로 다른 색을 칠하는 경우의 수는?

   ① 24가지　② 48가지　③ 60가지
   ④ 72가지　⑤ 96가지

24 경우의 수 3

개념 강의 보기

● 일렬로 세우는 경우의 수

① 5명을 일렬로 세우는 경우의 수는 $5\times4\times3\times2\times1=120$(가지)

② 5명 중에서 2명을 뽑아 일렬로 세우는 경우의 수는 $5\times4=20$(가지)
2명이므로 5와 5보다 1 작은 수인 4의 곱

③ 5명 중에서 3명을 뽑아 일렬로 세우는 경우의 수는 $5\times4\times3=60$(가지)
3명이므로 5와 5보다 1 작은 수인 4, 4보다 1 작은 수인 3의 곱

● 일렬로 세울 때 이웃하여 서는 경우의 수

① 이웃하는 것을 하나로 묶어 전체를 일렬로 세우는 경우의 수를 구한다.

② 묶음 안에서 자리를 바꾸는 경우의 수를 구한다.

③ ①에서 구한 경우의 수와 ②에서 구한 경우의 수를 곱한다.

● 대표를 뽑는 경우의 수

① 2명을 뽑는 경우의 수

- 6명 중 회장과 부회장을 뽑는 경우의 수 ⇨ $6\times5=30$(가지)
- 6명 중 대표 2명을 뽑는 경우의 수 ⇨ $\frac{6\times5}{2}=15$(가지)

② 3명을 뽑는 경우의 수

- 6명 중 회장과 부회장, 총무를 뽑는 경우의 수
  ⇨ $6\times5\times4=120$(가지)
- 6명 중 대표 3명을 뽑는 경우의 수 ⇨ $\frac{6\times5\times4}{6}=20$(가지)
  $3\times2\times1$

바빠 꿀팁!

- 자격이 같은 2명을 뽑을 때, A와 B를 뽑는 경우와 B와 A를 뽑는 경우가 같으므로 2로 나누는 거야.
- 자격이 같은 3명을 뽑을 때, (A, B, C), (A, C, B), (B, A, C), (B, C, A), (C, A, B), (C, B, A)가 모두 같은 경우이므로 6으로 나누는 거야.

● 자연수의 개수

① 0이 포함되지 않은 두 자리의 자연수의 개수

1, 2, 3, 4, 5의 숫자가 각각 적힌 5장의 카드 중에서 서로 다른 2장을 뽑아 만들 수 있는 두 자리의 자연수의 개수는

⇨ $5\times4=20$(개)
십의 자리는 5가지 모두 / 일의 자리는 십의 자리 수를 제외한 4가지

② 0이 포함된 세 자리의 자연수의 개수

0, 1, 2, 3, 4의 숫자가 각각 적힌 5장의 카드 중에서 서로 다른 3장을 뽑아 만들 수 있는 세 자리의 자연수의 개수는

⇨ $4\times4\times3=48$(개)
백의 자리는 0을 제외한 4가지 / 십의 자리는 백의 자리 수를 제외한 4가지 / 일의 자리는 백과 십의 자리 수를 제외한 3가지

앗! 실수

주어진 카드에 숫자 0이 포함되어 있으면 자연수의 맨 앞자리에는 0이 올 수 없음을 기억해.

A 일렬로 세우는 경우의 수 1

- 4명을 일렬로 세우는 경우의 수 $4\times3\times2\times1=24$(가지)
- 4명 중 2명을 뽑아 일렬로 세우는 경우의 수 $4\times3=12$(가지)
- 4명 중 3명을 뽑아 일렬로 세우는 경우의 수 $4\times3\times2=24$(가지) 아하! 그렇구나~

■ 다음을 구하여라.

1. A, B, C 3명을 일렬로 세우는 경우의 수

2. A, B, C, D 4명을 일렬로 세우는 경우의 수

3. 알파벳 a, b, c, d, e 5개의 문자를 일렬로 나열하는 경우의 수

4. A, B, C, D, E 5명 중에서 2명을 뽑아 일렬로 세우는 경우의 수

Help n명 중에서 2명을 뽑아 일렬로 세우는 경우의 수는 $n\times(n-1)$(가지)이다.

5. A, B, C, D, E, F 6명 중에서 2명을 뽑아 일렬로 세우는 경우의 수

6. A, B, C, D, E 5명 중에서 3명을 뽑아 일렬로 세우는 경우의 수

Help n명 중에서 3명을 뽑아 일렬로 세우는 경우의 수는 $n\times(n-1)\times(n-2)$(가지)이다.

7. A, B, C, D 4명을 일렬로 세울 때, B를 맨 앞에 세우는 경우의 수

Help B를 맨 앞에 정해 놓았으므로 A, C, D를 일렬로 세우는 경우의 수와 같다.

8. A, B, C, D, E 5명을 일렬로 세울 때, D를 맨 앞에 세우는 경우의 수

9. 남자 4명, 여자 1명을 일렬로 세울 때, 여자가 가운데 서는 경우의 수

Help 여자를 가운데에 정해 놓았으므로 남자 4명을 일렬로 세우는 경우의 수와 같다.

10. 어른 6명, 어린이 1명을 일렬로 세울 때, 어린이가 가운데 서는 경우의 수

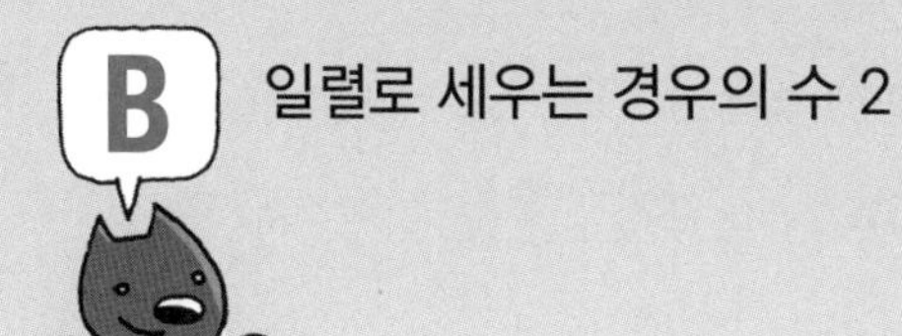

일렬로 세우는 경우의 수 2

이웃하여 서는 경우의 수
⇨ (이웃하는 것을 하나로 묶어 일렬로 세우는 경우의 수)
× (묶음 안에서 자리를 바꾸는 경우의 수)
잊지 말자. 꼬~옥!

■ 다음을 구하여라.

1. 부모님, 형, 의현이로 이루어진 가족이 나란히 서서 가족사진을 찍을 때, 부모님이 이웃하여 사진을 찍는 경우의 수

Help 부모님을 묶어서 3명을 일렬로 세운 경우의 수에 부모님이 바꾸어 설 수 있으므로 2를 곱한다.

2. 부모님과 자녀 2명으로 이루어진 가족이 나란히 설 때, 자녀 2명이 이웃하여 서는 경우의 수

3. 국어, 영어, 수학, 과학, 사회 참고서를 1권씩 책꽂이에 일렬로 꽂을 때, 수학과 과학 참고서를 나란히 꽂는 경우의 수

4. 남학생 4명과 여학생 2명이 한 줄로 설 때, 여학생 2명이 이웃하여 서는 경우의 수

5. 정은, 지윤, 성아, 채은이가 일렬로 설 때, 정은이와 지윤이가 양 끝에 서는 경우의 수

Help 양 끝에 선다는 것은 정은이가 맨 앞에 서고 지윤이가 맨 뒤에 서는 경우와 그 반대인 경우가 있다.

6. 알파벳 a, c, g, o, t를 일렬로 배열할 때, 모음이 양 끝에 있는 경우의 수

Help 알파벳 중 모음은 a, e, i, o, u이다.

앗! 실수

7. 숫자 4, 5, 9, 1, 8, 7을 일렬로 배열할 때, 짝수가 양 끝에 있는 경우의 수

8. 남학생 2명과 여학생 5명이 한 줄로 설 때, 남학생 2명이 양 끝에 서는 경우의 수

C 대표를 뽑는 경우의 수

자격이 같은 대표를 뽑는 경우의 수

- 8명 중에서 대표 2명을 뽑는 경우 ⇨ $\frac{8\times7}{2}$=28(가지)
- 8명 중에서 대표 3명을 뽑는 경우 ⇨ $\frac{8\times7\times6}{6}$=56(가지)

■ 다음을 구하여라.

1. A, B, C, D 4명의 후보 중에서 회장과 부회장을 뽑는 경우의 수

   Help n명 중 회장과 부회장을 뽑는 경우는 자격이 다르므로 $n\times(n-1)$(가지)이다.

2. A, B, C, D, E 5명의 후보 중에서 회장과 부회장을 뽑는 경우의 수

3. A, B, C, D, E 5명의 후보 중에서 회장과 부회장, 총무를 뽑는 경우의 수

4. 여학생 2명과 남학생 3명이 있을 때, 여학생 중에서 회장, 남학생 중에서 부회장, 총무를 뽑는 경우의 수

   Help (여학생 중에서 회장을 뽑는 경우의 수)×(남학생 중에서 부회장, 총무를 뽑는 경우의 수)

5. 여학생 4명과 남학생 3명이 있을 때, 여학생 중에서 회장, 부회장, 남학생 중에서 총무를 뽑는 경우의 수

6. A, B, C, D 4명의 후보 중에서 대표 2명을 뽑는 경우의 수

7. A, B, C, D, E 5명의 후보 중에서 대표 2명을 뽑는 경우의 수

8. A, B, C, D, E, F 6명이 만나서 서로 빠짐없이 한 번씩 악수를 할 때, 악수의 총 횟수

   Help 한 번씩 악수하는 경우는 2명을 뽑아서 악수를 하는 것이므로 대표 2명을 뽑는 경우의 수와 같다.

앗! 실수

9. A, B, C, D, E 5명의 후보 중에서 대표 3명을 뽑는 경우의 수

10. A, B, C, D, E, F 6명의 후보 중에서 대표 3명을 뽑는 경우의 수

D 자연수 만들기

숫자가 적혀 있는 7장의 카드에서
- 0이 포함되지 않는 경우
  두 자리 자연수의 개수 : 7×6, 세 자리 자연수의 개수 : $7\times6\times5$
- 0이 포함되어 있는 경우
  두 자리 자연수의 개수 : 6×6, 세 자리 자연수의 개수 : $6\times6\times5$

■ 다음을 구하여라.

1. 1부터 5까지의 자연수가 각각 하나씩 적힌 5장의 카드 중에서 2장을 뽑아 만들 수 있는 두 자리 자연수의 개수

2. 1부터 6까지의 자연수가 각각 하나씩 적힌 6장의 카드 중에서 3장을 뽑아 만들 수 있는 세 자리 자연수의 개수

3. 1, 2, 3, 4의 숫자가 각각 적힌 4장의 카드가 있을 때, 2장을 뽑아 만들 수 있는 두 자리의 자연수 중에서 23보다 큰 수의 개수

   Help 십의 자리가 2이면서 23보다 큰 수는 24로 1개이므로 십의 자리에 3 또는 4가 있는 경우의 수를 구하여 더한다.

4. 1, 2, 3, 4, 5, 6의 숫자가 각각 적힌 6장의 카드가 있을 때, 2장을 뽑아 만들 수 있는 두 자리의 자연수 중에서 35보다 작은 수의 개수

5. 0, 1, 2, 3, 4의 숫자가 각각 적힌 5장의 카드가 있을 때, 2장을 뽑아 만들 수 있는 두 자리의 자연수의 개수

   Help 십의 자리에는 0을 제외하고 4개가 올 수 있고, 일의 자리에는 십의 자리에 온 수를 제외한 4개가 올 수 있다.

6. 0, 1, 2, 3, 4, 5의 숫자가 각각 적힌 6장의 카드가 있을 때, 2장을 뽑아 만들 수 있는 두 자리의 자연수의 개수

앗! 실수

7. 0, 1, 2, 3, 4의 숫자가 각각 적힌 5장의 카드가 있을 때, 2장을 뽑아 만들 수 있는 두 자리의 자연수 중에서 31보다 큰 자연수의 개수

앗! 실수

8. 0, 1, 2, 3, 4의 숫자가 각각 적힌 5장의 카드가 있을 때, 3장을 뽑아 만들 수 있는 214 미만인 자연수의 개수

E 선분 또는 삼각형의 개수 구하기

한 직선 위에 있지 않은 8개의 점 중에서

- 두 점을 이어 만들 수 있는 선분의 개수 : $\frac{8\times7}{2}=28$(개)
- 세 점을 이어 만들 수 있는 삼각형의 개수 : $\frac{8\times7\times6}{6}=56$(개)

■ 다음을 구하여라.

1. 원 위의 4개의 점 중에서 두 점을 이어 만들 수 있는 선분의 개수

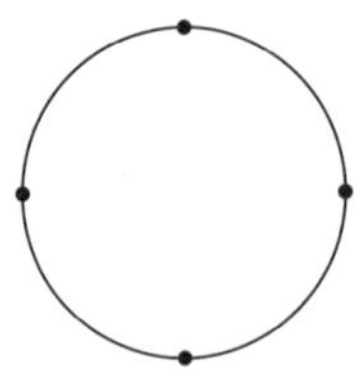

Help 4명 중 자격이 같은 대표 2명을 뽑는 경우의 수와 같다.

2. 원 위의 5개의 점 중에서 두 점을 이어 만들 수 있는 선분의 개수

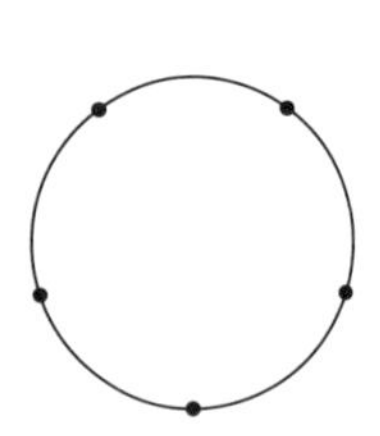

3. 원 위의 6개의 점 중에서 두 점을 이어 만들 수 있는 선분의 개수

4. 원 위의 7개의 점 중에서 두 점을 이어 만들 수 있는 선분의 개수

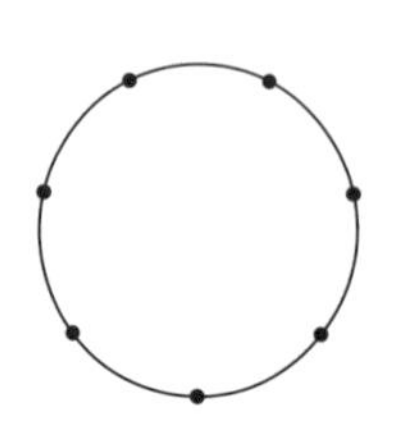

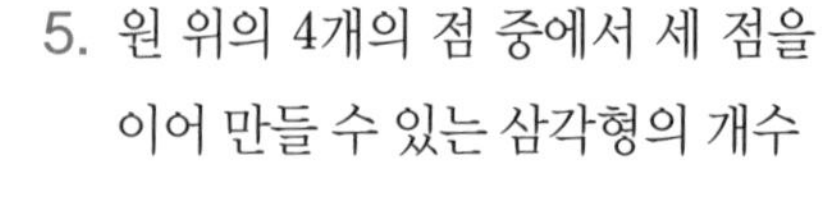

5. 원 위의 4개의 점 중에서 세 점을 이어 만들 수 있는 삼각형의 개수

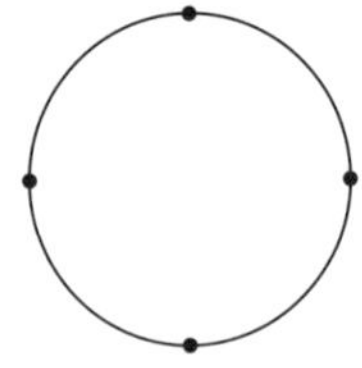

Help 4명 중 자격이 같은 대표 3명을 뽑는 경우의 수와 같다.

6. 원 위의 5개의 점 중에서 세 점을 이어 만들 수 있는 삼각형의 개수

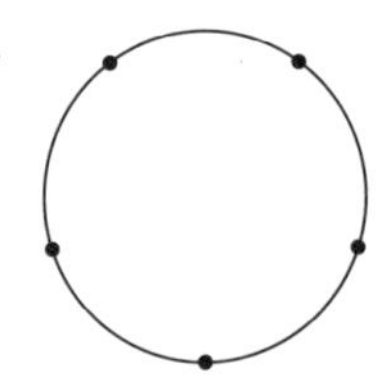

7. 원 위의 6개의 점 중에서 세 점을 이어 만들 수 있는 삼각형의 개수

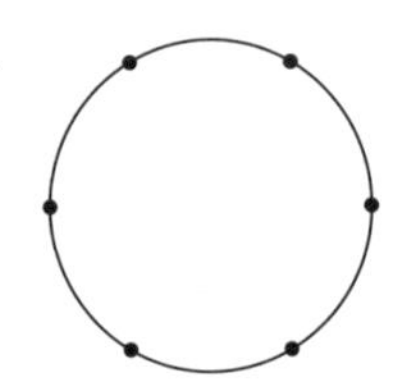

8. 원 위의 7개의 점 중에서 세 점을 이어 만들 수 있는 삼각형의 개수

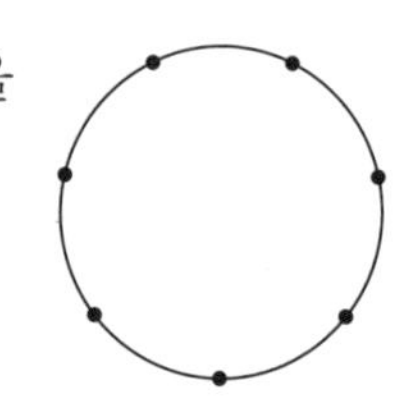

[1~2] 일렬로 세우는 경우의 수

적중률 90%

1. 근영이는 주민센터, 어린이집, 우체국, 도서관, 지하철역에 봉사 활동을 하러 가려고 한다. 다섯 곳에 가는 순서를 정하는 경우의 수는?

   ① 60가지 ② 120가지 ③ 180가지
   ④ 250가지 ⑤ 320가지

2. 규호, 진용, 주엽, 재훈, 민규, 현석이가 영화관에 가서 한 줄로 앉을 때, 규호와 주엽이가 이웃하여 앉는 경우의 수를 구하여라.

[3~4] 대표를 뽑는 경우의 수

3. 농구 대회에 출전한 10개국 중에서 금메달, 은메달, 동메달을 받게 될 국가를 1개국씩 뽑는 경우의 수는?

   ① 120가지 ② 180가지 ③ 360가지
   ④ 540가지 ⑤ 720가지

적중률 90%

4. 올림픽에 출전을 위하여 9명의 선수 중에서 2명을 국가 대표로 선발하는 경우의 수는?

   ① 36가지 ② 56가지 ③ 60가지
   ④ 72가지 ⑤ 81가지

[5~6] 자연수 만들기

5. 1부터 5까지의 자연수가 각각 하나씩 적힌 5장의 카드 중 3장을 뽑아 만들 수 있는 세 자리 자연수의 개수는?

   ① 20개 ② 40개 ③ 50개
   ④ 60개 ⑤ 120개

적중률 90%

6. 0, 1, 2, 3, 4의 숫자가 각각 적힌 5장의 카드에서 2장을 뽑아 두 자리의 자연수를 만들 때, 20 이하인 자연수의 개수는?

   ① 4개 ② 5개 ③ 6개
   ④ 7개 ⑤ 8개

25 확률의 뜻과 성질

● **확률**

① 확률

같은 조건에서 실험이나 관찰을 여러 번 반복할 때, 어떤 사건이 일어나는 상대도수가 일정한 값에 가까워지면 이 일정한 값을 그 사건이 일어날 **확률**이라 한다.

② 사건 A가 일어날 확률

어떤 실험이나 관찰에서 각 경우가 일어날 가능성이 같을 때, 일어날 수 있는 모든 경우의 수를 n가지, 사건 A가 일어나는 경우의 수를 a가지라 하면 사건 A가 일어날 확률 p는 다음과 같다.

$$p=\frac{(\text{사건 }A\text{가 일어나는 경우의 수})}{(\text{모든 경우의 수})}=\frac{a}{n}$$

주사위 1개를 던질 때, 3 이상 5 이하의 눈이 나올 확률을 구해 보자.

모든 경우의 수 ⇨ 6가지

3 이상 5 이하의 눈이 나오는 경우의 수 ⇨ 3가지

따라서 구하는 확률은 $\frac{3}{6}=\frac{1}{2}$

바빠 꿀팁!

- 확률을 보통 p로 나타내는데 이것은 영어 probability의 첫 글자야.
- 확률은 어떤 사건이 일어날 모든 경우의 수와 특정한 사건이 일어날 경우의 수로 구하는 것이므로 경우의 수만 잘 구할 수 있으면 어렵지 않아.

● **확률의 기본 성질**

① 어떤 사건이 일어날 확률을 p라 하면 $0 \le p \le 1$이다.

② 반드시 일어나는 사건의 확률은 1이다.

③ 절대로 일어날 수 없는 사건의 확률은 0이다.

● **어떤 사건이 일어나지 않을 확률**

① 사건 A가 일어날 확률을 p라 하면

(사건 A가 일어나지 않을 확률)$=1-p$

② '적어도 하나는 ~일' 확률은 어떤 사건이 일어나지 않을 확률을 이용한다.

(적어도 하나는 A일 확률)$=1-$(모두 A가 아닐 확률)

서로 다른 동전 2개를 던질 때, 적어도 하나는 뒷면이 나올 확률을 구해 보자.

(적어도 하나는 뒷면이 나올 확률)$=1-$(모두 앞면이 나올 확률)

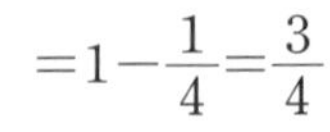

$$=1-\frac{1}{4}=\frac{3}{4}$$

서로 다른 동전 2개를 던질 때, '적어도 1개는 앞면이 나온다.'가 일어나지 않을 경우를 '적어도 1개는 뒷면이 나온다.'라고 생각하는 학생들이 많아. 하지만 '모두 뒷면이 나온다.'가 일어나지 않을 경우야.
서로 다른 주사위 2개를 던질 때, '적어도 하나는 짝수의 눈이 나온다.'가 일어나지 않을 경우도 '적어도 하나는 홀수가 나온다.'가 아니라 '모두 홀수가 나온다.'인 거지.

확률 1

(사건 A가 일어날 확률)$=\dfrac{(\text{사건 } A\text{가 일어나는 경우의 수})}{(\text{모든 경우의 수})}$

이 정도는 암기해야 해~ 암암!

■ 10원짜리 동전 1개, 100원짜리 동전 1개를 동시에 던질 때, 다음을 구하여라.

1. 모든 경우의 수

2. 모두 뒷면이 나오는 경우의 수

3. 모두 뒷면이 나올 확률

■ 10원짜리 동전 1개, 100원짜리 동전 1개, 500원짜리 동전 1개를 동시에 던질 때, 다음을 구하여라.

4. 모든 경우의 수

5. 앞면이 1개만 나올 경우의 수

6. 앞면이 1개만 나올 확률

■ 빨간 사탕 6개, 파란 사탕 4개, 노란 사탕 5개가 들어 있는 항아리에서 사탕 한 개를 꺼낼 때, 다음을 구하여라.

7. 빨간 사탕을 꺼낼 확률

8. 파란 사탕을 꺼낼 확률

9. 노란 사탕을 꺼낼 확률

■ 1부터 20까지의 자연수가 각각 하나씩 적힌 20장의 카드 중에서 한 장을 뽑을 때, 다음을 구하여라.

10. 3의 배수일 확률

Help $\dfrac{(1\text{부터 } 20\text{까지의 수 중에서 } 3\text{의 배수의 개수})}{20}$

11. 짝수일 확률

12. 20의 약수일 확률

확률 2

남학생 1명, 여학생 3명이 일렬로 설 때, 특정한 여학생 2명이 이웃하여 서는 확률을 구해 보자.
모든 경우의 수는 $4\times3\times2\times1=24$(가지)이고, 여학생 2명을 묶어서 생각하면 $3\times2\times1\times2=12$(가지)이므로 확률은 $\frac{12}{24}=\frac{1}{2}$

■ 서로 다른 두 개의 주사위를 동시에 던졌을 때, 다음을 구하여라.

1. 눈의 수의 합이 5일 확률

2. 눈의 수의 합이 10일 확률

3. 눈의 수의 차가 2일 확률

■ 주사위 한 개를 두 번 던져서 처음에 나온 눈의 수를 x, 나중에 나온 눈의 수를 y라 할 때, 다음을 구하여라.

4. $3x-y=4$가 될 확률

Help 방정식을 만족하는 경우의 수를 구한다.

앗! 실수
5. $2x+y<8$이 될 확률

■ 남학생과 여학생이 일렬로 설 때, 다음을 구하여라.

앗! 실수
6. 남학생 2명, 여학생 2명이 일렬로 설 때, 남학생 2명이 서로 이웃하여 설 확률

7. 남학생 2명, 여학생 3명이 일렬로 설 때, 특정한 여학생 2명이 서로 이웃하여 설 확률

8. 남학생 4명, 여학생 2명이 일렬로 설 때, 특정한 남학생 2명이 서로 이웃하여 설 확률

■ 1부터 6까지의 자연수가 각각 하나씩 적힌 6장의 카드 중에서 2장을 뽑아 두 자리의 자연수를 만들 때, 다음을 구하여라.

앗! 실수
9. 20 이하일 확률

Help 20 이하의 수의 개수를 구해야 되는데 20은 0이 없어 만들 수 없으므로 포함되지 않는다.

10. 50 이상일 확률

C 확률의 성질

어떤 사건 A가 일어날 확률을 p라 하면

$0 \leq p \leq 1$

절대로 일어나지 않는 사건의 확률 (0) 반드시 일어나는 사건의 확률 (1)

이 정도는 암기해야 해~ 암암!

■ 주사위 한 개를 던질 때, 다음을 구하여라.

1. 1 이상의 눈이 나올 확률

Help 주사위를 던지면 반드시 1 이상의 눈이 나온다.

2. 7 이상의 눈이 나올 확률

3. 6 이하의 눈이 나올 확률

■ 빨간 구슬 6개, 파란 구슬 8개가 들어 있는 상자에서 한 개의 구슬을 꺼낼 때, 다음을 구하여라.

4. 꺼낸 구슬이 빨간 구슬 또는 파란 구슬일 확률

5. 꺼낸 구슬이 노란 구슬일 확률

Help 상자에는 노란 구슬이 없다.

■ 서로 다른 두 개의 주사위를 동시에 던질 때, 다음을 구하여라.

6. 눈의 수의 합이 12 이하일 확률

7. 눈의 수의 합이 12 초과일 확률

8. 눈의 수의 차가 6일 확률

■ 바구니에 들어 있는 20개의 제비 중 당첨 제비의 개수가 다음과 같다. 이 바구니에서 한 개의 제비를 뽑을 때, 당첨될 확률을 구하여라.

9. 0개

Help 당첨 제비가 없다면 당첨될 확률이 없다.

10. 20개

어떤 사건이 일어나지 않을 확률

- (A가 이길 확률)$=1-$(A가 비기거나 질 확률)
- (A가 뽑히지 않을 확률)$=1-$(A가 뽑힐 확률)
- (A, B가 이웃하지 않을 확률)$=1-$(A, B가 이웃할 확률)

잊지 말자. 꼬~옥!

■ 다음을 구하여라.

1. A, B가 게임을 하여 A가 이길 확률이 $\frac{5}{6}$일 때, B가 이길 확률 (단, 비기는 경우는 없다.)

Help (B가 이길 확률)$=1-$(A가 이길 확률)

2. 파란 구슬과 노란 구슬이 들어 있는 상자에서 파란 구슬을 꺼낼 확률이 $\frac{2}{3}$일 때, 노란 구슬을 꺼낼 확률

3. 어떤 문제를 맞힐 확률이 $\frac{2}{5}$일 때, 문제를 틀릴 확률

4. 어느 대학에 합격할 활률이 $\frac{3}{8}$일 때, 이 대학에 불합격할 확률

5. 비가 올 확률이 $\frac{7}{10}$일 때, 비가 오지 않을 확률

앗! 실수

6. A, B, C, D 4명을 일렬로 세울 때, A와 B가 이웃하지 않을 확률

7. A, B, C, D, E 5명을 일렬로 세울 때, C와 D가 이웃하지 않을 확률

8. A, B, C, D, E, F 6명을 일렬로 세울 때, E와 F가 이웃하지 않을 확률

9. A, B, C, D 4명의 후보 중에서 대표 2명을 뽑을 때, A가 뽑히지 않을 확률

Help 대표 2명을 뽑을 경우는 $\frac{4\times3}{2}$,
A가 뽑힐 경우는 (A, B), (A, C), (A, D)

10. A, B, C, D, E 5명의 후보 중에서 대표 2명을 뽑을 때, B가 뽑히지 않을 확률

적어도 ~일 확률

- (적어도 뒷면이 한 개 나올 확률)$=1-$(모두 앞면일 확률)
- (적어도 한 문제를 맞힐 확률)$=1-$(모두 틀릴 확률)
- (적어도 한 명은 남자일 확률)$=1-$(모두 여자일 확률)

잊지 말자. 꼬~옥!

■ 다음을 구하여라.

1. 서로 다른 동전을 두 개 던졌을 때, 적어도 앞면이 한 개 나올 확률

   Help (적어도 앞면이 한 개 나올 확률)
   $=1-$(모두 뒷면이 나올 확률)

2. 서로 다른 동전을 세 개 던졌을 때, 적어도 뒷면이 한 개 나올 확률

앗! 실수

3. ○, ×로 답을 하는 시험 문제 4개에 임의로 답할 때, 적어도 한 문제를 맞힐 확률

   Help 4문제를 모두 틀리는 경우는 1가지이다.

4. ○, ×로 답을 하는 시험 문제 5개에 임의로 답할 때, 적어도 한 문제를 맞힐 확률

앗! 실수

5. 서로 다른 주사위 두 개를 동시에 던졌을 때, 적어도 하나는 2의 배수의 눈일 확률

   Help (적어도 하나는 2의 배수인 눈일 확률)
   $=1-$(모두 2의 배수가 아닐 확률)

6. 서로 다른 주사위 두 개를 동시에 던졌을 때, 적어도 하나는 3의 배수의 눈일 확률

7. 남학생 4명과 여학생 3명 중에서 2명의 대표를 뽑을 때, 적어도 한 명은 남학생일 확률

   Help 7명 중에 대표 2명을 뽑는 경우의 수는 $\frac{7\times6}{2}$
   모두 여학생을 뽑는 경우의 수는 $\frac{3\times2}{2}$

앗! 실수

8. 오렌지 맛 사탕 3개와 포도 맛 사탕 5개가 들어 있는 주머니에서 사탕 두 개를 꺼낼 때, 적어도 한 개는 오렌지 맛 사탕이 나올 확률

   Help (적어도 한 개는 오렌지 맛 사탕이 나올 확률)
   $=1-$(모두 포도 맛 사탕이 나올 확률)

[1～3] 확률의 뜻

1. 가영, 수지, 성아, 민지, 지현 5명의 학생이 한 줄로 설 때, 수지가 맨앞에 서고, 성아가 마지막에 설 확률은?

① $\frac{2}{5}$ ② $\frac{1}{10}$ ③ $\frac{1}{20}$
④ $\frac{3}{32}$ ⑤ $\frac{7}{40}$

적중률 80%

2. 1, 2, 3, 4, 5의 숫자가 각각 적힌 5장의 카드에서 임의로 2장을 뽑아 두 자리의 자연수를 만들 때, 그 수가 짝수일 확률은?

① $\frac{2}{5}$ ② $\frac{2}{3}$ ③ $\frac{5}{8}$
④ $\frac{3}{4}$ ⑤ $\frac{11}{20}$

3. 두 개의 주사위 A, B를 동시에 던져서 각각의 주사위에서 나오는 눈의 수를 x, y라 할 때, $y>20-4x$일 확률을 구하여라.

[4] 확률의 성질

적중률 80%

4. 어떤 사건 A가 일어날 확률을 p, 일어나지 않을 확률을 q라 할 때, 다음 중 옳지 않은 것은?

① 반드시 일어나는 사건의 확률은 1이다.
② $p=q-1$
③ 절대로 일어나지 않는 사건의 확률은 0이다.
④ $0\leq p\leq 1$
⑤ $0\leq q\leq 1$

[5] 어떤 사건이 일어나지 않을 확률

적중률 90%

5. A, B, C, D 네 명의 학생을 일렬로 세울 때, A가 맨 앞에 서지 않을 확률은?

① $\frac{1}{2}$ ② $\frac{3}{4}$ ③ $\frac{7}{12}$
④ $\frac{11}{15}$ ⑤ $\frac{9}{20}$

[6] 적어도 ~일 확률

앗! 실수 적중률 90%

6. 흰 바둑돌이 3개, 검은 바둑돌이 2개 들어 있는 주머니에서 바둑돌 2개를 꺼낼 때, 적어도 한 개는 검은 바둑돌일 확률은?

① $\frac{2}{3}$ ② $\frac{7}{8}$ ③ $\frac{8}{9}$
④ $\frac{7}{10}$ ⑤ $\frac{19}{20}$

26 확률의 계산 1

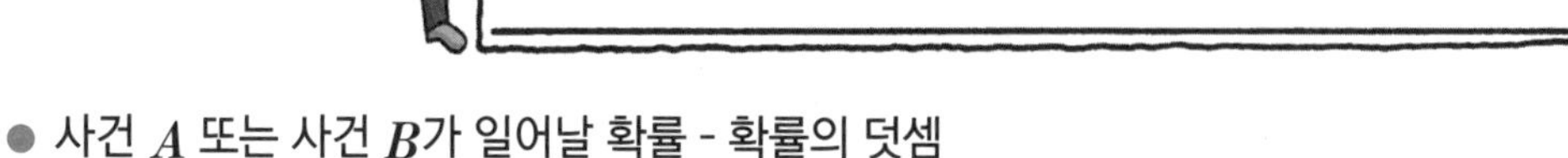

● **사건 A 또는 사건 B가 일어날 확률 - 확률의 덧셈**

두 사건 A, B가 동시에 일어나지 않을 때, 사건 A가 일어날 확률을 p, 사건 B가 일어날 확률을 q라 하면

(사건 A 또는 사건 B가 일어날 확률)$=p+q$

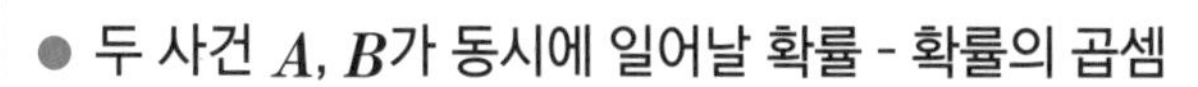

● **두 사건 A, B가 동시에 일어날 확률 - 확률의 곱셈**

두 사건 A, B가 서로 영향을 미치지 않을 때, 사건 A가 일어날 확률을 p, 사건 B가 일어날 확률을 q라 하면

(두 사건 A와 B가 동시에 일어날 확률)$=p\times q$

● **확률의 곱셈을 이용한 일어나지 않을 확률**

치료율이 $\frac{4}{5}$인 신약이 있다. A, B 두 환자에게 이 약을 투여했을 때, 두 환자 모두 치료되지 않을 확률을 구해 보자.

한 환자가 치료되지 않을 확률은 $1-\frac{4}{5}=\frac{1}{5}$이므로 $\frac{1}{5}\times\frac{1}{5}=\frac{1}{25}$

두 사건이 동시에 일어날 확률은 두 확률을 곱하여 구하는데, 두 사건이 동시에 일어나지 않을 확률도 일어나지 않을 두 확률을 곱하면 돼.

● **확률의 곱셈을 이용한 적어도 하나가 일어날 확률**

명중률이 각각 $\frac{3}{4}$, $\frac{4}{5}$인 두 양궁 선수가 화살을 한 번씩 쏘았을 때, 적어도 한 명은 과녁을 명중시킬 확률을 구해 보자.

적어도 한 명은 과녁에 명중시키는 것의 반대의 경우는 두 명 모두 과녁에 명중시키지 못하는 것이므로

(두 선수 모두 과녁에 명중시키지 못할 확률)$=\left(1-\frac{3}{4}\right)\left(1-\frac{4}{5}\right)$

$=\frac{1}{4}\times\frac{1}{5}=\frac{1}{20}$

따라서 적어도 한 명은 과녁을 명중시킬 확률은 $1-\frac{1}{20}=\frac{19}{20}$

앗! 실수

동전 한 개와 주사위 한 개를 던질 때, 동전은 앞면, 주사위는 6의 약수가 나올 확률은 다음 두 가지 방법 중 하나로 구하면 돼.

- 동전의 앞면이 나올 확률이 $\frac{1}{2}$, 주사위는 6의 약수의 눈이 나올 확률이 $\frac{2}{3}$이므로 $\frac{1}{2}\times\frac{2}{3}=\frac{1}{3}$
- 동전은 앞면, 주사위는 6의 약수의 눈이 나오는 경우의 수는 (앞, 1), (앞, 2), (앞, 3), (앞, 6)으로 4가지이고 전체 경우의 수는 $2\times6=12$이므로 $\frac{4}{12}=\frac{1}{3}$

이와 같이 확률의 곱셈을 이용하는 방법과 앞단원에서 배운 경우의 수로 구하는 방법의 확률은 같아.

A 사건 A 또는 사건 B가 일어날 확률

두 사건 A, B가 동시에 일어나지 않을 때
사건 A가 일어날 확률이 p, 사건 B가 일어날 확률이 q이면
(사건 A 또는 사건 B가 일어날 확률)$=p+q$
잊지 말자. 꼬~옥!

■ 1부터 10까지의 자연수가 각각 하나씩 적힌 10장의 카드 중에서 한 장을 뽑을 때, 다음을 구하여라.

1. 4보다 작거나 8보다 클 확률

2. 6의 약수 또는 5의 배수일 확률

■ 주머니 속에 크기와 모양이 같은 빨간 공 3개, 파란 공 4개, 노란 공 5개가 들어 있다. 이 주머니에서 한 개의 공을 꺼낼 때, 다음을 구하여라.

3. 빨간 공 또는 파란 공이 나올 확률

4. 파란 공 또는 노란 공이 나올 확률

■ 서로 다른 두 개의 주사위를 동시에 던질 때, 다음을 구하여라.

5. 눈의 수의 합이 3 또는 7일 확률

Help (눈의 수의 합이 3일 확률)
+(눈의 수의 합이 7일 확률)

6. 눈의 수의 차가 0 또는 3일 확률

■ 0, 1, 2, 3, 4의 숫자가 각각 적힌 5장의 카드가 있다. 이 중에서 2장을 뽑아 두 자리 자연수를 만들 때, 다음을 구하여라.

앗! 실수

7. 14 이하이거나 32 이상일 확률

Help (두 자리 자연수가 14 이하일 확률)
+(두 자리 자연수가 32 이상일 확률)

8. 20 미만이거나 40 초과일 확률

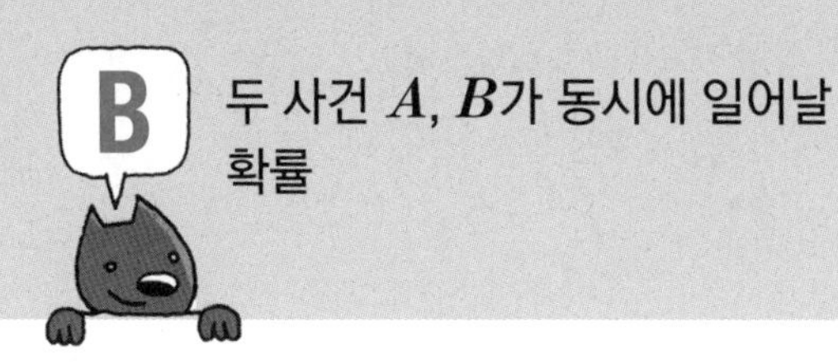

두 사건 A, B가 동시에 일어날 확률

두 사건 A, B가 서로 영향을 미치지 않을 때
사건 A가 일어날 확률이 p, 사건 B가 일어날 확률이 q이면
(두 사건 A와 B가 동시에 일어날 확률)$=p\times q$

잊지 말자. 꼬~옥!

■ 한 개의 주사위를 두 번 던질 때, 다음을 구하여라.

1. 첫 번째는 2 이하의 눈이 나오고, 두 번째는 5 이상의 눈이 나올 확률

   Help (2 이하의 눈이 나올 확률)
   ×(5 이상의 눈이 나올 확률)

2. 첫 번째는 3의 배수의 눈이 나오고, 두 번째는 4의 약수의 눈이 나올 확률

■ 한 개의 동전과 한 개의 주사위를 동시에 던질 때, 다음을 구하여라.

3. 동전은 앞면이 나오고 주사위는 2의 배수의 눈이 나올 확률

4. 동전은 뒷면이 나오고 주사위는 소수의 눈이 나올 확률

■ A 주머니에는 흰 공 3개, 검은 공 4개가 들어 있고, B 주머니에는 흰 공 5개, 검은 공 2개가 들어 있을 때, 다음을 구하여라.

5. A 주머니에서는 흰 공, B 주머니에서는 검은 공을 꺼낼 확률

   Help (A 주머니에서 흰 공이 나올 확률)
   ×(B 주머니에서 검은 공이 나올 확률)

6. A 주머니에서는 검은 공, B 주머니에서는 흰 공을 꺼낼 확률

■ 다음을 구하여라.

7. 어떤 문제를 A가 맞힐 확률은 $\frac{1}{2}$, B가 맞힐 확률이 $\frac{2}{5}$일 때, A, B가 모두 맞힐 확률

8. 어느 지역의 토요일에 비가 올 확률이 $\frac{1}{3}$, 일요일에 비가 올 확률이 $\frac{4}{7}$일 때, 토요일과 일요일에 연속해서 비가 올 확률

확률의 곱셈을 이용한 일어나지 않을 확률

비가 올 확률이 $\frac{1}{3}$이면 비가 오지 않을 확률은 $1-\frac{1}{3}=\frac{2}{3}$야. 따라서 이틀 연속 비가 오지 않을 확률은 $\frac{2}{3}\times\frac{2}{3}=\frac{4}{9}$인 거지.

아하! 그렇구나~

■ 다음을 구하여라.

앗! 실수

1. 민우와 준환이가 자격증 시험에 응시하여 합격할 확률이 각각 $\frac{2}{5}$, $\frac{1}{4}$일 때, 민우는 합격하고 준환이는 불합격할 확률

   Help $\frac{2}{5}\times\left(1-\frac{1}{4}\right)$

2. 두 양궁 선수 A, B가 화살을 과녁에 맞힐 확률이 각각 $\frac{3}{7}$, $\frac{5}{6}$일 때, A는 맞히지 못하고 B는 맞힐 확률

3. 컴퓨터에 내장되어 있는 부속품 A, B가 불량품일 확률이 각각 $\frac{1}{10}$, $\frac{5}{18}$일 때, 부속품 A는 우량품이고 부속품 B는 불량품일 확률

4. 중간고사에서 시은이와 지원이가 10등 안에 들 확률이 각각 $\frac{4}{5}$, $\frac{7}{8}$일 때, 시은이만 10등 안에 들 확률

5. 경서와 혜민이가 약속 장소에 나올 확률이 각각 $\frac{2}{3}$, $\frac{5}{6}$일 때, 두 사람 모두 약속 장소에 나오지 않을 확률

   Help 약속 장소에 경서도 안 나오고, 혜민이도 안 나오는 것이므로 $\left(1-\frac{2}{3}\right)\times\left(1-\frac{5}{6}\right)$

6. A, B 두 축구팀이 결승전에 진출할 확률이 각각 $\frac{3}{5}$, $\frac{5}{6}$일 때, 두 팀 모두 진출하지 못할 확률

7. 수학 시험 5문제 중에서 평균 4문제를 맞추는 학생이 2문제를 풀 때, 모두 틀릴 확률

8. 10발을 쏘면 평균 6발을 과녁에 명중시키는 사격수가 2발을 쏠 때, 모두 과녁에 명중시키지 못할 확률

확률의 곱셈을 이용한 적어도 하나가 일어날 확률

양궁 선수 A, B가 10점에 맞힐 확률이 각각 $\frac{1}{9}$, $\frac{2}{5}$일 때, 적어도 한 사람이 10점을 맞힐 확률을 구해 보자.

$1-$(두 명 모두 10점을 맞히지 못 할 확률)$=1-\frac{8}{9}\times\frac{3}{5}=\frac{7}{15}$

■ 다음을 구하여라.

앗! 실수

1. 어느 동물원에 있는 두 종류의 새의 인공부화율이 각각 $\frac{2}{3}$, $\frac{3}{4}$일 때, 적어도 한 마리는 부화할 확률

   Help $1-\left(1-\frac{2}{3}\right)\times\left(1-\frac{3}{4}\right)$

2. 민영이가 A, B 대학에 합격할 확률이 각각 $\frac{1}{10}$, $\frac{3}{8}$일 때, 적어도 한 대학에 합격할 확률

3. 어느 사격 선수가 과녁에 맞힐 확률이 $\frac{4}{5}$라고 한다. 이 사격 선수가 두 발을 쏘았을 때, 적어도 한 번은 맞힐 확률

앗! 실수

4. 두 야구 선수 A, B가 한 번의 타석에서 안타를 칠 확률은 각각 2할, 3할일 때, 적어도 한 선수가 안타를 칠 확률

   Help 2할$=\frac{2}{10}=\frac{1}{5}$, 3할$=\frac{3}{10}$

5. 제약 회사에서 만든 신약의 치료율이 $\frac{9}{10}$라고 한다. 이 약을 두 환자한테 투약했을 때, 적어도 한 환자가 치료될 확률

6. 어떤 문제를 A, B가 맞힐 확률이 각각 $\frac{5}{8}$, $\frac{5}{6}$일 때, A와 B 중에서 적어도 한 명이 맞힐 확률

7. 농구 경기에서 A, B 두 선수가 자유투를 성공시킬 확률이 각각 $\frac{2}{3}$, $\frac{4}{9}$일 때, 적어도 한 명이 자유투를 성공시킬 확률

8. 정답이 1개인 오지선다형 문제가 2개 있다. 임의로 답을 썼을 때, 적어도 한 문제는 맞힐 확률

   Help 오지선다형 문제는 선택할 수 있는 답이 5개가 있는 문제이므로 맞힐 확률은 $\frac{1}{5}$이다.

[1~2] 사건 A 또는 사건 B가 일어날 확률

적중률 90%

1. 서로 다른 두 개의 주사위를 동시에 던질 때, 나오는 두 눈의 수의 합이 5 또는 9일 확률을 구하여라.

2. 오른쪽 그래프는 어느 중학교 학생 100명을 대상으로 급식에 대한 만족도를 조사하여 나타낸 것이다. 설문에 답한 학생 중 한 명을 선택할 때, 그 학생이 보통 또는 만족이라고 응답했을 확률은?

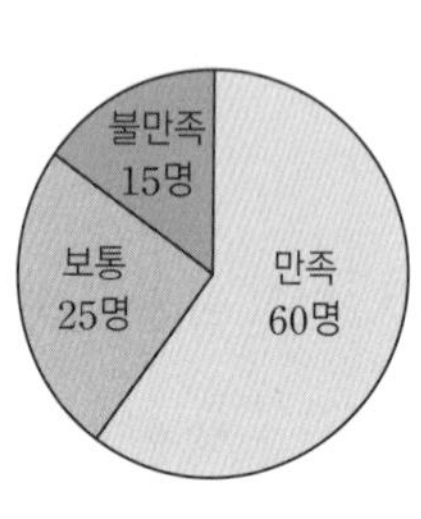

① $\frac{3}{5}$ ② $\frac{9}{10}$ ③ $\frac{13}{20}$
④ $\frac{3}{4}$ ⑤ $\frac{17}{20}$

[3] 두 사건 A, B가 동시에 일어날 확률

앗! 실수

3. 두 자연수 A, B가 홀수일 확률이 각각 $\frac{3}{5}$, $\frac{1}{3}$일 때, 두 수의 곱 AB가 홀수일 확률은?

① $\frac{1}{5}$ ② $\frac{1}{4}$ ③ $\frac{2}{5}$
④ $\frac{5}{6}$ ⑤ $\frac{7}{9}$

[4] 확률의 곱셈을 이용한 일어나지 않을 확률

적중률 80%

4. 명중률이 각각 $\frac{3}{4}$, $\frac{3}{5}$인 두 양궁 선수가 화살을 한 번씩 쏘았을 때, 두 사람 모두 과녁에 명중시키지 못할 확률을 구하여라.

[5~6] 확률의 곱셈을 이용한 적어도 하나가 일어날 확률

적중률 90%

5. A, B 미술 동아리에서 미술 전시회에 입상할 확률은 각각 $\frac{5}{8}$, $\frac{3}{7}$일 때, 적어도 한 동아리가 입상할 확률은?

① $\frac{5}{14}$ ② $\frac{11}{14}$ ③ $\frac{13}{28}$
④ $\frac{9}{56}$ ⑤ $\frac{15}{56}$

6. 어느 야구 선수가 타석에 한 번 설 때 안타를 칠 확률은 $\frac{3}{7}$이다. 이 선수가 타석에 두 번 설 때 적어도 한 번은 안타를 칠 확률을 구하여라.

27 확률의 계산 2

● 확률의 덧셈과 곱셈

오늘 비가 올 확률이 0.3, 내일 비가 올 확률이 0.6이라 예보했을 때, 오늘과 내일 중 하루만 비가 올 확률을 구해 보자.

오늘 비가 오고 내일 오지 않을 확률

⇨ $0.3\times(1-0.6)=0.12$

오늘 비가 오지 않고 내일 올 확률

⇨ $(1-0.3)\times0.6=0.42$

따라서 오늘과 내일 중 하루만 비가 올 확률

⇨ $0.12+0.42=0.54$

● 연속하여 뽑는 경우의 확률

① 꺼낸 것을 다시 넣고 연속하여 뽑는 경우의 확률

처음에 뽑은 것을 다시 뽑을 수 있으므로 처음과 나중의 조건이 같다.

⇨ 처음에 일어난 사건이 나중에 일어나는 사건에 영향을 주지 않는다.

② 꺼낸 것을 다시 넣지 않고 연속하여 뽑는 경우의 확률

처음에 뽑은 것을 다시 뽑을 수 없으므로 처음과 나중의 조건이 다르다.

⇨ 처음에 일어난 사건이 나중에 일어나는 사건에 영향을 준다.

공이나 구슬을 꺼낼 때는 처음 꺼낸 것을 다시 넣는지 아닌지 주목해야 해. 꺼낸 공을 다시 넣으면 몇 번을 꺼내도 한 번 꺼낼 때의 확률이 같지만 다시 넣지 않으면 꺼낼 때마다 확률이 달라지기 때문이야.

모양과 크기가 같은 흰 공 3개와 검은 공 2개가 들어 있는 주머니에서 연속하여 2개의 공을 뽑을 때, 2개 모두 흰 공을 뽑을 확률을 구해 보자.

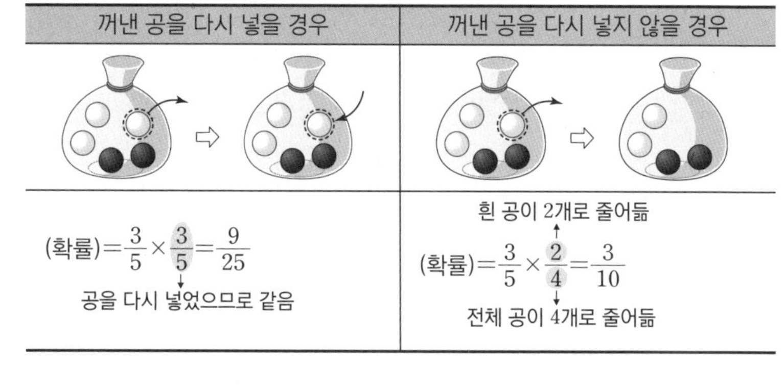

꺼낸 공을 다시 넣을 경우	꺼낸 공을 다시 넣지 않을 경우
(확률)$=\frac{3}{5}\times\frac{3}{5}=\frac{9}{25}$ 공을 다시 넣었으므로 같음	흰 공이 2개로 줄어듦 (확률)$=\frac{3}{5}\times\frac{2}{4}=\frac{3}{10}$ 전체 공이 4개로 줄어듦

● 도형에서의 확률

도형에서의 확률은 일어날 수 있는 모든 경우의 수는 전체 넓이로, 어떤 사건이 일어날 수 있는 경우의 수는 해당하는 부분의 넓이로 생각하여 확률을 구한다.

$$(\text{도형에서의 확률})=\frac{(\text{사건에 해당하는 부분의 넓이})}{(\text{도형의 전체 넓이})}$$

A 확률의 덧셈과 곱셈

동전 1개와 주사위 1개를 동시에 던질 때, 동전은 앞면, 주사위는 짝수의 눈이 나오거나 동전은 뒷면, 주사위는 3의 배수의 눈이 나올 확률은

확률의 덧셈

$$\underbrace{\frac{1}{2}\times\frac{1}{2}}_{\text{확률의 곱셈}}+\underbrace{\frac{1}{2}\times\frac{1}{3}}_{\text{확률의 곱셈}}=\frac{1}{4}+\frac{1}{6}=\frac{5}{12}$$

■ 다음을 구하여라.

앗! 실수

1. 어느 양궁 선수가 10점에 맞힐 확률이 $\frac{3}{5}$이라 할 때, 이 선수가 두 발을 쏘아서 한 번만 10점에 맞힐 확률

Help (첫 번째 10점에 맞힐 확률)
×(두 번째 10점에 맞히지 못할 확률)
+(첫 번째 10점에 맞히지 못할 확률)
×(두 번째 10점에 맞힐 확률)

2. 기상청에서 오늘 비가 올 확률이 $\frac{3}{8}$, 내일 비가 올 확률이 $\frac{4}{5}$라고 예보했을 때, 오늘과 내일 중 하루만 비가 올 확률

Help (오늘 비가 올 확률)×(내일 비가 오지 않을 확률)
+(오늘 비가 오지 않을 확률)×(내일 비가 올 확률)

3. 수민이가 학교에 지각을 할 확률이 $\frac{1}{10}$일 때, 2일 중 하루만 지각을 할 확률

4. 의현이와 근영이가 달리기를 할 때, 근영이가 이길 확률은 $\frac{5}{7}$이다. 달리기를 2번 할 때, 근영이가 1승 1패할 확률 (단, 비길 확률은 없다.)

5. 동전 1개와 주사위 1개를 동시에 던질 때, 동전의 앞면과 주사위의 홀수의 눈이 나오거나 동전의 뒷면과 주사위는 6의 약수의 눈이 나올 확률

6. A와 B 두 사람이 가위바위보를 두 번 할 때, 한 번은 A가 이기고, 다른 한 번은 비길 확률

Help (A가 이길 확률)$=\frac{1}{3}$, (비길 확률)$=\frac{1}{3}$

7. A 주머니에는 흰 공 3개, 검은 공 7개가 들어 있고, B 주머니에는 흰 공 6개, 검은 공 4개가 들어 있다. A, B 두 주머니에서 각각 공을 한 개씩 꺼낼 때, 하나는 흰 공, 하나는 검은 공일 확률

8. A상자에는 단팥빵 10개, 크림빵 6개가 들어 있고, B상자에는 단팥빵 8개, 크림빵 8개가 들어 있다. A, B 두 상자에서 각각 빵을 한 개씩 꺼낼 때, 같은 종류의 빵을 꺼낼 확률

B 연속하여 뽑는 경우의 확률 1

꺼낸 것을 다시 넣는 경우에는 처음에 뽑은 것이 나중에 뽑는 것에 영향을 주지 않는다.
(처음에 뽑을 때의 전체 개수)=(나중에 뽑을 때의 전체 개수)
아하! 그렇구나~

■ 노란 공 4개와 파란 공 6개가 들어 있는 주머니가 있다. 이 주머니에서 공 1개를 뽑아 확인하고 다시 넣은 후 1개를 더 뽑을 때, 다음을 구하여라.

1. 첫 번째는 노란 공이 나오고 두 번째는 파란 공이 나올 확률

2. 첫 번째는 파란 공이 나오고 두 번째도 파란 공이 나올 확률

■ 구슬 통에 보라 구슬 6개, 연두 구슬 4개, 빨간 구슬 5개가 들어 있다. 이 통에서 1개를 뽑아 확인하고 다시 넣은 후 1개를 더 뽑을 때, 다음을 구하여라.

3. 첫 번째는 보라 구슬이 나오고 두 번째는 빨간 구슬이 나올 확률

4. 첫 번째는 연두 구슬이 나오고 두 번째는 보라 구슬이 나올 확률

■ 10개의 제비 중 당첨 제비가 3개 들어 있는 상자에서 제비 1개를 뽑아 확인하고 다시 넣은 후 1개를 더 뽑을 때, 다음을 구하여라.

5. 두 번 다 당첨 제비를 뽑을 확률

6. 첫 번째는 당첨 제비를 뽑고 두 번째는 당첨 제비가 아닌 제비를 뽑을 확률

■ 1에서 9까지의 숫자가 각각 적힌 카드가 있다. 이 9장의 카드 중에서 1장을 뽑아 확인하고 다시 넣은 후 1장을 더 뽑을 때, 다음을 구하여라.

7. 두 수 모두 홀수를 뽑을 확률

8. 첫 번째는 짝수를 뽑고 두 번째는 홀수를 뽑을 확률

C 연속하여 뽑는 경우의 확률 2

꺼낸 것을 다시 넣지 않는 경우에는 처음에 뽑은 것이 나중에 뽑는 것에 영향을 준다.
(처음에 뽑을 때의 전체 개수)≠(나중에 뽑을 때의 전체 개수)
아하! 그렇구나~

■ 상자 안에 들어 있는 10개의 제품 중 불량품이 2개 들어 있다. 이 상자에서 두 개의 제품을 연속하여 꺼낼 때, 다음을 구하여라. (단, 꺼낸 제품은 다시 넣지 않는다.)

1. 두 개 모두 불량품일 확률

2. 첫 번째는 우량품을 뽑고 두 번째는 불량품을 뽑을 확률

■ 16개의 제비 중 당첨 제비가 2개 들어 있다. A, B 두 사람이 차례대로 한 개씩 제비를 뽑을 때, 다음을 구하여라. (단, 꺼낸 제비는 다시 넣지 않는다.)

3. A만 당첨 제비를 뽑을 확률
Help (A가 당첨 제비를 뽑을 확률)
×(B가 당첨 제비를 뽑지 않을 확률)

4. B만 당첨 제비를 뽑을 확률

■ 사탕 통에 사과 맛 사탕 5개, 블루베리 맛 사탕 7개가 들어 있다. 이 사탕 통에서 수민이와 승아가 차례로 사탕을 뽑을 때, 다음을 구하여라. (단, 꺼낸 사탕은 다시 넣지 않는다.)

앗! 실수
5. 서로 같은 맛을 뽑을 확률
Help (연속해서 사과 맛 사탕을 뽑을 확률)
+(연속해서 블루베리 맛 사탕을 뽑을 확률)

6. 서로 다른 맛을 뽑을 확률

■ 바둑통에 흰 바둑돌 8개, 검은 바둑돌 7개가 들어 있다. 바둑돌을 연속하여 두 번 꺼낼 때, 다음을 구하여라. (단, 꺼낸 바둑돌은 다시 넣지 않는다.)

7. 두 번 모두 같은 색 바둑돌을 뽑을 확률

8. 두 번 모두 다른 색 바둑돌을 뽑을 확률

도형에서의 확률

도형에서의 확률은 전체 넓이에 대한 해당하는 부분의 넓이이므로 오른쪽 그림과 같이 색칠한 부분의 확률은 $\frac{1}{4}$이야.

아하! 그렇구나~

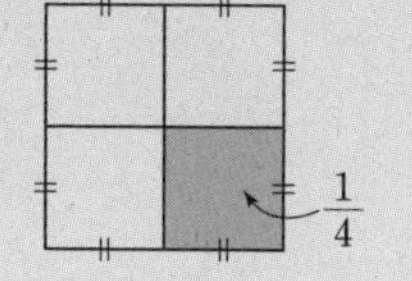

■ 아래와 같은 과녁에 화살을 쏠 때, 다음을 구하여라. (단, 화살이 과녁을 벗어나거나 경계선을 맞히는 경우는 없다.)

1. ♣ 또는 ☆를 쏠 확률 (단, 과녁은 정사각형을 16등분한 것이다.)

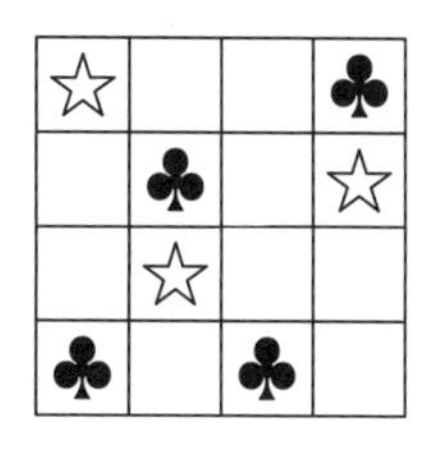

2. 소수를 쏠 확률 (단, 과녁은 원을 12등분한 것이다.)

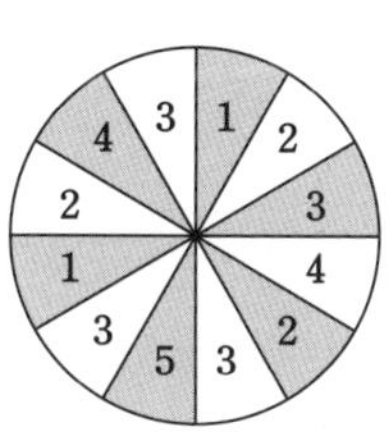

Help 과녁에 있는 수 중 소수는 2, 3, 5이다.

3. 짝수를 쏠 확률 (단, 과녁은 정삼각형을 9등분한 것이다.)

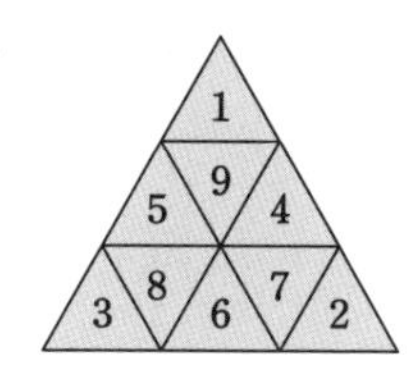

4. 아래의 그림과 같은 각각 3등분, 5등분된 두 원판에 화살을 차례대로 쏠 때, 두 원판 모두 C에 맞힐 확률

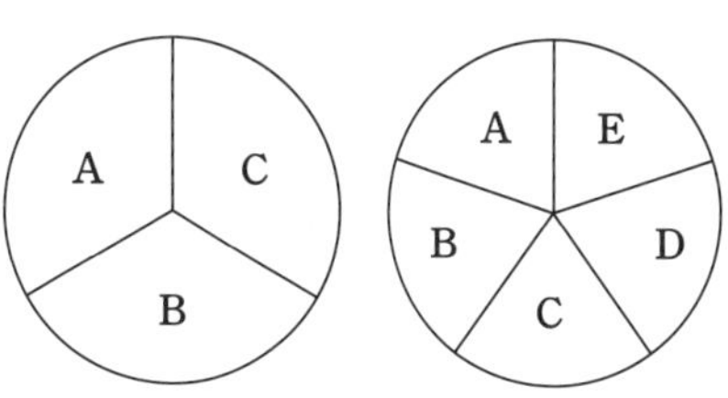

5. 아래의 그림과 같은 각각 4등분, 8등분된 두 원판에 화살을 차례대로 쏠 때, 두 원판 모두 소수에 맞힐 확률

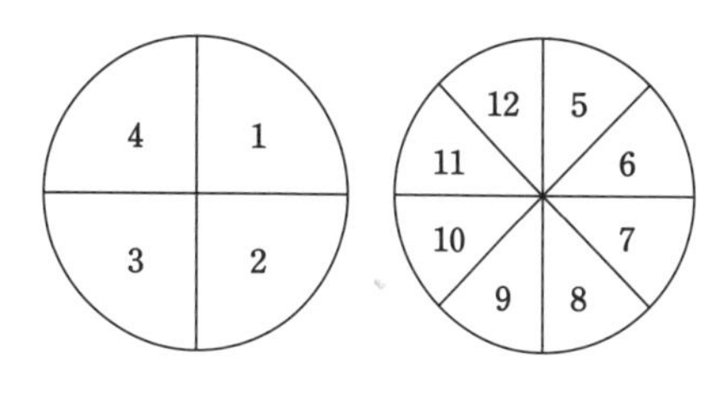

6. 과녁 안에 있는 중심이 같은 세 원의 반지름의 길이가 1, 2, 3일 때, 한 번 화살을 쏘아서 B 부분에 맞힐 확률

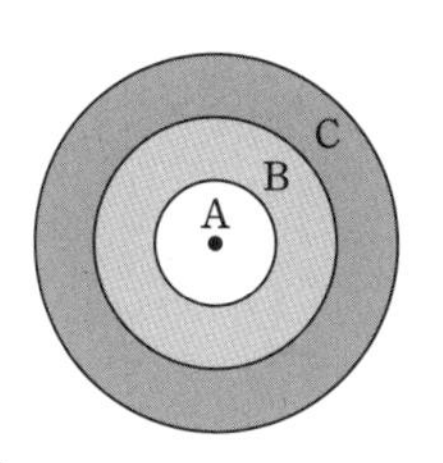

Help 세 원의 넓이는 π, 4π, 9π이다.
B 부분의 넓이는 $4\pi-\pi=3\pi$

[1~3] 확률의 덧셈과 곱셈

앗!실수 적중률 80%

1. A 주머니에는 흰 공 3개, 빨간 공 4개가 들어 있고, B 주머니에는 흰 공 2개, 빨간 공 3개가 들어 있다. A, B 주머니에서 각각 1개씩 공을 꺼낼 때, 꺼낸 공이 서로 같은 색일 확률은?

① $\frac{2}{7}$ ② $\frac{3}{7}$ ③ $\frac{16}{35}$
④ $\frac{18}{35}$ ⑤ $\frac{4}{7}$

2. 규호는 수학 시험에서 모르는 문제 2문제를 임의로 답을 골랐다. 이 문제가 하나의 답을 고르는 오지선다형 객관식 문제일 때, 1문제만 맞힐 확률은?

① $\frac{3}{50}$ ② $\frac{2}{35}$ ③ $\frac{1}{25}$
④ $\frac{1}{10}$ ⑤ $\frac{8}{25}$

3. 명중률이 각각 $\frac{8}{9}$, $\frac{5}{7}$인 두 공기 소총 선수가 총을 쏘았을 때, 한 사람만 명중시킬 확률은?

① $\frac{5}{63}$ ② $\frac{1}{3}$ ③ $\frac{4}{21}$
④ $\frac{16}{63}$ ⑤ $\frac{4}{5}$

[4~5] 연속하여 뽑는 경우의 확률

적중률 80%

4. 3개의 당첨 제비를 포함한 12개의 제비가 들어 있는 상자가 있다. 장준이가 제비 1개를 확인하고 다시 상자에 넣은 후 은찬이가 제비 1개를 뽑았을 때, 장준이는 당첨되고 은찬이는 당첨되지 않을 확률은?

① $\frac{1}{12}$ ② $\frac{3}{16}$ ③ $\frac{5}{18}$
④ $\frac{7}{12}$ ⑤ $\frac{15}{28}$

앗!실수 적중률 90%

5. 주머니 속에 크기와 모양이 같은 흰 공 4개, 노란 공 5개, 연두 공 3개가 들어 있다. 주머니에서 3개의 공을 연속하여 꺼낼 때, 차례대로 노란 공, 노란 공, 흰 공이 나올 확률을 구하여라. (단, 꺼낸 공은 다시 넣지 않는다.)

[6] 도형에서의 확률

6. 오른쪽 그림과 같이 1부터 8까지의 자연수가 적힌 8등분된 원판이 있다. 이 원판을 한 번 돌릴 때, 바늘이 가리키는 숫자가 2 이하 또는 5 초과일 확률은? (단, 바늘이 경계선을 가리키는 경우는 생각하지 않는다.)

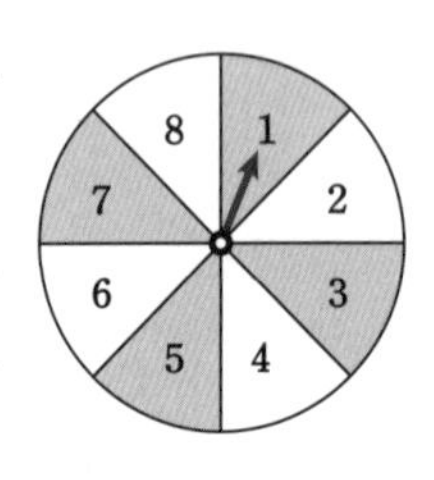

① $\frac{1}{8}$ ② $\frac{1}{4}$ ③ $\frac{5}{8}$
④ $\frac{1}{2}$ ⑤ $\frac{7}{8}$

이제는 중학교 교과서에도 토론 도입!

토론 수업을 준비하는 중고생, 선생님께 꼭 필요한 책

토론 수업, 수행평가 완전 정복!

케빈 리 지음 | 15,000원

토론 수업
수행평가

어디서든 통하는

논리학 사용설명서

"나도 논리적인 사람이 될 수 있을까?"

- 중·고등학생 토론 수업, 수행평가, 대학 입시 뿐아니라 **똑똑해지려면 꼭 필요한 책**
- **단기간에 논리적인 사람이 된다**는 것. '논리의 오류' 가 열쇠다!
- 논리의 부재, **말장난에 통쾌한 반격**을 할 수 있게 해 주는 책
- **초등학생도 이해할 수 있는 대화와 예문**으로 논리를 쉽게 이해한다.

'토론의 정수 - 디베이트'를 원형 그대로 배운다!

케빈 리 지음 | 26,000원

동영상으로 배우는 디베이트 형식 교과서

이것이 디베이트 형식의 표준이다!

DVD 동영상 제공 7시간 분량 실황 중계

"4대 디베이트 형식을 동영상과 함께 배운다!"

- **꼭 알아야 할 디베이트의 대표적인 형식**을 모두 다뤘다!
- **실제 현장 동영상으로 디베이트 전 과정을 파악**할 수 있다!
- 궁금한 것이 있으면 국내 디베이트 1인자, **케빈리에게 직접 물어보자.** 온라인 카페 '투게더 디베이트 클럽'에서 선생님의 명쾌한 답변을 들을 수 있다!

허세 없는 기본 문제집

바쁜 중2를 위한 빠른 중학도형

스쿨피아 연구소
임미연 지음

정답 및 해설

이지스에듀

바쁘니까
'바빠 중학도형'이다~

정답과 풀이

01 이등변삼각형의 성질

A 이등변삼각형의 밑각의 크기 13쪽

1 55°　2 50°　3 108°　4 40°
5 18°　6 54°　7 69°　8 84°

1 $\angle x=\frac{1}{2}\times(180^\circ-70^\circ)=55^\circ$
2 $\angle x=180^\circ-2\times65^\circ=50^\circ$
3 $\angle ACB=\frac{1}{2}\times(180^\circ-36^\circ)=72^\circ$
$\therefore \angle x=36^\circ+72^\circ=108^\circ$
4 $\angle ACB=\angle ABC=180^\circ-110^\circ=70^\circ$
$\therefore \angle x=180^\circ-2\times70^\circ=40^\circ$
5 $\angle BDC=66^\circ$, $\angle ABC=66^\circ$
$\angle DBC=180^\circ-2\times66^\circ=48^\circ$
$\therefore \angle x=66^\circ-48^\circ=18^\circ$
6 $\angle BDC=78^\circ$, $\angle ABC=78^\circ$
$\angle DBC=180^\circ-(78^\circ+78^\circ)=24^\circ$
$\therefore \angle x=78^\circ-24^\circ=54^\circ$
7 $\angle ABC=\frac{1}{2}\times(180^\circ-32^\circ)=74^\circ$,
$\angle ACB=\angle ABC=74^\circ$
$\angle DBC=37^\circ$
$\therefore \angle x=180^\circ-(37^\circ+74^\circ)=69^\circ$
8 $\angle ABC=\frac{1}{2}\times(180^\circ-52^\circ)=64^\circ$, $\angle DBC=32^\circ$
$\therefore \angle x=180^\circ-(32^\circ+64^\circ)=84^\circ$

B 이등변삼각형의 밑변의 이등분선 14쪽

1 $\angle x=60^\circ, y=8$　2 $\angle x=50^\circ, y=5$
3 $\angle x=38^\circ, y=24$　4 $\angle x=122^\circ, y=4$
5 33°　6 66°　7 30°　8 60°

1 이등변삼각형의 꼭지각의 이등분선은 밑변을 수직이등분하므로
$\angle BDA=90^\circ$　$\therefore \angle x=(180^\circ-90^\circ-30^\circ)=60^\circ$
$\overline{BC}=2\overline{DC}=2\times4=8(\text{cm})$　$\therefore y=8$
2 이등변삼각형의 꼭지각의 이등분선은 밑변을 수직이등분하므로
$\angle ADC=90^\circ$　$\therefore \angle x=(180^\circ-90^\circ-40^\circ)=50^\circ$
$\overline{BD}=\frac{1}{2}\overline{BC}=\frac{1}{2}\times10=5(\text{cm})$　$\therefore y=5$
3 이등변삼각형의 꼭지각의 꼭짓점에서 밑변에 내린 수선은 밑변을 이등분하므로
$\overline{BC}=2\overline{BD}=2\times12=24(\text{cm})$　$\therefore y=24$
$\angle ABD=\angle ACD=180^\circ-128^\circ=52^\circ$
$\therefore \angle x=(180^\circ-90^\circ-52^\circ)=38^\circ$
4 이등변삼각형의 꼭지각의 꼭짓점에서 밑변에 내린 수선은 밑변을 이등분하므로
$\overline{BD}=\frac{1}{2}\overline{BC}=\frac{1}{2}\times8=4(\text{cm})$　$\therefore y=4$
$\therefore \angle x=32^\circ+90^\circ=122^\circ$
5 이등변삼각형에서 꼭지각의 꼭짓점 A에서 밑변의 중점을 이은 것이므로 $\angle ADB=90^\circ$
$\therefore \angle x=180^\circ-(57^\circ+90^\circ)=33^\circ$
6 이등변삼각형의 꼭지각의 꼭짓점 A에서 밑변의 중점을 이은 것이므로
$\angle ADC=90^\circ$　$\therefore \angle x=180^\circ-90^\circ-24^\circ=66^\circ$
7 꼭지각에서 내린 수선이 밑변을 이등분하므로 $\triangle DAB$는 이등변삼각형이다.
$\therefore \angle ABD=\angle DBC=\angle x$
따라서 $3\angle x=90^\circ$이므로 $\angle x=30^\circ$
8 꼭지각에서 내린 수선이 밑변을 이등분하므로 $\triangle CAB$는 이등변삼각형이다.
$\therefore \angle ABC=\angle BAC=\angle CAD$
따라서 $3\angle ABC=90^\circ$이므로 $\angle ABC=30^\circ$
$\therefore \angle x=30^\circ+30^\circ=60^\circ$

C 연속된 이등변삼각형의 각의 크기 구하기 15쪽

1 48°　2 24°　3 38°　4 40°
5 108°　6 120°　7 20°　8 25°

1 $\angle ADC=42^\circ+42^\circ=84^\circ$
$\therefore \angle x=\frac{1}{2}\times(180^\circ-84^\circ)=48^\circ$
2 $\angle ADC=2\angle x$, $\angle ACD=\angle DAC=66^\circ$
$\triangle ADC$에서 $2\angle x+66^\circ+66^\circ=180^\circ$
$\therefore \angle x=24^\circ$
3 $\angle ABD=\angle BAD=\angle x$, $\angle BDC=\angle BCD=2\angle x$
$\triangle BCD$에서 $28^\circ+4\angle x=180^\circ$　$\therefore \angle x=38^\circ$
4 $\angle ACD=\angle CAD=35^\circ$이므로
$\angle BDC=\angle DBC=70^\circ$
$\triangle BCD$에서 $70^\circ+70^\circ+\angle x=180^\circ$
$\therefore \angle x=40^\circ$
5 $\angle ABC=\angle ACB=36^\circ$, $\angle CAD=\angle CDA=72^\circ$
$\triangle DBC$에서
$\angle x=\angle DBC+\angle BDC=36^\circ+72^\circ=108^\circ$
6 $\angle ACB=\angle ABC=40^\circ$, $\angle CAD=\angle CDA=80^\circ$
$\triangle DBC$에서
$\angle x=\angle DBC+\angle BDC=40^\circ+80^\circ=120^\circ$

7 $\angle EDB=\angle EBD=\angle x$, $\angle DEA=\angle DAE=2\angle x$
$\angle ADC=\angle ACD=3\angle x$
$\triangle ABC$에서 $\angle x+3\angle x+100°=180°$
$\therefore \angle x=20°$

8 $\angle EDB=\angle EBD=\angle x$, $\angle DEA=\angle DAE=2\angle x$
$\angle ADC=\angle ACD=3\angle x$
$\triangle ABC$에서 $\angle x+3\angle x+80°=180°$
$\therefore \angle x=25°$

D 이등변삼각형의 외각의 성질을 이용하여 각의 크기 구하기 16쪽

1 30°	2 42°	3 29°	4 32°
5 21°	6 49°	7 34°	8 88°

1 $\triangle ADC$에서 $\angle ADC=\frac{1}{2}\times(180°-\angle x)$
$\triangle DBC$에서 $\angle ADC=45°+\angle x$
$90°-\frac{1}{2}\angle x=45°+\angle x \qquad \therefore \angle x=30°$

2 $\triangle ABD$에서 $\angle ADB=\frac{1}{2}\times(180°-\angle x)$
$\triangle ADC$에서 $\angle ADB=27°+\angle x$
$90°-\frac{1}{2}\angle x=27°+\angle x \qquad \therefore \angle x=42°$

3 $\angle ABC=\angle ACB=\frac{1}{2}\times(180°-52°)=64°$
$\therefore \angle ACE=52°+64°=116°$, $\angle DCE=58°$
$\triangle DBC$에서 $2\angle x=58° \qquad \therefore \angle x=29°$

4 $\angle ABC=\angle ACB=\frac{1}{2}\times(180°-76°)=52°$
$\therefore \angle ACE=76°+52°=128°$, $\angle DCE=64°$
$\triangle DBC$에서 $2\angle x=64° \qquad \therefore \angle x=32°$

5 $\triangle ABC$의 외각에서 $42°+2\bullet=2\times$
양변을 2로 나누면 $21°+\bullet=\times$
$\triangle DBC$의 외각에서 $\angle x+\bullet=\times$
$\therefore \angle x=21°$

6 $\triangle ABC$의 외각에서 $98°+2\bullet=2\times$
양변을 2로 나누면 $49°+\bullet=\times$
$\triangle DBC$의 외각에서 $\angle x+\bullet=\times$
$\therefore \angle x=49°$

7 $\triangle DBC$의 외각에서 $17°+\bullet=\times$
양변에 2를 곱하면 $34°+2\bullet=2\times$
$\triangle ABC$의 외각에서 $\angle x+2\bullet=2\times$
$\therefore \angle x=34°$

8 $\triangle DBC$의 외각에서 $44°+\bullet=\times$
양변에 2를 곱하면 $88°+2\bullet=2\times$
$\triangle ABC$의 외각에서 $\angle x+2\bullet=2\times$
$\therefore \angle x=88°$

E 이등변삼각형이 되는 조건 17쪽

1 8	2 10	3 11	4 8
5 7	6 9	7 5 cm	8 9 cm

1 두 밑각의 크기가 같으므로 $\triangle ABC$는 이등변삼각형이다.
$\therefore x=8$

2 $\angle C=180°-30°-75°=75°$
$\angle A=\angle C$이므로 $\triangle BCA$는 이등변삼각형이다.
$\therefore x=10$

3 $\angle B=180°-56°-62°=62°$
$\angle A=\angle B$이므로 $\triangle CAB$는 이등변삼각형이다.
$\therefore x=11$

4 $\angle A=180°-60°-60°=60°$
$\angle A=\angle B=\angle C$이므로 $\triangle ABC$는 정삼각형이다.
$\therefore x=8$

5 $\angle ABC=\angle ACB=72°$, $\angle DBC=\angle DBA=36°$
$\therefore \angle BDC=72°$
따라서 $\triangle BCD$, $\triangle DAB$는 이등변삼각형이다.
$\therefore x=\overline{BD}=\overline{BC}=7$

7 $\angle ACB=70°-35°=35°$이므로 $\triangle ABC$는 이등변삼각형이다.
$\angle ADC=180°-110°=70°$이므로 $\triangle ACD$는 이등변삼각형이다.
$\therefore \overline{CD}=\overline{CA}=\overline{BA}=5$ cm

8 $\angle CAD=40°+40°=80°$, $\angle CDA=180°-100°=80°$
이므로 $\triangle CDA$는 이등변삼각형이다.
$\therefore \overline{CD}=\overline{CA}=9$ cm

F 폭이 일정한 종이 접기 18쪽

1 50°	2 76°	3 30°	4 6
5 5	6 8		

1 $\angle BAC=65°$, $\angle ACB=65°$
따라서 $\triangle BCA$는 이등변삼각형이다.
$\therefore \angle x=180°-(65°+65°)=50°$

2 $\angle ABC=\angle x$, $\angle ACB=\angle x$
따라서 $\triangle ABC$는 이등변삼각형이다.
$28°+\angle x+\angle x=180°$이므로 $\angle x=76°$

3 $\angle ABC=\angle x$, $\angle ACB=\angle x$이므로
$2\angle x=60° \qquad \therefore \angle x=30°$

4 $\triangle ABC$가 $\angle ABC=\angle ACB$인 이등변삼각형이므로 $x=6$

5 $\triangle ABC$가 $\angle BAC=\angle BCA$인 이등변삼각형이므로 $x=5$

6 $\triangle ABC$가 $\angle CAB=\angle CBA$인 이등변삼각형이므로 $x=8$

거저먹는 시험 문제 19쪽

1 ①	2 ②	3 32°	4 ②
5 30°	6 ④		

1 △BCD는 이등변삼각형이므로 $\angle BCD=68°$
△ABC는 이등변삼각형이므로 $\angle ABC=68°$
$\therefore \angle x=180°-2\times 68°=44°$

2 $\angle x+2\angle x+5°+2\angle x+5°=180°$
$\therefore \angle x=34°$

3 $\angle ACB=\frac{1}{2}\times(180°-28°)=76°$
$\angle DCE=\frac{1}{2}\times(180°-36°)=72°$
$\therefore \angle x=180°-(76°+72°)=32°$

4 ∠A의 이등분선은 밑변 $\overline{BC}$를 수직이등분하므로 $\overline{AD}$는 $\overline{BC}$의 수직이등분선이다.
① $\overline{AD}$ 위의 한 점 P에서 $\overline{BC}$의 양 끝점에 이르는 거리는 같으므로 $\overline{BP}=\overline{CP}$
③ △ABP≡△ACP(SSS 합동)이므로 $\angle ABP=\angle ACP$
④, ⑤ $\overline{AD}$가 $\overline{BC}$를 수직이등분하므로
$\overline{BD}=\overline{DC}$, $\angle PDB=\angle PDC=90°$

5 △ABC에서 $\angle ACB=\angle ABC=42°$
△CDA에서 $\angle CAD=\angle CDA=42°+42°=84°$
$\therefore \angle y=180°-84°=96°$
따라서 △CDB에서 외각의 성질을 이용하면
$\angle x=\angle DBC+\angle BDC=42°+84°=126°$
$\therefore \angle x-\angle y=126°-96°=30°$

6 △ABC의 외각에서 $38°+2\bullet=2\times$
양변을 2로 나누면 $19°+\bullet=\times$
△DBC의 외각에서 $\angle x+\bullet=\times$
$\therefore \angle x=19°$

02 직각삼각형의 합동 조건

A 직각삼각형의 합동 조건 - RHA 합동 21쪽

1 ㄹ, ㅂ	2 4 cm	3 5 cm	4 15 cm
5 7 cm	6 3 cm	7 5 cm	

1 ㄹ, ㅂ. RHA 합동

2 △ABC에서 ∠B=56°이고 △DEF에서 ∠D=34°이므로
△ABC≡△DEF(RHA 합동) $\therefore \overline{EF}=\overline{BC}=4$ cm

3 △ABC에서 ∠B=23°이고 △DEF에서 ∠F=67°이므로
△ABC≡△FDE(RHA 합동) $\therefore \overline{EF}=\overline{AC}=5$ cm

4 $\angle DBA+\angle DAB=90°$, $\angle EAC+\angle DAB=90°$
$\therefore \angle DBA=\angle EAC$
△DBA≡△EAC(RHA 합동), $\overline{DA}=\overline{EC}$, $\overline{BD}=\overline{AE}$
$\therefore \overline{DE}=\overline{DA}+\overline{AE}=9+6=15$(cm)

5 $\angle DBA+\angle DAB=90°$, $\angle EAC+\angle DAB=90°$
$\therefore \angle DBA=\angle EAC$
△DBA≡△EAC(RHA 합동)이므로 $\overline{DA}=\overline{EC}=3$ cm
$\therefore \overline{DE}=\overline{DA}+\overline{AE}=\overline{EC}+\overline{AE}=3+4=7$(cm)

6 △DBC≡△DBE(RHA 합동)이므로 $\overline{BE}=\overline{BC}=9$ cm
$\therefore \overline{AE}=12-9=3$(cm)

7 $\angle BAD+\angle CAE=90°$, $\angle ACE+\angle CAE=90°$
$\therefore \angle BAD=\angle ACE$
△ABD≡△CAE(RHA 합동)이므로
$\overline{AD}=\overline{CE}$, $\overline{BD}=\overline{AE}$
$\therefore \overline{DE}=\overline{AD}-\overline{AE}=10-5=5$(cm)

B 직각삼각형의 합동 조건 - RHS 합동 22쪽

1 26°	2 64°	3 67.5°	4 22.5°
5 2 cm	6 4 cm	7 29°	8 43°

1 $\angle BAC=180°-(38°+90°)=52°$
△ABE≡△ADE(RHS 합동)이므로
$\angle BAE=\angle DAE=\frac{1}{2}\times 52°=26°$

2 $\angle AEB=90°-\angle BAE=90°-26°=64°$

3 △DBE는 직각이등변삼각형이므로
$\angle DBE=\angle DEB=45°$
△ADE≡△ACE(RHS 합동)이므로
$\angle AED=\angle AEC=\frac{1}{2}\times(180°-45°)=67.5°$

4 $\angle BAE=90°-\angle AED=90°-67.5°=22.5°$

5 △ADE≡△ACE(RHS 합동)이므로
$\overline{AD}=\overline{AC}=3$ cm $\therefore \overline{DB}=2$ cm

6 $\overline{DE}=\overline{EC}$이므로
$\overline{DE}+\overline{BE}=\overline{EC}+\overline{BE}=4$(cm)

7 △DBF≡△ECF(RHS 합동)이므로
$\angle DBF=\angle ECF=\frac{1}{2}\times(180°-58°)=61°$
$\therefore \angle DFB=29°$

8 △DBF≡△ECF(RHS 합동)이므로
$\angle DBF=\angle ECF=\frac{1}{2}\times(180°-86°)=47°$
$\therefore \angle DFB=43°$

C 직각삼각형의 합동 조건의 활용 - 각의 이등분선의 성질

23쪽

1 12 cm^2 2 30 cm^2 3 21° 4 15°
5 4 cm 6 2 cm 7 8 cm^2 8 18 cm^2

1 $\triangle AED \equiv \triangle ACD$(RHA 합동)이므로
$\overline{DE}=\overline{DC}=3$ cm $\therefore \triangle ABD=12\text{ cm}^2$

2 $\triangle AED \equiv \triangle ABD$(RHA 합동)이므로
$\overline{ED}=\overline{BD}=5$ cm $\therefore \triangle ADC=30\text{ cm}^2$

3 $\triangle AOP \equiv \triangle BOP$(RHS 합동)이므로
$\angle APO=\angle BPO=69^\circ$ $\therefore \angle x=21^\circ$

4 $\triangle AOP \equiv \triangle BOP$(RHS 합동)이므로
$\angle APO=\angle BPO=\frac{1}{2}\times 150^\circ=75^\circ$ $\therefore \angle x=15^\circ$

5 오른쪽 그림과 같이 점 D에서 $\overline{AC}$에 내린 수선의 발을 E라 하면
$\triangle ADC=36\text{ cm}^2$이므로 $\overline{DE}=4$ cm
$\triangle ABD \equiv \triangle AED$(RHA 합동)이므로
$\overline{BD}=4$ cm

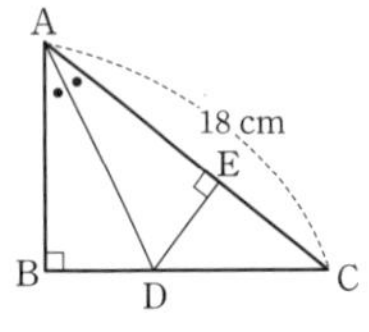

6 오른쪽 그림과 같이 점 D에서 $\overline{AC}$에 내린 수선의 발을 E라 하면
$\triangle ADC=24\text{ cm}^2$이므로 $\overline{DE}=2$ cm
$\triangle ABD \equiv \triangle ADE$(RHA 합동)이므로
$\overline{BD}=2$ cm

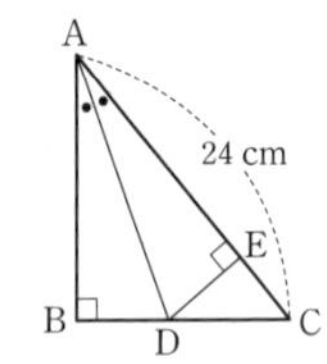

7 $\triangle AED$가 직각이등변삼각형이므로
$\overline{EA}=\overline{ED}=\overline{CD}=4$ cm
$\therefore \triangle AED=\frac{1}{2}\times 4\times 4=8(\text{cm}^2)$

8 $\triangle ADE$가 직각이등변삼각형이므로
$\overline{AE}=\overline{ED}=\overline{DB}=6$ cm
$\triangle ADE=\frac{1}{2}\times 6\times 6=18(\text{cm}^2)$

거저먹는 시험 문제

24쪽

1 38 2 ③ 3 4 cm 4 56°
5 ② 6 12 cm

1 $\triangle ACM \equiv \triangle BDM$(RHA 합동)이므로
$\overline{AC}=\overline{BD}=4\text{ cm}=x\text{ cm}$, $\angle CMA=34^\circ=y^\circ$
$\therefore x+y=4+34=38$

2 ① RHA 합동 ② SAS 합동
③ 삼각형의 크기가 다를 수 있으므로 합동이 아니다.
④ RHS 합동 ⑤ ASA 합동

3 $\triangle ABD \equiv \triangle CAE$이므로 $\overline{AD}=\overline{CE}$, $\overline{BD}=\overline{AE}$
$\therefore \overline{DE}=\overline{AD}-\overline{AE}=11-7=4(\text{cm})$

4 $\triangle ABE \equiv \triangle ADE$(RHS 합동)이므로 $\angle BAE=28^\circ$
$\angle BAC=56^\circ$이고 $\angle DEC=\angle BAC$이므로
$\angle DEC=56^\circ$

5 ③ $\triangle ADE \equiv \triangle ACE$(RHS 합동)이므로
① $\angle DEA=\angle CEA$ ④ $\overline{DE}=\overline{CE}$
⑤ $\angle DAE=\angle CAE$

6 $\triangle AED \equiv \triangle ACD$(RHA 합동)이므로
$\overline{AE}=\overline{AC}=6$ cm $\therefore \overline{EB}=4$ cm
$\overline{DE}=\overline{DC}$이므로 $\overline{BD}+\overline{DE}=\overline{BD}+\overline{DC}=8$ cm
따라서 $\triangle BDE$의 둘레의 길이는 $4+8=12(\text{cm})$이다.

03 삼각형의 외심

A 삼각형의 외심

26쪽

1 × 2 ○ 3 ○ 4 ×
5 ○ 6 × 7 4 8 25
9 10 cm 10 6 cm

1 $\triangle OAB$는 이등변삼각형이므로 $\angle AOD=\angle BOD$
2 $\triangle OAB$는 이등변삼각형이므로 $\overline{AD}=\overline{BD}$
3 $\triangle OAB$는 이등변삼각형이므로 $\overline{OA}=\overline{OB}$
4 $\triangle OBC$는 이등변삼각형이므로 $\overline{CE}=\overline{BE}$
5 $\triangle OAB$는 이등변삼각형이므로 $\angle OAD=\angle OBD$
6 외심 O에서 세 꼭짓점에 이르는 거리는 같으므로
$\overline{OA}=\overline{OB}=\overline{OC}$
7 점 O는 $\triangle ABC$의 외심이므로 $x=4$
8 $\triangle OBC$는 이등변삼각형이므로
$\angle x=\frac{1}{2}\times(180^\circ-130^\circ)=25^\circ$
9 $\overline{OA}=\overline{OC}$, $\overline{AC}=12$ cm이므로 외접원의 반지름의 길이는
$\frac{1}{2}\times(32-12)=10(\text{cm})$
10 $\overline{OA}=\overline{OB}$, $\overline{AB}=8$ cm이므로 외접원의 반지름의 길이는
$\overline{OA}=\overline{OB}=\frac{1}{2}\times(20-8)=6(\text{cm})$

B 직각삼각형의 외심

27쪽

1 6.5 cm 2 2.5 cm 3 12 cm 4 22 cm
5 72° 6 26° 7 42° 8 33°

1 $\overline{OB}=\overline{OA}=\overline{OC}=6.5$ cm
2 $\overline{OB}=\overline{OA}=\overline{OC}=2.5$ cm
3 $\overline{AB}=2\overline{CO}=2\times 6=12(\text{cm})$
4 $\overline{BC}=2\overline{AO}=2\times 11=22(\text{cm})$

5 $\angle x=36°+36°=72°$
6 $52°=2\angle x$이므로 $\angle x=26°$
7 $\overline{OA}=\overline{OB}$이므로 $\angle AOE=24°+24°=48°$
$\angle x=180°-(48°+90°)=42°$
8 $\overline{OA}=\overline{OB}$이므로 $\angle BOC=2\angle x$
$2\angle x+24°+90°=180°$ $\quad\therefore \angle x=33°$

C 둔각삼각형의 외심 28쪽

1 77°	2 33°	3 82°	4 130°
5 128°	6 66°	7 62°	8 59°
9 33°			

1 점 O가 외심이므로 $\overline{OA}=\overline{OB}$
$\therefore \angle ABO=\frac{1}{2}\times(180°-26°)=77°$
2 점 O가 외심이므로 $\overline{OB}=\overline{OC}$
$\therefore \angle CBO=\frac{1}{2}\times(180°-114°)=33°$
3 점 O가 외심이므로 $\overline{OA}=\overline{OB}$
$\therefore \angle ABO=\frac{1}{2}\times(180°-16°)=82°$
4 점 O가 외심이므로 $\overline{OB}=\overline{OC}$
$\angle OBC=\frac{1}{2}\times(180°-84°)=48°$
$\therefore \angle ABC=82°+48°=130°$
5 점 O가 외심이므로 $\overline{OA}=\overline{OC}$
$\therefore \angle AOC=180°-2\times26°=128°$
6 점 O가 외심이므로 $\overline{OA}=\overline{OB}$
$\therefore \angle AOB=180°-2\times57°=66°$
7 $\angle BOC=\angle AOC-\angle AOB=128°-66°=62°$
8 점 O가 외심이므로 $\overline{OB}=\overline{OC}$
$\therefore \angle OCB=\frac{1}{2}\times(180°-62°)=59°$
9 $\angle ACB=\angle OCB-\angle OCA=59°-26°=33°$

D 삼각형의 외심을 이용한 꼭지각과 중심각 29쪽

1 62°	2 156°	3 40°	4 44°
5 63°	6 67°	7 106°	8 116°

1 $\angle x=\frac{1}{2}\times124°=62°$
2 $\angle x=2\times78°=156°$
3 $\angle BOC=2\times50°=100°$이므로
$\angle x=\frac{1}{2}\times(180°-100°)=40°$
4 $\angle BOC=2\times46°=92°$이므로
$\angle x=\frac{1}{2}\times(180°-92°)=44°$
5 점 O와 점 C를 연결하는 보조선을 그으면
$\angle BOC=180°-(27°+27°)=126°$
$\therefore \angle x=\frac{1}{2}\times126°=63°$
6 점 O와 점 B를 잇는 보조선을 그으면
$\angle BOC=(180°-2\times23°)=134°$이므로
$\angle x=\frac{1}{2}\times134°=67°$
7 점 A와 점 O를 연결하는 보조선을 그으면
$\angle BAO=\angle ABO=34°$, $\angle CAO=\angle ACO=19°$
$\therefore \angle A=\angle BAO+\angle CAO=34°+19°=53°$
$\therefore \angle x=2\times53°=106°$
8 점 A와 점 O를 잇는 보조선을 그으면
$\angle BAO=\angle ABO=30°$, $\angle CAO=\angle ACO=28°$
$\angle A=\angle BAO+\angle CAO=30°+28°=58°$
$\therefore \angle x=2\times58°=116°$

E 삼각형의 외심을 이용한 세 각의 크기의 합 30쪽

1 140°	2 112°	3 86°	4 134°
5 64°	6 71°	7 46°	8 28°

1 $\overline{OA}=\overline{OB}$이므로 $\angle BAO=\frac{1}{2}\times(180°-88°)=46°$
$\therefore \angle x=2\times(46°+24°)=140°$
2 $\overline{OB}=\overline{OC}$이므로 $\angle OBC=\frac{1}{2}\times(180°-164°)=8°$
$\therefore \angle x=2\times(48°+8°)=112°$
3 $\triangle OAC$에서 $\angle ACO=10°$ $\quad\therefore \angle ACB=43°$
$\therefore \angle x=2\times43°=86°$
4 $\overline{OB}=\overline{OC}$이므로 $\angle BAO=\frac{1}{2}\times(180°-86°)=47°$
$\therefore \angle x=2\times(47°+20°)=134°$
5 점 O와 점 C를 연결하는 보조선을 그으면
$\angle BOE=64°$이므로
$\angle x=\frac{1}{2}\angle BOC=\angle BOE=64°$
6 점 O와 점 C를 연결하는 보조선을 그으면
$\angle BOE=71°$, $\angle BOC=142°$이므로
$\angle x=\frac{1}{2}\times\angle BOC=\frac{1}{2}\times142°=71°$
7 $\angle x+18°+26°=90°$ $\quad\therefore \angle x=46°$
8 $\angle x+27°+35°=90°$ $\quad\therefore \angle x=28°$

거저먹는 시험 문제 31쪽

1 ①, ⑤	2 25π cm²	3 28°	4 ④
5 65°	6 ①		

1 ① 외심은 세 변의 수직이등분선의 교점이다.
⑤ 외심에서 세 꼭짓점에 이르는 거리는 같다.

2 $\triangle$ABC의 외접원의 반지름의 길이는 빗변의 길이의 $\frac{1}{2}$이므로 5 cm이다.
따라서 $\triangle$ABC의 외접원의 넓이는
$5\times5\pi=25\pi(\text{cm}^2)$

3 $\overline{DA}=\overline{DB}$이므로 $\angle ADE=31^\circ+31^\circ=62^\circ$
$\therefore \angle DAE=180^\circ-(62^\circ+90^\circ)=28^\circ$

4 $\angle BOC=2\times56^\circ=112^\circ$이므로
$\angle x=\frac{1}{2}\times(180^\circ-112^\circ)=34^\circ$

5 $\angle BAO=\angle ABO=x$이므로
$\angle x+\angle y=\frac{1}{2}\times130^\circ=65^\circ$

6 점 O와 점 A, 점 O와 점 B를 연결하는 보조선을 그으면
$\angle OBA=\angle OAB=90^\circ-(21^\circ+47^\circ)=22^\circ$
$\angle A=\angle BAO+\angle CAO=22^\circ+47^\circ=69^\circ$
$\angle B=\angle ABO+\angle CBO=22^\circ+21^\circ=43^\circ$
$\therefore \angle A-\angle B=69^\circ-43^\circ=26^\circ$

04 삼각형의 내심

A 삼각형의 내심 33쪽

1 ×	2 ○	3 ×	4 ×
5 ○	6 ○	7 35°	8 31°
9 131°	10 36°		

1 $\angle IBE=\angle IBD$
2 $\overline{ID}=\overline{IE}=\overline{IF}=$(내접원의 반지름의 길이)
3 $\overline{AD}=\overline{AF}$
4 내심에서 세 꼭짓점에 이르는 거리는 같지 않다.
5 내심은 세 내각의 이등분선의 교점이다.
6 $\triangle ADI\equiv\triangle AFI$이므로 $\angle AID=\angle AIF$
7 내심은 세 내각의 이등분선이므로 $\angle x=35^\circ$
8 내심은 세 내각의 이등분선이므로 $\angle x=31^\circ$
9 $\angle IBC=\angle IBA=21^\circ$, $\angle ICB=\angle ICA=28^\circ$
$\therefore \angle x=180^\circ-(21^\circ+28^\circ)=131^\circ$
10 $\angle x=\angle IBC=180^\circ-(112^\circ+32^\circ)=36^\circ$

B 삼각형의 내심을 이용한 각의 크기 구하기 34쪽

1 30°	2 25°	3 111°	4 48°
5 113°	6 125°	7 36°	8 34°

1 $\angle x+28^\circ+32^\circ=90^\circ$ $\therefore \angle x=30^\circ$
2 $\angle x+27^\circ+38^\circ=90^\circ$ $\therefore \angle x=25^\circ$
3 $\angle x=90^\circ+\frac{1}{2}\times42^\circ=111^\circ$
4 $114^\circ=90^\circ+\frac{1}{2}\times\angle x$이므로 $\angle x=(114^\circ-90^\circ)\times2$
$\therefore \angle x=48^\circ$
5 $\angle BAI=\angle CAI=23^\circ$ $\therefore \angle BAC=46^\circ$
$\therefore \angle x=90^\circ+\frac{1}{2}\angle BAC=113^\circ$
6 $\angle CAI=\angle BAI=35^\circ$이므로 $\angle A=70^\circ$
$\therefore \angle x=90^\circ+\frac{1}{2}\times70^\circ=125^\circ$
7 $\angle AIC=\frac{1}{2}\times66^\circ+90^\circ=123^\circ$, $\angle IAC=\angle BAI=21^\circ$
$\therefore \angle x=180^\circ-(21^\circ+123^\circ)=36^\circ$
8 $\angle AIB=90^\circ+\frac{1}{2}\times76^\circ=128^\circ$, $\angle IBA=18^\circ$
$\therefore \angle x=180^\circ-128^\circ-18^\circ=34^\circ$

C 내접원의 반지름의 길이와 삼각형의 넓이 35쪽

1 2 cm	2 3 cm	3 24 cm	4 34 cm
5 π cm²	6 4π cm²	7 18 cm²	8 40 cm²

1 내접원의 반지름의 길이를 r cm라 하면
$\triangle ABC=\frac{1}{2}\times r\times(8+9+7)$이므로
$24=\frac{1}{2}\times r\times24$ $\therefore r=2(\text{cm})$
2 내접원의 반지름의 길이를 r cm라 하면
$\triangle ABC=\frac{1}{2}\times r\times(9+13+12)$이므로
$51=\frac{1}{2}\times r\times34$ $\therefore r=3(\text{cm})$
3 $48=\frac{1}{2}\times4\times$($\triangle$ABC의 둘레의 길이)
$\therefore$ ($\triangle$ABC의 둘레의 길이)$=24$(cm)
4 $51=\frac{1}{2}\times3\times$($\triangle$ABC의 둘레의 길이)
$\therefore$ ($\triangle$ABC의 둘레의 길이)$=34$(cm)
5 $\triangle ABC=\frac{1}{2}\times4\times3=6(\text{cm}^2)$
내접원의 반지름의 길이를 r cm라 하면
$\triangle ABC=\frac{1}{2}\times r\times(5+4+3)$이므로
$6=\frac{1}{2}\times r\times12$ $\therefore r=1(\text{cm})$
따라서 내접원의 넓이는 π cm²이다.
6 $\triangle ABC=\frac{1}{2}\times8\times6=24(\text{cm}^2)$
내접원의 반지름의 길이를 r cm라 하면
$\triangle ABC=\frac{1}{2}\times r\times(6+8+10)$이므로

$24=\frac{1}{2}\times r\times 24$ $\therefore r=2(\text{cm})$

따라서 내접원의 넓이는 4π cm^2이다.

7 $\triangle ABC=\frac{1}{2}\times 12\times 9=54(\text{cm}^2)$

내접원의 반지름의 길이를 r cm라 하면

$\triangle ABC=\frac{1}{2}\times r\times(9+12+15)$이므로

$54=\frac{1}{2}\times r\times 36$ $\therefore r=3(\text{cm})$

$\therefore \triangle IBC=\frac{1}{2}\times 12\times 3=18(\text{cm}^2)$

8 $\triangle ABC=\frac{1}{2}\times 16\times 12=96(\text{cm}^2)$

내접원의 반지름의 길이를 r cm라 하면

$\triangle ABC=\frac{1}{2}\times r\times(20+16+12)$이므로

$96=\frac{1}{2}\times r\times 48$ $\therefore r=4(\text{cm})$

$\therefore \triangle IAB=\frac{1}{2}\times 20\times 4=40(\text{cm}^2)$

D 삼각형의 내심의 응용 36쪽

1 9 cm	2 18 cm	3 2 cm	4 6 cm
5 4 cm	6 17 cm	7 16 cm	8 20 cm

1 $\overline{AF}=\overline{AD}=3$ cm, $\overline{BE}=\overline{BD}=4$ cm

$\overline{FC}=\overline{EC}=6$ cm $\therefore \overline{AC}=3+6=9(\text{cm})$

2 $\overline{AD}=\overline{AF}=4$ cm, $\overline{EC}=\overline{CF}=7$ cm

$\overline{BD}=\overline{BE}=11$ cm $\therefore \overline{BC}=11+7=18(\text{cm})$

3 $\overline{AD}=\overline{AF}=x$ cm라 하면

$\overline{BE}=\overline{BD}=(7-x)$ cm, $\overline{EC}=\overline{FC}=(5-x)$ cm

$\overline{BC}=\overline{BE}+\overline{EC}$이므로 $8=(7-x)+(5-x)$

$\therefore x=2(\text{cm})$

4 $\overline{CF}=\overline{CE}=x$ cm라 하면

$\overline{BD}=\overline{BE}=(13-x)$ cm, $\overline{AD}=\overline{AF}=(8-x)$ cm

$\overline{AB}=\overline{BD}+\overline{AD}$이므로 $9=(13-x)+(8-x)$

$\therefore x=6(\text{cm})$

5 $\angle ECI=\angle ICB=\angle EIC$(엇각)이므로 $\overline{EI}=\overline{EC}=6$ cm

$\angle DBI=\angle IBC=\angle DIB$이므로

$\overline{DB}=\overline{DI}=10-6=4(\text{cm})$

6 점 I와 점 B를 연결하고 점 I와 점 C를 연결하면

$\angle DBI=\angle IBC=\angle DIB$(엇각)이므로 $\overline{DI}=\overline{DB}=8$ cm

$\angle ECI=\angle ICB=\angle EIC$(엇각)이므로 $\overline{EI}=\overline{EC}=9$ cm

$\therefore \overline{DE}=8+9=17(\text{cm})$

7 $\overline{DB}=\overline{DI}$, $\overline{EC}=\overline{EI}$ $\therefore \overline{DE}=\overline{DB}+\overline{EC}$

$\therefore$ ($\triangle ADE$의 둘레의 길이)$=\overline{AB}+\overline{AC}=16(\text{cm})$

8 $\overline{DB}=\overline{DI}$, $\overline{EC}=\overline{EI}$ $\therefore \overline{DE}=\overline{DB}+\overline{EC}$

$\therefore$ ($\triangle ADE$의 둘레의 길이)$=\overline{AB}+\overline{AC}=10+10$

$=20(\text{cm})$

E 삼각형의 외심과 내심의 응용 37쪽

1 117°	2 136°	3 9°	4 15°
5 3.5 cm		6 8.5 cm	

7 외접원의 넓이 : 25π cm^2, 내접원의 넓이 : 4π cm^2

8 외접원의 넓이 : 100π cm^2, 내접원의 넓이 : 16π cm^2

1 점 O가 외심이므로 $\angle A=\frac{1}{2}\times 108°=54°$

점 I가 내심이므로 $\angle x=90°+\frac{1}{2}\times 54°=117°$

2 점 I가 내심이므로

$124°=90°+\frac{1}{2}\angle A$에서 $\angle A=68°$

점 O가 외심이므로 $\angle x=2\times 68°=136°$

3 $\angle ABC=\frac{1}{2}\times(180°-48°)=66°$

$\therefore \angle IBC=\frac{1}{2}\times\angle ABC=33°$

$\angle BOC=2\times 48°=96°$, $\angle OBC=\angle OCB$이므로

$\angle OBC=\frac{1}{2}\times(180°-96°)=42°$

$\therefore \angle x=\angle OBC-\angle IBC=42°-33°=9°$

4 $\angle ACB=\frac{1}{2}\times(180°-40°)=70°$

$\therefore \angle ICB=\frac{1}{2}\times\angle ACB=35°$

$\angle BOC=2\times 40°=80°$, $\angle OBC=\angle OCB$이므로

$\angle OCB=\frac{1}{2}\times(180°-80°)=50°$

$\therefore \angle x=\angle OCB-\angle ICB=50°-35°=15°$

5 외접원의 반지름의 길이는 빗변의 길이의 $\frac{1}{2}$이므로 2.5 cm

$\triangle ABC=\frac{1}{2}\times(3+4+5)\times$(내접원의 반지름의 길이)$=6$

$\therefore$ (내접원의 반지름의 길이)$=1$ cm

따라서 외접원과 내접원의 반지름의 길이의 합은 3.5 cm이다.

6 외접원의 반지름의 길이는 빗변의 길이의 $\frac{1}{2}$이므로 6.5 cm

$\triangle ABC=\frac{1}{2}\times(5+12+13)\times$(내접원의 반지름의 길이)

$=30$

$\therefore$ (내접원의 반지름의 길이)$=2$ cm

따라서 외접원과 내접원의 반지름의 길이의 합은 8.5 cm이다.

7 외접원의 반지름의 길이는 빗변의 길이의 $\frac{1}{2}$이므로 5 cm이고,

외접원의 넓이는 25π cm^2이다.

$\triangle ABC=\frac{1}{2}\times(6+8+10)\times$(내접원의 반지름의 길이)

$=24$

따라서 내접원의 반지름의 길이는 2 cm이고 내접원의 넓이는 4π cm^2이다.

8 외접원의 반지름의 길이는 빗변의 길이의 $\frac{1}{2}$이므로 10 cm이고,

외접원의 넓이는 100π cm^{2}이다.

$\triangle ABC=\frac{1}{2}\times(20+16+12)\times$(내접원의 반지름의 길이)

$=96$

따라서 내접원의 반지름의 길이는 4 cm이고 내접원의 넓이는 16π cm^{2}이다.

거저먹는 시험 문제 38쪽

1 ①, ③ 2 ③ 3 ④ 4 151°
5 11 cm 6 ②

1 ① 내심은 세 내각의 이등분선의 교점이다.
③ 내심에서 세 변에 이르는 거리는 같다.

2 $\angle x+\angle y+36°=90°$ $\therefore \angle x+\angle y=54°$

3 $\angle A=\frac{4}{9}\times180°=80°$

$\therefore \angle BIC=90°+\frac{1}{2}\times80°=130°$

4 $\angle BIC=90°+\frac{1}{2}\times64°=122°$

$\therefore \angle BI'C=90°+\frac{1}{2}\times122°=151°$

5 $\overline{AC}=x$ cm라 하면

$51=\frac{1}{2}\times(9+14+x)\times3$ $\therefore x=11$

6 $\angle BAC=\frac{1}{2}\times104°=52°$

$\angle ABC=\frac{1}{2}\times(180°-52°)=64°$

$\therefore \angle IBC=\frac{1}{2}\times\angle ABC=\frac{1}{2}\times64°=32°$

$\angle OBC=\angle OCB$이므로

$\angle OBC=\frac{1}{2}\times(180°-104°)=38°$

$\therefore \angle x=\angle OBC-\angle IBC==38°-32°=6°$

05 평행사변형의 뜻과 성질

A 평행사변형의 뜻 40쪽

1 $\angle x=75°$, $\angle y=58°$ 2 $\angle x=37°$, $\angle y=49°$
3 $\angle x=36°$, $\angle y=116°$ 4 $\angle x=48°$, $\angle y=80°$
5 $\angle x=69°$, $\angle y=39°$ 6 $\angle x=17°$, $\angle y=43°$
7 85° 8 73°

3 평행선에서 엇각의 크기는 같으므로 $\angle x=36°$

$28°+36°+\angle y=180°$ $\therefore \angle y=116°$

5 평행선에서 엇각의 크기는 같으므로 $\angle y=39°$, $\angle ACD=x$

$72°+\angle x+\angle y=180°$ $\therefore \angle x=69°$

7 $\angle BDC=\angle ABD=52°$, $\angle ACB=\angle DAC=43°$이므로

$\triangle DBC$에서 $52°+43°+\angle x+\angle y=180°$

$\therefore \angle x+\angle y=85°$

8 $\angle BDC=\angle ABD=33°$, $\angle DBC=\angle ADB=\angle y$이므로

$\triangle DBC$에서 $33°+74°+\angle x+\angle y=180°$

$\therefore \angle x+\angle y=73°$

B 평행사변형의 성질 41쪽

1 $x=9, y=6$ 2 $x=8, y=11$
3 $x=122, y=58$ 4 $x=65, y=115$
5 $x=75, y=42$ 6 $x=73, y=56$
7 $x=5, y=7$ 8 $x=6, y=9$

C 평행사변형의 대변의 성질 42쪽

1 5 cm 2 8 cm 3 4 cm 4 3 cm
5 5 cm 6 6 cm 7 2 cm 8 4 cm

1 $\angle CED=\angle ADE$ (엇각)이므로 $\triangle CDE$는 이등변삼각형이다.

$\therefore \overline{CE}=\overline{CD}=5$ cm

3 $\angle BEA=\angle DAE$ (엇각)이므로 $\overline{BE}=\overline{BA}=7$ cm

$\angle CFD=\angle ADF$ (엇각)이므로 $\overline{CF}=\overline{CD}=7$ cm

$\overline{BC}=\overline{AD}=10$ cm이므로 $\overline{FE}=4$ cm

5 $\angle CEB=\angle ABE$ (엇각)이므로 $\overline{CE}=\overline{CB}=9$ cm

$\overline{DC}=\overline{AB}=4$ cm이므로 $\overline{DE}=5$ cm

7 $\angle AEB=\angle CBE$ (엇각)이므로 $\overline{AB}=\overline{AE}=7$ cm

$\overline{AD}=\overline{BC}=9$ cm이므로 $\overline{ED}=2$ cm

D 평행사변형의 대각의 성질 43쪽

1 81° 2 77° 3 36° 4 52°
5 40° 6 28° 7 22 cm 8 17 cm

1 $\angle D+\angle C=180°$이므로 $\angle ADC=67°$

$\triangle AED$에서 $32°+67°+\angle x=180°$

$\therefore \angle x=81°$

3 $\angle A=\angle C=108°$이므로

$\angle BAF=\frac{1}{2}\times108°=54°$, $\angle ABF=36°$

$\angle B+\angle C=180°$이므로

$36°+\angle x+108°=180°$ $\therefore \angle x=36°$

5 $\angle D=\angle B=76°$, $\angle DAE=\angle CEA=32°$
$\therefore \angle DAC=64°$
$\triangle ACD$에서 $64°+76°+\angle x=180°$
$\therefore \angle x=40°$
7 $\overline{AO}=6.5$ cm, $\overline{BO}=7.5$ cm이므로 $\triangle ABO$의 둘레의 길이는 $8+6.5+7.5=22$(cm)

거저먹는 시험 문제 44쪽

1 ③	2 22 cm	3 16 cm	4 ②
5 50°	6 ④		

1 ③ $\overline{OA}=\overline{OC}$, $\overline{OB}=\overline{OD}$
2 $\angle BEA=\angle DAE$ (엇각)이므로 $\overline{BE}=\overline{BA}=14$ cm
$\overline{FE}=6$ cm이므로 $\overline{BF}=8$ cm
$\angle CFD=\angle ADF$ (엇각)이므로 $\overline{CF}=\overline{CD}=14$ cm
$\therefore \overline{AD}=\overline{BC}=8+14=22$(cm)
3 $\angle ABE=\angle FCE$ (엇각), $\angle AEB=\angle FEC$ (맞꼭지각), $\overline{BE}=\overline{CE}$
$\therefore \triangle ABE\equiv\triangle FCE$ (ASA 합동)
따라서 $\overline{CF}=\overline{BA}=8$ cm이므로 $\overline{DF}=16$ cm
4 $\angle A+\angle B=180°$이므로 $\angle A=180°\times\frac{5}{9}=100°$
6 ④ $\angle PAO=\angle QCO$

06 평행사변형이 되는 조건

A 평행사변형이 되는 조건 46쪽

1 ×	2 ○	3 ×	4 ○
5 ×	6 ×	7 ○	8 ○
9 ○	10 ×		

B 평행사변형이 되는 조건의 활용 1 47쪽

1 ⑤	2 ⑤	3 ④	4 ③
5 ①			

C 평행사변형이 되는 조건의 활용 2 48쪽

1 $\overline{DC}$, $\overline{FC}$, $\overline{DF}$　　2 $\angle FCE$, $\overline{FE}$
3 $\angle EBF$, $\angle EDF$, $\angle BFD$　　4 $\overline{QC}$, $\overline{FC}$, $\overline{RC}$, $\overline{EC}$

D 평행사변형과 넓이 49쪽

1 32 cm^2	2 48 cm^2	3 5 cm^2	4 14 cm^2
5 4 cm^2	6 8 cm^2	7 9 cm^2	8 44 cm^2

1 $\triangle DBC=\triangle ABC=8$ cm^2
$\therefore \square BFED=4\triangle BCD=32$(cm^2)
3 $\triangle PFE=\frac{1}{4}\square ABFE=\frac{1}{4}\times\frac{1}{2}\square ABCD=\frac{5}{2}$
$\therefore \square EPFQ=2\triangle PFE=5$(cm^2)
5 $\triangle AOE\equiv\triangle COF$이므로 색칠한 부분의 넓이는 $\triangle AOD$의 넓이와 같다.
$\therefore \triangle AOD=\frac{1}{4}\square ABCD=\frac{1}{4}\times16=4$(cm^2)
7 $\triangle PDA+\triangle PBC=\triangle PAB+\triangle PCD$이므로
$\triangle PDA+5=8+6$
$\therefore \triangle PDA=9$(cm^2)
8 $\triangle PDA+\triangle PBC=\triangle PAB+\triangle PCD$
$=12+10=22$(cm^2)
$\therefore \square ABCD=2\times(\triangle PAB+\triangle PCD)=44$(cm^2)

거저먹는 시험 문제 50쪽

1 ②, ⑤	2 ④	3 20 cm	4 ④
5 36 cm^2	6 17 cm^2		

2 $\square ABCD$는 평행사변형이므로
$\overline{AO}=\overline{CO}$, $\overline{BO}=\overline{DO}$
$\overline{AO}=\overline{CO}$에서 $\overline{PO}=\frac{1}{2}\overline{AO}=\frac{1}{2}\overline{CO}=\overline{RO}$
$\overline{BO}=\overline{DO}$에서 $\overline{QO}=\frac{1}{2}\overline{BO}=\frac{1}{2}\overline{DO}=\overline{SO}$
따라서 $\square PQRS$는 두 대각선이 서로 다른 것을 이등분하므로 평행사변형이다.
3 $\angle A=\angle C$이므로 $\frac{1}{2}\angle A=\frac{1}{2}\angle C$
$\therefore \angle FAE=\angle ECF$
$\angle AEB=\angle FAE$ (엇각), $\angle DFC=\angle FCE$ (엇각)
$\angle AEB=\angle DFC$
$\angle AEC=180°-\angle AEB=180°-\angle DFC=\angle CFA$
즉, $\square AECF$는 두 쌍의 대각의 크기가 같으므로 평행사변형이다.
$\triangle ABE$는 정삼각형이므로
$\overline{AE}=\overline{BE}=\overline{AB}=6$ cm, $\overline{EC}=4$ cm
따라서 $\square AECF$의 둘레의 길이는 20 cm이다.

4 $\overline{AO}=\frac{1}{2}\times18=9(cm)$
□AODE도 평행사변형이므로
$\overline{FO}=\frac{1}{2}\times10=5(cm)$, $\overline{AF}=\frac{1}{2}\times14=7(cm)$
따라서 △AOF의 둘레의 길이는
$9+5+7=21(cm)$

6 $\triangle PDA+\triangle PBC=\frac{1}{2}\square ABCD=41(cm^2)$
$\therefore \triangle PDA=17\ cm^2$

07 직사각형, 마름모

A 직사각형 52쪽

1 10	2 8	3 34	4 42
5 10	6 4	7 25°, 65°	8 58°, 32°

5 $2x+1=4x-3$ $\therefore x=2$
$\therefore \overline{BD}=\overline{AC}=10$

7 △OCD에서 $\overline{OD}=\overline{OC}$이므로 $\angle ODC=\angle y$
$50°+2\angle y=180°$ $\therefore \angle y=65°$
$\angle x=90°-\angle y=25°$

B 평행사변형이 직사각형이 되는 조건 53쪽

1 ○	2 ×	3 ×	4 ○
5 ○	6 ○	7 ×	8 ×
9 ○	10 ×	11 ○	12 ×

C 마름모 54쪽

1 4	2 2	3 $\angle x=52°$, $\angle y=90°$	
4 $\angle x=43°$, $\angle y=47°$		5 12	6 24
7 58°	8 75°		

3 마름모의 두 대각선은 수직이므로 $\angle y=90°$
$\angle x=90°-38°=52°$

4 마름모의 대각선은 꼭지각을 이등분하므로
$\angle x=43°$
$\angle y=\angle ADO=90°-43°=47°$

5 $\angle ABO=\angle CBO=30°$ $\therefore \angle ABC=60°$
또 $\overline{BA}=\overline{BC}$이므로 △ABC는 정삼각형이다.
$\therefore x=8, y=\frac{1}{2}\times8=4$ $\therefore x+y=12$

7 마름모의 대각선은 꼭지각을 이등분하므로
$\angle EDF=\frac{1}{2}\times(180°-116°)=32°$
$\therefore \angle x=\angle DFE=90°-32°=58°$

8 마름모의 대각선은 꼭지각을 이등분하므로
$\angle EDF=\frac{1}{2}\times(180°-150°)=15°$
$\therefore \angle x=\angle DFE=90°-15°=75°$

D 평행사변형이 마름모가 되는 조건 55쪽

1 ○	2 ○	3 ×	4 ×
5 ×	6 ○	7 ○	8 ×
9 ×	10 ○	11 ×	12 ○

거저먹는 시험 문제 56쪽

1 ③	2 60°	3 ⑤	4 ④
5 ①, ④, ⑤	6 7		

1 직사각형의 두 대각선의 길이는 같으므로
$\overline{AO}=\overline{BO}=5\ cm$
따라서 △ABO의 둘레의 길이는 16 cm이다.

2 $\angle BDE=\angle EDC=\angle x$라 하면
△DBE는 이등변삼각형이므로 $\angle DBE=\angle x$
$\therefore \angle DEC=2\angle x$
△DEC에서 $\angle EDC+\angle DEC=90°$
$3\angle x=90°$, $\angle x=30°$
$\therefore \angle DEC=2\angle x=60°$

4 $\angle ABO=\angle CBO=\angle y$이고
마름모의 두 대각선은 수직으로 만나므로
$\angle x+\angle y=90°$

5 $\angle ADB=\angle DBC$(엇각)$=\angle ABD$이므로
△ABD는 이등변삼각형이다.
$\therefore \overline{AB}=\overline{AD}$
따라서 □ABCD는 마름모이므로 사다리꼴, 평행사변형, 마름모가 될 수 있다.

6 $2x+3=5x-9$에서 $3x=12$ $\therefore x=4$
마름모는 이웃하는 두 변의 길이가 같으므로
$2x+3=3x-y$에서 $y=x-3$ $\therefore y=1$
$\therefore x+3y=7$

08 정사각형, 등변사다리꼴

A 정사각형 58쪽

1 $x=90,\ y=12$　　2 $x=14,\ y=45$
3 $50\ \text{cm}^2$　　4 $128\ \text{cm}^2$　　5 69°　　6 85°
7 31°　　8 37°

3 (정사각형의 넓이)$=\frac{1}{2}\times10\times10=50(\text{cm}^2)$

5 $\angle DCE=\angle DAE=24^\circ$
$\overline{BD}$가 정사각형의 대각선이므로 $\angle EDC=45^\circ$
$\triangle ECD$에서 외각의 성질을 이용하면
$\angle x=45^\circ+24^\circ=69^\circ$

6 $\angle DAE=\angle DCE=40^\circ$
$\overline{BD}$가 정사각형의 대각선이므로 $\angle ADE=45^\circ$
$\triangle AED$에서 외각의 성질을 이용하면
$\angle x=45^\circ+40^\circ=85^\circ$

7 $\angle AED=\angle ADE=76^\circ$이므로
$\angle EAD=180^\circ-2\times76^\circ=28^\circ$
$\angle EAB=90^\circ+28^\circ=118^\circ$
$\therefore \angle x=\frac{1}{2}(180^\circ-118^\circ)=31^\circ$

8 $\angle AED=\angle ADE=82^\circ$이므로
$\angle EAD=180^\circ-2\times82^\circ=16^\circ$
$\angle EAB=90^\circ+16^\circ=106^\circ$
$\therefore \angle x=\frac{1}{2}(180^\circ-106^\circ)=37^\circ$

B 정사각형이 되는 조건 59쪽

1 ×　　2 ×　　3 ○　　4 ○
5 ×　　6 ○　　7 ×　　8 ×
9 ×　　10 ○　　11 ○　　12 ×

1 $\angle AOB=90^\circ$
⇨ 평행사변형이 마름모가 되는 조건
$\overline{AB}=\overline{AD}$
⇨ 평행사변형이 마름모가 되는 조건
평행사변형이 직사각형이 되는 조건과 마름모가 되는 조건을 모두 만족해야 정사각형이 되는데 마름모가 되는 조건만 있으므로 정사각형이 되는 조건이 아니다.

3 $\angle ABC=90^\circ$
⇨ 평행사변형이 직사각형이 되는 조건
$\angle AOB=90^\circ$
⇨ 평행사변형이 마름모가 되는 조건
평행사변형이 직사각형이 되는 조건과 마름모가 되는 조건을 모두 만족하므로 정사각형이 된다.

5 $\overline{AB}=\overline{AD}$
⇨ 평행사변형이 마름모가 되는 조건
$\angle BAO=\angle DAO$
⇨ 평행사변형이 마름모가 되는 조건
평행사변형이 직사각형이 되는 조건과 마름모가 되는 조건을 모두 만족해야 정사각형이 되는데 마름모가 되는 조건만 있으므로 정사각형이 되는 조건이 아니다.

6 $\angle AOB=\angle AOD$이므로 $\angle AOB=90^\circ$
⇨ 평행사변형이 마름모가 되는 조건
$\overline{AO}=\overline{DO}$
⇨ 평행사변형이 직사각형이 되는 조건
평행사변형이 직사각형이 되는 조건과 마름모가 되는 조건을 모두 만족하므로 정사각형이 된다.

8 평행사변형이 마름모가 되는 조건만 만족했으므로 정사각형이 아니다.

9 평행사변형이 직사각형이 되는 조건만 만족했으므로 정사각형이 아니다.

10 두 대각선이 수직으로 만나는 직사각형은 마름모이면서 직사각형이므로 정사각형이 된다.

11 두 대각선의 길이가 같은 마름모는 마름모이면서 직사각형이므로 정사각형이 된다.

12 두 대각선이 서로 다른 것을 수직이등분하는 평행사변형은 마름모이므로 정사각형이 아니다.

C 등변사다리꼴 60쪽

1 7　　2 6　　3 49　　4 36
5 13　　6 20　　7 17　　8 22

3 $\angle DBC=75^\circ-26^\circ=49^\circ$　　$\therefore x=49$

5 점 A에서 $\overline{DC}$에 평행한 보조선을 그으면 $\triangle ABE$는 정삼각형이고 □AECD는 평행사변형이다.
$\therefore x=8+5=13$

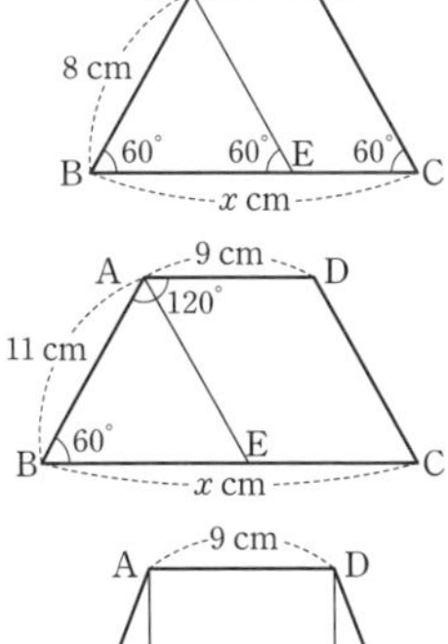

6 점 A에서 $\overline{DC}$에 평행한 보조선을 그으면 $\triangle ABE$는 정삼각형이고 □AECD는 평행사변형이다.
$\therefore x=11+9=20$

7 점 D에서 $\overline{BC}$에 수직인 보조선을 그으면 $\overline{FC}=\overline{BE}=4\ \text{cm}$, $\overline{EF}=\overline{AD}=9\ \text{cm}$이므로
$x=4+9+4=17$

D 여러 가지 사각형 1 61쪽

1 $90°, 90°$, 직사각형
2 ASA, $\overline{OF}$, $\overline{BF}$, 마름모
3 RHS, $\overline{CF}$, $\overline{BF}$, 평행사변형
4 $\overline{AF}$, $\overline{BE}$, 마름모

E 여러 가지 사각형 2 62쪽

1 SAS, $90°, 90°$, 정사각형
2 $\angle D$, $\angle DAQ$, $\overline{AD}$, 마름모
3 $\angle D$, $90°$, 직사각형
4 $\overline{QE}$, $90°$, 정사각형

거저먹는 시험 문제 63쪽

1 ④ 2 ① 3 $38°$ 4 ②
5 6 cm 6 40 cm

2 ① $\overline{AB}=\overline{BC}$, $\overline{BE}=\overline{CF}$, $\angle ABE=\angle BCF=90°$
$\therefore \triangle ABE \equiv \triangle BCF$(SAS 합동)
④ $\angle EAB+\angle AEB=90°$, $\angle EAB=\angle FBC$
$\therefore \angle FBC+\angle AEB=90°$
⑤ $\angle AGF=\angle BGE=90°$
3 $\angle ABC=\angle DCB=76°$이므로 $\angle DAB=104°$
$\therefore \angle ADB=\frac{1}{2}\times(180°-104°)=38°$
5 점 D에서 $\overline{BC}$에 수직인 보조선을 그으면 $\overline{EF}=8$ cm이므로

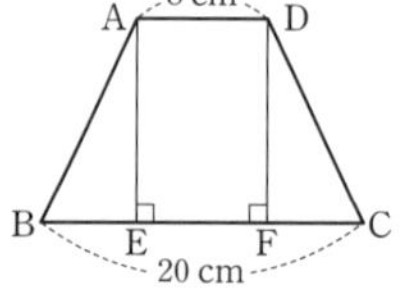

$\overline{BE}=\overline{CF}=\frac{1}{2}\times(20-8)$
$=6$(cm)
6 □FBED는 두 대각선이 수직인 평행사변형이므로 마름모이다. 따라서 둘레의 길이는 $10\times4=40$(cm)

09 여러 가지 사각형 사이의 관계

A 여러 가지 사각형 사이의 관계 65쪽

1 ㄷ 2 ㄹ 3 ㄱ 4 ㄴ
5 ㄴ 6 ㄱ 7 풀이 참조
8 (가)－ㄹ, (나)－ㄴ, (다)－ㄷ, (라)－ㄱ, (마)－ㅁ

7

	두 대각선이 서로를 이등분	두 대각선의 길이가 같음	두 대각선이 수직
사다리꼴	×	×	×
평행사변형	○	×	×
직사각형	○	○	×
마름모	○	×	○
정사각형	○	○	○

B 사각형의 각 변의 중점을 연결하여 만든 사각형 66쪽

1 마름모 2 정사각형 3 직사각형
4 평행사변형 5 20 cm 6 10 cm
7 24 cm^2 8 81 cm^2

5 □ABCD가 등변사다리꼴이므로 □EFGH는 마름모이다.
따라서 □EFGH의 둘레의 길이는 $5\times4=20$(cm)
6 □ABCD가 사각형이므로 □EFGH는 평행사변형이다.
따라서 □EFGH의 둘레의 길이는
$2\times(3+2)=10$(cm)
7 □ABCD가 직사각형이므로 □EFGH는 마름모이다.
$\therefore$ □EFGH$=\frac{1}{2}\times6\times8=24(cm^2)$
8 □ABCD가 정사각형이므로 □EFGH는 정사각형이다.
$\therefore$ □EFGH$=9\times9=81(cm^2)$

C 평행선과 삼각형의 넓이 67쪽

1 △ABC 2 15 cm^2 3 △ACD
4 △ACD, □ABCD 5 21 cm^2 6 25 cm^2
7 28 cm^2, 14 cm^2 8 42 cm^2

3 평행선에서 밑변의 길이가 같은 삼각형은 넓이가 같으므로 △ACE와 넓이가 같은 삼각형은 △ACD이다.
4 △ACE＝△ACD이므로
△ABE＝△ABC＋△ACE
＝△ABC＋△ACD
＝□ABCD
5 □ABCD＝△ABE＝$12+9=21(cm^2)$

D 높이가 같은 두 삼각형의 넓이 68쪽

1 15 cm^2 2 32 cm^2 3 21 cm^2 4 14 cm^2
5 12 cm^2 6 10 cm^2 7 ○ 8 ×
9 ○ 10 ○

1 $\triangle ABD=\frac{3}{5}\times 25=15(cm^2)$

3 $\triangle ADC=\frac{1}{2}\triangle ABC=\frac{1}{2}\times 56=28(cm^2)$

$\triangle AEC:\triangle EDC=1:3$이므로

$\triangle EDC=\frac{3}{4}\triangle ADC=\frac{3}{4}\times 28=21(cm^2)$

4 $\overline{BD}:\overline{DC}=1:2$이므로

$\triangle ADC=\frac{2}{3}\triangle ABC=\frac{2}{3}\times 63=42(cm^2)$

$\overline{AE}:\overline{EC}=2:1$이므로

$\triangle EDC=\frac{1}{3}\triangle ADC=\frac{1}{3}\times 42=14(cm^2)$

5 $\triangle ABE+\triangle ECD=\frac{1}{2}\square ABCD=\frac{1}{2}\times 42=21(cm^2)$

$\overline{AE}:\overline{ED}=4:3$이므로

$\triangle ABE=\frac{4}{7}\times 21=12(cm^2)$

6 $\triangle AFD=\frac{1}{2}\square ABCD=\frac{1}{2}\times 50=25(cm^2)$

$\overline{AE}:\overline{ED}=3:2$이므로

$\triangle EFD=\frac{2}{5}\times 25=10(cm^2)$

E 사다리꼴에서 높이가 같은 두 삼각형의 넓이 69쪽

1 $\triangle DBC$	2 $\triangle ACD$	3 $\triangle ABO$	4 24 cm^2
5 36 cm^2	6 20 cm^2	7 27 cm^2	8 36 cm^2
9 49 cm^2			

4 $\triangle DBC=\triangle ABC=8+16=24(cm^2)$

5 $\triangle DOC=\triangle ABO=12\ cm^2$

$\triangle OBC=\triangle DBC-\triangle DOC=48-12=36(cm^2)$

6 $\triangle ACD=\triangle ABD=32\ cm^2$

$\overline{AO}:\overline{OC}=3:5$이므로

$\triangle DOC=\frac{5}{8}\times 32=20(cm^2)$

7 $\triangle ACD=45\ cm^2$, $\overline{AO}:\overline{OC}=2:3$이므로

$\triangle DOC=\frac{3}{5}\times 45=27(cm^2)$

$\therefore \triangle ABO=\triangle DOC=27(cm^2)$

8 $\overline{AO}:\overline{OC}=1:2$이므로

$\triangle AOD:\triangle DOC=1:2$

$4:\triangle DOC=1:2$

$\therefore \triangle DOC=8\ cm^2$

$\triangle ABO=\triangle DOC=8\ cm^2$이므로

$\triangle ABO:\triangle OBC=1:2$

$8:\triangle OBC=1:2$ $\quad\therefore \triangle OBC=16\ cm^2$

$\therefore \square ABCD=4+8+8+16=36(cm^2)$

9 $\overline{AO}:\overline{OC}=3:4$이므로

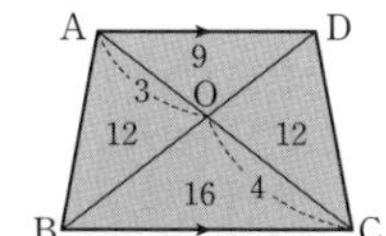

$\triangle AOD:\triangle DOC=3:4$

$9:\triangle DOC=3:4$

$\therefore \triangle DOC=12\ cm^2$

$\triangle ABO=\triangle DOC=12\ cm^2$이므로

$\triangle ABO:\triangle OBC=3:4$

$12:\triangle OBC=3:4$ $\quad\therefore \triangle OBC=16\ cm^2$

$\therefore \square ABCD=9+12+12+16=49(cm^2)$

거저먹는 시험 문제 70쪽

1 ㄷ, ㅁ, ㅂ	2 ②	3 36 cm^2	4 ④
5 ⑤	6 50 cm^2		

3 $\triangle DEC=\square ABCD=36\ cm^2$

4 ①, ③ 밑변이 $\overline{DF}$이고 $\overline{AB}/\!/\overline{CD}$이므로 높이가 같다.

①, ⑤ 밑변이 $\overline{BD}$이고 $\overline{BD}/\!/\overline{EF}$이므로 높이가 같다.

②, ⑤ 밑변이 $\overline{BE}$이고 $\overline{AD}/\!/\overline{BC}$이므로 높이가 같다.

5 $\overline{BP}:\overline{PD}=3:5$이므로 $\triangle ABP:\triangle APD=3:5$

$21:\triangle APD=3:5$ $\quad\therefore \triangle APD=35\ cm^2$

$\triangle PCD=\triangle APD=35\ cm^2$이므로

$\square APCD=70\ cm^2$

6 $\triangle DOC=\triangle ABO=12\ cm^2$

$\overline{AO}:\overline{OC}=2:3$이므로

$\triangle AOD:\triangle DOC=2:3$

$\triangle AOD:12=2:3$

$\therefore \triangle AOD=8\ cm^2$

$\triangle ABO:\triangle OBC=2:3$이므로

$12:\triangle OBC=2:3$ $\quad\therefore \triangle OBC=18\ cm^2$

$\therefore \square ABCD=8+12+12+18=50(cm^2)$

10 닮은 도형

A 닮은 도형 73쪽

1 점 E	2 $\overline{DF}$	3 $\overline{BC}$	4 점 H
5 $\overline{FG}$	6 점 C	7 ○	8 ○
9 ×	10 ×	11 ○	12 ×

B 평면도형에서 닮음의 성질 74쪽

1 2 : 1	2 5 cm	3 85°	4 2 : 3
5 60°	6 4 cm	7 8 cm	8 78°
9 135°	10 5 : 3	11 15 cm	12 45°

1 $\overline{BC}:\overline{EF}=8:4=2:1$
2 $\overline{AB}:\overline{DE}=2:1$이므로 $10:\overline{DE}=2:1$
$\overline{DE}=5$ cm
4 $\overline{BC}:\overline{EF}=8:12=2:3$
5 $\angle B=90^\circ-30^\circ=60^\circ$ $\therefore \angle E=\angle B=60^\circ$
6 $\overline{AB}:\overline{DE}=2:3$이므로 $\overline{AB}:6=2:3$
$\therefore \overline{AB}=4$ cm
7 $\overline{BC}:\overline{FG}=9:12=3:4$
$\overline{AD}:\overline{EH}=3:4$이므로 $6:\overline{EH}=3:4$
$\therefore \overline{EH}=8$ cm
10 $\overline{AD}:\overline{EH}=20:12=5:3$
11 $\overline{DC}:\overline{HG}=5:3$이므로 $25:\overline{HG}=5:3$
$\therefore \overline{HG}=15$ cm

C 평면도형에서 닮음비의 응용 75쪽

1 28 cm 2 66 cm 3 18 cm 4 27 cm
5 29 cm 6 18π cm

1 닮음비가 $2:1$이므로 $\overline{BC}:\overline{EF}=2:1$
$\overline{BC}:5=2:1$ $\therefore \overline{BC}=10$ cm
$\overline{AC}:\overline{DF}=2:1$, $\overline{AC}:3=2:1$ $\therefore \overline{AC}=6$ cm
따라서 $\triangle ABC$의 둘레의 길이는
$12+10+6=28$(cm)
3 닮음비가 $3:1$이므로 $\overline{AB}:\overline{EF}=3:1$
$12:\overline{EF}=3:1$ $\therefore \overline{EF}=4$ cm
$\overline{BC}:\overline{FG}=3:1$, $15:\overline{FG}=3:1$ $\therefore \overline{FG}=5$ cm
따라서 □EFGH의 둘레의 길이는
$6+4+5+3=18$(cm)
4 $\overline{BC}:\overline{EF}=6:8=3:4$이므로 닮음비가 $3:4$
$\overline{AC}:\overline{DF}=3:4$, $9:\overline{DF}=3:4$ $\therefore \overline{DF}=12$ cm
따라서 $\triangle DEF$의 둘레의 길이는
$12+8+7=27$(cm)
6 닮음비가 $2:3$이므로 $6:$(O′의 반지름의 길이)$=2:3$
(O′의 반지름의 길이)$=9$ cm
따라서 원 O′의 둘레의 길이는 18π cm이다.

D 입체도형에서 닮음비의 응용 76쪽

1 5 cm, 6 cm 2 6 cm, 6 cm
3 7 cm, 18 cm 4 6 cm
5 20π cm 6 30π cm

1 $\overline{EF}:\overline{E'F'}=4:8=1:2$이므로 닮음비가 $1:2$
$\overline{BE}:\overline{B'E'}=1:2$, $\overline{BE}:10=1:2$
$\therefore \overline{BE}=5$ cm
$\overline{DE}:\overline{D'E'}=1:2$, $3:\overline{D'E'}=1:2$
$\therefore \overline{D'E'}=6$ cm
3 $\overline{BC}:\overline{B'C'}=8:24=1:3$이므로 닮음비가 $1:3$
$\overline{CD}:\overline{C'D'}=1:3$, $\overline{CD}:21=1:3$
$\therefore \overline{CD}=7$ cm
$\overline{AB}:\overline{A'B'}=1:3$, $6:\overline{A'B'}=1:3$
$\therefore \overline{A'B'}=18$ cm
4 높이의 비가 닮음비이므로 $12:16=3:4$
(작은 원기둥의 반지름의 길이)$:8=3:4$
$\therefore$ (작은 원기둥의 반지름의 길이)$=6$ cm
5 두 원뿔의 닮음비는 $15:21=5:7$이므로
(작은 원뿔의 반지름의 길이)$:14=5:7$
$\therefore$ (작은 원뿔의 반지름의 길이)$=10$ cm
$\therefore$ (작은 원뿔의 밑면의 둘레의 길이)$=20\pi$ cm
6 두 원뿔의 닮음비는 $16:20=4:5$이므로
$12:$(큰 원뿔의 반지름의 길이)$=4:5$
$\therefore$ (큰 원뿔의 반지름의 길이)$=15$ cm
$\therefore$ (큰 원뿔의 둘레의 길이)$=30\pi$ cm

거저먹는 시험 문제 77쪽

1 ②, ⑤ 2 ①, ④ 3 ④ 4 110 cm
5 ② 6 8 cm

3 ④ $\angle D=360^\circ-(107^\circ+90^\circ+58^\circ)=105^\circ$
4 닮음비가 $3:5$이므로 $\overline{BC}:\overline{FG}=3:5$
$15:\overline{FG}=3:5$ $\therefore \overline{FG}=25$ cm
□EFGH가 평행사변형이므로 둘레의 길이는
$2\times(25+30)=110$(cm)
5 $\overline{FG}:\overline{NO}=9:6=3:2$이므로 닮음비가 $3:2$
$x:4=3:2$ $\therefore x=6$
$3:y=3:2$ $\therefore y=2$
$\therefore x+y=8$

11 삼각형의 닮음 조건

A 삼각형의 닮음 조건 79쪽

1 $\overline{DB}$, $\overline{BC}$, $\overline{DC}$, SSS 2 A, $\overline{AE}$, $\overline{AD}$, SAS
3 A, $\angle ADE$, AA 4 $\triangle JKL \backsim \triangle PQR$
5 $\triangle ABC \backsim \triangle NOM$ 6 $\triangle DEF \backsim \triangle HIG$

B 삼각형의 닮음 조건의 응용 - SAS 닮음 80쪽

1 10 2 20 3 10 4 6
5 20 6 4

1 $\overline{AE}:\overline{CE}=9:18=1:2$
$\overline{BE}:\overline{DE}=6:12=1:2$
$\angle AEB=\angle CED$(맞꼭지각)
$\therefore \triangle AEB \backsim \triangle CED$(SAS 닮음)
$x:20=1:2 \quad \therefore x=10$

3 $\overline{AE}:\overline{CE}=4:6=2:3$
$\overline{DE}:\overline{BE}=8:12=2:3$
$\angle AED=\angle CEB$(맞꼭지각)
$\therefore \triangle AED \backsim \triangle CEB$(SAS 닮음)
$x:15=2:3 \quad \therefore x=10$

5 $\overline{BC}:\overline{BD}=15:9=5:3$
$\overline{BA}:\overline{BC}=25:15=5:3$
$\angle B$는 공통
$\therefore \triangle ABC \backsim \triangle CBD$(SAS 닮음)
$x:12=5:3 \quad \therefore x=20$

6 $\overline{AB}:\overline{AE}=24:6=4:1$
$\overline{AC}:\overline{AD}=12:3=4:1$
$\angle A$는 공통
$\therefore \triangle ABC \backsim \triangle AED$(SAS 닮음)
$16:x=4:1 \quad \therefore x=4$

C 삼각형의 닮음 조건의 응용 - AA 닮음 81쪽

1 12 2 3 3 3 4 16
5 24 6 $\frac{24}{5}$

1 $\angle ABC=\angle AED$, $\angle A$는 공통이므로
$\triangle ABC \backsim \triangle AED$(AA 닮음)
$\overline{AB}:\overline{AE}=\overline{AC}:\overline{AD}$
$x:4=9:3,\ x:4=3:1 \quad \therefore x=12$

2 $\angle ABC=\angle AED$, $\angle A$는 공통이므로
$\triangle ABC \backsim \triangle AED$(AA 닮음)
$\overline{AB}:\overline{AE}=\overline{AC}:\overline{AD}$
$10:5=(5+x):4,\ 2:1=(5+x):4$
$5+x=8 \quad \therefore x=3$

3 $\angle ABC=\angle AED$, $\angle A$는 공통이므로
$\triangle ABC \backsim \triangle AED$(AA 닮음)
$\overline{AB}:\overline{AE}=\overline{AC}:\overline{AD}$
$(9+x):6=18:9,\ (9+x):6=2:1$
$9+x=12 \quad \therefore x=3$

4 $\angle ACB=\angle ABD$, $\angle A$는 공통이므로
$\triangle ABC \backsim \triangle ADB$(AA 닮음)
$\overline{AB}:\overline{AD}=\overline{AC}:\overline{AB}$
$12:9=x:12,\ 4:3=x:12$
$3x=48 \quad \therefore x=16$

5 $\angle ABC=\angle ACD$, $\angle A$는 공통이므로
$\triangle ABC \backsim \triangle ACD$(AA 닮음)
$\overline{AB}:\overline{AC}=\overline{AC}:\overline{AD}$
$(8+x):16=16:8,\ (8+x):16=2:1$
$8+x=32 \quad \therefore x=24$

6 $\angle BAC=\angle BCD$, $\angle B$는 공통이므로
$\triangle ABC \backsim \triangle CBD$(AA 닮음)
$\overline{AB}:\overline{CB}=\overline{BC}:\overline{BD}$
$(5+x):7=7:5$
$5(5+x)=49 \quad \therefore x=\frac{24}{5}$

D 삼각형의 닮음의 응용 82쪽

1 14 2 20 3 10 4 6
5 12 6 6 7 8 8 $\frac{36}{5}$

1 $\overline{AC} /\!/ \overline{DE}$이므로 $\angle BAC=\angle BED$, $\angle ACB=\angle EDB$
$\therefore \triangle ABC \backsim \triangle EBD$(AA 닮음)
$\overline{AB}:\overline{EB}=\overline{AC}:\overline{ED}$
$3:7=6:x \quad \therefore x=14$

3 $\overline{AD} /\!/ \overline{BC}$이므로 $\angle DAE=\angle BCE$, $\angle ADE=\angle CBE$
$\therefore \triangle AED \backsim \triangle CEB$(AA 닮음)
$\overline{AE}:\overline{CE}=\overline{DE}:\overline{BE}$
$9:15=6:x,\ 3:5=6:x \quad \therefore x=10$

5 $\overline{AB} /\!/ \overline{DE}$이므로 $\angle BAC=\angle DEA$
$\overline{AD} /\!/ \overline{BC}$이므로 $\angle BCA=\angle DAE$
$\therefore \triangle ABC \backsim \triangle EDA$(AA 닮음)
$\overline{AB}:\overline{ED}=\overline{BC}:\overline{DA}$
$15:9=20:x,\ 5:3=20:x \quad \therefore x=12$

7 □ABCD가 평행사변형이므로
$\overline{AB} /\!/ \overline{DC}$이므로 $\angle AFD=\angle CDE$
$\overline{AD} /\!/ \overline{BC}$이므로 $\angle ADF=\angle CED$
$\therefore \triangle AFD \backsim \triangle CDE$(AA 닮음)
$\overline{AF}:\overline{CD}=\overline{AD}:\overline{CE}$
$15:10=12:x,\ 3:2=12:x \quad \therefore x=8$

거저먹는 시험 문제 83쪽

1 ⑤ 2 ② 3 ③ 4 5
5 2

3 $\overline{BC}:\overline{BA}=18:12=3:2$
$\overline{BA}:\overline{BD}=12:8=3:2$
$\angle B$는 공통 $\therefore \triangle ABC \backsim \triangle DBA$(SAS 닮음)
$\overline{AC}:\overline{DA}=\overline{BC}:\overline{BA}$
$9:x=18:12$, $9:x=3:2$ $\therefore x=6$
4 $\angle ABC=\angle CAD$, $\angle C$는 공통이므로
$\therefore \triangle ABC \backsim \triangle DAC$(AA 닮음)
$\overline{BC}:\overline{AC}=\overline{AC}:\overline{DC}$
$(x+4):6=6:4$, $(x+4):6=3:2$
$2(4+x)=18$ $\therefore x=5$
5 $\overline{AB} /\!/ \overline{DE}$이므로 $\angle BAC=\angle DEA$
$\overline{AD} /\!/ \overline{BC}$이므로 $\angle BCA=\angle DAE$
$\therefore \triangle ABC \backsim \triangle EDA$(AA 닮음)
$\overline{BC}:\overline{DA}=\overline{AC}:\overline{EA}$
$5:4=(8+x):8$ $\therefore x=2$

12 직각삼각형에서 닮은 삼각형

A 직각삼각형에서 닮은 삼각형 찾기 85쪽

1 ○ 2 ○ 3 × 4 ○
5 ○ 6 × 7 ○ 8 ×
9 ○ 10 ○

B 직각삼각형의 닮음을 이용하여 변의 길이 구하기 86쪽

1 3 2 6 3 3 4 7
5 6 6 20 7 12 8 3

1 $\angle ABC=\angle DEC=90^\circ$, $\angle C$는 공통이므로
$\triangle ABC \backsim \triangle DEC$(AA 닮음)
$\overline{AC}:\overline{DC}=\overline{BC}:\overline{EC}$에서
$10:5=(5+x):4$, $2:1=(5+x):4$ $\therefore x=3$
2 $\angle BAC=\angle EDC=90^\circ$, $\angle C$는 공통이므로
$\triangle ABC \backsim \triangle DEC$(AA 닮음)
$\overline{AC}:\overline{DC}=\overline{BC}:\overline{EC}$
$(x+10):8=20:10$, $(x+10):8=2:1$ $\therefore x=6$
3 $\angle AEC=\angle ADB=90^\circ$, $\angle A$는 공통이므로
$\triangle AEC \backsim \triangle ADB$(AA 닮음)
$\overline{AE}:\overline{AD}=\overline{AC}:\overline{AB}$에서
$x:4=9:12$, $x:4=3:4$ $\therefore x=3$
4 $\angle AEC=\angle ADB=90^\circ$, $\angle A$는 공통이므로
$\triangle AEC \backsim \triangle ADB$(AA 닮음)
$\overline{AE}:\overline{AD}=\overline{AC}:\overline{AB}$에서
$4:(12-x)=12:15$, $4:(12-x)=4:5$ $\therefore x=7$
5 $\angle ADF=\angle EDB=90^\circ$, $\angle FAD=\angle BED$이므로
$\triangle ADF \backsim \triangle EDB$(AA 닮음)
$\overline{AF}:\overline{EB}=\overline{DF}:\overline{DB}$에서
$x:9=4:6$, $x:9=2:3$ $\therefore x=6$
6 $\angle ABC=\angle DEC=90^\circ$, $\angle C$는 공통이므로
$\triangle ABC \backsim \triangle DEC$(AA 닮음)
$\overline{AB}:\overline{DE}=\overline{AC}:\overline{DC}$에서
$x:16=25:20$, $x:16=5:4$ $\therefore x=20$
7 $\angle ABD+\angle BAD=90^\circ$, $\angle ABD+\angle CBE=90^\circ$
$\therefore \angle BAD=\angle CBE$
$\angle ADB=\angle BEC=90^\circ$이므로
$\triangle ABD \backsim \triangle BCE$(AA 닮음)
$\overline{AD}:\overline{BE}=\overline{BD}:\overline{CE}$에서
$9:15=x:20$, $3:5=x:20$ $\therefore x=12$
8 $\angle ABD+\angle BAD=90^\circ$, $\angle ABD+\angle CBE=90^\circ$
$\therefore \angle BAD=\angle CBE$
$\angle ADB=\angle BEC=90^\circ$이므로
$\triangle ABD \backsim \triangle BCE$(AA 닮음)
$\overline{AD}:\overline{BE}=\overline{BD}:\overline{CE}$에서
$10:5=6:x$, $2:1=6:x$ $\therefore x=3$

C 직각삼각형의 닮음의 응용 1 87쪽

1 $\triangle DBA$, $\triangle DAC$ 2 $\overline{BD}$, 10 3 $\overline{CB}$, 12
4 $\overline{DC}$, 6 5 3 6 8 7 16

5 $6^2=x\times 12$ $\therefore x=3$
6 $4^2=2\times x$ $\therefore x=8$
7 $8^2=4\times x$ $\therefore x=16$

D 직각삼각형의 닮음의 응용 2 88쪽

1 6 2 $\frac{9}{2}$ 3 $\frac{12}{5}$ 4 $\frac{24}{5}$
5 $x=15$, $y=16$ 6 $x=\frac{32}{3}$, $y=\frac{40}{3}$
7 45 cm^2 8 96 cm^2

1 $4^2=2\times(2+x)$ $\therefore x=6$
2 $10^2=8\times(8+x)$ $\therefore x=\frac{9}{2}$
3 $3\times 4=5\times x$ $\therefore x=\frac{12}{5}$
4 $8\times 6=10\times x$ $\therefore x=\frac{24}{5}$
5 $12^2=y\times 9$ $\therefore y=16$
$20\times x=12\times(y+9)$, $20x=300$ $\therefore x=15$

6 $8^2=6\times x$ $\therefore x=\frac{32}{3}$

$8\times(6+x)=10\times y$, $8\times\frac{50}{3}=10y$ $\therefore y=\frac{40}{3}$

7 $\overline{CD}^2=3\times12=36$ $\therefore \overline{CD}=6$

$\therefore \triangle ABC=\frac{1}{2}\times15\times6=45(cm^2)$

8 $20^2=16\times\overline{BA}$이므로 $\overline{BA}=25$ $\therefore \overline{DA}=9$

$\overline{CD}^2=\overline{DB}\times\overline{DA}$이므로 $\overline{CD}^2=16\times9$

$\overline{CD}^2=144$ $\therefore \overline{CD}=12(cm)$

$\therefore \triangle BCD=\frac{1}{2}\times16\times12=96(cm^2)$

E 접은 도형에서의 닮은 삼각형 89쪽

1 $\frac{28}{5}$ 2 $\frac{35}{2}$ 3 12 4 30

5 $\frac{15}{4}$ 6 $\frac{15}{2}$

1 △ABC는 정삼각형이므로 $\angle DBE=\angle ECF=60^\circ$

$\angle BED+\angle BDE=120^\circ$, $\angle BED+\angle CEF=120^\circ$

$\therefore \angle BDE=\angle CEF$

따라서 $\triangle DBE\backsim\triangle ECF$이고

$\overline{EF}=\overline{AF}=7$ cm, $\overline{FC}=5$ cm이므로

$\overline{DE}:\overline{EF}=\overline{BE}:\overline{CF}$

$x:7=4:5$ $\therefore x=\frac{28}{5}$

2 △ABC는 정삼각형이므로 $\angle DBE=\angle ECF=60^\circ$

$\angle BED+\angle BDE=120^\circ$, $\angle BED+\angle CEF=120^\circ$

$\therefore \angle BDE=\angle CEF$

따라서 $\triangle DBE\backsim\triangle ECF$이고 정삼각형의 한 변의 길이는

$16+14=30(cm)$

$\overline{EF}=\overline{AF}=x$ cm, $\overline{EC}=20$ cm

$\overline{DE}:\overline{EF}=\overline{DB}:\overline{EC}$이므로

$14:x=16:20$, $14:x=4:5$ $\therefore x=\frac{35}{2}$

3 $\angle EFC=90^\circ$이므로

$\angle AFE+\angle DFC=90^\circ$, $\angle AFE+\angle AEF=90^\circ$

$\therefore \angle DFC=\angle AEF$

$\angle EAF=\angle FDC=90^\circ$이므로

$\triangle AEF\backsim\triangle DFC$(AA 닮음)

$\overline{AE}:\overline{DF}=\overline{AF}:\overline{DC}$

$4:x=3:9$, $4:x=1:3$ $\therefore x=12$

4 $\angle BFE=90^\circ$이므로

$\angle AFB+\angle ABF=90^\circ$, $\angle AFB+\angle DFE=90^\circ$

$\therefore \angle ABF=\angle DFE$

$\angle BAF=\angle FDE=90^\circ$이므로

$\triangle ABF\backsim\triangle DFE$(AA 닮음)

$\overline{AB}:\overline{DF}=\overline{AF}:\overline{DE}$에서

$18:6=(x-6):8$, $3:1=(x-6):8$ $\therefore x=30$

5 $\angle DC'B=\angle EFB=90^\circ$, ∠B는 공통이므로

$\triangle C'BD\backsim\triangle FBE$(AA 닮음)

$\triangle ABE\equiv\triangle C'DE$(SAS 합동)이므로

△EBD는 이등변삼각형이다.

$\overline{C'B}:\overline{FB}=\overline{C'D}:\overline{FE}$에서

$8:5=6:x$ $\therefore x=\frac{15}{4}$

6 $\angle DC'B=\angle EFB=90^\circ$, ∠B는 공통이므로

$\triangle C'BD\backsim\triangle FBE$(AA 닮음)

$\triangle ABE\equiv\triangle C'DE$(SAS 합동)이므로

△EBD는 이등변삼각형이다.

$\overline{C'B}:\overline{FB}=\overline{C'D}:\overline{FE}$에서

$16:10=12:x$, $8:5=12:x$ $\therefore x=\frac{15}{2}$

거저먹는 시험 문제 90쪽

1 $\frac{15}{4}$ cm 2 2 cm 3 ② 4 ④

5 27 cm^2 6 45 cm

1 $\triangle ACB\backsim\triangle ADE$(AA 닮음)

$\overline{AC}:\overline{AD}=\overline{CB}:\overline{DE}$

$8:5=6:\overline{DE}$ $\therefore \overline{DE}=\frac{15}{4}(cm)$

2 $\triangle AEC\backsim\triangle ADB$(AA 닮음)

$\overline{AE}:\overline{AD}=\overline{AC}:\overline{AB}$

$3:4=\overline{AC}:8$ $\therefore \overline{AC}=6(cm)$

$\therefore \overline{DC}=6-4=2(cm)$

3 ② $c^2=xa$

4 $4^2=3\times x$ $\therefore x=\frac{16}{3}$

$5\times y=4\times(3+x)$ $\therefore y=\frac{20}{3}$

$\therefore x+y=\frac{16}{3}+\frac{20}{3}=12$

5 $6^2=\overline{BD}\times4$ $\therefore \overline{BD}=9(cm)$

$\therefore \triangle ABD=\frac{1}{2}\times9\times6=27(cm^2)$

6 $\overline{FC}=x$ cm로 놓으면 $\overline{DF}=(x-9)$cm

$\triangle AEF\backsim\triangle DFC$(AA 닮음)이므로

$\overline{AE}:\overline{DF}=\overline{AF}:\overline{DC}$

$12:(x-9)=9:27$, $12:(x-9)=1:3$

$\therefore x=45$

$\therefore \overline{FC}=45$ cm

13 삼각형에서 평행선과 선분의 길이의 비

A 삼각형에서 평행선과 선분의 길이의 비 1 - 꼭지각을 공유 92쪽

1 $\frac{8}{3}$　2 10　3 $\frac{9}{2}$　4 10
5 $\frac{12}{5}$　6 12　7 9　8 12

1 $4:6=x:4$, $2:3=x:4$　$\therefore x=\frac{8}{3}$
3 $6:x=4:3$　$\therefore x=\frac{9}{2}$
5 $8:x=10:3$　$\therefore x=\frac{12}{5}$
7 $2:3=6:x$　$\therefore x=9$
8 $6:8=9:x$, $3:4=9:x$　$\therefore x=12$

B 삼각형에서 평행선과 선분의 길이의 비 1 - 반대쪽에 위치 93쪽

1 12　2 $\frac{15}{2}$　3 15　4 30
5 8　6 $\frac{12}{5}$　7 5　8 21

1 $8:x=4:6$, $8:x=2:3$　$\therefore x=12$
2 $2:5=3:x$　$\therefore x=\frac{15}{2}$
3 $5:x=7:21$, $5:x=1:3$　$\therefore x=15$
4 $6:10=18:x$, $3:5=18:x$　$\therefore x=30$
5 $7:4=14:x$　$\therefore x=8$
6 $5:4=3:x$　$\therefore x=\frac{12}{5}$
7 $4:12=x:15$, $1:3=x:15$　$\therefore x=5$
8 $6:x=4:14$, $6:x=2:7$　$\therefore x=21$

C 삼각형에서 평행선과 선분의 길이의 비 1의 응용 94쪽

1 4　2 3　3 $\frac{9}{2}$　4 4
5 $x=3$, $y=\frac{9}{4}$　6 $x=12$, $y=8$
7 $x=8$, $y=2$　8 $x=9$, $y=\frac{9}{2}$

1 $x:5=8:10$, $x:5=4:5$　$\therefore x=4$
2 $15:(15+x)=10:12$, $15:(15+x)=5:6$　$\therefore x=3$
3 $4:10=3:(x+3)$, $2:5=3:(x+3)$　$\therefore x=\frac{9}{2}$
4 $5:15=x:(x+8)$, $1:3=x:(x+8)$　$\therefore x=4$
5 $2:4=1.5:x$, $1:2=1.5:x$　$\therefore x=3$
$3:4=y:x$, $3:4=y:3$　$\therefore y=\frac{9}{4}$
6 $6:18=4:x$, $1:3=4:x$　$\therefore x=12$
$12:18=y:x$, $2:3=y:12$　$\therefore y=8$
7 $3:12=2:x$, $1:4=2:x$　$\therefore x=8$
$x:y=12:3$, $8:y=4:1$　$\therefore y=2$
8 $6:2=x:3$, $3:1=x:3$　$\therefore x=9$
$3:6=y:x$, $1:2=y:9$　$\therefore y=\frac{9}{2}$

D 삼각형에서 평행선과 선분의 길이의 비 2 95쪽

1 ○　2 ×　3 ○　4 ×
5 ○　6 ○　7 ○　8 ×
9 ×

1 $4:6=3:4.5=2:3$이므로 $\overline{BC}/\!/\overline{DE}$
2 $8:4\neq5:3$이므로 $\overline{BC}$와 $\overline{DE}$는 평행하지 않는다.
5 $\overline{CF}:\overline{FA}=4.5:3=3:2$, $\overline{CE}:\overline{EB}=6:4=3:2$
$\therefore \overline{AB}/\!/\overline{FE}$
6 $\overline{AB}/\!/\overline{FE}$이므로 $\triangle ABC\backsim\triangle FEC$
7 $\overline{AD}:\overline{DB}=4:6=2:3$, $\overline{AF}:\overline{FC}=3:4.5=2:3$
$\therefore \overline{BC}/\!/\overline{DF}$
9 $6:4\neq4:6$이므로 $\overline{AC}$와 $\overline{DE}$는 평행하지 않는다.

거저먹는 시험 문제 96쪽

1 ②　2 12　3 ③
4 $x=2$, $y=\frac{15}{2}$　5 $\frac{5}{2}$ cm　6 ④

1 $x:15=14:21$, $x:15=2:3$　$\therefore x=10$
$15:(15-x)=18:y$, $15:5=18:y$　$\therefore y=6$
$\therefore x+y=10+6=16$
2 $30:12=20:x$, $5:2=20:x$　$\therefore x=8$
$18:30=12:y$, $3:5=12:y$　$\therefore y=20$
$\therefore y-x=20-8=12$
3 $4:\overline{AC}=6:12$, $4:\overline{AC}=1:2$　$\therefore \overline{AC}=8(\text{cm})$
$5:\overline{BC}=6:12$, $5:\overline{BC}=1:2$　$\therefore \overline{BC}=10(\text{cm})$
따라서 $\triangle ABC$의 둘레의 길이는
$12+8+10=30(\text{cm})$
4 $8:(8+x)=4:5$　$\therefore x=2$
$4:5=6:y$　$\therefore y=\frac{15}{2}$

5 $\overline{AE} /\!/ \overline{FG}$이므로 $4:6=\overline{FG}:5$ $\therefore \overline{FG}=\frac{10}{3}(cm)$

$\overline{BH} /\!/ \overline{DG}$이므로

$4:3=\overline{FG}:\overline{GH}$, $4:3=\frac{10}{3}:\overline{GH}$

$\therefore \overline{GH}=\frac{5}{2}(cm)$

6 ④ $4:8\neq 9:4.5$이므로 $\overline{AC}$와 $\overline{DE}$는 평행하지 않는다.

14 삼각형의 내각과 외각의 이등분선

A 삼각형의 내각의 이등분선 98쪽

1 2	2 3	3 8	4 4
5 2	6 3	7 8	8 2

1 $6:4=3:x$, $3:2=3:x$ $\therefore x=2$

3 $12:9=x:(14-x)$, $4:3=x:(14-x)$

$\therefore x=8$

5 $6:3=\overline{BE}:\overline{EC}$, $\overline{BE}:\overline{BC}=x:3$

$6:9=x:3$, $2:3=x:3$ $\therefore x=2$

6 $12:4=\overline{BE}:\overline{EC}$, $\overline{BE}:\overline{EC}=x:4$

$12:16=x:4$, $3:4=x:4$ $\therefore x=3$

7 $\overline{AD} /\!/ \overline{EC}$이므로 $\overline{BA}:\overline{AE}=5:4$

$\therefore \overline{BA}=18\times\frac{5}{9}=10$

$10:x=5:4$ $\therefore x=8$

8 $\overline{AD} /\!/ \overline{EC}$이므로 $\overline{BA}:\overline{AE}=3:1.5=2:1$

$\therefore \overline{BA}=6\times\frac{2}{3}=4$

$4:x=3:1.5$ $\therefore x=2$

B 삼각형의 내각의 이등분선을 이용하여 넓이 구하기 99쪽

1 14 cm^2	2 6 cm^2	3 12 cm^2	4 25 cm^2
5 $\frac{8}{3}$ cm^2	6 9 cm^2	7 3 cm	8 4 cm

1 $\overline{AB}:\overline{AC}=\overline{BD}:\overline{CD}=\triangle ABD:\triangle ADC=3:7$

$\therefore \triangle ADC=\frac{7}{10}\times 20=14(cm^2)$

3 $\overline{AB}:\overline{AC}=\overline{BD}:\overline{CD}=\triangle ABD:\triangle ADC=3:4$

$\therefore \triangle ABD=\frac{3}{7}\times 28=12(cm^2)$

5 $\triangle ABC=\frac{1}{2}\times 3\times 4=6(cm^2)$

$\overline{AB}:\overline{AC}=\overline{BD}:\overline{CD}=\triangle ABD:\triangle ADC=5:4$

$\therefore \triangle ADC=\frac{4}{9}\times 6=\frac{8}{3}(cm^2)$

7 $\overline{AB}:\overline{AC}=\overline{BD}:\overline{CD}=\triangle ABD:\triangle ADC=3:2$

$\triangle ABD=\frac{3}{5}\times 15=9(cm^2)$이므로

$\frac{1}{2}\times\overline{AB}\times\overline{DE}=\frac{1}{2}\times 6\times\overline{DE}=9$

$\therefore \overline{DE}=3(cm)$

8 $\overline{AB}:\overline{AC}=\overline{BD}:\overline{CD}=\triangle ABD:\triangle ADC=5:6$

$\triangle ADC=\frac{6}{11}\times 44=24(cm^2)$이므로

$\frac{1}{2}\times\overline{AC}\times\overline{DE}=\frac{1}{2}\times 12\times\overline{DE}=24$

$\therefore \overline{DE}=4(cm)$

C 삼각형의 외각의 이등분선 100쪽

1 6	2 14	3 9	4 4
5 10	6 10	7 6	8 12

1 $5:3=10:x$ $\therefore x=6$

3 $x:6=(8+4):8$ $\therefore x=9$

5 $6:5=(2+x):x$ $\therefore x=10$

7 $6:3=4:\overline{DC}$ $\therefore \overline{DC}=2(cm)$

$6:3=\overline{BE}:x$, $2:1=(6+x):x$ $\therefore x=6$

8 $10:6=5:\overline{DC}$ $\therefore \overline{DC}=3(cm)$

$10:6=\overline{BE}:x$, $5:3=(8+x):x$ $\therefore x=12$

D 평행선 사이의 선분의 길이의 비 101쪽

1 10	2 $\frac{10}{3}$	3 $\frac{9}{2}$	4 $\frac{16}{3}$
5 $\frac{25}{3}$	6 10	7 $x=20, y=12$	
8 $x=3, y=\frac{21}{2}$			

1 $4:8=5:x$, $1:2=5:x$ $\therefore x=10$

2 $3:9=x:10$, $1:3=x:10$ $\therefore x=\frac{10}{3}$

3 $(12-8):8=x:9$ $\therefore x=\frac{9}{2}$

4 $x:2=(5+3):3$ $\therefore x=\frac{16}{3}$

5 $5:x=6:10$ $\therefore x=\frac{25}{3}$

6 $9:15=6:x$, $3:5=6:x$ $\therefore x=10$

7 $18:24=15:x$, $3:4=15:x$ $\quad\therefore x=20$

$18:24=y:16$, $3:4=y:16$ $\quad\therefore y=12$

8 $x:7.5=4:10$, $x:7.5=2:5$ $\quad\therefore x=3$

$4:(4+10)=3:y$ $\quad\therefore y=\frac{21}{2}$

거저먹는 시험 문제 102쪽

1 ③	2 ③	3 4 : 3	4 ②
5 18 cm²	6 21		

2 ③ $\overline{BD}:\overline{DC}=\overline{BA}:\overline{AE}=4:6=2:3$

$\therefore \overline{DC}=3$ cm

④ $\overline{AB}:\overline{AC}=\overline{BD}:\overline{DC}=2:3$이므로 $\overline{AC}=6$ cm

3 $\triangle ABD:\triangle ADC=28:21=4:3$

$\therefore \triangle ABD:\triangle ADC=\overline{BD}:\overline{DC}=\overline{AB}:\overline{AC}=4:3$

5 $\overline{AC}:\overline{AB}=\overline{CD}:\overline{DB}=8:5$

$\overline{DB}:\overline{BC}=5:3$

$\triangle ADB:\triangle ABC=\overline{DB}:\overline{BC}=5:3$이므로

$30:\triangle ABC=5:3$

$\therefore \triangle ABC=18(\text{cm}^2)$

6 $3:x=2:10$ $\quad\therefore x=15$

$9:3=y:2$ $\quad\therefore y=6$

$\therefore x+y=21$

15 사다리꼴에서 평행선과 선분의 길이의 비

A 사다리꼴에서 평행선과 선분의 길이의 비 1 104쪽

1 4	2 $\frac{18}{5}$	3 32	4 11
5 $\frac{21}{2}$	6 16	7 6	8 10

1 $8:18=x:(17-8)$, $4:9=x:9$ $\quad\therefore x=4$

3 점 A를 지나 $\overline{DC}$에 평행한 보조선을 그으면

$6:21=(12-4):(x-4)$

$2:7=8:(x-4)$

$\therefore x=32$

5 점 A를 지나 $\overline{DC}$에 평행한 보조선을 그으면

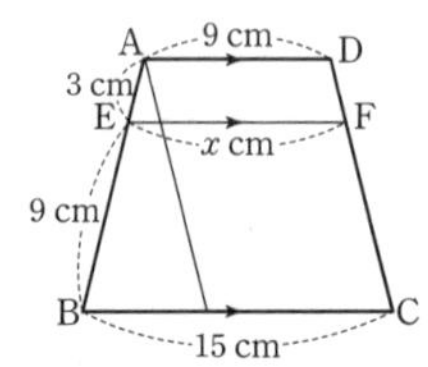

$3:12=(x-9):6$

$1:4=(x-9):6$

$\therefore x=\frac{21}{2}$

7 점 A를 지나 $\overline{DC}$에 평행한 보조선을 그으면

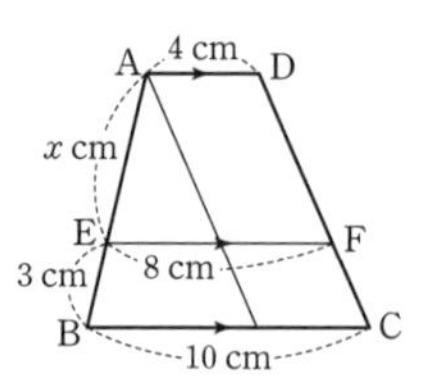

$x:(x+3)=(8-4):(10-4)$

$x:(x+3)=4:6$

$\therefore x=6$

B 사다리꼴에서 평행선과 선분의 길이의 비 2 105쪽

1 2	2 $\frac{15}{4}$	3 8	4 11
5 $x=3$, $y=3$		6 $x=3$, $y=12$	
7 $x=7$, $y=4$		8 $x=4$, $y=6$	

1 $\triangle CDA$에서 $\overline{CG}:\overline{GA}=2:5$이므로

$2:7=x:7$ $\quad\therefore x=2$

3 $\triangle ABC$에서 $6:9=\overline{EG}:9$ $\quad\therefore \overline{EG}=6(\text{cm})$

$\triangle CDA$에서 $3:9=\overline{GF}:6$ $\quad\therefore \overline{GF}=2(\text{cm})$

$\therefore x=\overline{EG}+\overline{GF}=8$

5 $\triangle ABC$에서 $2:6=x:9$ $\quad\therefore x=3$

$\triangle CDA$에서 $4:6=2:y$ $\quad\therefore y=3$

7 $\overline{AD}/\!/\overline{EF}/\!/\overline{BC}$이므로 $\overline{DG}:\overline{DB}=10:15=2:3$

$\overline{DG}:\overline{GB}=\overline{AE}:\overline{EB}=2:1$, $14:x=2:1$ $\quad\therefore x=7$

$1:3=y:12$ $\quad\therefore y=4$

8 $\overline{AD}/\!/\overline{EF}/\!/\overline{BC}$이므로 $2:x=5:10$ $\quad\therefore x=4$

$\triangle ABC$에서 $2:6=y:18$ $\quad\therefore y=6$

C 사다리꼴과 평행선의 응용 106쪽

1 $\frac{15}{4}$	2 $\frac{14}{3}$	3 12	4 9
5 15	6 13	7 5	8 6

1 $\overline{AO}:\overline{OC}=6:10=3:5$이므로

$3:8=x:10$ $\quad\therefore x=\frac{15}{4}$

2 $\overline{DO}:\overline{OB}=7:14=1:2$이므로

$1:3=x:14$ $\quad\therefore x=\frac{14}{3}$

3 $\overline{AO}:\overline{OC}=\overline{DO}:\overline{OB}=10:15=2:3$이므로

$2:5=\overline{EO}:15$ $\quad\therefore \overline{EO}=6(\text{cm})$

$2:5=\overline{OF}:15$ $\quad\therefore \overline{OF}=6(\text{cm})$

$\therefore x=\overline{EO}+\overline{OF}=12$

4 $\overline{AO}:\overline{OC}=\overline{DO}:\overline{OB}=6:18=1:3$이므로

$1:4=\overline{EO}:18$ $\quad\therefore \overline{EO}=\frac{9}{2}(\text{cm})$

$1:4=\overline{OF}:18$ $\quad\therefore \overline{OF}=\frac{9}{2}(\text{cm})$

$\therefore x=\overline{EO}+\overline{OF}=9$

5 △BDA에서 $4:12=\overline{EG}:9$, $1:3=\overline{EG}:9$
$\therefore \overline{EG}=3(cm)$
△ABC에서 $8:12=\overline{EH}:x$, $2:3=10:x$
$\therefore x=15$
6 △BDA에서 $6:15=\overline{EG}:12$, $2:5=\overline{EG}:12$
$\therefore \overline{EG}=\frac{24}{5}(cm)$
△ABC에서 $9:15=\left(3+\frac{24}{5}\right):x$, $3:5=\frac{39}{5}:x$
$\therefore x=13$
7 △BDA에서 $5:15=\overline{EG}:9$, $1:3=\overline{EG}:9$
$\therefore \overline{EG}=3$
△ABC에서 $10:15=(3+x):12$
$2:3=(3+x):12$ $\therefore x=5$
8 △BDA에서 $9:21=\overline{EG}:14$, $3:7=\overline{EG}:14$
$\therefore \overline{EG}=6(cm)$
△ABC에서 $12:21=(6+x):21$, $4:7=(6+x):21$
$\therefore x=6$

D 평행선과 선분의 길이의 비의 응용 107쪽

1 3 : 7	2 10 : 7	3 3 : 10	4 $\frac{24}{5}$
5 $\frac{15}{4}$	6 7	7 16	8 $\frac{15}{2}$
9 10			

4 $\overline{CE}:\overline{CA}=x:12$, $2:5=x:12$ $\therefore x=\frac{24}{5}$
5 $\overline{CE}:\overline{CA}=x:6$, $5:8=x:6$ $\therefore x=\frac{15}{4}$
6 $\overline{BE}:\overline{BD}=x:21$, $1:3=x:21$ $\therefore x=7$
7 $\overline{BE}:\overline{BD}=x:36$, $4:9=x:36$ $\therefore x=16$
8 $\overline{CF}:\overline{CB}=5:15=1:3$
$\therefore \overline{BF}:\overline{BC}=2:3$
$\overline{BF}:\overline{BC}=5:x$이므로 $2:3=5:x$
$\therefore x=\frac{15}{2}$
9 $\overline{BF}:\overline{BC}=6:15=2:5$
$\overline{CF}:\overline{CB}=3:5$
$\overline{CF}:\overline{CB}=6:x$이므로 $3:5=6:x$
$\therefore x=10$

거저먹는 시험 문제 108쪽

1 $x=\frac{3}{2}$, $y=5$	2 ②	3 $x=6$, $y=8$
4 24 cm	5 $x=6$, $y=9$	6 ④

1 $y=5$, $3:5=x:\left(\frac{15}{2}-5\right)$ $\therefore x=\frac{3}{2}$
2 점 A를 지나 $\overline{DC}$에 평행한 보조선을 긋고 $\overline{AD}=x$ cm라 하면
$2:3=(10-x):(12-x)$
$\therefore x=6$

A D E F B C x cm 10 cm 12 cm

3 $\overline{AD}/\!/\overline{EF}/\!/\overline{BC}$이므로 $4:x=8:12$
$\therefore x=6$
△ABC에서 $4:(4+x)=y:20$, $4:10=y:20$
$\therefore y=8$
4 $\overline{AO}:\overline{OC}=\overline{DO}:\overline{OB}=20:30=2:3$이므로
$2:5=\overline{EO}:30$ $\therefore \overline{EO}=12(cm)$
$2:5=\overline{OF}:30$ $\therefore \overline{OF}=12(cm)$
$\therefore \overline{EF}=12+12=24(cm)$
5 △BDA에서 $x:(x+12)=3:9$
$\therefore x=6$
△ABC에서 $12:(12+x)=(3+y):18$
$12:18=(3+y):18$
$2:3=(3+y):18$
$\therefore y=9$
6 $\overline{BE}:\overline{ED}=9:x$이므로 $\overline{BE}:\overline{BD}=9:(9+x)$
$9:(9+x)=4:x$
$\therefore x=7.2$

16 삼각형의 두 변의 중점을 연결한 선분의 성질

A 삼각형의 두 변의 중점을 연결한 선분의 성질 110쪽

1 7	2 10	3 3	4 4
5 4	6 6	7 10	8 12

1 $x=\frac{1}{2}\times14=7$
2 $x=2\times5=10$
3 $\frac{1}{2}\times18=x+6$ $\therefore x=3$
5 $x=\frac{1}{2}\times8=4$

B 삼각형의 두 변의 중점을 연결한 선분의 성질의 응용 1 111쪽

1 3	2 4	3 7	4 5
5 4	6 9	7 14 cm	8 22 cm

1 $\overline{MN}=\overline{PQ}$이므로 $5=x+2$ $\therefore x=3$
2 $\overline{MN}=\overline{PQ}$이므로 $x+2=6$ $\therefore x=4$
3 $7+x=14$ $\therefore x=7$
4 $5+x=2x$ $\therefore x=5$
5 등변사다리꼴이므로 $\overline{AB}=\overline{DC}$
$\frac{1}{2}\times\overline{AB}=\frac{1}{2}\times\overline{DC}$이므로 $\overline{PN}=\overline{MP}$ $\therefore x=4$
7 ($\triangle$DEF의 둘레의 길이)$=\frac{1}{2}\times$($\triangle$ABC의 둘레의 길이)
$=\frac{1}{2}\times(7+9+12)=14(\text{cm})$

C 삼각형의 두 변의 중점을 연결한 선분의 성질의 응용 2
112쪽

1 18 cm	2 30 cm	3 15 cm^2	4 60 cm^2
5 7	6 6	7 4	8 18

1 $\overline{EH}=\overline{FG}=\frac{1}{2}\times10=5(\text{cm})$,
$\overline{EF}=\overline{HG}=\frac{1}{2}\times8=4(\text{cm})$
따라서 □EFGH의 둘레의 길이는 18 cm이다.
2 $\overline{EH}=\overline{FG}=\frac{1}{2}\times17=8.5(\text{cm})$
$\overline{EF}=\overline{HG}=\frac{1}{2}\times13=6.5(\text{cm})$
따라서 □EFGH의 둘레의 길이는 30 cm이다.
3 $\overline{EH}=\frac{1}{2}\times10=5(\text{cm})$, $\overline{EF}=\frac{1}{2}\times6=3(\text{cm})$
$\therefore$ □EFGH$=5\times3=15(\text{cm}^2)$
4 $\overline{EH}=\frac{1}{2}\times12=6(\text{cm})$, $\overline{EF}=\frac{1}{2}\times20=10(\text{cm})$
$\therefore$ □EFGH$=6\times10=60(\text{cm}^2)$
5 $x=\frac{1}{2}\times(4+10)=7$
6 $x=\frac{1}{2}\times(5+7)=6$
7 $x=\overline{MQ}-\overline{MP}=7-3=4$
8 $\overline{MP}=6$이므로 $\overline{MQ}=9$ $\therefore x=2\times9=18$

D 삼각형의 두 변의 중점을 연결한 선분의 성질의 응용 3
113쪽

1 3	2 8	3 4	4 6
5 15	6 21	7 3	8 4

1 점 D를 지나 $\overline{BC}$에 평행한 보조선을 그으면 $\triangle$DFG$\equiv\triangle$EFC이므로
$\overline{DG}=x$ cm
$\therefore x=3$

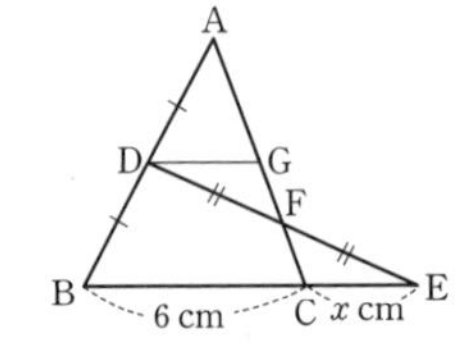

2 점 D를 지나 $\overline{BC}$에 평행한 보조선을 그으면 $\triangle$DFG$\equiv\triangle$EFC이므로
$\overline{GF}=\overline{CF}=2$ cm $\therefore \overline{AG}=4$ cm
$\therefore x=2\times4=8$

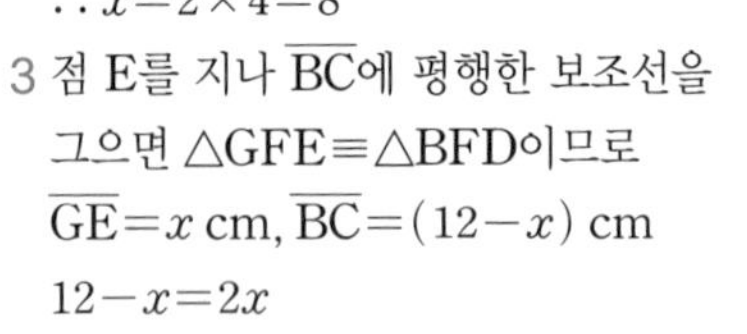

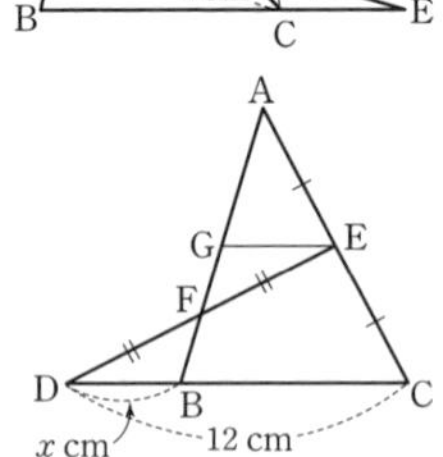

3 점 E를 지나 $\overline{BC}$에 평행한 보조선을 그으면 $\triangle$GFE$\equiv\triangle$BFD이므로
$\overline{GE}=x$ cm, $\overline{BC}=(12-x)$ cm
$12-x=2x$
$\therefore x=4$
5 $\triangle$CED에서 $\overline{DE}=2\times5=10(\text{cm})$
$\triangle$ABF에서 $\overline{BF}=2\times\overline{DE}=20(\text{cm})$ $\therefore x=15$
6 $\triangle$BDE에서 $\overline{ED}=2\times7=14(\text{cm})$
$\triangle$AFC에서 $\overline{FC}=2\times\overline{ED}=28(\text{cm})$ $\therefore x=21$
7 $\triangle$BCE에서 $\overline{FD}=\frac{1}{2}\times12=6(\text{cm})$
$\triangle$AFD에서 $\overline{EG}=\frac{1}{2}\times6=3(\text{cm})$ $\therefore x=3$
8 $\triangle$AEC에서 $\overline{DF}=\frac{1}{2}\times16=8(\text{cm})$
$\triangle$BFD에서 $\overline{GE}=\frac{1}{2}\times8=4(\text{cm})$ $\therefore x=4$

거저먹는 시험 문제
114쪽

1 20 cm	2 9 cm	3 ②	4 ①
5 ③	6 15 cm		

1 ($\triangle$DEF의 둘레의 길이)$=\frac{1}{2}\times(12+13+15)=20(\text{cm})$
2 $\overline{AD}=5$ cm, $\overline{BC}=8$ cm이므로 $\overline{FC}=4$ cm
$\therefore \overline{AD}+\overline{FC}=9(\text{cm})$
3 $\overline{PQ}=\overline{MN}=9$ cm
$\therefore \overline{PR}=\overline{PQ}-\overline{RQ}=3$ cm
4 $\overline{MN}=6$ cm, $\overline{ME}=7$ cm
$\therefore x=\overline{ME}-\overline{MN}=1$
5 $\overline{GF}=4$ cm, $\overline{BF}=2\times\overline{DE}=16(\text{cm})$
$x+4=16$ $\therefore x=12$
6 점 D를 지나 $\overline{BE}$에 평행한 보조선을 그으면
$\triangle$ABE에서 $\overline{DG}=10$ cm,
$\triangle$CGD에서 $\overline{FE}=5$ cm
$\therefore \overline{BF}=15$ cm

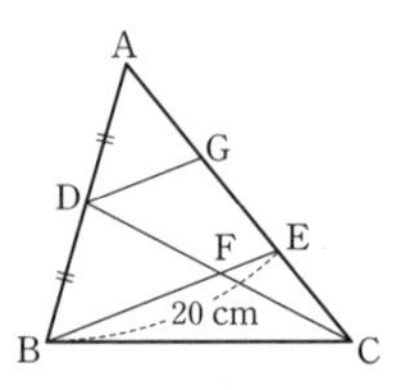

17 삼각형의 무게중심

A 삼각형의 무게중심 116쪽

1 $x=4, y=3$　2 $x=7, y=5$
3 8　4 18　5 2　6 4
7 12　8 36

1 $x:2=2:1$　$\therefore x=4$
$6:y=2:1$　$\therefore y=3$

2 $x=\frac{1}{2}\times 14=7$
$10:y=2:1$　$\therefore y=5$

3 $\triangle$ABC가 직각삼각형이므로
$\overline{BD}=\overline{CD}=\overline{AD}=12$ cm
$\therefore x=12\times\frac{2}{3}=8$

4 $\overline{DG}=3$ cm이므로 $\overline{DC}=9$ cm
$\therefore x=2\times 9=18$

5 $\triangle$ABC에서 $\overline{AG}:\overline{GD}=2:1$이므로 $\overline{GD}=3$ cm
$\triangle$GBC에서 $\overline{GG'}:\overline{G'D}=2:1$이므로 $\overline{GG'}=2$ cm
$\therefore x=2$

7 $\overline{GG'}=4$ cm이므로 $\overline{G'D}=2$ cm, $\overline{GD}=6$ cm
$\therefore x=2\times 6=12$

8 $\overline{G'D}=4$ cm이므로 $\overline{GG'}=8$ cm, $\overline{GD}=12$ cm
$\overline{AG}=24$ cm　$\therefore x=24+12=36$

B 삼각형의 무게중심의 응용 117쪽

1 8　2 6　3 6　4 12
5 2　6 $\frac{3}{2}$　7 21　8 6

1 $\overline{AD}=2\overline{EF}=12$ cm, $\overline{AG}:\overline{GD}=2:1$
$\therefore x=12\times\frac{2}{3}=8$

2 $\overline{BG}:\overline{BE}=4:x$, $2:3=4:x$　$\therefore x=6$

3 $\overline{AG}:\overline{AD}=x:9$, $2:3=x:9$　$\therefore x=6$

4 $\overline{AG}:\overline{AD}=8:x$, $2:3=8:x$　$\therefore x=12$

5 $\overline{GD}=12\times\frac{1}{3}=4(\text{cm})$, $\overline{FD}=12\times\frac{1}{2}=6(\text{cm})$
$\therefore x=\overline{FD}-\overline{GD}=2(\text{cm})$

6 $\overline{GD}=9\times\frac{1}{3}=3(\text{cm})$, $\overline{FD}=9\times\frac{1}{2}=\frac{9}{2}(\text{cm})$
$\therefore x=\overline{FD}-\overline{GD}=\frac{3}{2}(\text{cm})$

7 $2:3=7:\overline{EF}$　$\therefore \overline{EF}=\frac{21}{2}(\text{cm})$
$\therefore x=\frac{21}{2}\times 2=21$

8 $2:3=x:9$　$\therefore x=6$

C 삼각형의 무게중심과 넓이 118쪽

1 12 cm^2　2 8 cm^2　3 4 cm^2　4 8 cm^2
5 12 cm^2　6 15 cm^2　7 18 cm^2　8 12 cm^2

1 $\triangle\text{ADC}=\frac{1}{2}\times 24=12(\text{cm}^2)$

2 $\triangle\text{AGC}=\frac{1}{3}\times 24=8(\text{cm}^2)$

3 $\triangle\text{GBD}=\frac{1}{6}\times 24=4(\text{cm}^2)$

4 $\square\text{GDCE}=2\triangle\text{GDC}=2\times\frac{1}{6}\triangle\text{ABC}=8(\text{cm}^2)$

5 $\triangle\text{ABC}=3\square\text{AFGE}=12(\text{cm}^2)$

6 $\triangle\text{ABC}=3\triangle\text{GBC}=15(\text{cm}^2)$

7 (색칠한 부분의 넓이)$=\frac{2}{3}\triangle\text{ABC}=\frac{2}{3}\times 27=18(\text{cm}^2)$

8 (색칠한 부분의 넓이)$=\frac{1}{3}\triangle\text{ABC}=\frac{1}{3}\times 36=12(\text{cm}^2)$

D 삼각형의 무게중심과 넓이의 응용 119쪽

1 2 cm^2　2 4 cm^2　3 18 cm^2　4 27 cm^2
5 1 cm^2　6 4 cm^2　7 5 cm^2　8 4 cm^2

1 $\triangle\text{GBG}'=\frac{1}{3}\triangle\text{GBC}=\frac{1}{3}\times\frac{1}{3}\triangle\text{ABC}=2(\text{cm}^2)$

2 $\triangle\text{GG}'\text{C}=\frac{1}{3}\triangle\text{GBC}=\frac{1}{3}\times\frac{1}{3}\triangle\text{ABC}=4(\text{cm}^2)$

3 $\triangle\text{ABC}=3\triangle\text{GBC}=3\times 3\triangle\text{G}'\text{BC}=18(\text{cm}^2)$

4 $\triangle\text{ABC}=3\triangle\text{GBC}=3\times 3\triangle\text{G}'\text{BC}=27(\text{cm}^2)$

5 $\triangle\text{EDC}=\frac{1}{2}\triangle\text{GDC}=\frac{1}{2}\times\frac{1}{6}\triangle\text{ABC}=1(\text{cm}^2)$

6 $\triangle\text{AEC}=\frac{1}{2}\triangle\text{AGC}=\frac{1}{2}\times\frac{1}{3}\triangle\text{ABC}=4(\text{cm}^2)$

7 $\overline{BG}:\overline{GE}=2:1$이므로
$\triangle\text{DGE}=\frac{1}{3}\triangle\text{DBE}=\frac{1}{3}\times\frac{1}{2}\triangle\text{ABE}$
$=\frac{1}{3}\times\frac{1}{2}\times\frac{1}{2}\triangle\text{ABC}=5(\text{cm}^2)$

8 $\overline{BG}:\overline{GE}=2:1$이므로
$\triangle\text{EGD}=\frac{1}{3}\triangle\text{EBD}=\frac{1}{3}\times\frac{1}{2}\triangle\text{EBC}$
$=\frac{1}{3}\times\frac{1}{2}\times\frac{1}{2}\triangle\text{ABC}=4(\text{cm}^2)$

E 평행사변형에서 삼각형의 무게중심의 응용 120쪽

1 3　2 8　3 6　4 5
5 9　6 15　7 3 cm^2　8 8 cm^2

1 $\overline{DO}=\overline{BO}=9$ cm, $\overline{DP}:\overline{PO}=2:1$
$\therefore x=\frac{1}{3}\times 9=3$
2 $\overline{BO}=\overline{DO}=12$ cm, $\overline{BP}:\overline{PO}=2:1$
$\therefore x=\frac{2}{3}\times 12=8$
3 $\overline{BP}=\overline{PQ}=\overline{QD}=2$ cm이므로 $x=6$
4 $\overline{BP}=\overline{PQ}=\overline{QD}=x$ cm
$\therefore x=\frac{1}{3}\times 15=5$
5 $\overline{AP}:\overline{AM}=6:x$, $2:3=6:x$　$\therefore x=9$
6 $\overline{AP}:\overline{AM}=10:x$, $2:3=10:x$　$\therefore x=15$
7 $\triangle APO=\frac{1}{6}\triangle ABC=\frac{1}{6}\times\frac{1}{2}\square ABCD=3(cm^2)$
8 $\triangle APQ=\frac{1}{3}\triangle ABD=\frac{1}{3}\times\frac{1}{2}\square ABCD=8(cm^2)$

거저먹는 시험 문제 121쪽

1 ④　2 36 cm　3 2　4 ①
5 ⑤　6 36 cm^2

1 $\overline{AD}$가 중선이므로 $y=\frac{1}{2}\times 18=9$
$\overline{AG}:\overline{GD}=2:1$이므로 $x=9$
$\therefore x+y=18$
2 $\triangle AGC$에서 $\overline{GG'}:\overline{G'D}=2:1$이므로 $\overline{GD}=12$ cm
$\triangle ABC$에서 $\overline{BG}:\overline{GD}=2:1$이므로 $\overline{BD}=36$ cm
3 $\overline{BG}:\overline{GE}=2:1$이므로 $x=4$
$\triangle BCE$에서 점 D는 $\overline{BC}$의 중점이고 $\overline{BE}/\!/\overline{DF}$이므로
$y=\frac{1}{2}\times\overline{BE}=\frac{1}{2}\times 12=6$
$\therefore y-x=2$
4 $\triangle G'BC=\frac{1}{3}\triangle GBC=\frac{1}{3}\times\frac{1}{3}\triangle ABC$
$=\frac{1}{9}\times 45=5(cm^2)$
5 $\overline{PO}=7$ cm이므로 $\overline{AP}=14$ cm　$\therefore \overline{AO}=21$ cm
$\therefore \overline{AC}=2\overline{AO}=2\times 21=42(cm)$
6 점 F가 $\triangle ABC$의 무게중심이므로
$\triangle ABC=3\square OFEC=18(cm^2)$
$\therefore \square ABCD=2\triangle ABC=36(cm^2)$

18 닮은 도형의 넓이와 부피

A 닮은 두 평면도형의 넓이의 비 1 123쪽

1 1 : 2　2 1 : 4　3 2 : 3　4 4 : 9
5 3 cm^2　6 9 cm^2　7 32 cm^2　8 50 cm^2

1 $\triangle ABC$와 $\triangle DEF$의 닮음비는 $4:8=1:2$
2 $\triangle ABC$와 $\triangle DEF$의 넓이의 비는 $1^2:2^2=1:4$
3 $\square ABCD$와 $\square A'B'C'D'$의 둘레의 길이의 비는 닮음비와 같으므로 $6:9=2:3$
4 $\square ABCD$와 $\square A'B'C'D'$의 넓이의 비는
$2^2:3^2=4:9$
5 $\overline{AD}:\overline{AB}=1:2$　$\therefore \triangle ADE:\triangle ABC=1^2:2^2=1:4$
$\triangle ADE:12=1:4$　$\therefore \triangle ADE=3(cm^2)$
6 $\overline{CD}:\overline{CA}=1:2$　$\therefore \triangle DEC:\triangle ABC=1^2:2^2=1:4$
$\triangle DEC:36=1:4$　$\therefore \triangle DEC=9(cm^2)$
7 $\overline{AD}:\overline{BC}=6:8=3:4$
$\therefore \triangle AOD:\triangle OBC=3^2:4^2=9:16$
$18:\triangle OBC=9:16$　$\therefore \triangle OBC=32(cm^2)$

B 닮은 두 평면도형의 넓이의 비 2 124쪽

1 4 cm^2　2 18 cm^2　3 9, 16　4 25, 16
5 14 cm^2　6 15 cm^2　7 24 cm^2　8 5 cm^2

1 $\angle ABC=\angle EDC$, $\angle C$가 공통이므로
$\triangle ABC\backsim\triangle EDC$이고 닮음비는 $8:4=2:1$이다.
$\triangle ABC:\triangle EDC=4:1$, $16:\triangle EDC=4:1$
$\therefore \triangle EDC=4(cm^2)$
2 $\angle ABC=\angle ADE$, $\angle A$가 공통이므로
$\triangle ABC\backsim\triangle ADE$이고 닮음비는 $10:6=5:3$이다.
$\triangle ABC:\triangle ADE=25:9$, $50:\triangle ADE=25:9$
$\therefore \triangle ADE=18(cm^2)$
3 $\triangle ABD\backsim\triangle CAD$이고 닮음비는 $3:4$이다.
$\therefore \triangle ABD:\triangle CAD=9:16$
4 $\triangle ABC\backsim\triangle DAC$이고 닮음비는 $20:16=5:4$이다.
$\therefore \triangle ABC:\triangle DAC=25:16$
5 $\overline{AD}:\overline{AB}=3:4$이므로 $\triangle ADE:\triangle ABC=9:16$
$\triangle ABC:\square DBCE=16:(16-9)=16:7$
$32:\square DBCE=16:7$
$\therefore \square DBCE=14(cm^2)$
6 $\overline{BE}:\overline{BC}=4:6=2:3$이므로 $\triangle DBE:\triangle ABC=4:9$
$\triangle ABC:\square ADEC=9:(9-4)=9:5$

$27 : \square ADEC = 9 : 5$
$\therefore \square ADEC = 15(cm^2)$
7 점 G는 무게중심이므로 $\overline{DG} : \overline{GC} = 1 : 2$
$\triangle DGE : \triangle GBC = 1 : 4$
$6 : \triangle GBC = 1 : 4$
$\therefore \triangle GBC = 24(cm^2)$
8 점 G는 무게중심이므로 $\overline{AG} : \overline{GD} = 2 : 1$
$\triangle GAB : \triangle GDE = 4 : 1$
$20 : \triangle GDE = 4 : 1$
$\therefore \triangle GDE = 5(cm^2)$

C 닮은 두 입체도형의 겉넓이의 비, 부피의 비 125쪽

1 9 : 16　2 9 : 16　3 27 : 64　4 16 : 25
5 64 : 125　6 216 cm^3　7 250 cm^3　8 5 cm^3
9 27 cm^3　10 64개

1 두 원기둥의 닮음비가 6 : 8=3 : 4이므로 겉넓이의 비는
$3^2 : 4^2 = 9 : 16$이다.
2 옆넓이의 비도 겉넓이의 비와 같으므로 9 : 16이다.
3 두 원기둥의 닮음비가 3 : 4이므로 부피의 비는
$3^3 : 4^3 = 27 : 64$이다.
4 두 삼각뿔의 닮음비가 12 : 15=4 : 5이므로 겉넓이의 비는
$4^2 : 5^2 = 16 : 25$이다.
5 두 삼각뿔의 닮음비가 4 : 5이므로 부피의 비는
$4^3 : 5^3 = 64 : 125$이다.
6 두 원뿔의 닮음비가 1 : 3이므로 부피의 비는
$1^3 : 3^3 = 1 : 27$이다.
8 : (큰 원뿔의 부피)=1 : 27
∴ (큰 원뿔의 부피)$=216(cm^3)$
7 두 직육면체의 닮음비가 2 : 5이므로 부피의 비는
$2^3 : 5^3 = 8 : 125$이다.
16 : (큰 직육면체의 부피)=8 : 125
∴ (큰 직육면체의 부피)$=250(cm^3)$
8 두 삼각기둥의 겉넓이의 비가 $4 : 1 = 2^2 : 1^2$이므로 닮음비는
2 : 1이다. 따라서 부피의 비는 $2^3 : 1^3 = 8 : 1$이다.
40 : (작은 삼각기둥의 부피)=8 : 1
∴ (작은 삼각기둥의 부피)$=5(cm^3)$
9 두 구의 겉넓이의 비가 $16 : 9 = 4^2 : 3^2$이므로 닮음비는 4 : 3
이다. 따라서 부피의 비는 $4^3 : 3^3 = 64 : 27$이다.
64 : (작은 구의 부피)=64 : 27
∴ (작은 구의 부피)$=27(cm^3)$
10 구슬의 닮음비가 4 : 1이므로 부피의 비는 $4^3 : 1^3 = 64 : 1$이다.
따라서 지름의 길이가 2 cm인 쇠구슬 64개를 만들 수 있다.

D 닮음의 활용 126쪽

1 1 : 7　2 8 : 19　3 2 cm^3　4 128 cm^3
5 3.6 m　6 3.2 m　7 5.4 m

1 (작은 원뿔의 부피) : (큰 원뿔의 부피)$=1^3 : 2^3 = 1 : 8$
B부분은 큰 원뿔의 부피에서 작은 원뿔의 부피를 빼면 된다.
(A부분의 부피) : (B부분의 부피)=1 : (8−1)=1 : 7
2 (작은 원뿔의 부피) : (큰 원뿔의 부피)$=2^3 : 3^3 = 8 : 27$
B부분은 큰 원뿔의 부피에서 작은 원뿔의 부피를 빼면 된다.
(A부분의 부피) : (B부분의 부피)=8 : (27−8)=8 : 19
3 물과 그릇의 닮음비가 3 : 12=1 : 4이므로 부피의 비는
$1^3 : 4^3 = 1 : 64$
∴ (물의 부피) : 128=1 : 64
따라서 물의 부피는 2 cm^3이다.
4 물과 그릇의 닮음비가 16 : 20=4 : 5이므로
부피의 비는 $4^3 : 5^3 = 64 : 125$
(물의 부피) : 250=64 : 125
따라서 물의 부피는 128 cm^3이다.
5 2 : 6=1.2 : (나무의 높이 $\overline{ED}$)
따라서 나무의 높이는 3.6 m이다.
6 1 : 4=0.8 : (탑의 높이 $\overline{ED}$)
따라서 탑의 높이는 3.2 m이다.
7 (건물의 높이 $\overline{AB}$) : $\overline{DE} = \overline{BC} : \overline{EC}$이므로
(건물의 높이 $\overline{AB}$) : 1.8=6 : 2
따라서 건물의 높이는 5.4 m이다.

E 축도와 축척 127쪽

1 10　2 24　3 300　4 0.3 km
5 8 cm　6 12 km　7 4 cm

1 $2000 : 8 = \overline{AC} : 4$　$\therefore \overline{AC} = 1000(cm)$
따라서 강의 폭 A와 C의 실제 거리는 10 m이다.
2 $36 : 3 = \overline{AB} : 2$　$\therefore \overline{AB} = 24(m)$
따라서 강의 폭 A와 B의 실제 거리는 24 m이다.
3 $\overline{AB} : (\overline{AB}+3) = 6 : 9 = 2 : 3$
$\therefore \overline{AB} = 6(cm)$
이 그림은 축척이 5000 : 1인 축도이므로 강의 폭 A와 B의
실제 거리는 $6 \times 5000 = 30000(cm) = 300(m)$
4 (실제 거리)$=3 \times 10000 = 30000(cm) = 0.3(km)$
5 0.4 km=40000 cm이므로
(지도에서의 거리)$=40000 \times \frac{1}{5000} = 8(cm)$
6 실제 거리를 x cm라 하면 4 km=400000 cm이므로
$2 : 400000 = 6 : x$
$\therefore x = 1200000(cm) = 12(km)$

7 지도에서의 거리를 x cm라 하면 3 km=300000 cm이므로
$1:300000=x:1200000$
$\therefore x=4$(cm)

거저먹는 시험 문제 128쪽

1 ⑤	2 1:3:5	3 ③	4 ④
5 27번	6 380 cm		

1 $\overline{CE}:\overline{ED}=2:3$이므로 $\overline{AB}:\overline{CE}=5:2$
$\triangle ABF:\triangle CEF=5^2:2^2=25:4$
$\triangle ABF:20=25:4$
$\therefore \triangle ABF=125(cm^2)$
2 세 원의 반지름의 길이의 비가 1 : 2 : 3이므로
넓이의 비는 1 : 4 : 9이다.
(A부분의 넓이) : (B부분의 넓이) : (C부분의 넓이)
$=1:(4-1):(9-4)$
$=1:3:5$
3 $\angle ADE=\angle ABC$, $\angle A$가 공통이므로
$\triangle ABC \backsim \triangle ADE$이고 닮음비는 $12:8=3:2$이다.
$\triangle ABC:\triangle ADE=9:4$
$\triangle ABC:\square EBCD=9:(9-4)=9:5$
$54:\square EBCD=9:5$
따라서 $\square EBCD$의 넓이는 30 cm²이다.
4 두 원뿔의 옆넓이의 비가 $4:9=2^2:3^2$이므로 닮음비는 2 : 3이다. 따라서 부피의 비는 $2^3:3^3=8:27$이다.
32 : (B의 부피)=8 : 27
$\therefore$ (B의 부피)=108(cm³)
5 두 종이컵의 닮음비가 1 : 3이므로 부피의 비는
$1^3:3^3=1:27$이다.
따라서 작은 종이컵으로 27번을 부어야 큰 종이컵이 가득 찬다.
6 4 : (농구대의 높이)=5 : 475=1 : 95
$\therefore$ (농구대의 높이)$=4\times95=380$(cm)

19 피타고라스 정리

A 직각삼각형에서 변의 길이 구하기 130쪽

1 5	2 10	3 13	4 15
5 4	6 8	7 5	8 9

1 $x^2=3^2+4^2=9+16=25$ $\therefore x=5$
2 $x^2=6^2+8^2=36+64=100$ $\therefore x=10$
3 $x^2=5^2+12^2=25+144=169$ $\therefore x=13$
4 $x^2=9^2+12^2=81+144=225$ $\therefore x=15$
5 $x^2=5^2-3^2=25-9=16$ $\therefore x=4$
6 $x^2=10^2-6^2=100-36=64$ $\therefore x=8$
7 $x^2=13^2-12^2=169-144=25$ $\therefore x=5$
8 $x^2=15^2-12^2=225-144=81$ $\therefore x=9$

B 삼각형에서 피타고라스 정리의 이용 131쪽

1 $x=8, y=10$		2 $x=12, y=5$	
3 $x=5, y=15$		4 $x=6, y=17$	
5 3	6 8	7 60	8 120

1 $x^2=17^2-15^2=289-225=64$ $\therefore x=8$
$y^2=8^2+6^2=64+36=100$ $\therefore y=10$
2 $x^2=15^2-9^2=225-81=144$ $\therefore x=12$
$y^2=13^2-12^2=169-144=25$ $\therefore y=5$
3 $x^2=13^2-12^2=169-144=25$ $\therefore x=5$
$y^2=12^2+9^2=144+81=225$ $\therefore y=15$
4 $x^2=10^2-8^2=100-64=36$ $\therefore x=6$
$y^2=8^2+15^2=64+225=289$ $\therefore y=17$
5 $x^2=5^2-\left(\frac{8}{2}\right)^2$, $x^2=9$ $\therefore x=3$
6 $x^2=10^2-\left(\frac{12}{2}\right)^2$, $x^2=64$ $\therefore x=8$
7 $(\text{높이})^2=13^2-\left(\frac{10}{2}\right)^2$, $(\text{높이})^2=144$
$\therefore$ (높이)=12
$\therefore \triangle ABC=\frac{1}{2}\times10\times12=60$
8 $(\text{높이})^2=17^2-\left(\frac{16}{2}\right)^2$, $(\text{높이})^2=225$
$\therefore$ (높이)=15
$\therefore \triangle ABC=\frac{1}{2}\times16\times15=120$

C 사각형에서 피타고라스 정리의 이용 132쪽

1 $x=5, y=12$		2 $x=15, y=17$	
3 $x=12, y=9$		4 $x=8, y=15$	
5 5	6 12	7 17	8 15

1 $x^2=3^2+4^2=9+16=25$ $\therefore x=5$
$y^2=13^2-5^2=169-25=144$ $\therefore y=12$
2 $x^2=9^2+12^2=81+144=225$ $\therefore x=15$
$y^2=8^2+15^2=64+225=289$ $\therefore y=17$
3 $x^2=13^2-5^2=169-25=144$ $\therefore x=12$
$y^2=15^2-12^2=225-144=81$ $\therefore y=9$

4 $x^2=10^2-6^2=100-36=64$ $\quad\therefore x=8$

$y^2=17^2-8^2=289-64=225$ $\quad\therefore y=15$

5 점 A에서 $\overline{BC}$에 수선을 그어 수선의 발을 E라 하면

$\overline{AE}=\overline{DC}=4$

$\overline{BE}^2=5^2-4^2=9$

$\overline{BE}=3$

$\therefore x=3+2=5$

6 점 A에서 $\overline{DC}$에 수선을 그어 수선의 발을 E라 하면

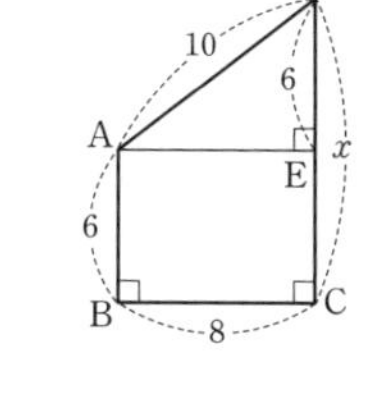

$\overline{AE}=\overline{BC}=8$

$\overline{DE}^2=10^2-8^2=36$

$\overline{DE}=6$

$\therefore x=6+6=12$

7 점 D에서 $\overline{BC}$에 수선을 그어 수선의 발을 E라 하면

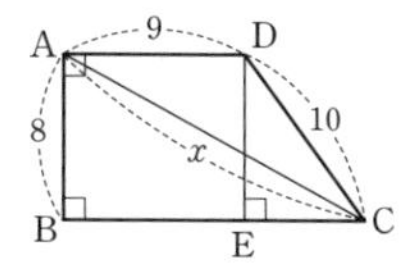

$\overline{EC}^2=10^2-8^2=36$

$\therefore \overline{EC}=6$

$\overline{BC}=9+6=15$

$\therefore x^2=8^2+15^2=289$, $x=17$

8 점 A에서 $\overline{BC}$에 수선을 그어 수선의 발을 E라 하면

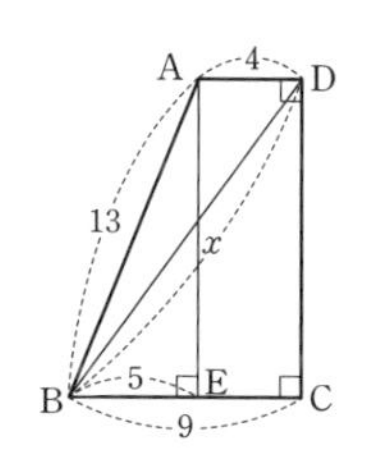

$\overline{BE}=9-4=5$

$\overline{AE}^2=13^2-5^2=144$

$\therefore \overline{AE}=12$

$\therefore x^2=9^2+12^2=225$, $x=15$

D 피타고라스 정리의 응용 1 133쪽

1 20	2 252	3 13	4 15
5 8	6 12	7 10	8 15

1 점 A, D에서 $\overline{BC}$에 내린 수선의 발을 각각 E, F라 하면

$\overline{EF}=2$이므로 $\overline{BE}=\overline{FC}=3$

$\overline{AE}^2=5^2-3^2=16$ $\quad\therefore \overline{AE}=4$

$\therefore \square ABCD=\frac{1}{2}\times4\times(2+8)=20$

2 점 A, D에서 $\overline{BC}$에 내린 수선의 발을 각각 E, F라 하면

$\overline{EF}=12$이므로

$\overline{BE}=\overline{FC}=9$

$\overline{AE}^2=15^2-9^2=144$

$\therefore \overline{AE}=12$

$\therefore \square ABCD=\frac{1}{2}\times12\times(12+30)=252$

3 오른쪽 그림에서 두 정사각형의 한변의 길이가 각각 7, 5

$\therefore x^2=12^2+5^2=169$

$\therefore x=13$

4 오른쪽 그림에서 두 정사각형의 한 변의 길이가 각각 3, 9

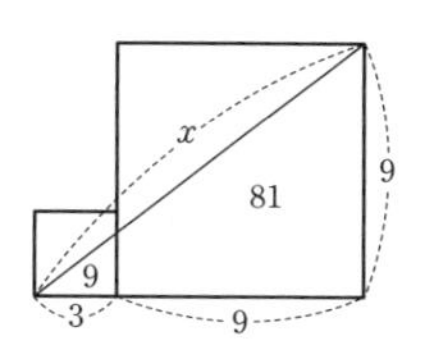

$\therefore x^2=12^2+9^2=225$

$\therefore x=15$

5 $\overline{BC}=4x$, $\overline{DC}=3x$라 하면

$9x^2+16x^2=100$, $25x^2=100$ $\quad\therefore x^2=4$

$x=2$이므로 $\overline{BC}=8$

6 $\overline{BC}=4x$, $\overline{DC}=3x$라 하면

$9x^2+16x^2=225$, $25x^2=225$ $\quad\therefore x^2=9$

$x=3$이므로 $\overline{BC}=12$

7 마름모의 두 대각선은 서로 다른 것을 수직이등분하므로

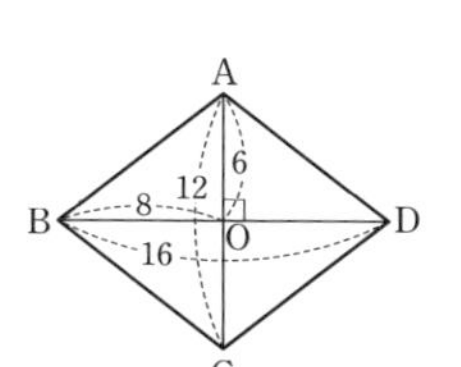

$\overline{AB}^2=6^2+8^2=100$

$\therefore \overline{AB}=10$

8 마름모의 두 대각선은 서로 다른 것을 수직이등분하므로

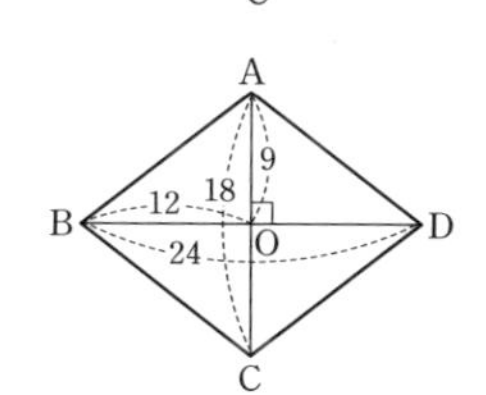

$\overline{AB}^2=9^2+12^2=225$

$\therefore \overline{AB}=15$

E 피타고라스 정리의 응용 2 134쪽

1 4	2 12	3 2	4 1
5 $\frac{9}{5}$	6 $\frac{18}{5}$	7 12	8 $\frac{48}{5}$

1 $\overline{DF}=\overline{BF}=8-3=5$,

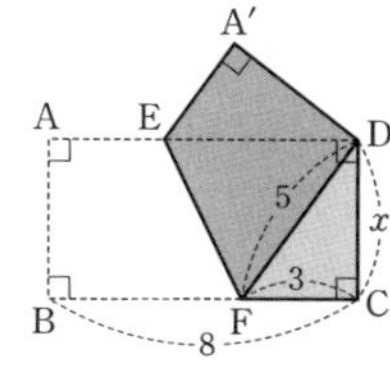

$\overline{DC}=\overline{AB}=x$이므로

$\triangle DFC$에서

$x^2=5^2-3^2=16$

$\therefore x=4$

2 $\overline{DF}=\overline{BF}=18-5=13$,

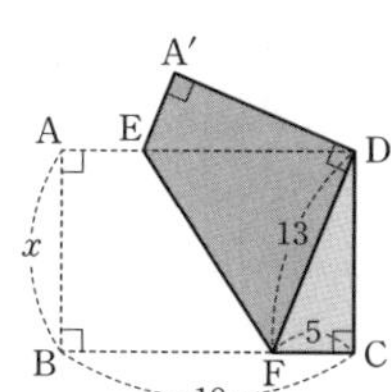

$\overline{DC}=\overline{AB}=x$이므로

$\triangle DFC$에서

$x^2=13^2-5^2=144$

$\therefore x=12$

3 $\overline{AE}=\overline{AD}=5$이므로

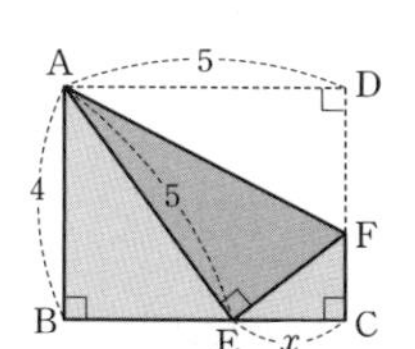

$\triangle ABE$에서

$\overline{BE}^2=5^2-4^2=9$

$\therefore \overline{BE}=3$

$\therefore x=5-3=2$

4 $\overline{AE}=\overline{AD}=25$이므로

$\triangle ABE$에서

$\overline{BE}^2=25^2-7^2=576$

$\therefore \overline{BE}=24$

$\therefore x=25-24=1$

5 $\overline{AC}^2=3^2+4^2=25$ $\therefore \overline{AC}=5$

$3^2=x\times 5$ $\therefore x=\frac{9}{5}$

6 $\overline{BC}^2=8^2+6^2=100$ $\therefore \overline{BC}=10$

$6^2=x\times 10$ $\therefore x=\frac{18}{5}$

7 $\overline{AC}^2=25^2-15^2=400$ $\therefore \overline{AC}=20$

$15\times 20=25\times x$ $\therefore x=12$

8 $\overline{AB}^2=20^2-12^2=256$ $\therefore \overline{AB}=16$

$16\times 12=x\times 20$ $\therefore x=\frac{48}{5}$

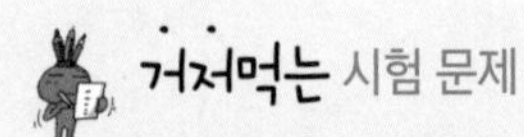

135쪽

1 ② 2 $x=12$, $y=5$ 3 ②
4 20 5 ⑤ 6 ③

1 $\overline{AC}^2=13^2-5^2=144$ $\therefore \overline{AC}=12$ cm

$\therefore \triangle ABC=\frac{1}{2}\times 5\times 12=30(\text{cm}^2)$

2 $x^2=20^2-16^2=400-256=144$ $\therefore x=12$

$y^2=13^2-12^2=169-144=25$ $\therefore y=5$

3 $\overline{ED}=\overline{BC}=12(\text{cm})$

$\overline{AE}=20-12=8(\text{cm})$

$\triangle ABE$에서 $\overline{EB}^2=17^2-8^2=225$

$\therefore \overline{EB}=15$

$\therefore \square ABCD$

$=\frac{1}{2}\times 15\times(20+12)$

$=240(\text{cm}^2)$

A 20 cm D, E, 17 cm, B 12 cm C

4 점 B, D를 이으면

$\triangle ABD$에서 $\overline{BD}^2=24^2+7^2=625$ $\therefore \overline{BD}=25$

$\triangle BCD$에서 $\overline{BC}^2=25^2-15^2=400$ $\therefore \overline{BC}=20$

5 $\triangle ADC$에서 $x^2=12^2+16^2=400$ $\therefore x=20$

$\triangle ABC$에서 $y^2=15^2+20^2=625$ $\therefore y=25$

$x+y=20+25=45$

6 $\overline{DC}^2=10^2-8^2=36$, $\overline{DC}=6$

$\overline{DC}^2=\overline{DA}\times\overline{DB}$이므로 $36=8\times\overline{DB}$

$\therefore \overline{DB}=\frac{9}{2}$

$\therefore \triangle ABC=\frac{1}{2}\times\left(8+\frac{9}{2}\right)\times 6=\frac{75}{2}$

20 피타고라스 정리의 설명, 직각삼각형이 되기 위한 조건

A 피타고라스 정리의 설명 1

137쪽

1 ○ 2 ○ 3 × 4 ×
5 ○ 6 14 cm^2 7 4 cm^2 8 8 cm^2
9 32 cm^2

1~5 $\triangle EBA=\triangle EBC=\triangle ABF=\triangle BFL$

6 $\square BFGC=\square BADE+\square CHIA$

$=9+5=14(\text{cm}^2)$

7 $\square BADE=\square BFGC-\square CHIA$

$=20-16=4(\text{cm}^2)$

8 점 E와 점 A를 이으면

$\triangle ABF=\triangle EBA$, $\overline{AB}=4$ cm이므로

$\triangle ABF=\frac{1}{2}\square EBAD=\frac{1}{2}\times 4^2=8(\text{cm}^2)$

9 점 A와 점 H를 이으면

$\triangle AGC=\triangle ACH$, $\overline{AC}=8$ cm이므로

$\therefore \triangle AGC=\frac{1}{2}\square CHIA=\frac{1}{2}\times 8^2=32(\text{cm}^2)$

B 피타고라스 정리의 설명 2

138쪽

1 49 cm^2 2 289 cm^2 3 25 cm^2 4 100 cm^2
5 1 cm^2 6 49 cm^2 7 100 cm^2 8 289 cm^2

1 $\overline{EH}=5$ cm이므로 $\overline{AH}=3$ cm

$\overline{HD}=\overline{AE}=4$ cm이므로 $\overline{AD}=3+4=7(\text{cm})$

$\therefore \square ABCD=7^2=49(\text{cm}^2)$

2 $\overline{EH}=13$ cm이므로 $\overline{AH}=\overline{EB}=5$ cm

$\overline{AE}=12$ cm이므로 $\overline{AD}=12+5=17(\text{cm})$

$\therefore \square ABCD=17^2=289(\text{cm}^2)$

3 $\overline{AB}=7$ cm이므로 $\overline{AH}=\overline{EB}=7-4=3(\text{cm})$

$\overline{EH}^2=4^2+3^2=25(\text{cm}^2)$

$\therefore \square EFGH=25\ \text{cm}^2$

4 $\overline{AB}=14$ cm이므로 $\overline{AH}=\overline{EB}=6$ cm

$\overline{AE}=14-6=8(\text{cm})$

$\overline{EH}^2=6^2+8^2=100(\text{cm}^2)$

$\therefore \square EFGH=100\ \text{cm}^2$

5 $\triangle ABE\equiv\triangle BCF\equiv\triangle CDG\equiv\triangle DAH$이므로

$\overline{AH}^2=5^2-3^2=16(\text{cm})$ $\therefore \overline{AH}=4$ cm

$\overline{AE}=\overline{DH}=3$ cm

$\overline{EH}=\overline{AH}-\overline{AE}=1(\text{cm})$이므로 $\square EFGH=1\ \text{cm}^2$

6 $\triangle ABE \equiv \triangle BCF \equiv \triangle CDG \equiv \triangle DAH$이므로
$\overline{AE}=\overline{BF}=5\text{ cm}$
$\overline{BE}^2=13^2-5^2=144(\text{cm}), \overline{BE}=12\text{ cm}$
$\overline{EF}=\overline{BE}-\overline{BF}=7(\text{cm})$이므로 $\square EFGH=49\text{ cm}^2$
7 $\square EFGH=4\text{ cm}^2$이므로 $\overline{EH}=2\text{ cm}$
$\overline{AE}=6\text{ cm}, \overline{BE}=\overline{AH}=8\text{ cm}$
$\therefore \overline{AB}=10\text{ cm}, \square ABCD=100\text{ cm}^2$
8 $\square EFGH=49\text{ cm}^2$이므로 $\overline{EH}=7\text{ cm}$
$\overline{AE}=8\text{ cm}, \overline{BE}=\overline{AH}=15\text{ cm}$
$\therefore \overline{AB}=17\text{ cm}, \square ABCD=289\text{ cm}^2$

C 직각삼각형이 되기 위한 조건 139쪽

1 ×	2 ○	3 ×	4 ×
5 ○	6 ○	7 ×	8 ○
9 ×	10 ○		

D 변의 길이에 따른 삼각형의 종류 140쪽

1 둔	2 둔	3 예	4 예
5 직	6 둔	7 예	8 둔
9 직	10 예		

1 $7^2>3^2+5^2$이므로 둔각삼각형이다.
2 $8^2>4^2+5^2$이므로 둔각삼각형이다.
3 $9^2<8^2+5^2$이므로 예각삼각형이다.
4 $10^2<6^2+9^2$이므로 예각삼각형이다.
5 $13^2=5^2+12^2$이므로 직각삼각형이다.
6 $13^2>6^2+8^2$이므로 둔각삼각형이다.
7 $10^2<6^2+10^2$이므로 예각삼각형이다.
8 $16^2>7^2+10^2$이므로 둔각삼각형이다.
9 $15^2=9^2+12^2$이므로 직각삼각형이다.
10 $14^2<10^2+12^2$이므로 예각삼각형이다.

E 조건에 따른 변의 길이 141쪽

1 ×	2 ×	3 ×	4 ○
5 ○	6 1개	7 2개	8 1개
9 3개			

3 c가 가장 긴 변이라는 조건이 없으면 $c^2<a^2+b^2$를 만족해도 예를 들어 가장 긴 변이 a일 때 $a^2>b^2+c^2$ 또는 $a^2=b^2+c^2$이 될 수 있으므로 예각삼각형이 아니다.
5 $c^2>a^2+b^2$을 만족하면 c가 가장 긴 변이 되고 둔각삼각형이다.
6 예각삼각형이므로 $6^2<4^2+a^2$ $\therefore 20<a^2$
문제의 조건에서 $a<6$
따라서 만족하는 자연수 a는 5이므로 1개이다.
7 둔각삼각형이므로 $6^2>4^2+a^2$ $\therefore 20>a^2$
삼각형의 변의 길이 조건에 따라 $4+a>6$
$\therefore a>2$
따라서 만족하는 자연수 a는 3, 4이므로 2개이다.
8 예각삼각형이므로 $a^2<6^2+8^2$ $\therefore a<10$
문제의 조건에서 $a>8$
따라서 만족하는 자연수 a는 9이므로 1개이다.
9 둔각삼각형이므로 $a^2>6^2+8^2$ $\therefore a>10$
삼각형의 변의 길이의 조건에 따라 $a<6+8$
$\therefore a<14$
따라서 만족하는 자연수 a는 11, 12, 13이므로 3개이다.

거저먹는 시험 문제 142쪽

1 ②	2 ④	3 둔각삼각형	4 ③
5 ①	6 ④		

1 $\overline{AD}^2=x^2+y^2$이므로 $\square ABCD=\overline{AD}^2=30$
2 $\square BADE=\square BFGC+\square CHIA$
$=6^2+4^2=52$
3 $14^2>9^2+7^2$이므로 둔각삼각형이다.
4 ③ $7^2<5^2+6^2$
5 ① $a^2<b^2+c^2$이면 $\angle A$는 예각이지만 a가 가장 긴 변이 아니면 $c^2\geq b^2+a^2$ 또는 $b^2\geq a^2+c^2$이 될 수 있으므로 예각삼각형이라고 할 수 없다.
6 $x^2<12^2+5^2$에서 $x<13$
삼각형의 변의 길이의 조건에 의해 $5+x>12$
$\therefore x>7$
따라서 x의 값 중 가장 큰 자연수는 12이다.

21 피타고라스 정리의 활용

A 피타고라스 정리를 이용한 직각삼각형의 성질 144쪽

1 5	2 48	3 72	4 52
5 180	6 125	7 33	8 135

1 $x^2+6^2=5^2+4^2$ $\therefore x^2=5$
2 $2^2+x^2=4^2+6^2$ $\therefore x^2=48$
3 $4^2+9^2=5^2+x^2$ $\therefore x^2=72$
4 $4^2+10^2=x^2+8^2$ $\therefore x^2=52$
5 $x^2+y^2=6^2+12^2=180$
6 삼각형의 두 변의 중점을 연결한 선분의 성질에 의하여
$\overline{AC}=2\overline{DE}=10$
$\therefore x^2+y^2=5^2+10^2=125$
7 $4^2+x^2=7^2+y^2$ $\therefore x^2-y^2=7^2-4^2=33$
8 $3^2+x^2=12^2+y^2$ $\therefore x^2-y^2=12^2-3^2=135$

B 두 대각선이 직교하는 사각형의 성질 145쪽

1 48	2 108	3 40	4 68
5 16	6 63	7 27	8 145

1 $2^2+x^2=4^2+6^2$ $\therefore x^2=48$
2 $10^2+x^2=8^2+12^2$ $\therefore x^2=108$
3 $x^2+x^2=4^2+8^2$ $\therefore x^2=40$
4 $x^2+x^2=6^2+10^2$ $\therefore x^2=68$
5 $3^2+x^2=5^2+y^2$ $\therefore x^2-y^2=16$
6 $x^2+9^2=y^2+12^2$ $\therefore x^2-y^2=63$
7 $\overline{BC}^2=3^2+4^2=5^2$ $\therefore \overline{BC}=5$
$x^2+5^2=4^2+6^2$ $\therefore x^2=27$
8 $\overline{AB}^2=6^2+8^2=10^2$ $\therefore \overline{AB}=10$
$10^2+x^2=14^2+7^2$ $\therefore x^2=145$

C 피타고라스 정리를 이용한 직사각형의 성질 146쪽

1 18	2 14	3 13	4 8
5 37	6 39	7 48	8 84

1 $5^2+3^2=x^2+4^2$ $\therefore x^2=18$
2 $5^2+5^2=6^2+x^2$ $\therefore x^2=14$
3 $(2x)^2+5^2=x^2+8^2$
$4x^2+25=x^2+64$ $\therefore x^2=13$
4 $(3x)^2+6^2=x^2+10^2$
$9x^2+36=x^2+100$ $\therefore x^2=8$
5 $\overline{AP}^2+7^2=6^2+5^2$ $\therefore \overline{AP}^2=12$
$\therefore x^2=12+5^2=37$
6 $4^2+4^2=3^2+\overline{DP}^2$ $\therefore \overline{DP}^2=23$
$\therefore x^2=23+4^2=39$
7 $13^2+y^2=11^2+x^2$ $\therefore x^2-y^2=13^2-11^2=48$
8 $4^2+x^2=y^2+10^2$ $\therefore x^2-y^2=10^2-4^2=84$

D 직각삼각형의 반원 사이의 관계 147쪽

1 16π	2 5π	3 25π	4 64π
5 30	6 54	7 10	8 25

1 (색칠한 부분의 넓이)$=9\pi+7\pi=16\pi$
2 (색칠한 부분의 넓이)$=15\pi-10\pi=5\pi$
3 오른쪽 그림과 같이
$S_1+S_2=S_3$이므로
(색칠한 부분의 넓이)$=2S_3$
$=2\times\frac{5^2\pi}{2}$
$=25\pi$
4 (색칠한 부분의 넓이)$=2\times\frac{8^2\pi}{2}=64\pi$
5 $\overline{AC}^2=13^2-12^2=5^2$ $\therefore \overline{AC}=5$
(색칠한 부분의 넓이)$=(\triangle ABC$의 넓이$)$
$=\frac{1}{2}\times12\times5=30$
6 $\overline{AB}^2=15^2-12^2=9^2$ $\therefore \overline{AB}=9$
(색칠한 부분의 넓이)$=(\triangle ABC$의 넓이$)$
$=\frac{1}{2}\times12\times9=54$
7 (색칠한 부분의 넓이)$=(\triangle ABC$의 넓이$)$
$24=\frac{1}{2}\times8\times\overline{AC}$, $\overline{AC}=6$
$\therefore x^2=8^2+6^2=10^2$, $x=10$
8 (색칠한 부분의 넓이)$=(\triangle ABC$의 넓이$)$
$84=\frac{1}{2}\times24\times\overline{AC}$, $\overline{AC}=7$
$\therefore x^2=24^2+7^2=25^2$, $x=25$

거저먹는 시험 문제 148쪽

1 ⑤	2 1	3 ①	4 ②
5 ③	6 192		

1 삼각형의 두 변의 중점을 연결한 선분의 성질에 의하여
$\overline{AC}=2\overline{DE}=8$
$\therefore \overline{AE}^2+\overline{CD}^2=4^2+8^2=80$
2 $\overline{AB}^2+6^2=5^2+4^2$ $\therefore \overline{AB}^2=5$
$\therefore x^2=5-2^2=1$
3 $10^2+x^2=(2x)^2+7^2$
$100+x^2=4x^2+49$, $3x^2=51$
$\therefore x^2=17$
4 $S_1+S_2=\frac{1}{2}\times\left(\frac{\overline{BC}}{2}\right)^2\times\pi=18\pi$

5 $S_1=\frac{1}{2}\times4^2\times\pi=8\pi$

$S_2=24\pi-8\pi=16\pi$

6 $\overline{AC}^2=20^2-16^2=12^2$

(색칠한 부분의 넓이)

$=2\times(\triangle ABC$의 넓이)

$=2\times\frac{1}{2}\times12\times16=192$

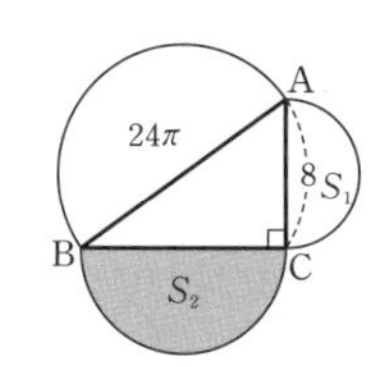

22 경우의 수 1

A 주사위를 던질 때의 경우의 수 151쪽

1 2가지	2 2가지	3 2가지	4 3가지
5 2가지	6 3가지	7 2가지	8 3가지
9 5가지	10 10가지	11 6가지	12 2가지

1 3보다 작은 눈은 1, 2로 2가지이다.
2 4보다 큰 눈은 5, 6으로 2가지이다.
3 5 이상의 눈은 5, 6으로 2가지이다.
4 짝수인 눈은 2, 4, 6으로 3가지이다.
5 3의 배수의 눈은 3, 6으로 2가지이다.
6 4의 약수의 눈은 1, 2, 4로 3가지이다.
7 두 눈의 수의 합이 3이 되는 경우는 (1, 2), (2, 1)로 2가지이다.
8 두 눈의 수의 합이 4가 되는 경우는 (1, 3), (2, 2), (3, 1)로 3가지이다.
9 두 눈의 수의 합이 8이 되는 경우는 (2, 6), (3, 5), (4, 4), (5, 3), (6, 2)로 5가지이다.
10 두 눈의 수의 차가 1이 되는 경우는 (1, 2), (2, 1), (2, 3), (3, 2), (3, 4), (4, 3), (4, 5), (5, 4), (5, 6), (6, 5)로 10가지이다.
11 두 눈의 수의 차가 3이 되는 경우는 (1, 4), (2, 5), (3, 6), (4, 1), (5, 2), (6, 3)으로 6가지이다.
12 두 눈의 수의 차가 5가 되는 경우는 (1, 6), (6, 1)로 2가지이다.

B 숫자, 동전을 뽑는 경우의 수 152쪽

1 3가지	2 2가지	3 3가지	4 1가지
5 5가지	6 4가지	7 2가지	8 2가지
9 1가지	10 1가지	11 1가지	12 1가지

1 3의 배수는 3, 6, 9로 3가지이다.
2 5의 배수는 5, 10으로 2가지이다.
3 8 이상의 수는 8, 9, 10으로 3가지이다.
4 10 이상의 수는 10으로 1가지이다.
5 홀수는 1, 3, 5, 7, 9로 5가지이다.
6 소수는 약수를 1과 자기 자신만 가지는 수이므로 2, 3, 5, 7로 4가지이다.
7 앞면이 1개인 경우는 (앞면, 뒷면), (뒷면, 앞면)이므로 2가지이다.
8 뒷면이 1개인 경우는 (앞면, 뒷면), (뒷면, 앞면)이므로 2가지이다.
9 앞면이 0개인 경우는 (뒷면, 뒷면)인 경우이므로 1가지이다.
10 앞면이 2개인 경우는 (앞면, 앞면)인 경우이므로 1가지이다.
11 뒷면이 0개인 경우는 (앞면, 앞면)인 경우이므로 1가지이다.
12 뒷면이 2개인 경우는 (뒷면, 뒷면)인 경우이므로 1가지이다.

C 돈을 지불하는 경우의 수 153쪽

1 2가지	2 3가지	3 2가지	4 2가지
5 2가지	6 4가지		

1

100원	50원
1	0
0	2

∴ 2가지

2

100원	50원
2	0
1	2
0	4

∴ 3가지

3

500원	100원
2	0
1	5

∴ 2가지

4

100원	50원	10원
1	2	0
1	1	5

∴ 2가지

5

100원	50원	10원
2	2	0
2	1	5

∴ 2가지

6

100원	50원	10원
2	1	0
2	0	5
1	3	0
1	2	5

∴ 4가지

D 사건 A 또는 사건 B가 일어나는 경우의 수 1 154쪽

1 5가지 2 5가지 3 8가지 4 14가지
5 12가지 6 6가지 7 10가지 8 7가지
9 5가지 10 8가지

1 두 눈의 수의 합이 3인 경우는 (1, 2), (2, 1)로 2가지이고, 합이 4인 경우는 (1, 3), (2, 2), (3, 1)로 3가지이므로 $2+3=5$(가지)
2 두 눈의 수의 합이 2인 경우는 (1, 1)로 1가지이고, 합이 5인 경우는 (1, 4), (2, 3), (3, 2), (4, 1)로 4가지이므로 $1+4=5$(가지)
3 두 눈의 수의 합이 6인 경우는 (1, 5), (2, 4), (3, 3), (4, 2), (5, 1)로 5가지이고, 합이 10인 경우는 (4, 6), (5, 5), (6, 4)로 3가지이므로 $5+3=8$(가지)
4 두 눈의 수의 차가 0인 경우는 (1, 1), (2, 2), (3, 3), (4, 4), (5, 5), (6, 6)으로 6가지이고, 차가 2인 경우는 (1, 3), (2, 4), (3, 1), (3, 5), (4, 2), (4, 6), (5, 3), (6, 4)로 8가지이므로 $6+8=14$(가지)
5 두 눈의 수의 차가 1인 경우는 (1, 2), (2, 1), (2, 3), (3, 2), (3, 4), (4, 3), (4, 5), (5, 4), (5, 6), (6, 5)로 10가지이고, 차가 5인 경우는 (1, 6), (6, 1)로 2가지이므로 $10+2=12$(가지)
6 4의 배수는 4, 8, 12로 3가지이고, 5의 배수는 5, 10, 15로 3가지이므로 $3+3=6$(가지)
7 2의 배수는 2, 4, 6, 8, 10, 12, 14로 7가지이고, 9의 약수는 1, 3, 9로 3가지이므로 $7+3=10$(가지)
8 3의 배수는 3, 6, 9, 12, 15로 5가지이고, 7의 배수는 7, 14로 2가지이므로 $5+2=7$(가지)
9 6의 약수는 1, 2, 3, 6으로 4가지이고, 8의 배수는 8로 1가지이므로 $4+1=5$(가지)
10 소수는 2, 3, 5, 7, 11, 13으로 6가지이고, 6의 배수는 6, 12로 2가지이므로 $6+2=8$(가지)

E 사건 A 또는 사건 B가 일어나는 경우의 수 2 155쪽

1 5가지 2 11가지 3 13가지 4 24가지
5 8가지 6 11가지 7 19가지 8 17가지

1 $3+2=5$(가지)
2 $5+6=11$(가지)
3 $8+5=13$(가지)
4 $14+10=24$(가지)
5 $5+3=8$(가지)
6 $4+7=11$(가지)
7 $10+9=19$(가지)

거저먹는 시험 문제 156쪽

1 ③ 2 ③ 3 4가지 4 4가지
5 ④ 6 ⑤

1 두 눈의 수의 합이 7인 경우는 (1, 6), (2, 5), (3, 4), (4, 3), (5, 2), (6, 1)로 6가지

4

100원	50원	10원
7	2	0
7	1	5
6	4	0
6	3	5

∴ 4가지

6 짝수는 2, 4, 6, 8, 10, 12, 14로 7가지이고, 15의 약수는 1, 3, 5, 15로 4가지이므로 $7+4=11$(가지)

23 경우의 수 2

A 사건 A와 사건 B가 동시에 일어나는 경우의 수 - 동전 또는 주사위 158쪽

1 4가지 2 8가지 3 16가지 4 36가지
5 216가지 6 12가지 7 24가지 8 72가지
9 48가지 10 144가지

1 $2\times2=4$(가지)
3 $2\times2\times2\times2=16$(가지)
5 $6\times6\times6=216$(가지)
6 $2\times6=12$(가지)
8 $2\times6\times6=72$(가지)
10 $2\times2\times6\times6=144$(가지)

B 사건 A와 사건 B가 동시에 일어나는 경우의 수 - 길 또는 교통수단 159쪽

1 20가지 2 18가지 3 24가지 4 36가지
5 6가지 6 8가지 7 15가지 8 6가지
9 8가지

1 $4\times5=20$(가지)
3 $8\times3=24$(가지)
5 $2\times3=6$(가지)
7 $5\times3=15$(가지)
8 $2\times3=6$(가지)
9 $4\times2=8$(가지)

C 사건 A와 사건 B가 동시에 일어나는 경우의 수 - 물건을 선택하는 경우 160쪽

1 15가지　2 28가지　3 12개　4 24가지
5 50가지　6 63가지　7 40가지　8 120가지

1 $5\times3=15$(가지)
3 $3\times4=12$(개)
5 $10\times5=50$(가지)
7 $5\times8=40$(가지)

D 여러 가지 경우의 수 161쪽

1 3개　2 7개　3 9가지　4 27가지
5 6가지　6 24가지　7 36가지　8 108가지

1 전구의 개수만큼 2를 곱하고 모두 꺼진 상태인 1가지를 빼준다.
$\therefore 2\times2-1=3$(개)
2 전구의 개수만큼 2를 곱하고 모두 꺼진 상태인 1가지를 빼준다.
$\therefore 2\times2\times2-1=7$(개)
3 두 명이 각각 가위, 바위, 보의 3가지를 낼 수 있으므로 $3\times3=9$(가지)
4 세 명이 각각 가위, 바위, 보의 3가지를 낼 수 있으므로 $3\times3\times3=27$(가지)
5 A, B, C 세 부분에 3가지 색 중에서 한 번씩만 사용하여 칠하면 $3\times2\times1=6$(가지)
6 A, B, C, D 네 부분에 4가지 색 중에서 한 번씩만 사용하여 칠하면 $4\times3\times2\times1=24$(가지)
7 A에 칠할 수 있는 색은 4가지, B에 칠할 수 있는 색은 A에 칠한 색을 제외한 3가지, C에 칠할 수 있는 색은 B에 칠한 색을 제외한 3가지이다.
$\therefore 4\times3\times3=36$(가지)
8 A에 칠할 수 있는 색은 4가지, B에 칠할 수 있는 색은 A에 칠한 색을 제외한 3가지, C에 칠할 수 있는 색은 B에 칠한 색을 제외한 3가지, D에 칠할 수 있는 색은 C에 칠한 색을 제외한 3가지이다.
$\therefore 4\times3\times3\times3=108$(가지)

거저먹는 시험 문제 162쪽

1 ④　2 6가지　3 15가지　4 ③
5 8가지　6 ②

1 $2\times2\times2\times2=16$(가지)
2 주사위 A에서 홀수의 눈은 1, 3, 5로 3가지가 나올 수 있고, 주사위 B에서 3의 배수의 눈은 3, 6으로 2가지가 나올 수 있으므로 $3\times2=6$(가지)
3 1에서 12까지의 수 중에서 소수는 2, 3, 5, 7, 11로 5가지이고, 4의 배수는 4, 8, 12로 3가지이므로 $5\times3=15$(가지)
4 $2\times5+1=11$(가지)
5 한 명당 깃발을 들거나 내리는 2가지 선택을 할 수 있으므로 $2\times2\times2=8$(가지)
6 A에 칠할 수 있는 색은 4가지, B에 칠할 수 있는 색은 A에 칠한 색을 제외한 3가지, C에 칠할 수 있는 색은 A, B에 칠한 색을 제외한 2가지, D에 칠할 수 있는 색은 A, C에 칠한 색을 제외한 2가지이다.
$\therefore 4\times3\times2\times2=48$(가지)

24 경우의 수 3

A 일렬로 세우는 경우의 수 1 164쪽

1 6가지　2 24가지　3 120가지　4 20가지
5 30가지　6 60가지　7 6가지　8 24가지
9 24가지　10 720가지

1 $3\times2\times1=6$(가지)
2 $4\times3\times2\times1=24$(가지)
3 $5\times4\times3\times2\times1=120$(가지)
4 $5\times4=20$(가지)
5 $6\times5=30$(가지)
6 $5\times4\times3=60$(가지)
7 B를 맨 앞에 정해 놓고 A, C, D를 일렬로 세우면 되므로 $3\times2\times1=6$(가지)
8 D를 맨 앞에 정해 놓고 A, B, C, E를 일렬로 세우면 되므로 $4\times3\times2\times1=24$(가지)
9 여자를 가운데 자리에 정해 놓고 남자 4명을 일렬로 세우면 되므로 $4\times3\times2\times1=24$(가지)
10 어린이를 가운데 자리에 정해 놓고 어른 6명을 일렬로 세우면 되므로 $6\times5\times4\times3\times2\times1=720$(가지)

B 일렬로 세우는 경우의 수 2 165쪽

1 12가지　2 12가지　3 48가지　4 240가지
5 4가지　6 12가지　7 48가지　8 240가지

1 가족 4명 중 부모님을 묶어서 3명을 일렬로 세운 경우의 수에 부모님이 바꾸어 설 수 있으므로 2를 곱한다.
$\therefore 3\times2\times1\times2=12$(가지)

2 가족 4명 중 자녀 2명을 묶어서 3명을 일렬로 세운 경우의 수에 자녀가 바꾸어 설 수 있으므로 2를 곱한다.
$\therefore 3\times2\times1\times2=12$(가지)

3 참고서 5권 중 수학과 과학 참고서를 묶어서 4권을 일렬로 꽂는 경우의 수에 수학과 과학 참고서를 바꾸어 꽂을 수 있으므로 2를 곱한다.
$\therefore 4\times3\times2\times1\times2=48$(가지)

4 학생 6명 중 여학생 2명을 묶어서 5명을 일렬로 세운 경우의 수에 여학생 2명이 바꾸어 설 수 있으므로 2를 곱한다.
$\therefore 5\times4\times3\times2\times1\times2=240$(가지)

5 양 끝에 선다는 것은 정은이가 맨 앞에 서고 지윤이가 맨 끝에 서는 경우와 그 반대인 경우가 있으므로 정은이와 지윤이를 빼고 2명을 일렬로 세운 경우의 수에 2를 곱한다.
$\therefore 2\times1\times2=4$(가지)

6 모음은 a, o이고 양 끝에 있으므로 a와 o를 빼고 c, g, t를 일렬로 배열한 경우의 수에 2를 곱한다.
$\therefore 3\times2\times1\times2=12$(가지)

7 짝수는 4와 8뿐이므로 4와 8을 제외한 4개의 수를 일렬로 배열한 경우의 수에 4와 8을 바꿀 수 있으므로 2를 곱한다.
$\therefore 4\times3\times2\times1\times2=48$(가지)

8 남학생 2명을 양 끝에 세우므로 남학생 2명을 뺀 여학생 5명을 한 줄로 세우는 경우의 수에 2를 곱한다.
$\therefore 5\times4\times3\times2\times1\times2=240$(가지)

C 대표를 뽑는 경우의 수 166쪽

1 12가지	2 20가지	3 60가지	4 12가지
5 36가지	6 6가지	7 10가지	8 15회
9 10가지	10 20가지		

1 $4\times3=12$(가지)

2 $5\times4=20$(가지)

3 $5\times4\times3=60$(가지)

4 여학생 2명 중에서 회장 1명을 뽑는 경우의 수에 남학생 3명 중에서 부회장, 총무를 뽑는 경우의 수를 곱하면 된다.
$\therefore 2\times3\times2=12$(가지)

5 여학생 4명 중에서 회장, 부회장을 뽑는 경우의 수에 남학생 3명 중에서 총무를 뽑는 경우의 수를 곱하면 된다.
$\therefore 4\times3\times3=36$(가지)

6 $\frac{4\times3}{2}=6$(가지)

7 $\frac{5\times4}{2}=10$(가지)

8 6명 중 2명을 뽑아 악수를 하는 것은 6명 중 대표를 2명 뽑는 경우와 같으므로 $\frac{6\times5}{2}=15$(회)

9 5명 중 대표를 3명 뽑는 경우의 수는 자격이 같으므로
$\frac{5\times4\times3}{6}=10$(가지)

10 6명 중 대표를 3명 뽑는 경우의 수는 자격이 같으므로
$\frac{6\times5\times4}{6}=20$(가지)

D 자연수 만들기 167쪽

1 20개	2 120개	3 7개	4 13개
5 16개	6 25개	7 6개	8 17개

1 십의 자리에는 5개가 올 수 있고, 일의 자리에는 십의 자리에 온 수를 제외한 4개가 올 수 있으므로 $5\times4=20$(개)

2 백의 자리에는 6개가 올 수 있고, 십의 자리에는 백의 자리에 온 수를 제외한 5개가 올 수 있고, 일의 자리에는 백의 자리와 십의 자리에 온 수를 제외한 4개가 올 수 있으므로
$6\times5\times4=120$(개)

3 십의 자리가 2이면서 23보다 큰 수는 24로 1개이고, 십의 자리가 3과 4일 때 일의 자리에는 각각 3개씩 올 수 있으므로
$1+2\times3=7$(개)

4 십의 자리가 3이면서 35보다 작은 수는 31, 32, 34로 3개이고, 십의 자리가 1과 2일 때 일의 자리에는 각각 5개씩 올 수 있으므로 $3+2\times5=13$(개)

5 십의 자리에는 0을 제외하고 4개가 올 수 있고, 일의 자리에는 십의 자리에 온 수를 제외한 4개가 올 수 있으므로
$4\times4=16$(개)

6 십의 자리에는 0을 제외하고 5개가 올 수 있고, 일의 자리에는 십의 자리에 온 수를 제외한 5개가 올 수 있으므로
$5\times5=25$(개)

7 십의 자리가 3이면서 31보다 큰 수는 32, 34로 2개이고, 십의 자리가 4일 때 일의 자리에는 4개가 올 수 있으므로
$2+4=6$(개)

8 백의 자리가 2이면서 214보다 작은 수는 201, 203, 204, 210, 213으로 5개이고, 백의 자리가 1이면 십의 자리에 4개, 일의 자리에 3개가 올 수 있으므로 $4\times3=12$(개)
$\therefore 5+12=17$(개)

E 선분 또는 삼각형의 개수 구하기 168쪽

1 6개	2 10개	3 15개	4 21개
5 4개	6 10개	7 20개	8 35개

1 $\frac{4\times3}{2}=6$(개)

3 $\frac{6\times5}{2}=15$(개)

5 $\frac{4\times3\times2}{6}=4$(개)

7 $\frac{6\times5\times4}{6}=20$(개)

거저먹는 시험 문제 169쪽

1 ② 2 240가지 3 ⑤ 4 ①
5 ④ 6 ②

1 다섯 장소를 일렬로 세우는 경우의 수와 같으므로
$5\times4\times3\times2\times1=120$(가지)

2 6명을 일렬로 세울 때, 규호와 주엽이를 묶어서 세우면 5명을 일렬로 세우는 경우의 수에 규호와 주엽이가 바꾸어 설 수 있으므로 2를 곱한다.
$\therefore 5\times4\times3\times2\times1\times2=240$(가지)

3 금메달은 10개국이 받을 수 있고, 은메달은 금메달을 받은 나라를 제외하고 9개국, 동메달은 금메달과 은메달을 받은 나라를 제외하고 8개국이 받을 수 있으므로
$10\times9\times8=720$(가지)

4 9명 중에서 대표 2명을 뽑는 경우의 수는
$\frac{9\times8}{2}=36$(가지)

5 백의 자리에는 5개가 올 수 있고, 십의 자리에는 백의 자리에 온 수를 제외한 4개가 올 수 있고, 일의 자리에는 백의 자리와 십의 자리에 온 수를 제외한 3개가 올 수 있으므로
$5\times4\times3=60$(개)

6 십의 자리가 2이면서 20 이하인 수는 20으로 1개이고, 십의 자리의 숫자가 1일 때 일의 자리에는 4개가 올 수 있으므로
$1+4=5$(개)

25 확률의 뜻과 성질

A 확률 1 171쪽

1 4가지 2 1가지 3 $\frac{1}{4}$ 4 8가지
5 3가지 6 $\frac{3}{8}$ 7 $\frac{2}{5}$ 8 $\frac{4}{15}$
9 $\frac{1}{3}$ 10 $\frac{3}{10}$ 11 $\frac{1}{2}$ 12 $\frac{3}{10}$

1 서로 다른 동전 2개를 던질 때 나오는 모든 경우의 수는
$2\times2=4$(가지)

2 모두 뒷면이 나오는 경우의 수는 (뒷면, 뒷면)으로 1가지이다.

3 $\frac{(\text{모두 뒷면이 나오는 경우의 수})}{(\text{모든 경우의 수})}=\frac{1}{4}$

4 서로 다른 동전 3개를 던질 때 나오는 모든 경우의 수는
$2\times2\times2=8$(가지)

5 10원짜리 동전이 앞면인 경우, 100원짜리 동전이 앞면인 경우, 500원짜리 동전이 앞면인 경우로 3가지이다.

6 $\frac{(\text{앞면이 1개만 나오는 경우의 수})}{(\text{모든 경우의 수})}=\frac{3}{8}$

10 1부터 20까지의 자연수가 적힌 카드에서 3의 배수를 뽑을 경우의 수는 3, 6, 9, 12, 15, 18이므로 6가지이다.
따라서 구하는 확률은 $\frac{6}{20}=\frac{3}{10}$

11 1부터 20까지의 자연수가 적힌 카드에서 짝수를 뽑을 경우의 수는 2, 4, 6, 8, 10, 12, 14, 16, 18, 20이므로 10가지이다.
따라서 구하는 확률은 $\frac{10}{20}=\frac{1}{2}$

12 1부터 20까지의 자연수가 적힌 카드에서 20의 약수를 뽑을 경우의 수는 1, 2, 4, 5, 10, 20이므로 6가지이다.
따라서 구하는 확률은 $\frac{6}{20}=\frac{3}{10}$

B 확률 2 172쪽

1 $\frac{1}{9}$ 2 $\frac{1}{12}$ 3 $\frac{2}{9}$ 4 $\frac{1}{18}$
5 $\frac{1}{4}$ 6 $\frac{1}{2}$ 7 $\frac{2}{5}$ 8 $\frac{1}{3}$
9 $\frac{1}{6}$ 10 $\frac{1}{3}$

1 서로 다른 주사위 두 개를 던질 때 나오는 모든 경우의 수는
$6\times6=36$(가지)
눈의 수의 합이 5일 경우의 수는 (1, 4), (2, 3), (3, 2), (4, 1)로 4가지이므로 구하는 확률은 $\frac{4}{36}=\frac{1}{9}$

2 눈의 수의 합이 10일 경우의 수는 (4, 6), (5, 5), (6, 4)로 3가지이므로 구하는 확률은 $\frac{3}{36}=\frac{1}{12}$

3 눈의 수의 차가 2일 경우의 수는 (1, 3), (2, 4), (3, 1), (3, 5), (4, 2), (4, 6), (5, 3), (6, 4)로 8가지이므로 구하는 확률은 $\frac{8}{36}=\frac{2}{9}$

4 $3x-y=4$를 만족하는 경우는 (2, 2), (3, 5)로 2가지이므로 구하는 확률은 $\frac{2}{36}=\frac{1}{18}$

5 $2x+y<8$을 만족하는 경우는 (1, 1), (1, 2), (1, 3), (1, 4), (1, 5), (2, 1), (2, 2), (2, 3), (3, 1)로 9가지이므로 구하는 확률은 $\frac{9}{36}=\frac{1}{4}$

6 남학생 2명과 여학생 2명이 일렬로 서는 경우의 수는
$4\times3\times2\times1=24$(가지)
이 중 남학생 2명이 서로 이웃하는 경우는
$3\times2\times1\times2=12$(가지)
따라서 구하는 확률은 $\frac{12}{24}=\frac{1}{2}$

7 남학생 2명과 여학생 3명이 일렬로 서는 경우의 수는

$5\times4\times3\times2\times1=120$(가지)

이 중 특정한 여학생 2명이 서로 이웃하는 경우는

$4\times3\times2\times1\times2=48$(가지)

따라서 구하는 확률은 $\frac{48}{120}=\frac{2}{5}$

8 남학생 4명과 여학생 2명이 일렬로 서는 경우의 수는

$6\times5\times4\times3\times2\times1=720$(가지)

이 중 특정한 남학생 2명이 서로 이웃하는 경우는

$5\times4\times3\times2\times1\times2=240$(가지)

따라서 구하는 확률은 $\frac{240}{720}=\frac{1}{3}$

9 1부터 6까지의 자연수 중에서 2장을 뽑아 만든 두 자리의 자연수는 $6\times5=30$(개)

두 자리 자연수가 20 이하일 경우는 12, 13, 14, 15, 16의 5개이므로 구하는 확률은 $\frac{5}{30}=\frac{1}{6}$

10 1부터 6까지의 자연수 중에서 2장을 뽑아 만든 두 자리의 자연수는 $6\times5=30$(개)

두 자리 자연수가 50 이상일 경우는 십의 자리가 5 또는 6이므로 10개이다.

따라서 구하는 확률은 $\frac{10}{30}=\frac{1}{3}$

C 확률의 성질 173쪽

1 1	2 0	3 1	4 1
5 0	6 1	7 0	8 0
9 0	10 1		

1 주사위를 던질 때 모든 눈은 1 이상의 눈이 나오므로 확률은 1이다.

2 주사위를 던질 때 7 이상의 눈은 나오지 않으므로 확률은 0이다.

3 주사위를 던질 때 모든 눈은 6 이하의 눈이 나오므로 확률은 1이다.

4 상자에는 빨간 구슬과 파란 구슬이 들어 있으므로 꺼낸 구슬이 빨간 구슬 또는 파란 구슬일 확률은 1이다.

5 상자에는 노란 구슬이 없으므로 노란 구슬이 나올 확률은 0이다.

6 서로 다른 두 개의 주사위를 던질 때 나오는 눈의 수의 합은 항상 12 이하이므로 확률은 1이다.

7 서로 다른 두 개의 주사위를 던질 때 나오는 눈의 수의 합은 항상 12 이하이므로 12 초과일 확률은 0이다.

8 서로 다른 두 개의 주사위를 던질 때 나오는 눈의 수의 차는 항상 5 이하이므로 눈의 수의 차가 6일 확률은 0이다.

9 당첨 제비의 수가 0개라면 당첨될 확률은 0이다.

10 20개의 제비 중에 당첨 제비의 수가 20개라면 당첨될 확률은 1이다.

D 어떤 사건이 일어나지 않을 확률 174쪽

1 $\frac{1}{6}$	2 $\frac{1}{3}$	3 $\frac{3}{5}$	4 $\frac{5}{8}$
5 $\frac{3}{10}$	6 $\frac{1}{2}$	7 $\frac{3}{5}$	8 $\frac{2}{3}$
9 $\frac{1}{2}$	10 $\frac{3}{5}$		

1 (B가 이길 확률)$=1-$(A가 이길 확률)

$=1-\frac{5}{6}=\frac{1}{6}$

3 (문제를 틀릴 확률)$=1-$(문제를 맞힐 확률)

$=1-\frac{2}{5}=\frac{3}{5}$

5 (비가 오지 않을 확률)$=1-$(비가 올 확률)

$=1-\frac{7}{10}=\frac{3}{10}$

6 A, B, C, D 4명을 일렬로 세우는 경우의 수는

$4\times3\times2\times1=24$(가지)

A와 B가 이웃할 경우의 수는

$3\times2\times1\times2=12$(가지)

따라서 A와 B가 이웃할 확률은 $\frac{12}{24}=\frac{1}{2}$이므로 이웃하지 않을 확률은 $1-\frac{1}{2}=\frac{1}{2}$

8 A, B, C, D, E, F 6명을 일렬로 세우는 경우의 수는

$6\times5\times4\times3\times2\times1=720$(가지)

E와 F가 이웃할 경우의 수는

$5\times4\times3\times2\times1\times2=240$(가지)

따라서 E와 F가 이웃할 확률은 $\frac{240}{720}=\frac{1}{3}$이므로 이웃하지 않을 확률은 $1-\frac{1}{3}=\frac{2}{3}$

9 4명의 후보 중에서 대표 2명을 뽑을 경우는

$\frac{4\times3}{2}=6$(가지)

이 중 A가 뽑힐 경우는 (A, B), (A, C), (A, D)로 3가지이다.

따라서 A가 뽑힐 확률은 $\frac{3}{6}=\frac{1}{2}$이므로 A가 뽑히지 않을 확률은 $1-\frac{1}{2}=\frac{1}{2}$

10 5명의 후보 중에서 대표 2명을 뽑을 경우는

$\frac{5\times4}{2}=10$(가지)

이 중 B가 뽑힐 경우는 (B, A), (B, C), (B, D), (B, E)로 4가지이다.

따라서 B가 뽑힐 확률은 $\frac{4}{10}=\frac{2}{5}$이므로 B가 뽑히지 않을 확률은 $1-\frac{2}{5}=\frac{3}{5}$

E 적어도 ~일 확률 175쪽

1 $\frac{3}{4}$ 2 $\frac{7}{8}$ 3 $\frac{15}{16}$ 4 $\frac{31}{32}$
5 $\frac{3}{4}$ 6 $\frac{5}{9}$ 7 $\frac{6}{7}$ 8 $\frac{9}{14}$

1 서로 다른 동전을 두 개 던졌을 때 모두 뒷면일 확률은 $\frac{1}{4}$이다.
(적어도 앞면이 한 개 나올 확률)$=1-$(모두 뒷면일 확률)
$=1-\frac{1}{4}=\frac{3}{4}$

2 서로 다른 동전을 세 개 던졌을 때 모두 앞면일 확률은 $\frac{1}{8}$이다.
(적어도 뒷면이 한 개 나올 확률)$=1-$(모두 앞면일 확률)
$=1-\frac{1}{8}=\frac{7}{8}$

3 4문제를 풀 때 나올 수 있는 경우의 수는
$2\times2\times2\times2=16$(가지)이므로 모두 틀릴 확률은 $\frac{1}{16}$이다.
(적어도 한 문제를 맞힐 확률)$=1-$(문제를 모두 틀릴 확률)
$=1-\frac{1}{16}=\frac{15}{16}$

4 5문제를 풀 때 나올 수 있는 모든 경우의 수는
$2\times2\times2\times2\times2=32$(가지)이므로 모두 틀릴 확률은 $\frac{1}{32}$이다.
(적어도 한 문제를 맞힐 확률)$=1-$(문제를 모두 틀릴 확률)
$=1-\frac{1}{32}=\frac{31}{32}$

5 서로 다른 주사위 두 개를 던졌을 때, 모두 2의 배수가 아닐 경우는 두 주사위 모두 1, 3, 5 중에 하나가 나와야 하므로
$3\times3=9$(가지)
따라서 모두 2의 배수가 아닐 확률은 $\frac{9}{36}=\frac{1}{4}$
(적어도 하나는 2의 배수일 확률)
$=1-$(모두 2의 배수가 아닐 확률)
$=1-\frac{1}{4}=\frac{3}{4}$

6 서로 다른 주사위 두 개를 던졌을 때, 모두 3의 배수가 아닐 경우는 두 주사위 모두 1, 2, 4, 5 중에 하나가 나와야 하므로
$4\times4=16$(가지)
따라서 모두 3의 배수가 아닐 확률은 $\frac{16}{36}=\frac{4}{9}$
(적어도 하나는 3의 배수일 확률)
$=1-$(모두 3의 배수가 아닐 확률)
$=1-\frac{4}{9}=\frac{5}{9}$

7 남학생 4명과 여학생 3명 중에서 2명의 대표를 뽑는 경우의 수는 $\frac{7\times6}{2}=21$(가지)
모두 여학생이 뽑힐 경우의 수는 $\frac{3\times2}{2}=3$(가지)
따라서 대표 2명이 모두 여학생이 뽑힐 확률은 $\frac{3}{21}=\frac{1}{7}$
(적어도 한 명은 남학생이 대표가 될 확률)
$=1-$(모두 여학생이 대표가 될 확률)
$=1-\frac{1}{7}=\frac{6}{7}$

8 오렌지 맛 사탕 3개와 포도 맛 사탕 5개 중에서 2개를 꺼낼 경우의 수는 $\frac{8\times7}{2}=28$(가지)
모두 포도 맛 사탕을 꺼낼 경우의 수는 $\frac{5\times4}{2}=10$(가지)
따라서 모두 포도 맛 사탕을 꺼낼 확률은 $\frac{10}{28}=\frac{5}{14}$
(적어도 한 개는 오렌지 맛 사탕이 나올 확률)
$=1-$(모두 포도 맛 사탕이 나올 확률)
$=1-\frac{5}{14}=\frac{9}{14}$

거저먹는 시험 문제 176쪽

1 ③ 2 ① 3 $\frac{7}{18}$ 4 ②
5 ② 6 ④

1 5명이 한 줄로 서는 경우의 수는
$5\times4\times3\times2\times1=120$(가지)
수지와 성아의 자리가 정해졌으므로 나머지 3명이 일렬로 서는 경우의 수는 $3\times2\times1=6$(가지)
따라서 구하는 확률은 $\frac{6}{120}=\frac{1}{20}$

2 5장의 카드에서 2장을 뽑아 만들 수 있는 두 자리 자연수는
$5\times4=20$(개)
짝수일 경우는 일의 자리 수가 2 또는 4가 오면 되므로
$2\times4=8$(개)
따라서 구하는 확률은 $\frac{8}{20}=\frac{2}{5}$

3 $y>20-4x$를 만족하는 경우는
(4, 5), (4, 6), (5, 1), (5, 2), (5, 3), (5, 4), (5, 5), (5, 6), (6, 1), (6, 2), (6, 3), (6, 4), (6, 5), (6, 6)이므로 14가지
따라서 구하는 확률은 $\frac{14}{36}=\frac{7}{18}$

4 ② $p=1-q$

5 A, B, C, D 4명을 일렬로 세우는 경우의 수는
$4\times3\times2\times1=24$(가지)
A가 맨 앞에 서는 경우의 수는 $3\times2\times1=6$(가지)
따라서 A가 맨 앞에 서는 확률은 $\frac{6}{24}=\frac{1}{4}$이므로 A가 맨 앞에 서지 않을 확률은 $1-\frac{1}{4}=\frac{3}{4}$

6 흰 바둑돌 3개와 검은 바둑돌 2개 중에서 2개를 꺼내는 경우의 수는 $\frac{5\times4}{2}=10$(가지)

모두 흰 바둑돌을 꺼낼 경우의 수는

$\frac{3\times2}{2}=3$(가지)

따라서 모두 흰 바둑돌을 꺼낼 확률은 $\frac{3}{10}$이므로

(적어도 한 개는 검은 바둑돌을 꺼낼 확률)

$=1-$(모두 흰 바둑돌을 꺼낼 확률)

$=1-\frac{3}{10}=\frac{7}{10}$

26 확률의 계산 1

A 사건 A 또는 사건 B가 일어날 확률 178쪽

1 $\frac{1}{2}$　2 $\frac{3}{5}$　3 $\frac{7}{12}$　4 $\frac{3}{4}$

5 $\frac{2}{9}$　6 $\frac{1}{3}$　7 $\frac{5}{8}$　8 $\frac{7}{16}$

1 4보다 작을 확률은 $\frac{3}{10}$, 8보다 클 확률은 $\frac{2}{10}$

따라서 구하는 확률은 $\frac{3}{10}+\frac{2}{10}=\frac{5}{10}=\frac{1}{2}$

3 빨간 공이 나올 확률은 $\frac{3}{12}$, 파란 공이 나올 확률은 $\frac{4}{12}$

따라서 구하는 확률은 $\frac{3}{12}+\frac{4}{12}=\frac{7}{12}$

5 눈의 수의 합이 3일 확률은 $\frac{2}{36}$

눈의 수의 합이 7일 확률은 $\frac{6}{36}$

따라서 구하는 확률은 $\frac{2}{36}+\frac{6}{36}=\frac{8}{36}=\frac{2}{9}$

7 두 자리 자연수가 14 이하일 확률은 $\frac{4}{16}$

두 자리 자연수가 32 이상일 확률은 $\frac{6}{16}$

따라서 구하는 확률은 $\frac{4}{16}+\frac{6}{16}=\frac{10}{16}=\frac{5}{8}$

B 두 사건 A, B가 동시에 일어날 확률 179쪽

1 $\frac{1}{9}$　2 $\frac{1}{6}$　3 $\frac{1}{4}$　4 $\frac{1}{4}$

5 $\frac{6}{49}$　6 $\frac{20}{49}$　7 $\frac{1}{5}$　8 $\frac{4}{21}$

1 2 이하의 눈이 나올 확률은 $\frac{2}{6}=\frac{1}{3}$, 5 이상의 눈이 나올 확률은 $\frac{2}{6}=\frac{1}{3}$　$\therefore \frac{1}{3}\times\frac{1}{3}=\frac{1}{9}$

3 동전의 앞면이 나올 확률은 $\frac{1}{2}$, 주사위는 2의 배수의 눈이 나올 확률은 $\frac{3}{6}=\frac{1}{2}$　$\therefore \frac{1}{2}\times\frac{1}{2}=\frac{1}{4}$

5 A주머니에서 흰 공이 나올 확률은 $\frac{3}{7}$, B주머니에서 검은 공이 나올 확률은 $\frac{2}{7}$

$\therefore \frac{3}{7}\times\frac{2}{7}=\frac{6}{49}$

7 A가 맞힐 확률은 $\frac{1}{2}$, B가 맞힐 확률은 $\frac{2}{5}$

$\therefore \frac{1}{2}\times\frac{2}{5}=\frac{1}{5}$

C 확률의 곱셈을 이용한 일어나지 않을 확률 180쪽

1 $\frac{3}{10}$　2 $\frac{10}{21}$　3 $\frac{1}{4}$　4 $\frac{1}{10}$

5 $\frac{1}{18}$　6 $\frac{1}{15}$　7 $\frac{1}{25}$　8 $\frac{4}{25}$

1 $\frac{2}{5}\times\left(1-\frac{1}{4}\right)=\frac{2}{5}\times\frac{3}{4}=\frac{3}{10}$

3 $\left(1-\frac{1}{10}\right)\times\frac{5}{18}=\frac{9}{10}\times\frac{5}{18}=\frac{1}{4}$

5 $\left(1-\frac{2}{3}\right)\times\left(1-\frac{5}{6}\right)=\frac{1}{3}\times\frac{1}{6}=\frac{1}{18}$

7 $\left(1-\frac{4}{5}\right)\times\left(1-\frac{4}{5}\right)=\frac{1}{5}\times\frac{1}{5}=\frac{1}{25}$

D 확률의 곱셈을 이용한 적어도 하나가 일어날 확률 181쪽

1 $\frac{11}{12}$　2 $\frac{7}{16}$　3 $\frac{24}{25}$　4 $\frac{11}{25}$

5 $\frac{99}{100}$　6 $\frac{15}{16}$　7 $\frac{22}{27}$　8 $\frac{9}{25}$

1 (적어도 한 마리가 부화할 확률)

$=1-$(새가 모두 부화하지 못할 확률)

$=1-\left(1-\frac{2}{3}\right)\times\left(1-\frac{3}{4}\right)$

$=1-\frac{1}{3}\times\frac{1}{4}=\frac{11}{12}$

3 (적어도 한 번은 맞힐 확률)

$=1-$(사격 선수가 모두 맞히지 못할 확률)

$=1-\left(1-\frac{4}{5}\right)\times\left(1-\frac{4}{5}\right)$

$=1-\frac{1}{5}\times\frac{1}{5}=\frac{24}{25}$

5 (적어도 한 환자가 치료될 확률)

$=1-$(두 환자 모두 치료가 되지 않을 확률)

$=1-\left(1-\frac{9}{10}\right)\times\left(1-\frac{9}{10}\right)$

$=1-\frac{1}{10}\times\frac{1}{10}=\frac{99}{100}$

6 (적어도 한 명이 맞힐 확률)

$=1-$(두 명이 모두 틀릴 확률)

$=1-\frac{3}{8}\times\frac{1}{6}=\frac{15}{16}$

7 (적어도 한 명이 자유투를 성공시킬 확률)

$=1-$(두 선수 모두 자유투를 성공시키지 못할 확률)

$=1-\left(1-\frac{2}{3}\right)\times\left(1-\frac{4}{9}\right)$

$=1-\frac{1}{3}\times\frac{5}{9}=\frac{22}{27}$

8 (적어도 한 문제는 맞힐 확률)

$=1-$(두 문제 모두 틀릴 확률)

$=1-\frac{4}{5}\times\frac{4}{5}=\frac{9}{25}$

거저먹는 시험 문제 182쪽

1 $\frac{2}{9}$　2 ⑤　3 ①　4 $\frac{1}{10}$

5 ②　6 $\frac{33}{49}$

1 $\frac{4}{36}+\frac{4}{36}=\frac{8}{36}=\frac{2}{9}$

2 $\frac{25}{100}+\frac{60}{100}=\frac{85}{100}=\frac{17}{20}$

3 둘 다 홀수일 확률이므로

$\frac{3}{5}\times\frac{1}{3}=\frac{1}{5}$

4 $\left(1-\frac{3}{4}\right)\times\left(1-\frac{3}{5}\right)=\frac{1}{4}\times\frac{2}{5}=\frac{1}{10}$

5 (적어도 한 동아리가 입상할 확률)

$=1-$(모두 입상하지 못할 확률)

$=1-\left(1-\frac{5}{8}\right)\times\left(1-\frac{3}{7}\right)$

$=1-\frac{3}{8}\times\frac{4}{7}=\frac{11}{14}$

6 (적어도 한 번은 안타를 칠 확률)

$=1-$(두 번 모두 안타를 못 칠 확률)

$=1-\frac{4}{7}\times\frac{4}{7}=\frac{33}{49}$

27 확률의 계산 2

A 확률의 덧셈과 곱셈 184쪽

1 $\frac{12}{25}$　2 $\frac{23}{40}$　3 $\frac{9}{50}$　4 $\frac{20}{49}$

5 $\frac{7}{12}$　6 $\frac{2}{9}$　7 $\frac{27}{50}$　8 $\frac{1}{2}$

1 (첫 번째 10점에 맞힐 확률)

×(두 번째 10점에 맞히지 못할 확률)

+(첫 번째 10점에 맞히지 못할 확률)

×(두 번째 10점에 맞힐 확률)

$=\frac{3}{5}\times\frac{2}{5}+\frac{2}{5}\times\frac{3}{5}=\frac{12}{25}$

2 (오늘 비가 올 확률)×(내일 비가 오지 않을 확률)

+(오늘 비가 오지 않을 확률)×(내일 비가 올 확률)

$=\frac{3}{8}\times\frac{1}{5}+\frac{5}{8}\times\frac{4}{5}=\frac{23}{40}$

3 (첫째 날 지각할 확률)×(둘째 날 지각하지 않을 확률)

+(첫째 날 지각하지 않을 확률)×(둘째 날 지각할 확률)

$=\frac{1}{10}\times\frac{9}{10}+\frac{9}{10}\times\frac{1}{10}=\frac{9}{50}$

4 (첫 번째 승리할 확률)×(두 번째 패배할 확률)

+(첫 번째 패배할 확률)×(두 번째 승리할 확률)

$=\frac{5}{7}\times\frac{2}{7}+\frac{2}{7}\times\frac{5}{7}=\frac{20}{49}$

5 (동전의 앞면이 나올 확률)×(주사위의 홀수가 나올 확률)

+(동전의 뒷면이 나올 확률)

×(주사위의 6의 약수가 나올 확률)

$=\frac{1}{2}\times\frac{1}{2}+\frac{1}{2}\times\frac{2}{3}=\frac{7}{12}$

6 (첫 번째 이길 확률)×(두 번째 비길 확률)

+(첫 번째 비길 확률)×(두 번째 이길 확률)

$=\frac{1}{3}\times\frac{1}{3}+\frac{1}{3}\times\frac{1}{3}=\frac{2}{9}$

7 (A주머니에서 흰 공이 나올 확률)

×(B주머니에서 검은 공이 나올 확률)

+(A주머니에서 검은 공이 나올 확률)

×(B주머니에서 흰 공이 나올 확률)

$=\frac{3}{10}\times\frac{4}{10}+\frac{7}{10}\times\frac{6}{10}=\frac{27}{50}$

8 (A상자에서 단팥빵이 나올 확률)

×(B상자에서 단팥빵이 나올 확률)

+(A상자에서 크림빵이 나올 확률)

×(B상자에서 크림빵이 나올 확률)

$=\frac{10}{16}\times\frac{8}{16}+\frac{6}{16}\times\frac{8}{16}=\frac{1}{2}$

B 연속하여 뽑는 경우의 확률 1

185쪽

1 $\frac{6}{25}$ 2 $\frac{9}{25}$ 3 $\frac{2}{15}$ 4 $\frac{8}{75}$
5 $\frac{9}{100}$ 6 $\frac{21}{100}$ 7 $\frac{25}{81}$ 8 $\frac{20}{81}$

1 $\frac{4}{10}\times\frac{6}{10}=\frac{6}{25}$
2 $\frac{6}{10}\times\frac{6}{10}=\frac{9}{25}$
3 $\frac{6}{15}\times\frac{5}{15}=\frac{2}{15}$
4 $\frac{4}{15}\times\frac{6}{15}=\frac{8}{75}$
5 $\frac{3}{10}\times\frac{3}{10}=\frac{9}{100}$
6 $\frac{3}{10}\times\frac{7}{10}=\frac{21}{100}$
7 $\frac{5}{9}\times\frac{5}{9}=\frac{25}{81}$
8 $\frac{4}{9}\times\frac{5}{9}=\frac{20}{81}$

C 연속하여 뽑는 경우의 확률 2

186쪽

1 $\frac{1}{45}$ 2 $\frac{8}{45}$ 3 $\frac{7}{60}$ 4 $\frac{7}{60}$
5 $\frac{31}{66}$ 6 $\frac{35}{66}$ 7 $\frac{7}{15}$ 8 $\frac{8}{15}$

1 $\frac{2}{10}\times\frac{1}{9}=\frac{1}{45}$
2 $\frac{8}{10}\times\frac{2}{9}=\frac{8}{45}$
3 $\frac{2}{16}\times\frac{14}{15}=\frac{7}{60}$
4 $\frac{14}{16}\times\frac{2}{15}=\frac{7}{60}$
5 (연속해서 사과 맛 사탕을 뽑을 확률)
+(연속해서 블루베리 맛 사탕을 뽑을 확률)
$=\frac{5}{12}\times\frac{4}{11}+\frac{7}{12}\times\frac{6}{11}=\frac{5}{33}+\frac{7}{22}=\frac{31}{66}$
6 (사과 맛 사탕을 먼저 뽑고 블루베리 맛 사탕을 뽑을 확률)
+(블루베리 맛 사탕을 먼저 뽑고 사과 맛 사탕을 뽑을 확률)
$=\frac{5}{12}\times\frac{7}{11}+\frac{7}{12}\times\frac{5}{11}=\frac{35}{66}$
7 (연속해서 흰 바둑돌을 뽑을 확률)
+(연속해서 검은 바둑돌을 뽑을 확률)
$=\frac{8}{15}\times\frac{7}{14}+\frac{7}{15}\times\frac{6}{14}=\frac{7}{15}$
8 (흰 바둑돌을 먼저 뽑고 검은 바둑돌을 뽑을 확률)
+(검은 바둑돌을 먼저 뽑고 흰 바둑돌을 뽑을 확률)
$=\frac{8}{15}\times\frac{7}{14}+\frac{7}{15}\times\frac{8}{14}=\frac{8}{15}$

D 도형에서의 확률

187쪽

1 $\frac{7}{16}$ 2 $\frac{2}{3}$ 3 $\frac{4}{9}$ 4 $\frac{1}{15}$
5 $\frac{3}{16}$ 6 $\frac{1}{3}$

1 $\frac{4}{16}+\frac{3}{16}=\frac{7}{16}$
2 전체 12부분 중 소수인 2, 3, 5가 있는 부분은 8부분이므로
$\frac{8}{12}=\frac{2}{3}$
3 전체 9부분 중 짝수는 2, 4, 6, 8의 4부분이므로
$\frac{4}{9}$
4 $\frac{1}{3}\times\frac{1}{5}=\frac{1}{15}$
5 $\frac{1}{2}\times\frac{3}{8}=\frac{3}{16}$
6 세 원의 넓이는 π, 4π, 9π이다.
B 부분의 넓이는 $4\pi-\pi=3\pi$
따라서 구하는 확률은
$\frac{3\pi}{9\pi}=\frac{1}{3}$

거저먹는 시험 문제

188쪽

1 ④ 2 ⑤ 3 ② 4 ②
5 $\frac{2}{33}$ 6 ③

1 (A주머니에서 흰 공이 나올 확률)
×(B주머니에서 흰 공이 나올 확률)
+(A주머니에서 빨간 공이 나올 확률)
×(B주머니에서 빨간 공이 나올 확률)
$=\frac{3}{7}\times\frac{2}{5}+\frac{4}{7}\times\frac{3}{5}=\frac{18}{35}$
2 (첫 번째 문제는 맞히고 두 번째 문제는 틀릴 확률)
+(첫 번째 문제는 틀리고 두 번째 문제는 맞힐 확률)
$=\frac{1}{5}\times\frac{4}{5}+\frac{4}{5}\times\frac{1}{5}=\frac{8}{25}$
3 $\frac{8}{9}\times\frac{2}{7}+\frac{1}{9}\times\frac{5}{7}=\frac{16}{63}+\frac{5}{63}=\frac{1}{3}$
4 $\frac{3}{12}\times\frac{9}{12}=\frac{3}{16}$
5 $\frac{5}{12}\times\frac{4}{11}\times\frac{4}{10}=\frac{2}{33}$
6 $\frac{2}{8}+\frac{3}{8}=\frac{5}{8}$

'바빠 중학 수학' 시리즈로 공부하는 방법

《바쁜 중2를 위한 빠른 중학 수학》을 효과적으로 보는 방법

〈바빠 중학 수학〉은 1학기 과정이 〈바빠 중학연산〉 두 권으로, 2학기 과정이 〈바빠 중학도형〉 한 권으로 구성되어 있습니다.

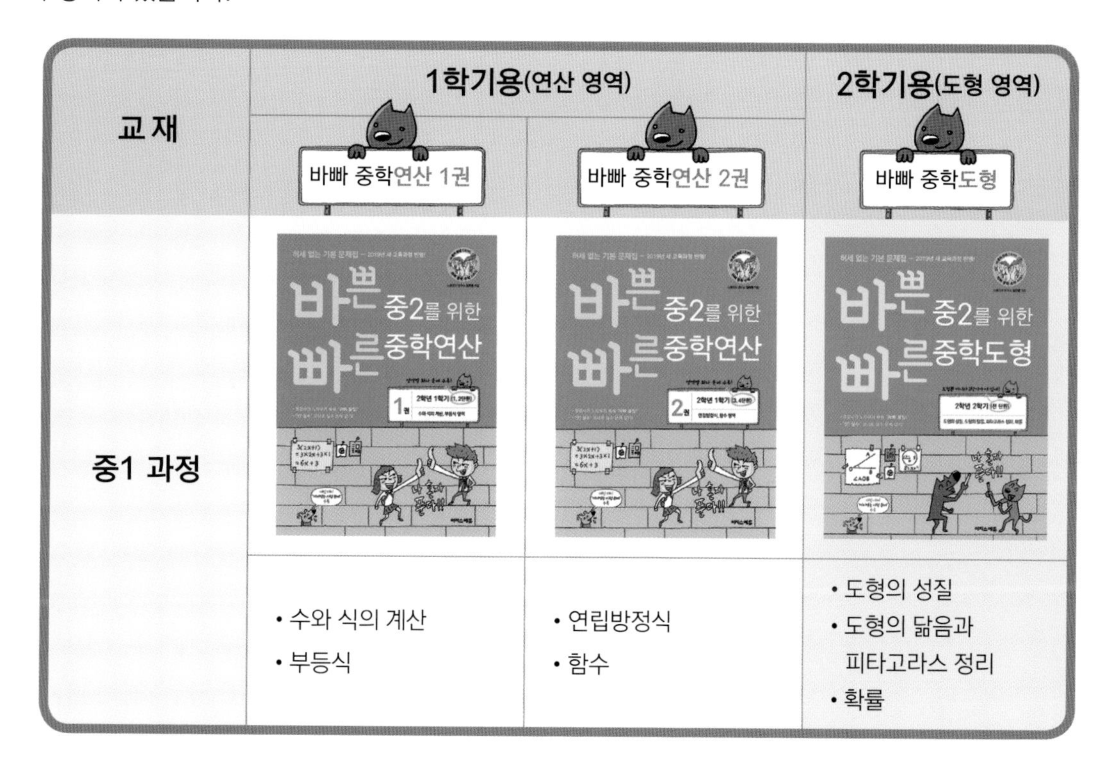

교재	1학기용(연산 영역)		2학기용(도형 영역)
	바빠 중학연산 1권	바빠 중학연산 2권	바빠 중학도형
중1 과정	• 수와 식의 계산 • 부등식	• 연립방정식 • 함수	• 도형의 성질 • 도형의 닮음과 피타고라스 정리 • 확률

1. 취약한 영역만 보강하려면? — 3권 중 한 권만 선택하세요!

중2 과정 중에서도 수와 식의 계산이나 부등식이 어렵다면 중학연산 1권 〈수와 식의 계산, 부등식 영역〉을, 연립방정식이나 함수가 어렵다면 중학연산 2권 〈연립방정식, 함수 영역〉을, 도형이 어렵다면 중학도형 〈도형의 성질, 도형의 닮음과 피타고라스 정리, 확률〉을 선택하여 정리해 보세요. 중2뿐 아니라 중3이라도 자신이 취약한 영역을 집중적으로 공부하여 학습 결손을 빠르게 보충하세요.

2. 중2이지만 수학이 약하거나, 중2 수학을 준비하는 중1이라면?

중학 수학 진도에 맞게 중학연산 1권 → 중학연산 2권 → 중학도형 순서로 공부하세요. 기본 문제부터 풀 수 있어서, 중학 수학의 기초를 탄탄히 다질 수 있습니다.

3. 학원이나 공부방 선생님이라면?

1) 기초가 부족한 학생에게는 개념을 간단히 설명한 후 자습용 교재로 이용하세요.
2) 개념을 익힌 학생에게는 과제용 교재로 이용하세요.
3) 가벼운 선행 학습과 학습 결손을 보강하기 위한 방학용 초단기 교재로 적합합니다.

바빠 중학연산 1권은 22단계, 2권은 22단계, 중학도형은 27단계로 구성되어 있습니다.

바쁘니까 '바빠 중학도형'이다~

바쁜 중2를 위한 빠른 중학도형

'바빠 중학 수학' 친구들을 응원합니다!

바빠 중학 수학 게시판에 공부 후기를 올려주신 분에게

작은 선물을 드립니다.

www.easysedu.co.kr

이지스에듀